北京林业大学年鉴

BEIJING FORESTRY UNIVERSITY

YEARBOOK

2012

北京林业大学 编纂

中国林业出版社

图书在版编目（CIP）数据

北京林业大学年鉴. 2012 / 北京林业大学编纂. –北京：中国林业出版社, 2013.5

ISBN 978-7-5038-7042-2

Ⅰ. ①北… Ⅱ. ①北… Ⅲ. ①北京林业大学–2012–年鉴 Ⅳ. ①S7-40

中国版本图书馆CIP数据核字(2013)第094633号

出　版：中国林业出版社（100009 北京市西城区德胜门内大街刘海胡同7号）

网　址：http://lycb.forestry.gov.cn

E-mail：cfybook@163.com　　电话：010-83223789

发　行：中国林业出版社

印　刷：北京华正印刷有限公司

版　次：2013年5月第1版

印　次：2013年5月第1次

开　本：787mm×1092mm 1/16

印　张：26

插　页：24

字　数：767千字

定　价：68.00元

《北京林业大学年鉴（2012卷）》编辑委员会

《北京林业大学年鉴（2012卷）》编辑部

编辑说明

在年鉴编辑委员会的正确领导下，经过年鉴编辑部和全校各单位组稿人和撰稿人的共同努力，《北京林业大学年鉴（2012卷）》（以下简称《年鉴（2012卷）》）完成编撰，正式面世。《年鉴（2012卷）》是北京林业大学建校以来连续出版的第四本年鉴，汇集了2011年学校事业发展及重大活动基本情况，系统地反映了学校在人才培养、科学研究、社会服务、内部管理和党建思政工作方面的重要成就及新进展，是学校发展情况的历史记载，供全校各个部门及校外有关单位了解和研究学校现状与发展情况时参考使用。

作为北京林业大学党委、行政名义组织编撰的综合性工具书，《年鉴（2012卷）》选题时间范围为2011年1月1日至12月31日的重大事件、重要活动及各个领域的新进展、新成果、新信息，部分内容依照实际情况前后适当延伸。《年鉴（2012卷）》以文章和条目为基本载体，以条目为主，并配有彩色插页。全书共设置20个栏目，分别为概况、特载、学院与教学部、教育教学、学科建设、科学研究、科技平台及研究机构、国际交流与合作、党建与群团工作、管理与服务、学校公共体系、专文、机构与队伍、人物、2011年大事记、重要学术报告会一览、表彰与奖励、毕业生名单、学位授予名单、媒体重要报道要目。

在《年鉴（2012卷）》的编撰过程中，年鉴编辑部专门聘请了班道明、赵绍鸿两位退休的老先生作为特约编辑，进一步在编校质量上下工夫，做到精益求精。彩色插页多选取生动活泼的场景，以点带面，更加直观地反映了学校事业发展。

《年鉴（2012卷）》的编撰得到了学校各有关单位和广大教职员工的大力支持，在此谨表最诚挚的谢意。在编撰过程中，编辑部人员力求做到资料完整、内容翔实、数据准确，但由于编撰时间紧、任务重，大多数同志都是在繁忙的工作之余兼职为之，难免有疏漏、不妥之处，恳请读者不吝指正。

《北京林业大学年鉴》编辑部

2012年11月

人才培养

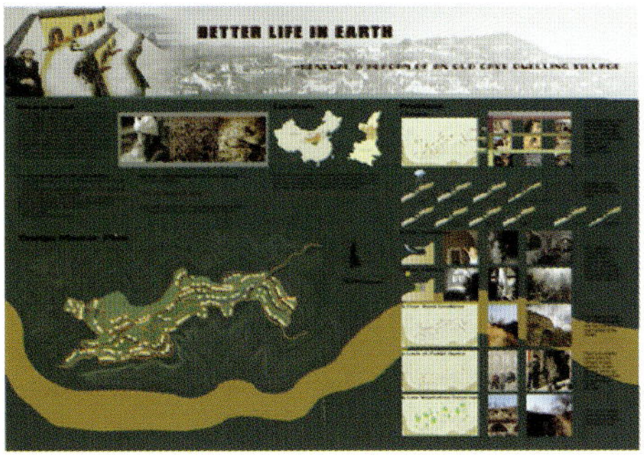

2月，园林学院学生获得IFLA亚太区风景园林设计竞赛一等奖

3月，举办毕业生双选会

3月，获得“全国毕业生就业典型经验高校”荣誉称号

4月，进行2010级本科生军训

5月20日，举办北京林业大学首届大学生科技创新论坛成果展

6月29日，2011届研究生毕业典礼暨学位授予仪式

6月，中美草坪班毕业典礼

8月27日，选拔首批42名优秀研究生，担任2011级本科新生学业辅导员

9月，绿色通道帮助经济困难新生报到

9月11日，与创装饰集团签署就业实习和教学实践基地

10月，举办学校“十佳班集体”评比

10月15日，举行全国农科院校研究生英语教学研究会 2011年年会

10月，梁希实验班获北京市“十佳示范班集体”荣誉称号

11月4日，节能车出征仪式

11月23日，北京市委书记刘淇、市长郭金龙参观工学院在科博会参展的机器人

12月，由北京林业大学主持召开林业高校教务处处长联席会议

12月16日，举办国家林业局绿色创业大赛

科学研究

1月，园林学院召开青年教师成长与教学工作研讨会

1月8日，经管学院主办全国高校林业经济管理学科建设高端研讨会

1月12日，森林经营协同创新计划研讨会

3月，森林生态北京市重点实验室现场评审会期间专家在查看实验室仪器

4月28日，材料学院在贵阳主办木材科学与技术学术论坛

4月30日，园林学院举办第二届国际风景园林师高峰论坛

6月，林学院举办学科建设高层研讨会

8月18～21日，中国园艺学会观赏专业委员会2011年学术年会

10月10日，北方平原林业创新与示范实验基地启动仪式

11月，孙筱祥教授获中国风景园林学会终身成就

11月，陈俊愉教授获中国风景园林学会终身成就

11月，孟兆祯院士获中国风景园林学会终身成就

11月20日，风洞实验系统通过验收

11月27日，“人工模拟降雨土壤侵蚀实验系统”通过验收

12月19日，北京林业大学盐池定位站申报水利部水土保持科技示范园区评审会

12月23日，主要商品盆花品种选育及产业化关键技术与应用获得国家科学技术进步二等奖

国家科学技术进步奖

证　书

为表彰国家科学技术进步奖获得者，特颁发此证书。

项目名称：主要商品盆花新品种选育及产业化关键技术与应用

奖励等级：二等

获 奖 者：北京林业大学

中华人民共和国国务院

2011年12月23日

证书号：2011-J-202-2-04-D01

12月23日，全国高等农林院校森林保护专业及学科建设研讨会

国际交流

5月，承办发展中国家林区经济可持续发展官员研修班

8月，工学院教师到美国林产品实验室考察交流

9月13日，密歇根州立大学校友团来校访问

9月28日，国际林联来校访问

11月11日，举办第二届亚太地区林业院校长会议

社会服务

6月，校党委统战部组织统战成员赴山东冠县参观调研

6月，林学院志愿者为社区居民普及绿色环保常识

7月，学校领导在宁夏盐池生态站调研

7月，组织研究生深入林区调研林下经济发展

7月，东直门绿色社区建设社会实践

9月，选派民主党派干部赴海淀区园林绿化局挂职

10月19日，北京林业大学老教师协会水土保持分会组织赴密云水库考察

10月27日，第二期太原市园林系统中青年干部研修班结业

管理工作

4月，民盟北林大支部换届选举会召开

6月28日，安防运营服务、北京冠林盈科“助学·就业”成长计划捐资授牌仪式

6月，第八届青年教师教学基本功比赛颁奖

6月，学校召开第十次党代会

6月，全体校领导合影

7月，校领导巡视学研大厦工地

10月9日，董乃钧林业奖励基金设立

10月16日，北林绿色发展基金成立

11月22日，职工之家复验

交通服务中心员工准备出车

茶浴供暖中心检修锅炉

大学文化

1月24日，我校民乐团赴澳门举办专场音乐会

4月，北京林业大学荣获“十一五”期间北京园林绿化科普工作先进集体

4月，举行“高擎团旗，绿色长征，永远跟党走”2011年绿桥、绿色长征活动启动仪式

4月，开展首都大学生第27届绿色咨询活动

4月，李谷一、汤灿、徐峥、莫慧兰、孙甜甜、张宁、陈一冰、李妮娜等当选第十届首都大学生绿色志愿大使

5月，组织绿色长征骨干志愿者前往延安开展主题教育活动

6月，举办“永远跟党走”庆祝建党90周年文艺晚会

6月，拍摄首支毕业季主题歌《北林再见》

6月，团中央志愿者工作部领导参与我校关爱农民工子女环保教育课堂教学

7月，我校学生赴怀柔区北沟村进行红色"1+1"实践活动

9月24日，举办第五期全国青少年生态环保社团骨干培训班

9月，阳光社团爱心支教活动

9月，阳关社团——学长的火炬大学生物品捐献传递活动

10月16日，我校学生科技作品在第十二届“挑战杯”全国大学生科技作品竞赛中参展并获得三等奖

10月16日，部分校友参加北京林业大学六十周年校庆倒计时一周年暨“绿色校庆”系列活动启动仪式

10月30日，工学院举办第五届机器人大赛

10月，我校团委荣获第十二届“挑战杯”全国大学生课外学术科技作品竞赛高校优秀组织奖

11月8日，举办北京林业大学第十六届研究生学术文化节

11月20日，工学院第九届结构设计大赛现场

11月28日，举办北林讲堂——春妮与绿色学子畅想人生活动

12月无偿献血大型活动

12月27日，我校举办林业厅(局)长论坛湖北省林业王海涛厅长专场报告会

12月，承办北京地区高校羽毛球比赛

11月，第十届公寓文化节闭幕式

举办新生广播操比赛

目 录

学科建设

科学研究

科技平台及研究机构

国际、港澳台交流与合作

党建与群团工作

管理与服务

学校公共体系

专　文

机构与队伍

人 物

2011 年大事记

重要学术报告会一览

表彰与奖励

毕业生名单

2011 年学位授予名单

媒体报道要目

北京林业大学概况

北京林业大学是教育部直属、教育部与国家林业局共建的全国重点大学。学校办学历史可追溯至1902年的京师大学堂农业科林学目。1952年全国高校院系调整，北京农业大学森林系与河北农学院森林系合并，成立北京林学院。1956年，北京农业大学造园系和清华大学建筑系部分并入学校。1960年被列为全国重点高等院校，1981年成为首批具有博士、硕士学位授予权的高校。1985年更名为北京林业大学。1996年被国家列为首批"211工程"重点建设的高校。2000年经教育部批准试办研究生院，2004年正式建立研究生院。2005年获得本科自主选拔录取资格。2008年，学校成为国家"优势学科创新平台"建设项目试点高校。

学校以林学、生物学、林业工程学为特色，是农、理、工、管、经、文、法、哲相结合的多科性协调发展的全国重点大学。学校现有13个学院、39个博士点、116个硕士点、57个本科专业及方向，1个一级国家重点学科(含7个二级国家重点学科)，2个二级国家重点学科，1个国家重点(培育)学科、10个国家林业局重点学科、1个北京市重点学科(一级)(含3个二级学科)、4个北京市重点学科(二级)、1个北京市重点交叉学科。

截至2011年12月，学校在校生32 430人，其中本科生13 213人，研究生4160人，各类继续教育学生13 280人，非计划招生高等教育学生中在职人员攻读硕士学位1777人。

学校现有教职工1697人，其中，专任教师1113人，包括教授209人、副教授473人；有博士生导师195人，硕士生导师390人；中国工程院院士4人，有长江学者4人，973项目首席科学家1人，"千人计划"人选1人，国家"百千万人才工程"人选5人，国家"新世纪百千万人才工程"人选3人，国家级有突出贡献专家8人，省部级有突出贡献专家20人，享受政府特殊津贴专家107人，教育部"新世纪优秀人才"27人。教师获奖众多，其中有1人获何梁何利科技进步奖，1人获国际环境突出贡献奖，1人获全国优秀科技工作者称号，2人获全国模范教师称号，4人获全国优秀教师称号，1人获全国高校思想政治理论课优秀教师称号。其他获各类省部级以上奖励200余人次。

学校科学研究实力雄厚，成果丰硕。建有1个国家工程实验室、1个国家工程技术研究中心、1个国家野外台站、4个教育部重点实验室、3个教育部工程技术研究中心、1个教育部科技创新团队、5个国家林业局重点实验室、1个北京市重点实验室、5个国家林业局定位观测站。2011年，获国家科技进步二等奖1项，国家技术发明二等奖2项。申请发明专利138项，获得授权发明专利56项。以第一作者且责任作者被SCI收录的文章170篇、EI收录230篇(含期刊论文23篇)。影响因子高于3以上的SCI收录论文30篇。继续承担国家科技支撑计划、"863计划"、国家自然科学基金重点项目等重大科技计划课题，获得科研经费3.22亿元。

在树木抗逆分子生物学基础以及抗逆植物材料的选育与栽培技术，花卉新品种选育、栽培与应用，林木新品种选育与产业化开发，林业生态工程建设综合技术，森林生物质资源保护与利用等方面形成了优势、特色研究领域。以三倍体毛白杨、四倍体刺槐、名优花卉、地被植物等优良品种及林产精细化工为龙头的高新技术产业体系正巩固发展。毛白杨产业受到朱镕基总理和温家宝总理等国家领导人的重视和关怀，对三倍体毛白杨科研、推广示范等工作做了具体批示，并给予专项拨款。

学校形成了"知山知水、树木树人"的办学理念，为国家培养了8万多名高级专门人才和一批外国留学生，其中包括以12名两院院士及12名省部级领导为代表的一大批杰出的科技专家和管理干部，他们为中国林业事业做出了卓越的贡献。

学校高度重视教学工作，教学改革成果丰硕，教学质量稳步提高。近年来，连续获得3项国家级教学成果一等奖，5项国家级教学成果二等奖，获得省部级教学成果一等奖7项，二等奖16项，优秀奖1项。有国家级精品课程9门、北京市精品课程17门，北京市教学名师13名。国家级特色专业建设点12个，北京市特色专业建设点7个，国家级优秀教学团队5个，北京市优秀教学团队8个。2011年，学校在学科竞赛经费和制度保障上加大力度，学生所获奖项数量大幅提升，奖项层次有所提高。共获得1项全国特等奖，9项全国一等奖，33项全国二等奖，61项全国三等奖，10项北京市一等奖，43项北京市2等奖，58项北京市三等奖，21项优秀奖，共计236个奖项。学校本科毕业生就业率始终在90%以上。2005年学校在教育部组织的普通高等学校本科教学工作水平评估中获得优秀。5篇博士论文入选“全国优秀博士论文”。

校本部现有校园面积47万平方米，正在建设的鹫峰校区占地面积50万平方米，学校实验林场占地面积775万平方米，学校总占地面积822万平方米。此外在河北沧州建有200万平方米的教学科研实习基地。图书馆建筑面积23 400平方米，藏书231.18万册，其中，纸质图书156.86万册、电子图书74.32万册。电子文献37 000GB，电子资源库36种。建成了“千兆骨干、百兆桌面”的数字校园网络。

学校积极推进国际合作和开放办学。学校先后与30余个国家和地区的170余所高等院校、科研院所和非政府组织建立了教育与科技合作关系。2000年以来，共举办了37次国际学术会议，接待国外专家学者千余人次，派出大量教师出国交流合作，执行国际合作项目40余项。2003年开始与美国密歇根州立大学联合办学，培养草业科学(草坪方向)专业本科生，学生毕业后，可获得北京林业大学、美国密歇根州立大学两校本科学士学位。学校每年还向美国、日本、芬兰、瑞典等国家输送40余名学生进行留学，每年招收来自美国、意大利、日本、马来西亚、越南、等国家的留学生80余人。

目前，学校正以办人民满意的高等教育为宗旨，进一步提高办学质量，为把学校建设成为国际知名、特色鲜明、高水平研究型大学而努力奋斗。

特　载

中国共产党北京林业大学第十次代表大会召开

2011年7月11日到7月13日，中共北京林业大学第十次党员代表大会在图书馆五层报告厅举行。这次大会应到会代表180名，因病因事请假7名，实到会173名，列席人员44名，共计217名。会议听取和审查了中国共产党北京林业大学第九届委员会工作报告和中国共产党北京林业大学纪律检查委员会工作报告。

大会同意吴斌同志代表中国共产党北京林业大学第九届委员会所做的工作报告。报告以党的十七大精神为指导，全面总结了过去6年的工作，提出今后10年全校发展的总体思路和工作目标，对今后学校党的建设和思想政治工作做出了部署，体现了全校共产党员的意志和心愿，鼓舞人心，催人奋进，是动员和团结全校师生员工努力实现学校科学发展的纲领性文件。

大会充分肯定了学校党委过去6年来的工作。学校第九次党代会以来，在教育部、中共北京市委和国家林业局的正确领导和亲切关怀下，校党委团结一致带领全校师生员工，深入贯彻落实科学发展观，抢抓机遇，应对挑战，改革创新，圆满完成第九次党代会提出的目标任务，各项事业取得长足进步，发展跃上新台阶。学校作为一所以林学、生物学、林业工程学为特色，农、理、工、管、经、文、法、哲、教相结合的多科性协调发展的全国重点大学，逐步形成了“知山知水、树木树人”的办学理念，突出“红色”和“绿色”两大主题，牢牢把握社会主义办学方向，发挥特色学科优势，培养具有可持续发展理念的社会主义事业的合格建设者和可靠接班人。落实科学发展观要求，推动学校跨越发展，继续保持国内同类院校领先地位。6年来所取得的成绩为学校今后的发展积累了宝贵经验，奠定了坚实基础。

大会一致同意报告提出的学校未来10年的发展目标和发展战略。大会指出，学校发展既面临历史性机遇，也面临着严峻的挑战。为更好地担负起学校的历史使命，从国家建设世界一流大学和服务国家生态文明战略的要求出发，准确把握高等教育未来发展趋势，全面审视学校的阶段性特征和改革发展成就，汇集全校师生的共识，努力使其建设成为国际知名、特色鲜明、高水平研究型大学，若干个优势学科进入国际知名行列，学校核心竞争力和社会贡献度大幅提升，作为学校未来10年发展的目标，通过实施质量提升、结构优化、特色发展、人才强校、改革驱动、开放合作六大战略，来努力实现这一目标。

大会确定学校的办学指导思想是坚持用科学发展观统领全局，全面贯彻国家中长期教育、科技和人才发展规划纲要，弘扬“知山知水、树木树人”的办学理念，制定实施学校“十二五”规划，以创新人才培养为根本，以学科建设为龙头，以师资人才队伍建设为突破，以体制机制改革为动力，以办学条件建设为支撑，以加强党建和思想政治工作为保障，强化办学特色，全面提升办学水平，初步完成向研究型大学的转型。

大会强调，实现学校新的发展目标，需要我们明确具体的发展目标。学校提出了今后5年的具体目标，即“确保三项领先、实现四大突破、争取五个提升”，提出了提质量、树特色、上水平、强产业、抓人才、促开放、推建设、创文化8个方面的重大工作任务，力争今后5年在办学核心竞争力指标方面，全面超越“十一五”期间所取得的成绩。

大会还指出，推进体制机制改革、激活学校发展内在活力是实现学校发展目标的关键保障。在管理等体制和运行机制方面，学校提出了推进教学科研改革，促进人才培养和科研产出；深化人事制度改革，健全人事激励约束机制；完善内部治理结构，系统推进校院两级管理；加强财务管理，推进资源配置及其他改革，加大关键环节的改革力度，突破制约学校发展的体制机制障碍。

大会指出，党的建设是学校科学发展的根本保证，必须认真贯彻党的十七届四中、五中全会精神，紧紧围绕学校的发展目标和主要任务，统筹规划，以改革的精神和务实的举措，全面推进学校党的建设，提高党建科学化水平，为学校的改革、发展和稳定提供坚强的思想、政治和组织保证。要坚持理论领航，强化思想武装和学习型党组织建设，要着力提升能力素质，加强领导班子和干部队伍建设，要坚持固本强基，进一步加强基层党组织建设，要加强宣传舆论引导，提升宣传思想工作水平，要深化党风廉政建设，以优良党风促校风带学风，要加强大学生思想政治教育，促进学生全面成才，要广泛凝心聚力，深入推进民主和谐校园建设，要实施平安校园工程，维护校园安全稳定，为学校改革发展和安全稳定创造良好的环境。

大会要求，要积极推进党内民主建设，建立和完善党代会代表任期制，实行党代会代表提案制度，深入研究大会收到的代表提案，继续做好代表的提议工作，狠抓各项任务的落实，着力解决当前影响和制约学校发展的主要问题，推进学校建设和发展实现新突破、新跨越。

大会号召，全校各级党组织和共产党员要紧密团结起来，在上级党组织和新一届党委的领导下，全面贯彻落实科学发展观，增强机遇意识和危机意识，以更开阔的视野，更务实的作风，奋勇争先，狠抓落实，为学校“十二五”建设，为早日将北林建成国际知名、特色鲜明、高水平研究型大学奋斗、奋斗、再奋斗！

大会同意中国共产党北京林业大学纪律检查委员会所做的工作报告。大会认为，在上级纪委和校党委的领导下，在过去的6年中，纪委认真贯彻党的十六大、十七大精神，按照中央提出的建立健全惩治和预防腐败体系实施纲要和工作规划要求，积极履行各项职能，紧密结合学校实际，全面落实关于加强党风廉政建设和反腐败斗争的工作部署，认真开展党性党风党纪教育，不断完善领导干部教育和监督制约机制，努力健全学校重点领域各项管理制度，构建了学校反腐倡廉工作体系，按照党的纪律严肃查处了违纪违规案件，维护了学校和广大师生的利益，保证了学校事业在正确的轨道上健康运转，学校党风廉政建设取得了明显成效。

大会要求，要以马列主义、毛泽东思想、邓小平理论和“三个代表”重要思想为指导，深入贯彻落实科学发展观，认真学习贯彻党的十七大精神和十七届四中、五中全会精神，坚持党要管党、从严治党，坚持标本兼治、综合治理、惩防并举、预防为主，牢固树立廉洁办学、勤政理教的理念，不断加强领导干部廉政教育，不断完善权力运行监督制约机制，不断加大从严查处违纪违规案件工作力度，不断推进党风廉政建设和反腐败工作体制、机制和制度创新，不断弘扬党的优良传统和促进领导干部工作作风转变，努力开创学校党风廉政建设工作的新局面，为全面完成大会提出的各项任务做出新的贡献！

7月13日下午，按照《中国共产党基层组织选举工作暂行条例》和北京市委的有关规定，经与会代表充分酝酿讨论，根据多数代表的意见确定候选人之后，采用无记名投票差额选举的办法，选举产生了中共北京林业大学第十届委员会和第十届纪律检查委员会委员。中共北京林业大学第十届委员会由25人组成，中共北京林业大学纪律检查委员会由11人组成。

7月13日，中共北京林业大学第十届委员会召开了第一次全体会议，应到会委员25名，实到会委员25名，以无记名投票差额选举的办法选举产生了中共北京林业大学第十届委员会常务委员会委员，以无记名投票等额选举的方式选举产生了书记、副书记，并一致通过了第十届纪律检查委员会的选举结果。

（盛前丽　邹国辉）

立足新起点　推动新跨越
加快建设国际知名、特色鲜明、高水平研究型大学

——在中国共产党北京林业大学第十次代表大会上的报告

吴　斌

（2011 年 7 月 11 日）

各位代表，同志们：

现在，我受中共北京林业大学第九届委员会的委托，报告党委工作，请各位代表审议。

此次会议的召开，正值学校向高水平研究型大学全面转型的关键时期，对于科学谋划学校改革发展，具有十分重要的意义。大会的主要任务是：高举中国特色社会主义伟大旗帜，以邓小平理论和“三个代表”重要思想为指导，深入贯彻科学发展观，全面落实国家教育、科技和人才中长期规划纲要精神，认真总结第九次党代会以来的工作，明确未来 5～10 年的发展战略，选举产生第十届校党委、校纪委领导班子，凝聚全校共产党员、师生员工的智慧和力量，为建设国际知名、特色鲜明、高水平研究型大学而努力奋斗。

一、第九次党代会以来的工作

2005 年 2 月，学校召开了第九次党代会。6 年多来，在教育部、北京市委和国家林业局的正确领导下，校党委团结一致，带领全校师生员工，深入贯彻落实科学发展观，抢抓机遇，应对挑战，改革创新，圆满完成第九次党代会提出的目标任务，各项事业取得长足进步，发展跃上新台阶。

（一）校党委总揽全局，精心谋划，领导学校科学发展

校党委全面落实党的教育方针，转变发展观念。围绕“建设什么样的北京林业大学”和“如何建设北京林业大学”的根本问题，校党委抓方向、议大事、管全局，加强宏观把握和顶层设计，突出重点，破解难题，引领发展；以质量为核心，实施特色兴校和人才强校两大战略，深化教学、科研和管理三大改革，确保学校事业有序发展。

校党委主动分析判断形势，发动全校教职员工开展“落实科学发展观、推动学校发展”大讨论，明晰发展方向，系统梳理学校所处的阶段特征，汇聚共识，明确优先发展林木等可再生资源培育、生态系统保护与恢复、水土保持与荒漠化防治、园林与城乡人居环境安全、生物质材料及能源、生态文化等六大重点领域，做出了向研究型大学转型、引领生态文明的战略部署。

校党委增强机遇意识，搭建发展平台。抢抓国家推进生态文明建设、支持行业性高校发展等重大机遇，广泛争取外部资源，在全国农林院校中首批进入“国家优势学科创新平台”建设高校行列，率先成立自然保护区学院，创办有特色的环境学院，2010 年又获得了教育部和国家林业局共建支持。

校党委精心谋划内涵发展思路。坚持把人才培养作为学校的根本任务，科学统筹本科教育、研究生教育和继续教育，稳定本科生规模，适当发展研究生教育，重在提升人才培养质量，现有在校本科生 13 079 人，研究生 5417 人，本研比 2.41∶1。强化学科建设的龙头地位，凝练学科方向，整合资源，狠抓科研立项、成果产出和平台建设，努力为国家生态文明和现代林业建设提供强有力的支撑。

（二）坚持围绕中心，加强党建，保障改革发展大局

校党委坚持围绕发展抓党建。全面落实党中央统一部署，紧密结合本科教学评估，高质量完成保持共产党员先进性教育活动，先进性教育成为群众满意工程；以“引领生态文明、建设高水平林业大学”为实践载体，圆满完成深入学习实践科学发展观活动，学习实践活动受到中央领导小组办公室的肯定，初步建立了保持共产党员先进性的长效机制。深入开展创先争优活动，明确“四创三比”活动目标，发动基层党组织和广大

党员立足实际做贡献。通过系列主题教育，全校统一了思想，提高了认识，找出了制约发展的主要问题，明确了发展方向。学校党建创新取得显著成果，继2007年获北京高校党建和思想政治工作达标检查验收优秀后，学校于2010年被北京市委授予“北京市党的建设和思想政治工作先进普通高等学校”称号。

1. 领导班子和干部队伍建设深入务实。坚持把思想政治建设放在领导班子建设的首位，不断提高校领导班子成员政策理论水平和把握大局的能力。2010年完成校行政领导班子调整，3名后备干部进入校级领导班子，领导班子整体结构进一步改善。校领导班子坚持集体领导、科学决策、党政密切合作，始终保持“为民、务实、清廉”的工作作风。

加强中层干部队伍建设。6年多来，完成2次较大幅度的处级干部竞聘、轮岗交流。探索以履职能力考核为重点的干部年终考核模式。加强中青年干部培养，6年多来选派32名干部到校外挂职锻炼，一批科级、处级干部被选拔到中央、北京市党政机关任职。

2. 基层党组织的凝聚力和战斗力明显增强。13个党总支完成换届，调整为分党委，学院党政管理体制进一步健全。选齐配强基层党组织负责人，实施党支部书记和党员培训工程。完善党支部活动立项制，开展主题党日活动。与农村党组织进行“三级共建”，坚持学生党员“述责测评”。积极在大学生和青年骨干教师中发展党员，提高发展质量，学生党员占学生总数比例由2005年的11.7%提高至目前的20.4%，35岁以下青年教师党员比例由43%提高到71.3%。截至2011年3月，全校共有党员4808名，其中正式党员3652名。多名党员获得北京市优秀共产党员、优秀党务工作者、育人标兵和成才表率等荣誉。高质量完成北京高校党校协作组组长单位工作。

3. 思想政治宣传教育有力推动。结合学校实际，组织开展学习“十七大”精神、社会主义核心价值体系等重大主题教育活动。校党委理论中心组学习机制获北京高校党建优秀成果一等奖。学校连续5次被评为首都文明单位，2次获首都文明单位标兵称号。构建多种媒体融合、校内外宣传并举的工作格局，建设宣传员、网管员、舆情员队伍，《北京林业大学学报》被评为全国优秀校报，学校的社会美誉度大幅提升。

4. 党风廉政建设稳步推进。开展“领导干部作风建设年”“制度建设年”等活动，健全惩治和预防腐败制度，建立廉政风险防控体系。加强师德师风建设和学术道德建设，提高党员领导干部的廉洁自律意识，促进“一岗双责”贯彻落实。深化校园廉政廉洁文化建设，“北林廉政网”获全国“十佳校园廉洁教育主题网站”称号。加大监察工作力度，推进重点部位和重点环节监督检查。做好信访和案件查办。

5. 大学生思想政治教育创新发展。深入贯彻中央16号文件精神，完善育人格局。成立思想政治教育教研部，全面实施思想政治理论课程设置新方案。重视研究生科技创新和学风建设。加强学生心理健康和学生资助工作，学校被评为“全国高校学生资助工作先进单位”。圆满完成北京奥运会志愿服务和国庆60周年群众游行组织工作，第二课堂素质教育、学生创新创业教育活动蓬勃开展。学校连续被评为“全国社会实践先进单位”。校团委获“全国五四红旗团委标兵”称号。

6. 民主和谐校园建设成果丰硕。校党委全心全意依靠广大教职工办学，凝聚各方力量，构建民主和谐校园。完善党政工共建教代会联席会议制度，充分发挥教代会、工会作用，推进民主办学，2007年学校被评为“全国厂务公开民主管理先进单位”及“全国政务公开先进单位”。连续4次获北京高校工会工作创新成果奖；统战工作不断加强，高度重视发挥党外人士的作用，协助民主党派加强自身建设，加强民族宗教工作和侨务工作。高度重视离退休工作，离退休同志依托老教授协会和关心下一代工作委员会，积极参与学校发展和首都经济建设。学校被评为“北京市教育系统优秀老干部工作先进集体”。

7. 安全稳定工作不断强化。落实安全责任制，构建校园综合防控体系，学校长期保持安全稳定，秩序良好。开展大学生安全教育，进行消防演习，为每一个学生宿舍配备灭火器。学校圆满完成“平安奥运”“国庆平安行动”校园安保任务，受到上级表彰奖励，多次获得“北京市国家安全先进单位”等称号。

（三）真抓实干，开拓创新，学校核心竞争

力显著提高

6 年多来，经过全校党员和师生员工的共同努力，人才培养、科学研究、社会服务和文化建设等中心工作取得突破，办学条件有效改善，内涵发展取得实效，学校实力明显增强，社会影响力显著提升。

1. 教育教学保持高水平。学校以优秀成绩通过教育部本科教学工作水平评估，获3项国家级教学成果奖，争取“质量工程”建设项目400余项，建设一批国家级特色专业、优秀教学团队。本科专业(方向)发展至57个。完善国家理科生物学基地人才培养模式，2007年创立梁希实验班，探索精英人才培养模式。2000余人次在学科竞赛中获奖。研究生培养机制改革取得实效，培养质量不断提升。入选全国优秀博士论文2篇。学生获得4次国际大学生风景园林设计竞赛第一名。举办全国“林业及生态建设领域相关学科”博士生学术论坛。专业学位教育规模逐年扩大。继续教育快速发展，规模超过万人。人才培养质量得到社会广泛认可，本科生和研究生就业率分别保持在93%和95%以上，学校成为全国高校毕业生就业典型经验高校。

2. 学科建设取得重大进展。以“国家优势学科创新平台”和“211工程”为牵引，投入2.2亿多元加强学科建设。国家二级重点学科从4个增加到10个，新增省部级二级重点学科15个，省部级以上重点学科达到27个，覆盖8个一级学科。林学国家一级重点学科实力稳居全国第一。在新一轮一级学科调整中，风景园林学、生态学、草学等升为一级学科。学科总量显著增加，布局更趋合理。现有一级学科博士学位授权点7个，博士学位授权学科点35个，硕士学位授权学科点73个，专业硕士学位招生领域11个。

3. 科学研究迈上更高台阶。“十一五”到校科研经费5.73亿元，承担一批国家级项目，实现“973”项目首席科学家的突破。获国家科技进步二等奖4项、国家技术发明二等奖1项、省部级科技奖26项，以学校为第一作者单位发表三大检索收录论文992篇。新建国家工程技术研究中心、国家工程实验室、国家野外观测研究站各1个，新建国家林业局野外台站5个，省部级以上平台总数达到23个。争取教育部4500万元建设资金，建设了6个教学科研实践基地。

4. 社会服务功能全面拓展。组织优势学科全面参与2008年南方雨雪冰冻灾害、汶川地震灾后重建的科技支撑，提交生态恢复重建的专家建议，受到国家高度重视。获准建设国家林业局生态文明研究中心，《中华大典·林业典》的编撰和省域生态文明建设评价研究取得丰硕成果。广泛与地方和企业实行战略合作，开展一批重大合作项目。学校科技园晋级为北京市大学科技园。

5. 人才和师资队伍建设扎实开展。6年多来，新增中国工程院院士1人、国家“千人计划”特聘教授1人、“973”首席科学家1人、“长江学者”特聘教授和讲座教授4人、国家杰出青年基金获得者2人、新世纪百千万人才工程入选者2人。新增教育部创新团队1个。投入经费1350万元，启动8个中青年教师培养项目，近500名教师受益；新增教师300余人，教师队伍水平明显提升。引进高层次人才近50人，学校约1/4的二级教授是近4年引进的人才，加强了我校相关学科的实力，为学校高质量发展奠定了基础，受到教育部领导的充分肯定。

6. 办学条件建设实现突破。6年多来，学校克服各种困难，排除各种不利影响，全力维护了学校利益，积极争取国家资金，完成苗圃煤改气工程，建成科研楼、综合楼和标本馆等一批标志性工程，科研条件平台建设取得重大进展。争取国家补助资金2亿元，启动建设9万平方米的学研大厦工程。6.8万余平方米的教工住宅今年年底交付使用。在校园周边新征土地2.27公顷(34亩)，实现北林人几十年的梦想。新增河北沧州教学科研基地200公顷。南北方6个基地和一批国家级、省部级野外教学科研基地接近建成，部分项目已投入使用。在校园周边新建苗圃和树木园，解决了长期没有苗圃和树木园的困难。

教学科研支撑体系不断完善。图书馆藏书近150万册，引进SCI引文索引库等电子资源库。《北京林业大学学报》等办刊水平较高，创办《中国鸟类(英文版)》。推进节约型校园建设，获全国高校节水先进单位。实施数字校园建设和一卡通工程，提升校园信息化水平。林场的教学科研功能充分发挥。

7. 管理改革稳步推进。健全校、院学术委员会，完善运行机制，进一步落实教授治学。校院两级管理改革稳步推进，管理重心下沉。完善岗位设置和人员聘任改革，继续实行新进人员人事代理制，执行校内绩效工资制度，激励作用显著。调整机构设置，成立发展规划处、实验室与设备管理处、党委研工部、校友工作办公室等机构。整章建制，推进依法治校。

8. 财务、产业管理切实加强。积极争取中央修购项目资金，并依托新的高校财政拨款制度的实施，加强资金筹措，财务收入年均增长12.6%，2010年达7.6亿多元。严格预算管理、会计审核，强化审计工作，经费使用效益逐步提升，资金运行安全，财务管理水平不断提高，争取国家财政化债资金1.57亿元，有效降低了学校的债务负担。

组建资产经营公司，成立经营性资产管理委员会，完成产业规范化建设。2010年资产经营公司的资产总额达3.63亿元，总收入5.01亿元，在68所教育部直属高校的资产经营公司中，分别位于第23位和第16位。2007年至今，资产经营公司共上交学校利润3900万元，其中骨干企业——北林科技用3年多的时间扭亏为盈，妥善处理不良资产和巨额债务，实现良性发展，共上缴学校利润2800多万元。在产业规范化建设的基础上，北京林大生态环保产业技术研究院成为中关村科学城第三批建设项目，成为学校发展的重要增长点。

9. 关注民生，努力为教职工办实事。近年来，投入2000多万元，改善职工待遇，完成苗圃新建住宅及腾退房配售，798户职工改善了住房条件。实施教职工健康关爱工程，坚持开展教职工体检，逐年增加体检项目。完善教职工帮困扶贫长效机制，组织教职工进行健康保险，设立教职工解困互助基金。加强校园环境整治，规范校园交通秩序，优化校园环境，建设校园主要干道，新增多处校园景观，受到师生好评。建设专业化后勤队伍，食堂办伙质量保持高水平。

10. 教育国际化开创新局面。进入国家建设高水平大学公派研究生签约院校行列。近年来共派出115名优秀学生留学海外。2007年成为“中国政府来华留学奖学金项目院校”。外国留学生培养拓展至本科、硕士和博士层次。2009年启动全英文授课硕士项目。主办和承办国际杨树大会、国际风景园林师联合会世界大会、林业教育国际研讨会、亚太地区林业院校校长会等重大学术活动，连续5年承办商务部援外培训项目。

11. 大学文化建设呈现新面貌。凝练“知山知水、树木树人”的办学理念，在校内形成广泛共识。加强生态文明理念的传播和实践，成为首批国家生态文明教育基地。主办森林文化研讨会、生态文明高端论坛，获“关注森林组织奖”等奖项，编辑出版《绿色校园建设读本》等书籍。开展绿色实践，发起成立中国青少年生态环保志愿者之家等组织，首都大学生“绿桥”、全国青少年“绿色长征”接力活动等成为绿色品牌。

总结过去6年多的实践探索，我们积累了宝贵的办学经验。这些经验深刻启示我们：

——坚持社会主义办学方向，加强党的领导，抓党建促中心，保障事业科学发展。校党委全面贯彻党的教育方针，改进党对学校的领导方式，树立“引领方向、掌握全局、凝聚人心、构建和谐”的党建理念，围绕中心抓党建，抓好党建促中心，加强党建和思想政治工作，固本强基，保障发展。

——坚持围绕科学发展第一要务，解放思想，改革创新。校党委注重发展战略的科学谋划，更新观念，抢抓机遇，推动学校从服务行业需求向服务国家生态文明建设战略需求转变。坚持体制机制创新，深化内部改革，增强发展活力。

——坚持以质量为核心，强化办学特色，促进内涵发展。学校重视教学、科研的协调发展，确保教学与科研相互促进，提升教学科研质量。做强做大特色优势学科，面向全国，服务行业，服务首都，参与国家经济社会建设，投身生态文明建设，以大贡献赢得大支持，提高办学实力。

——坚持以人为本，紧紧依靠广大师生，共建共享民主和谐的绿色校园。学校落实教育以育人为本、以学生为主体，办学以人才为本、以教师为主体。注重集民智、聚民心，深入群众，加强民主办学。高度关注民生，使改革发展成果惠及全体师生员工。高举绿色旗帜，主动将生态文明、绿色文化融入到学校发展之中，共建共享绿色校园。

面对成绩，我们必须保持清醒的头脑。与学校新阶段面临的新任务相比，学校发展还面临诸多制约因素和瓶颈问题，需要积极工作，切实加以解决：一是忧患危机意识不强，思想还不够解放，顶层设计不够系统，管理改革滞后，体制机制问题突出；二是人才培养和师资队伍建设质量不高，本科素质教育推动不够，研究生培养质量亟待提高，师资总量不足，领军人物匮乏、青年拔尖人才不多、学术团队和梯队建设不力；三是学科实力和科研水平需要提高，学科管理机制不健全，结构亟须优化，部分传统学科优势不再、目标不清，科研“顶天不够，落地不实”，成果对行业发展、国家战略的贡献度有待提高；四是办学空间紧张的问题十分突出，校本部建设亟须提速，部分基础设施亟待改善，办学资源亟须拓展；五是学风、教风和大学文化等软实力建设有待加强。

各位代表，同志们，回首过去6年多的工作和新世纪头10年的发展，学校建设的一切成绩，都得益于教育部、北京市委和国家林业局的正确领导，依赖于全校上下的齐心协力和共同奋斗。在此，我代表校党委，向全校共产党员和师生员工，向历届党政领导和离退休同志，向党外人士和各方面的同志，向所有关心学校的上级部门、社会人士和广大校友，表示崇高敬意和衷心感谢！

二、学校的发展目标和今后5年的主要任务

随着21世纪第二个10年的到来，我们肩负着更加重要的发展使命。在新的阶段，我们必须认清形势，统一思想，科学谋划学校发展。

（一）学校发展面临的机遇和挑战

当前，学校发展既面临历史性机遇，也面临着严峻的挑战。就机遇而言，国际形势、国家发展战略、教育改革等形势发生了深刻变化。在全球变化的大背景下，林业已从传统的木材生产，扩展到保障生态安全、改善人居环境、发展生物产业、应对气候变化等经济社会发展的主要领域。党的十七届五中全会做出了加快转变经济发展方式的战略部署，并科学判断21世纪第二个10年仍然是可以大有作为的战略机遇期。国家战略的深入转型，经济建设、政治建设、社会建设、文化建设、生态文明建设等五大建设的推进，要求教育、科技充分发挥支撑引领作用。国家先后出台教育、科技和人才中长期发展规划纲要，指明教育科技战线的方向，要求坚持有特色、高水平、内涵式发展道路，努力建设世界一流大学和高水平大学。这些都为学校发挥已有的比较优势，谋求新的发展提供了良好机遇。

同时，我们还应该清醒地看到，随着全球人才竞争的日益激烈，高等教育竞争的不断加深，学校之间的竞争拓展到办学的各个方面。与国内外知名大学相比，我校无论在办学质量、办学条件等硬实力方面，还是在教育理念、管理体制等软实力方面，都存在着较大的差距。国内同类型行业大学发展迅猛，势头强劲，与他们相比，学校的一些优势存在不断缩小并被赶超的可能性。我们必须树立忧患意识、危机意识，增强发展的紧迫感，充分做好迎难而上的思想准备。

我们必须以宽广的国际视野，振奋精神，把握机遇，应对挑战，加快学校发展转型，提升学校核心竞争力。

（二）未来10年的发展目标和发展战略

面对新形势、新要求，学校立足转型这一实际，贯彻落实国家教育、科技和人才中长期发展规划纲要，进一步拓展第九次党代会“三步走”战略构想，明确提出，到2020年的奋斗目标是：努力把学校建设成为国际知名、特色鲜明、高水平研究型大学，若干优势学科进入国际知名行列，学校核心竞争力和社会贡献度大幅提升。

为此，我们要通过实施质量提升、结构优化、特色发展、人才强校、改革驱动、开放合作六大战略，努力实现这一目标。

质量提升战略，就是要以国际知名、特色鲜明、高水平研究型大学为目标导向，以质量建设为主线，育英才、出名师，创一流成果，全面提升人才培养、科学研究、社会服务、文化传承创新4项基本职能的整体水平。

结构优化战略，就是要主动适应国家发展战略和社会需求，调整本科、研究生培养结构，优化学科专业布局，满足社会对人才的多样化需求，为国家经济发展转型提供有力支撑。

特色发展战略，就是要立足学校实际，围绕生态文明建设和现代林业发展对资源、环境和生态的重大需求，集中力量继续做强特色优势学科，优先发展重点领域，占领学术高地，并积极培育新兴交叉学科，着力加强人文社会学科、经济管理学科和基础支撑学科。

人才强校战略，就是要坚定不移地把队伍建

设放在更加突出的战略位置，以超常规的举措，统筹人才建设的各个环节，培养和引进高水平的师资队伍。

改革驱动战略，就是要充分借鉴国内外大学的先进管理理念，完善学校内部治理结构，深化校院两级管理改革，形成与研究型大学相适应的管理体制与运行机制，使学校管理充满活力、更加高效。

开放合作战略，就是要加快国际化办学进程，积极参与国际高等教育和科技合作，努力增强国际影响力；坚持面向社会、面向市场，加强与社会和行业的产学研合作，全方位开放办学，争取办学资源，改善办学条件。

（三）今后5年的指导思想和具体目标

今后5年是学校推进“十二五”发展、加快战略转型的攻坚阶段，发展质量直接决定了学校在我国高等教育行列中的位置。为此，我们提出，学校今后5年工作的指导思想是：坚持用科学发展观统领全局，全面贯彻国家中长期教育、科技和人才发展规划纲要，弘扬“知山知水、树木树人”的办学理念，制定实施学校“十二五”事业发展规划，以创新人才培养为根本，以学科建设为龙头，以人才队伍建设为突破，以体制机制改革为动力，以条件建设为支撑，以加强党建和思想政治工作为保障，强化办学特色，全面提升办学水平，初步完成向研究型大学的转型。

今后5年，在办学核心竞争力指标方面，力争全面超越“十一五”期间所取得的成绩，具体目标是“确保三项领先、实现四大突破、做到五个提升”。

确保三项领先：学科整体实力在同类高校中领先；部分优势学科和专业国际领先；党建思政工作保持北京高校领先水平。

实现四大突破：国家重点实验室建设实现突破；高层次人才建设实现突破；办学条件建设实现突破；学校内部管理体制机制改革实现突破。

做到五个提升：本科生和研究生教育教学水平进一步提升；科技成果产出、转化及服务社会能力显著提升；国际化办学水平稳步提升；绿色大学文化建设有效提升；教职工收入水平进一步提升。

（四）抓好今后5年的8项工作

1. 创新人才培养模式，全面提高教育教学质量

人才培养是高校的根本任务，教育质量是学校的生命线。要始终突出教学工作的中心地位，将本科专业纳入学科建设体系，大力提升本科教育、研究生教育和继续教育的质量。

本科教育要提出专业调整计划，调控本科专业规模，优化专业结构。利用多学科交叉优势，整合课程体系，优化教学内容，提高课堂教学质量，建设一批国家级、省部级精品课程和精品教材，争取国家级教学名师的突破。建成全校共享的教学资源网络平台。搭建科研训练平台，鼓励学生参与创新实践。加强教学实习基地建设，实现国家级实验教学示范中心的突破。

研究生教育要优化培养类别，发挥研究生的科研生力军作用。建立支撑学科发展、满足社会需求的研究生培养体系，创新学术型研究生培养模式，推动学术型研究生学术成长与科技成果产出的有效结合，争取产生更多的全国优秀博士论文。推行产学研联合培养和双导师制，强化专业学位研究生培养。

构建完备的继续教育体系。完善继续教育格局，促进学历教育、非学历教育和网络培训协调发展。积极申办现代远程教育，开拓网络教育，扩大非学历教育规模，拓展培训市场。

2. 突出特色优势，全面提升学科整体实力

学科建设是提高教学科研水平、保证人才培养质量的关键，更是衡量大学学术水平的重要标志。我们要在原有六大重点领域的基础上，以工学、理学、信息和计算机科学等学科为支撑，以林学、园林、水土保持与荒漠化防治等特色优势学科为核心，重点建设森林资源培育学科群、园林与人居环境学科群、生物质材料与能源学科群、生态与环境学科群、森林生物学科群、特色人文社会科学学科群，培育若干国内最前沿的学科方向，构建比较完善的林业学科体系。

围绕学术前沿和国家战略，加强各学科发展的顶层设计，加强有关学科的整合，解决学科杂、乱、多，核心竞争力不强的问题，明确各个学科建设目标。力争将风景园林学、林业工程、农林经济管理建成国家一级重点学科，新增省部级一级重点学科3个以上。学校重点抓好一级学

科建设，充分发挥学院积极性，加强二级学科建设。促进学科建设从数量增加到质量提升的转变。强化基础学科对应用学科的支撑，促进学科间的交叉融合，加大新兴交叉学科建设的投入。新增博士学位一级学科授权点3个以上。

抓好“国家优势学科创新平台”二期和“211工程”三期建设任务，谋划2项计划的下一轮建设计划，取得更多的标志性成果。

3. 加强科技创新能力建设，持续提高科研产出水平

提升科学研究水平，是建设高水平大学的必由之路。要继续保持科研经费总量持续增长，提高承担国家重大科技项目的能力。实施南方、北方并重的林业科研布局，重点发展林学、风景园林学、生物学、林业工程等优势学科和研究领域，提升农林经济管理及人文社会科学、信息科学与技术、环境科学等学科的科研能力。促进科技成果产出，力争新获国家三大科技成果奖项4项以上，实现国家自然科学奖的突破。

加强基础研究及应用基础研究，在六大学科群领域的研究方面实现新进展，发表更多高水平学术论文；加强应用技术研究和示范，力争在木质材料工程、城乡人居环境、林木花卉新品种培育、林业机械装备等领域的技术研究等方面形成一批具有自主知识产权的发明专利、植物新品种权、成型技术产品。

构建比较完备的科技创新平台体系，力争实现国家重点实验室的突破，新增国家工程实验室或国家工程技术研究中心、国家级野外台站，新建一批省部级重点实验室、工程研究中心和野外台站，新建人文社会科学重点研究基地。完善科研实践基地运行保障机制，充分发挥六大实践基地的综合功能。

4. 继续实施人才强校战略，建设高水平的师资队伍

高水平的师资队伍是研究型大学建设的第一资源。深入实施人才强校战略，加大投入，积极引进和培养高层次拔尖领军人才。争取新增院士1～2人、“千人计划”特聘教授1～2人、“长江学者”特聘和讲座教授3人以上、国家杰出青年基金获得者3人以上。积极培养战略科学家。新增新世纪百千万人才工程人选，国家级、省部级教学名师，优秀学科带头人等10人左右。力争有3个以上的团队进入教育部“创新团队发展计划”或国家自然科学基金委“优秀创新群体支持计划”。建设若干创新团队，构建“大师+团队”的人才聚集模式。建设具有一定规模的高水平专职科研队伍，推动学校科研发展。

加快实施“学术大师后备人才培养计划”“杰出青年人才培养计划”“青年学术骨干人才培养计划”“教学名师培养计划”和“后备师资培养计划”5个新的人才建设计划，立足培养、使用和管理环节，提升师资整体水平。以公开竞争、择优选用的原则，积极补充高水平的师资力量，专任教师规模达到1250人左右，其中具有博士学位教师比例达70%以上。

5. 搭建产学研新平台，提升社会服务和产业发展水平

为经济社会发展提供服务，是高水平大学建设的重要内容。发挥智力和人才优势，加强对国家宏观战略的决策咨询。落实教育部和国家林业局共建协议，主动拓展为城乡建设部、环境保护部、水利部等服务的新途径。全方位深化与国内各行业的产学研合作，广泛开展教育培训、科技服务等，大力实施科技成果转化与推广项目，积极转让科技专利成果。

推动科研与企业的合作，以大学科技园区建设为龙头，完善产业布局，力争大学科技园进入国家级大学科技园行列。切实用好北京市政策，推进中关村科学城项目——生态环保产业技术研究院建设，建设生物质产品研发基地，拓展办学空间。

6. 推进国际化进程，提高国际影响力

实施国际化战略，推进国际化办学，是建设研究型大学的必然选择。充分利用国际优质教育资源，争取与15所以上的世界知名大学建立紧密的战略合作关系。

实施国际化人才培养计划，以园林等优势学科为突破，提升学科专业的国际化水平，推动人才培养走向国际，使在校生中具有海外学习进修和联合培养经历的学生比例增长到5%。建立“亚太地区林业院校长会议联席机制”协调办公室，争取更多教育合作项目，加强留学生教育，到“十二五”末留学生人数达到200人左右。推进教师学历国际化，每年选派50名左右中青年骨干教师赴海外深造。开展管理人员海外研修

培训。

7. 加快支撑条件建设，满足办学需求

良好的办学条件，是学校发展的重要依托。今后5年，要立足校本部，加大基本建设力度。高质量完成续建和新建项目，确保学研中心在2013年内投入使用。完成校园东侧土地整理，新建3万平方米的后勤综合服务楼和3万平方米的学生宿舍。主动争取国家和北京市的政策支持，修编校园规划，增加校园容积率，调整校园功能分区，进一步提升校本部的办学承载力。

逐步扩充实验实习场所用地。加强教学实验林场建设，力争林场部分土地转性，争取林场周边征地，扩大发展空间，满足教学科研需要。积极拓展开放式的外部资源，加快树木园和苗圃建设，充分用好南北方基地及各类教学科研基地，立足北京、辐射全国，形成完善的科研教学支撑体系。

加强公共支撑体系建设。加大投入，拓展图书文献资源。提升学术期刊质量。加强数字校园建设，推进教育信息化。继续办好让师生满意的后勤服务。改善校园环境，建设绿色节约型校园。

8. 弘扬“知山知水、树木树人”办学理念，建设富有特色的大学文化

文化传承和创新是大学软实力建设的核心内容。要构建富有北林特色的大学文化，培育北林的绿色价值取向，引领生态文明。

传承北林文化的核心价值。以迎接建校60周年、筹备“绿色校庆”为契机，进一步总结办学实践经验，继承优良办学传统，弘扬“知山知水、树木树人”的办学理念，深入挖掘北林精神的内涵，增强师生员工对学校的归属感和荣誉感。积极开展生态文明理论研究，传播绿色文化，扎实推进大学文化建设工程，加强国家生态文明教育基地、国家大学生文化素质教育基地、国家林业局生态文明研究中心等平台建设，加强生态文明教育和示范，创新大学生绿色环保活动内容，激励师生以实际行动践行低碳环保理念。加强大学生文化教育，倡导学生学会学习、学会思考、学会审美。

同时，要按照统筹兼顾的原则，切实抓好学校日常工作，做好档案管理、医疗保障、校友会、教育基金会、居委会、北林附小等各项工作，为教学科研提供有力支撑。

三、深化改革，强化管理，进一步激活办学内在活力

要完成以上8项任务，推进体制和机制改革是关键。必须立足学校发展实际，全面梳理教学、科研、人事、管理等体制和运行机制中存在的问题，加大改革力度，突破制约学校发展的体制和机制障碍。

（一）推进教学科研改革，提高人才培养质量和科研成果产出

全面推进本科教育改革，实现提升人才培养质量的目标。构建创新人才培养方案，开展研究型教学、学习，改革教学方法，建设通识教育、学科基础教育、专业教育三大平台。推行通识教育基础上的宽口径专业培养模式，在部分专业试行按大类招生，低年级进行通识教育，高年级选择专业方向分流培养。深化国家理科生物学基地、梁希实验班等拔尖人才培养模式改革，推行本硕博连读。促进校企联合，争取进入“卓越工程师培养计划”。探索本科生国内外联合培养模式。组建教学研究与促进中心，深化教学改革，改革本科教学质量监控评价体系。

以提高研究生培养质量为目标，深化研究生招生改革、培养方案改革、资助政策改革、学位标准要求改革。完善研究生招生选拔方式，吸引优秀学生，全面提高研究生生源质量。强化导师责任制，推进导师在研究生招生、培养、学位授予、奖助等方面自主权的落实。加快建设基础理论、学术前沿、实践应用有机结合的研究生专业课程体系，探索个性化的研究生培养模式。实施研究生创新计划，提高研究生毕业门槛，促进其学术与职业成长。

深化科研管理改革，继续以数量与质量并重的科技成果产出管理为导向，重点完善科技管理体制，强化立项预审、项目过程管理，加强科研诚信建设。落实科研管理责任，充分调动学院、学科和教师的积极性，将科研产出的任务具体落实到学院和学科。完善科技创新平台运行机制，加大投入，推进省部级以上优势平台的实体化建设，解决科技平台分散管理的问题，理顺平台与学院、学科的关系。完善基层学术组织建设，建设一院多所（中心）的学术组织体系，搭建科研平台，支持跨学科研究中心的建设。

（二）健全激励与约束机制，深化人事制度改革

以全面实施岗位设置管理改革为契机，进一步深化聘任制改革。力争在新一轮聘期，建立和完善教师岗位分类管理体系。完善分类设岗、分类评价和分类考核的机制，为教师提供不同的职业发展平台与通道，提升师资队伍的整体水平。

探索管理岗位教育职员制。做好建立教育管理职员制度的摸底和调研工作，配合上级部门的整体部署，出台适合我校校情的职员制方案。建立管理人员独立的岗位等级序列、岗位职责、任职条件和聘任办法，拓展党政管理人员的发展空间。

完善用人制度改革，建设多元化的人才队伍。以重大科研项目和重点科研平台为依托，吸引优秀人才资源，设立科研编制，建设规模结构合理、固定编制和流动编制相结合的高水平专职科研队伍。创新用人机制，以项目为牵引，加大兼职教师和实验研究队伍建设的力度。

根据国家事业单位绩效工资制度改革部署，坚持重能力、重实绩、重贡献的原则，建立符合政策要求和学校实际情况的收入分配机制，体现效率优先、兼顾公平，进一步提高教职工的收入水平，调动全校教职员工的积极性。

（三）完善内部治理结构，系统推进校院两级管理

研究制定《北京林业大学章程》，按照“党委领导、校长负责、教授治学、民主管理”的精神，从学校实际出发，逐步完善符合学校发展的大学内部治理结构。加强学术委员会建设，创新和完善学术事务管理方式。建设服务型职能部门，增强管理工作的整体效能，提高学校管理的科学化水平。

制定校院两级管理改革框架和实施方案，落实学院的行政、人事、学术和资源配置权，明确学院管理的责权利，建立激活学院办学活力的运行机制，充分调动学院的办学积极性。加强对学院办学业绩的考核评估。

（四）深化干部队伍制度改革，实施院、处级领导任期制

改革干部管理机制，实施院、处级领导任期制改革，明确任期目标，签订任期责任书，规范届中和任期绩效考核评价，强化工作业绩和履职能力考核，完善与任期目标完成情况相一致的激励约束机制。加大院、处级领导干部选拔的公开竞聘力度，选好配强各职能部门负责人、学院院长和书记。试点面向国内外公开选聘学院院长。结合院、处级领导任期制改革，规范处级干部的轮岗交流。推进省部级科技平台管理的实体化，配强管理干部，强化平台管理。

（五）加强财务管理，推进资源配置及其他改革

加强财务预算管理，拓展资金渠道，强化经费使用监督和使用效益考评，建立与公共财政和现代大学制度相适应的财务管理运行机制，注重效益、节约资源。规范财经行为，防范财务风险，保障资金安全。

深化资源配置改革，尝试建立学校资源有偿使用机制，强化学校资源统筹能力。充分利用新建项目的增量，向教学科研一线倾斜，优化配置办公用房资源，力争实现研究型学院拥有相对独立的办学空间。加强办公用房精细化管理。加强教学科研公共平台建设和管理，提高大型仪器设备开放使用的效益。

完善国有资产、招投标、审计等管理工作机制，促进学校高效运行。加强后勤管理，保持服务的高水平。

四、以改革创新精神全面加强党的建设

推进学校各项事业发展，必须以改革创新精神不断加强党的建设。新一届校党委将统筹规划、务求实效，全面推进学校党的建设，提高党建的科学化水平，为学校改革、发展和稳定提供坚强的思想、政治和组织保障。

（一）坚持理论领航，强化思想武装和学习型党组织建设

坚持把理论武装放在突出位置，深入学习中国特色社会主义理论体系，提高广大党员尤其是党员领导干部的思想素质、理论水平和解决实际问题的能力，将科学发展观内化到办学实践全过程。扎实推进学习型党组织建设，以校、处级领导干部为重点，增强校党委中心组学习实效，健全二级中心组学习制度，建立健全处级以上干部的学习考评机制。完善学术骨干、科研骨干、管理骨干理论学习制度，完善党员干部日常学习、脱产学习、短期集训等学习制度。发挥党校在党

员、干部教育培训中的主渠道、主阵地作用，组织党员开展多种形式的学习活动，深化理论学习效果。

（二）着力提升能力素质，加强领导班子和干部队伍建设

新一届党委将继续坚持党委领导下的校长负责制，落实民主集中制，完善“三重一大”集体决策等制度，深入基层开展工作，提高校领导班子的领导能力。坚持德才兼备、以德为先的用人标准，重视干部的素质培养，提高干部选拔的公信度。

按照“系统规划、专兼结合、重点培养”的原则，建设结构合理、富于创新的高素质干部队伍。增加干部多岗位培养和锻炼，积极向外输送优秀干部，激发干部队伍的整体活力。加强干部教育培训，加强干部能力建设。

（三）坚持固本强基，进一步加强基层党组织建设

深入贯彻《中国共产党普通高等学校基层组织工作条例》，加强基层党建工作，完善学院党政联席会议制度，促进学院党委政治核心和监督保障作用的发挥，推动学院改革发展。规范党务公开，充分发扬党内民主，尊重党员的主体地位。实行党代表任期制，完善党代表提案制度。健全党员教育培养体系，全方位提高党员队伍素质。注重质量、优化结构，完善发展党员工作机制，加强思想上入党教育，加大在“双高”人员中发展党员力度，发挥党员的先锋模范作用。

（四）加强舆论引导，提升宣传思想工作水平

牢牢把握党对学校意识形态工作的主导权，坚持不懈地加强全校党员和师生员工的思想政治工作，开展党的宗旨教育、理想信念教育和形势政策教育，围绕国家重大活动开展主题教育，深入推进文明校园建设。

坚持正确舆论导向，充分发挥校园媒体作用，创建良好的氛围。完善学校新闻发言人制度；以新媒体建设为突破口，加强网络建设管理；加强对外宣传工作制度化建设，提升舆论引导、网络传播和危机应对能力，提高我校社会知名度和美誉度。

（五）深化党风廉政建设，以优良党风带学风促校风

深入贯彻党风廉政建设责任制，健全惩治和预防腐败体系，健全督查考评机制，促进反腐倡廉建设与中心工作的协调发展。整体推进校务公开和院务公开，健全民主决策和监督机制。加强干部人事、物资采购、基建工程、财务管理、招生、科研经费和后勤服务等重要领域和重点环节的管理和监督，健全权力运行监督机制。加强党员领导干部作风建设，加强师德、职业道德和学术道德建设，坚决制止学术不端行为，以优良党风带学风促校风。严肃查处违纪违法案件。

（六）加强大学生思想政治教育，促进学生全面成才

深入落实中央 16 号文件精神，把握大学生思想教育的新变化，完善“红绿相映”特色育人理念，纵深推进学生工作“九大工程”，构建学生成才“五大体系”，服务学生全面发展。

发挥思想政治理论课的主渠道作用，提升教学质量，推动马克思主义中国化最新理论成果进教材、进课堂、进头脑。将社会主义核心价值体系融入教育教学和学生管理全过程。以辅导员队伍建设为核心，推进学生管理队伍专业化发展，成立辅导员工作研究中心和深度辅导工作室。落实教育部有关文件要求，切实加强研究生思想政治教育工作。推进科技服务、志愿服务、挂职锻炼、义务支教等社会实践，使学生在实践中受教育、长才干、做贡献。充分发挥党团组织、学生会、研究生会和学生社团的作用，加强班集体建设，强化班风、学风、舍风建设，实现学生的德智体美劳全面发展。

（七）凝心聚力，深入推进和谐校园建设

加强教代会和工会的制度化建设，充分调动教职工的积极性和创造性，推进民主管理。认真落实中央关于加强统战工作的有关精神，做好统一战线的工作，大力支持民主党派、侨联和无党派人士围绕学校中心工作和国家建设建言献策做贡献，加强党外代表人士的推荐和党外后备干部的选拔培养工作。要高度重视离退休工作，落实上级政策，让离退休人员共享学校改革发展成果。加大对老教授协会、关心下一代工作委员会等组织的支持力度，充分发挥老同志的作用，推动有关工作快速进展。

（八）实施平安校园工程，维护校园安全稳定

充分发挥基层党组织和党员在维护校园安全稳定中的作用，创新工作体制机制，全面提高校园安全综合防控水平。完善校园安全管理制度，落实责任制，加大师生的法制教育和安全教育，深入推进消防安全、校园治安、交通安全、科技创安、反邪教等专项工作，深化平安校园创建工作，为学校改革发展和安全稳定创造良好的环境。

各位代表、同志们，北林自建校以来，历经磨砺，不断发展壮大。面向未来10年，谱写发展新篇章，成为我们共同肩负的历史责任。学校第十届党委将团结一致，带领全校师生员工，全面贯彻落实科学发展观，以更加开阔的视野，更加务实的作风，奋勇争先，狠抓落实，为学校“十二五”建设，为早日将北林建成国际知名、特色鲜明、高水平研究型大学奋斗、奋斗、再奋斗！

深入扎实开展反腐倡廉建设
为开创学校发展新局面提供坚强保障

——在中国共产党北京林业大学第十次代表大会上的报告

陈天全

2011年6月7日

各位代表、同志们：

我受中共北京林业大学纪律检查委员会的委托，向大会做工作报告，请予审议。

一、我校第九次党代会以来纪委主要工作回顾

自2005年第九次党代会召开以来，学校纪委坚持以邓小平理论和“三个代表”重要思想为指导，深入贯彻落实科学发展观，坚持“标本兼治、综合治理、惩防并举、注重预防”的方针，按照“加强教育，完善制度，强化监督，注重防范，严惩违纪”的工作思路，扎实推进反腐倡廉工作，为学校改革、发展和稳定提供了坚强的政治保障。

（一）纪委推进反腐倡廉建设的基本脉络

按照《党章》要求，纪委的主要任务是维护党的章程和其他党内法规，协助党委加强党风廉政建设和组织协调反腐败工作。6年来，纪委在学校党委的有力领导下，认真履行党章赋予的职责，深入贯彻中央纪委、教育部纪检组和北京市教育纪工委的部署要求，客观分析党风廉政建设和反腐败面临的形势，系统梳理存在的问题，坚持每年调研出台一两项重要制度并抓好抓实若干项重点工作，协助党委统筹解决党风廉政建设“抓什么”“谁来抓”“怎样抓”的根本问题。

2005年，纪委协助党委制定出台了《中共北京林业大学委员会关于落实中共中央〈建立健全教育、制度、监督并重的惩治和预防腐败体系实施纲要〉的实施意见》，详细制定了学校惩防体系建设的实施方案和具体措施，重点解决了反腐倡廉工作“抓什么”和“怎么抓”的问题。

2006年，纪委协助党委修订了《北京林业大学党风廉政建设责任制实施办法》，明确了党风廉政建设和反腐败工作由校党委常委会全面负责，明确了党委书记、校长及各级领导班子成员的党风廉政责任，详细规定了责任考核和责任追究事项，建立了党风廉政建设责任书制度。2007年，纪委协助党委制定了《中共北京林业大学委员会关于加强党风廉政建设和反腐败工作的意见》，进一步确立了党风廉政建设实施“党委统一领导，党政齐抓共管，纪委组织协调，部门各负其责，依靠群众的支持和参与”的领导体制和工作机制。两项制度主要解决了党委、行政、纪委和职能部处及各级党组织在开展反腐倡廉中的职能定位，也就是“谁来抓”的问题。

2007年以来，纪委以“重点抓什么”和“具体怎么抓”为工作主线，深入推进党风廉政建设工作。2007年，协助党委制定了《中共北京林业大学委员会关于加强作风建设的意见》，重点针对领导干部作风建设中存在的问题从10个方面提出要求。2008年，协助党委制定了《北京林业大学重点部位和重点环节监督管理办法》，按照管理职责和权限对全校15个重点部位的90个重点环节进行梳理和规范，强调发挥职能部门自主管理，自我监督的作用，提出内部监管指标和自检自查内容，扩大了监督视野，将科研经费、人员招聘、研究生推免、后勤物资采购及房屋租赁等列为重点部位。办法还明确了纪检监察重点参与的环节。2008年，纪委协助党委制定了《北京林业大学采购大宗货物、工程和服务招投标管理办法》，整合全校的招投标工作，确定了各类招标工作在学校大宗采购招标工作领导小组和监督小组的领导和监督下，由基建招标小组、修缮和服务采购招标小组、大宗物资和设备采购招标小组统一组织，实现了招投标工作的主体转变和回归，即纪委书记不主持，纪检监察不投票，解决了纪检监察既当裁判员又当运动员的问题，确立了纪检监察对招标程序的“一票否决权”。2008年，学校为了加强审计监督工作，协助党委制定了《北京林业大学进一步加强审计工作的意见》，提出了审计工作“主动、独立、过程、前移”的指导思想，从基建维修工程审计、经济责任审计、科研审计、财务收支审计等方面提出要求，明确了重大基建工程全过程跟踪审计和双标底制度。2009年和2010年，纪委协助党委制定了《北京林业大学推进廉政风险防范管理工作的实施方案》和《在全校范围深入推进廉政风险防范管理工作的实施方案》，针对权力运行的重点部位和关键环节，查找全校各级岗位的风险点，完善防控机制和制度，使廉政风险防控措施落实到每一个岗位。

这些重要文件相辅相成，紧密相扣，是学校推进党风廉政建设的纲领性文件。文件的相继出台和逐一落实构成了学校党委、纪委组织推进反腐倡廉建设的基本脉络，有力地推动了学校反腐倡廉建设的深入开展。

（二）纪委推动反腐倡廉建设的基本模式

6年来，纪委充分发挥组织和协调的职能作用，积极协助党委推动反腐倡廉工作，逐步形成了“年初有部署，年中有督促，年底有检查”的工作模式。

年初有部署。从2006年开始，纪委每年年初组织召开有关部门参加的协调会，部署相关部门制定年度廉政计划；3月中旬协助党委筹备召开党风廉政建设工作会议，总结、部署学校反腐倡廉工作，将党风廉政建设责任分工落实到部门、分解到个人。

年中有督促。纪委每年不定期组织召开协调会对各单位反腐倡廉建设情况进行督促检查。如在2008年，由纪委牵头召开了落实《北京林业大学重点部位和重点环节监督管理办法》的联席会、整合全校招投标工作的联席会、全校廉政宣传教育联席会、领导干部经济责任审计联席会4个协调会。几年来，通过及时细致的沟通协调和督促检查，充分调动职能部门自我管理、内部监督的积极性和能动性，为落实完成好党风廉政建设年度重点工作奠定了坚实的基础。

年底有检查。纪委高度重视党风廉政建设责任制执行情况的检查工作。从2006年开始，每年12月协助党委开展执行党风廉政建设责任制情况考核。通过自查、抽查和评优等形式，树立先进典型，查找不足，督促各级领导班子落实“一岗双责”，切实做到党风廉政建设工作与业务工作一起部署，一起落实，一起检查，一起考核。6年来，共有9个单位被评为“执行党风廉政建设责任制先进单位”。

（三）纪委推进反腐倡廉建设的主要举措

6年来，学校纪委以宣传学习和贯彻落实中共中央《关于建立健全教育、制度、监督并重的惩治和预防腐败体系实施纲要》《中国共产党党员领导干部廉洁从政若干准则》、中央纪委、教育部、监察部《关于加强高等学校反腐倡廉建设的意见》和北京市教工委、教委《关于在首都教育系统推进廉政风险防范管理工作的实施意见》等重要文件和法规为重大契机，紧密结合学校实际，科学制定工作举措，从制度体系建设、廉洁自律教育、权力运行监督、廉政风险防范和案件调查处理等多个方面扎实推进反腐倡廉工作。

1. 完善制度，规范程序，积极推进惩治和预防腐败体系建设

纪委高度重视制度建设，把建立健全制度作为党风廉政建设根本性、关键性的工作来抓，以制度建设为核心，扎实推进惩治和预防腐败体系建设。在协助党委制定完善多项重要制度的基础

上，纪委充分发挥组织协调职能，对全校党风廉政建设的规章制度进行了全面的梳理排查，组织协调和督促有关部门对原有规章制度进行修订并新建相关制度。2005 年以来，各职能部门补充和修订制度 88 项，完善出台了 135 项廉政建设的制度和文件，涵盖了党内监督、干部选拔任用、招生录取、基建工程等重要领域，基本形成了学校规范权力运行的制度体系。

2. 加强教育，营造氛围，筑牢党员拒腐防变的思想道德防线

坚持把教育作为党风廉政建设的基础性工作抓实、抓好。6 年来，结合学校开展的保持共产党员先进性教育活动、学习实践科学发展观活动和每年开展的党风廉政建设宣传教育月活动，深入开展内容丰富、形式多样的党风党纪教育。纪委高度重视经常性的廉政教育工作，通过党委理论学习中心组学习、干部培训、警示教育、专题民主生活会等形式开展廉洁自律和党风党纪教育活动。积极推行干部廉政谈话制度，6 年来开展新上任处级干部谈话 91 人，诫勉谈话 3 人，对新任干部提出廉政要求，对有信访举报和苗头性问题的干部进行组织提醒。

重视师德师风建设和学术道德建设，协调和督促有关部门和学院通过开展新教工培训、师德表彰大会、师德报告会、师德师风大讨论、教代会巡视等方式开展师德教育和学术道德教育，制定并认真执行《北京林业大学科研不端行为处理办法》等制度，不定期开展科研经费自查自纠和检查整改，对部分重点课题进行了专项审计。通过师德师风的宣传教育，在广大教师中树立了“学为人师、行为世范”的好风气。积极推进廉洁文化进校园活动，组织协调学生工作部门、宣传部门运用校园网、校报、校电视台、宣传橱窗等载体，通过廉洁主题班会、征文、专题讲座等活动，积极开展大学生和研究生廉洁教育。

6 年来，组织开展了廉政报告会 6 次，党委书记专题报告会 4 次，校级领导干部上廉政专题党课 12 人次。党委中心组开展廉政专题理论学习 8 次，处级干部上党课 19 人次，学校组织师德师风等相关大讨论 15 次，学习党章等专项答题测试学习活动 4 次，正反面廉政教育专题片 16 部，党员干部心得体会 260 余篇，橱窗、图片宣传 180 版，参观北京市等反腐倡廉展览 2750 人次，发放廉政学习读本、材料 5000 余册，纪委、宣传部党风廉政网站发布反腐倡廉宣传教育信息 650 余条。通过广泛深入的党风党纪和廉洁自律教育，增强了广大党员干部遵纪守法意识，筑牢了党员干部拒腐防变的思想道德防线。

3. 突出重点，强化监督，努力拓展源头治理领域

以落实党风廉政建设责任制为抓手，针对重要领域、重点部位和关键环节，认真履行监督检查职责，推进权力在阳光下运行。加强对招生工作的监督，进一步拓宽监督覆盖面，实施本科生招生全程监督，研究生招生重点环节监督，确保招生工作的公开、公平、公正；加强对基本建设、修缮工程、物资设备采购等重要领域招投标工作的监督，6 年来共参与学校各类招标 236 次，涉及金额 9 亿余元。参与干部人事工作的监督，坚持新任职中层干部上会讨论前书面征求纪委意见制度，加强对新进人员录用工作进行监督，积极参与职称评聘的监督工作。

认真贯彻落实中央和北京市专项治理精神，每年与计财处开展春秋两季教育收费检查工作，使学校教育收费和服务性收费得到进一步规范。组织开展治理商业贿赂，努力建设防治商业贿赂的有效机制；开展“小金库”专项治理工作，形成了防治“小金库”的高压态势；开展工程建设领域的专项治理工作，进一步规范了基建工作流程；组织开展因公出国（境）团组情况专项检查和兼职取酬情况调查，进一步明确了因公出国（境）管理和干部兼职取酬的有关政策。推进校务公开和信息公开工作，协调有关部门制定校务公开目录，通过校务公开栏、信息发布会、校园网络等多种途径公开校务，进一步拓展民主监督渠道。

充分发挥审计工作的预防、监督职能。校审计处与纪检监察部门密切合作，紧紧围绕学校热点、重点、难点问题依法开展审计工作。6 年来，共完成各类审计项目 183 项，审计总金额达 56 亿元，审减金额约 924 万元，出具审计报告 165 份。其中，基建项目审计 6 项，修缮项目审计 97 项，经济责任审计 17 项，财务收支、专项资金、科研经费等审计 63 项。

4. 抓好试点，注重防范，积极稳妥推进廉政风险防范管理工作

2009年和2010年，纪委协助党委扎实推进廉政风险防范管理工作。2年来，全校50个处级单位共查找风险点192个，其中高风险点66个，中风险点92个，低风险点34个。校级领导班子和领导干部完成了风险点的查找和防控措施的制定。学校进一步规范了“三重一大”、党委行政议事规则、领导干部选拔任用、学校企业和国有资产管理、科研经费管理等10项工作流程。廉政风险防范管理工作有力推进了以健全完善岗位行为规范和以规章制度为基础的权力约束机制、以落实党风廉政责任制为核心的考核机制、以规范业务程序为内容的环节之间的监控机制和以廉洁文化为主题的教育宣传机制的完善，实现了党风廉政建设与业务工作的相互促进和相互保障。

5. 严肃纪律，依纪依法，坚决查处违纪违法案件

纪委高度重视信访举报工作，认真受理群众来信来访。6年来，共接收信访56件次。在核查各类信访举报中，对有调查线索的信访件，都逐一进行核实，切实做到“事事有结果，件件有落实”，对于举报失实的，澄清事实，维护党员干部的合法权益。在办理信访工作中，坚持做到耐心、细致，认真做好调查研究，关注广大教职工反映的热点问题，做好协调和化解矛盾工作，努力构建和谐校园。按照“事实清楚、证据确凿、定性准确、处理恰当、手续完备、程序合法”的要求，做好案件查处工作。第九次党代会以来，共立案3件，结案3件。1人受到党内严重警告处分，2人被开除党籍。发挥查办案件的治本功能，深入剖析案件发生的主客观原因，督促有关单位建章立制，堵塞漏洞。

6. 加强培训，提高素质，搞好纪检干部队伍自身建设

学校纪委高度重视纪检干部队伍建设，注重提高纪检监察干部队伍综合素质，组织专职纪检监察干部参加各类专题培训，通过业务交流和理论学习，纪检监察干部能力和水平不断增强。纪委定期召开全委会，按照民主集中制要求，研究重要事项。注重调查研究，重要制度出台前深入调研，多次召开部门负责人联席会议听取建议。2008年，纪委组织专职纪检监察干部开展“做党的忠诚卫士、当群众的贴心人”主题实践活动，提高纪检监察工作人员业务素质和工作能力。6年来，纪委多次获得各种荣誉和表彰，1人荣获“全国教育系统纪检监察工作先进个人”称号，纪委网站获得北京市纪委“好网站”三等奖；2007年在北京市高校党建评估工作中，党风廉政建设工作受到表扬；2008年“北林廉政网”获教育部思政司组织的百佳校园网站之“十佳校园廉洁教育主题网站”称号；2009年在教育部《关于加强高等学校反腐倡廉建设的意见》落实情况量化考核中，获得98分，党风廉政建设工作获得驻部纪检组肯定。6年来，共获北京市纪委、北京教育纪检监察研究会等各项调研成果奖励16次。

上述成绩的取得，是学校党委和上级纪检部门正确领导的结果，是全校广大干部、师生员工共同努力的结果，凝聚着学校所有专兼职纪检监察干部多年来的不懈努力。借此机会，我代表学校纪律检查委员会向为纪检工作付出辛苦与努力的同志们，向给予我们支持和理解的党员干部和教师们，表示衷心的感谢和崇高的敬意！

二、反腐倡廉建设的主要成效和基本经验

6年来，在学校党委、纪委和各级干部的共同努力下，学校反腐倡廉建设工作取得了明显的成效。一是全校上下对反腐倡廉工作的认识进一步增强。校党委将反腐倡廉工作作为“一把手”工程，认真落实党风廉政建设责任制，积极支持纪委开展工作和正确行使职权；学校党政班子和二级单位认真落实“三重一大”制度；各院（系、部）、处在抓教学、科研和管理的同时，切实履行“一岗双责”；广大教职员工广泛参与、积极监督。学校的党风廉政建设和反腐败工作的合力大大增强，为学校反腐倡廉工作的不断深入提供了重要的保证。二是反腐倡廉教育效果显著。学校通过构建“大宣传”工作格局，宣传部牵头制定年度反腐倡廉宣传教育方案，召开宣传教育联席会议，分层分类开展反腐倡廉教育。宣传部、党政办通过党委理论学习中心组组织党员领导干部学习，组织部、党校结合干部管理工作，开展干部培训；人事处、科技处、工会和各院系侧重师德师风和学术道德教育；学生处、研工部、团委侧重大学生廉洁诚信教育。通过多层次、多

渠道的广泛教育，师生员工的廉洁意识得到明显增强。三是职能部门接受监督的意识逐渐增强。主管人、财、物的职能部门由原来的被动接受监督转变为主动要求监督，把纪检监察部门参与监督作为规范管理、化解矛盾的重要措施。纪检监察不断拓展源头工作领域，积极参与到干部选拔任用、人事评聘、招生考试等重点部位和重点环节，做到"在参与中服务、在服务中监督、在监督中预防"。四是学校经济活动进一步规范。基建、设备、修缮服务3个招标小组组长单位充分发挥职能作用，严格按照规定程序组织招投标、签订和履行合同，各有关部门、院系自觉按照规定进行招标和采购活动，纪监审重点发挥程序监督和过程审计的作用，学校的经济活动日趋规范，学校经济利益得到有力保障。五是纪检监察受理信访、案件数量逐年减少。重复访、越级访现象有所减少。在党建思想政治评估工作中，教职员工对学校源头治理工作的评价满意率达到98%。

总结过去6年的工作，我们认为反腐倡廉建设工作必须坚持"党委统一领导，党政齐抓共管，纪委组织协调，部门各负其责，依靠群众的支持和参与"的领导体制和工作机制；反腐倡廉建设工作始终要服务于学校改革发展大局，以维护学校利益、保障教职工权益和保护爱护干部为基本出发点和落脚点；反腐倡廉建设必须坚持惩防并举，更加注重预防为先，更加强调关口前移；反腐倡廉制度体系建设必须紧密结合学校实际，立足当前，面向长远，必须将廉政建设与业务管理紧密融合，统筹协调，不断创新。

在看到学校反腐倡廉建设取得成绩的同时，我们也深刻认识到学校党风廉政建设存在一些问题和薄弱环节，如有的领导干部对党风廉政建设重视不够，党风廉政建设责任制已经建立，但"一岗双责"的自觉性还有待进一步提高；党风廉政建设宣传教育普遍开展，但针对性、多样性和有效性不够强；反腐倡廉制度建设明显进步，依法治校，规范管理，科学决策也逐渐深入人心，但有章不循的现象仍然不同程度地存在；师德师风教育开展较为广泛，科研经费管理日益规范，但科研审计中仍反映出一些情况需要改进。因此，新的历史时期，我们要进一步增强政治意识、大局意识、责任意识，进一步增强责任感、紧迫感，坚定不移地从严治教、规范管理，以更坚定的信心、更加坚决的态度和更加有力的措施，积极推动学校党风廉政建设工作，努力为教育事业的改革发展提供保障。

三、加强今后学校反腐倡廉工作的建议

各位代表，第十次党代会的召开为学校今后的改革和发展指明了方向，今后5年，我校将进入一个新的重要发展阶段。进一步推进反腐倡廉建设，构建和谐稳定的校园环境，确保学校第十次党代会精神得到全面贯彻落实，是学校纪委肩负的重要历史使命。未来5年，学校反腐倡廉建设的总体要求是：高举中国特色社会主义伟大旗帜，深入贯彻落实科学发展观，紧密围绕学校中心工作，坚持"标本兼治、综合治理、惩防并举、注重预防"的工作方针，全面落实中央纪委、教育部、监察部《关于加强高等学校反腐倡廉建设的意见》，力争在廉政教育、监督管理、制度建设、干部作风建设等方面取得新成绩，为学校事业健康快速发展提供有力保障。为此，建议重点强化以下6个方面工作。

（一）修订完善党风廉政建设责任制，健全反腐倡廉责任体系

党中央十分重视党风廉政建设责任制的落实检查工作。2010年，中央颁布了《关于实行党风廉政建设责任制的规定》，教育部提出了指导性意见。新规定进一步明确了反腐倡廉建设的领导体制和工作机制，进一步明确了党风廉政建设责任制的考核评价机制和责任追究机制。学校要在充分调研的基础上，修订完善《北京林业大学党风廉政建设责任制实施办法》。各级领导干部必须严格按照党风廉政建设责任制的要求，切实加强领导，不断增强领导干部"一岗双责"意识。学校各单位要共同配合，紧密结合业务工作，抓好所承担的反腐倡廉任务的落实，坚持将反腐倡廉建设与学校和本部门业务工作同研究、同部署、同落实、同检查、同考核。校纪委要发挥参谋助手作用，协助党委、行政做好责任分解、责任考核以及考核结果的运用工作，进一步完善和落实责任追究制度。

（二）完善反腐倡廉大宣教格局，构建廉洁教育工作长效机制

未来5年，纪委要继续加强与宣传部、组织部、党校、学工、人事、科技等部门和各分党委

的密切合作，不断完善我校党风廉政建设大宣教格局。要充分利用校园网、校刊、电视台等媒体，通过党委理论中心组、党员组织生活、党课、报告会、学习参观、案例宣传等方式开展多渠道、分层次的宣传教育。坚持示范教育与警示教育相结合，传统教育方式与现代教学手段相结合，使廉洁教育真正入情入理、入脑入心。当前及今后一段时间，要将中共中央颁布的《中国共产党党员领导干部廉洁从政若干准则》和教育部党组印发的《直属高校党员领导干部廉洁自律“十不准”》的宣传普及作为廉政宣传教育的重要内容。要加强廉政教育的针对性，对广大党员干部要加强党纪法规教育和廉洁自律教育，加强干部的作风建设，对广大教师要以师德教育和职业道德教育为重，严把学术风气关，严肃查处学术不端行为；对广大学生要以廉洁诚信教育为重点，开展丰富多彩的、学生喜闻乐见的廉洁文化建设活动，促进青年学生健康成长。

（三）筑牢惩治和预防腐败体系，强化廉政风险防范机制

要继续坚持“注重预防，关口前移”的方针，积极推进学校惩防体系建设，扎实开展廉政风险防范工作。要按照中央纪委《建立健全惩治和预防腐败体系2008～2012年工作规划》的要求，总结经验，梳理问题，不断完善各项管理制度，最大限度地减少体制障碍和制度漏洞。当前，要按照教育部《关于直属高校贯彻落实“三重一大”决策制度的指导意见》，修订我校《实施领导班子“三重一大”集体决策制度的规定（试行）》。今后，学校各项制度制定的过程中要更加重视制度的可操作性和实效性，要完善制度执行的监督机制和问责机制，切实维护制度的严肃性和权威性。各单位要继续深化廉政风险防范管理工作，将廉政风险防范和日常管理工作紧密结合，明确重点部位，确定关键环节，制定防范措施，健全内控制度，探索建立以教育为先导、制度为准绳、监督为保障的具有我校特点的廉政风险防范管理长效机制。

（四）突出抓好重点部位和关键环节的管理监督，进一步规范权力运行机制

纪委要继续按照《北京林业大学重点部位和重点环节监督管理办法》的要求，加强对基建修缮、物资采购、招生、组织、人事、财务、科研经费、后勤服务等15个方面的重点领域和关键环节的监督检查。加大对基建工程建设领域的专项治理力度，严格规范招投标行为，继续推行重大基建修缮工程全过程审计和重要项目双标底制度。严格执行《北京林业大学采购大宗货物、工程和服务招投标管理办法》，进一步规范大宗采购行为。继续加强对科研经费使用的管理、检查和审计。加强对“小金库”的专项治理和各项收费管理。继续严格落实“阳光招生”政策，规范各种类型招生行为，对招生关键环节进行深入监督。加强对干部选拔任用、人事聘用、职称评定等工作的监督管理，建立健全干部选拔任用监督机制。加强公车管理、因公出国（境）和干部兼职取酬的监督管理。要继续强化审计监督，建立经济责任常规审计制度，采取届中审计、离任审计和财务收支审计相结合的审计方式，定期对各二级单位和负责人进行审计。

（五）积极拓宽监督渠道，加大惩治腐败工作力度

未来5年，我们要按照“决策权、执行权、监督权相对分离的原则，努力建立“分工明确，相互协调，相互制衡”的监督体系。要进一步强化专业监督力量，扩大民主监督渠道，实行民主监督和专业监督相结合。要重视监督体系运行机制的研究，充分发挥党内监督、部门内部监督、群众监督、监察监督、审计监督的作用。要继续推进校务公开目录规定项目的公开工作，贯彻实施好《北京林业大学信息公开实施办法（试行）》，加大信息公开事项发布力度，对教职工关注的热点难点问题，要通过举行新闻发布会、听证会等，保障教职工的知情权、参与权、监督权，充分发挥民主监督的作用。

要继续将信访工作和违纪违法案件处理工作摆在突出位置，坚持做到“有访必回，有案必查，有腐必惩”。积极拓宽案源渠道，认真受理群众举报，注意从举报信访及各种专项检查中发现案件线索。健全办案规定，严格依法依纪办案，不断提高办案质量和执纪水平。要突出并注重发挥查办案件的治本功能，重视信访案件分析，通过信访举报问题查找原因，以查促建，为健全制度、规范管理提供建设性意见。

（六）加强纪检监察队伍能力建设，进一步提升纪检监察工作水平

要加强纪检监察干部队伍建设，继续把提高纪检监察干部素质和改进工作作风作为建设重点，加强对纪检监察干部的培训，不断提高他们的知识水平和业务能力，努力把这支队伍建设成一支政治坚强、公正清廉、纪律严明、业务精通、作风优良的高素质队伍。进一步完善纪检监察体系，充分发挥各分党委、党总支纪检委员的作用，建立和健全专兼职相结合的纪检监察工作队伍。继续加强对纪检监察工作的理论研究和实证研究，深入探索高校纪检监察工作规律，增强工作的主动性和前瞻性，促进纪检监察干部快速成长。

各位代表、同志们，学校党的第十次代表大会选举产生的纪律检查委员会，将肩负起更加重要的使命。让我们紧密团结起来，在学校新一届党委和上级纪检部门的领导下，恪尽职守、清正廉洁、开拓创新、奋发有为，更加深入和扎实地推进反腐倡廉建设，为圆满实现学校第十次党代会提出的发展目标和战略任务而努力奋斗！

学院领导班子调整及竞争上岗

按照中央《党政领导干部职务任期暂行规定》《党政领导干部交流工作规定》等有关制度要求，2011 年 9 月 16 日，学校党委召开常委会扩大会议，决定分阶段对在现任岗位上连续任职超过 5 年的学院党委（总支）书记和学院行政领导班子进行调整，对部分处级空缺岗位实施竞争上岗。这次换届调整是深入贯彻《国家中长期教育改革和发展规划纲要》和学校第十次党代会精神，贯彻落实学校 2011 年工作要点，精心谋划和实施学校“十二五”改革和发展规划，推进学校科学发展的重要保证，也是深化内部管理体制改革和深化干部人事制度改革的重要举措。学校党委提出，深化干部任用制度改革，要适应学校发展需要，按照现代大学管理制度建设的要求，努力实现管理重心下移，激发干部工作积极性，增强办学活力。要通过这次班子换届调整，切实增强学院领导班子综合素质，进一步提高领导干部科学发展和开拓创新能力；进一步优化学院领导班子知识结构、专业结构和年龄结构，提高学院领导班子推动事业发展的能力和水平，建设一支适应学校事业发展要求、更加年轻、富有朝气、结构合理、团结协作、党员群众认可的服务型学院领导干部队伍。

这次换届调整坚持德才兼备，以德为先、群众公认、注重实绩、能上能下的原则，按照“在现任岗位连续任职超过 5 年的应做调整，院长遴选要听取学术委员会意见”的工作要求，根据学院发展定位和原班子配备情况，按照先学院、后机关，先党政负责人后副职干部的顺序，采取校外引进高层次业务型管理人才、校内轮岗长期任职管理干部、公开竞争性选拔优秀年轻后备干部等多种方式，先后对水保学院、经管学院、园林学院、工学院、材料学院、生物学院、信息学院、外语学院、人文学院、理学院、自然保护区学院、环境学院和体育教学部党政领导班子进行了调整补充，把那些思想解放，求真务实，敢于开拓，善于创新，组织协调能力、统筹管理能力和专业素质高，有强烈事业心和责任感的干部选拔到领导岗位，推到改革创新的第一线。

学校党委强调，院系班子调整和干部竞争上岗，是一项政策性强、严肃细致的工作，事关学校未来发展。高校的竞争归根结底是人才的竞争，是选人用人制度的竞争，关键看制度能否推动干部能上能下，真正解放人、激励人、凝聚人。学校成立干部竞聘工作领导小组，下设办公室在党委组织部，负责本次工作的具体事宜。方案制定过程中，组织部对学校现有干部队伍结构进行了认真分析，详细调研其他高校实施干部聘期制的有关做法，起草工作实施方案并提交校党委常委扩大会专题研讨、完善方案。各单位、部门按照校党委统一部署，开展了深入细致的动员和思想政治工作，使广大干部群众提高认识，统一思想，端正态度，确保换届调整工作顺利实施；组织部、纪委等部门密切配合，按照中央关于干部选拔任用工作要求，严格执行公布方案、公开报名、资格审查、民主测评、院学术委员会提出院长建议人选、确定考察人选、考察谈话、党委决定、任前公示、试用与任命等相关程序。

工作中坚持群众路线，贯彻落实党务公开有关要求，不断扩大选人用人过程中群众的知情权、参与权和监督权，认真贯彻落实干部选拔考察预告制、人选确定票决制和拟任公示制。

在工作开展过程中，党委要求所有中层干部要讲政治、讲党性、守纪律，以大局为重，以事业为重，处理好组织需要与个人意愿的关系，职务升迁与进退留转的关系，干部调整和日常工作的关系，正确对待名誉、权力、地位和个人得失，增强大局意识、责任意识，自觉服从组织安排，始终保持干劲、斗志，确保换届调整期间思想不散、秩序不乱，保持工作的连续性和稳定性，确保各项工作正常运转。

本次学院领导班子调整，共轮岗正处级干部9人，轮岗副处级干部4人；提任正处级干部5人，提任副处级干部20人；免职正处级干部2人，免职副处级干部5人。调整后，一批年轻干部成为学院管理队伍的核心，学院书记平均年龄较两年前下降4岁，教学副院长平均年龄下降6岁，科研副院长平均年龄下降3岁，行政副院长平均年龄下降8岁。

配合学院党政领导班子调整，机关、教辅部门对部分处级空缺岗位实施了竞争上岗，经报名、资格审查、演讲测评和组织考察、任职公示，共提拔正处级干部4人，副处级干部24人。调整后机关、教辅和挂靠部门处级干部平均年龄43岁，低于全校处级干部平均年龄，干部学历、职称水平得到提升。

2012年1月7日上午，校领导对履新的处级干部进行了集体谈话。党委书记吴斌同志与干部进行了深入交流，强调作为高校的领导干部，一要政治立场坚定，不断提高自身政治修养，坚决执行学校党委、行政的有关决策；二要具有高尚道德情操；三要勤于思考和积累，不断增长学习能力、创新能力、实践能力和驾驭复杂局面的能力；四要精于部门业务，做行家里手；五要强化责任意识，热爱本职工作，对学校的事业发展和个人成长负责；六要廉洁自律，以身作则，做好表率；七要树立团队意识，在管理实践中培养人、锻炼人。党委副书记兼纪委书记陈天全同志对履新干部进行了廉政谈话，要求干部要修好“德”字，守好“廉”字，加强法律法规学习，严格执行党纪法规，守住党性原则和道德底线；要尽好“责”字，用好“权”字，依法用权，按制度办事，率先垂范，以身作则，勤奋努力工作，不辜负党委信任。与会处级干部在会上学习了《廉政准则》和“十不准”要求后，郑重签署并向校领导递交了《廉政承诺书》。

（黄　薇　邹国辉）

北京林业大学召开第二届青年学术年会

在进一步贯彻北京林业大学第十次党代会的会议精神，搭建良好的学术交流平台，加强青年科技工作者的交流，激发创新活力，集中展示广大青年科技人员的最新研究成果，为发展现代林业、建设生态文明、推动学校科技发展做出更大贡献，北京林业大学第二届青年学术年会于2011年12月9～11日召开。年会由科技处主办。学校青年教师、研究生代表以及各职能部门和各学院的负责人等共250余人参加了会议。年会由张启翔副校长主持。年会上开展了专题学术报告、分组学术交流、学术论文奖获奖论文交流、第二届青年优秀学术论文评选表彰等活动。校党委书记吴斌出席大会并在开幕式上致辞，闭幕式由校长宋维明主持。

校党委书记吴斌以“青年创造知识”为题做重要讲话。他在讲话中指出青年是创新型国家建设的重要基础，国家未来发展取决于青年。他重点阐述了学校优先发展林木等可再生资源的培育、生态系统过程与功能的保护与恢复、生物质材料及能源、森林生物学、人居环境安全、生态文明等6个重点领域，要以特色带动学校整体办学实力的提高。最后，吴书记对青年教师提出殷切希望。他希望青年教师做知识的传播者、创造者和分享者；加强沟通与交流，逐步形成具有一定影响力的青年创新团队；以开放、包容的心态，拓宽视野，加强学习，进一步提高学习知识的能力；崇尚学术道德，加强社会责任感、使命感，创造符合国家重大战略需求的知识，创造有利于社会发展的知识。

校长宋维明在总结报告中指出，学校正进入向研究型大学转型的关键时期，科技创新能力建设成为学校建设研究型大学的重要任务。他说，此次会议是继第一届青年学术年会、设计与艺术学术研讨会后的又一次学术盛会，集中展示了我校青年科技工作者一年来取得的科研成果，充分体现了他们的良好精神风貌，达到了搭建科研交流平台、浓厚学术氛围、激发青年科研热情的目的。宋校长在讲话中全面回顾了学校“十一五”科学研究取得的成绩，展望学校“十二五”前景时指出，学校以建设“国际知名、特色鲜明、高水平研究型大学”为奋斗目标，以“2011 计划”为契机，多方联合，协同创新。建立健全科技管理体制及激励运行机制，促进自然科学与人文社会科学综合协调发展，提高科技成果与学术成果产出质量。重点支持优势领域，培育新兴领域，整合科技力量，优化配置科技资源，重点支持优势特色研究领域，达到国际领先。

本届年会的主要内容有 3 项：①邀请上级领导做报告，就国家科技政策进行了解读，并对学校的科研工作进行了宏观指导。其中，教育部科技司计划处处长李渝红介绍了中央高校基本科研业务费专项资金管理的有关内容；国家林业局科技司计划处处长杨锋伟做了《当前林业科技的形势与任务》的专题报告，介绍了当前我国林业科技的有关情况。②分组交流和典型交流。大会分成自然科学组、人文社科组、英文组 3 种类型共 6 个小组进行交流讨论，有 189 篇交流材料参加交流。③优秀论文评审。青年学术年会上，开展了学校第二届青年优秀论文奖的评选工作，共有 105 篇论文参与评奖，经过评审共评出一等奖 4 项，二等奖 11 项，三等奖 15 项。

（张　力　侯小龙）

北京林业大学推进政产学研用结合一体化

2011 年北京林业大学以围绕现代林业和生态环境事业发展的需要，利用学校、学院、学科和学者的“四学一体”的综合优势，积极探索政产学研用协同发展体制，初步建立了相应的平台体系与运行机制，为促进系统的协同创新与更好地服务相关行业、地方和区域发展奠定了基础。不断推进政府与学校、学校与地方和学校之间的合作，发展服务国家战略，是促进地方发展的长效机制。

北京林业大学与中国林业集团签署合作协议

2011 年 4 月 29 日，校长宋维明代表北京林业大学与中国林业集团公司（简称“中林集团”）签署校企合作协议书，并向中林集团授予“北京林业大学教学实习与就业实践基地”牌匾，同时，聘请中林集团总经理、党委书记张樟德先生为我校兼职教授。

合作主要包括 3 项内容：①在中林集团建立北京林业大学教学实习与就业实践基地。这将在林业产业发展一线为我校学生搭建实践平台，同时为集团各企业提供人才储备。②在中林集团建立北京林业大学科学研究和科技成果转化基地。这有利于推动我校科研工作发展，加速科技成果转化，同时也将更好地发挥我校的科技优势，为林业产业发展做贡献。③在北京林业大学建立中林集团人才交流和引进基地。条件成熟时在北林举办中林集团人才招聘会，为企业吸纳人才创造良好条件。

北京林业大学与北京市签订中关村科学城建设项目协议

2011 年 6 月 29 日，中关村科学城第三批建设项目签约揭牌大会举行。校长宋维明与北京市政府签署了中关村科学城共建合作协议。副市长苟仲文为北京林业大学“生态环保产业技术研究院”等 11 个建设项目揭牌，标志着学校被正式纳入中关村科学城建设项目中。

北京市将从政策、技术、资金等方面大力支持北京林业大学在生态环保领域的科技创新和产业化发展，推进科技成果转化，推动体制机制创新。这将为我校搭建更为广阔的市校合作平台，打破学校在规模、空间、人才、经费等方面的办学瓶颈，提升办学实力。

北京林业大学将立足林业生物技术、花卉与

林木育种技术、风景园林规划建设等领域形成的科技优势，积极组建北京林业大学生态环保产业技术研究院。研究院计划通过与北京市争取土地政策，在学校及周边区域打造产业创新园，形成学校周边生态环保产业技术研发与企业聚集带。研究院建设将围绕“3535”建设主线开展，即立足林业生物技术、花卉与林木育种技术、风景园林规划3大领域；新建、整合5家研发中心，启动研发总部基地建设；实施3个重点产业化项目；建设林业生物技术、花卉与林木育种技术、风景园林规划创新基地，海淀区东升乡、海淀区北安河中试及产业化等5个基地。

北京林业大学与广西林业厅签署产学研合作框架协议

2011年7月4日，北京林业大学校党委书记吴斌代表学校与广西壮族自治区林业厅签订产学研合作框架协议。

学校与广西林业厅进行深入沟通交流，洽谈厅校合作事宜，确定了厅校合作框架的协议和首批3个合作项目，合作内容涉及人才培养与交流、教学合作、科研合作与科技成果转化、决策咨询、科技创新平台建设、花卉产业开发等6大领域，合作方式包括培养高层次人才和建设实训基地，建立多元化科技合作和成果转化模式，组建咨询委员会等。

北京林业大学在教学水平和科学教研发展方面都具有突出优势。基于广西林业的发展优势和自身的科研优势，开展强强联合、深度合作，必将对广西林业乃至全国林业发展产生深远影响。

广西壮族自治区党委副书记陈际瓦、自治区副主席陈章良出席仪式。

北京林业大学北方平原林业创新与良种示范基地启用

10月10日，北京林业大学在山东冠县建设的北方平原林业创新与良种示范基地正式启用。校长宋维明、副校长张启翔和国家林业局科技司副司长李兴等有关负责人为新基地启用剪彩。

基地的一期建设任务建有1300平方米教研综合楼、400平方米温室，2400多个毛白杨等杨树优良基因资源，占地约53万平方米的基因库、试验林、采穗圃、良繁圃等功能区，为北京林业大学遗传育种、森林培育等多个学科师生开展科研和教学工作提供了条件。

山东冠县是世界闻名的毛白杨良种繁育基地，是北京林业大学产学研结合的成功典范。早在1983年，朱之悌院士就带领课题组来到这里，依托冠县苗圃为基地，开展毛白杨良种选育研究，取得了一系列重大突破。包括从全国10个省市毛白杨自然分布区筛选出了1047个优树，建成了国内最全的毛白杨基因库；以冠县为起点，在全国10省建立了一系列无性系对比测定林，成功地选育出一系列雄株行道树，以及短周期胶合板材、建筑材新品种；同时，利用基因库基因资源，创造性地采用回交染色体部分替换和染色体加倍等技术，获得了一系列速生、优质的三倍体毛白杨新品种，填补了我国杨树三倍体育种的空白；研究出了毛白杨多圃配套系列育苗新技术，解决了白杨派树种大规模无性繁殖困难的世界性难题。毛白杨雄株及三倍体毛白杨新品种得到大面积推广应用，累计推广4亿余株，创经济效益50亿元。这些创造性成果产生了重大影响，取得了同一树种研究连续3次摘取国家科技进步二等奖的佳绩。

近30年来，朱之悌院士、张志毅教授、康向阳教授等大批研究人员长期深入冠县基地，在收获丰硕科研成果的同时，师资队伍也得到锻炼成长，培养了一大批优秀人才，2位博士的论文入选全国百篇优秀博士论文，2位博士获提名。

北京林业大学等11所高校发起成立北京高科大学联盟

2011年10月19日，我校与北京交通大学、哈尔滨工程大学、西安电子科技大学等11所高校发起成立北京高科大学联盟。校党委书记吴斌在协议上签了字。教育部副部长杜玉波、科技部副部长陈小娅为联盟揭牌。

联盟将通过资源共享、优势互补、强强合作，在人才培养、科学研究、师资队伍建设、招生就业、国际合作、校园文化等方面，开展全方位的合作与交流。联盟将着重围绕国家重大战略需求和重大科学问题，发挥不同类型行业特色型高校在基础研究、前沿技术研究和示范性集成应用方面的特色和优势，大力推进高校之间、高校与科研院所、高校与行业企业等方面的协同创新，形成集群创新效应，力争在国家支柱产业、战略性新兴产业的关键技术创新、集成解决交叉领域和新兴领域发展中出现的重大科技问题，以及工程技术拔尖创新人才培养模式创新等方面，取得实质性突破和成果，为持续提高我国自主创新能力及促进国民经济社会发展提供强有力的支撑。我校是这个联盟的11个成员之一。

北京林业大学与海淀区签署校地科教合作框架协议

2011年12月12日，海淀区人民政府和北京林业大学签署校地科教合作框架协议。北京市委常委、海淀区委书记赵凤桐出席签字仪式并讲话。

海淀区代区长隋振江和北京林业大学校长宋维明代表合作双方在协议上签字。根据框架协议，双方在"十二五"期间，将本着"优势互补，精诚合作，求实高效，互惠互利，共同发展"的原则，充分发挥双方优势，共同创造条件，促进甲乙双方以多种形式、多种途径广泛开展合作与交流。

在人才培养方面，双方将建立人才培养合作机制，具体在干部培训、专业技术人员进修等方面为政府工作人员提供便捷的教育服务，而政府也将为北京林业大学在校学生实验实习等项目提供便利条件。

在科技合作方面，双方将建立科技合作机制、产业合作机制，重点在生态环保科技成果产业化、城市景观设计工程、生态建设、林业产业发展、林木病虫害防治、森林防火等方面积极开展合作，并通过设立科学研究基地，共同申请中央和地方科技项目，围绕地方林业发展开展专项科学研究，促进学校科研成果的转化应用等多种形式，为海淀区的发展服务，为提高当地环保生态产业科技含量和提升当地的环境形象提供服务。

在科技信息交流方面，双方共同参与区域经济和社会发展等方面的宏观决策及科技咨询工作，充分发挥合作互补增效的科技、人才、信息优势。

为保障框架协议的落实到位，双方还建立了相互联系的机制。通过定期召开联系会、座谈会、情况通报会等形式沟通情况，加强联系。

出席签字仪式的来宾有，市园林绿化局局长邓乃平，海淀区委副书记刘鸿、副区长刘长利，首都绿化委员会副主任甘敬，九三学社海淀区委副主委王彦辉，以及海淀区财政局、区发展改革委、环保局、住建委、园林绿化局等相关委办局的主要负责人。

北京林业大学与湖北省林业厅签署产学研合作框架协议

2011年12月27日，湖北省林业厅厅长王海涛与北京林业大学校长宋维明代表双方签署产学研合作框架协议。根据协议，双方将本着"优势互补、精诚合作、讲究实效、共同发展"的宗旨，以项目为载体，在科学研究、技术创新和人才培养等领域开展全面合作。为加快湖北现代林业发展，建设"生态湖北"，着力打造林业强省，建设生态文明示范区提供科技支撑和智力支撑；同时，也进一步完善和提升北京林业大学人才培养、科学研究和社会服务水平。

湖北省林业厅将利用资源、产业、项目、管理、区位等方面的优势，为北京林业大学开展科学研究创造条件；为北京林业大学人员到湖北省林业厅开展教学、科研及成果转化，在人力、物力、财力等方面提供必要的支撑。北京林业大学将发挥教学、科研、人才和信息等方面优势，围绕湖北林业"生态建设从山上走下来，产业发展从林中走出来，林业改革发展让农民富起来"的发展战略，结合林业科技发展相关项目需求，在科学研究、技术创新和人才培养方面提供有效的服务。 （高 斌 沈 芳）

学院与教学部

林 学 院

【概　况】 北京林业大学林学院(College of Forestry)成立于1952年10月。由林学、生态学、草学3个一级学科组成。拥有林学博士后流动站和林学一级学科博士学位授予权，现有6个博士点授予学科(森林培育学、森林经理学、森林保护学、生态学4个传统优势博士点学科和草业科学、林业装备工程2个新兴博士点学科)、6个硕士点授予学科(地图学与地理信息系统、生态学、草业科学、森林培育、森林保护学、森林经理学)、2个专业硕士点授予学科(草业、林业)、5个本科专业(林学、森林资源保护与游憩、草业科学、草坪管理和地理信息系统)。其中，林学为国家一级重点学科，森林培育学、森林经理学和森林保护学为国家二级重点学科，生态学和草业科学为北京市重点学科。

学院拥有1个教育部和北京市共建森林培育与保护重点实验室，3个国家林业局重点开放性实验室(干旱半干旱地区森林培育及生态系统研究实验室、森林资源与环境管理实验室和森林保护学实验室)，1个国家林业局野外长期研究定位站，8个科研机构(草坪研究所、测绘与3S技术中心、城市林业研究中心、高尔夫教育与研究中心、蓝莓研究与发展中心、林业应对气候变化研究所和林业生物质能源研究所和草地资源与生态研究中心)。

学院现有教职工90人，其中教师80人。教师中，博士生导师31人，教授31人，副教授30人。2011年学院招收本科生226人，各类研究生共304人，其中博士研究生58人、科学硕士139人，专业硕士32人，外国留学生7人，农业推广专业学位研究生65人，进站博士后3人。本年在校生1731人，其中，研究生797人(博士生224人、硕士生558人、外国留学生15人)，本科生934人(本科生含梁希班，其管理权在林学院)。本年度共有本科毕业生202人，研究生毕业生185人(博士39人、硕士108人、农推硕士34人、出站博士后4人)。

(贠小琴　闻　亚)

【学科建设】 学院目前有森林培育学、森林经理学、森林保护学、生态学、草业科学、地图学与地理信息系统6个学科，拥有林学一级学科博士学位授予权，设有林学博士后流动站和森林培育学、森林经理学、森林保护学、生态学、草业科学、林业装备工程6个博士点，地图学与地理信息系统、生态学、草业科学、森林培育、森林保护学、森林经理学6个硕士点，草业、林业2个专业硕士点。博士生导师31人，硕士生导师61人，新进教师6人。2011年新晋博士生导师2人(森林培育学科1人，地图学与地理信息系统学科1人)，硕士生导师3人(森林培育学科1人，生态学科1人，微生物研究所1人)。2011年，共招收各类研究生304人，授予博士学位39人，硕士学位108人，农业推广硕士学位34人；1篇博士研究生论文获全国优秀博士论文提名、3篇博士论文获北京林业大学优秀博士论文、4篇硕士论文获北京林业大学优秀硕士论文。2011年发表学术论文320篇，其中SCI收录文章25篇，EI收录文章33篇，ISTP收录文章6篇。

2011年国务院学位委员会发布的《关于下达按〈学位授予和人才培养学科目录〉进行学位授予权对应调整结果的通知》中，生态学、草学调整为博士学位授予权一级学科。在2011年北京市重点学科评估中，生态学科被评为优秀。

2011年学院召开学科建设高层研讨会，确立学院"3+1"的学科建设发展模式；举办"森林保护专业建设与发展学术研讨会"3次；主办"全国高等农林院校森林保护专业及学科建设研讨

会”；筹备承办“林业教育改革与发展暨林业教育110周年学术研讨会”。（徐昕照　韩海荣）

【教学工作】 2011年，学院教学工作重点是培养学生学习能力、实践创新能力、交流能力和适应能力。采取逐步推进“本科教学工程”项目开展；加强学院专业建设；注重创新，大力推进教学研究工作；完善人才培养方案；提高学生学术创新能力；优化教学管理体制；加强教风学风建设等措施。

2011年立项大学生科研训练计划14项，经费共计2.3万元；学院教师获批教学改革研究项目2项，主编出版教材3部，发表本科教学论文6篇，获校级二等奖1篇，获校级三等奖1篇。“园林植物病虫害防治”和“经济林学”被列为校级精品课程，“森林有害生物控制”和“森林计测学”被列为校级精品视频公开课，测绘地理信息课程教学团队获批校级优秀教学团队，《运动场草坪(第二版)》被评为2011年国家级普通高等教育精品教材。

修订完成2011版本科人才培养方案；《全日制林业硕士专业学位研究生培养方案》获准实施；组织撰写“实施森林资源类培养模式的论证报告”及“森林资源类人才培养教学计划表”；通过召集相关学校进行专业学科研讨会，撰写《增设森林保护专业的论证报告》，申请增设“森林保护专业”，在《普通高等学校本科专业目录(修订二稿)》中“森林保护专业”予以增设。林业、草业专业学位获批“北京林业大学全日制专业学位研究生教育建设项目”。（李江婧　田呈明）

【科研工作】 2011年学院组织教师开展“十二五”科研项目的申报工作。2011年在研纵向课题90项，到账经费2077.73万元，横向课题研究23项，到账经费312.16万元。年度立项国家自然科学基金项目5项，林业公益性行业科研专项-重大项目1项，林业公益性行业科研专项面上项目1项，“948项目”1项，北京市教委共建项目1项，新世纪优秀人才支持计划2项。获国家科技发明二等奖1项，教育部科技进步奖励二等奖1项，北京市哲学社会科学“十一五”规划优秀成果1项，梁希林业科学技术奖一等奖1项，第四届梁希林业科学技术奖二等奖1项。2011年度授权发明专利6项，实用新型专利6项，软件登记3项。年度发表SCI收录文章25篇，EI收录文章33篇，ISTP收录文章6篇，核心期刊收录文章256篇。

与福建三明开展“协同创新计划”，探索校政企合作的新模式。召开“第十二届全国森林培育学术研讨会暨海峡两岸森林培育高峰论坛”，会议以多功能森林培育理论与技术体系和海峡两岸森林培育协作机制为主题，来自45个产学研单位的近500名代表出席会议。

2011年，学院积极促进成果转化工作，与民营企业签订技术转让合同2项，与国有企业签订技术转让合同1项。（徐昕照　王新杰）

【实验室建设】 明确实验室发展方向：以林学、生态学科为主，围绕森林生态环境、森林生物学基础、森林培育学、森林经营学、森林保护学等学科整合资源、凝练学科方向；使用国家林业局重点实验室运行经费及森林培育与保护教育部重点实验室建设经费，强化基础设施，加强实验室文化建设。国家林业局3个重点实验室运行情况稳定，山西太岳山森林生态站研究进展顺利，野外实验观测数据翔实。

组织专家对重点实验室建设项目进行论证，完成验收，本年度省部共建森林培育与保护重点实验室2004、2005、2006年三期100万元项目通过北京市教委验收。年度获批北京市重点实验室共建项目1项，组织申报2011北京市重点实验室1项和北京市工程技术研究中心1项，申请成立北京林业大学草地资源与生态研究中心。

（徐昕照　赵秀海）

【党建工作】 2011年，学院党委共有40个支部，其中教师党支部6个，研究生党支部21个，本科生党支部13个。党员167人，其中在职党员71人，学生党员568人。发展党员134人，转正党员106人，培养入党积极分子170人。

2011年，学院党委举办学生业余党校初级班2期，培训学员221人；协助学校党校举办提高班2期，培训学员141人；协助学校党校举办预备党员培训班2期，培训学员130人；协助学校党校举办教工、研究生入党积极分子培训班，培训学员18人。

2011年，学院组织学习杨善洲同志先进事迹，召开杨善洲事迹学习体会报告会。组织学院教职工赴山西林业职业技术学院参观交流。在师生党员中开展建党90周年综艺汇演、“对党说句知心话”红色寄语党的生日活动、“永远的丰碑”红色电影展播、“学党史 知党情 报党恩”征文活动。在学生中开展“学党史、知党情、跟党走”班级主题团日活动。

2011年，学院党委主要负责人针对新入职教师开展一对一深度辅导，对在教学、科研、师德方面做出成绩的优秀教师予以奖励。支持工会、教代会举办“心脑血管健康讲座”“庆三八教师座谈会”。

2011年，学院生态学科获北京市教育工会“教育先锋号”称号，1个党支部获校级“先进党支部”称号，1人获校级“先进党务工作者”、1人获校级“先进党支部书记”、1名教师获校级“优秀共产党员”称号；5个党支部和34人获得院级优秀称号。 （田子珩 刘宏文）

【学生工作】 学院有本科生919人，33个班级。研究生727人，21个班级。学院共有辅导员37人，其中专职辅导员5人，兼职本科生辅导员29人，兼职研究生辅导员10人。

2011年，林学院利用团学干部创新Seminar（林学院青年学习与发展研究中心“朋辈辅导”活动）工程，开展“微成长”系列培训和其他学院学生会、研究生会、基层班干部相关培训。

学院科技创新工作以林学院科技委员协会、北京林业大学“梁希杯”竞赛和林学院“盛世绿源”大学生创新活动项目为支撑，在第七届“梁希杯”课外学术科技竞赛活动中获得北京市挑战杯决赛二等奖1项，获得“梁希杯”决赛三等奖2项。

制定《林学院学生暑期社会实践评比表彰制度》《林学院学生社会实践经费开支执行办法》等多项规章制度。共有400人次参与本年暑期社会实践，立项团队19支，其中包含1支北京市重点团队，回收论文500篇，得到校内外媒体报道20次。“夕阳之行，关爱老人”敬老院志愿服务项目共有500人次参与其中，累计志愿服务1000小时，受益老人百余名。

年度评优工作中，共有1136人次获得奖学金、助学金；1人获得宝钢奖学金，14人获得国家奖学金；1人在大学生创意创业大赛获奖，2人在北京市大学生化学实验竞赛获奖，3人在全国大学生英语竞赛中获奖；申报国家发明专利2项；在北京市“三好学生和优秀学生干部”评比中，4人获得北京市三好学生，1人获得北京市优秀学生干部；2个班级在校优良学风班和“十佳班集体”评比中获奖；梁希082班获北京市“十佳班集体”称号。

学院结合学风建设和公寓建设，建立育人“诚信工程”。将学风督导、宿舍安全与卫生、违纪情况录入诚信数据库，定期统计和通报，并将结果纳入推优入党、奖助学金评定中。

心理安全教育工作中，重视心理委员例会、心理月报、关注特殊群体等常规工作，开展心理健康沙龙、心理电影展播、心理委员实践活动、团体辅导、“5.25”心理健康节活动、感恩节等创新活动，获得“班级心理委员工作组织奖”和“微笑摄影大赛优秀组织奖”，2个班级获得“心理委员实践活动奖”，3人获得“微笑摄影大赛奖”，3人获得“我与父母”心理征文大赛奖。

学院制定《林学院就业工作年度奖励办法》。2011年举办专场招聘会10次，发布招聘信息150条，招聘岗位近300个，2011届本科毕业生就业率95.07%，研究生就业率100%，学院获得“主流行业就业奖”和“就业市场拓展奖”。

在建党90周年之际，开展以“红色精神”为主题的系列文艺活动，配合学校组织参与各项传统体育赛事，获得16项集体荣誉。7人参演北京大学生艺术展并获奖，2人在北京市跆拳道精英赛中获奖，5人次在北京市大学生运动会中获奖。2人获得先锋杯优秀团员，1人获得先锋杯优秀基层团干部，游憩08获得先锋杯优秀团支部。 （李 佳 李成茂）

【对外交流】 2011年，举办第十二届国际草坪学术大会中期会议，美国、瑞士、瑞典、奥地利、加拿大、新西兰、中国、日本、澳大利亚等国家的专家出席会议。与澳大利亚悉尼科技大学签署战略合作谅解备忘录，在双方共同感兴趣的领域加强科研、技术交流及学术项目合作。学院开展青年教师国际化学术培训，5名青年教师赴国外一流大学从事为期1年的访问研究、合作研究。与国外高水平大学联合培养研究生6名，教师出国参加学术交流7人次，学生出国参加学术交流项目16人次。授予外国留学生学位1人次。

（徐昕照　韩海荣）

【学科建设高层研讨会】 2011年6月24日，学院与中国工程院农业学部共同召开的学科建设高层研讨会在西郊宾馆会议中心举行，邀请沈国舫、蒋有绪、尹伟伦3位院士，以及来自国家林业局科技司、资源司、调查规划设计院、中国科学院、中国林科院、中国农科院、中国测绘科学研究院、中国农业大学和中国矿业大学的19位专家，与学院全体教师共同研讨学院学科建设。从学科建设发展现状、发展环境与学科建设需求、学科发展目标和规划指标、学科方向、定位与建设任务出发，凝练学科方向，明确学科发展目标，确立学院“3+1”的学科建设发展模式，突出学科发展重点、彰显学科特色，提高学科综合竞争力。

（徐昕照　韩海荣）

园林学院

【概　况】 北京林业大学园林学院（College of Landscape Architecture，以下简称学院）由园林系和风景园林系于1993年合并而成。2011年，学院主要有风景园林、城乡规划、建筑学3个一级学科，园林植物与观赏园艺、旅游管理2个二级学科。学院设园林树木、园林花卉、观赏园艺、园林设计、园林规划、建筑工程、设计初步、植物景观规划与设计、美术等9个教研室，旅游管理、城市规划2个系，国家花卉工程技术研究中心、教育部园林环境工程研究中心等2个重点实验室。学院设园林、风景园林、城市规划、旅游管理、观赏园艺等5个本科专业，拥有风景园林、园林植物与观赏园艺、城乡规划、建筑学、旅游管理等5个硕士学位授予点，风景园林、园林植物与观赏园艺2个博士学位授予点，林学、风景园林学等2个博士后流动站。风景园林硕士专业学位、旅游管理硕士专业学位2个专业学位授予权。其中园林植物与观赏园艺学科为国家重点学科和“211工程”重点学科，风景园林学为北京市重点学科、国家林业局重点学科和“211工程”重点学科。

2011年，学院有教职工120人，其中专任教师104人。专任教师中，博士生导师18人，教授20人，副教授38人，具有博士学历的教师76人。本年毕业724人，其中，研究生258人（博士生29人，科学硕士生178人，全日制专业硕士51人），本科生466人。招生740人，其中，研究生248人（博士生33人，科学硕士生135人，全日制风景园林专业硕士80人），本科生492人。在校生2693人，其中，研究生705人（博士生124人，科学硕士生411人，全日制风景园林专业硕士170人），本科生1988人。

2011年，学院风景园林学获批一级博士授权，学院教师获得国家科技进步二等奖1项、北京市科学技术三等奖1项，国家级精品教材1部、教育部“新世纪优秀人才计划”1人、“北京市教学名师”1人、“宝钢优秀教师奖”1人、“北京市教育先锋”先进个人1人、“北京市先锋杯优秀基层团干部”1人，举办第二届“国际风景园林师高峰论坛”大型学术会议1次。

（杨晓东　张　敬）

【学科建设】 2011年国务院学位委员会对学科目录进行调整，学院原城市规划与设计（含风景园林规划与设计）学科拆分为风景园林学、城乡规划学和建筑学3个学科，学科博士和硕士学位授权一并进行调整。调整后学院有风景园林学、城乡规划学、建筑学3个一级学科，园林植物与观赏园艺、旅游管理等2个二级学科，其中园林植物与观赏园艺为国家级重点学科和“国家211工程”重点学科，风景园林学为北京市重点学科、国家林业局重点学科和“211工程”重点学科。学院风景园林学具有一级博士学位授权，风景园林学、城乡规划学、建筑学具有一级硕士学位授权，园林植物与观赏园艺、旅游管理等具有硕士学位授予权；有林学、风景园林学等2个博士后流动站，学院还具有风景园林硕士专业学位和旅游管理硕士专业学位等2个专业学位授予权。

2011年风景园林学学科具有风景园林规划设计与理论、风景园林历史与理论、风景园林建筑设计与理论、风景园林工程与技术、城市绿地系统规划、城市规划设计与理论 6 个学科方向；园林植物与观赏园艺学科具有花卉资源与育种、花卉生物技术、园林植物栽培养护与管理、花卉生产理论与技术、园林植物应用与园林生态 5 个学科方向；旅游管理学科具有生态旅游、旅游地管理、旅游规划、旅游文化 4 个学科方向。

2011 年学院有博士生导师 18 人，硕士生导师 51 人，其中外聘 1 人。2011 年新增硕士生导师 1 人，认定风景园林专业学位研究生导师 51 人，新增遴选风景园林专业学位研究生导师 11 人。2011 年启动风景园林学一级学科规划设计领域的 9 个青年学术研究团队建设项目。

2011 年，学院与美国得克萨斯 A&M 大学建筑学院签署了合作协议；学院举办"风景园林植物景观与人居环境建设"学术论坛，并启动中国风景园林学会园林植物应用分会筹建事宜；2011 年，学院获得 IFLA 亚太区风景园林设计竞赛大奖 1 项，二等奖 1 项、三等奖 1 项，评委奖 10 项；获第 48 届 IFLA 国际大学生设计竞赛评委奖 3 项；中国风景园林学会 2011 年年会优秀论文一等奖 1 项，二等奖 1 项，三等奖 1 项，佳作奖 6 项；中国风景园林学会 2011 年大学生设计竞赛，一等奖 1 项，二等奖 3 项，三等奖 3 项，佳作奖 6 项；"园冶杯"风景园林（毕业作品、论文）国际竞赛一等奖 2 项；由北京市旅游发展委员会主办的"首届大学生北京旅游线路设计大赛"，学院囊括了一等奖 2 项，获得二等奖 2 项，三等奖 1 项。2011 年，学院研究生获得研究生基金资助参与国内外学术交流活动 10 人次，其中国际会议 6 人次，大会主题发言 5 人次。

2011 年学院共招收全日制研究生 248 名，其中博士研究生 33 名，学术型硕士研究生 135 名，全日制专业学位研究生 80 名；招收非全日制专业学位研究生 118 名；共授予学位 258 名，其中授予博士学位 29 名，学术型硕士学位 178 名，全日制专业学位 51 名；截至 2011 年 12 月，共授权在职攻读专业学位 141 名。2011 年，研究生发表论文 200 余篇，获得专利 12 项。

（周春光　张　敬）

【教学工作】 2011 年本科教学工作的基本思路是以保障教学工作正常运行为前提，进一步提高教学质量，完善教学质量监控机制和规章制度，增加教学研究的标志性成果。重点工作是围绕国家、北京市和学校各级"质量工程"项目建设，进一步加强特色专业建设、优秀教学团队建设、精品课程建设、网络视频课程建设、精品教材建设、大学生创新计划和各级教学改革研究项目。

2011 年，学院完成 5 个本科专业的人才培养方案修订工作，修订了 249 门专业课程教学大纲。申报并获批校级优秀教学团队建设项目 3 个，目前学院已经有国家级优秀教学团队 1 个，北京市级 2 个，校级 7 个。

2011 年，学院教师申报并获批校级精品课程建设项目 6 个，校级网络视频课程 2 门。学院教师共主编出版"十一五"规划教材 4 部，其中，陈有民教授主编的《园林树木学（第 2 版）》被评为 2011 年国家级精品教材。组织教师申报 2011 年校级教材立项 4 个，申报校级"十二五"规划教材选题 56 个，《生态景观规划》和《园林植物基础》入选农业部"十二五"规划教材选题。

2011 年，学院组织完成 2010 年及以前的 56 个校级和院级本科教学改革研究项目的结题验收工作，申报并获批本科教学改革研究项目 20 个，其中校级项目 5 个，院级项目 15 个。教师在各类期刊上撰写发表教学改革研究论文 30 余篇。获得中国林业教育学会高等教育分会优秀教学论文一等奖 2 篇，二等奖 1 篇，三等奖 2 篇；获得北京林业大学优秀教学论文一等奖 2 篇，三等奖 2 篇，优秀奖 3 篇。举办学院青年教师成长与本科教学工作研讨会，组织召开教研室教学工作讨论会 22 次，师生座谈会 9 次。学院协助教务处举办北京林业大学首届大学生科技创新论坛和设计、艺术类分论坛相关工作。

（石　磊　张　敬）

【科研工作】 2011 年度，学院科研经费到账 921.31 万元。其中纵向科研项目经费 744.16 万元，横向课题经费 177.15 万元。本年度学院教师共申报各种级别的科研项目 49 项，获批 11 项；其中，国家自然基金 2 项；林业行业标准制修订项目 2 项；农业科技成果转化资金项目 1 项；国家林业局"948"项目 1 项；获林业公益性行业科研专项 1 项；北京林业大学科技创新项目 4 项。

2011 年，张启翔教授主持的"主要商品盆花新品种选育及产业化关键技术与应用”项目获国家科技进步二等奖；成仿云教授主持的“牡丹新品种选育与产业化开发”项目获北京市科学技术三等奖；王向荣教授受邀参加由法国肖蒙城堡国际花园节组委会举办的第20届国际花园节的花园设计。本年度全院教师共获12项授权专利；学院教师培育的6个新品种在英国皇家园艺协会登录；教师共发表科技论文170余篇，其中EI收录论文4篇，ISTP收录论文4篇，SCI收录论文13篇，出版科技著作10部。

2011年，学院有花卉种质创新与新品种培育基地约13万平方米，连栋研发温室14 800平方米、日光温室3000平方米、国际梅园展示温室2000平方米、阴棚2000平方米、冷库200平方米、组培炼苗室600平方米，库房、锅炉房等其他基础设施1000平方米。梅花品种国际登录精品园(国际梅园)总占地面积5.2公顷。在河北固安、海南三亚等地建有花卉产业基地，合计生产面积23公顷。（王　越　张　敬）

【实验室建设】 2011年，学院共购置设备333台，价值280余万元。完善实验室安全管理制度，严格执行仪器使用预约、登记制度，定期对仪器进行检查和维修，保障实验仪器的正常运转。学院不定期对管理人员和研究生进行系统培训，举办仪器使用讲座，包括紫外分光光度计、细胞融合仪、光合仪、荧光定量PCR仪等贵重仪器，提高教学质量和仪器使用效率。

（杨炜茹　张　敬）

【党建工作】 2011年，学院党委共有37个党支部，其中教工党支部5个，学生党支部32个。学院党员总数619人，在职教工党员63人，学生党员556人，离退休党员2人。2011年全院共发展党员125人，培养入党积极分子735人。

2011年学院党委重点加强全体师生思想政治教育、组织建设、师德师风建设、大学生成长成才教育、党风廉政等方面工作。

2011年学院党委开展党内表彰与典型树立工作，1名同志获得北京高校优秀共产党员称号，1名同志获得校级优秀共产党员称号，1个党支部获得校级先进党支部称号，1人获校级优秀党支部书记，学院还表彰了7个院级先进党支部、16名院级优秀共产党员、7名院级优秀党支部书记和1名优秀党务工作者。

继续完善2009～2011年党建基础性材料，完成党建档案库建设。通过引导师生党员依托党建基地开展志愿服务等活动构建学院思想政治教育实践体系。由学院党委指导、学院党校管理中心主持的农民工子弟小学爱心画墙活动获得“绿色播种”全国青少年生态环保社团创意创业大赛科考调研类奖项。

学院党委开展任期届满党支部的换届选举工作以及党支部调整工作。重点完成城规、旅游和园艺专业本科生建立垂直党支部，学术型学位研究生按导师建立支部，专业学位研究生建立独立党支部的基层格局构建探索。2011年学院党委举办党校初级班第46、47期，培训学员171人，协助学校党校举办提高班2期，培训学员215人，协助学校党校举办预备党员培训班2期，培训预备党员125人。

2011年学院党政领导班子坚持党政联席会议、党委会议、党委扩大会议、教代会、民主党派会议等强化全员民主参与意识，实施“三重一大”集体决策。学院党委坚持在全体教职工中开展师德师风教育、廉洁自律教育、党风党纪教育和法规教育，在大学生中开展廉洁诚信教育。2011年被北京林业大学校党委评为“二级党委中心组特色学习活动一等奖”；2011年被北京林业大学评为“2010年度考核优秀单位”。

2011年按照学校党委部署，做好学校第10次党员代表大会筹备工作。组织各党支部推荐产生党代表候选人预备人选名单，召开学院党员大会，选举产生党代表13名；组织各党支部通过“三上三下”推荐产生“两委”委员候选人预备人选名单。（王　爽　张　敬）

【学生工作】 2011年，学院对学生工作内容中的就业、心理、助学、研究生事务、学生活动、公寓建设、学生奖惩等方面实行专人管理，选拔、配备了一批由优秀的教师、研究生和学生干部构成的班主任和辅导员队伍。

在评优表彰方面，2011年，学院共有22人次获得国家级以上表彰，87人次获得市级表彰，1507人次获得校级以上表彰，80人次获得院级表彰；1支团队获得市级集体荣誉；21支团队获得校级集体荣誉。本年度免试推荐研究生75人，其中推荐为本校研究生的比例达到83%。同时完善风景园林专硕推免和学生综合素质测评办法。

在学术活动方面，本年度建立“园林论坛—园林讲堂—园林沙龙”的院级学术交流平台，共组织学术讲座、论坛80场，邀请到德国、法国、西班牙、荷兰、美国、澳大利亚、丹麦等多个国家专家学者来校讲座，举办第二届国际风景园林高峰论坛。整理2009～2011年园林讲堂视频数据库，出版园林讲堂录影光碟。

在文体活动方面，学院开展了趣味体育节、新生辩论赛、卡拉OK大赛、主持人选拔赛、班级篮球赛、拔河比赛、学生拓展、清华联谊舞会等活动，并围绕“园林之夜”展开文娱活动。本年度，学院女子篮球队获得校级篮球联赛第三名，男子足球队获得院系杯足球比赛亚军，女子排球队获得校女排联赛亚军；在学校羽毛球联赛中获得团体冠军、男双和女双的冠军及女子单项二、三名，新生田径运动会和春季运动会获得团体总分第二名，新生运动会获得精神文明奖。

在公寓管理方面，学院本科生宿舍共310间，研究生宿舍共169间，学院定期进行安全卫生检查。本年度学院坚持宿舍收纳活动和宿舍废品回收活动，较好杜绝宿舍各类隐患。

在心理工作方面，学院积极开展各类团体辅导、朋辈辅导活动，每月定期面向广大同学播放心理电影，举办心理委员辅导讲座。本年度学院共发现研究生和本科生心理问题事件9起，均得以及时发现并进行了有效干预和妥善处理。

在经济困难学生工作方面，根据国家及学校对奖助学金的调整情况，将资助范围扩大，同时将国家励志奖学金的成绩要求合理化，鼓励家庭经济困难且品学兼优的同学。2011年共评出国家励志奖学金62名、国家一等助学金315名、国家二等奖学金82人，资助总金额达到161.75万元。

在社会实践方面，学院团委对2010～2011学年优秀实践论文整理、评选，编著出版了《行走的青春第三辑》；组织开展2011年暑期社会实践，申报团队实践项目27个。学院获得2010～2011年暑期社会实践最佳组织奖，获评北京市重点团队1个，校级重点与校级支持2支团队分别获得成果答辩第一名。

在研究生管理方面，学院形成了有效的研究生信息反馈体系和干预机制，建立研究生家庭经济困难学生信息库。评优工作中，学院改革学科打分制制度，评出学业奖学金300名，优秀奖学金91名。

在志愿活动方面，学院学生会志愿者部负责总体组织协调学生志愿活动，本年度参与志愿活动人数达到500余人。具体活动有2011年“放飞色彩，涂抹希望”海昌希望小学绘制文化墙活动，“金羽翼”残障儿童基金会走进北林高校活动，“走进社区，服务基层”回收废品绿色兑换志愿活动，持续关注自闭儿童、进行自闭儿童手绘作品义卖、完成希望小学文化墙绘制、北京城市公交系统志愿服务等。

在就业方面，2011年度，学院共举办专场招聘会82场次，联系用人单位264家，发布就业信息385条，人员需求5000余个。此外，对河南省、广东省、重庆市的就业市场进行系统性走访，并同北京、山东、江苏、重庆的5家单位签订了就业实践基地协议。截至9月1日，本科生就业率达到98.71%，研究生就业率达到95.57%；本科生签约率为73.98%，研究生签约率为85.23%。

2011年，学院团委获得北京市“先锋杯”优秀基层团支部称号，获得校社会实践团队答辩第一名及最佳组织奖、十佳班集体班级答辩第一名及最佳组织奖、校广播操比赛第一名及最佳组织奖、研究生学术活动最佳组织奖、校运动会精神文明奖、建党90周年主题活动优秀组织奖、“一二·九”的长跑道德风尚奖等称号。学院党团校管理中心获得“绿色播种”全国青少年生态环保创意大赛项目奖称号。院就业服务中心获得校主流行业就业奖、学校就业市场拓展奖等称号。

（李燕妮　张　敬）

【对外交流】 2011年，学院共接待国外12个国家34人次来访，出国参观访问交流11人次。举办国际学术会议1次，参加国际会议15人次，提交论文10余篇。学院与美国得克萨斯A&M大学建筑学院签署了合作协议，在本科生和研究生联合培养方面达成合作意向。

2011年4月30日至5月1日，第二届“国际风景园林师高峰论坛”在北京林业大学举行，该项国际交流活动是近年来学院高端学术交流平台代表品牌活动，参加论坛的各国园林设计师长期活跃在园林景观设计的学术前沿，其作品能够代表各国最高风景园林水平，并引领世界园林设计的新动向和潮流。此次论坛共邀请到来自德国、英国、法国、西班牙、荷兰、美国、澳大利亚、丹麦等8个国家8位大师，他们均参与了2011西安世园会(International Horticultural Exposition)规划园区“大师园”区的特色展园设计，8位国际风景园林大师分别介绍了各自近年完成的城市规划设计、城市空间设计、城市建筑设计及园林景观设计等方面的代表项目，传播了其最新理念和设计风格，分析了当代风景园林的发展趋势，并以西安世园会的项目为实例解析了当代国际风景园林设计的新动向。

（薛晓飞　张　敬）

【风景园林学获得一级博士授权】　2011年，国务院学位委员会对学科目录进行调整，城市规划与设计(含风景园林规划与设计)学科拆分为风景园林学、城乡规划学和建筑学3个一级学科，同时国务院学位委员会启动学科授权申报。学院对现有学科资源进行梳理整理，召开风景园林学、城乡规划学和建筑学学科建设研讨会，学院申报并获得风景园林学一级博士授权，风景园林学、城乡规划学和建筑学一级硕士授权，三位一体的人居环境学科群体系进一步完善。

（周春光　张　敬）

【获得国家级科技进步二等奖一项】　2011年，张启翔教授主持的“主要商品盆花新品种选育及产业化关键技术与应用”项目获得2011年度国家科技进步奖二等奖。本项目属林业科学领域，在菊花、热带兰、杜鹃花远缘杂交，菊花安全转基因定向育种、杜鹃花漂浮法育苗技术等方面取得重要突破，构建了主要商品盆花的育种和产业化栽培体系。

该项目培育自主知识产权新品种54个；获国家发明专利10项、实用新型专利1项；制定行业标准2项、企业标准8项；获省部级奖励5项。2008～2010年在北京、广东、云南等20多个省市示范推广392万平方米，生产种苗11 998万株、盆花3256.5万盆，新增产值15.2亿元、新增利润3.34亿元，出口创汇2720万美元。

该项目技术生产的盆花占全国同类产品产值的15.7%，培训技术人员3941人次，提供培训341场，带动生产专业户1000余个，经济社会效益显著，推进了盆花育种栽培的科技进步，提高了自主创新能力，促进了中国盆花产业结构调整与升级。

（王　越　张　敬）

【获得北京市科技进步三等奖一项】　2011年，成仿云教授主持的“牡丹新品种选育与产业化开发”项目获得北京市科技进步三等奖。本项目属农林科学技术领域，主要成果有：①把国际先进技术与中国特有资源结合，培育出具有知识产权的3个牡丹新品种；建立以核心亲本及其特殊亲本组合为主要内容的牡丹杂交育种体系，实现了中国在牡丹远缘杂交育种领域零的突破；首次对世界栽培牡丹的品种群的分类、起源及其相互关系进行了系统阐述，全面建立了牡丹育种的方法与理论体系，为国际学术与产业交流奠定了基础；②在牡丹生物高新技术方面取得突破，建立胚培养、胚状体培养和组织培养的技术体系，为牡丹育种与繁殖开辟了新途径；③建立并推广应用多圃配套的标准化生产技术体系，商品化开发100多个优良品种，在北京、洛阳和兰州等地推广示范面积57万平方米，使中国牡丹生产的品种结构发生了变化；系统挖掘优质紫斑牡丹资源，首次向北京成功引种106个紫斑牡丹新品种，并在多个单位推广应用；④研发高效促成栽培新技术，解决了催花产品优质化与生产高效化问题，在北京、上海与洛阳等地推广应用4万多盆，实现了牡丹催花产品的升级换代；⑤建成以北京为核心，覆盖各种野生种和国内外所有品种群主要优良品种的种质保存库(网)，使中国牡丹资源保护与利用跃上了新台阶；⑥利用花期调控与品种配置技术，使牡丹观赏期延长1倍以上，产业链条明显拓展。

该项目共获发明专利4项，植物新品种权3项，发表学术论文20篇，出版专著1部；有关成果在北京、洛阳、上海、兰州等地推广应用，新增产值6445多万元。该项目成果极大地促进了中国牡丹产业结构调整和产品升级换代，收到良好的经济效益与社会效益，使中国在牡丹育种与产业化技术研究与开发领域达到了国际先进水平，部分领域达到国际领先水平，也使北京成为中国牡丹育种与新技术开发的重要中心。

（王　越　张　敬）

【与美国得克萨斯 A&M 大学建筑学院签署了合作协议】 2011 年 5 月，学院与美国得克萨斯 A&M 大学建筑学院签署了合作协议。协议中强调，今后双方将在教师交流互访、科研合作、学生互换及联合培养等多方面建立广泛的沟通渠道，以期相互促进，共同提高，力争在风景园林教育领域为各自注入新的思维及理念。美国得克萨斯 A&M 大学建筑学院专家一行 7 人来校交流访问。学院负责人和部分风景园林专业教师和美国同行进行了交流。在交流访问的 3 天里，李雄教授等与得克萨斯 A&M 大学建筑学院园林与城市规划系主任 Forster Ndubisi 教授沟通，签订了多方合作协议。美国专家还为学院师生做了 2 场学术报告。

美国得克萨斯 A&M 大学是美国著名的四年制公立大学，在全美公立大学中名列第三，拥有全美最大校园——2104 万平方米，包括 176 万平方米研究园。目前，该大学共有 1000 余名中国留学生和访问学者，在其独具特色的乔治·布什总统图书馆中珍藏了许多反映中美友好的历史资料，已成为世界各地的年轻人了解中美关系的重要场所。（杨晓东　张　敬）

【三名教授获中国风景园林终身成就奖】 2011 年 11 月，北京林业大学学院的陈俊愉院士、孟兆祯院士、孙筱翔教授被授予首届“中国风景园林学会终身成就奖”称号。中国风景园林学会于 2011 年设置终身成就奖，旨在表彰长期在风景园林行业科研、教学、生产、设计、施工、管理等各个领域推进风景园林事业发展、彰显风景园林影响等方面做出杰出贡献的专家学者。首届 9 名终身成就奖获得者中教育科研行业得奖者 4 名，设计、施工管理部门得奖者 5 名，学院共有 3 人入选。（杨晓东　张　敬）

【亚太区风景园林设计竞赛学院学生获大奖】 由国际风景园林师联合会（IFLA）和泰国风景园林协会联合主办的 IFLA 亚太地区风景园林设计竞赛在曼谷举行。IFLA 亚太区学生设计竞赛是亚洲范围内风景园林专业最高级别的学生设计竞赛，此次竞赛的主题为“善待土地，人与土地和谐共存”。旨在促使风景园林专业的学生去研究人类和土地的关系问题，以及思考土地怎样才能给人类生活带来更多方便。参加者可以选择城市或者城市边缘地区，对研究、考虑甚至是质疑“善待土地”概念提出构思和设计，并在新设计中展示如何提高人与土地直接的环境性、社会性、文化性、节约型、政治性等问题。比赛共设一等奖 1 名、二等奖 1 名、三等奖 2 名、评委奖 15 名，在全部的 19 个奖项中，学院学生获得一、二、三等奖和 15 个评委奖中的 10 个。

（杨晓东　张　敬）

【园林学生获多项中国风景园林年会设计竞赛大奖】 在中国风景园林学会 2011 年会大学生设计竞赛中，园林学生在代表风景园林教育最高水平的研究生组竞赛中获得大奖（第一名），此外还获得多项其他奖项。中国风景园林学会年会设计竞赛是中国范围内风景园林专业最高级别的学生设计竞赛，此次竞赛的主题为“巧于因借传承创新”。旨在鼓励继承和发扬中国优秀风景园林文化传统，满足当代社会需要。同时，竞赛专注于提高风景园林专业大学生的设计水平，鼓励和激发大学生的创造性思维，引导大学生对风景园林学科和行业发展前沿性问题的思考。比赛共计评出 38 个获奖作品，其中学院获奖作品 13 项，占全部奖项的 1/3。（杨晓东　张　敬）

【旅游管理研究生获大学生北京旅游线路设计大赛大奖】 2011 年 12 月 24 日，在首届大学生北京旅游线路设计大赛的 10 个奖项中，学院旅游管理专业学生组成的代表队获得一等奖 2 项，二等奖 2 项、三等奖 1 项，学校获得优秀组织奖。本次大赛由北京市旅游委主办、北京工商大学承办，是一项公益性的大学生科技活动，旨在促进北京市大学生及青年旅游市场的开拓，促进高等学校旅游学科的教学改革，加强教育与产业之间的联系，激发更多大学生积极投身于北京旅游事业，通过大赛培养大学生的合作意识、创新精神，扩大大学生的科学视野，提高大学生的设计策划能力、协调组织能力和实际动手能力。在京高校的在读研究生、本专科生以及外国留学生均有报名，共有 169 支代表队参加本届大赛，大赛分初赛、复赛、决赛 3 个阶段。学校共选拔 15 支代表队参赛，其中 10 支队伍进入复赛，5 支队伍进入决赛。（杨晓东　张　敬）

【召开青年教师成长与教学工作研讨会】 2011年1月13～14日，学院召开青年教师成长与教学工作研讨会。会议旨在加强青年教师队伍建设，总结在优秀教学团队建设过程中存在的问题和发展对策。会议围绕青年教师教学和科研工作中存在的主要问题和学院本科教学工作中存在的问题展开了深入讨论，在本科教学团队建设、专业建设、教学研究、人才培养、科学研究、学科建设、教学管理和师资队伍建设等方面均提出了许多重要的建议。学校人事处、教务处、科技处的相关领导、学院领导班子以及学院46名青年教师参加了本次会议。

（杨晓东　张　敬）

水土保持学院

【概　况】 北京林业大学水土保持学院(College of Soil and Water Conservation，以下简称水保学院)，源于学校1952年开设的水土保持课程。1958年开办水土保持专业，1980年成立水土保持系，1992年更名为水土保持学院。

2011年，学院设有水土保持与荒漠化防治、地理学、土木与建筑和土壤学4个学科群，包含水土保持与荒漠化防治、工程绿化、自然地理学等12个二级学科，其中，水土保持与荒漠化防治为国家级重点学科，土壤学、生态环境地理学为省部级重点学科。学院设水土保持与荒漠化防治、资源环境与城乡规划管理和土木工程3个本科专业；拥有水土保持与荒漠化防治、生态环境工程、自然地理学、结构工程等11个硕士学位授权点，以及水土保持与荒漠化防治、山地灾害防治工程、土壤学等7个博士学位授权点。

学院现有12个野外科研教学实验基地，其中山西吉县森林生态系统定位观测站为国家级野外观测站，山西吉县、北京首都圈、长江三峡库区(重庆)、宁夏盐池、青海大通5个国家林业局森林生态定位研究站。2011年新增宁夏盐池国家水土保持科技示范园区。学院设有水土保持与荒漠化防治教育部重点实验室、水土保持与荒漠化防治国家林业局重点开放实验室、林业生态工程教育部工程研究中心3个省部级重点实验室(工程中心)，拥有北京林业大学水土保持、荒漠化防治、边坡绿化、土地资源与肥料技术、防灾减灾与国土安全5个研究所，中国水土保持学会、中国防治荒漠化培训中心、中德干旱地区研究中心等学术团体和机构均挂靠在水保学院。

2011年，学院在职教职工78人，其中专任教师58人。专任教师中，教授23人，副教授28人，博士生导师22人，硕士生导师51人，其中具有博士研究生学历的教师51人。新进教师4人。本年毕业学生300人，其中研究生149人(博士生46人，硕士生103人)，本科生151人。招生349人，其中研究生156人(博士生40人，硕士生116人)，本科生193人。学院在校生1250人，其中，研究生461人(博士生110人，硕士生351人)，本科生789人。

2011年，学院以团队和基地平台建设为重点，组建了4支青年科研团队，建成土壤侵蚀实验系统、风洞实验系统，编制完成《水土保持学院“十二五”发展规划》《水土保持学院“十二五”学科发展规划》。

（胡　畔　弓　成）

【学科建设】 2011年，学院拥有水土保持与荒漠化防治学科1个国家级重点学科，土壤学是国家林业局和北京市重点学科，生态环境地理学是北京市交叉重点学科。学院设有水土保持与荒漠化防治、生态环境工程、山地灾害防治工程、复合农林学、工程绿化、土壤学和植物营养学7个博士点，水土保持与荒漠化防治、生态环境工程、复合农林学、工程绿化、土壤学、植物营养学、自然地理学、地图学与地理信息系统、山地灾害防治工程、结构工程和农业生物环境与能源工程11个硕士点。2011年新增博士生导师2人，硕士生导师2人。新聘请加拿大不列颠哥伦比亚大学Thomas Andrew Black和香港理工大学沈岐平为北京林业大学客座教授。选派1位青年教师赴美国培训学习，年度培养博士研究生46人、硕士研究生103人。教师和学生共发表学术论文310篇，其中SCI期刊收录论文19篇。

学院对现有学科进行了梳理，提出了学院“十二五”学科发展规划，即以水土保持与荒漠化防治学科建设为重点，逐步建立起水土保持学科、地理学科、农业资源与环境学科、建筑技术学科各学科专业协调发展的学科专业群；以重点学科建设为龙头，逐步丰富和完善国家级重点学科、省部级重点学科和其他学科的层次与梯度，形成完善、科学、合理的学科体系。2011 年学院进一步明确了水土保持学科中重点要加强和完善水土保持工程、荒漠化防治方向的建设，以适应社会发展对科学研究和专业人才的需求。（李　扬　张宇清）

【教学工作】 2011 年，学院提出了本科教学的人才培养目标，修订了 2011 版本科人才培养方案，积极培养知识、能力和素质协调发展，适应经济和社会发展需要的“信念执著、品德优良、知识丰富、本领过硬的水保高素质专门人才和拔尖创新人才”。

2011 年，学院共立项校级优秀教学团队 2 个、精品课程 1 项，校级教改项目 2 项，“十二五”校级教材建设项目立项 5 项，推荐“十二五”普通高等教育本科国家级规划教材 2 部。2 门课程被列为校级 2011 年精品视频公开课建设项目。年度新增大学生创新性实验计划立项 15 项，其中国家级 4 项、北京市级 3 项、校级 8 项。学院以教研室为单位组织 12 场教师研讨会、3 场教学观摩会、2 场学生座谈会。

2011 年，学院 1 名教师获“家骐云龙青年教师教学优秀奖”；1 名教师的教改论文被评为“高等林业教育研究优秀论文”；2 名教师的教改论文分别获得“北京林业大学 2011 年优秀教学论文”的三等奖和优秀奖。

2011 年，学院共计 151 名本科生完成毕业答辩，6 名学生的论文获北京林业大学 2011 届校级优秀本科毕业论文（设计），142 人获得学位，1 人未获学位，7 人结业，1 人肄业。推荐免试硕士研究生 30 名，其中水土保护 15 人、土木工程 8 人、环境规划 7 人，有 16 人被选拔进入梁希班学习，接受其他学院转入学生 8 人，转出 2 人，4 名学生因个人原因休学。

（王燕俊　王云琦）

【科研工作】 2011 年，学院年度到账经费 1946.35 万元，校留经费 1565.85 万元，其中纵向课题经费 1240.12 万元，横向课题经费 325.73 万元。新申请主持 2 项“十二五”国家科技支撑计划课题、1 项林业公益性行业科研专项课题、3 项国家自然科学基金课题。发表 SCI 收录论文 19 篇，EI 收录论文 19 篇，发明专利授权 12 项，软件著作权登记 4 项，获得省部级（含学会）奖励 5 项，其中 1 项成果获北京市科学技术奖三等奖，1 项成果获重庆市科学技术奖二等奖，1 项成果获环境保护科学技术奖二等奖，2 项成果分获梁希林业科学技术奖二等奖与三等奖。

学院组织青年教工建立了 4 支青年科研团队，包括了水土保持学科的 4 个具体方向，分别为水土流失规律、防护林、水土保持工程和荒漠化防治，以此带动学科建设与青年人才培养。

2011 年，学院科研平台建设取得新成果，土壤侵蚀实验大厅和人工降雨模拟实验系统顺利通过工程验收，风洞实验系统完成工程建设。12 月，盐池基地成为国家水土保持科技示范园区。

8～9 月，学院承办“2011 年校际间海峡两岸水土保持学术研讨会”，台湾屏东科技大学、北京市水土保持工作总站、北京林业大学等单位的 200 余人参加研讨会。两岸水土保持学者就“台湾河川生态护溪工程”“北京生态清洁小流域建设”和“陕北半干旱黄土区植被恢复及近自然造林技术”等水土保持不同专业领域内的前沿成果举办了 10 余场学术报告，参观考察了北京市生态清洁小流域建设、密云县石匣水土保持科技示范园和首都圈森林生态系统定位观测研究站。此次交流是学校与屏东科技大学等 5 所台湾高校开展校际合作的重要内容，为两岸开展水土保持领域的学术交流搭建了良好平台。

（李　扬　张宇清）

【实验室建设】 水保学院实验室平台包括水土保持与荒漠化防治教育部（国家林业局）重点实验室及 13 个专业实验室、林业生态工程教育部工程研究中心，以及山西吉县、山西方山、陕西吴起、宁夏盐池、北京密云、北京妙峰山、青海大通、青海香日德、重庆缙云山、河北丰宁、河北南堡等实验室野外研究基地。

水土保持与荒漠化防治教育部重点实验室成立于 2003 年 5 月，是目前中国水土保持与荒漠化防治领域唯一的教育部重点实验室，占地1684平方米，主要开展小流域土壤侵蚀与森林水文机理与过程、荒漠化生态修复机理与过程、水土流失生态修复机理与过程等3个方向的研究。拥有大中型仪器设备42套，2011年度，重点实验室新购置“人工模拟降雨系统”“CO_2同位素分析仪”“TOC分析仪”“土壤氮循环监测系统”“CO_2、H_2O气体分析仪”“能量平衡及土壤温湿盐监测仪器”“三维超声风速仪”“土壤剖面CO_2梯度监测系统”“包裹式径流测量仪”“植物冠层分析仪”10件大型仪器设备，土壤侵蚀实验大厅、风洞实验系统、人工模拟降雨土壤侵蚀实验系统相继通过验收。全年举办各类学术讲座、开题报告近200次，100余名硕博研究生在实验室内学习、研究。

13个专业实验室包括水土保持实验室、荒漠化防治实验室、林业生态工程实验室、综合分析室、土壤实验室、植物营养实验室、建筑材料实验室、建筑设计实验室、建筑结构实验室、土力学实验室、自然地理实验室、GIS实验室、城乡规划设计实验室，主要承担本科3个专业的实验实习实践教学任务。2011年承担课程8门类，约5700学时，人数350余人次。

（汪西林　孙向阳）

【脆弱生态系统退化机制与恢复重建研究平台建设】“脆弱生态系统退化机制与恢复重建研究平台”是北京林业大学优势学科创新平台所建设的子平台之一，2011年共投入600余万元改善教学科研条件和基础设施，推进实验室及产学研基地建设。建设完成水土保持与荒漠化防治试验系统、水土保持实验分析系统，完成山西吉县森林生态站、首都圈森林生态站及宁夏盐池荒漠生态站的修缮改造工程。

山西吉县站在红旗林场试验区修建了小气候观测塔，布设了观测仪器，开展了刺槐林地小气候的长期监测；宁夏盐池站于2011年12月通过评审，成为国家水土保持科技示范园区；首都圈站投入60余万元对定位站基础观测设施进行维修改造并补充和完善了观测仪器设备，新建成森林综合气象观测塔1个，新建成仪器设备储藏室1间；长江三峡库区（重庆）定位站建立了水源涵养林（理水调洪型、净水型、低功能定向改造型）试验示范区1个，示范区面积100万平方米。

（樊登星　李春平）

【党建工作】 2011年，水土保持学院党委共有27个支部，其中教师党支部6个、学生党支部21个，党员389人。其中，在职教工党员59人，学生党员330人。年度发展党员104人，培养入党积极分子198人。

学院党委配合完成了校第6届教代会、第14届工代会、第10次党代会、海淀区人大代表选举、纪念建党90周年、学院副处级岗位竞聘等各项工作。

2011年，先后组织开展了党的十七届五中、六中全会精神的学习讨论会，“践行善洲精神·助力绿色征程”主题交流会，组织广大教师和学生党员观看《毒瘤——邪教透视》专题片、学习《识别和防范冒用宗教名义邪教宣传提纲》。主办了2期学生支委党务基础培训，开展了“红色接力”登鹫峰红色实践活动。学院认真组织全体教工党员开展“北京高校教师党员在线”网上学习，召开了“七一表彰”大会，评选出1名优秀党务工作者，9名优秀党支部书记，14名优秀共产党员，8个先进党支部和4个优秀主题党日活动。学院1人被评为北京市优秀党务工作者、北京高校优秀党务工作者，1个支部实践活动获北京市高校红色“1+1”示范活动优秀奖，1人被评为校优秀共产党员，2个学生党支部在党委研究生工作部开展的“十佳党建特色工作”评比活动中被评为十佳党建特色工作党支部。

2011年学生业余党校举办了第46期、47期初级班，共114人参加培训，其中80人顺利结业，占70.2%；协助学校党校组织了第45期、46期提高班，参加培训共132人，112人顺利结业，占84.9%。出台了《模拟党支部入党积极分子量化考核办法》，进一步加强对入党积极分子的管理。

开展党风廉政建设，建立健全责任制。2011年，学院配合学校进行财务审计工作，深入推进廉政风险防范管理工作。注重加强民主与科学决策，始终坚持“三重一大”集体决策制度。加强大学生的廉洁意识教育、诚实守信教育。各基层团支部开展了关于“诚信考试、杜绝作弊”的团组织生活会，集体签订考试诚信承诺书。研究生党支部开展了学术诚信研讨会。

（宋吉红　王立平）

【学生工作】 2011年，学院学生工作重点加强基础与制度建设、促进学风校风改善。举行了纪念建党90周年"追寻光辉足迹，坚定理念信念"主题党日活动、合唱比赛和"传承红色精神，牢记红色使命"纪念建党90周年系列教育活动。包括"红色记忆"党史演讲比赛、"红色档案"党史知识竞赛、"红色摇篮"五月花海红歌赛、"红色瞬间"党史宿舍心理情景剧比赛、"红色心声"党史征文比赛、"红色围脖"网络宣传活动、优秀主题团日活动评比等系列活动。并在学校纪念建党90周年红歌赛中获得三等奖，校党史情景剧大赛中获得二等奖，校党史知识竞赛中获二等奖，校党史征文活动中获得组织奖，学院获校团学组织纪念建党90周年主题教育活动最佳组织奖。

学生骨干体系建设方面，举办了党支部委员、学生会、社团组织干部的培训班；加强辅导员班主任工作体系建设，辅导员的专业化水平进一步提高，2名辅导员主持首都大学生思想政治教育课题，2名辅导员论文获全国高校辅导员优秀论文一等奖和三等奖。在学生辅导员体系建设方面，目前，已经形成了宿舍辅导员、政治辅导员、专业辅导员、专职辅导员一体化的工作体系。

加强学生理想信念教育和品德教育，开展学风建设活动，开展了新生专业介绍会、新老生学习经验交流会、"追梦——保研、考研"交流会、校友座谈会等系列交流活动。同时，积极开展公寓文化节活动。各学生社团开展了丰富多彩的文化生活，举办了歌手大赛、宿舍设计大赛、主持人大赛、趣味运动会、环保创意大赛、英语配音大赛、演讲比赛、咏新杯辩论比赛、征文大赛、党史知识竞赛等多种活动。在学校春季运动会上学院荣获精神文明奖；在新生运动会中，学院取得了总分第三、男子团体第三、女子团体第四的成绩；院合唱队在学校"五月的花海"合唱比赛中获第四名。

学院积极搭建实践育人的平台，在云南今禹等10家单位建立了就业实践与教学实习基地。学院获社会实践工作优秀组织奖。

本年度学院本科生和研究生共有25人获国家级奖励，563人次获校级奖励，110人次获院级奖励，4个本科班级获得校级奖励，3个本科班级获得院级奖励。学院20007级学生中共有56名同学被录取到国内外重点大学攻读研究生，攻读研究生比例高达为37%。

本科生就业率达到了100%，签约率达到90.07%，研究生就业率达99%，签约率93%，学院被评为"主流行业就业奖"和"就业市场拓展奖"。新增"北林丽景"科技创新奖学金和上海校友助学金。

2011年，学院认定了274名贫困生，共有230人次获得各类资助，总金额达599 500元，成功办理助学贷款17人，固定勤工助学岗位59个。在学校心理工作表彰中，获"心理健康教育优秀组织奖"和"微笑摄影大赛优秀组织奖"。

（宋吉红　王立平）

【对外交流】 2011年，学院继续加强与国内外相关学科领域高水平专家的合作交流。本年度共接待美国、德国、日本、加拿大、丹麦、奥地利等7个国家和地区12次21人来访，接待国内10余个单位20余人来院交流访问，派出参观访问交流5个国家和地区17人次，参加国际学术会议2人次，交流学术论文2篇，共举办高级系列学术讲座22场。（李　扬　弓　成）

经济管理学院

【概　况】 北京林业大学经济管理学院（School of Economics & Management 以下简称经管学院）1959年建立林业经济专业，1987年成立经济管理学院，在1993年和2001年国家学位与研究生教育评估中连续获得全国林业经济管理学科综合评分第一名，2006年成为部级重点学科，2007年成为全国林业经济管理学科中唯一的国家重点培育学科。

学院拥有林业经济管理国家重点培育学科和林业经济管理博士后流动站；拥有农林经济管理一级学科博士点授予权，林业经济管理和农业经济管理2个博士学位授权点；拥有农林经济管理、应用经济学、工商管理、统计学等7个一级学科硕士授予权，林业经济管理、国际贸易学、统计学、会计学、企业管理等10个硕士授权点在招；拥有工商管理专业硕士（MBA）、会计专业硕士、应用统计专业硕士等5个专业硕士学位授权点。学院设有农林经济管理、会计、金融、国际经济与贸易等11个本科专业及专业方向，拥有工商管理第二学士学位授予权。

学院现设林经、会计、统计、国贸、工商管理、管理科学与工程、物业管理、人力资源管理、金融9个系，设有林业经济国际交流与合作中心、林业经济与政策咨询中心、林业经济研究所等15个研究机构。经济管理综合实验中心设有股票证券模拟实验室、人力资源模拟实验室、国际贸易实务模拟实验室等8个专业实验室和2个普通机房及1个控制室，是北京市经济管理教学实验示范中心。

截止到2011年底，学院有教职工115人，其中专任教师94人。专任教师中博士生导师19人，教授21人，副教授45人，其中具有博士学历的教师75人。在校生3253人，其中，研究生487人（博士生138人，硕士生349人），本科生2766人；本年招生845人，其中，研究生190人（博士生33人，硕士生157人），本科生655人；本年毕业844人，其中，研究生135人（博士生24人，硕士生111人），本科生709人。

（方宜亮　张卫民）

【学科建设】 经管学院拥有1个一级学科博士点：农林经济管理；2个二级学科博士点：林业经济管理和农业经济管理，其中林业经济管理是国家重点培育学科和国家林业局重点学科；1个博士后流动站：农林经济管理博士后流动站；6个一级学科硕士授权点：农林经济管理，应用经济学、工商管理、管理科学与工程、公共管理、理论经济学；10个二级学科硕士点：林业经济管理、农业经济管理、行政管理、会计学、国际贸易学、统计学、企业管理、管理科学与工程、金融学、人口、资源与环境经济；5个专业硕士授权点：农村与区域发展、工商管理、会计、应用统计、国际商务。11个本科专业和方向：农林经济管理、国际经济与贸易、人力资源管理、会计学、统计学、金融学、工商管理、工商管理（经济信息管理方向）、市场营销、电子商务和物业管理。其中，电子商务专业是由市场营销（电子商务方向）转变而来的。

经管学院共有博士生导师23人（其中兼职博士生导师4人），硕士生导师49人，其中，2011年新增博士生导师2人，硕士生导师7人。有1名国务院学科评议组成员，有9人次担任中国林业经济学会等国家一级学会理事以上学术兼职，有4名教师享受政府特殊津贴，3名教师获宝钢优秀教师称号，1名教师获北京市师德标兵称号，2名北京市优秀青年教师，1名教师获教育部新世纪优秀人才支持计划。2011年，从清华大学、中国人民大学等综合性大学接收5名博士毕业生充实学科队伍。

2011年投入重点培育学科建设费10万元，并用学校“引智计划”邀请6名国外专家来学院进行学科建设交流。

2011年，学院研究生共发表学术论文317篇，其中，1篇论文被SSCI期刊收录，开创了我院发表论文被SSCI收录的先河。

（潘焕学　陈建成）

【教学工作】 2011年，教学工作的基本思路是以成果为导向，以激励为动力，突出教学质量这个永恒主题，以课堂教学、教师队伍建设为基本点，加强实践教学，加强教育教学研究，提高学生的创新和实践能力。重点是加强青年教师培养，提高课堂教学质量，树立优良教风、学风。学院采取了青年教师培训、青年教师指导制度、课堂教学质量奖励制度、教学检查制度等措施，举行了以学院或教研室为单位的教学经验交流会、师生座谈会、领导和同行听课、优秀课程教学观摩、教学专题讲座、名家名师讲座等活动。2011年获得校级教学改革研究立项7项，获得校级精品课程立项4项。

经管学院坚持对每学期理论课程排名前20名和实践课程排名前2名的教师进行表彰，并颁发荣誉证书和奖金，鼓励教师不断改进教学方法，提高教学水平，2011年共44门课程获学院教学优秀奖。2010年实施了第4期青年教师指导制度，2名青年教师获教学优秀奖，2名青年教师获科研优秀奖，其中薛永基老师获得理论课教学全院第一名的优异成绩，刘雯雯老师2个学期共有4门课进入全院前二十，1名青年教师获得教育部人文社科项目，达到了实施青年教师指导制度的效果。第5期青年教师指导制度也已启动。教师参加北京高校哲学社会科学骨干研修班、国家精品课程师资培训项目等20余人次。学院举办了全国林业院校经济管理类青年骨干教师教学方法培训班，特聘台湾国立彰化师范大学温玲玉等教授授课。2011年与越南林业大学达成会计学本科“2+2”合作办学项目，制订联合培养方案，迈出经管院本科中外合作办学的第一步。

2011年经管学院第二次组织了学院“教学之星”的评选，共2000多师生参加评选，评选出10位学院“教学之星”并进行了表彰和奖励。2010~2011学年第2学期经管学院理论课教学评价在90分以上的课程的比重达100%，创学院教学质量评价结果的历史最好成绩，全年共有6门课的教学评价得分进入全校前50名，有17门课进入全校前100名。在2011年校级优秀教学论文评选中，3人获得二等奖，2人获得三等奖，2人获得优秀奖。向燕老师被评为校2011年“优秀教学管理人员”，温亚利教授被评为第7届北京市级教学名师。

2011年经管学院学生申报大学生科研训练项目达70项以上，获得校级大学生科研训练项目立项60项，占全校项目284项的21%，其中6项列入国家级项目，14项列入北京市项目。2011年5月21日承办北京林业大学首届大学生科技创新论坛调查策划类分论坛。2011年学院组织3次完成了对32项国家级、市级、校级大学生项目的验收，5个项目获得优秀，参加项目的学生发表学术论文10余篇。经管学院学生在全国大学生电子商务大赛、挑战杯创业计划大赛等全国赛事中屡获佳绩。（向　燕　田明华）

【科研工作】 2011年经管学院科研项目立项71项，共计合同经费突破1000万元，到账经费近910万元；其中纵向课题59项，比2010年增加16项，到账经费650多万元，比2010年增长3.65%；横向课题11项，到账经费250余万元，比2010年增长66.92%。获批立项的科研项目中包括国家社科基金项目3项（其中重大项目1项）、教育部人文社科基金项目4项，实现了林业院校国家社会科学基金重大项目的突破，国家项目申报创造了学院历史最好成绩；同时，获取项目教师的数量不断增加，特别是青年教师获得的项目数量快速增长，使学院的科研后备力量得到了加强。

2011年经管学院教师共发表各类学术论文130余篇，其中SCI检索4篇，EI检索14篇，ISTP检索10篇；出版专著9部；科研获奖24项，其中山西省第15届优秀学术论文奖一等奖1项。学院启动“英才计划创新团队工程”，有10个青年教师团队得到学院和学校的科研资助。8名国家社科基金和教育部人文社科基金获得者获得院“科技之星”奖励。

2011年学院正式出版《中国林业经济评述》，成功举办首届全国高校林业经济管理学科建设高端研讨会、第9届中国林业经济论坛、2011年林业技术经济研究会学术年会。共邀请国外专家教授10人次来院讲学和做学术报告。成功举办了发展中国家林业官员培训，共有十几个国家的30多名专家参加。（胡明形　温亚利）

【实验室建设】 经济管理学院综合实验中心是北京市经济管理教学实验示范中心。拥有股票证券模拟实验室、人力资源模拟实验室、国际贸易实务模拟实验室、电子商务实验室、会计模拟实验室、统计模拟实验室、网络实验室、物业管理智能化实验室等8个专业实验室，2个普通机房及1个控制室，占地460平方米，配有计算机240台，专业软件13套，承担学院11个本科专业及研究生的实验教学和实习任务。

2011年，综合实验中心固定资产总价值达到3 854 227元。2011年新增固定资产311 425元。（薛永基　夏自谦）

【资料中心】 经管学院资料室现有管理人员3人，其中副高级职称1人，中级职称2人。设有现刊阅览室、专业图书阅览室、档案管理室和带有辅助阅览性质的过刊库和书库。资料室的藏书是以经济管理类图书为主，重点收藏林业经济管理方面的各类工具书，尤其是林业经济管理及经济类的各种年鉴和统计资料收藏最为完整，并且广泛收集社会科学等各类书籍，已基本形成了具有鲜明特色的林业经济专业类的小型图书馆。

2011年经管学院资料室购进图书317册，订购期刊213种，订购报纸20种，装订报刊518

册，收集本科生论文659份、硕士论文88份、博士论文68份，本科试卷370册，课程论文63袋。2011年，获得出版社和教师赠书435册。

（张　琳　张　元）

【党建工作】　2011年，经济管理学院党委共有36个支部，其中教师党支部8个，学生党支部28个。党员610人，其中在职党员84人，学生党员526人。新发展党员214人，培养入党积极分子827人。

学院党委在全院范围内深入推进创先争优活动，并与学习型党支部建设、学生党员教育管理、纪念建党90周年、教工党员工作实际4个方面的活动相结合，学院学生党员发展着力向大二、大三优秀入党积极分子倾斜，学院学生党员队伍的学历结构、年级结构进一步优化。

学院领导班子坚持科学民主决策，定期召开党政联席会议或院班子民主生活会，充分发扬党内民主，对事关学院改革发展的重要事项进行集体研究决策。学院党委大力创新二级中心组学习模式，发展学院文化。

学院党委组织各教工党支部统一进行换届选举，各教工支部书记和支委由党性强、政治和业务素质好的同志担任；组织教工党员进行“北京高校教师党员在线”学习。

学院党委重视青年教师成才培养工作，发挥教师党员中学科带头人和学术骨干的作用，加强“青年教师导师制”工作。通过开展“教学之星”“科技之星”评比活动，挖掘学院优秀教工党员典型，宣传优秀教工党员事迹，形成全院教工争创佳绩的良好风尚。

学院党委做好思想政治教育工作，在60余个基层团支部及20余个学生党支部中大力开展“迎红色华诞，促创先争优”主题教育活动，举办了“书写一份情怀”“描绘一抹丹青”“装点一片河山”等“十个一”活动，以征文和摄影比赛、知识竞赛、朗诵会、志愿服务、扫墓活动、文艺汇演等形式回顾党的历史，缅怀革命先烈，讴歌党的伟业，激励全院青年学生奋发向上；组织学生党员观看《杨善洲》《张思德》《毒瘤——邪教透视》《辛亥革命》等4部教育影片；组织学院共36个党支部以学习党史、“两会”精神、杨善洲同志先进事迹、胡锦涛总书记“七一”重要讲话精神、十七届六中全会精神等为主题，举办了形式多样、内容丰富的学习实践活动30余项。

2011年4～5月，学院党委组织学生党支部全面开展了以“展现学生党员良好精神风貌，督促学生党员牢记先锋模范使命”为主要内容的“一个党员一面旗帜”学生党员风采展示活动，督促学生党员带动积极分子更快进步。学院党委鼓励学生党员积极投身社会主义新农村的建设中，2009、2010级管理学生党支部、2009、2010级物业学生党支部、2008级财金学生党支部、硕士2010级第二学生党支部等4个党支部与京郊农村、社区党支部开展红色“1+1”共建活动。2011年，学院党校管理工作不断完善，对学生业余党校初级班招生制度进行改革，初级班顺利结业338人，提高班顺利结业272人。

学院党委配合学校完成第10次党代会筹备工作、海淀区人大代表选举工作。

学院举行庆祝建党90周年暨评优表彰大会，184名新党员在会上进行了庄严的集体宣誓，大会总结表彰了“创先争优”活动中涌现出的先进集体和先进个人，共表彰“先进学生党支部”9个，“优秀党支部书记”9名，“优秀共产党员”25名，“红旗团支部”15个，“学生工作先进集体”20个，“班级量化先进集体”15个，“学干之星”35人，“团员之星”35人。

（房　薇　张卫民）

【学生工作】　2011年，强化辅导员队伍建设，推进学生工作专业化研究。2011年5月，成立学院青年发展研究中心，创办《经管青年发展研究》刊物，立项青年发展研究课题23项。全年开展首都大学生思想政治教育课题研究2项，学校思想政治教育课题2项，学校学信息化课题1项，发表思想政治教育论文6篇。

先后组织学生党员观看《张思德》《辛亥革命》等教育影片。以述责测评为核心开展了学生党员年度考核工作。扎实做好党员组织发展工作，科学制定发展党员计划，实现学生党员队伍结构的进一步优化。2011年，全年共发展学生党员210人，其中发展本科生党员168人，硕士生党员39人，博士生党员3人，低年级本科生党员发展比例明显增加。

完善基层班级建设信息发布机制，健全基层班级班委培训和激励机制，对180余名班级学生干部进行了专题培训。评选“红旗团支部”15个，

"学干之星"和"团员之星"各35名。梁希09-1班荣获北京市"红旗团支部"称号。在以全国"挑战杯"和"学术论文大赛、网络商务创新应用大赛、金融投资模拟交易大赛、商科院校专业技能大赛、电子商务三创赛、创意创业大赛"为特色的"一杯六赛"基础上，开展了北京市大学生创业设计竞赛、全国林科大学生绿色创业大赛、辽宁省青年科技创新创业大赛。学生在各类科技创新、创新创业竞赛中36个项目获得国家级奖项，137个项目获得省市级奖项，共计有1078人次获得奖项，包括第12届"挑战杯"全国三等奖1项。以"敬党爱国知兴衰溯本源，明世通理晓荣辱求发展"为主题，组建了24支暑期社会实践团队，2支实践队被委评为"首都大学生暑期社会实践优秀团队"，3支团队的实践成果被评为"首都大学生暑期社会实践优秀成果"。开展喜迎建党90周年系列活动。举办了第5届主持人风采大赛、第14届十大歌手星光赛、2012年新年晚会等大型晚会和活动。学校2011年春季运动会和新生秋季运动会，学院再次蝉联男团、女团、总团3项第一。创新精英学校人才培养模式，结业第二期学员52名，招生第三期学员66名。成立学院紫穹志愿服务团，先后与中国绿化基金会、北京志愿者联合会、中华红十字会、海淀区消协建立了合作关系，全年400余人次参与志愿服务活动。

加强就业服务工作。截至2011年9月1日，2011届本科毕业生签约率66.67%，就业率92.43%，就业质量较往年提升。完成"经海扬帆职业咨询版块""学院就业咨询电子信箱""个性化预约咨询"个体辅导三大平台搭建。就业个体咨询涵盖全院2007级702名和2008级686名毕业生，完成毕业生一对一谈话辅导500余人次。开展"就业100分"系列职业发展交流活动4期，编辑出版《经管就业信息报》9期，举办"校园职场挑战赛"1期，录制毕业生经验分享视频4辑，推荐学生实习80余人次。重点联系陕西省林业、水利、环保、经济等主管部门，走访用人单位10余家，新增学生就业实践与教学实习基地2家，邀请30余家单位来校招聘，举办学院专场招聘会20余场，向单位重点推荐毕业生近百余人次，向单位寄送学院毕业生介绍材料近200份，电话联系、重点接洽用人单位200余家，提供有效招聘岗位近500余个，新增学院关系单位150余家。

细化学生公寓管理和服务工作。组织宿舍长培训2次、宿舍安全卫生督导6次。组织开展学院宿舍设计大赛、自救逃生义演、危机逃生卡制作、"双优宿舍评比"、宿舍设计大赛等一系列活动。认真做好"100365首善行动"、洗澡补助、电话补助、国家励志奖学金、国家助学金、家骐云龙奖学金、北京市高校家庭经济困难本科生伙食补助等评审工作，涉及学生1985人次，金额250余万元。贴近学生开展心理健康教育活动。召开6次心理委员例会，邀请了2位心理咨询师和1位心理专业研究生对心理委员进行理论培训和技能指导，组织心理委员工作经验分享2次。在学校心理健康主题班会评比中，4个班级获得一等奖1个、二等奖1个、三等奖1个，在学校心理健康教育评优表彰中获得"心理健康教育工作优秀奖"和"DV大赛优秀组织奖"。同时代表学校参加北京市心理情景剧展演，获得三等奖。

创新研究生培养方式，举办包括导师讲坛在内的10余场学术讲座，主讲人包括密歇根大学、柏林应用科技大学、国家粮食局和本校相关学校和部门的专家学者。创新学术沙龙，将原来的以"学生讲教师点评"为主的学术沙龙，转变为"教师讲学生提问"与"学生讲教师点评"相结合的学术研讨会形式。通过端口前移、分类指导，引导研究生及早确立目标、制定规划，培养就业能力，认真细致为应届毕业生提供就业服务。

（肖　进　房　薇）

【对外交流】 2011年，学院共接待美国耶鲁大学、美国密歇根州立大学、美国密苏里大学、美国奥本大学、美国密西西比州立大学、加拿大林务局、德国应用科技大学、德国弗莱堡大学、北爱尔兰都柏林大学学院、芬兰赫尔辛基大学、瑞典农业大学、越南林业大学等国际知名高校和研究机构的专家学者18人次，给研究生重点讲授了自然资源与环境经济学、林业经济学、人力资源管理、计量经济学等多门研究生课程，并与青年教师就林业经济等领域前沿问题开展广泛的学术交流和研讨。派出到美国、加拿大、英国、德国、波兰、马来西亚、芬兰、立陶宛、拉脱维亚和爱沙尼亚等国家进行交流访问15人次，并与各国相关研究机构和政府部门就进一步开展合作与交流进行广泛交流。参加国内外学术会议近20次，参加人员逾30人次，提交会议论文50多篇。有3名教师获得国家留学基金委资助，以访问学者身份赴美国访问1年。国际合作办学取得进展，与越南林业大学正式签署“2+2”合作培养研究生协议；与澳大利亚国立大学的合作培养硕士研究生项目进一步向前推进，合作办学进入常态化；与美国密歇根州立大学等国际知名学府联合培养研究生和本科生的工作也顺利进行。学院共招收留学生4名，承担国家亚太网络全英文授课课程2门。成功举办“林区经济可持续发展官员研修班”，招收亚洲、非洲和南美洲的学员29名。（李 强 温亚利）

【获得全国林业院校首个国家重大社科基金项目】 2011年10月，林业经济与管理学科以宋维明教授为首席科学家，由陈建成、温亚利、张颖、张彩虹、田明华、王武魁教授等为核心成员组成的研究团队中标国家社科基金重大项目“我国西部林业生态建设政策评价与体系完善研究”，实现了本学科在全国哲学社会科学领域最高级别科研项目申请方面的重大突破。

该课题立足于西部生态建设的10年实践，科学分析了西部林业生态建设政策的结构，对西部生态建设政策实施效果和政策体系协调性进行评价，提出西部林业生态建设政策上存在的问题，并用演化博弈的思想和方法对政策效果的成因进行分析，继而对西部林业生态建设政策体系进行完善，并运用多主体系统仿真方法对政策体系进行动态模拟与效果预测，实现对该领域较为系统的研究。其成果对丰富和完善西部林业生态建设工作理论体系具有重要的理论价值和现实意义。（贺 超 张卫民）

【成立学院青年发展研究中心，提升学生工作专业化水平】 2011年5月，成立学院青年发展研究中心，围绕“学生个体行为与班级绩效”主题面向学院学生和辅导员招标青年发展研究课题，立项青年发展研究立项课题18项，其中重点研究项目8项，一般研究项目10项。2011年9月创刊《经管青年发展研究》刊物，创刊号收录了学院青年辅导员、学生撰写的学生成长与发展论文18篇。2011年12月《经管青年发展研究》(2011年课题研究专辑)出刊，收录了学院2011年青年发展研究课题提交的22篇理论研究论文。（房 薇 张卫民）

【成立紫穹志愿服务团，推动学院志愿服务工作发展】 学院于2010年10月成立紫穹志愿服务团，把紫穹志愿者服务团作为重要品牌不断加大建设力度，形成了一套完善的志愿者管理体系和志愿服务活动流程。志愿服务平台广泛拓展，先后与中国绿化基金会、北京志愿者联合会、中华红十字会合作，并与北京海淀区消费者协会建立了合作关系，成为中国绿化基金会青少年工作委员会首批会员单位。一年来，共计400余名学生参与到志愿服务中来。（房 薇 张卫民）

【创新培养模式，“精英学校”人才培养取得成效】 精英学校在第3期学员的选拔中进行了大力创新，在依据学习成绩、综合素质测评、笔试成绩的基础上，请了中华英才的专业招聘团担任无领导小组面试的评委，重点考查学生参与的主动性、沟通能力、表达能力、展示能力、领导能力和团队协作能力。精英学校从第2期学员开始实行“学员导师制”，聘请了7名青年教师骨干担任导师。经过1年多的探索和实践，精英学校形成了精英讲坛、精英论坛、学员导师制、名企参观交流、社会实践“五位一体”的精英人才培养体系，着重从政治素养、道德品质、责任意识、团队精神、展示能力、管理能力、学术科研能力、实践创新能力等方面提升学员的综合素质。在“精英学校”一期结业的52名学员中，成功保送研究生28人(北京大学3人，清华大学1人，中国人民大学4人，同济大学2人，天津大学2人，浙江大学1人，厦门大学1人)，出国留学1人，进入世界500强企业工作的3人。

（房 薇 张卫民）

工 学 院

【概　况】 北京林业大学工学院(School of Technology)，原为北京林学院森工系，成立于1958年。

2011年，学院设有机械设计及理论和森林工程2个二级博士授予权学科和机械制造及其自动化、机械电子工程、机械设计及理论等7个二级硕士授予权学科及森林工程1个北京市重点学科，现有林业工程(森林工程方向)1个博士后流动站，具有机械工程全日制专业硕士学位授予学科和工程硕士(机械工程领域)专业学位授予权。

2011年，学院设有机械设计、机械制造、自动控制、工程图学、工程力学、电工电子学、车辆与交通工程、工业设计、电气工程9个教研室和1个市级林业工程装备与技术实验教学中心。学院现有机械设计制造及其自动化、自动化、电气工程及其自动化、车辆工程、工业设计5个本科专业。

2011年，学院在职教工86人，其中专任教师63人，具有博士学位的专任教师45人。在专任教师中，博士生导师8人，教授13人，副教授26人。本年度，新增教授1人，副教授4人、博士生导师1人，硕士生导师5人，新进教师2人。

2011年，学院毕业学生372人，其中，研究生45人(博士研究生3人，硕士研究生28人，在职工程硕士14人)，本科生327人。招生411人，其中研究生67人(博士研究生6人，学术型硕士研究生37人，全日制专业型硕士研究生13人，在职工程硕士研究生11人)，本科生344人。在校生1579人，其中研究生198人(博士研究生28人，学术型硕士研究生127人，全日制专业型硕士研究生13人，在职工程硕士研究生30人)，本科生1381人。

学院贯彻学校部署，推进管理体制改革，下半年完成学院领导班子换届调整。2011年，学院加强科研项目管理和基地建设，学院分别与北京鹫峰国家森林公园和黑龙江省齐齐哈尔市兴十四村新建产学研合作基地。本年度，学院着力教育教学改革和本科专业建设，申请设立工业设计(艺术学学位)专业获得学校批准。2011年，学院全面推进实验室建设、加强仪器设备管理，新建继电保护实验室。组织清查固定资产2812件，报废设备143件。　　　(葛东媛　于文华)

【学科建设】 2011年，学院拥有森林工程1个北京市重点学科，设有机械工程一级学科博士点、森林工程二级博士点和林业工程博士后流动站；有机械制造及其自动化、机械电子工程、机械设计及理论、车辆工程、控制理论与控制工程、森林工程和设计学7个二级硕士授予权学科，机械工程全日制专业硕士学位授予学科，学院拥有工程硕士专业学位(机械工程领域)授予权。

2011年，学院共有教授13名，副教授26名，博士生导师8名，硕士生导师37名(含博导)。新增博士生导师1名，新增硕士生导师5名。新进青年教师2名，1名教师晋升为教授，4名教师晋升副教授。有1名教授为第六届国务院学位委员会学科评议组成员；1名教授为全国林业机械标准化技术委员会主任委员；1名教授担任教育部农林工程类林业工程分委会副主任；5名教师在全国相关二级学会与协会中担任副秘书长或副理事长以上职务；1名教师出国进修。

2011年度，工学院获得1篇校级优秀博士论文和1篇校级优秀硕士论文。研究生发表学术论文74篇，研究生第一作者论文被EI收录25篇，研究生参与申请专利获得授权专利18项，其中发明专利4项，实用新型专利14项。

目前在读研究生数量198人(博士生28人，学术型硕士研究生127人，全日制专业学位研究生13人，工程硕士生30人)，2011年学院招收研究生67人(学术型硕士研究生37人，全日制专业学位研究生13人，博士研究生6人，在职工程硕士研究生11人)。毕业研究生获得学位47人(博士3人，学术型硕士30人，在职工程硕士14人)。　　　(代智慧　李文彬)

【教学工作】 2011年，学院获批校级教学改革项目3项，校级课程建设3项，校级教学团队建设1支，大学生创业创新训练计划项目国家级5项，北京市级4项，校级28项。7个校级教改项目通过学校专家组结题验收，5个校级教改项目通过中期检查。

2011年，学院教师获得中国高等林业教育优秀论文一等奖1人、二等奖3人、三等奖3人。

获得校级优秀教学论文一等奖2人，获得校级优秀教学论文二等奖2人，获得校级优秀教学论文三等奖3人，获得校级优秀教学论文优秀奖5人，2人获"优秀教研室主任"称号，1人获得"优秀教学管理人员"称号。本年度，教师李艳洁获得北京高校第7届青年教学基本功比赛一等奖，姜芳获得"家骐云龙青年教师教学优秀奖"。2011年，在第6届全国大学生交通科技大赛中，获得三等奖1项，优秀奖1项；在第6届全国大学生"飞思卡尔"杯智能汽车竞赛中，获得华北赛区光电组三等奖2项；在2011全国大学生电子设计竞赛中，获得二等奖1项，三等奖3项，成功参赛奖1项；在2011年美新杯中国大学生物联网创新创业大赛中，获得全国二等奖1项，北京赛区一等奖1项，二等奖1项；在北京市物理实验竞赛中，获得三等奖1项。2011年7月参加CCTV亚太机器人大赛，学院代表队进入前32强；在2011年11月全国大学生本田节能车大赛中，名列第43名。

2011年共举办观摩教学4次，各类师生座谈会8场。2011版人才培养方案完成修订，并于2011年9月投入使用。 （杨尊昊 陈 劭）

【科研工作】 学院2011年到账经费484.57万元，其中纵向到账经费368.3万元，横向到账经费116.27万元。

2011年，学院新增科研项目35个，新增项目总经费596.3万元。包括国家自然科学基金、国家林业局公益行业科研项目、"948"项目、博士后基金等省部级课题10个，课题经费共计343.6万元，占总经费的57.61%；横向课题13个，课题经费共计132.5万元；校级项目12个，课题经费共计120.2万元。

2011年，学院在研科研项目合计56个，包括国家"十一五"科技支撑项目、国家自然科学基金项目、国家"863"项目、国家林业局"948"项目、林业局林业公益性行业科研专项项目等各类省部级课题25个，市级课题1个，横向课题13个，校级项目17个。2011年在研科研项目总经费1794.9万元，其中省部级经费1418.6万元，占总经费的79.03%；市级、横向经费231.1万元，校级项目145.2万元。

2011年，工学院李文彬教授主持完成的"人工林自动整枝技术及设备"获得北京市科学技术奖三等奖。教师共获得授权专利24项，其中发明专利5项，实用新型专利18项，外观专利1项。软件著作权7项。本年度，在各级各类学术刊物上共发表学术论文119篇，其中EI收录29篇，SCI收录8篇。教师出版专著共6部，约28.3万字。

加强科研基地建设，2011年，学院研制的单轨运输系统在石家庄井陉县建立示范基地实现成果转化；自动化工程固沙技术和设备继续在内蒙古沙地应用推广，示范基地建设稳定发展；"沙生灌木产业化促进沙荒地植被恢复"林业公益性项目在内蒙古通辽市国营库伦旗六家子机械林场建立试验示范基地；学院在北京鹫峰国家森林公园设置铺设森林火灾无线宽带监控网络研究基地，实现了林火自动识别，自动定位；同年，土壤墒情实时检测、灌溉预报基站（该地面积约85万平方米，主要作物是苜蓿）在黑龙江省齐齐哈尔市兴十四村现代农业大型喷灌示范基地建立。 （代智慧 李文彬）

【实验室建设】 2011年，学院实施大型设备维修项目2项，实验中心对参加全国性和北京市级学生科技大赛实验给予全面开放，使学生参赛获得各类奖项共13项。共接待兄弟院校参观交流2次。

2011年，学院利用学校"211工程"建设经费尾款50万元新建"继电保护实验室"。该实验室系基于"继电保护原理"等相关课程而设立。"继电保护原理"是电气工程及其自动化专业的主干专业课。该课程的实验任务是使学生掌握电力系统继电保护的基本实验方法和操作技能，培养学生运用所学知识解决电力系统继电保护实际问题的能力。该实验室现已完成电气09－1、

09－2 两个班共 60 人，10 学时/人的继电保护实验。今后将完成“继电保护原理”课程 2 个班的实验及一些课程设计任务。

2011 年 9 月，原森工楼 228 电工与电力拖动实验室迁至学校本科教学实验中心东区，新增实验室面积 120 平方米。（谭月胜　陈　劭）

【党建工作】 2011 年，学院党委下设党支部 13 个，其中教工党支部 4 个，研究生党支部 3 个，本科生党支部 6 个。共有党员 249 人，其中学生党员 202 人，教工党员 47 人，共发展预备党员 90 人，转正预备党员 60 人，培养积极分子 277 人。

2011 年，学院党委定期开展二级中心组学习，通过中心组学习科学发展观等专题。严格执行院务公开制度，坚持重大问题必须交由学院教代会、工会讨论。

2011 年，学院组织 130 余名学生党员、200 余名积极分子参与纪念建党 90 周年、辛亥革命胜利 100 周年爱国主题活动。

2011 年，学院党委组织第 46、47 期学生业余党校初级班和第 45、46 期提高班。共有 372 名同学接受党校培训，其中初级班学员 237 人，结业 165 人，高级班学员 135 人，结业 119 人。

2011 年，学院全体党员积极投入到学习实践科学发展观活动中，通过举办思想发动、学习培训、专题辅导、专题调研和解放思想大讨论等活动，取得良好效果。

学院党委积极督促支部开展“党建带团建”工作，形成党支部携同团支部密切交流，共同进步发展的新局面。（陈洪波　王东亮）

【学生工作】 2011 年，学院在校学生总人数 1579 人，其中本科生 1381 人，研究生 198 人，48 个本科班，3 个研究生班，工学院团委岗位编制 4 人，建有学生会、团委学生事务中心、社团联合会、学生心理委员会、学生就业助理团、研究生会、学生党建办公室等 7 个学生组织和开拓者机器人协会、风驰汽车协会、指南针科技协会、口才与辩论协会、阳光英语协会、视尚公社、竞技者体育协会等 7 支学生社团。

2011 年，学院举办北京林业大学第 9 届结构设计大赛和第 5 届机器人大赛，组织学生参与 CCTV 亚太机器人大赛、本田节能竞技大赛等赛事，全院共有 576 人次参与到各级各类科技大赛中，占全院总人数的 31.1%。在校外科技竞赛中，获全国机械创新设计大赛一等奖，本田节能车大赛中获得第 44 名的成绩，参加 CCTV 亚太机器人大赛，在全国机器人大赛、飞思卡尔汽车设计大赛、全国交通设计大赛、全国大学生汽车知识竞赛等赛事中也多次获得好成绩。

2011 年，学院组建 15 支暑期社会实践团队共 368 人奔赴京郊、宁夏、西安、天津等地开展“三支一扶”暑期实践活动。学院加强学生个人实践，共有 400 余名学生参加个人实习实践。共评出优秀社会实践团队 10 支，暑期社会实践优秀论文 55 篇，被表彰人数占全院参评人数的 35%，6 人获得院级社会实践优秀个人。本年度学院整合校内外资源，依托青龙桥街道、北京市昌平区沙河实验小学、玉福敬老院 3 个志愿服务基地，相继开展迎新接站、义工助学、支教帮扶、敬老爱老、垃圾分类回收等志愿活动。共组织 248 名同学参与到志愿活动中，累计服务时间达 5130 小时。

2011 年，学院共组织“力士杯”拔河赛、“挑战杯”篮球赛、“森工杯”足球赛、“风之彩”十大歌手赛、班级风采展、新生交谊舞培训、新生辩论赛等 20 多项文体活动，1000 余名同学参与其中。在校级文体活动中，学院获“五月的花海”合唱比赛三等奖、“12·9”文化周活动道德风尚奖、乒乓球赛亚军；在“院系杯”系列比赛中，院男子排球队获排球赛亚军、院足球队夺得足球赛季军。

2011 年，学院在学风建设方面进一步完善学生计算机准放制度，坚持每周进行宿舍检查，每周开展两三次学风督察。在学期末学院集中倡议诚信考试，加强考风考纪督察。坚持做好“致家长的一封信工作”将学生成绩和评优结果及时通报学生家长，全年共邮寄信件 1000 余封。

2011 年，学院对全院班主任、研究生、本科生在内的 1600 余人、36 个班集体、36 个奖项进行审核评优，共评出奖学金类 14 项、荣誉称号类 5 项共 742 人，其中包括 13 人次获得国家奖学金、36 人次获得国家励志奖学金、1 人次获得宝钢奖学金、358 人次获得优秀学生奖学金、105 人次获得三好学生、105 人次获得优秀学生干部等称号，评选出五四红旗团支部和优良学风班共9个班次，被表彰人数超过全院参评人数的45%。本年度，工学院办理新申请国家助学贷款47人，续放国家助学贷款162人，办理学费缓交61人，发放各类助学金近140万元，1069人次获得资助，为经济困难学生全年提供60个勤工助学岗位。

2011年，学院组织开展心理团体辅导12个班次，心理实践活动24次，针对心理委员组织团体辅导2次，召开班级心理委员集中培训1场，培训学员50余人，召开心理委员例会10余次，收集汇总班级心理月报420余份，全年共协调处理心理问题学生10余例。

2011年，学院共有本科毕业生327名、硕士毕业生28名、博士毕业生3名，共计毕业生总数达358名。学院依据学校要求，从“招生—培养—就业”联动入手，加大人才培养力度、开展专业质量监控、强化职业发展规划意识、建立学习成绩预警机制、加强教学实践环节，深化校企合作平台，完善就业工作系统化，帮助学生成长成才，使本年度本科生就业率达到95.72%，研究生就业率继续保持100%。

（陈洪波　王东亮）

【对外交流】 2011年，学院共接待4个国家和地区15人次的来访，共有46人次被派往美国、德国、加拿大、俄罗斯、日本和中国香港等13个国家和地区参加科研合作、学术交流和考察活动及公派留学学习，其中参加科研课题资助出国开展科研合作研究的有1人次、参加国际学术和考察活动的有43人次、国家公派留学人员3人次。

2011年1月，美国华盛顿州立大学迈克尔·沃尔科特(Michcel Wolcott)教授一行3人来学院就科研成果转化、国际项目合作等内容进行交流访问，期间卡特尔·彼得(Peter Carter)教授为工学院师生做了“木塑复合材料特性研究及其在建筑中的应用”的学术讲座。2011年2月，美国明尼苏达大学布赖恩·布拉肖(Brian Brashaw)研究员和美国农业部林产品实验室王喜平博士来访，对北京市公益项目“古建筑木构件材料力学性能无损检测技术研究”进行学术交流。2月14日，美国农业部林产品实验室工程木质材料研究室主任罗伯特J罗斯(Robert J. Ross)博士和王喜平博士被聘为工学院客座教授，并举行了聘书颁发仪式。2011年4月，工学院邀请美国伯克利加利福尼亚州大学兼职教授、中国长江科学研究院非连续变形分析研究室首席科学家石根华教授和美国圣母大学博士、美国加利福尼亚州大学博士后赉宇星女士来院做学术报告。2011年8月，工学院工业设计专业师生一行34人赴香港理工大学进行走访调研。

加强与行业的交流与合作。2011年3月，三一集团人力资源总部华北区负责人来院走访调研，就共建教学实践和就业实习基地等校企合作问题与学院领导和教师代表进行研讨，并建立了校企合作关系，现已在教学科研和就业实践等领域展开实质性合作。2011年4月19～23日，工学院教师代表赴广西壮族自治区林业厅、工信委、国资委等行业主管部门和5家大型工业企业走访调研，期间与5家企业建立了校企合作关系，并拓展了学院与广西校友的联络工作。

（葛东媛　于文华）

【林业工程学科评议组工作会议召开】 2011年8月20日，由学校研究生院承办、工学院和材料学院协办的国务院学位委员会林业工程学科评议组第三次年度工作会议在北京西郊宾馆召开。全国林业工程一级学科评议组成员和来自全国林业院校的院长讨论编制了林业工程一级学科简介和林业工程一级学科博士学位和硕士学位基本要求。工学院代表牵头单位北京林业大学起草了撰写了《林业工程一级学科博士学位》。

（葛东媛　李文彬）

【固定资产清查】 2011年9月，学院固定资产清查工作启动，学院依据学校仪器设备综合管理平台，将建院以来的每件设备按各教研室和实验教学中心等共11个部门分类，由各个部门负责人负责，最后落实到每位设备管理人并确认签字，历经3个月的清查和核实，共清查设备2812件，报废设备143件。（葛东媛　延晓康）

材料科学与技术学院

【概　况】 北京林业大学材料科学与技术学院(College of Material Science and Technology，以下简称材料学院)成立于2002年11月，前身是1958年成立的北京林学院森林工业系，由林业工程和设计学2个一级学科组成。学院设有木材科学与工程、林产化学加工工程、艺术设计3个系。

学院本科教育设有4个专业：木材科学与工程、林产化学加工工程、艺术设计、包装工程；8个专业方向：木材科学与工程、家具设计与制造、包装工程、林产化工、制浆造纸、环境艺术设计、装潢艺术设计、动画艺术设计。木材科学与工程专业为国家级一类特色专业，林产化学加工工程专业为国家级二类特色专业。

学院拥有木材科学与技术国家重点二级学科、林业工程北京市重点一级学科和设计学一级硕士点学科，木材科学与技术、林产化学加工工程学科为北京林业大学优势学科群平台和"211工程"重点建设学科。学院设有木材科学与技术、林产化学加工工程、设计学3个硕士学位授权点，木材科学与技术、林产化学加工工程2个博士学位授权点和林业工程博士后流动站。

2011年，教职工105人，其中专任教师87人(48人具有博士学历)；专任教师中博士生导师16人，教授19人，副教授28人。

本年毕业424人，其中研究生62人(博士生5人，硕士生57人)、本科生362人。招生499人，其中研究生115人(博士生23、硕士92)、本科生384人。在校生1776人，其中研究生297人(博士生61、硕士236)、本科生1479人。

按照学校2011年学院领导班子调整工作整体部署，学院领导班子也随之调整：孙润仓任院长，任强任院党委书记，李建章任常务副院长(正处级)，兰超、吴庆利、樊新武任副院长，樊新武兼任院党委副书记。(胡传坤　任　强)

【学科建设】 学院现有林业工程一级学科博士学位授权点，其中包括木材科学与技术、林产化学加工工程2个二级学科博士学位授权点；木材科学与技术、林产化学加工工程2个二级学科硕士学位授权点和设计学一级学科硕士学位授权点。设有木材学、木材干燥、木材功能性改良、木质复合材料、胶黏剂、工程木制材料、木材加工装备与过程自动化、家具与室内装饰工程、林木生物质热转化、包装材料与结构设计、林木生物质资源与化学品、生物质炼制与生物材料、生物质能源及化学品、林产精细化工、功能高分子材料、清洁制浆与造纸工程、二次纤维利用技术、环境艺术设计及理论、公共艺术及理论研究、装潢艺术设计及理论、视觉形态与广告传媒研究、装饰艺术设计及理论、艺术设计学理论与研究等23个研究方向。

学院具有结构合理、国内外有一定影响、富有创造力的学术队伍，其中"973计划"首席科学家1人，国务院学位委员会学科评议组成员2人，全国百篇优秀博士论文获得者2人，新世纪优秀人才5人(1人为本年度获批)，还有10多人在各学会(协会)担任正副理事长、常务理事和理事；有5名教授任联合国环境开发署独立咨询专家。

2011年共招收115名硕士和博士研究生，授予博士学位7人、硕士学位57人。

2011年，学院在贵阳主办"木材科学与技术学术论坛"，15个单位的专家学者参与论坛；在北京主办"材料学院青年教师学术论坛"，学院36名青年教师参加交流；获首届全国教师美术作品展一等奖1项，北京林业大学科学研究优秀成果奖一、二等奖各1项，校第一届设计与艺术学术成果奖一等奖1项、二等奖1项、三等奖6项，校第二届青年优秀学术论文奖二等奖2篇、三等奖3篇，发明专利授权21项，发表学术论文380余篇，165篇被SCI、EI和ISTP收录。1篇论文获全国优秀博士学位论文提名。

(孟玲燕　孙润仓)

【教学工作】 2011年，学院制定并执行了新版人才培养方案及教学大纲，开展教研组活动，教研室每学期组织教学研讨会2次、教师座谈会2次及学生座谈会4次。学院组织了7次教学观摩，增进教师交流，提高教师（特别是青年教师）教学水平。学院新获批立项教学研究项目11项，其中教改项目3项、教材建设2项、专业建设3项、校级精品课程3项。学院承担大学生创新项目28项，其中国家级5项、市级4项、校级19项。2011年教师发表教改论文10余篇，教改、专业建设、精品课程结题8项，大学生创新项目结题21项（国家级、市级、校级）。本科生在国内外各类竞赛中获奖10余项。

（张 颖 兰 超）

【科研工作】 2011年，学院纵向课题到账经费1174.7万元，横向到账经费150万元；共有28项课题立项，其中国家自然科学基金6项、博士点基金3项、北京市自然科学基金2项、林业公益性行业专项1项、“948”引进项目1项，其他课题15项；获授权发明专利21项，实用新型8项，成功申报15项。发表科技论文380多篇，SCI收录81篇，EI收录62篇，ISTP收录22篇。“高分子多糖生物质加工新技术与产品应用”获国家技术发明（第二完成人）二等奖，“木本多糖结构性质与制备应用技术”获梁希林业科学技术二等奖。2篇论文获中国林学会梁希青年论文三等奖；北京林业大学木质材料科技成果创新与转化基地建设顺利，部分设备已完成安装调试；已有“基于木材尺寸稳定化的高效干燥技术研发”等7项成果在广东、河北、福建等地的6家企业进行了实施应用。（孟玲燕 李建章）

【实验室建设】 2011年，学院教学科研平台木材科学与工程北京市重点实验室、木质材料科学与应用教育部重点实验室、林木生物质材料与能源教育部工程研究中心及木材科学与技术北京市实验教学示范中心运行正常。

木材科学与技术学科主要有木材科学、木材干燥、木工机械与刀具、木材加工工艺、胶黏剂、包装工程、家具设计与制造等7个实验室。林产化学加工工程学科主要有植物资源化学、生物质能源转化工程、制浆造纸及性能检测、木材化学、化工原理、精细化工、污水处理等7个实验室。设计学学科主要有材料艺术、装饰艺术、装潢设计、摄影等4个实验室。

截至2011年底，学院实验室总面积4080平方米，校外教学实习基地25个，专业期刊资料室1个，仪器设备总值4600多万元。

（李南岍 曹金珍）

【党建工作】 2011年，学院党委共有18个党支部，其中教师党支部5个、学生党支部13个（较2010年新增2个）。党员379名，其中教职员工党员68人、学生党员311人，学生预备党员132人，少数民族党员17人。2011年发展党员132人，转正114人；组织关系转入31人，组织关系转出140人；培养入党积极分子250人。

2011年，学院党建工作围绕“庆祝建党90周年”和学校第10次党代会为工作重点，开展了一系列主题活动。在喜迎建党90周年工作中，学院具体开展了“学党史·知党情·报党恩”征文活动，“童年回忆——在红旗下长大”迎建党社团文化交流节，“铭记红色历史，争做自强材料人”演讲比赛，“党旗在我心中飘扬”党史知识竞赛选拔赛，圆明园志愿服务活动，“应对‘血荒’”无偿献血活动，“才子才女重走长征路”首都材料联盟社会实践活动等。学院艺设学生第一党支部与怀柔区宝山镇超梁子村开展“迎建党 唱红歌”“低碳讲座”等红色“1+1”支部共建活动，并获学校红色“1+1”活动评选二等奖。在校第10次党代会工作中，根据上级组织安排，学院积极开展两委委员的推选工作。经过了“三上三下”的逐层推选以及全院党员大会的无记名投票差额选举，产生了出席校第10次党代会的11名代表。学院认真落实会议精神，并组织各支部和党员学习本次党代会会议精神。

学院党委注重加强和改进对党员的经常性教育和管理，各支部严格执行了发展党员公示制、票决制，合理科学地开展了党员发展、转正和组织学习，保证了党员质量，并坚持召开民主生活会，深入开展批评与自我批评。学院党委为新生党员配备优秀老党员进行再培养，为新生班级配备党员辅导员，加强新生班级的思想教育和入党宣传。2011年，学院有2人获得校级优秀党员称号，1个党支部获得校级优秀党支部的称号。

学院2011开办了2期党校初级班，共培养入党积极分子129人，向党校提高班输送优秀学员150人。学院成功举办了第四届启明星杯“迎校庆 学党史”知识竞赛，让党员、积极分子和党校学员积极学习和掌握党的基本理论知识和国家时事政策信息。同时，依托启明星协会，加强基层团支部和党支部之间的联系，做好团组织推优，做好积极分子培养，做好发展前的考察，构建科学完善的党员发展体系。

（薛凤莲　任　强）

【学生工作】 2011 年，学院学生工作继续以“特色工作出亮点、常规工作出经验、日常工作出实效”为整体思路，以“总结提升、规范管理、发挥特色、塑造品牌”为整体目标，以“争先创优”“喜迎建党 90 周年”为主线，加强学生思想政治教育；以学风督察、评优表彰和科技竞赛为平台，加强学风班风建设；以丰富多彩的文体活动为载体，加强校园文化建设；以创建平安校园为契机，做好日常教育管理工作；以注重队伍建设为重点，加强组织自身建设，推进学生工作的科学化、规范化和人性化。

2011 年，学院举行了“我的大学梦想”目标规划和新生班级建设分享活动、“秋实杯”学术活动、“四月风”大型文化节、“书香满园”读书活动、“材料杯”系列体育比赛、首都高校材料节系列活动、“学雷锋常态化”系列活动、“公寓文化节”系列活动、主题党团日活动、优秀团支部评比、评优表彰、心理健康月等特色活动 10 余项。

学院抓好辅导员、班主任和学生干部 3 支队伍，做好学院团委 9 大学生组织和 5 个学生社团的换届调整。对新上任的学生干部和基层班干部，进行精英化培训，举办学生骨干培训班 1 期。每周召开辅导员例会，每 2 周召开学生组织例会和基层班级例会，每月召开开展学生组织骨干联席会和班主任会。

2011 年，学院继续加强学风建设，重点开展学风督察工作，累计督察课程 38 节，督察班级 75 班次，通过情况通报和辅导谈话方式解决督察中发现的问题。学院还开展了“优良学风班评比”“读研就业经验交流会”“新老生经验交流会”“四、六级模拟考试”等促进学风建设的活动。

学院以“自助成长为路线，发挥心理委员探针效应，普及心理健康知识”为指导思想，解决学生因“经济困难”“学业压力”“就业压力”“恋爱困惑”“宿舍问题”引起的心理健康问题。定期召开心理委员例会，以心理委员的个人成长为主要路线，对心理委员进行专业培养。引导心理委员与其他班委合作，将心理健康工作贯穿到班级建设中去。建立并完善特殊学生跟踪档案 8 个，逐渐形成了完善的家校沟通模式和心理危机干预方案。

2011 年，学院本科生参评奖学金人数 1118 人，本科生共有 657 人次获各类奖、助学金，占全院总参评人数的 58.8%，另有 52 名本科生获得全国或北京市各类奖项 30 余项。研究生 285 人，占学校研究生总数的 9%，2011 年，研究生发表 SCI 收录论文 51 篇、EI 收录论文 3 篇，共有 42 名同学荣获学术创新奖，获奖人数位列全校首位。获宝钢特等奖学金 1 人，获全国林科十佳毕业生称号 1 人；第二届北京林业大学青年学术年会二等奖 1 名，三等奖 2 名；3 名同学获校研究生学术文化节“学术之星”称号，8 名同学获第 12 届全国“挑战杯”大学生课外学术竞赛三等奖，1 名同学获北京市研究生英语演讲比赛北林赛区一等奖。2011 届共有本科毕业生 362 名，研究生 62 人。截至 2011 年 9 月 1 日，本科生就业率 95.86%，研究生就业率 98.39%。

（薛凤莲　樊新武）

【对外交流】 2011 年，学院共接待 4 个国家 19 人次来访；派出访问交流 6 个国家 15 人次。主办国内学术会议 2 次，参加学术会议 80 余人次，提交论文 140 余篇。接待了南京林业大学化学工程学院来学院交流，签署合作意向 7 项，在合作研究开发项目、全日制专业学位研究生培养等方面取得了进展。（孟玲燕　孙润仓）

【科研成果获国家科技发明二等奖】 “高分子多糖生物质加工新技术与产品应用”，获国家技术发明奖二等奖（第二完成人），项目创立了半干法多糖胶制备与改性、微波活化法多糖制备、物理增黏与速溶多糖胶品质提升、半纤维素多糖清洁分离与功能材料制备、白芨多糖逆流提取－酶法随程精制等多项关键集成技术，应用推广到 15 家企业 30 多条生产线，辐射到全国 64 家大中型企业。（胡传坤　任　强）

生物科学与技术学院

【概　况】 生物科学与技术学院(College of Biological Sciences and Biotechnology，简称生物学院)是基于国家理科基础研究与教学人才培养基地(简称国家理科基地)于1997年组建成立的基础科学研究与教学型学院。截至2011年底，学院设有植物科学系、动物科学与微生物学系、生物技术系、生物化学与分子生物学系及食品科学与工程5个系。设生物科学(理科基地班)、生物技术和食品科学与工程3个本科专业，拥有植物学、林木遗传育种、野生动植物保护与利用3个国家级重点学科，1个国家工程实验室，2个部级重点实验室，1个北京高等学校实验教学示范中心，1个计算生物学中心。建有生物学博士后流动站，拥有植物学、生物化学与分子生物学、林木遗传育种、野生动植物保护与利用、微生物学科博士和硕士学位授予权以及细胞生物学、农产品加工与贮藏工程学科硕士学位授予权。学院建有毛白杨研究所、螺旋藻研究所、数量遗传研究所、油松落叶松研究所、中国林地资源研究中心(下设"林地资源调查与评估研究室""林地药用与香料植物资源利用研究室""林地食用资源加工利用研究室""林地经济动物利用研究室"4个研究室)。

2011年，学院在职教工98人，其中专任教师75人，包括中国工程院院士1人，千人计划学者1人，长江学者讲座教授2人，国家百千万人才工程人选2人。专任教师中，教授34人(其中博士生导师23人)，副教授30人，具有博士学位的教师71人。

2011年学院毕业学生260人，其中，研究生99人(博士生25人，硕士生74人)，本科生161人；招生350人，其中，研究生176人(博士生41人，硕士生134人，留学生1人)，本科生174人；在校生1239人，其中研究生584人(博士生115人，硕士生407人，在职农业推广硕士62人)，本科生655人。

2011年学院组织申报生物学一级学科北京市重点学科和"林业食品加工与安全"北京市重点实验室，并获得支持。同时，学院加强产学研发展和成果转化，与多个单位签署合作协议。

(杨丽娜　杨雪松)

【学科建设】 2011年学院拥有理学门类生物学一级博士学位授权点1个、生物学一级学科博士后流动站1个；拥有理学门类植物学、生物化学与分子生物学、微生物学，农学门类林木遗传育种学、野生动植物保护与利用学等共5个二级学科博士和硕士学位授权点；拥有工学门类食品科学与工程1个一级学科硕士学位授权点，理学门类细胞生物学1个二级学科硕士学位授权点；其中植物学、林木遗传育种学、野生动植物保护与利用3个学科为国家级重点学科。

2011年，学院先后召开了3次学科建设主题会，初步制定完成了各学科的长远发展规划，学院的"十二五"学科建设规划。启动自设二级学科博士点申报工作，组织完成1个自设学科的申报材料。食品学科申报林业食品加工与安全北京市重点实验室。1人入选教育部新世纪优秀人才支持计划。

2011年，获全国百篇优秀博士论文1篇，校级优秀博士论文2篇；校级优秀硕士论文3篇；获北京林业大学第一届优秀学术论文奖励4项。其中一等奖1名，二等奖1名，三等奖2名。有2名教师出国进修，2名教师进修回国。

(杨丽娜　张德强)

【教学工作】 2011年教学工作的重点是开展教育教学改革，推进人才培养模式的改革，提升人才培养水平。所采取的措施包括：①申报各类教学改革立项；②通过座谈会、教学论坛、教学观摩等活动进行经验交流，改革教学方法；③通过拓展实践教学空间，提高大学生实践能力；④完成2011版本科人才培养方案的修订。

在2011年校级质量工程项目申报中，获批继续资助精品课程建设3项、专业建设项目1项，新立项精品课程6项、专业建设项目1项、优秀团队建设1项；另有3项校级教学改革立项、2项实践教学改革立项以及树木学精品视频公开课建设项目1项。

在拓展实践教学空间方面，生物科学专业和

部分生物技术学生赴烟台昆嵛山、内蒙古大学、云南大学、兰州大学、浙江大学、四川大学、陕西师范大学、厦门大学等地进行生物学综合实习。

学院结合2次期中教学检查，共组织教学观摩课程9门次，召开师生座谈会3次，教师座谈会16次。上半学期教学检查中，学院根据实际情况专门召开了“青年教师座谈会”“实践教学体系建设座谈会”“人才培养方案初稿讨论会”及“人才培养方案修订专家座谈会”；在各教研室教师座谈会的基础上，学院及时召开教研室主任座谈会，集中反映本教研室教师对教学方面的意见和建议。

在2010年调研考察基础上，经过多次讨论和修订，制定出了2011版生物科学、生物技术及食品科学与工程专业的人才培养方案。

（徐桂娟　李　凯）

【国家理科基础研究与教学人才（生物学）培养基地】 国家理科基础科学研究与教学人才培养基地北京林业大学生物学专业点是1996年10月经教育部、国家自然科学基金委批准，以我校生物学院为依托建立的，1997年开始以生物学专业招生。主要工作任务是为我国基础森林生物学科学研究与高等教育培养高素质、高层次创新人才。

2011年毕业生有35人，其中26人在国内攻读硕士研究生，3人出国深造，5人在科技企业任职，就业率达到97%。

国家理科生物学基地2011年获得国家基础科学人才培养基金的资助，金额为400万元，用于今后4年的大学生科技创新。

2011年本科生科技创新各级项目立项共计65项，其中全国大学生创新创业训练计划项目5项，北京市大学生科学研究与创业行动计划项目4项，校大学生科研训练计划项目24项，资助金额分别为5万元、4万元和4.1万元。基地大学生发表SCI论文6篇，国内核心期刊研究论文5篇，申请技术专利3项。作为科研训练项目结果之一，理科基地班2008级学生王金子、臧森同学获得3项专利，分别为立体花架［CN201110096600.9］、供水装置［CN201110096644.1］、一种螺旋立体花架装置［CN201120113784.0］。

在服务社会方面，理科基地会同生物学院围绕学校暑期社会实践主题，组建了19支社会实践团队。

在教学研究方面，2011年11月，学院组织了5名教师参加第六届“高校生命科学教学论坛”，共有6篇教改论文被收录到《高校生命科学教学论坛文集（2011）》中。2011年9月，组团参加教育部在哈尔滨工程大学举办的高等学校实验室开放和大学生科技创新工作现场交流会。

在大学生科研训练及科研能力提高方面，在第六届“挑战杯”首都大学生课外学术作品竞赛中，理科基地学子获得1个特等奖、1个一等奖和1个二等奖。其中，生物科学2007级于大德及其团队成员的作品《云南松成熟胚胚性愈伤组织诱导及增殖》从千余份作品中脱颖而出，荣获首都“挑战杯”特等奖。生物科学2008级戴明道及其团队的《原癌基因c－Fos和c－Jun在冬眠前期野生达乌尔黄鼠精巢中的表达》和生物科学2008级沈勇及其团队的《中国林蛙输卵管发育季节性进程调控机制的内分泌学研究》2个作品分别获一等奖和二等奖。陈金辉同学荣获第6届挑战杯全国大学生创意竞赛金奖，何璐薇等同学获得全国美国杏仁大赛三等奖、“北京稻香村杯”大学生烘焙食品创新大赛三等奖等。

（任建武　李　凯）

【科研工作】 2011年学院获批国家重大基础“973”计划、“863”计划、国家自然科学基金、国家科技支撑计划、林业行业公益性专项、博士点基金、北京市自然基金及北京林业大学创新项目等共32项，合同总经费为1581万元。

2011年在研科研项目总数为128项，纵向课题占94项，横向课题27项。在纵向课题中，“973”子课题2项、“863”课题5项、“948”课题2项、“十一五”科技支撑课题及子项目19项，国家自然科学基金23项、林业行业公益性项目11项、新世纪优秀人才计划项目1项、教育部科技创新计划11项，总经费为5756余万元。

2011年学院申请专利9项，获授权专利9项；制定并已颁布国家（行业）标准1项，发表论文110篇，其中SCI期刊收录论文37篇，EI收录2篇，出版专著1部。组织参与国家“十二五”科技发展规划和国家自然科学基金委等部委的科研规划，获得广东省科技进步二等奖，山西省科技进步二等奖各 1 项。

学院组织召开了统计遗传与计算生物学国际研讨会；邀请国内外知名专家，举办近 30 场学术报告会。组织参加全国生物产业研讨会、南北农业合作交流对接会、海峡两岸林业博览会暨投资贸易洽谈会等重要会议。

2011 年与赤峰市林业局签订百万亩经济林合作项目；与广西三江侗族自治县百万亩油茶合作项目已经启动；与山东冠县和河北沧州地方政府合作建设的“北方平原林木良种创新与示范实践基地”和“沧州枣树教学和科研实践基地”正式建成启用。学院与君乐宝乳液、河北露露集团、晶品果业等单位建有长期稳定的合作关系。

（杨丽娜　张德强）

【实验室与基地建设】 保持林木花卉遗传育种教育部重点实验室及林木花卉遗传育种国家林业局重点实验室的优势，继续建设林木育种国家工程实验室，建成国家级研发平台，林木基因工程、细胞工程和分子标记辅助育种实验室建设得到进一步加强。购买仪器设备，国内外专业书籍资料、软件和计算机等计划在执行中。现有实验室面积约 3000 平方米，科研设施设备总值 3000 余万元，其中 10 万元以上的仪器设备近百台(套)。

继续建设已创建的 70 余处科学研究试验、成果示范以及教学实习基地。全面启动北京北京林业大学新技术试验、示范和推广实践基地建设，建设河北承德、沧州和山东冠县基地等；林木育种国家工程实验室基地建设进入重要阶段。

（杨丽娜　张德强）

【党建工作】 2011 年，生物科学与技术学院党委共有 22 个党支部，其中教师党支部 6 个，学生党支部 16 个。党员 398 人，其中在职党员 70 人，退休党员 4 人，学生党员 324 人，新发展党员 84 人，全部为学生党员。入党积极分子 191 人，2011 年参加初级班培训 147 人，通过提高班人数 120 人。

2011 年学院获“庆祝建党 90 周年主题教育活动优秀组织奖”，在 2011 年就业工作中获“困难群体帮扶奖”和“就业课题研究奖”。

2011 年，学院分党委注重党员、教职工和学生的政治理论学习，各党支部坚持每 2 周过 1 次组织生活，上半年向教职工党员传达了学校 2011 年工作会议精神，组织广大党员和全院教职工学习《北京日报》署名文章《自觉维护社会和谐稳定》《维护稳定从每个人做起》，组织广大党员特别是党员领导干部认真学习十七届中央纪委六次全会精神和学校党风廉政建设会议精神，安排各党支部学习《中国共产党普通高等学校基层组织工作条例》等。下半年组织广大党员学习胡锦涛总书记“七一讲话”，组织广大党员干部学习党委书记吴斌同志、校长宋维明同志在学校 2011 年下半年工作会上的讲话，学习教育系统“两优一先”事迹，组织广大教师和学生党员观看《毒瘤——邪教透视》专题片和学习《识别和防范冒用宗教名义邪教宣传提纲》，组织入党积极分子进行定期理论学习、影片观看，通过党员、教职工和学生的政治理论学习，使得学院广大师生的思想能够与党中央保持一致，齐心协力圆满完成了学院的各项工作。学院荣获“二级党委中心组特色学习活动”二等奖。

院分党委在“七一”前夕，经过全院 22 个党支部的 339 名党员投票推选、院党委会认真讨论，根据多数党员和党支部的意见，在院内命名表彰了 6 个先进党支部、10 名优秀共产党员、6 名优秀党支部书记、1 名优秀党务工作者。并在全院教工党员中举办了主题为“追寻伟人足迹，构建和谐社会”的“建党 90 周年学院教工党员摄影大赛”，有近 40 个作品参赛。在 2011 年 4 月底与学院行政和工会组织全院教工党员和其他教职工参观毛泽东韶山故居。并组织全院党员到国家博物馆参观了“复兴之路”的展览。各党支部积极组织特色活动，庆祝建党 90 周年。教工五支部(生化系)组织党员和所在系的教职工观看了《建党伟业》的电影；教工三支部(生技系)、教工四支部(办公室)和教工二支部(动微系)分别组织本支部党员和教职工一起唱红歌。学生第一、第三党支部和离退休处第六党支部共建结队，一同前往房山区霞云岭乡堂上村参观“没有共产党就没有新中国”主题展览。学生第二、第四党支部开展“优秀党员经验分享会”、研究生育种细胞 2010 级党支部和研生化微生物 2010 级党支部携手东王庄小区党支部开展建党 90 周年知识竞赛共建活动、学生第四党支部与京郊农村共建开展食品安全知识推广。学院学生第三、第四党支部获“2011 年北京高校红色‘1 + 1’示范活动鼓励奖”。

学院认真落实领导干部党风廉政建设责任制，院党委坚持“党要管党，从严治党”的原则，严格执行党风廉政责任制，一级负责一级。副处以上的干部严格执行“个人收入申报”“重大事项申报”等制度。

院分党委按照党管人才的要求，与院行政一起认真审核，上半年，学院加大了引进高层次人才的力度，引进1名第二层次的教授。在充分听取学科、系意见的基础上，党委与院行政一起认真审核，多方听取意见，2011 年新进 4 名博士补充到教学岗位、1 名硕士补充到管理岗位，同时，采用新的用人制度接收了 2 名助理(科研或行政)进入到计算生物学中心的研究团队工作。

（洪秀玲　王晓旭）

【学生工作】 2011 年，学院结合实际，不断提升学生工作整体水平。院党团委、辅导员、班主任、专职教师定期开会通报学生工作情况，同时在学生干部例会的基础上，加强基层班级就业委员、心理委员、安全委员的队伍建设，开展“步步为赢”干部培训系列活动，培养选拔优秀学生干部，强化专职、兼职和学生 3 支学生工作队伍建设。通过宿舍辅导员、专业辅导员、班主任、年级辅导员纵向多层次管理开展深度辅导工作，2011 年深度辅导累积 600 人次。学院自 2011 年下半年开始每 2 周制作一期《生物学工动态》，向学生工作主干队伍通报学院近期学风、舍风、班风情况，宣传学生工作成效。在班主任和辅导员评比中，5 人获得校优秀班主任称号，5 人获院优秀班主任称号，1 人获校优秀本科生辅导员称号，2 人获优秀研究生辅导员称号。

先后举办学术讲座 36 场，学习经验交流会 15 场，模拟考试 6 次，科技竞赛宣讲 3 场。以本科生“七大高校论坛”、研究生“生命论坛”、本科生科技立项、“三杯”竞赛、专业相关竞赛等活动为契机，鼓励学生积极参与科技创新活动。开展实验室开放日活动 2 期，6 个专业实验室和 3 个自主创新实验室全面开放。第二期喜报家校活动，增设优秀班级、团小组视频宣传，进一步加大优秀班级、学生的榜样影响力度，强化家校良性活动平台建设。2011 年学院本科生发表 SCI 论文 8 篇，其中第一作者 5 篇，发表核心期刊 14 篇。1 项学术作品获第十二届“挑战杯”全国大学生课外学术科技作品三等奖，3 项学术作品分别获第六届“挑战杯”首都大学生课外学术科技作品特、一、二等奖。1 支队伍获美国大杏仁学生创新大赛三等奖，1 支队伍获“北京稻香村杯”大学创新竞赛三等奖，16 名学生获得“必胜客杯”职场竞技挑战赛企业带薪实习的机会。

学院师生多次赴美国、日本等国进行国际学术交流，并分别于 5 月和 10 月开展美国 CLEMSON 大学与学院交流营、赫尔辛基大学与学院交流营，与 19 位来自美国、芬兰、印度等国的学者进行学术和文化交流，搭建起学生国际化培养平台。

在 2011 年的评优表彰工作中，学院本科生和研究生共有 24 人获国家级奖励，8 人(班)获市级奖励，516 人(班)获校级奖励，22 人获得理科基地奖学金。国家理科生物学基地 09 班以第一名的成绩获得校“十佳班集体”荣誉称号。1 人荣获北京市“先锋杯”优秀团员称号、1 人荣获北京市“先锋杯”优秀团干部称号，1 个班级团支部荣获北京市“先锋杯”优秀团支部称号。1 人获 2011 全国大学生数学竞赛二等奖，1 人获 2011 全国大学生英语竞赛 C 类三等奖。

2011 年，学院积极开展各项特色活动，全面提升学生综合素质。举办十大歌手赛、主持人大赛、演讲比赛、新生辩论赛、趣味运动会、植物认知大赛、研究生学术文化节等 30 余项文体活动。2011 年，学院获得院系杯足球赛女足冠军，院系杯足球赛男足乙组冠军，“北俱杯”足球比赛冠军，院系杯乒乓球赛女团冠军，院系杯乒乓球赛男团季军，春季运动会广播操比赛二等奖，春季运动会、新生运动会精神文明奖，“唱支山歌给党听”——庆祝建党 90 周年红歌合唱比赛二等奖，校“思林杯”辩论赛亚军等荣誉。

2011 年，学院深入开展暑期社会实践，共组织 19 支实践队伍，300 余人分赴北京郊区、山东烟台、江西等地进行社会调查、科学考察、红色精神学习和宣传，其中“食品添加剂调查研究小组暑期实践团”被评为校级重点项目优秀团队，“海产养殖的环境影响调查暑期实践团”被评为校级支持项目优秀团队。

注重学生的心理健康教育工作，2011 年学院开展心理委员培训 4 场，指导班级团体辅导 25 场，完善师生、朋辈、网络全方位心理健康帮扶模式，营造良好生活学习氛围，提高学生的心理调适能力。

2011 年，本科毕业生读研深造率 51.55%，签约率 72.05%，就业率 90.06% 。研究生签约率 63.22%，就业率 94.25%。学院就业工作坚持“一把手工程”，确保“领导到位，人员到位，经费到位”，定期研讨就业形势、制定策略，发挥科研优势，采取有效措施。进一步开拓教学实习与就业实践基地，加强教学、科研与就业的相互配合，目前学院共有 9 家教学实习与就业实践基地。针对 2011 届毕业生，共邀请 50 家生物及食品企业走进校园举办招聘会，提供近 20 种岗位超过 600 个职位需求，促进毕业生充分就业。学院关注就业困难群体，采取一系列长效措施，依托勤工助学中心为困难群体早期联系实践，实现了从单一经济援助到思维、能力、资源、人际、经济等多方位立体援助的转变。学院获 2011 年就业工作“困难群体帮扶奖”和“就业课题研究奖”。

学院重视贫困生帮扶工作，2011 年，学院共安排 50 多名学生从事校、院固定的工作岗位，发放经费共计 46 065 元，切实解决经济困难学生的基本生活问题。学院积极拓展校外勤工助学工作，为 220 名学生提供校外合作工作岗位，如飞美家具、德青源、鸟巢餐饮服务等。

（赵　媛　王晓旭）

信息学院

【概　况】 北京林业大学信息学院（College of Information Science and Technology，以下简称信息学院）成立于 2001 年 4 月，主要由计算机科学与技术、软件工程 2 个一级学科组成。学院设信息管理与信息系统、计算机科学与技术、计算机科学与技术（物联网方向）、数字媒体艺术、动画、网络工程等 6 个本科专业，拥有计算机应用技术、计算机软件与理论、管理科学与工程等 9 个硕士学位授权点，林业装备工程、森林经理学信息管理方向等 2 个博士学位授权点。拥有森林经理学 1 个国家级重点学科。

2011 年，学院共有学生 1268 人，其中本科生 1059 人，研究生 209 人。教职工 68 人，其中专任教师 50 人。专任教师中，博士生导师 7 人，教授 8 人，副教授 18 人，其中具有博士学历的教师 31 人。本年毕业 267 人，其中，研究生 45 人（博士生 4 人，硕士生 41 人），本科生 222 人。招生 365 人，其中，研究生 96 人（博士生 7 人，硕士生 89 人），本科生 269 人。在校生 1268 人，其中，研究生 209 人（博士生 19 人，硕士生 190 人），本科生 1059 人。

2011 年，邀请国内外相关领域专家讲座 23 次，其中国外 6 次。与台湾淡江大学资讯工程系建立了师生交流计划，每年派 10 名左右的师生团队短期互访。

（张东宇　郭小平）

【学科建设】 学院有二级学科博士培养方向 2 个：森林经理学（信息管理）和林业装备工程（林业信息化）。一级学科硕士点 2 个：计算机科学与技术和软件工程。二级学科硕士点 5 个：计算机软件与理论、计算机应用技术、管理科学与工程、设计学和森林经理学。全日制专业硕士学科 4 个：软件工程、计算机技术、艺术设计和农业信息化。在职专业硕士学科 2 个：软件工程和农业信息化。

2011 年学院硕士生导师 26 人，教授 8 人，副教授 18 人。授予博士学位 4 人，硕士学位 41 人，发表核心期刊以上论文 70 篇，其中 EI 检索论文 1 篇。

（张哲峰　黄心渊）

【教学工作】 2011 年，教学工作的基本思路是在保证本科教学管理和教学运行各项工作顺利进行的基础上，围绕 2011 版人才培养方案的修订工作，进一步提高本科教学的质量和水平，重点开展教学改革、精品课程建设、优秀教学团队建设和专业建设等“质量工程”项目，对“质量工程”项目的中期检查和结题验收工作采取了保障措施，保证了项目完成的质量和水平。

2011年，申请各类教学研究与改革课题31项，总计金额23.05万元。其中，教育部教改项目1项，校级优秀教学团队建设项目1项，校级专业建设项目2项，校级精品课程建设项目2项，校级教学改革研究2项，校级教材建设项目3项，国家大学生创新性实验计划项目4项，北京市大学生科学研究与创业行动计划项目3项，校级大学生科研训练计划项目13项。2011年，组织中期检查或结题验收50项。其中，教改项目结题验收14项，中期检查5项。大学生创新创业训练项目，中期检查20项，结题验收11项。

2011年，新引进教师1人，教职工总数达到68人。积极创造各种条件，加强新专业的申报工作，组织物联网专业、软件工程专业、动画专业按艺术类招生等申报工作，完成2011版人才培养方案修订工作。

2011年，获校级奖项共计5项，其中校级先进教研室2个，校极优秀教研室主任2人，校级优秀教学秘书1人。根据制定的《信息学院教学工作奖励暂行办法》，学院共获奖20项，其中，教学质量评价优秀奖5项，省部级教学改革研究项目奖2项，学生科技类竞赛指导教师奖13项。（马晓亮　陈志泊）

【科研工作】 2011年，学院到账科研经费488.70万元，其中纵向经费201.5万元，横向经费213.7万元，校内创新项目经费45万元，校内其他经费28.5万元。学院取得发明专利2项，软件著作权登记18项，发表论文70篇，其中EI收录1篇。

2011年，学院科研申请纵向科研项目12个，其中国家自然科学基金2项，教育部博士点基金1项。（张哲峰　曹卫群）

【实验室建设】 2011年，计算机实验教学示范中心在做好日常管理与运行工作的前提下，重点完成了新建物联网实验室，共计30套实验设备。完成了新科研大楼计算中心机房布局设计工作。组织学生参与科研训练工作，完善学生工作室制度建设和队伍建设。鼓励学科教师研究生导师参与学生的训练指导，同时吸引企业工程师加入。本学年内参加项目组学生人数66人，其中研究生15人，本科生51人。

（马晓亮　陈志泊）

【党建工作】 2011年，学院党委共有19个党支部，其中教工党支部4个、学生党支部14个、教工与学生联合党支部1个。党员279人，其中教工党员41人、学生党员238人，全年共发展党员88人，其中本科生80人、研究生8人。培养入党积极分子347人。

在2011年学校七一表彰中，学院学生第九党支部获得校级“先进党支部”称号，黄心渊同志荣获校级“优秀共产党员”称号，任忠诚同志荣获校级“优秀党务工作者”称号。学院党委也开展了党内评优表彰活动，其中评出院级优秀党支部2个，优秀党支部书记3名，优秀共产党员4名，优秀支委3名，优秀联系人5名。

2011年，学院举办学生业余党校2期培训班，共培训党员和积极分子160余名。其中，第45期提高班有2人获得“党校之星”、2人获得“党校优秀学干”荣誉称号；第46期提高班有1人获得“党校之星”、2人获得“党校优秀学干”荣誉称号。

2011年10月，信息学院党委二级理论学习中心组赴房山区霞云岭乡、门头沟区清水镇开展考察学习活动，并与2个乡镇的负责人分别进行了座谈与交流。这次考察学习活动在学校特色学习实践活动中荣获二等奖。

积极组织学生党支部前往京郊农村开展红色“1+1”支部共建活动。支部党员开展新农村信息化建设情况进行调研，开展以“大学生讲党课”为主题的实践活动、爱心包裹劝募等志愿服务活动。（任忠诚　郭小平）

【学生工作】 积极参加国内外各种比赛，获2011大中华区VR盟主选拔赛PC游戏组冠军、亚军，2011年第九届DAF国际大学生反对皮草艺术设计大赛SAP主席特别推荐奖，MCM美国大学生数学建模比赛荣誉提名奖、成功参赛奖，2011第三届中国优秀游戏制作人评选大赛非专业组最佳游戏创意银奖，第36届ACM－ICPC亚洲区预选赛大连赛区铜奖，2011年中国大学生（文科）计算机设计大赛三等奖，2011年全国大学生英语竞赛C类三等奖，首届北京市大学生动漫设计竞赛教学媒体艺术类铜奖，第二届中国大学生创意创业大赛二等奖、优秀奖，2011年第6届全国信息技术应用水平大赛一等奖、二等奖、三等奖，2011年"国信蓝点杯"全国软件专业人才设计与开发大赛北京赛区二等奖、三等奖，全国大学生数学建模竞赛北京赛区一等奖，第4届大陆地区大学生网络商务创新应用大赛北京赛区一等奖，第四届大陆地区大学生网络商务创新应用大赛北京赛区一等奖、二等奖、三等奖，2011年第二届北京市大学生动漫设计竞赛一等奖、二等奖、三等奖，2011全国三维数字化创新设计大赛北京赛区特等奖，2011全国三维数字化创新设计大赛北京赛区一等奖、优秀奖。

在校级比赛中，学院荣获第16届"绿叶杯"辩论赛冠军，北京林业大学学生篮球联赛男子第三名，"五月的花海"合唱比赛二等奖，春季运动会"精神文明奖"、女子团体第六名、男女团体第五名，新生运动会取得男子团体第六名、女子团体第五名、总分第六名，第6届公寓文化节优秀学院组织奖三等奖，2011年"一二·九"越野赛道德风尚奖，计算机与网络协会被评选为"电脑义诊突出表现社团"。研究生学业一等奖学金43人，二等奖学金43人，优秀研究生5人，学术创新奖17人，优秀研究生干部10人，优秀研究生5人。近600人次获得国家、学校和社会各类奖助学金，其中获得奖学金293人次，助学金300人次，获奖人次占全院总参评人数的55.47%。

就业工作方面，全院222名本科毕业生，共有114名学生与单位签约，46人读研，5人出国，2名村官。一次签约率为75.22%，就业率98.19%。研究生毕业45人，就业率为100%。

（聂丽平　任忠诚）

【举办10周年院庆】 2011年4月16日，学院建立10周年，全院师生共同努力，隆重地举办了10周年庆典活动。本次庆典活动邀请了中国工程院原副院长沈国舫先生、中国科学院院士唐守正先生、国家林业局、林科院等部门的领导专家、国内部分高校信息或计算机学院院长、国内部分IT企业负责人、北京林业大学校领导和现任领导及信息技术方面的专家以及学院毕业的近500名校友参加了院庆活动。院庆当天学院举办了林业信息技术报告会，部分高校信息学院院长及国家林业局信息办领导做了专题报告。

（张东宇　郭小平）

人文社会科学学院

【概　况】 北京林业大学人文社会科学学院（College of Humanities & Social Sciences，以下简称人文学院）于1998年9月正式成立，下设法学系、心理学系、思想政治教育教研部和北京林业大学生态文明研究中心暨国家林业局生态文明研究中心，现有法学、心理学2个本科专业。思想政治教育教研部承担了全校本科生、硕士生和博士生的思想政治理论类公共课，并面向全校学生开设各类人文素质类选修课程。学院共设有9个教研室，其中思想政治教育教研部下设5个教研室，分别是马克思主义原理教研室、毛泽东思想和中国特色社会主义理论概论教研室、中国近现代史纲要教研室、思想道德修养与法律基础教研室和文学艺术教研室。心理学系设有应用心理学教研室和基础与发展心理学教研室。法学系设有私法教研室和公法教研室。学院拥有1个森林培育林业史方向博士点，哲学、心理学、行政管理3个一级学科硕士点，马克思主义基本原理、思想政治教育、法学理论3个二级学科硕士点。2008年以来，学院科研经费实现加速增长，已成功转变为教学研究型学院。

2011年，学院在职教工70人，其中专任教师59人。专任教师中，博士生导师1人，硕士生导师35人，教授6人，副教授30人，其中具有博士学位教师50人。2011年新进教师3人，均具有博士学位。

2011年，学院毕业学生235人，其中，博士研究生3人，硕士研究生64人，本科生168人。招生222人，其中，博士生2人，硕士生57人，本科生163人。在校生845人，其中研究生180人（博士生7人，硕士生173人），本科生665人。

根据学校统一部署，经校党委批准，学院领导班子在2011年进行了换届调整。严耕同志担任新一届人文社会科学学院院长，崔一梅同志担任人文社会科学学院党委书记，免去于翠霞同志人文社会科学学院党委书记职务。其他中层领导变动如下：田浩新任学院教学副院长，林震继续担任学院科研副院长，盛双庆继续担任学院行政副院长，刘祥辉继续担任学院党委副书记兼主管学生工作副院长。

2011年，学院坚持以"生态文明建设研究"为主要特色学科群建设方向，哲学、心理学、公共管理3个硕士学科获得一级学科授权，1名教师获北京市级教学名师奖。科研方面，新获国家社科基金项目1项，教育部人文社科项目1项，国家林业公益性行业科研专项"生态文明建设的评价体系与信息系统技术研究"顺利通过验收，生态文明绿皮书《中国省域生态文明建设评价报告(ECI2011)》由社会科学文献出版社出版。本科教学方面，重新修订本科人才培养计划，并投入使用。新版教学计划突出了实践教学地位，更适应社会需要。党建方面，学院坚持以学生党建工作为重点，各项工作有序开展。在学校党委的统一部署下，顺利召开"人文社会科学学院出席北京林业大学第十次党代表代表选举大会"，圆满完成学校党委下达的各项任务。

（杨冬梅　崔一梅）

【学科建设】 学院拥有哲学、心理学、公共管理3个一级学科硕士点，马克思主义基本原理、思想政治教育、法学理论3个二级学科硕士点，1个林业史博士研究方向。学院获研究生院学科前沿性讲座系列专题资助11人次，获研究生院国内学术会议交流资助17人次，获3项研究生院资助的研究生课程教学创新项目。全年在校研究生参与撰写专著3部，参与出版译著3部，发表学术论文150余篇，其中12篇被北京大学中文核心期刊收录，8篇被CSSCI收录。

学院共招收硕士、博士研究生59人，农业推广生态文明建设方向在职硕士专业学位研究生29人，招收应用心理学研究生课程班25人。

2011年学院新增副教授2人，硕士生导师2人。（杨冬梅　林　震）

【教学工作】 2011年，教学工作的基本思路是保证本科教学顺利运行，全力提高教学质量，推进教学改革研究工作，积极探索实践教学模式，探索课程考核改革模式。

获批校级专业建设项目2项，校级精品课立项5项，校级教学改革研究项目2项，校级教材建设项目2项，网络视频课程建设项目1项。

3位教师参加北京高校思想政治理论课教学基本功比赛获奖；1人获得北京市教学名师称号；1人获得家祺云龙青年教师优秀奖；1人指导学生创业竞赛获得教学突出成绩奖；2人获得校优秀教学论文二等奖；1人获得中国林业教育学会高等林业教育研究优秀论文三等奖；3人获得北京林业大学优秀教学论文优秀奖；中国近现代史纲要教研室获2011年校级优秀教研室称号。

2名教师参加2011年北京高校哲学社会科学教学科研骨干研修班，1名思想政治理论课教师到北京大学进修，3名教师参加教育部高校教师网络培训。

获批国家大学生创新实验计划项目及北京市大学生科学研究与创业行动计划项目共计6项，校级科研训练计划项目14项。（田　浩）

【科研工作】 2011年，学院共获各类科研项目37个，其中，纵向课题23个，到账经费188万元；横向课题14个，到账经费210万元。纵向课题中，获国家社科基金项目1个，省部级项目9个。全年在研项目53个，其中省部级项目17个，到账总经费达417万元。

学院以"生态文明研究"为特色，构建了生态文明的理论体系和生态文明建设的概念框架，率先提出综合性的"中国省级生态文明建设评价指标体系"，得到了国家林业局贾治邦局长的批示和高度肯定。在社会实践方面，学院与北京市通州区、伊春市、秦皇岛市、牙克石市、三明市建立了合作关系，为当地政府提供生态文明建设的政策建议和咨询服务，并受邀赴江西、黑龙江、海南、山东为当地政府做生态文明建设相关报告，2011年继续出版《中国省域生态文明建设评价报告(ECI 2011)》。

2011年5月26日，国家林业公益性行业科研专项"生态文明建设的评价体系与信息系统技术研究"正式通过验收。

2011年，学院教师发表论文117篇，其中有43篇CSSCI收录论文，出版专著7部，译著3部，主编、参编各类教材4部。

（杨冬梅　林　震）

【实验室建设】 2011年度，面向本科生、研究生共开设25门计划内课程和2门计划外课程，完成教学任务360课时，开放实验203课时。实验中心在承担学院教师和学生的科研项之余，还为学生研究实践小组提供实验场地，完成了240小时的科研实践。

实验室经费投入共9.9万元，其中用于教学仪器购置经费8.1万元，教学仪器维护经费1.6万元，材料消耗经费0.2万元。改善了法律诊所的法律援助中心和心理实验室场所，实验空间使用更加合理。对19台实验用计算机进行了更换主板的维修。添置了心理听觉方向感测定仪、感觉统和器材、脑干和脑带颅底模型、法学古代服装等教学设备、用品。（田　浩）

【党建工作】 2011年，人文学院党委共有18个党支部，其中教工党支部4个，本科生党支部8个，研究生党支部6个。学院现有党员312人，其中教职工党员54人，学生党员258人。新发展党员122人，其中研究生22人，本科生100人。

2011年，学院有1人被评为校级优秀共产党员，1人被评为校级优秀党支部书记，1人被评为校级优秀党务工作者，1个党支部被评为校级"先进党支部"。9个支部被评为院级先进党支部，7人被评为院级优秀党支部书记，19人被评为院级优秀共产党员，22人被评为院级优秀学生党建工作者。

2011年，学院结合"建党90周年""创先争优"活动，开展了"人文党风"之"创先进喜迎建党90载 争优秀共谱祖国新辉煌"嘉年华和"红颂党恩重温革命激情 绿动华夏传承时代精神"表演大赛2个主题教育活动。各党支部结合"建设学习型党支部"等主题开展了学风建设系列主题党日活动以及"创先争优"等党日活动。其中，硕士人文10－1党支部开展的"重温峥嵘岁月，再谱崭新篇章"党日活动，被研工部评为"十佳特色党建工作三等奖"。学院4个党支部结合专业特色，与乡村开展了"红色1＋1"共建活动。2011年学院成立了国防生党建办公室，开展了"国防生导师制活动""党史演讲比赛"、"国防生理想信念教育活动"等活动，并在国防生党员培养发展方面进行了制度设计。

2011年，学院在参加学校主题活动中，获得"红色青春记忆"党史演讲比赛一等奖，"党旗在我心中飘扬"党史知识竞赛一等奖，"听妈妈讲那过去的故事"党史情景剧汇演三等奖，纪念建党90周年主题教育活动优秀组织奖。

廉政建设方面，学院根据学校下发的《北京林业大学推进廉政风险防范管理工作的实施意见》，对领导班子成员的岗位和业务范围进行了全面梳理，分析可能存在的廉政风险点并确立风险等级、制度规范、工作流程、监督机制和预防措施。一年来，学院领导班子成员严格执行"三重一大"集体决策制度，适时开展师德师风教育、学术道德教育，党员干部模范遵守《廉政准则》和教育部"十不准"，圆满完成党风廉政建设任务。（张金体　刘祥辉）

【学生工作】 2011年，学院学生工作以科学发展观为指导，以规范管理为基础，以学风建设和安全稳定工作为核心，以促进学生成长成才、全面发展为目标，加强队伍建设，扎实推进各项工作。

2011年，学院特殊关注学生共有38人，其中本科生28人，研究生10人。特殊关注学生中单亲家庭的有10人，人际交往问题的有11人，家庭出现变故的有2人，身患疾病的有4人，心理健康问题的有4人，经济困难的学生有8人。学院荣获2010至2011年度"心理健康教育工作特殊贡献奖"。

2011年，学院加强分类指导工作，主要开展了"我们缘聚北林"和"我的未来不是梦"2场团体辅导、国防生经验交流和团体辅导活动、"国王与天使"主题活动以及"写给三年后的自己的一封信"活动。2011年，心理08-3班被评为"北京市十佳班集体"，法学10-2班被评为"北京市先进班集体"，心理10-1班被评为校级"十佳班集体"，法学09-2班葛志群同学被评为"北京市三好学生"。

2011年，社会实践参与达485人次，达到学院总人数60%以上，组建社会实践团13支，形成团体和个人实践论文300多篇，其中校级优秀论文一等奖1篇；优秀论文二等奖1篇。入选思想政治理论课学生社会实践校级立项团队1个，入选校级暑期社会实践立项团队1个，获得"2011年度首都大学生暑期社会实践优秀成果"1项，1人被评为"2011年度首都大学生暑期社会实践先进个人"。

学院积极推动学术研究转化为学术成果，共有12名同学在核心学术期刊发表论文；2名同学获全国大学生英语竞赛中二等奖，4名同学获三等奖。同时，获得第二届北京市大学生人文知识竞赛三等奖1项；第二届中国大学生创意创业大赛北京赛区三等奖1项；第六届首都挑战杯三等奖1项，挑战杯二等奖1项；获梁希杯优秀奖2项。

学院目前拥有长期志愿者240人，先后前往石景山小学、智光特殊教育学校开展支教和其他志愿服务活动，组织开展了圆明园文物保护高校大型图展、京华时报公益周刊的公益活动以及为青海少管所捐书活动、自闭症儿童治愈的作品义卖活动，累计志愿服务1225.5小时。文体活动成绩显著：足球联赛获男子乙组亚军；排球赛获第四名和精神文明奖；获校新生广播操比赛三等奖。全校秋季田径运动会，获男女团体总分第五；在春季田径运动会上，获男子团体总分第四、女子团体总分第六和精神文明奖。学院举办了"青春梦想，温暖起航"2012年元旦晚会。

2011年，"人文素质论坛"先后邀请中央民族画报高级记者成卫东先生，北京大学元培学院副院长卢晓东教授、著名影视明星济公扮演者游本昌老先生等各界名家来校做讲座。百坛心理学会、法学研究会、辩论协会继续坚持举办心理健康节、心理情景剧大赛、法制小品大赛、学术讲座、辩论赛等常规活动，并代表学院、学校参加校级、北京高校间的比赛。百坛心理学会荣获心理咨询中心与党委学生工作部合办的2010~2011年度心理情景剧大赛三等奖；辩协带领学院辩论队获院生态文化杯辩论赛冠军。

2011年，学院2人获得国家奖学金，17人获得国家励志奖学金，3人获得家骐云龙奖学金。学院采用多种方式帮助经济困难学生完成学业，提供助学金名额，包括一档国家助学金89个、二档国家助学金50个、"爱心成就未来"助学金5个、"恒大"助学金5个、"华民慈善基金"助学金6个、校友会助学金1个；安排固定勤工助学岗位22个，10名学生获国家助学贷款，56名学生成功申请国家助学贷款。

2011年，学院组织7个学科6个班级的研究生坚持开展学术讲座、读书会和学生学术活动，并不断创新品牌项目"生态文化月"的活动形式。研究生评优工作顺利开展，共获校院两级奖励181人次，其中校级研究生先进班集体1个，优秀研究生5人，学术创新奖6人，一等奖学金53人(含博士1人)，二等奖学金41人，优秀研究生干部16人(含博士1人)，爱林奖学金2人，1人被评为校级优秀班主任。同时，评出院级优秀班集体1个，优秀研究生16人，优秀研究生干部25人。

学院2011届毕业生共235人，其中本科生168人，研究生67人，截至2011年12月21日，2011届毕业生的就业率为96.7%。2011届本科毕业生中有32名同学保送或考取研究生继续深造，有8名同学出国留学深造，10名服务基层。研究生毕业生中，6名进入高校工作，7名同学考上国家或地方公务员，6名同学考上北京"村官"或"社区工作者"，2名特招入伍。2011年，学院被评为"就业课题研究奖"和"基层项目奖"。

(张金体　刘祥辉)

【对外交流】 2011年，学院参加国内外学术交流55人次，邀请国内外专家12人次到校进行学术交流和学术报告。2名教师获出国留学基金委资助，分赴美国纽约州立大学、耶鲁大学学术交流1年。

一年来，到校讲学的国外专家包括俄亥俄大学人类社会学教授Li Jelly(李捷理)、牛津大学David Eckman(戴维·艾克曼)博士等。学院师生与国外学者就生态文明建设、应用心理学等研究领域进行了广泛交流。　(杨冬梅　林　震)

外语学院

【概　况】 北京林业大学外语学院(School of Foreign Language，以下简称外语学院)2011年，下设英语系、日俄语系、商务英语系、翻译系及翻译硕士培养中心、大学英语教学部、研究生英语教研室、外语培训与考试中心、语言与应用语言学研究所等机构。承担全校外语教学任务，设有英语、商务英语、日语3个本科专业。其中，商务英语专业从2011年起开始招生。成人教育设有夜大英语专业专科起点本科。拥有外国语言文学硕士一级学科点和翻译硕士(MTI)专业学位授权点。

截至2011年底，有教职工95人，其中教师85人。教师中教授6人，副教授30人，讲师43人，助教6人；有博士学位的17人。学院共有学生583人，其中，研究生89人，本科生494人。2011年毕业146人，招生162人。

2011年12月，学院举办了10周年院庆暨英语专业成立25周年庆典，学院被列入教育部第三批大学英语教学改革示范点建设项目建设点，商务英语专业和翻译硕士开始招生。

(刘瑞光　代　琦)

【学科建设】 2011年，学院设有外国语言文学硕士一级学科点(学术型学位)和翻译硕士(MTI)学科点(专业学位)。外国语言文学硕士一级学科点下设6个研究方向：语言学与英语教学、翻译理论与实践、商务英语、英语国家社会文化、英美文学、日本语言文化。2011年翻译硕士专业学位授权点招收了第一批"英语笔译"专业学生，英语笔译专业下设的专业方向有：翻译出版(文学和非文学)、影视译制、科技翻译、财经翻译、新闻翻译。

学院共有硕士生导师35人，2011年新增硕士生导师3人。英语专业25名教师具备硕士生导师资格，其中教授4名；商务英语专业4名教师具备硕士生导师资格，其中教授1名；日语专业6名教师具备硕士生导师资格，其中教授1名。2011年2名教师取得了博士学位，1名教师通过了博士论文答辩，8名教师正在攻读博士学位。4名教师获得国家留学基金委资助赴美国、加拿大和日本进行访问研究。1名教师参加教育部2011年高等学校青年骨干教师高级研修班项目，并获得培训证书。

2011年，学院在读研究生94人，招收研究生40人，毕业研究生25人。

2011年，学院教师出版学术专著2部，参加国际学术会议并宣读论文2次，在国内外刊物共发表论文102篇，其中CSSCI收录论文6篇。

2011年，硕士研究生在国内外刊物共发表论文79篇。　(李　芝　史宝辉)

【教学工作】 2011年4月9日，学院召开教学质量、学科发展、教学改革以及人才培养为主题的教学工作会，确定"继续努力提高教学质量，不断创新进取"的工作方针。

2011年，学院起草了"十二五"规划，工作重心为团队建设、专业建设和学科建设。

2011年，外国语言文学一级硕士点被正式批准，翻译硕士专业学位正式招生，大学英语被教育部列入第三批教学改革示范点建设项目，教育部批准新增商务英语专业并正式招生。

2011年，全校大学英语四级通过率为86.44%，英语专业四级通过率为90.01%，英语专业八级通过率为87 %，日语专业国际能力测试二级通过率为79.31%、一级通过率为80.95%。学院有2名研究生、2名本科生获第三届海峡两岸口译大赛华北赛区二等奖，2名学生的论文获本科优秀毕业论文。由学院教师担任指导，参加全国大学生英语竞赛学院有3名学生获三等奖。由学院教师担任指导，有1名学生获北京市大学英语演讲比赛二等奖，1名学生获外研社杯全国英语演讲比赛北京赛区优胜奖。

2011年，学院有1名教师获第八届CASIO杯翻译竞赛英语组一等奖，1名教师获北京林业大学第二届青年优秀学术论文三等奖。学院教师的4篇论文获校级教学改革研究论文奖，其中一等奖1篇、二等奖2篇、三等奖1篇。

2011年，学院教师共出版教材2部，主编参编教学参考书8部。　(赵红梅　段克勤)

【科研工作】 2011年，“英语翻译教学团队”被确立为校级教学团队建设项目，“商务英语专业建设研究与实践”和“日语专业建设及人才培养的研究与实践”被确立为校级专业建设项目，“英语国家社会与文化”和“日语阅读”被确立为校级课程建设项目，《新编大学英语快速阅读(1~4册)》《日本国家概况》《新英语阅读教程》《英语国家概况》被确立为校级教材建设项目，“普通语言学”被确立为校级精品视频公开课建设项目，“外语文化类全校公共选修课考试模式的研究与实践”“大学英语小班面授模式研究与实践”“大学英语分级语料库建设与实践”被确立为校级教学改革研究项目，“硕士研究生学术英语能力全面训练教学模式研究”“硕士研究生英语学术论文写作教学研究”“PASW18.0软件在语言研究统计中的应用”“英语语言文学专业主干课程网站建设”被确立为校级研究生重点课程教学创新项目，“翻译硕士”被确立为校级专业硕士点建设项目，累计获得研究经费31.7万元。

2011年，学院获得大学英语教学改革示范点建设项目，中央高校基本科研业务费专项资金，教育部人文社会科学研究青年基金项目1项，教育部新世纪优秀人才支持计划1项，北京市教学名师建设项目1项，学校科技处创新计划项目9项，学校新教师启动基金项目1项，横向课题3项，累计获得研究经费127万元。学院获得大学生创新性实验计划和科研训练计划项目共10项，其中国家级2项，北京市级2项，校级6项，累计获研究经费2.48万元。获得研究生院学科前沿性专题讲座课程项目2项。

2011年，学院教师共发表教改论文50余篇。

2011年，举办学术讲座15次，其中外籍专家讲座4次，国内专家讲座11次，承办认知语言学国际论坛1次，邀请2位美国专家来院为研究生讲学2周。 (赵红梅　史宝辉)

【实验室建设】 2011年，学院有196座网络语言实验室1间，80座网络语言实验室3间，用于全校本科一、二年级的“大学英语自主听说”课程的学习；有60座语言实验室3间，同声翻译教室1间，多媒体教室25间，用于外语学院本科和研究生教学；教师电子备课室1间。资料室藏书3万余册，音像带、光盘2000余张。

2011年，学院对网络语言实验室和语言实验室的维修投入约为9000元，对资料室新购书籍和其他资料的投入约为2万元。

(蓝瞻瞻　代　琦)

【党建工作】 2011年，学院党委共有10个支部，其中教师党支部4个，学生党支部6个。党员167人，其中在职教工党员51人，学生党员116人。发展党员39人，转正党员36名。培养入党积极分子170人。

2011年，学院党委举办学生业余党校初级班2期，培训学员66人；协助学校党校举办提高班2期，培训学员56人；协助学校党校举办预备党员培训班2期，培训学员36人；协助学校党校举办教工、研究生入党积极分子培训班，培训学员9人。

2011年，学院组织党员学习杨善洲同志先进事迹，召开杨善洲事迹学习体会报告会。在师生党员中开展建党90周年综艺汇演、“对党说句知心话”红色寄语党的生日活动、“永远的丰碑”红色电影展播、“学党史 知党情 报党恩”征文活动。在学生中开展“学党史、知党情、跟党走”班级主题团日活动。展出“伟大的成就、光辉的历程”红色图片集。

2011年，学院党政推进教师道德建设，对在教学、科研、师德方面做出成绩的优秀教师予以奖励。支持工会、教代会举办“心脑血管健康讲座”“庆三八教师座谈会”。

2011年，学院成立帮教小组，专门对个别教师进行思想教育工作。

2011年，教工第一党支部被评为学校先进党支部，3名教师分别被评为学校优秀共产党员、优秀党支部书记、优秀党务工作者。1名教师被评为学校“巾帼标兵”，1名教工被评为学校“巾帼之星”。2名教师被评为“家祺云龙优秀教师”。大学英语第一教研室被评为校级优秀教研室，1名教师被评为优秀教学管理人员。

(姜玉丹　魏　莹)

【学生工作】 2011年学院开展“我语北林”系列学生活动，承办“海峡两岸口译大赛华北赛区分赛”“北京市大学生英语演讲比赛(北京林业大学赛区)”等专业竞赛。在2011年“绿色播种”全国青少年生态环保项目创意创业大赛中，学院学生“爱心家园”获得宣传教育类项目奖励。因“爱心家园”扶助盲人先进事迹，学院被海淀区残联授予“2006～2011年度海淀区助残先进单位称号”。2011年暑假，学院组织学生赴昌平区马池口镇白浮村开展“红色1+1”社会实践活动。

2011年，学院共有专职辅导员3名，班主任16名。

2011年，学院为家庭经济困难学生申请、审批各类助学金47万余元，其中8名学生顺利签署国家助学贷款协议，20多名学生在学院设立的岗位上参加勤工助学工作。

2011年，学院邀请专家为学生开展题为“大学阶段与能力培养”“认识压力、追寻梦想”心理讲座。开展题为“认识你真好——如何增强班级凝聚力”“放下压力、轻松你我”团体辅导。及时进行了3次心理危机干预。

2011年，学院共有4名学生获“先锋杯”系列奖项，5名学生获国家奖学金，3名学生获“风华奖学金”，6名学生获专业特等奖学金、宝钢奖学金、“家骐云龙”奖学金，13名学生获国家励志奖学金，102名学生获校级优秀学生一、二、三等奖学金，76名学生获校级三好学生、优秀学生干部，7名学生获校级学习进步、外语优秀、学术优秀奖学金、优秀公寓安全员，26名学生获社团活动、文体优秀奖学金。3个学生班级获校级优良学风班，其中2个班级获校级“十佳班集体”。5名学生获校级优秀研究生、学术创新奖，43名学生获研究生学业优秀一、二等奖学金，5名学生获“爱林”校长奖学金，5名学生被评为优秀研究生干部，1个班级被评为研究生先进班集体。

2011年，学院毕业本科生121人，其中英语专业100人，日语专业21人，学院整体就业率98.35%，其中英语专业98%，日语专业100%。毕业硕士生25人，就业率100%。学院获校级“基层就业奖”，1名教师获校级就业工作先进个人。 （章颖 杨丹）

【对外交流】 2011年，学院共接待4个国家43人次来访，包括日本友好人士关于日本传统文化介绍的茶道表演、日本著名书法家的书道讲座、丹麦IBC国际商学院师生的文化交流访问活动等。派出教师交流3个国家3人次；考取剑桥大学研究生1名；学生交换留学5人，其中欧盟1人，日本4人。举办国际学术论坛1次(2位外国专家讲学)，外籍专家讲座4次，邀请2位美国专家来院为研究生讲学2周，在国际会议上提交论文2篇。 （蓝瞻瞻 段克勤）

【举行外语学院10周年院庆暨英语专业成立25周年系列庆典】 2011年1月9日，学院举行10周年院庆暨英语专业成立25周年系列庆典。庆典中，与会领导与嘉宾共同回顾外语学院的发展历程，总结外语学院在教学、科研、管理方面所取得的成绩，并对未来我校外语教育的发展前景进行展望。校领导、各兄弟院校领导和专家、外语学院历任系院领导、出版社代表、我校多个职能部门、院部领导、外语学院历届校友、离退休老教师以及在校的全院师生员工共700余人参加了庆典活动。

【列入教育部第三批大学英语教学改革示范点建设项目建设点】 2011年1月26日，教育部公布了第三批大学英语教学改革示范点项目评审结果，北京林业大学被列入全国仅有的35个第三批大学英语教学改革示范点建设点之一，教育部拨款20万元。

【承办“全国农科院校研究生英语教学研究会2011年年会”】 2011年10月15日，学院承办“全国农科院校研究生英语教学研究会2011年年会”。会上介绍了北京林业大学外语教学的发展和在研究生教育方面取得的成绩，并与到会嘉宾围绕研究生英语教学的教材建设、教学手段、研究生英语学教学的根本任务，从不同角度进行了交流和探讨。北京林业大学校领导、北京市高教学会研究生英语教学研究会理事长彭工教授等有关单位的领导和专家出席本次会议，来自全国28所相关院校、4家出版社的66位代表及嘉宾参加了本次会议。 （刘瑞光 代琦）

理 学 院

【概　况】 北京林业大学理学院(College of Science，以下简称理学院)成立于2001年，承担全校数理化类基础课的教学任务。设电子信息科学与技术、数学与应用数学2个本科专业，生物物理和数学2个硕士学科。设数学、物理、化学3个教研室，物理与电子学实验中心、化学实验中心2个实验中心。

2011年，学院教职工72人，其中专任教师56人。专任教师中，教授7人，副教授24人，具有博士学历的教师35人。本年毕业生125人，其中，硕士研究生11人，本科生114人。招生106人，其中硕士研究生6人，本科生100人。在校生454人，其中，硕士研究生26人，本科生428人。　　（刘　柳　刘淑春）

【学科建设】 理学院设有生物物理和数学2个硕士学科，在读硕士研究生26人，累计培养毕业硕士研究生28人。

生物物理学科隶属于生物学二级学科，2003年创建，设有生物大分子结构与功能、植物生理生态、生物电学与传感器和应用生物数学4个研究方向，侧重于与林业科研相关问题的研究。现有导师13人，其中教授4人，副教授9人。学科拥有生物物理专用实验室，配备有Unispec光谱仪、WCQ-2000-2显微操作系统、3K30高速微量冷冻离心机、体式显微镜、系统显微镜、WD4005低温试验箱等仪器。

数学学科于2010年设立，设置4个学科方向：工程中的数学方法、生物数学、优化理论及其应用、经济管理中的数学方法，计划2013年正式开始招收硕士研究生。　（于富玲　刘淑春）

【教学工作】 2011年，教学工作以提高教学质量为中心，重点落实人才培养方案的修订与教学大纲的撰写工作，积极开展教学研究活动。

2011年，校级教改课题获批6个；校级精品课程获批6个，分别是物理学A、模拟电子技术B、空间解析几何、高等代数、物理化学、有机化学实验；国家级大学生创新性实验计划项目获批3个；北京市大学生创新性实验计划项目获批3个；校级大学生科研训练项目获批10个。校级精品课程结题验收3个，其中1个优秀、2个合格。校级教改课题结题验收8个，其中3个优秀、5个合格。校级教改课题中期检查2个，全部合格。完成7个国家级、1个北京市级大学生创新性实验项目、7个校级大学生科研训练计划项目的结题验收。

1人获家琪云龙青年教师教学优秀奖。获2011年校级优秀教学论文三等奖1篇、优秀奖3篇。获中国林业教育学会高教分会第二届优秀论文一等奖2篇。

组织申报应用化学专业。化学教研室被评为2011年北京林业大学先进教研室、化学教研室主任被评为优秀教研室主任。

完成07级毕业论文(设计)的答辩工作，3篇毕业论文获校级优秀毕业论文。采取答辩形式对07级学生的毕业论文进行中期检查。加强08级学生毕业论文的开题环节。

理学院组织学生参加全国大学生数学建模竞赛，1队获全国二等奖，1队获北京市一等奖，6队获北京市二等奖。2名教师分别获得北京市大学生建模竞赛优秀组织工作者、优秀辅导教师的称号。组织参加北美大学生数学建模竞赛，2队获二等奖。组织参加北京市大学生物理实验竞赛，1队获北京市一等奖，2队获北京市二等奖，4队获北京市三等奖，北京林业大学获得最佳组织奖。组织参加北京市大学生数学竞赛，获得北京市二等奖3个，北京市三等奖5个，北京林业大学获得优秀组织奖。组织参加全国大学生电子设计竞赛，1队获北京市二等奖，2队获北京市三等奖。

刘松老师获北京高校第七届青年教师教学基本功比赛(理工组)一等奖(第一名)、最佳教案奖、最佳演示奖。　　（田　慧　刘淑春）

【科研工作】 2011年，理学院共承担科研项目14个，其中国家自然科学基金项目3个，新进教师科研启动项目2个，北京林业大学优秀青年教师科技创新计划4个，横向课题5个。全年到账科研经费122.2万元。

2011年，理学院教师发表论文61篇，其中被SCI收录论文4篇、EI收录1篇、ISTP收录2篇、中文核心期刊论文20篇。

（于富玲　刘淑春）

【实验室建设】 物理与电子学实验中心由大学物理实验室、电子学实验室、生物物理实验室3部分组成，总资产779万元，仪器设备1795台件，实验室面积900平方米。其中2011年新增仪器设备117台件，价值近31.4万元。

大学物理实验室为基础实验室，面向全校本科生开设力、热、光、电、近代物理等多方面的实验项目。生物物理实验室面向生物物理学科，承担其硕士研究生的培养工作。电子学实验室面向电子专业，承担其本科生的教学实验工作。

物理与电子实验中心积极参与各类大学生实习实践活动，承担大学生物理实验竞赛与电子设计竞赛的相关准备与指导工作。

化学实验教学中心总面积1380平方米，其中学生用实验室面积约1100平方米。现有800元以上设备527件(套)，价值人民币467万元，其中拥有紫外-可见分光光度仪、气相色谱仪、高效液相色谱仪、傅立叶红外光谱仪、原子吸收光谱仪和微波消解炉等大型分析仪器，能满足全校11门化学实验课教学任务。2011年利用修购专项资金新增物理化学实验的教学实验仪器，为物理化学实验单独授课提供了保障。

（姚宇峰　陈红艳　刘淑春）

【党建工作】 理学院分党委共有6个党支部，其中教师党支部3个，学生党支部3个。党员100人，其中教师党员36人，学生党员64人。2011年发展党员40人，其中教工1人，本科生38人，研究生1人。预备党员转正24人。

学院分党委以丰富多彩的活动为载体，开创党建工作新局面。加强二级中心组建设，开展理论学习，先后开展了“走出去，取经探宝谋发展”——赴南京林业大学理学院开展调研学习；“请进来，交流学习促提升”——邀请华中农业大学理学院领导班子来院座谈交流；“忆历史，井冈精神永难忘”——赴江西井冈山考察学习；“瞻遗容，缅怀先辈做贡献”——到南京中山陵瞻仰孙中山先生遗容等活动。领导干部带头，党风廉政建设成效显著。坚持每学期1~2次的民主生活会制度，认真落实“三重一大”集体决策制度，落实院务公开制度。2011年，1人被评为校级优秀共产党员，1人被评为校级优秀党支部书记。学院表彰2名共产党员，1名党务工作者，理学院分党委获学校二级中心组特色活动二等奖，研究生党支部开展的“党在我心中”主题读书分享会被校党委研工部评为校研究生“十佳特色主题教育活动”。

做好大学生思想政治教育工作。结合纪念建党90周年开展“学党史、知党情、跟党走”“党旗飘扬在我心中”等活动；开展“风展红旗飘”红歌比赛、“全民健身，我先行”党员趣味运动会以及纪念辛亥革命100周年党员香山徒步行等主题活动。

（王艳洁　刘淑春）

【学生工作】 2011年，理学院学生工作以育人为中心，在工作目标上坚持服从学校发展、服务学院发展、服务学生成长；在工作方式上坚持调查研究、以人为本、统筹兼顾；在工作思想上坚持不墨守成规、不流于形式，在工作标准上坚持“规范化、精细化、个性化”的理念。

实施“奋进理学建设工程、活力理学建设工程、和谐理学建设工程、魅力理学建设工程”。重视辅导员专业化工程，组织辅导员参加就业指导、职业生涯规划、心理健康教育培训；加强学生干部的培训，开展素质拓展、座谈会。先后开展“红色‘1+1’系列活动”“‘活力杯’师生定向越野赛”“‘理学联盟’八校辩论赛”等特色活动，全院包括教师在内近350人参与其中，占全院总人数的3/4以上。教师与学生共同参与，辐射面广，师生同乐，加强沟通。开展“榜样行动”，通过评优表彰促进学生管理自身学习生活，2011年共表彰239人次。做好特殊困难群体的帮扶工作，2011年累计发放各类补助、助学金、资助类奖学金近40万元；为有需要的学生开展心理咨询并开展团体辅导活动。从各基层班级做起，成立自习小组，在闲暇时间组织集体自习，加强诚信教育、端正考风考纪，组织学生在诚信考试横幅上签名。每月定期召开学生心理委员会议，辅导员第一时间了解学生心理动态。邀请校外知名企业成功人士为同学们解答就业、实习、面试等问题。学生参加各类竞赛，共有21人次获得省部级以上奖励，22人次在各类学术期刊上发表文章。理学院在就业工作中坚持“一把手工程”，为开展好就业工作提供保障，充分调动学科、专业和广大教师的积极性，完善全员就业工作格局，注重分阶段、分专业的就业指导，2011年获得校就业工作“基层项目奖”和“就业困难群体帮扶奖”。（龙晓凡　刘淑春）

【对外交流】 数学与应用数学专业08级1名本科生被派往日本山形大学理学院留学交流。（田　慧　刘淑春）

自然保护区学院

【概　况】 北京林业大学自然保护区学院（College of Nature Conservation）成立于2004年12月，由教育部和国家林业局共同建设，是目前中国唯一的培养自然保护区建设与管理专门人才的学院。学院开设“野生动物与自然保护区管理”本科专业，目前被列为国家级特色专业建设点，拥有“自然保护区学”农学硕士和博士学位授予权。学院设自然保护区、野生动植物保护与利用和湿地保护与管理3个教研室。2007年7月20日学院成立董事会，发挥社会力量建设学院。学院拥有“北京林业大学野生动物研究所”“中国大鸨保护与监测网络”“中国猫科动物保护网络”“东亚-澳大利西亚候鸟迁徙网络秘书处”“北京林业大学林业碳汇测量与监测中心”5个学科发展与研究平台。学院现已建成野生动物保护与利用、野生植物保护与利用、自然保护区规划设计、自然保护区综合信息、湿地生态系统过程与监测、湿地保护与恢复等6个实验室。学院自2008年起招收“自然保护区建设与管理”方向（含森林防火）的专业硕士学位研究生。

2011年，教职工27人，其中专任教师22人。专任教师中，博士生导师5人，教授6人，副教授10人，其中具有博士学历的教师22人。本年毕业37人，其中，研究生14人（博士1人，硕士13人），本科生23人。招生57人，其中，研究生30人（博士生8人，硕士生22人），本科生27人。在校生204人，其中，研究生90人（博士生27人，硕士生63人），本科生114人。本年度学院招收13名农业推广硕士研究生。

2011年学院组织完成3项重点工作，具体为组织召开第二届自然保护区学院董事大会、承办第一届自然保护论坛、举办北京林业大学九寨沟国家级自然保护区高级培训班。（徐迎寿　王艳青）

【学科建设】 学院拥有林学一级学科下设的“自然保护区学”学科专业硕士点、博士点，依托林学博士后流动站招收博士后，主要研究方向是自然保护区建设与管理、野生动植物保护与管理、湿地保护与恢复、保护经济与环境政策等。

2011年，学科有博士生导师5人，硕士生导师16人。学院“森林与湿地生态系统保护研究”研究平台是北京林业大学优势学科创新平台（“985”平台）的组成部分。学院新聘任2名客座教授。

2011年，学院教师获国际奖1项、省部级奖4项，发明专利40余项（保护区外观发明专利1套），发布标准2项，发表ISTP论文1篇，SCI论文31篇，在国内外核心期刊上发表科技论文43篇，出版专著3部，在研项目共63项（纵向53项，横向10项）。

2011年，学生发表SCI论文6篇，其中本科生发表SCI论文1篇，累计影响因子16.53。学院1名博士研究生发表的论文获北京林业大学青年学术论文二等奖。（张明祥　雷光春）

【教学工作】 2011年，教学工作的中心是规范本科教学过程管理。重点围绕专业人才培养方案修订，推进教学改革和教学条件建设。

2011年，学院修订并完成2011版专业人才培养方案。结合期中教学检查、导师与学生交流、专家研讨会等方式，对2007版人才培养方案的实施情况进行调研。学院专门设计问卷，对国内20个自然保护区及有关行业部门、专家学者就专业人才培养目标、课程设置等进行专项调查。

2011年，学院新建湿地生态过程与监测实验室，面积为80平方米，与内蒙古达赉湖国家级自然保护区签署教学科研教学基地协议，新增1个野外教学实践基地。在由学院负责招生咨询的湖北省建立4个优质生源基地。学院探索改革野外实践教学环节，实施实践教学模式创新，将08级本科生专业综合实习分组安排在5个保护区开展，实习结束后集体交流实习心得和体会，重在强化实践教学效果。

2011年，学院推进教学改革和教材建设工作，获批校级教改项目5项，其中校级教材建设1项。学院教师主编的《自然保护区管理教程》正式出版。学院与国际野生动物保护学会(WCS)联合举办“中国生物多样性保护和保护地管理培训教材研讨会”。

2011年，学院邀请外校教学名师和校内督导参与学院期中教学检查师生座谈会，针对学院教学存在问题展开讨论，交流经验，重在提高教师教学能力。

2011年，学院安排农业推广硕士2009级和2010级20余名学员在北京上课，完成4门课程教学，组织2009级15名学员论文开题和学院第一届13名学员论文答辩。 (徐基良 雷光春)

【科研工作】 2011年，学院科研项目研究经费为1003.9万元(纵向经费827.1万元，横向经费176.8万元)，其中到校经费为992.9万元(纵向经费819.1万元，横向经费173.8万元)。

2011年，学院获批2项林业公益性行业科研专项项目，项目名称分别为“湖泊湿地植被恢复与重建的关键技术研究”和“严格自然保护区保护成效评价与适宜规模研究”。获批国家自然科学基金5项，其中重点研究计划1项，项目名称为“黑河流域蓝绿水研究”，面上项目3项，青年项目1项。获批校级科技创新计划项目3项。获批高等学校博士学科点专项科研基金课题1项，项目名称为“克隆整合对河岸带植物耐受水淹能力的影响”。2011年，学院与北京市门头沟区清水镇人民政府、长白山科学研究院、甘肃安西极干旱荒漠国家级自然保护区、内蒙古汗马国家级自然保护区、湖南省西洞庭湖省级自然保护区等单位建立了5处科研基地、研究生工作站。甘肃安西极干旱国家级自然保护区成为学院首个研究生工作站。

2011年，“东亚－澳大利西亚候鸟迁徙”网络秘书处挂靠在学院。该网络是2006年由国家政府、政府间组织、非政府组织和国际组织等成员自发签署的多边候鸟保护合作框架，中国有20个湿地类型自然保护区加入该网络。

2011年6月3日，学校获得国家林业局林业碳汇计量与监测资格认定书，以学院教师为主导筹建“北京林业大学林业碳汇计量与监测中心”获准建立，并挂靠学院。

2011年，学院参与并协助组织亚洲湿地保护论坛，共有来自20多个国家和地区的近800名代表出席了会议，学院在论坛上展示了学院成果，重在提升学院知名度和影响力。学院协办2011年“国际生物经济大会生物资源与生物多样性分会”，学院有20名师生参加会议。

(张明祥 雷光春)

【实验室建设】 2011年，学院新建湿地生态系统过程与监测实验室，面积为80平方米。截止到2011年底，学院已建成6个实验室，分别为野生动物保护与利用、野生植物保护与利用、自然保护区规划设计、自然保护区综合信息、湿地生态系统过程与监测、湿地保护与恢复实验室，总面积达360平方米。学院制定了《自然保护区学院本科教学实验室安全管理规定》和《本科生实习实验管理规定》共2项制度确保实验室的正确和有效利用及学生的人身安全。

2011年，学院师生在实验室开展不同光照条件对植物生长的影响、水淹对克隆植物的生理整合影响、干扰对沉水植物群落结构的影响、片段化对入侵植物入侵性的影响、水体NP含量对水生植物的影响、若尔盖湿地碳动态变化及^{13}C标记法研究塔里木苔草群落的分配情况、动植物标本的制作、树芯的钻取和保存等实验，完成本科生毕业论文4篇，发表2篇SCI论文。

(徐基良 雷光春)

【党建工作】 2011年，学院党总支共有5个党支部，其中教工党支部1个，学生党支部4个。共有党员72人，其中教工党员17人，学生党员55人。2011年共发展党员5人。培养入党积极分子28人。

2011年，学院党总支配合学校有关部门筹备学校党代会，召开学院全体党员大会，推选4名党代表参加学校党代会。

2011年12月15日与中共北京市门头沟区

清水镇委员会签署共建协议，开展“1+1”党建合作共建活动，共同探索党建工作的内容、方法、经验和途径。

2011年，学院党总支结合学生外业较多特点，成立临时野外党支部，开展以外业交流为主题的支部活动，创新组织生活形式，创建学习型党组织。此外，开展毕业生党员离校专题教育活动。

2011年，学院党总支通过开展学习《七个怎么看》《划清“四个界限”》读本、胡锦涛总书记“七一讲话”、组织党员收看庆祝中国共产党成立90周年大会直播、集体观看电影《建党伟业》等主题活动，建立学习型党组织，坚持学院“主讲主问制”学习模式，开展创先争优活动。

2011年，学院党总支根据各支部不同特点，采取了不同的管理模式，进行分类指导，定期印发学院党支部刊物，加强支部间交流和沟通。完善学院党员发展制度、民主评议制度、组织生活制度、党员学习制度和党员考勤制度。

2011年，学院党总支在学校二级党委中心组特色学习活动评比中获得二等奖。

（仲艳维　王艳青）

【学生工作】 2011年，学院继续打造“自然保护大讲堂”特色品牌活动，邀请自然保护领域的专家开展讲座9次。学院制定《北京林业大学自然保护区学院社会实践管理制度》和《北京林业大学自然保护区社会实践认证准则》，重在引导学生参与社会实践活动。学院组建暑期社会实践组队12支，有65人参与社会实践，提交论文11篇。其中1支社会实践队获首都大学生暑期社会实践市级重点团队、2支获院级重点团队、3支获院级优秀团队。

2011年，学院本科生有80人次获得国家、学校和社会设立的各类奖、助学金，占学院本科生参评人数的71.43%。其中，获国家奖学金2人，国家励志奖学金3人，北京林业大学新生专业特等奖学金1人，家骐云龙奖学金1人，优秀奖学金24人，优秀学生干部11人，三好学生9人，校级外语优秀奖学金1人。研究生共有57人次获得研究生学业奖学金与各类优秀奖学金，占学院研究生参评人数的85.07%。其中，优秀研究生2人，优秀研究生干部4人，学术创新奖学金1人，爱林校长奖学金3人，研究生学业一等奖学金20人，研究生学业二等奖学金15人，博士生学业奖学金7人。本年度，学院办理学生贷款3人次，累计1.8万元。

2011年，学生深度辅导工作覆盖率达到100%。学院修订《自然保护区学院关于进一步加强班级管理的规定》和《进一步加强宿舍安全及卫生管理的通知》，制定《自然保护区学院学生公寓快报》和《自然保护区学院学风通报》，坚持辅导员每周检查宿舍和课堂制度，检查结果公示并与学年评优严格挂钩，学生上课出勤率提高，早操出勤率达90%以上。

2011年，学院依托董事会、导师等各方力量，开拓市场，鼓励毕业生到基层工作。学院整体就业率达到100%，签约率达到73.91%，本科生考研保研率达到60.87%，获学校就业工作推进奖。1名教师获就业工作先进个人，1名学生获“北美枫情杯”全国林科优秀毕业生称号，1名学生获“北美枫情杯”全国林科十佳毕业生评选入围奖。

2011年，在首都大学、中专院校“先锋杯”竞赛评选活动中，保护区09班获“优秀团”支部称号，另有1人获“优秀基层团干部”，1人获“优秀团员称号”。保护区09班在北京林业大学“十佳班集体”创建评比活动中获第十一名，被评为“十佳班集体”创建评比活动优秀班集体。

（仲艳维　王艳青）

【对外交流】 2011年，学院共接待国外7个国家20次35人来访，派出参观访问交流6个国家19人次。参加5个国际会议15人次，提交论文4篇。

2011年，学院获批3项国际合作来华专家的资助项目，1名硕士研究生进入建设高水平大学国家公派研究生项目，作为联合培养博士留学美国阿拉巴马农工大学2年。英国肯特大学、荷兰图文特大学、澳大利亚国立大学自然资源与保护学院的院长来访，探讨共同办学等合作事宜。学院接待到访的国际生态学会主席、联合国生物多样性研究中心主任等专家20次，部分学者座客学院“自然保护大讲堂”，为师生做学术报告。

2011年，学院有15人次参加国外学术交流会议并做大会报告，其中教师9人次、研究生6人次。在澳大利亚举办的第14届国际河流保护大会上，学院教师作为5个特邀大会报告人中唯

一来自于发展中国家的代表，向国际社会报告了中国十多年来从事长江湿地保护与流域综合管理的研究成果。（张明祥　雷光春）

【举办九寨沟国家级自然保护区管理局高级培训班】 11月11～30日，学院举办九寨沟国家级自然保护区管理局高级培训班，来自九寨沟国家级自然保护区管理局的52名学员在北京林业大学参加培训。培训班历时3周，共安排专题讲座或报告7个、专业课程6门、外出考察3次、座谈1次。培训班课程内容涉及中国生物多样性及保护战略、中国保护区的规划与管理及存在的问题、中国保护区的公众参与机制、中国的生物多样性保护战略、数字化自然保护区以及生态文明的思考等内容，培训班师资来自国家林业局、中科院动物所、中国科学院生态中心、中国林科院和北京林业大学等科研院所的知名专家和学者，学院向52名学员颁发培训结业证书。（徐迎寿　王艳青）

【承办首届中国自然保护区论坛】 5月22～23日，学院承办首届中国自然保护论坛，论坛由北京林业大学、中国野生动物保护协会、北京富群环境研究院联合举办。论坛以“生物多样性与森林”为主题，共同探讨自然保护区建设、管理与生物多样性保护，协调生态保护与社会经济发展，与会专家学者分析了中国自然保护区建设与管理当前所面临的关键问题，探讨了中国自然保护工作中的公众参与机制，提出了中国野生动植物保护、湿地保护和自然保护区事业未来的发展战略。中外专家达成广泛共识，共同发表《北京宣言》。来自美国、德国等7个国家和地区、国务院有关部门、部分省市林业厅(局)、100多个自然保护区管理局、科研院所，以及联合国开发计划署、世界自然基金会、国际鹤类基金会等非政府组织的200余名专家学者参加论坛。（王艳青　雷光春）

【召开自然保护区学院第二次常务董事会和第二次董事会大会】 2011年5月22日上午，学院组织召开第二次常务董事会和第二次董事会大会，52名董事会成员参加会议。学院负责人就近年来学院的工作情况进行了汇报，与会人员审议通过了《关于北京林业大学自然保护区学院董事会新增董事、常务董事、董事会秘书长和副主席的提案》、自然保护区学院“十二五”发展规划、专业人才培养修订方案，听取了增设湿地科学本科专业的论证汇报。本次会议新增2位董事会副主席、1位新增董事会秘书长、11位常务董事、25位董事。在董事会大会上，自然保护区学院董事会主席赵学敏做总结报告，强调要发挥董事会“监督学院办学、保护学院利益、规划学院未来、支持学院发展”的职责，对学院的办学思想、办学方向、发展规划、专业建设、科学研究、社会服务等重大问题进行决策和指导。（王艳青　雷光春）

环境科学与工程学院

【概　况】 北京林业大学环境科学与工程学院(College of Environmental Science & Engineering，以下简称环境学院)，设有环境科学、环境工程、给水排水工程3个本科专业，拥有环境科学与工程一级学科硕士学位授予权点。拥有北京市重点实验室1个，北京市教委工程技术研究中心1个。现有教职工31人，包括专任教师25人，全部具有博士学位。专职教师中，教授6人(全部为博士生导师)，副教授10人。2011年，环境学院毕业110人，其中研究生(硕士)27人，本科生83人。招生117人，其中，研究生28人(硕士26人，博士2人)，本科生89人。在校生460人，其中，研究生99人(硕士94人，博士5人)，本科生361人。（杨　君　韩秋波）

【学科建设】 2011年，给排水本科专业获批准，并招收第一批本科生。学院确定该专业学科带头人，制定完成该专业人才培养方案和教学大纲，配备了每门课程的授课教师。国家级“环境科学”特色本科专业建设按计划进行推进。

2011年，学院针对每位青年教师的特点，制定了具体的培养和进修计划，设立了导师组制度，从教学科研方面进行指导，充分发挥有经验的老教师的传、帮、带作用；学院从教案、试讲、听课、考题审核等多个环节进行指导，帮助青年教师过好教学关，提高教师教学水平和培养人才的责任心、使命感。学院为青年教师制定出进修计划，加强教师在环境工程设计方面的训练。在科研方面，帮助青年教师把握好研究方向，创造条件解决科研中遇到的困难。

本年度，环境学院教师1人获新世纪人才计划资助；1人晋升为教授和博士生导师，4人晋升为副教授和硕士生导师，1人晋升为高级实验师；新进教师2人，1人调到国家环保部工作，2人在外培训回国，1人出国培训。

（孙德智　韩秋波）

【教学工作】 2011年，环境学院教学工作基本思路是深刻理解国家中长期教育改革和发展规划纲要的内容，坚持教育创新、深化教学改革、强化教学管理、改善教学条件、丰富课堂和实践教学内涵，目标是提高本科生的教学质量和青年教师的教学水平，重点是进行专业建设、人才培养方案的修订、青年教师的培养、教学改革立项、实验实践条件及内涵的建设，鼓励高年级本科生参加各类创新性实验计划和教师的科研项目。

具体工作包括：根据环境学院发展的需要，成立了环境科学、环境工程、给水排水工程3个教研室，并确定3位教研室主任。新版本科人才培养方案修订工作已经完成。学院教师积极申报教学改革项目，通过努力，最终确定的教学改革项目包括给水排水专业建设、《泵与风机》精品课程建设、《环境生态学》精品课程建设、《环境工程制图》精品课程建设、《流体力学与水文学》精品课程建设以及《环境学》教学内容改革研究等。在实验实践教学方面，学院分别在高碑店污水处理厂、北京高安屯垃圾焚烧有限公司挂牌建立了实践教学基地，完成“水处理实验室”建设。

2011年，学院本科生参加科研活动，国家大学生创新性实验计划项目2项、北京市大学生科学研究与创业行动计划项目2项，校级大学生科研训练计划(SRTP)项目3项。此外，2009级本科生46.7%(46/90)选修了大学生科技创新课程，跟随指导老师开展实际的科学研究工作。2007级本科生毕业论文(设计)整体质量得到了提高。

2011年，学院举行3场名师讲堂讲座。

（王毅力　韩秋波）

【科研工作】 2011年，环境学院科研工作稳步推进，本年度共申请获得国家自然科学基金4项、教育部博士点基金项目4项、教育部国际合作项目1项、林业局“948”项目1项、环保公益项目1项、国家重点实验室开放课题1项、北京市教委共建项目1项、学校创新研究计划11项，科研经费总额接近1000万元。发表SCI论文25篇，其中3篇论文的影响因子超过4.0。2011年，环境学院承担的科研项目正处于结题验收阶段。孙德智教授承担的“城市交通道路环境空气质量监测与评价”率先通过了环保部组织的专家验收，并且获得北京林业大学第一届科学技术进步三等奖；王毅力教授获得了中国林业青年科技奖；在北京林业大学第二届青年学术论文评选中，一人获得一等奖，一人获得二等奖，一人获得三等奖。

（张立秋　韩秋波）

【实验室建设】 2011年，学院补充完善2个科研平台：“污染水体源控与生态修复技术”北京市高等学校工程研究中心(简称工程中心)和北京市“污染水体源控制技术”重点实验室(简称重点实验室)，新增实验室面积100平方米左右。围绕重点实验室的主要研究方向“有毒有害难降解有机废水的成套处理技术的研发、城市污水深度处理与污泥资源化利用技术的研发、水源水污染控制技术的研发、面源污染控制技术的研发等”申请了科研项目9项，经费900多万元，研发出一批具有自主知识产权的水体污染源控制关键技术、水处理材料及成套装备。

（张立秋　韩秋波）

【党建工作】 2011年，环境学院党建工作围绕中国特色社会主义理论体系，贯彻执行市委教育工委和学校有关文件精神，深入开展创先争优活动，积极推进党建工作，丰富组织生活。

2010年12月和2011年11月先后举办2届青年学术论坛。严格把关教学基本功比赛，提高青年教师业务素质。党总支要求年龄小于40岁的青年教师全部参加，且学院所有教师必须观摩。

党员带头提高教学质量，开展教学研讨活动。党总支以期中教学检查为契机，以支部为单位，针对教学开展深入研讨和落实活动。根据党员所承担的课程，把教师分成3个组，研讨的方式以集中开会、网上QQ、邮件、电话等各种灵活多样的形式展开。

为大力彰显党员服务社会职能发出环保行动倡议。2011年3月12日植树节之际，党总支，在《中国绿色时报》上向全国农林院校党员发出的“创先争优做表率，低碳环保我践行”的倡议。

推进学习型党组织建设，对教工党支部组织生活做出细化安排，精心规划党员的日常学习教育专题。二级中心组先后进行了党员争优创先专题、十七届五中全会专题、国家中长期教育改革和发展规划纲要、党员领导干部廉洁从政若干准则教育专题等学习。

紧密联系学院改革发展实际开展学习实践活动。2011年11月初，党总支分主题学习了胡锦涛总书记在清华大学百年校庆上的讲话、在庆祝中国共产党成立90周年大会上的讲话、在亚太经合组织林业部长级会议上的致辞，随后又到高安屯垃圾焚烧发电厂参观考察。

（卢振雷　韩秋波）

【学生工作】 2011年度，学院以育人为目标，以基层班级建设、学风建设、就业工作为重点，以丰富的校园文化活动为载体，管理和服务并重，稳步开展各项工作。

2011年环境学院发展学生党员30名，转正16名。举办初高级培训班4期，毕业学员120人。重视党员教育，先后举办了“两会”精神学习、“‘党旗在我心中飘扬’党史知识竞赛”“读红色经典、看红色影片”交流活动、接送新生军训志愿者、庆祝建党90周年之红色大讲堂活动，请人文学院老师做了“十二五”规划的专题报告、开展了学院“七一”党内表彰活动。

在班级中开展了篮球联谊赛、基层班级趣味运动会，“我的班级我的家”优秀班集体评选活动，新老生座谈会、班级集体自习，班级英语学习角等形式多样的活动。帮扶重点人群，开展家长工程。执行好学风督导制度，开展名师讲堂和职业规划，从自身激发学生的学习动力。

抓好宿舍建设，每周检查一次学生宿舍卫生，每2周进行一次废旧物品回收。此外，学院还举办了宿舍长培训、消防安全知识学习、“我爱我家”宿舍评选活动，提高学生的安全意识。

常规活动方面，2011年参加了学校运动会、新生军训、全校广播操比赛、“五月花海”合唱比赛、“思林杯”辩论赛、党史知识竞赛、党史演讲比赛、心理健康教育节，组织学院年度评优表彰分享会、基层班级趣味运动会、辩论赛、“班级杯”篮球赛、足球赛等活动。在“今天我来讲党课”活动中，获得全校第二名；在全校广播操比赛中，获得全校第三名；“思林杯”辩论赛中，获得全校第三名；“五月花海”合唱比赛中，本院进入决赛，获得优秀组织奖。

学院组织开展一系列特色活动，2011年3月，中央十套《讲述》栏目对“废油做肥皂”项目进行了专题报道；8月份，参加了湖南卫视《岳麓实践论》；12月，参加了湖南卫视的《天天向上》栏目录制，公益宣传效果持续。绿手指社团与朝阳区文化馆合作，完成了《北京市朝阳区坝河历史文化资源与生态环境调研集》及附带光盘的制作。5月4日，环境学院志愿者与前八家小学农民工子女共度青年节，对“共建”一年来的活动和成果进行了总结。此项目获得了北京市共青团关爱农民工子女示范基地。5月30日到6月8日，学院6名学生参加了第八届中国大学生“走近日企，感受日本”访日团。

在完成日常和就业指导及服务工作外，重点做好给毕业生提供招聘信息和提高本专业就业率2项工作。截止到2011年9月1日，毕业研究生就业率为100%，签约率为92.6%。本科毕业生就业率为96.4%，签约率56.6.%；其中环境科学专业就业率100%，签约率63.0%，环境工程专业就业率94.6%，签约率53.6%。

（卢振雷　韩秋波）

【对外交流】 2011年，环境学院的国际交流与合作工作得到了进一步的加强。学院共有20余位教师和研究生分别赴德国、瑞士、西班牙、日本、韩国、中国台湾等国家和地区进行了国际交流或参加国际会议。邀请斯坦福大学吴唯民研究员、加拿大温尼伯大学Charles. S. Wan博士、美国佐治亚理工学院的黄清华博士来北京林业大学进行学术交流，并分别做了学术报告。

（张立秋　韩秋波）

体育教学部

【概 况】 北京林业大学体育教学部(Division of Physical Education，以下简称体育教学部)成立于1989年，为处级体育教学行政部门(前身为体育教研组，1986年前隶属基础部，1986年后，改为学校直属部门)，负责学校体育教学、体育科研、群体活动与竞赛、高水平运动队训练与竞赛、运动场馆管理等工作。设大球、小球、体操、武术4个教研室，1个学生体质监测中心。2011年，共有教职工36人(其中专任教师33人，具有高级职称16人，具有博士学位1人，硕士学位10人，在职在读硕士研究生8人)。2011年获得北京市教委“2010年度北京高校阳光体育联赛优胜奖”，通过北京市教委和大体协组织的学校体育工作条例实施情况评估，并获得“实施学校体育工作条例优秀学校”称号。11月，根据学校人事调整政策，体育教学部完成了领导班子的竞聘选举工作。 (苏 静 孙承文)

【教学工作】 2011年体育教学工作合理运行，体现在8个方面：建设健美操精品课程，提高武术教学团队水平，继续推进师资队伍建设，完善教学制度并确保教学运行，发挥教研室职能，加强体育教学改革研究，确保完成学生体质健康测试任务，充实资料室图书种类和数量。

2011年3月，体育教学部获批健美操校级精品课程，主要包括精品课程网站建设、精品课程的内容体系和评价体系的建立与完善、网络教学课件的制作、课程改革研究等。5月，体育教学部武术教学团队顺利地通过了中期考核验收，武术教学团队后期建设主要目标为继续提高武术教学师资队伍水平，改革武术教学内容，完善武术教学评价模式与标准等。

重视师资队伍建设，体育教学部8名教师在职攻读硕士研究生课程，2名教师参加第五届北京市高校青年骨干教师培训结业，2名教师完成海淀党校“北京高校哲学社会科学”学习并结业，1名教师参加北京林业大学“党员信息库管理培训班”学习并结业。3月在学校开展的教师系列职称评审中，有1名教师晋升教授、1名教师晋升副教授，2名教师由三级讲师晋升为一级讲师，2名教师由助教晋升讲师。2名教师经人事处核准获批2012年学位提升学习资格，1名教师核准参加2012年课程进修。5月，11名青年教师到北京邮电大学参加了北京高校说课培训学习。12月，4名教师通过全国高等学校教育技术协作委员会北京林业大学教育技术培训中心的技术考试，取得二级证书。在教学中，坚持教研室集体备课制度，不同专项教师分别开展备课计划。教学过程中完善教师请假、代课制度，请假教师首先向主管教学主任请假，填写请假代课表，由主管教学院长安排代课教师。对全体教师进行安全第一的思想教育，对教学过程中常见的安全问题进行预先防范，严肃教学纪律，发现问题及时解决。学期中安排学生补考时间，组织教师填写教学日历。坚持定期定时教学检查，以教学专项组为单位进行听课，教师座谈会以教学专项组为单位座谈，观摩教学由教研室主任统一安排，教学院长在听课周对每个教研室听课过程进行检查。教学办公室对教学检查情况进行总结汇报、反馈，对备课以及授课过程提出改进意见，对教学纪律和教学环节进行讲评，对教学效果做出评价，向教务处上交反馈表、听课卡。上学期全体教师227门次课的教学评价均在91分以上，下学期全体教师245门次课中，评价分≥95为36门次，占14.7%，90≤评价分<95为189门次，占77.1%，85≤评价分<90为20门次，占8.2%。2个学期没有出现教学事故。教学院长及教学管理人员对教师的教案、成绩管理文件进行整理与归档。

2011年体育教学部以教研室为单位进行、教学进度和教案等教学文件的检查、期中教学检查的安排与监督、教学比赛的组织与管理、考核标准和考核办法的制定等。体操教研室被评为优秀教研室，代表体育教学部参加学校优秀教研室的竞选。

2011年5月，体育教学部获批校级教改课题3个，分别为《北京林业大学健身健美课程体系改革研究》《影响高校散打课教学质量的因素及对策分析》和《多球教学法在乒乓球教学中的应用与研究》。10月，校级教改课题《北京林业大学学生身体素质现状的多因素分析及对策研究》《北京林业大学体育教学质量评价体系的理论与实践研究》《保健体育课的教学内容改革研究》《影响我校大学生体质健康的主要因素及其干预对策研究》《我校体育教学课内外一体化管理模式探索》完成了结题验收。

2011年体育教学部3名青年教师参加学校科技创新计划课题的申请，最终《不同民族大学生体育参与动机、目标定向、身体自尊的跨文化研究》获批，课题经费为6万元，研究周期为2年。12月，2009年获批的科技创新课题《大学校园体育文化体系构建研究》和《学生体育安全干预机制研究》完成结题验收。

资料室建设上，2011年2～12月体育教学部资料室共购买图书37套册，科研论文图书7套册，杂志30套册。（姜志明　孙承文）

【学生体质健康测试】 北京林业大学根据自身情况，按照教育部、国家体育总局颁发的《学生体质健康标准》的规定，选取了以下测试内容：身高、体重、肺活量、握力、立定跳远、坐位体前屈、台阶、50米、800米（女生）、1000米（男生）。

北京林业大学全部使用由教育部权威部门认定的电子测试仪器（中体同方）。测试过程由教师进行严格管理，以保证测试的科学性和准确性。利用学生周六、日的休息期间，组织全校本科生集中进行测试。2011年3月～5月中旬，9月中旬～12月5日分批测试，测试学生总人数12 735人，12月25日将测试结果上报国家教育部，测试结果如下：

北京林业大学学生体质监测综合评定统计表

年　级		样本数	优秀(%)	良(%)	及格(%)	不及格(%)
大学一年级	总体	3173	15.06	60.98	21.43	2.53
	男	1191	15.79	58.44	23.51	2.26
	女	1982	14.63	62.51	20.18	2.68
大学二年级	总体	3248	1.97	52.34	40.02	5.67
	男	1202	2.16	48.25	39.02	10.57
	女	2046	1.86	54.74	40.62	2.78
大学三年级	总体	3151	13.01	59.03	21.42	6.54
	男	1213	8.08	52.68	33.31	5.93
	女	1938	16.1	63	13.98	6.92
大学四年级	总体	3163	2.31	59.85	33.77	4.07
	男	1229	2.6	51.83	37.43	8.14
	女	1934	2.12	64.94	31.44	1.5
大学总体	总体	12735	8.05	58.01	29.23	4.71
	男	4835	7.11	52.78	33.36	6.75
	女	7900	8.62	61.22	26.71	3.45

【群体工作】

球类竞赛活动　2011年3月9日～4月7日举行北京林业大学院系杯学生足球联赛。共有男子12支队伍、女子4支队伍（第三届）参加，比赛结果为：女子组：第一名，生物学院；第二名，经管学院；第三名，信息学院；男子甲组：第一名，经管学院 、第二名，园林学院；男子乙组：第一名，生物学院、第二名，人文学院。

5月8日，举行学生乒乓球比赛。成绩：男子团体冠军经管学院、亚军工学院、第三名生物学院、林学院；女子团体冠军生物学院、亚军经管学院、第三名林学院、工学院；并决出男女单打各项名次。

5月12日，中国国家女子篮球队与北京林

业大学学生男子篮球队在田家炳体育馆举行对抗练习赛。这是国家级体育团队首度亮相北京林业大学。校长宋维明、副校长陈天全观看比赛。这是国家女篮出征亚锦赛前的系列对抗赛之一。

5月14日，国防生第七届“使命·责任杯”篮球赛颁奖仪式举行。学员二队二区队获得本届联赛的冠军，学员四队二区队夺得亚军，学员一队二区队获得季军和“最佳组织奖”。

5月19日，校学生篮球联赛结束，获得男子前三名的分别是经管学院、理学院、林学院；获得女子前三名的分别是经管学院、林学院、园林学院。

5月9~27日，举行学校教工“经管院杯”排球赛，共有30支代表队(男子16支、女子14支召开)参加。

10月10日举行校学生院系杯2011年排球联赛，比赛持续3周。男子组第一名经济管理学院、第二名工学院、第三名材料学院。女子组第一名材料学院、第二名园林学院、第三名经济管理学院。

春季运动会 2011年4月9日，举行北京林业大学春季运动会(学生、教工)。运动员共有2806人次(教工1194人次，学生1612人次)参加46项目比赛。同时举行第八套广播体操比赛；比赛结果为：女子团体总分前三名分别是经济管理学院 、园林学院、材料学院；男子团体总分前三名分别是经济管理学院、林学院、人文学院；混合组男女团体总分前三名分别是经济管理学院、园林学院、林学院。

秋季运动会 2011年10月15日举行北京林业大学新生运动会，共有2300人次参与，大会设置田径23个项目，趣味集体11个项目，比赛结果为：女子团体第一名经管学院、第二名园林学院、第三名人文学院；男子团体第一名经管学院、第二名园林学院、第三名人文学院；男女团体第一名经管学院、第二名园林学院、第三名人文学院。

其他群体活动 2011年4月7日，我校举行首届轮滑选拔赛，有30人参加选拔，最终选出8人参加北京高校轮滑比赛。6月18日，体育教学部举行健美操教学比赛，400余学生参加。 (赵 宏 苏 静)

【校外体育竞赛】 2011年4月6~23日，北京林业大学男女篮球代表队参加北京高校乙组篮球联赛，北京林业大学女篮获得亚军，男篮获得第七名。

5月7~29日，北京林业大学22人参加由北京印刷学院承办的首都大学生足球乙级联赛，获得男子第七名。

5月28日，在北京市大学生跆拳道精英赛中，北京林业大学获得1个冠军，2个季军，团体总分第四名，男团第五名，体育道德风尚奖，优秀教练员奖。

10月11~30日，北京林业大学派出22人组成的代表队参加北京高校女足联赛，获得比赛第六名。

10月16日，由北京市大学生体育协会主办，北京林业大学承办的北京高校第三届普通学生田径运动会召开，23所高校的教练员和运动员共近700人参加比赛，北京林业大学代表队获得男子团体、女子团体、男女团体3项冠军，13个单项冠军。

10月30日，由北京市大学生体育协会主办，北京林业大学承办的2011年第八届首都高校大学生越野登山赛在鹫峰国家森林公园举行，28所学校280名运动员参加比赛，北京林业大学获得甲组第二名。

10月12~29日，北京市大学生篮球协会承办第14届CUBA中国大学生篮球联赛北京预赛，北京林业大学男女篮球队参赛，其中男子篮球队获得乙组亚军，女子篮球队获得乙组冠军。

10月15日~11月27日，北京市大学生体育协会分会承办2011年北京市大学生排球普通学生组竞赛，北京林业大学男女排球队共24名队员参赛，女排获得B组第七名。

11月19~20日，北京林业大学派出10人参加“TST”2011年首都高校乒乓球锦标赛，获得男女单打第二名，男团第五名，女团第八名。

12月4日，北京林业大学承办的首都高校第三届体育舞蹈比赛在田家炳体育馆举行，20所高校的23支代表队参加，教练员、裁判员、运动员共近300人。北京林业大学获得团体第三名、2个单项冠军、4个单项亚军、2个季军的好成绩。

【对外交流与评估】 2011年1月11~12日，参加“2011年首都高等学校体育工作会议”，会上交流了北京林业大学“十二五”体育工作规划，获得北京市教委颁发的“2010年阳光体育优胜奖”。10月28日，北京林业大学承办北京高校群体工作研讨会，12所参会高校进行了交流。11月18日，北京市教委、大学生体育协会领导与专家组成的专家组来北京林业大学检查评估《学校体育工作条例》贯彻实施情况，此次入校评估的主要内容包括考察学校体育管理、课程教学、群体竞赛、科学研究、师资队伍建设、场馆设施等现状以及近两年获得的显著性成果；举行评估论证会，专家组听取学校主管体育领导、体育教学部领导、体育运动委员会相关职能处室和各学院的负责人对高校体育工作的认识，在体育教育方面采取的措施和取得的成绩。北京林业大学经过北京市教委和大体协的初评、复评、入校验收评估后，获得“2009~2011年贯彻《学校体育工作条例》优秀学校”称号。

（姜志明　孙承文）

【运动训练与竞赛】

高水平运动员招生 2011年的招生严格遵守招生政策，制定规章制度。共有来自北京、山东、河北、内蒙古、辽宁、天津、湖南、江苏、黑龙江、山西 、吉林、安徽12个省(自治区、直辖市)的110名学生报考北京林业大学，其中，男生68人，女生42人，径赛项目人数75人，田赛人数35人；体检合格30人，最后录取人数为30人，其中男生16人，女生14人，项目分布为全能5人，投掷2人，跳跃6人，篮球5人，短跑5人，长跑7人。大部分体育生安排在经济管理学院的人资、物业、林经、工商管理等专业及人文学院的法学、心理专业，园林学院的旅游专业学习。

高水平运动队训练 教练员带领运动员每周训练6次(包含寒暑假)。2011年，共有教练员6名，运动员40名，参加了1次全国、2次北京市田径比赛，取得了2枚金牌、8枚银牌的成绩。

高水平运动队竞赛 2011年5月12~15日，北京林业大学田径代表队44人参加了第49届首都高校大学生田径运动会，参加了30个项目(男子18项，女12项)的比赛，取得了甲A组女子团体总分第五名、男子团体总分第五名和男女团体总分第五名的成绩，并获得体育道德风尚奖。

8月12~23日，北京林业大学学生张婵代表中国大学生代表队参加第26届世界大学生运动会，获得女子4×100米接力赛第八名。

9月25~28日，北京林业大学派10名运动员参加第12届全国大学生田径锦标赛，获得女子200米、女子4×100米接力银牌，110米栏铜牌(两破赛会纪录)，1人被评为优秀运动员，1人被评为优秀教练员。

12月11日，北京市大学生田径精英赛在先农坛体育馆举行，北京林业大学共有35名运动员和6名教练员参加比赛，获得男子60米栏和男子五项全能冠军。

（王　涛　陈　东）

【党建工作】 2011年，体育教学部直属党支部1名党员因工作原因调至其他单位，现有中共党员24人，占教工总人数的66.7%，全年预备党员转正1人。10月底，体育教学部直属党支部书记完成换届。

2011年，体育教学部直属党支部每名党员网络在线学习最低为12学时，其中3名党员学习20学时以上。11月，配合学校完成体育教学部副处级领导干部的竞聘选举工作，新任命体育教学部教学副主任和竞赛训练副主任各1人。12月，体育教学部和招生就业处与牛栏山一中、北京第十中学签署北京林业大学高水平运动员后备人才培养基地协议，获得优先考察2所中学培养的优秀运动员的权利。

体育教学部配合校工会完成了职工运动会、职工篮球、排球、拔河比赛，继续开展女子瑜伽训练班和太极拳训练班，配合机关工会完成趣味运动会。教职工继续为贫困学生基金会捐款，捐款总额为1300元。创立教师预防意外损伤基金，每年每位体育教师以自愿为原则最多向该基金捐款300元，该基金的资助对象为在体育教学、群体竞赛的训练以及教职工体育比赛中发生意外伤害和运动损伤的体育教师，资助的金额根据诊断、医疗、康复所发生的费用而定。

（孙　恒　苏　静）

教育教学

本科教育

【概　况】 教务处是主管学校本科教学工作和实施教学管理与服务的职能部门，现有教职工14人，下设教学运行管理中心、教学促进中心、学籍管理与注册中心、考试中心、现代教育管理中心、评估中心、实习实验教学管理中心、教学研究科、梁希实验班管理中心。2010年成立苗圃和树木园管理办公室，挂靠在教务处。

2011年学校围绕完善本科人才培养体系，适应研究型大学发展定位，全面提高教学质量的目标，积极参与教育部相关重大政策文件的起草制定；制定《"十二五"本科人才培养规划》，全面修订本科人才培养方案，优化课程体系，扩大选修课比例，加强实践教学环节；紧抓质量工程建设，优先启动精品视频开放课程建设，不断深化教学改革；创新梁希实验班培养模式，实施"本-硕统筹培养"；推动教研室、教学团队建设，筹建"教学促进中心"，提高教学队伍整体水平；加强实验室建设，新增实验教学用房使用面积783.9平方米；修订课堂教学评价指标体系及评价方式方法，完善教学质量监控体系；规范规章制度，维护教学秩序；开发网络版教学计划管理系统，引入实验室及实践教学综合管理系统，加强教学管理信息化；提高大学生科研训练计划项目质量和覆盖率，举办首届大学生科技创新论坛；学生积极参加大型学科竞赛，成绩喜人。　（孙　楠　张　戎）

【专业设置】 经教育部批准，正式设置"商务英语""给水排水工程""应用心理学"本科专业。同年，向教育部申请增设"电子商务"专业替换原"市场营销(电子商务方向)专业"。2011年，学校共有50个专业(57个专业及专业方向)，覆盖了教育部设置的12个学科门类中的9个(理学、工学、农学、文学、艺术学、经济学、管理学、法学、教育学)，其中，理学门类9个专业，工学门类17个专业(20个专业及专业方向)，农学门类7个专业(8个专业及专业方向)，文学门类3个专业，艺术学门类2个专业(4个专业及专业方向)，经济学门类2个专业，管理学门类9个专业(10个专业及专业方向)，法学门类1个专业。

北京林业大学2011年专业设置情况一览表

学院	专　业
林学院	林学
	森林资源保护与游憩
	草业科学(草坪科学与管理方向)
	草坪管理(中美合作办学方向)
	地理信息系统
水土保持学院	水土保持与荒漠化防治
	资源环境与城乡规划管理
	土木工程
生物学院	生物技术
	生物科学
	食品科学与工程
园林学院	园林
	旅游管理
	风景园林
	园艺(观赏园艺方向)
	城市规划
经济管理学院	农林经济管理
	工商管理
	工商管理(经济信息管理方向)
	物业管理
	会计学
	统计学
	金融学
	国际经济与贸易
	市场营销
	电子商务
	人力资源管理

（续）

学院	专 业
理学院	电子信息科学与技术
	数学与应用数学
工学院	机械设计制造及其自动化
	车辆工程
	工业设计
	自动化
	电气工程及其自动化
材料科学与技术学院	木材科学与工程
	木材科学与工程（家具设计与制造方向）
	包装工程
	林产化工
	林产化工（制浆造纸工程方向）
	艺术设计
	艺术设计（装潢艺术设计方向）
	艺术设计（动画艺术设计方向）
人文学院	法学
	应用心理学
外语学院	英语
	商务英语
	日语
信息学院	信息管理与信息系统
	计算机科学与技术
	计算机科学与技术（物联网方向）
	数字媒体艺术
	动画
	网络工程
环境科学与工程学院	环境科学
	环境工程
	给水排水工程
自然保护区学院	野生动物与自然保护区管理

（孙　楠　张　戎）

【本科教学质量工程】 2011年，开展北京林业大学校级“质量工程”立项工作，经学院立项、学校审核，最终确立10个团队为2011年校级教学团队建设项目，46门课程为2011年校级课程建设项目，14个项目为2011年校级专业建设项目；继续资助以前立项的教学团队1个、课程建设7门和专业建设项目2个。拨付“质量工程”专项资金到学院。

组织各教学院（部）对近年来专业建设、教学团队、教改研究、精品课程等200项质量工程项目进行评审检查，其中，中期检查项目47个、结题项目132个，申请延期项目16个，终止项目5个。

利用网络、《评建周报》等形式，宣传展示“质量工程”建设成果，加强示范推广作用，并着手开展“‘十二五’本科教学工程”建设筹备工作。

（孙　楠　张　戎）

【专业建设】 开展2011年专业建设工作，组织开展校级专业建设立项，确立14个项目为2011年校级专业建设项目。继续资助2010年立项的专业建设项目2个。

组织召开北京林业大学2011年专业论证会议，决定经济管理学院增设“电子商务”专业，信息学院“动画”专业将招生类型调整为按艺术类招生，工学院“工业设计”专业部分按艺术类招生，暂缓自然保护区学院增设“湿地科学”专业。2011年8月底，增设“电子商务”专业材料上报教育部备案。

（孙　楠　张　戎）

【教学运行】 编制2011～2012学年校历。安排2010～2011学年本科课程5300余门次。受理教学计划调整29门次，审批新增课程14门，调停课4432节次。核算14个教学单位的27.9万余本科教学课时量。教师补课、学生活动、计划外课程等借用教室约52 000学时。为本科生开设选修课1652门次，其中专业选修课1150门次，全校公共选修课502门次。选拔研究生助教70名，并组织相关学期岗位考核。

（胡　燚　孟祥刚）

【人才培养】 制定《北京林业大学“十二五”本科教学发展规划》，对“十一五”期间本科教学建设情况进行了总结，提出“十二五”期间本科教学工作重点：更新教育观念，推进素质教育，深化人才培养模式改革；优化专业结构，强化专业建设；深化课程体系和教学内容、方法手段改革；加强课程、教材建设；推进优质教学资源共享；加强教研室及教学团队建设；优化实践教学体系，加大实践条件建设投入力度；提高“大学生科研训练计划”覆盖率；推进学分制，完善教学质量监控体系。

对北京林业大学57个本科专业及方向的人才培养方案进行全面修订，并在2011级新生中正式使用。在此基础上，教务处组织各院（部）对所有课程教学大纲进行了修订。

（孙　楠　张　戎）

【梁希实验班】 制定《梁希实验班本－硕统筹培养管理办法》，对实验班学生实施“3＋1＋X”本-硕统筹人才培养模式，即面向继续留校深造的梁希实验班本科优秀学生，实施3年完成本科阶段学习，1年完成本科毕业论文同期进行研究生课程学习，然后根据学生具体情况，通过2～3年完成其硕士研究生阶段学习。

选拔产生2011级梁希实验班学生。从13个学院347名申报学生中选拔文、理科各35人。

开展2008级梁希实验班推荐免试研究生工作，共有50名学生参与。最终，33名学生获得推荐资格。其中14名学生被保送至北京大学、清华大学、北京师范大学、中国科学院、财政部财政科学研究所等国内一流大学及研究所，19名学生选择继续在学校深造。

2011年，梁希实验班学生有6人获得国家奖学金、12人获得国家励志奖学金、17人获得梁希奖学金(一等)、35人获得梁希奖学金(二等)、54人获得梁希奖学金(三等)、4人获得文体优秀奖、18人获得三好学生荣誉称号、18人获得优秀学生干部荣誉称号、2个班级获得优良学风班荣誉称号。梁希08-2班获2011年北京高校“十佳示范班级”称号。

组织实验班学生申报大学生科研训练项目立项。2011年实验班确立国家级大学生创新训练计划4个，北京市大学生科学研究与创业行动计划项目4个，校级大学生科研训练计划19个。

(李靖元　张　戎)

【教学队伍建设】 继续加强教学队伍建设，2011年学校推荐严耕、温亚利、刘燕3名教授参加“第七届北京市教学名师”评审并获批。确立10个团队为2011年校级教学团队建设项目，继续资助以前立项的教学团队1个。共有70人次参加教育部2011年高校教师网络培训。

组织召开教研室主任会议，对学校已开展的教研室工作进行总结和回顾，肯定了教研室在学校教学、科研工作中所发挥的重要作用，明确了教研室主任的角色定位，提出了教研室主任的工作要求。评选出13个校级优秀教研室，8名校级优秀教研室主任，8名校级优秀教学管理人员。

(孙　楠　张　戎)

【课程建设】 2011年，学校组织北京市级精品课程自查工作，对2003年以来获批的《土壤学》等17门课程，从教学队伍建设、教学网站、课程录像等方面进行了综合检查，经过项目自查、学院初查、学校检查几个阶段，最终确定自查结果全部为优秀，报送北京市教育委员会备案。

2011年，启动校级课程建设立项工作，46门课程被确立为2011年校级课程建设项目，此外，继续资助以前立项的课程建设7门。组织梁希实验班优质课程建设立项评审工作，最终确立《大学化学及实验》《森林植物学(综合实验)》和《动植物保护类课程综合实习》3门课程为梁希实验班优质课程建设项目。

启动支撑学校办学特色的精品视频开放课程建设项目11项，利用现代信息技术手段，加强优质教育资源开发和普及共享。

(孙　楠　张　戎)

【教材建设】 2011年，学校新增国家精品教材2种，分别为陈有民教授主编的《园林树木学(第2版)》和韩烈保教授主编的《运动场草坪(第2版)》。新增北京市精品教材2种，分别为李俊清教授主编的《森林生态学》和张洪江教授主编的《土壤侵蚀原理》。李湛东教授主编的《生态景观规划》和《园林植物基础》，刘俊昌教授主编的《林业经济学》和张远智教授主编的《测量学(第2版)》等4种教材被列入首批农业部“十二五”规划教材选题。组织开展2011年校级教材建设立项工作，确立教材建设项目26项。

组织参加“十二五”普通高等教育本科国家级规划教材第一次推荐遴选工作，经个人申报、学院推荐、专家评议，最终推荐《城市园林绿地规划》等8种教材。

组织参加中华农业科教基金会教材建设研究项目立项申报工作，最终推荐上报《自然保护区管理》等7种教材。

参加2011年中国林业出版社教材建设会，教务处处长在大会上做题为“加强改革、促进高校教材建设，打造精品、提高人才培养质量”的报告。

(孙　楠　张　戎)

【教学研究】 制定《北京林业大学2011年教学改革研究项目立项指南》，将年度教学改革的侧重点放在人才培养模式及创新人才培养改革、考试方法、实践教学体系改革与实践和教学质量监控体系改革与实践研究上，同时设立青年教师鼓励项目，继续资助青年教师开展教学研究。经专家评审，最终确立2011年度校级立项49项。

对已到期的200个教学改革研究项目进行中期检查或结题验收。其中，中期检查项目47个、结题项目132个，申请延期项目16个，中止项目5个。

开展北京林业大学2011年优秀教学论文评选工作，聘请专家对180篇教改论文进行评审，最终确定获奖论文60篇，其中一等奖6篇，二等奖12篇，三等奖15篇，优秀奖27篇。

（孙　楠　张　戎）

【教学管理制度】 2011年，修订教学制度规范3项：修订《北京林业大学学生管理规定》，完善学籍管理制度；修订《北京林业大学学生评教实施办法》，完善学生评价指标体系；修订《北京林业大学特殊类型少数民族学生学籍管理的补充规定(修订)》，完善少数民族学生折分方案。

（孟祥刚　于志明）

【学籍管理】 对2011级新生开展了3场培训，内容主要包括成绩管理、学籍异动、推荐免试研究生、专业调整等。

完成2011届本科毕业生资格审查工作。包括毕业生的学分状况、外语四级通过情况、是否取得毕业证与学位证等情况，并为资格审查不合格的学生提供修读不合格学分的机会，最终2011届本科毕业生3107人(二学位12人)中3039人达到毕业资格，毕业率达97.8%。并根据教育部、国位院学位办、北京市教委关于学历、学位注册的相关规定，在规定时间内将3107名毕业生的学历数据和3018名授予学士学位的信息上报国务院学位办，供用人单位查询，接受社会监督。

2010级66名同学调整专业。北京林业大学2010级共有103名同学提出专业调整申请，66人初审、笔试、面试均合格，按照规定转入新专业学习，教务处折合认定转专业学生课程的学分。

推荐536名2008级学生免试攻读2012级硕士研究生，占2008级学生人数的16.4%。其中377人选择继续留在本校攻读硕士研究生，占推荐比例的70.5%；159名学生(包含11名学直博生)被中国科学院、北京大学、清华大学等知名科研院所及高校接收，占推荐比例的29.5%。536名学生中，有11名被直接推荐攻读博士研究生，10名被推荐为支教团学生。学校根据相关规定选拔了4名具有学术特长的学生免试攻读2012级硕士研究生。

核对2011级新生基本信息，并完成学籍电子注册工作，共有3247名2011级新生取得学籍。

（申　磊　孟祥刚）

【考试管理】 完成2011年6月份和12月份的全国大学外语水平测试。6月份共7080人参加考试，其中英语四级3640人、英语六级3423人、小语种17人；12月份5266人参加考试，其中英语四级820人、英语六级4446人。两次考试均使用了手机屏蔽仪，未发生一起作弊行为。本科英语四级考试一次通过率为84%。

组织2010~2011学年第二学期期末考试和2011~2012学年第一学期期末考试，包括日程安排、监考、巡考安排等工作。学期初组织学生补考报名并实施补考。

对《北京林业大学考试管理工作规定》进行修订，以进一步实现考试工作的制度化、规范化、系统化和科学化。（谢京平　于志明）

【教学检查】 2010~2011学年第二学期，组织全校本科生对1914门次课程进行评价，2011~2012学年第一学期，组织全校本科生对2172门次课程进行了评价。2011~2012学年第一学期修订了《北京林业大学学生评教实施办法》，调整学生评教组织方式、学生评教指标体系、学生评教系统操作界面等内容。

组织开展学期期中教学检查工作。2010~2011学年第二学期期中教学检查全校共听课712次，其中管理人员听课次数110次，被听课教师307人，被听课程418门次；全校共组织观摩教学28次，教师座谈会78次，学生座谈会37次。2011~2012学年第一学期期中教学检查全校共听课638次，其中管理人员听课89次，被听课教师299人，被听课程395门次；全校共对37名教师的教学活动组织了观摩，教师座谈会75场，学生座谈会35场。

组织召开北京林业大学2010~2011学年优秀教学信息员表彰大会暨2011~2012学年教学

信息员聘任大会。表彰19名优秀信息员、17名优秀信息员组长。聘任了188名同学担任北京林业大学2011~2012学年的教学信息员。

2011年，共编印、发放《评建周报》7期，目前《评建周报》已发刊163期。

（林　娟　于志明）

【网络教学管理】 2011年暑假对，学校本科教室多媒体设备进行了更新和维修，共计更新投影机31台、多媒体功放60台、新建设计类多媒体教室1间。加大多媒体教室维护力度，更新投影机灯泡及其他配件共计30余个，清洗投影机近200台。

改版教务处门户网站。新版网站具有功能性、实用性、便捷性的特点。2011年教务处网站共发布各类通知、报道800余条，回复留言板、邮箱（学生和教师）咨询1500余条。

设计并投入使用了集“学期开设课程网络教学”“精品课程评审与展示系统”“电子资源库”于一体的网络综合教学平台。

加大网络课程教学资源建设，录制国家级精品课程教学录像80余学时，并完成后期编辑及上网工作。

北京林业大学2011年共计开设校际公选课11门次，承担辅修课程2门，来校选课学生共计866人，课程开设门次及选课人数较2010年增加了近50%。

共计组织学生选课112 722门次，为保证转专业、毕业班学生顺利完成学习任务，手工办理加选课程1426门次。

共计认证多媒体课件77门，包含当年度所有新开课及新教师承担课程。

继续完善教务系统功能，修改了“教学评价”“重修报名”“学生信息管理”等教务管理模块，采用信息化技术提高了教学管理工作效率。

（尹大伟　于志明）

【实验室建设、实践教学】 新建本科实验教学用房7间，新增实验教学使用面积共计783.9平方米，林学院草学综合实验室、园林学院风景园林工程实验室、生物学院食品科学与工程综合实验室、材料学院包装材料及工艺实验室、工学院电工电力拖动技术实验室、环境学院水处理实验室、保护区学院湿地生态过程实验室等7个实验室进入新改建实验用房。对物理、化学等公共基础实验室及风景园林工程等特色专业实验室进行了重点建设，进一步改善基础类课程及特色专业的实验教学条件。加强实验室内涵建设，积极挖掘和利用学校教学科研资源，确保实验开出率始终保持在100%，农林及理工类学院有综合性设计性实验的课程比例达到80%。

（于　斌　于志明）

【教学实习基地建设】 2011年，学校拓展各种渠道，加强与行业、科研院所、企事业单位合作，为本科生实习实践活动争取更多社会资源，新增内蒙古达赉湖国家级自然保护区管理局、新洲（武平）林化有限公司、河南省济源市林业局等14个校外教学实习基地。继续加强学校实验林场、教学实习苗圃等校内实习基地建设以及北京植物园、北京市八达岭林场等市级校外人才培养基地建设。（于　斌　于志明）

【科研训练】 北京林业大学启动2011年校级大学生科研训练计划立项，共立项支持大学生科研训练计划项目284项。

启动2011年国家级大学生创新创业训练计划立项和北京市大学生科学研究与创业行动计划立项。经专家评审，共有50个项目被列为国家级大学生创新创业训练计划项目，52个项目被列为北京市大学生科学研究与创业行动计划项目。

举办以“参与·创新·分享”为主题的北京林业大学首届大学生科技创新论坛，开办了“大学生科技创新成果展”。

组织学生参加“第四届全国大学生创新年会”。学校有1篇论文参加大会交流。

（林　娟　于志明）

【毕业论文】 组织开展了北京林业大学2011届优秀本科毕业论文（设计）评选工作，经学院推荐、学校审核，共评出校级优秀本科毕业论文（设计）98篇，并向学生颁发了证书。

（于　斌　于志明）

【学科竞赛】 2011年，学校在学科竞赛经费和制度保障上加大力度，学生所获奖项数量大幅提升，奖项层次有所提高。1名同学获得全国特等奖，9名同学获得全国一等奖，共获33项全国二等奖，61项全国三等奖，10项北京市一等奖，43项北京市二等奖，58项北京市三等奖，21项

优秀奖，共计236个奖项。（林　娟　于志明）

【教风学风建设】 召开本科教学督导与青年教师座谈会议，来自13个学院的17名青年教师参加会议，就如何运用课堂教学技巧、如何使用现代化教学手段、如何激发学生学习兴趣等方面进行经验交流。在调研基础上，提出加强师德建设，注重教师综合素质的提高、落实听课制度、充分发挥教研室作用、加强对教师教学环节进行检查、督促等强化教风建设的具体措施；全方位加强一年级学生管理、加强班委会和团支部建设、加强班主任和辅导员工作、加强课堂教学巡视、评选优良班风等具体措施。

（林　娟　于志明）

【特色条目】 参与国家"高等农林教育综合改革指导意见""卓越农林人才培养计划""农林高等院校本科生实践强化财政支持专项"等重大政策文件的起草制定工作。牵头组织首届林业高校教务处处长联席会。

制定2011版本科专业人才培养方案。总结吸收教学改革和研究成果，遵循"加强基础、拓宽口径、通专并举、注重能力"的培养原则，按照"3+1"的整体设计思路，即三大教学平台（通识教育平台、学科基础教育平台、专业教育平台）和一个综合拓展环节，整体优化课程体系，主要举措是：加强实践教学环节建设，完善"基础实践、综合实践、创新实践"3个层次的实践教学内容体系；调整公共基础课程分档学时，层次划分更加符合专业选择需要；专业选修课分模块设置，进一步明确分类指导，促进学生个性发展；重新划分公共选修课程类型，增设35门公共选修课，加强素质教育环节；合理调整学时分配，增强专业设课的自由度，加大学生选择空间；结合学生全学程培养目标，合理安排课程设置和实践环节。（张　戎　于志明）

学位与研究生教育

【概　况】 北京林业大学研究生院（Graduate School of Beijing Forestry University）于2000年经教育部批准试办，2004年正式建立，主要负责组织实施全校的学位与研究生教育管理工作。现有教职工14人，2011年底研究生院机构设置由原来的招生处、学位与培养处调整为招生处、培养处、学位处、综合处。博士后流动站划归人事处管理。党委研究生工作部是学校党委直属的职能部门，于2005年经校党委批准设立，负责全校研究生德育、党建、就业、学生管理、研究生"助管、助研、助教"工作、学籍管理以及研究生共青团等工作，现有教职工4人，与研究生院合署办公。

2011年，学校拥有9个一级学科博士学位授权点、26个一级学科硕士学位授权点、39个二级学科博士学位授权点、113个二级学科硕士学位授权点、11个硕士专业学位授权点、14个高校教师攻读硕士学位授权点、5个博士后流动站。博士、硕士点覆盖10个学科门类和31个一级学科。

2011年，新遴选16名博士生指导教师、23名硕士生指导教师和11名风景园林专业学位研究生指导教师。截至2011年底，有中国工程院院士4人，在岗研究生导师574人，其中博士生导师198人，硕士生导师376人。2011年招收研究生1954人（博士生257人，学术型硕士生867人，全日制专业学位硕士生339人，在职人员攻读硕士专业学位研究生491人）。毕业研究生1044人（博士生199人，硕士生845人）。授予学位1229人（博士学位195人，同等学力人员博士学位2人，硕士学位767人，同等学力人员硕士学位3人，高校教师硕士学位1人，全日制专业学位73人，在职专业学位188人），博士后进站35人，出站15人。截至2011年底，在校全日制研究生4101人（博士生928人，硕士生3173人）。留学生36人，在职专业学位研究生1777人，在站博士后86人。

2011年，出台《北京林业大学全日制专业学位研究生培养管理办法（试行）》等7个文件，完成《北京林业大学关于研究生课程学习管理办法》等5个文件的修订。实施研究生招生阳光工程建设、生源拓展、全日制专业学位研究生和新版学术型研究生培养方案、培养环节督导、学位论文学术不端行为检测系统检测、学位论文隐名送审、优秀学位论文评审、研究生学术交流与访学等多项举措，提高研究生培养质量。

2011年，36名教师获北京林业大学2010～2011年度优秀研究生指导教师称号，15名博士生和35名硕士研究生的学位论文被评为校级学年优秀学位论文，1篇论文入选全国优秀博士学位论文，2篇论文获全国优秀博士学位论文提名奖，1篇被评为北京市优秀博士学位论文。1名博士研究生获宝钢优秀学生特等奖学金。3名研究生获“全国林科十佳毕业生”称号，3名研究生获第三届“梁希优秀学子奖”。在全国第七届研究生数学建模竞赛中获得二等奖3名，三等奖6名。园林学院研究生在国际风景园林师联合会(IFLA)国际大学生设计竞赛中获得3项评委会奖。39人在中国风景园林学会大学生设计竞赛中获奖，其中《就山·救山 C+C策略——北京市南窖乡花港村矿山采掘业转型期景观设计探究》获得一等奖，《因药成景，借医构园——广西桂林壮药农业区的中草药园设计》和《金陵寻燕——构建人、燕子与文化共存的绿色空间》获得二等奖，《以水为鉴——借水营境，因韵而生》和《共生互融——源自水稻田机理的生长》获得三等奖。

(孙信丽　张志强)

【研究生招生】

各类研究生招录情况　①博士研究生。2011年共录取博士生257人，其中硕博连读生100人，直博生3人。按录取类别分：委托培养63人(含联合培养1人)，非在职178人，自筹1人，定向15人(含少数民族骨干计划10人，支援西部地区高校定向培养3人，联合培养2人)。②硕士研究生。2011年共3079人报考北京林业大学，比2010年增长129人，增幅4.4%。最终录取1206人，其中学术型硕士生867人，全日制专业学位硕士生339人。录取人数比2010年增加120人，增幅11%。③在职人员攻读硕士学位。共录取在职人员攻读硕士学位491人，比2010年增加105人，增幅27.2%。其中农业推广硕士350人，风景园林硕士118人，工程硕士23人。

研究生招生管理与制度建设　①招生管理。根据招生进程，完成2011年硕士和博士入学考试、阅卷及复试、录取工作；编制2012年硕士、博士招生计划及专业目录，其中生态学、机械工程、环境科学与工程、风景园林学和草学5个学科首次以一级学科进行招生，全日制专业学位硕士旅游管理学科(领域)首次进行招生。完成2011级在职人员攻读硕士专业学位招生计划和招生简章编制工作，其中，工程硕士的计算机技术与林业工程2个领域自动申请暂停招生。因农业推广硕士不再招收专科学历考生，在职研究生总报名人数有所下降，为951人，位居历年报考人数第二。②招生制度改革。2011年4～7月，招生处通过座谈、会议交流，网络信息查询及走访等渠道调研了校内7个学院和校外多所高校，完成了2项招生制度改革，并出台相关规定。其中《北京林业大学研究生招生计划配置试行办法》对优化研究生培养学科结构，合理配置有限的招生指标，推动学科发展、科研成果产出和人才培养有重要意义。《北京林业大学博士生选拔方式改革试点方案》将起到吸引优秀博士生源、提高博士生培养质量的作用。③招生规章制度梳理工作。截至2011年12月底，招生处完成共36篇包含各类型招生管理办法、相关规定的《研究生招生规章制度汇编》的编印工作，全文达6.6余万字。

招生阳光工程建设　①招生环节管理。除对保密室实行全程监控外，2011年首次在研究生招生考务室安装视频监控设备，对招生考试重要环节如制卷、分卷等过程均开启视频监控，杜绝在该环节出现泄题、漏题事件，确保试题安全。②加强复试巡视。由学校纪检监察部门工作人员、学院主管研究生工作的副院长及研究生院工作人员组成巡视小组，对各学科的复试工作进行巡视，及时发现和纠正复试过程中出现的问题，对各学科复试工作进行考评，保证复试工作顺利进行。③公开招生信息，接受社会监督。及时公示研究生复试办法与拟录取名单，公布各级招生监督电话，保证监督渠道畅通。成立校院两级招生工作领导小组，监督各级管理人员正确行使工作职权。④考务管理信息化建设启动。2011年12月，根据国家教育考试标准化考点高校远程电子巡查系统建设要求，成立了由主管校长为组长的系统建设领导小组，统一协调学校相关部门，参加联合招标工程，启动系统建设工作。

生源拓展 ①学术型研究生调剂管理。2011年报考北京林业大学考生数量有小幅增长，但由于学科间生源数量不均衡且上线人数不足，仍需进行调剂录取。调剂学科数从2010年的42个下降到2011年的34个，共计调剂录取124人。②招生宣传。招生处会同各学院分别于2011年6月和9月赴浙江、四川、湖北、陕西、广东参加全国研究生招生现场咨询会。同时，利用学校、研究生院、中国教育在线等网站、《中国绿色时报》以及《北京市考试报》等报刊进行招生宣传。③全日制专业学位研究生。北京林业大学2010年新增的8个硕士专业学位中除旅游管理硕士外，林业硕士、翻译硕士、工商管理硕士、艺术硕士、应用统计硕士、会计硕士、国际商务硕士在2011年首次参与招生，招生人数比2010年增加了161人，涨幅达90.4%。④优秀推免生生源拓展。北京林业大学通过加大"爱林校长奖学金"奖励力度，使接收推免生质量有所提高，2012年录取的推免生中综合排名前5%达到35人，占21.7%，明显高于2011的11人(占7%)。推免生数量小幅度增加，比2011年增加了7人。 (何艺玲 张志强)

【研究生培养】

课程教学 2011年春季计划开设研究生课程315门，停开57门，秋季计划开设301门，停开9门，全年共计划开设课程616门，实际完成550门(其中学术型研究生370门，全日制专业学位研究生70门，2009、2010级在职专业学位研究生110门)。9月，制定《北京林业大学博士研究生英语课程免修管理办法(试行)》(北林研办发〔2011〕14号)，研究生院首次批准64名博士生免修英语一外课程，2名博士生免修俄语一外课程。

培养制度制(修)订 2011年，出台《北京林业大学全日制专业学位研究生培养管理办法(试行)》《北京林业大学全日制专业学位研究生培养方案制定的要求(试行)》《北京林业大学全日制专业学位研究生校外专业实践管理办法(试行)》《北京林业大学全日制专业学位研究生课程建设管理办法(试行)》《北京林业大学全日制专业学位研究生论文开题的有关规定(试行)》《北京林业大学全日制专业学位研究生指导教师管理办法(试行)》《北京林业大学直博生培养的暂行规定》7个文件，完成《北京林业大学关于研究生课程学习管理办法》《北京林业大学关于研究生中期考核的规定》《北京林业大学关于学术型研究生论文开题报告的规定》《北京林业大学博士生培养的基本要求》、《北京林业大学学术型硕士研究生培养的公共要求》5个文件的修订。

培养方案制定与修订 2011年，完成应用统计、国际商务、工商管理、翻译、林业、风景园林、工程、农业推广、艺术等18个全日制专业学位类型或领域的研究生培养方案的制订与修订工作，在培养方式、课程设置、培养环节要求、校外专业实践等方面进行明确规定，突出全日制专业学位应用型人才培养的特点。新修订的培养方案从2011级全日制专业学位研究生开始实施。

培养环节管理 2011年，组织各学院完成934名2009级研究生中期考核、134名博士生综合考试、320名2009级在职专业学位研究生和1036名2010级全日制研究生的学位论文开题报告、1038名2011级研究生培养计划制定等培养环节工作。在2009级研究生中期考核中，质量监控重点跟踪对象6人，批准延期考核60人，优秀、良好、合格率分别为18.2%、46.6%、35.2%。

课程教学与培养环节督导 2011年，4名研究生教育督导共听课116次，督导25个学科150名2010级研究生开题报告，17个学科80余名2009级研究生中期考核。

硕-博连读选拔 2011年3~5月，组织各学院完成17名2009级硕-博连读研究生的博士资格综合考试工作。10~12月，组织2012年度在读硕士生硕-博连读选拔工作。经个人申请、导师推荐、班级评议、学院资格审核、学科考核小组组织答辩和初选、学院审查上报初评名单、研究生院审核等程序，共选拔94名优秀在读硕士生攻读2011年度博士学位，增幅达9.3%。

(王兰珍 张志强)

【研究生学位】

学位申请 ①学位论文隐名送审。2011年，对201名通过答辩资格审查的博士生的学位论文实行了隐名送审，博士学位论文的送审工作由研究生院负责。信息学院、外语学院、经管学院的管理科学与工程、国际贸易学、农村与区域发展专业的硕士研究生的学位论文全部实行隐名送审，其他学院和学科的硕士学位论文继续采用30%的比例随机抽取的方法确定。2011年，共完成了对1092名硕士研究生学位论文送审工作，其中包括769名学术型硕士生，4名同等学力硕士生，73名全日制专业学位硕士生和246名在职专业学位硕士生。②学位论文学术不端行为检测。2011年，对201名博士研究生和773名学术型硕士研究生和同等学力申请硕士学位人员的学位论文在隐名送审前和答辩后进行了2次学位论文学术不端行为检测，检测次数共计2000余次。③同等学力人员学位申请资格审核。3～5月，完成23名同等学力人员申请硕士学位外语和专业综合考试报名以及2名同等学力申请博士学位人员的资格审核并安排课程学习。12月启用"全国同等学力人员申请硕士学位管理工作信息平台"，发布6个学科信息。

制度建设 2011年5月，完成了北京林业大学第七届学位评定委员会的换届工作，5月12日召开第七届学位评定委员会第一次会议，校长介绍了新一届学位评定委员会产生的办法，宣布了第七届校学位评定委员会名单，对新一届校学位评定委员会的工作重点进行了部署，强调新一届学位评定委员会要在《国家中长期教育改革和发展规划纲要》的引领下，在加强学科建设、调整研究生培养类型结构、进一步提高研究生培养和学位授予质量、实现研究生培养和学位授予分类指导、创新学位评定委员会运行机制等方面发挥重要作用；研究生院常务副院长代表第六届学位评定委员会做了简要总结，回顾了上一届校学位评定委员会7年来在学位授予与审核、学科建设与人才培养、质量监控与制度建设等方面开展的工作和取得的成绩；并讨论通过了《北京林业大学风景园林硕士专业学位研究生导师遴选(聘任)办法》。12月，修订编印了《北京林业大学研究生导师手册》和《北京林业大学专业学位研究生教育手册》，对规范研究生的培养具有重要意义，为导师对研究生的管理和指导提供了更加明确的依据。

学位授予 2011年，组织召开了3次校学位评定委员会，会议讨论研究生学位授予问题，共授予研究生学位1289人(博士学位195人、同等学力人员博士学位2人、学术型硕士学位769人、同等学力人员硕士学位4人、农业推广硕士专业学位182人、风景园林硕士专业学位117人、工程硕士专业学位20人)，其中，全日制专业学位硕士为第一年开始授予学位，学位授予数量比2010年同期增长11.3%。审核表决通过草学、生态学、风景园林学等3个博士学位一级授权点，城乡规划学、建筑学、统计学、软件工程、设计学等5个硕士学位授权一级学科点的对应调整材料；审议通过了《北京林业大学学位评定委员会章程(试行)》等管理规章制度；4月批准成立理学院学位评定分委员会；讨论通过了《北京林业大学关于处理研究生学术不端行为的试行办法》《北京林业大学研究生学位论文学术不端行为检测工作实施办法》《北京林业大学研究生毕业答辩管理暂行规定(征求意见稿)》等管理规章制度。

导师队伍建设 12月16～17日召开2011年研究生导师培训会，对2010年和2011年新遴选的123名研究生导师进行了业务培训；2011年审批和聘任研究生副导师22人次。6月7日，召开研究生指导教师遴选会，遴选16名博士生指导教师和23名硕士生指导教师，6月25日，遴选11名风景园林硕士专业学位研究生指导教师。

优秀论文遴选 2011年6月，第三届全国农业推广硕士优秀学位论文评选结果公布，我校张志毅教授指导的研究生陈乃明的论文《桉树优良无性系选择及快繁技术研究》获奖。8月，北京林业大学森林培育学科博士生马洪双(导师：尹伟伦)的学位论文《胡杨在盐胁迫下差异表达基因的筛选以及胡杨PeSCL7基因功能分析》被评为2011年北京市优秀博士学位论文。11月，林木遗传育种学科博士生王君的学位论文《青杨派树种多倍体诱导技术研究》入选全国优秀博士学位论文。2010～2011学年共评选出15篇优秀博士学位论文、25篇优秀硕士学位论文、36名优秀研究生指导教师，并对优秀博士学位论文作者和导师各奖励1000元，优秀硕士学位论文作者和导师各奖励800元。 (王国柱　张志强)

【研究生教育创新】

研究生创新人才培养建设 2011年，依托"211工程"三期"研究生创新人才培养建设计划"，开展3项研究生教育创新工作。①研究生教育资源开发工程。立项建设42个研究生重点课程教学创新项目，其中，研究生核心课程教学改革项目36个，研究生教学实验室建设项目3个，研究生教育管理研究项目3个。申报112个学科前沿性专题讲座课程项目，组织国内外90名知名专家为研究生进行专题讲座授课。②精英研究生培养体系。12月10日，在第二届青年学术年会上受"研究生科技创新专项计划项目"资助的自然保护区学董必成发表的论文获得二等奖，受"研究生科技创新专项计划项目"资助的13名研究生人均发表SCI论文2篇。入选全国优秀博士学位论文1篇，全国优秀博士学位论文提名2篇，全国农业推广优秀硕士论文1篇、北京市优秀博士论文1篇，并获北京市优秀博士论文资助50万元，出版优秀博士论文丛书2部。③研究生学术交流和访学工程。组织3批120个"研究生国内外学术交流项目"申报工作，获批102个，实际资助89个，其中资助研究生参加境外国际学术会议20人次，境内学术会议69人次，资助金额累计达47.6万元。研究生参加大会主题发言4人次、分会场报告42人次、论文(设计)张贴28人次。研究生发表会议论文36篇，发表会议论文摘要41篇。研究生院会同国际交流与合作处组织完成国家留学基金委"2011年国家建设高水平大学公派研究生项目"26名研究生的选拔申请，获资助研究生23人，其中博士研究生10人，联合培养博士研究生13人。

产学研与国内外联合研究生培养 ①教育研究。2011年1月23日，学位与培养处与高教研究室共同承担教育部研究生教育创新计划项目"产学研联合及国内外联合培养研究生若干问题研究"成功通过北京市教委组织的专家组验收。②产学研联合培养研究生基地建设。2011年，基地建设进展顺利，完成北京城市绿化体系功能与合理布局研究，提交研究报告及相关图件；完成北京城市绿化优质植物材料繁育技术研究，建立北方干旱、半干旱抗旱树种种质资源示范基地，形成节水节肥苗木培育水肥优化管理技术体系等；完成北京生态公益林抚育改造技术及可持续经营模式研究；系统评价北京山区侧柏、油松生态公益林抚育效果，全面达到考核指标；优化集成16套公益林抚育技术模式并进行了推广应用133万平方米。基地研究生年内共发表论文16篇，其中SCI收录2篇。

林业硕士专业学位 2011年3月16日，国务院学位委员会办公室批准将全国林业专业学位研究生教育指导委员会秘书处挂靠在北京林业大学，负责全国林业专业学位研究生教育指导委员会(以下简称"林业硕士教指委")的日常工作。3月，正式开通林业硕士教育指导委员会网站。3月18日，全国金融等29个专业学位研究生教育指导委员会成立会议在北京召开，林业硕士教指委正式成立并召开第一次全体会议，14名委员出席会议。主任委员、国家林业局副局长张永利会上对林业专业学位研究生教育指导委员会的工作开展提出了希望和要求：既要深化认识，统一思想，准确把握专业学位研究生教育的方向和要求，又要解放思想，突出特色，加强研究，勇于创新，积极探索林业硕士的培养机制。与会委员们对《全国专业学位研究生教育指导委员会章程》《全国林业专业学位研究生教育指导委员会工作规则》《林业硕士专业学位研究生指导性培养方案》等文件和林业硕士专业学位与职业资格衔接等议题进行了讨论，审议了《全国林业专业学位研究生教育指导委员会工作规划》及《2011年工作要点》。

11月10日，北京林业大学承办的首届全国林业专业学位研究生教育工作研讨会在北京举行，会议主题"研讨我国林业硕士专业学位发展模式，指导、规范各培养单位的林业硕士培养方案，推动林业硕士专业学位建设与发展"。11名委员和来自16个培养单位的60多名代表参加了会议，主任委员、国家林业局副局长张永利在开幕式上发表了重要讲话，希望培养单位能够贯彻国务院学位办设立该专业学位类型的目的和思想，做好林业专业学位研究生教育工作。国务院学位办专业学位处黄宝印介绍专业学位设置的背景和定位，指出培养单位应切实做好观念的转变，通过培养模式和管理机制的转变做好专业学位研究生教育工作。

全日制专业学位研究生教育建设项目 2011年5月，启动全日制专业学位研究生教育建设项目。经过学院组织申报、专家组评审，在10个学院共设立16个项目，每个项目资助10万～13万元，建设周期为2年。项目围绕培养方案与课程体系建设、专业实践基地建设、师资队伍建设、学位论文质量建设、评估机制建设等开展工作。

专业学位教育综合改革试点 2011年8月8日，北京林业大学作为组长单位的教育部涉农专业学位研究生教育综合改革试点单位协作组会议在石河子大学召开，与会代表分别就本校专业学位研究生教育综合改革试点工作阶段性进展进行了汇报，并围绕专业学位研究生培养模式、研究生培养机制改革、校外基地建设等热点问题进行研讨。来自中国农业大学、上海海洋大学、中国农业大学等6所试点单位共30多位代表参加会议。

2011年，北京林业大学风景园林硕士专业学位教育综合改革工作围绕全国专业学位研究生教育综合改革试点工作会议和《关于实施专业学位研究生教育综合改革试点工作的指导意见》文件精神，在教育教学规律和机制研究、培养方案与课程体系优化、师资结构和导师机制优化、研究生考核与评价体系建设、教育管理体制改革方面开展一系列工作。 （王兰珍 张志强）

【研究生党建与思想政治】

党建工作 2011年，开展以“学党史、知党情、跟党走”为主题的各类宣传教育活动。3～9月，组织研究生党支部开展“十佳党建特色工作”创建活动，9个研究生党支部获得“十佳党建特色工作”称号；4～7月，在研究生群体中开展以“学党史，知党情，报党恩，跟党走，铸党魂”为主题的“红短信、红段子、红视频”征集活动，收到全校研究生作品共千余份。5月，组织研究生党员骨干开展“纪念建党90周年——走进卢沟桥”活动，强化研究生党员骨干责任意识。5～11月，组织研究生党支部开展红色“1+1”活动，18个研究生党支部与京郊农村党支部进行共建并开展服务活动。5月，选派研究生2人参加北京市研究生党员骨干培训学校第四期（清华）培训班；6月，举办“星火相传，继往开来——迎接建党90周年座谈会”，邀请人文学院教授做“追寻领袖成长足迹，成为社会优秀人才”讲座。10月，举办2011级研究生新生党支部书记培训会，对全校40个新生党支部的党支部书记进行培训，培训内容为党务知识及如何做一名合格的党支部书记，并组织户外素质拓展训练；10～11月，举办全校研究生骨干培训班，为校院两级研究生会、研究生党支部、研究生基层班级、学业辅导员办公室、研究生助管办公室的400余名学生干部进行培训，举办“成长之路与青年使命”研究生干部论坛；12月，2名第15届研究生委员会主席分别参加中国大学生骨干培养学校第四期培训班结业式、第五期培训班开班式。

思想政治教育 总结凝练“四位一体 四轮驱动”的研究生思想政治教育新体系，开展系列教育活动。3月，召开北京林业大学2011年研究生学生工作会议，副校长姜恩来出席会议并讲话，会议确定2011年研究生思想政治教育六大重点工作。3～12月，组织多场研究生形势政策报告会，邀请俄罗斯莫斯科大学副教授王晓伟、外交学院肖洋博士等来校主讲国际形势。4～12月，在研究生群体中开展“知国情，体民情，察林情”主题教育活动，全年共举办主题讲座30余场，特色实践活动数十场。4月，组织研究生集体学习《胡锦涛在庆祝清华大学建校100周年大会上的讲话》，并组织系列学习和交流活动。4月，创办《北京林业大学研究生网络舆情动态》，每周发布一期，全年发布27期。5～6月，先后3次召开北京林业大学加强研究生思想政治教育座谈会，分别邀请各学院主管研究生工作的副书记和辅导员、研究生导师及研究生代表，共同探讨研究生思想政治教育工作，就研究生思想政治教育具体内容和方法模式、和谐师生关系、心理健康教育、党班团建设、就业服务等10个方面问题展开讨论。6月，正式实施“北京林业大学选拔优秀研究生担任本科新生学业辅导员”制度，首批42名优秀生受聘学业辅导员并于9月正式上岗工作。12月，在北京林业大学2011年导师培训会上，研工部部长为2011年新遴选的博士生导师和硕士生导师做题为“研究生日常管理与导师”的专题培训。12月，研工部作为主要发起单位和副主任委员单位参与组织第一届全国农林院校研究生管理工作研讨会，研工部部长应邀为大会做《四位一体 四轮驱动 全面构建研究生思想政治教育新体系》的主题报告。

心理健康教育 对2011级1450名研究生新生开展心理测评工作，为每一名研究生新生建立心理健康档案；4～12月，以“女研究生成长与就业”为工作重点，开展女研究生心理健康教育，携手女教授协会举办女教授与女研究生系列座谈及联谊活动；邀请国内外知名心理学专家来校讲座，开展“阳光心态 幸福生活”“关注健康 关爱生命”等主题教育活动；依托人文学院心理系对研究生群体开展“人际关系交往”“消除拖延症”等团体辅导活动。

思想状况调查 第六年开展全校研究生基本情况调查，本次调查采用网络调查方式，对719名研究生进行调查，加强对研究生生活、思想、心理、就业等情况的调研与了解，撰写《2011年北京林业大学研究生现状调查报告》，调查内容主要包括个人价值观、关注问题、读研收获、读研动机及满意度、心理压力等5方面。调研结果形成专项调研报告，准确反映研究生群体的思想状况，为开展研究生教育管理工作提供科学依据。

入学及毕业离校教育 以“文明离校、感恩离校”为主题，开展毕业生离校系列教育活动。校研究生会向全校2011届毕业研究生发出倡议，号召广大毕业生文明离校，感恩离校；举办校级、院级欢送毕业生晚会；6月29日，举行2011届研究生毕业典礼暨学位授予仪式，校党委书记吴斌、校长宋维明为毕业生寄语留念。

9月，组织2011级研究生新生入学教育，研究生院、保卫处、科研处、研工部相关负责人分别为研究生新生开展学位培养、科研现状、安全保卫、日常管理等方面的专题教育；各学院分别开展以专题教育讲座、导师座谈会、新生见面会、安全知识讲座、校史参观学习等为主要内容的研究生入学教育。

思想政治教育研究 2011年，研工部承担首都大学生思想政治教育课题1个，承担校级学生思想政治教育课题2个，发表研究生党建及思想政治教育类文章5篇；研工部主持的2010年北京高校毕业生就业工作重点研究课题《研究生就业课程体系建设研究》获北京市高等教育学会毕业生就业研究会“就业研究成果”二等奖，8篇论文获得“第一届全国农林院校研究生管理工作研讨会优秀论文奖”。 （林龙圳　孙信丽）

【研究生就业】 2011年，毕业研究生总数1039人，其中博士193人，科学硕士773人，专业硕士73人。截至2011年9月1日，签约857人，其中有9名毕业生参加“科研项目助理”工作，23名毕业生参与北京基层就业项目；107名毕业生志愿到西部地区工作。研究生就业率为98.6%，超过北京市研究生就业率的平均水平。

加强就业指导与服务 根据学生专业及特点有针对性地提供就业咨询与服务，在全校范围内开设研究生就业指导课，首次将就业课程纳入到研究生教学计划中，在剖析就业问题、解读就业政策等方面为学生提供全方位、多层次、高水准、广覆盖的就业教育。同时，学校拨专款对困难学生进行了经济帮扶，特别是对积极就业的困难群体毕业生给予一定的经济支持，对就业困难毕业生提供“一对一”的就业指导。

搭建信息服务平台 完善就业信息网络建设，利用网络，为毕业生提供真实快捷的信息服务。2011年，为毕业生提供有效就业信息共7000余条，发布就业短信1万余条，出版电子就业简报5期，就业数据报表20期。升级改版了学校研究生就业管理信息系统(网络版)，完成了与教委数据平台的充分对接。

注重就业队伍建设 完善校、院二级管理制度，各学院均配备1名专职(兼职)就业指导教师。组织就业工作的指导教师参加教育部、人事部、市教委组织的就业人员专业化培训累计15人次，1名就业专职人员考取了《国家高级职业指导师》，提升了就业工作人员业务水平和工作能力。 （徐　伟　孙信丽）

【研究生学生管理】

研究生评优工作 5～6月，开展2011年“北京地区优秀研究生毕业生”评选工作，共评选出35名优秀毕业生。9～11月，开展2010～2011学年研究生奖学金评定工作，共评出研究生先进班集体17个；优秀班主任16人；学业奖学金获得者1819人，其中，硕士一等奖学金获得者893人，硕士二等奖学金获得者676人；博士学业奖学金获得者250人；优秀奖学金获得者511人，其中，优秀研究生110人，学术创新奖获得者159人，优秀研究生干部230人，研究生特别奖12人。此外，140人获得2011年度“爱林”校长奖学金。2011年，各类奖学金总额1228.97万元。9～11月，组织开展2011年宝钢优秀学生特等奖学金推荐评选工作，我校2010级博士研究生袁同琦获得该奖项。10～11月，组织开展“北美枫情杯——2012届全国林科十佳毕业生”评选工作，材料学院硕士研究生刘毅获得“十佳毕业生”称号，另有8名研究生获得“优秀毕业生”称号。

研究生特困资助工作 第二批研究生特困补助专项经费正式发放，219名家庭困难研究生获得冬衣补助和临时补助，资助总额8.49万元。此外，51名研究生获得一次性困难补助，资助总额1.02万元。组织校院两级研究生会为环境学院研究生癌症患者王佳募捐，共募得善款7.5万元。

学生医疗保险 2011年，共为505名2008级和2009级研究生办理续保，为305名研究生新生办理保险，学校总计为在校研究生支付保险经费8.1万元。

少数民族学生工作 2011年为全校在职的少数民族骨干计划博士生统一办理北京市学生儿童大病医疗保险，解决其异地就医问题；12月，召开北京林业大学少数民族骨干计划研究生迎新春座谈会，并发放电话卡。

博士生挂职锻炼 2月，召开博士挂职锻炼座谈会，邀请2010年参加挂职锻炼归来的5名博士生座谈挂职体会，并为学校挂职锻炼工作建言献策。5月，组织开展2011年博士生挂职锻炼报名工作，7名博士生分别被选聘到北京市规划委等单位参加为期半年的挂职锻炼。

（林龙圳　孙信丽）

【研究生“三助”工作】 2011年9月，成立研究生助管办公室，办公室接受研工部领导，办公室成员从2011级研究生助管中选聘，主要职责为协助研工部负责全校研究生助管的招聘、培训、管理、考核和日常津贴发放等工作。

进一步扩大助管、助教工作覆盖面。2011年，共设置165个助教及助管岗位，比2010年新增了15个工作岗位，其中研究生助教岗位90个，助管岗位75个。2011年，共发放研究生助管及助教津贴1750人次，总金额52.5万元；发放助研津贴6854人次，总金额324.6万余元。

（林龙圳　孙信丽）

【研究生共青团工作】

社会实践与志愿服务 2011年，结合研究生学科特色和专业特长，开展主题社会实践和志愿服务活动。3月，组织研究生志愿者，参与第七届国际绿色建筑与建筑节能大会志愿服务工作，负责接待国内外来宾并配合专家进行相关演讲。7月，组织海峡西岸发展研究会暑期社会实践服务团赴福建三明开展调研活动，主要调研三明市生物医药产业发展状况。调研期间还与三明市相关政府部门举行座谈会，了解三明市高层次人才引进政策、林业发展等情况，本次活动获得2011年北京市大学生社会实践优秀团队和优秀成果奖两项奖励。并在《中国绿色时报》等媒体上进行了5次相关报道。9月，开展研究生新生迎新志愿服务行动。

学术科技创新活动 2011年，继续以“学术育人”为中心，举办各类学术文化活动，营造校园学术文化氛围。继续推进研究生校级学术科技活动立项，全年共立项45个，举办院士讲堂1期，名家访谈16期，新锐论坛12期，博士讲坛5期，就业创业论坛5期，海西讲堂6期。2011年，出版学术信息周报36期，举办各类学术活动300余场。9月，组织2011级博士研究生和硕士研究生，参加由中国科协和教育部在人民大会堂举办的首都高校“科学道德和学风建设宣讲教育活动”报告会，师昌绪、袁隆平、杨乐3位院士分别为大会做了报告。11～12月，举办第16届研究生学术文化节，期间共举办高质量学术讲座及活动120余场，其中“院士讲堂”1期，邀请中国工程院沈国舫院士讲解“我国生物碳增汇减排战略探讨”；名家访谈4期，分别邀请校党委书记吴斌教授，校长宋维明教授，中科院王德华教授等知名专家与研究生面对面交流，深入探讨学术及科学前沿问题。

学术科技竞赛获奖情况 2011年，学校1支研究生队伍获全国“挑战杯”大学生创业计划竞赛三等奖；1支研究生队伍获第八届全国高校研究生数学建模竞赛二等奖，2支队伍获得三等奖；3支研究生队伍获IFLA国际风景园林设计大赛评委会奖；10支研究生队伍在中日韩大学生风景园林设计大赛中包揽比赛一、二、三等奖；1 支研究生队伍获得北京市"挑战杯"金奖；1 支研究生队伍获得首届海峡两岸电子商务竞赛三等奖；1 支研究生队伍获得"首届中国（辽宁）青年科技创新创业大赛"一等奖；1 名研究生获得北京市研究生英语演讲比赛第二名。在我校第二届青年学术年会上，共有 65 篇优秀研究生论文入选参加年会，其中 2 篇论文获得优秀论文二等奖，4 篇获得三等奖。

研究生会与社团活动 2011 年 11 月，召开第 16 次研究生代表大会，完成校研究生会的换届改选工作，工学院 2010 级硕士研究生刘凯当选校研究生会主席；进行研究生会机构改革，新成立人力资源中心、青年发展研究中心和外联中心等部门，继续完善服务领域；实施学习型研究生会建设工程，组织各级各类研究生骨干自主开展各类主题学习活动；运用 360 度绩效考核体系，构建适用于校研会成员的绩效考核指标。成立我校首个以博士、硕士研究生为主体的学术性社团组织北京林业大学海峡西岸发展研究会，探索学术型研究生社团的管理运行新模式。

举办第四届研究生风采大赛、第四届研究生辩论赛和第四届研究生英语演讲比赛；举办研究生春季乒乓球赛、夏季篮球赛、秋季羽毛球赛、冬季趣味运动会等四大传统品牌赛事。

2011 年，共出版印发《北林研究生》9 期，《北林研究生》代表北京林业大学研究生媒体参加由教育部学位与研究生教育发展中心主办的"中国研究生媒体联席会议(2011)"，其专栏"北林人物"获"研究生校园媒体优秀栏目提名奖"。

（林龙圳　孙信丽）

【研究生管理创新工作】 首次推出学业辅导员制度。整合学校教育资源和智力优势，首批选拔 42 名优秀研究生担任 2011 级本科新生学业辅导员，为本科新生进行学业辅导，帮助本科新生尽快适应大学生活，提早进入学习状态和明确学习目标；同时拓宽研究生实践渠道，开拓研究生锻炼能力新平台，促进研究生自身能力和价值的提升，实现"本研"双向互动共赢。《科学时报》《中国绿色时报》等多家媒体对这一举措进行了报道。

创建研究生就业指导课程体系。2011 年首次面对全校研究生开设就业专题讲座公共选修课，系统地把教育引导和职业生涯辅导有机结合起来，帮助研究生树立正确的就业观，提早做好自身的职业生涯规划，增强了研究生的就业竞争力。

（林龙圳　孙信丽）

【博士后工作】

博士后流动站评估 2011 年 9 月 19 日至 12 月 31 日，根据人力资源社会保障部和全国博士后管理委员会"关于开展 2011 年度博士后新设站评估工作的通知"（博管办[2011]83 号），"建筑学"博士后流动站参加评估。评估结果 2012 年公布。

进出站人员情况 2011 年进站博士后 35 人，其中林学站 12 人（占 34.3%），生物学站 6 人，农林经济管理站 7 人，林业工程站 8 人，建筑学 2 人。出站博士后 15 人，其中林学站 6 人，生物学站 3 人，林业工程站 3 人，农林经济管理站 2 人。截至 2011 年底，在站博士后共 86 人。

2011 年博士后进站情况一览表

序号	博士后	编号	合作导师	流动站	所在二级学科
1	张玉波	91959	胡德夫	林学	野生动植物保护
2	万鲁河	91960	冯仲科	林业工程	林业装备工程
3	冯长红	92439	刘俊昌	农林经济管理	林业经济管理
4	鲜骏仁	93904	查天山	林学	水土保持与荒漠化防治
5	庞新生	94759	宋维明	农林经济管理	林业经济
6	白惠峰	94808	陈建成	农林经济管理	林业经济管理
7	刘春兴	95527	李俊清	生物学	生态学
8	郑一力	95529	刘晋浩	林业工程	林业装备工程

（续）

序号	博士后	编号	合作导师	流动站	所在二级学科
9	钟林新	105726	孙润仓	林业工程	木材科学与技术
10	彭锋	105730	许凤	林业工程	木材科学与技术
11	聂森	105725	温亚利	农林经济管理	林业经济管理
12	刘宪钊	105732	马履一	林学	森林培育
13	桑子阳	105728	沈应柏	生物学	植物学
14	郑嫦娥	105734	刘晋浩	林业工程	森林工程
15	闫磊	105744	刘晋浩	林业工程	森林工程
16	王顺利	107961	王建中	生物学	生物资源利用方向
17	程瑾	108056	张启翔	林学	园林植物与观赏园艺
18	洪霞芳	109121	郑小贤	林学	森林经理学
19	张占贞	110067	刘俊昌	农林经济管理	林业经济与管理
20	刘凤芹	111106	温亚利	农林经济管理	林业经济管理
21	李颖超	110306	胡德夫	林学	野生动植物保护与利用
22	陈锋军	110307	李文彬	林业工程	森林工程
23	端木山	110515	李雄	建筑学	城市规划与设计
24	凌宇	111324	林金星	生物学	植物学
25	朵海瑞	111417	雷光春	林学	自然保护区学
26	艾琳	111776	李俊清	生物学	生态学
27	邵隽	111781	李雄	建筑	城市规划
28	杨一松	111367	朱清科	林学	水土保持与荒漠化防治
29	齐飞	111577	香江学者	林学	香江学者计划项目
30	薛鹏丽	108106	程言君/孙德智	林学	生态环境工程
31	刘慧	108424	秦升益/孙保平	林学	水保
32	刘艳萍	108687	朱延林/康向阳	林学	林木遗传育种
33	牛梅红	109489	程志伟/蒲俊文	林业工程	林产化学加工
34	方显瑞	110182	武菊英/孙建新	生物学	生态学
35	杨自立	110621	顾慈阳/温亚利	农林经济管理	林业经济管理

基金申报 3月，组织申报第49批中国博士后科学基金面上资助，共申报项目11个。6月，获批4个（入围率36.4%），3个隶属于林学流动站，1个隶属于林业工程流动站，均为二等资助。4月，组织申报中国博士后科学基金第4批特别资助，申报项目4个，获批1个（入围率25%）。11月，组织申报第50批中国博士后科学基金面上资助，共申报项目8个。12月，获批3个（入围率37.5%），林业工程分别获得一、二等资助各1个，法学获得二等资助1个。2011年申报的3批博士后基金的入围率均超过全国农林院校平均水平（23%）。

2011 年获第 49 批博士后科学基金面上资助情况一览表

编号	姓名	流动站	申报项目	资助等级	合作导师
20110490291	关海玲	林学	森林多功能利用及效益评价研究	二等	孙玉军
20110490292	夏富才	林学	长白山温带落叶阔叶林草本植物繁殖对策研究	二等	彭道黎
20110490293	赵嘉平	林学	普氏野马 6 种寄生胃蝇对体内外环境的适应进化研究	二等	骆有庆
20110490294	王　波	林业工程	多酸基离子液体中高酸值油脂直接转化生物柴油的研究	二等	孙润仓

2011 年获第 4 批中国博士后科学基金特别资助情况一览表

编号	姓名	学科	申报项目	资助等级	合作导师
201104059	张　东	林　学	普氏野马 6 种寄生胃蝇对体内外环境的适应进化研究	特别资助	胡德夫

2011 年获第 50 批博士后科学基金面上资助情况一览表

编号	姓名	流动站	申报项目	资助等级	合作导师
2011M500009	郑一力	林业工程	面向联合采伐作业的立木三维激光测量方法	一等	刘晋浩
2011M500249	赵　强	林业工程	提高造纸废水可生化性途径及机理研究	二等	孙德智
2011M500248	刘春兴	法学	法律起源的进化生物学解释	二等	李俊清

博士后管理　10 月，流动站管理办公室经过调研，为全部计划内和部分计划外博士后首次办理大病医疗、意外伤害及交通意外 3 个保险，博士后医疗、保险等未落实的问题得以解决。

科研成果　2011 年度，在站博士后发表 SCI 论文 18 篇，占全校当年 SCI 论文总数(171 篇)的 11%，发表 EI 论文 3 篇，占全校 EI 论文数(23 篇)的 13%；另外，曾经在北京林业大学流动站有过博士后经历并留校的教师本年度发表 SCI 论文 34 篇，二者合计 52 篇。其中，在站博士后马明国以第一作者或通讯作者发表 8 篇 SCI 论文，赵曦阳在 *Briefings in Bioinformatics* 发表 1 篇影响因子 9.283 的文章，格外引人关注。林学流动站的齐飞还荣膺 2011 年度“香江学者计划”。农林经济管理学博士后孔凡斌获批享受 2010 年国务院政府特殊津贴和入选教育部“新世纪优秀人才支持计划”。

博士后学术交流和联谊会活动　3 月，中非科技伙伴计划“接收非洲国家科研人员来华开展博士后研究”正式启动。12 月 23 日，北京林业大学 2011 年博士后年会在北京红色经典主题餐厅召开。会议审议通过博士后联谊会换届等事宜，并将博士后管理人员工作移交至人事处。

（李　凯　张志强）

【研究生教育活动与成果】

特色教育活动　①2011 年 3 月 10 日和 17 日及 11 月 15 日，研究生院与图书馆联合举办 3 场“SCI”特色培训。材料学院孙润仓教授、自然保护区学院刘俊国教授、图书馆赵世华教授以及经管学院曹世雄教授分别进行“高质量论文的撰写”“如何写 SCI 论文”“SCI 数据库检索与利用”“SCI 论文写作与投稿中的一些细节问题”专题报告，共有 1000 余名研究生和教师参加培训。②12 月 16 日和 17 日，研究生院组织召开 2011 年研究生导师培训会，教育部学生司研究生招生处处长李强、校长宋维明教授等领导应邀出席并为大会做了主题报告。研究生院招生处、学位处、培养处相关负责人分别就研究生招生、培养、学位等具体环节的工作展开了业务知识培训。北京林业大学2010、2011年新遴选的123名博士生导师、硕士生导师、专业学位研究生导师及相关部门负责人参加了本次培训。通过特邀报告、业务知识培训等环节，为新聘任研究生导师迅速适应导师角色奠定了坚实基础。

教育成果奖励 ①2011年5月，1人获"2010年度北京地区学位授予信息报送工作先进个人"称号；12月，被评为"2011年全国学位与研究生教育信息工作先进工作者"。②5月，北京林业大学10篇论文在第七届优秀北京高教学会研究生教育研究会第七届优秀高等教育论文评选活动中获奖，占获奖总数的8.7%，其中1篇论文获一等奖，2篇论文获二等奖，3篇论文获三等奖。（王兰珍　张志强）

继续教育学院

【概　况】 北京林业大学继续教育学院（School of Continuing Education）成立于1991年3月，原名成人教育学院。2008年12月更名为继续教育学院。拥有函授、业余、自考、专业硕士和国际硕士等多种教育办学形式，并积极发展现代远程教育。学院有高中起点专科、高中起点本科、专科升本科和硕士研究生在内的多种培养层次。承担国家林业局自学考试管理中心林业行业自学考试、国家林业局干部岗位培训和工人考核培训等任务，举办林业行业技术培训、职业资格培训和技能培训。下设综合办公室、成人教育分院、网络教育分院和培训分院；其中，成人教育分院下设招生与学籍办公室、夜大教学部、函授教学部和研究生管理办公室等。

2011年，学院共有员工25人，其中正式员工18人，合同制聘用员工7人。其中大学本科以上学历18人，党员17人。新建北京林业大学湖南株洲函授站，学校京外函授站点达到25个，分布在天津、山西、吉林、浙江、福建、山东、河北、河南、广西、甘肃、西藏、内蒙古、江西、四川、新疆、云南、广东、上海、宁夏、黑龙江和湖南等全国21个省（自治区、直辖市）。在北京市设立校本部夜大教学部、军博夜大教学部、南城夜大教学部、房山夜大教学部、昌平夜大教学部共5个夜大教学部。在学校西山鹫峰实验林场和中关村学院一分院设立全日制教学基地2个。

2011年，学校继续教育学历教育工作稳步发展，教学质量继续提高；培训市场得到拓展；远程教育成果丰硕；国际教育稳步发展；内部管理有所加强；党建工作进一步规范化。9月，顺利举办北京林业大学继续教育创办55周年庆典活动。（王铭子　管凤仙）

【党建和思想政治】 2011年学院党总支在55周年院庆、培训中心业务拓展、各类合作办学、学院债权债务处理、课题研究、全体学生安全和思想稳定以及学院的重要决定出台等方面，发挥重要作用并为其顺利实施提供保证。

加强基层党组织建设和制度建设，全年如期转正外聘教工党员3名。组织落实完成学校第十二次党代会的三上和三下选举工作。组织教工党员完成海淀区人大代表和十八大代表的选举工作。开展纪念建党90周年"九个一"系列活动，联合信息中心党支部、机关第三党支部等党组织开展多种寓教于乐的支部特色活动。

（李淑艳　管凤仙）

【继续教育招生与学籍管理】

招生 2011年，学校投放招生计划4988名，比去年增加488名，增长率接近10.84%。根据生源需求，我校在录取前期向教育部申请追加招生计划并获批。2011年底，全国25个函授分院（站）和5个夜大教学部共录取新生4827人，其中，函授2601人，夜大学2226人 。

（张天祜　管凤仙）

学籍管理 落实教育部、北京市教委关于学籍和学位管理数字化、网络化的要求，维护使用北京市、教育部学籍学历信息管理数据平台和学位授予信息上报系统及北京高等学校继续教育状态数据平台4个软件系统。2011年学院共有

3161名学生达到毕业资格，其中按照学历层次分类，高起本48人、专升本1638人、高起专1475人；按照学习形式分类，脱产毕业生44人、业余毕业生803人，函授毕业生2314人，并上报教育部高校学生司进行电子注册。共办理夜大、函授500余名学生的休学、复学、退学、转学、转专业等手续。完成2011学年学院560名学生学位授予信息上报工作。

（王立娟　管凤仙）

【函授教育】　2011年，新建北京林业大学湖南株洲函授站，学校京外函授站点达到25个。重新修订所有函授专业的教学计划，其中专科13个专业，专升本13个专业，高起本6个专业，共32个函授专业。9月，召开2011年北京林业大学继续教育工作会议，明确提出“强化服务、调整结构、彰显特色、打造品牌”的办学思路，继续深化教育教学改革，提高质量和办学层次。10月和12月，分别完成会计学专业和园林专业学位论文指导课件的录制工作，为下一步远程课件的推广积累经验。12月，连续第八年组织来自11个分院、函授站论文送审合格的100余名函授本科毕业生进行毕业论文集体答辩。

（丁昱　管凤仙）

【自学考试管理】　负责在北京地区主考的林业生态环境管理专科、林业生态环境工程与管理（独立本科段）、园林专科和园林（独立本科段）共4个专业主考工作。2011年，承担笔试25门课程760份阅卷任务。完成非笔试课程考试，生产实践（三）6科次、园林美术36课次考试组考工作。完成16课程145科次实践环节考核工作及成绩录入工作。完成林业生态环境管理专业专科3人综合实践考核。完成12人毕业论文指导及4人论文答辩工作。推荐44位教师参加22门课命题工作。完成毕业生审核及证书验印工作。完成4门课程教材更换及新版本大纲的编写工作。2011年学校自考有4人获得学位，22人拿到毕业证书，其中专科10人，本科12人。12月获2011年北京市高等教育自学考试一等奖。

（吴丽君　管凤仙）

【现代远程教育】　2011年，“北京林业大学现代远程教育中心网站”和“北京林业大学现代远程教育网络教学平台”正式上线，开始为北京林业大学夜大学提供视频课程和讲座服务，实现夜大教学网络化。3月，完成“北京林业大学成人教育学院教务管理系统”3.0版本的开发，同期上线使用。4月，远程教育第二期简报以“整合资源，突出特色，扎实有效地做好数字化学习资源开放”为主题制作发放。7月，“北京林业大学数字化教学资源开放平台”建成并投入使用，该平台共设有精品课程、学术讲座、林业政策、职业培训和师生互动等栏目，网站设计突出实用性，内容明了，操作简单，整合制作各类讲座和课程200多门，全部在网站上开放。7月，完成教育部“普通高等学校继续教育数字化教学资源开放联盟”网站建设并上线运行，制作7门具有学校特色的视频公开课。参加学校网络建设立项，其中“北京林业大学数字化教学资源的开放与制作”成功立项。11月，参加中国国际远程教育“问道数字化学习未来信息技术与教育的融合创新”主题大会。12月底，首次亮相“全国继续教育数字化学习资源共享与服务成果展览会”，展示学校现代远程教育工作成果，有7门特色视频课程被大会组委会收录。（段卫红　管凤仙）

【农业推广研究生教育】　全面做好2009级、2010级和2011级农业推广专业硕士的培养工作。做好2009级和2010级的教学培养和学籍资料的建档工作。5月和10月安排春秋2个学期的集中授课工作。做好与研究生院和经济管理学院等合作办学单位的联系与沟通，完成面授结束后异地学员作业和各类试卷的汇总上交工作。做好2009级学生导师的联系与落实，安排学生论文开题和文献综述的撰写。完成与辽宁、广西等省（区）招生合作单位的办学协议签订、招生宣传和教学组织工作。组织暑期网上报名、大纲发放和在线课件推荐等考前工作。组织50多名学员报考，招收辽宁和广西考生共9名。

（李淑艳　管凤仙）

【继续教育培训工作】　2011年，学院在南校区和西山校区开展继续教育培训，各个培训项目运行良好，培训业务涵盖学科领域范围与培训规模不断扩大，主要有林业行业技术培训（生态文明建设、水土保持、森林防火、木材检验等）与技能培训（包含动漫培训、语言培训和美术培训）等多项培训工作。全年开展各类培训29批次，一年期以上培训学员178人，其他各类短期培训学员561人。西山校区2011年度引进3个培训项目，运行良好。培训中心充分利用人力资源与社会保障部职业技能鉴定资质，积极开展职业资格培训，全年共培训学员176人，其中景观设计师专业培训学员153人，花卉园艺师专业培训学员23人。2011年，学院学历加技能培训班学员近200人。举办校内成人三级英语考试培训553人。

3月和9月学院与德国德累斯顿工业大学联合培养的国际硕士2期学生入校，共招生34人，第一期学员已赴国外大学就读。学院同时不断拓展新的国际教育合作项目。

（李淑艳　管凤仙）

【夜大学教育】 学院共有校本部、军博、南城、房山和昌平5个京内夜大教学部，专科、专升本和高起本3个层次，28个专业，专业设置涵盖园林、艺术设计、动画、英语、会计和物业管理等多个领域。

2011年，夜大学5个教学部共有4662名在校生。其中，校本部教学点在校生1400人，60个班级，分布在继续教育学院、水保学院和信息学院。7月，完成夜大教学计划的修订工作。10月，组织夜大合作办学单位参加新教务系统培训学习。12月，校本部园林、工商管理、会计和艺术设计专升本专业的毕业生进行毕业论文答辩，其中工商管理专业29名、艺术设计专业37名、会计专业21名、园林专业106名，共193名学生参加本科学士学位毕业答辩。2011年，完成北京市教委首次开展的高等学校成人高等学历教育在京设置校外函授教育辅导站的普查工作。加强各个教学点的教学管理，督促合作办学单位严格管理，对存在未按时缴费、成绩不合格等问题的学生紧急办理自动退学、降级处理。

（朱宗武　陈湘芝　管凤仙）

【继续教育55周年庆典】 2011年9月22日上午，北京林业大学继续教育创办55周年庆典大会在图书馆5层报告厅举行。国家林业局、教育部、清华大学、北京大学、山西省林业科学院和弘成教育集团等30多家单位100余人出席大会，学校党政领导，原学院老领导以及继续教育学院合作办学单位和我校相关部门负责人、继续教育学院党政负责人、离退休员工以及师生代表共百人参加此次活动。《北京考试报》《法制晚报》和新浪网等多家新闻媒体报道庆典活动。同日下午，召开2011年北京林业大学继续教育工作会议。自学校1956年创办函授教育以来，经过几代继续教育人的不懈努力，已经形成拥有函授、夜大、自考、专业硕士和国际硕士等多种学历教育形式与技能培训、林业行业培训和职业资格培训等非学历教育形式相结合的继续教育格局，并向着高水平、现代化、国际化的方向迈进。

（张天祐　管凤仙）

招生与就业

【概　况】 招生就业处是主管学校本科招生工作和开展就业管理服务工作的职能部门，现有教职工10人。设有处长1人，副处长2人。一位副处长兼任招生办公室主任，下设考录办公室、招生宣传中心、招生信息中心（原网络信息部）；一位副处长兼任就业服务中心主任，下设管就业市场与基层项目部（原就业市场部）、大学生创业教育指导办公室、大学生职业发展与就业指导中心（原大学生职业发展中心）、毕业生事务中心、就业信息化服务部（新增）。

2011年，北京林业大学招生工作努力提高生源质量。加强宣传、正确引导，增强服务意识，继续拓展优质生源基地，不断提高学校招生宣传工作质量。招生质量明显好于往年，本科一志愿录取率为97.77%。

本科生就业工作构建了“七个一”的工作体系，即实施“一把手工程”、一个明确的工作目标、一个高效的工作模式、一套完善的保障机制、一套完整的教育体系、一套贴心的标准服务、一个多元的市场平台，提高了毕业生就业质量。学校荣获“教育部2010年度高校毕业生就业总结宣传工作”先进高校的称号，就业研究课题

《从开展分专业就业指导入手构建就业"精细化"工作体系》通过北京地区高校就业特色工作项目立项。

学校继续加大对招生、就业工作中的先进单位和个人的奖励力度。根据招生宣传和优质生源基地建设情况，对11名招生宣传工作先进个人予以表扬；2011年，就业工作集体奖项设置更加合理规范，共设6大类奖项，奖励各学院有特色的就业工作，对20名就业工作先进个人同时予以表彰。（徐博函　董金宝）

【招生计划】 2011年，北京林业大学面向全国31个省、直辖市、自治区投放本科招生计划3300人，实际完成计划3306人，其中统招生2721人，自主选拔录取202人，艺术特长生48人，国防生92人，艺术类125人，高水平运动员30人，二学位27人，少数民族预科32人，内地生源定向到西藏14人，保送生1人，内地西藏班8人，新疆高中班6人。

（穆　琳　董金宝）

【生源质量】 本科一志愿录取率为97.77%。理科录取平均分高出重点线分差平均值43.9分，文科高出32.9分，文理科均创历史新高。高考成绩高出重点线60分以上的考生612人，高出80分以上的考生189人，高出重点线100分以上的考生58人。

2011年，实行平行志愿省份由2010年的22个增加到24个。从一志愿率情况分析，北京、山西、天津、辽宁、河北、浙江、江西、福建、广东等25个省（自治区、直辖市）的第一志愿率达100%。一志愿不满的省份是山东、黑龙江、甘肃、青海、重庆、西藏6个省（自治区、直辖市）。从各省录取分数来看，生源质量在保持稳定的基础上有明显提高。天津、辽宁、新疆、海南等省（自治区、直辖市）理科录取最低分高出一本线50分以上，北京、安徽、福建、贵州等省（自治区、直辖市）理科录取最低分高出一本线40分以上，河北、内蒙古、浙江、陕西等省（自治区、直辖市）理科录取最低分高出一本线30分以上。往年生源不稳定的南方省市，如江西、湖北、湖南、广西、云南、宁夏等地区录取最低也高出重点线20分左右。整体情况好于往年。（穆　琳　董金宝）

【招生宣传】 在招生宣传上，加大招生宣传力度，注重宣传的精细化，拓展宣传途径，积极推进生源基地建设。2011年，学校首次联合北京交通大学、北京科技大学、北京化工大学、北京邮电大学召开"北京五高校联合招生咨询活动"新闻发布会，30家国家重点媒体记者全程报道了北京林业大学的招生政策；招生办在《高校招生》《求学》等杂志和专刊上刊登了学校各方面的介绍；在北京人民广播电台等媒体上做了关于填报志愿和学校介绍的节目；参加了人民网、搜狐网、"阳光高考"信息平台的网上招生访谈节目；参加了教育部阳光高考信息平台、北京市招办、四川省招办、重庆市招办、湖南招办、江苏招办的网上咨询活动。

举办招生咨询活动 学校再次联合北京交通大学、北京科技大学、北京化工大学、北京邮电大学4所高校举办第二届"高校招生与中学教育"重点中学校长论坛活动，邀请到全国各地62所重点中学的76位校长参加。招生宣传期间，学校在北京地区共参加北京化工大学、北京建筑工程学院、首都经济贸易大学等7所高校的校园开放日活动；并进入北京市第二中学、北京一零一中学、北京第一七一中学、北京市第五中学、清华大学附属中学、首都师范大学附属中学等18所中学进行深入走访、宣传。在京外，学校先后派出116名教师参加了四川、江苏、浙江、辽宁、黑龙江、山东、河北、河南、山西、陕西、安徽、江西、湖南、湖北、甘肃等23个省（自治区、直辖市）的66场咨询会，走访了近百所重点中学。

增建优质生源基地 加大优质生源基地建设力度，截至2011年年底，北京林业大学已与26个省132所重点中学签订了"优质生源基地"共建协议，选派专家到大连二十四中学、河北省唐山一中等生源基地中学开展各类宣讲活动，展现学校综合实力和特色学科。

听取招生工作意见 学校对13个学院进行走访调研，听取了各学院对招生宣传工作的建议，并就招生宣传工作的重点、难点问题进行了座谈。（邵凤侠　董金宝）

【特殊类型招生】

艺术设计 2011 年，北京林业大学艺术设计专业计划招收本科生 120 人，在北京、郑州、广州、长沙、青岛、武汉、沈阳、无锡设立 8 个考点，通过各种途径发放招生简章 15 000 余份，专业课报名 7495 人，发放合格证 579 人，专业课合格线 76 分，合格考生分布在 24 个省(自治区、直辖市)，实际录取 125 人。

艺术特长生 2011 年，北京林业大学艺术特长生招生录取中采用网上报名、网上缴费、分组报到考试、网上查询录取结果等方式。在全国计划招收艺术特长生 40 人，特长项目为西洋乐器、民族乐器、舞蹈、声乐，报名人数 871 人，合格人数 435 人，实际录取 48 人。

自主选拔录取 北京林业大学于 2005 年获得自主选拔录取试点高校资格，和北京交通大学、北京邮电大学、北京科技大学、北京化工大学形成五校联考规模。2011 年，报名参加北京林业大学自主选拔录取的考生共有 1266 人，初审合格 722 人，参加考试 686 人，获得自主选拔录取资格 376 人(其中 150 人获得 A 档，加 30 分参与专业选择；226 人获得 B 档，可加 20 分参与专业选择)，实际录取 169 人。

高水平运动员 2011 年，北京林业大学学校高水平运动员计划招生 34 人，招生项目为田径。共有来自北京、福建、甘肃、河北、黑龙江、吉林、辽宁、内蒙古、山东、四川、天津等 11 个省(自治区、直辖市)的 113 名运动员参加测试。经过学校的专业测试，共有 37 名成绩优异者合格，实际录取 30 人。

第二学士学位 2011 年，学校工商管理二学历计划招收 30 人，招生办承担计划制定、考试报名、资格审查、组织出题、组织阅卷、评分、录取、报批等各项工作。2011 年共录取 27 人。

北京林业大学 2011 年各省录取分数情况统计

省(自治区、直辖市)	文史					理工				
	重点线	录取线	最高分	平均分	录取线－重点线	重点线	录取线	最高分	平均分	录取线－重点线
北京	524	560	614	579.7	36	484	526	623	557.5	42
天津	519	565	592	571.7	46	515	572	604	582.7	57
山西	543	558	600	567.4	15	570	582	625	598.4	12
河北	562	591	604	594.5	29	581	616	641	621.5	35
内蒙古	486	517	551	539.3	31	482	515	588	549.2	33
辽宁	535	551	586	569.2	16	520	580	620	589.4	60
吉林	537	569	587	576.5	32	548	575	614	586	27
黑龙江	540	565	603	579.5	25	551	553	629	590.9	2
上海	468	469	486	477.3	1	462	458	502	467.9	-4
江苏	343	349	354	351.3	6	345	348	371	353.7	3
浙江	571	575	612	600.1	4	550	587	632	597	37
安徽	547	574	582	579.1	27	534	577	605	582.4	43
福建	564	585	600	591.2	21	573	614	637	621.4	41
江西	532	555	562	558.3	23	531	560	578	565.1	29
山东	570	603	621	608.7	33	567	590	662	615.3	23
河南	562	586	595	588.5	24	582	607	628	611.2	25
湖北	547	558	579	564.9	11	571	587	625	594	16
湖南	583	601	612	606.8	18	572	592	617	599.1	20
广东	580	587	603	592.5	7	568	573	606	583.3	5
广西	519	545	564	551.1	26	506	524	589	544.5	18
海南(标准分)	670	721	727	723.7	51	615	679	743	702.3	64

（续）

省(自治区、直辖市)	文史					理工				
	重点线	录取线	最高分	平均分	录取线－重点线	重点线	录取线	最高分	平均分	录取线－重点线
四川	533	555	573	560.7	22	519	525	580	541.5	6
贵州	516	548	561	553.3	32	448	490	541	512	42
云南	495	539	563	547.2	44	465	487	599	519.9	22
陕西	543	577	584	580.1	34	540	575	645	586.5	35
甘肃	504	504	525	513.8	0	501	507	574	532.7	6
青海	－	－	－	－	－	380	387	515	444.2	7
新疆	504	540	575	551.6	36	473	536	601	550	63
宁夏	500	537	547	541.3	37	486	507	578	521.7	21
重庆	564	594	602	596.5	30	533	534	613	565.9	1
西藏	315	322	322	322	7	270	295	295	295	25

（邵风侠　董金宝）

【本科生就业】　全校2011届本科毕业生共计3097人，二学位毕业人数10人。截至9月1日，已落实去向毕业生2944人，就业率95.06%；其中签就业协议毕业生1004人，升学812人，出国254人，志愿服务西部2人，毕业生支援西部155人，北京村主任助理51人，北京社区工作者6人，预征兵入伍1人，自主创业7人。2011年北京林业大学本科生的签约率为62.16%；其中签劳动合同、单位用人证明、自主创业、自由职业的共1019人，灵活就业率为32.90%。2011届未落实去向毕业生共153人，占毕业生总人数的4.94%，其中拟考硕士研究生72人，拟出国4人，在京待就业28人，回省待就业48人，申请不就业1人。（徐博函　董金宝）

【职业发展与就业指导】　形成《分专业就业指导大纲》13份。以《分专业就业指导大纲》为参照，对学生开设就业指导课程，其中大一，以《专业概论》为主；大二，讲授《职业生涯规划》课程；大三，则鼓励学生积极参与6月份举行的第八届就业实践双选会；大四，开展《就业指导》课程指导。开展网上咨询预约服务，与学生一对一地帮助其解决职业生涯困惑，2011年，共接待学生23名；开展第六届就业指导月和第七届职业生涯规划月活动，开展讲座和活动30多场次。针对大一新生，开展第二届学生骨干生涯培训班和第一期新生职场精英训练营；针对大四学生开展首届"大学生就业力提升计划"。在全校毕业生中首次提出"毕业季"的理念，开展毕业季主题歌拍摄和"将爱"主题活动，受到了毕业生的欢迎。（高　斌　董金宝）

【就业市场开拓与实践基地建设】　2011年，学校整理全国31个省(自治区、直辖市)的林业、环保、园林、水利等主管部门的校友资源，由各学院主责，开展定点联系工作，进一步加强与主流行业和重点单位的联络。园林学院相继走访浙江、山西、河南、广东、江苏、山东、安徽等多个区域的就业单位，林学院分别走访开拓了新疆、山西、四川、福建、江西等省林业厅及林业行业主流就业市场。此外，学校积极推进就业实践与教学实习基地签订工作，新增基地25家，总数已经达到169家。（徐博函　董金宝）

【就业服务】

招聘服务　2011年，学校共组织专场宣讲会165场，召开3次毕业生双选会，1次就业实践双选会，企业的数量和层次都有了明显的提高，参会企业893家，共提供12 000多个工作岗位，满足了学生的求职就业需求。

基层就业　2011年，毕业生支援西部155人，大学生志愿服务西部计划2人，北京村主任、村党支部书记助理51人，北京社区工作者6人，预征兵入伍1人。落实教育部、国家林业局关于共建北京林业大学、东北林业大学、西北农林科技大学3所高校的协议，起草"林业基层场站大学生”计划，为毕业生到林业基层就业开辟新渠道。

困难帮扶 完善困难群体台账。将台账进行细化，按困难学生类型对家庭经济困难学生、学业困难学生等分别建立台账，定期跟踪。增加就业援助和心理咨询服务手段，实施就业保障措施，确保每个人至少有一次被推荐择业的机会。健全就业扶助基金，在发放资助、开展培训等方面加大力度。截至9月1日，2011届困难群体就业率达到95.68%，高于全校平均就业率。

毕业典礼 2011年6月24日，召开毕业生座谈会，6月29日，向北京市教委报送学校就业方案，打印报到证。6月30日成功举办毕业典礼与学位授予仪式。（徐博函　董金宝）

【就业队伍建设与调查研究】 校级就业工作部门共有专职工作人员7名，各学院就业专职人员合计33名。学校积极组织和参与各类专业化培训，促进就业工作人员向专业化发展。2011年，学校共组织校内外系统培训会、就业研讨会5期。新增国家职业指导师3人，全球职业规划师14人，全面提升了就业专职人员的就业服务能力。

2011年，学校对就业先进集体、先进个人及面向基层就业、自主创业的毕业生加大奖励的力度。重新装修60平方米办公场地用作学生就业服务大厅，统一制作了公告板悬挂在就业服务大厅，在毕业生就业信息网上加入相关链接，增加东办公楼230平方米专用场地用作小型招聘场所，进一步优化对学生和用人单位的服务。

2011年，招生就业处联合教务处等部门，联合制定《北京林业大学“招生－培养－就业”联动机制实施办法》。编撰《2011年本科毕业生就业状况白皮书》。介绍2011届毕业生就业状况，对近3年来的本科毕业生就业率与签约率进行分析，开展《2011届毕业生签约状况问卷调查》，完成了《2012届毕业生择业意向调查》《在校生职业规划现状问卷调查》和《2011年毕业生跟踪问卷调查》。（徐博函　董金宝）

【特色条目】

获“2010年度高校毕业生就业总结宣传工作”先进高校称号 2011年5月10日，学校获“教育部2010年度高校毕业生就业总结宣传工作”先进高校的称号。在获奖高校中，17所为部委院校，33所为地方院校和高职院校。校党委副书记全海代表学校领取了奖牌。

协办首届林业大学生绿色创业大赛 2011年12月15日，由北京林业大学协办的“嘉汉杯”首届全国林科大学生绿色创业大赛决赛在学校图书馆5层报告厅举行。本次大赛共吸引了来自全国27所高等涉林院校报名参加，北京林业大学、东北林业大学、南京林业大学、中南林业科技大学、西北农林科技大学、林业职业技术院校毕业生就业协作组等赛点的14个参赛项目成功晋级全国总决赛。北京林业大学代表队的“木合源人造木有限责任公司”项目团队获得亚军。北京林业大学还荣获此次创业大赛优秀组织奖。国家林业局党组成员、中央纪委驻国家林业局纪检组组长陈述贤同志应邀出席了颁奖典礼并做了重要讲话。校长宋维明和副校长姜恩来出席本次活动，出席本次活动的领导和嘉宾还有国家林业局人事司副司长蓝增寿、国家林业局人才开发交流中心黄正秋主任和路永斌副主任等。

举办“林业厅(局)长论坛” 2011年12月27日，湖北林业厅王海涛厅长应邀做客北京林业大学“林业厅(局)长论坛”，在学校图书馆5层报告厅向北京林业大学师生做了主题为“建设生态文明发展现代林业，给力湖北科学发展绿色崛起”的报告。北京林业大学“林业厅(局)长论坛”主题活动，旨在宣传当前林业建设取得的新发展、新成就，介绍现代林业建设的新思路、新举措，引导广大学生知国情、知林情，进一步引导林科毕业生面向基层，“入主流，立大业”，畅通人才输送的渠道，为地方林业发展输送人才。国家林业局科技司副司长杜纪山，湖北省林业厅党组成员、副厅长蔡静峰，北京林业大学副校长姜恩来出席报告会。（徐博函　董金宝）

学科建设

学科设置与建设

【概　况】 2011年，学校有9个一级学科博士学位授权点和18个一级学科硕士学位授权点；博硕士点覆盖10个学科门类的32个一级学科，学科点拥有量处于农林院校前列。有1个一级国家重点学科(涵盖7个二级学科)，2个二级国家重点学科，1个国家重点(培育)学科；10个国家林业局重点学科；1个北京市一级重点学科(涵盖3个二级学科)，4个北京市二级重点学科，1个北京市交叉重点学科。学校已形成以林学为优势特色，风景园林学、林业工程、生物学、生态学和农林经济管理等多学科协调发展的学科体系。　　(向文生　孙玉君)

【学科设置】

北京林业大学现有博士学位授权一级学科

序号	学科门类代码及名称	一级学科代码及名称	序号	学科门类代码及名称	一级学科代码及名称
1	07 理学	0710 生物学	6	09 农学	0903 农业资源与环境
2	07 理学	0713 生态学	7	09 农学	0907 林学
3	08 工学	0802 机械工程	8	09 农学	0909 草学
4	08 工学	0829 林业工程	9	12 管理学	1203 农林经济管理
5	08 工学	0834 风景园林学			

北京林业大学现有博士学位授权点

学科门类	一级学科名称、编码 *[1]一级学科博士点 *[2]一级学科硕士点	二级学科名称、编码	备注 *：未招生
理学 07	生物学 0710 *[1] *[2]	植物学 071001	1998
		动物学 071002	*
		生理学 071003	*
		水生生物学 071004	*
		微生物学 071005	2009
		神经生物学 071006	*
		遗传学 071007	*
		发育生物学 071008	*
		细胞生物学 071009	*
		生物化学与分子生物学 071010	2003
		生物物理学 071011	*
	生态学 0713 *[1] *[2]	生态学 071300	*

（续）

学科门类	一级学科名称、编码 *[1]一级学科博士点 *[2]一级学科硕士点	二级学科名称、编码	备注 *：未招生
工学 08	机械工程 0802 *[1] *[2]	机械制造及其自动化 080201	*
		机械电子工程 080202	*
		机械设计及理论 080203	1996
		车辆工程 080204	*
	林业工程 0829 *[1] *[2]	森林工程 082901	2003
		木材科学与技术 082902	1986
		林产化学加工工程 082903	2000
		山地灾害防治工程 082921	2005
		林业装备工程 082922	2005
	风景园林学 0834 *[1] *[2]	风景园林学 083400	*
农学 09	农业资源与环境 0903 *[1] *[2]	土壤学 090301	2006
		植物营养学 090302	*
	林学 0907 *[1] *[2]	林木遗传育种 090701	1986
		森林培育 090702	1986
		森林保护学 090703	2000
		森林经理学 090704	1981
		野生动植物保护与利用 090705	2000
		园林植物与观赏园艺 090706	1986
		水土保持与荒漠化防治 090707	1984
		自然保护区学 090721	2004
		生态环境工程 090722	2004
		复合农林学 090723	2005
		城市林业 090724	*
		工程绿化 090725	2005
	草学 0909 *[1] *[2]	草学 090900	*
管理学 12	农林经济管理 1203 *[1] *[2]	农业经济管理 120301	2009
		林业经济管理 120302	1996

北京林业大学现有硕士学位授权一级学科

序号	学科门类代码及名称	一级学科代码及名称	序号	学科门类代码及名称	一级学科代码及名称
1	01 哲学	0101 哲学	10	08 工学	0813 建筑学
2	02 经济学	0201 理论经济学	11	08 工学	0830 环境科学与工程
3	02 经济学	0202 应用经济学	12	08 工学	0832 食品科学与工程
4	04 教育学	0402 心理学	13	08 工学	0833 城乡规划学
5	05 文学	0502 外国语言文学	14	08 工学	0835 软件工程
6	07 理学	0701 数学	15	12 管理学	1201 管理科学与工程
7	07 理学	0705 地理学	16	12 管理学	1202 工商管理
8	07 理学	0714 统计学	17	12 管理学	1204 公共管理
9	08 工学	0812 计算机科学与技术	18	13 艺术学	1305 设计学

北京林业大学现有硕士学位授权点

学科门类	一级学科名称、编码 *[1]一级学科博士点 *[2]一级学科硕士点	二级学科名称、编码	备注 *：未招生
哲学 01	哲学 0101 *[2]	马克思主义哲学 010101	*
		中国哲学 010102	*
		外国哲学 010103	*
		逻辑学 010104	*
		伦理学 010105	*
		美学 010106	*
		宗教学 010107	*
		科学技术哲学 010108	2003
经济学 02	理论经济学 0201 *[2]	政治经济学 020101	*
		经济思想史 020102	*
		经济史 020103	*
		西方经济学 020104	*
		世界经济 020105	*
		人口、资源与环境经济学 020106	2006
	应用经济学 0202 *[2]	国民经济学 020201	*
		区域经济学 020202	*
		财政学(含税收学)020203	*
		金融学 020204	2007
		产业经济学 020205	*
		国际贸易学 020206	2003
		劳动经济学 020207	*
		数量经济学 020209	*
		国防经济学 020210	*
法学 03	法学 0301	法学理论 030101	2006
	马克思主义理论 0305	马克思主义基本原理 030501	2005
		思想政治教育 030505	2005
教育学 04	心理学 0402 *[2]	基础心理学 040201	*
		发展与教育心理学 040202	*
		应用心理学 040203	2006
文学 05	外国语言文学 0502 *[2]	英语语言文学 050201	2006
		俄语语言文学 050202	*
		法语语言文学 050203	*
		德语语言文学 050204	*
		日语语言文学 050205	*
		印度语言文学 050206	*
		西班牙语语言文学 050207	*
		阿拉伯语语言文学 050208	*
		欧洲语言文学 050209	*
		亚非语言文学 050210	*
		外国语言学及应用语言学 050211	2003

（续）

学科门类	一级学科名称、编码 *¹一级学科博士点 *²一级学科硕士点	二级学科名称、编码	备注 *：未招生
理学07	数学0701 *²	基础数学070101	*
		计算数学070102	*
		概率论与数量统计070103	*
		应用数学070104	*
		运筹学与控制论070105	*
	地理学0705 *²	自然地理学070501	2003
		人文地理学070502	*
		地图学与地理信息系统070503	2003
	生物学0710 *¹ *²	植物学071001	1981
		动物学071002	*
		生理学071003	*
		水生生物学071004	*
		微生物学071005	2004
		神经生物学071006	*
		遗传学071007	*
		发育生物学071008	*
		细胞生物学071009	2009
		生物化学与分子生物学071010	2000
		生物物理学071011	2004
	生态学0713 *¹ *²	生态学071300	*
	统计学0714 *²	统计学071400	*
工学08	机械工程0802 *¹ *²	机械制造及其自动化080201	2007
		机械电子工程080202	2003
		机械设计及理论080203	1986
		车辆工程080204	2000
	控制科学与工程0811	控制理论与控制工程081101	2003
	计算机科学与技术0812 *²	计算机系统结构081201	*
		计算机软件与理论081202	2006
		计算机应用技术081203	2003
	建筑学0813 *²	建筑历史与理论081301	2010
		建筑设计及其理论081302	2010
		建筑技术科学081303	2010
	土木工程0814	结构工程081402	2003
	农业工程0828	农业生物环境与能源工程082803	2000
	林业工程0829 *¹ *²	森林工程082901	2003
		木材科学与技术082902	1981
		林产化学加工工程082903	1993
		山地灾害防治工程082921	2005
		林业装备工程082922	*
	环境科学与工程0830 *²	环境科学083001	2003
		环境工程083002	*
	食品科学与工程0832 *²	食品科学083201	*
		粮食、油脂及植物蛋白工程083202	*
		农产品加工及贮藏工程083203	2003
		水产品加工及贮藏工程083204	*

（续）

学科门类	一级学科名称、编码 *[1]一级学科博士点 *[2]一级学科硕士点	二级学科名称、编码	备注 *：未招生
工学 08	城乡规划学 0833 *[2]	城乡规划学 083300	*
	风景园林学 0834 *[1] *[2]	风景园林学 083400	*
	软件工程 0835 *[2]	软件工程 083500	*
农学 09	农业资源与环境 0903 *[1] *[2]	土壤学 090301	1986
		植物营养学 090302	2003
	林学 0907 *[1] *[2]	林木遗传育种 090701	1981
		森林培育 090702	1981
		森林保护学 090703	1981
		森林经理学 090704	1981
		野生动植物保护与利用 090705	2002
		园林植物与观赏园艺 090706	1981
		水土保持与荒漠化防治 090707	1981
		自然保护区学 090721	2004
		生态环境工程 090722	2004
		复合农林学 090723	2005
		城市林业 090724	*
		工程绿化 090725	2005
	草学 0909 *[1] *[2]	草学 090900	*
管理学 12	管理科学与工程 1201 *[2]	管理科学与工程 120100	2000
	工商管理 1202 *[2]	会计学 120201	2000
		企业管理 120202	2003
		旅游管理 120203	2000
		技术经济及管理 120204	*
	农林经济管理 1203 *[1] *[2]	农业经济管理 120301	2009
		林业经济管理 120302	1984
	公共管理 1204 *[2]	行政管理 120401	2006
		社会医学与卫生事业管理 120402	*
		教育经济与管理 120403	*
		社会保障 120404	*
		土地资源管理 120405	*
艺术学 13	设计学 1305 *[2]	设计学 130500	*

北京林业大学国家重点学科

序号	学科代码	学科名称	所含二级学科
一级学科国家重点学科（批准时间：2007 年 8 月 20 日）			
1	0907	林学	林木遗传育种、森林培育、森林保护学、森林经理学、野生动植物保护与利用、园林植物与观赏园艺、水土保持与荒漠化防治
二级学科国家重点学科（批准时间：2007 年 8 月 20 日）			
1	071001	植物学	
2	082902	木材科学与技术	
国家重点（培育）学科（批准时间：2007 年 11 月 30 日）			
1	120302	林业经济管理	

北京林业大学省部级重点学科

序号	学科代码	学科名称	所含二级学科
一级学科北京市重点学科(批准时间：2008 年 4 月 29 日)			
1	0829	林业工程	木材科学与技术、林产化学加工工程、森林工程
二级学科北京市重点学科(批准时间：2008 年 4 月 29 日，2010 年 5 月 26 日)			
1	071012	生态学	
2	081303	城市规划与设计(含风景园林规划与设计)	
3	090301	土壤学	
4	090503	草业科学	
交叉学科北京市重点学科(批准时间：2008 年 4 月 29 日)			
1	林学、地理学	生态环境地理学	
国家林业局重点学科(批准时间：2006 年 5 月 12 日)			
1	071001	植物学	
2	071012	生态学	
3	081303	城市规划与设计(含风景园林规划与设计)	
4	082902	木材科学与技术	
5	082903	林产化学加工工程	
6	090301	土壤学	
7	090703	森林保护学	
8	090704	森林经理学	
9	090705	野生动植物保护与利用	
10	120302	林业经济管理	

(向文生　孙玉君)

【“211 工程”三期建设 2011 年度进展】 2011 年的“211 工程”管理围绕着提高工程建设质量和效益、促进标志性成果的形成、为工程建设的整体验收打好基础的目标展开，依据各子项目建设责任书中的建设目标、建设内容、投资计划、验收指标和标志性成果等内容，加强督促、检查，及时发现问题并协调解决。

2011 年经费完成情况：完成中央专项建设经费 1120 万元，其中完成 1003 万元的仪器设备购置任务，117 万元的其他建设任务，实现项目建设经费零上交。

设备购置情况：2011 年，中央专项资金到位 2780 万元，占计划总投资(4900 万元)的 56.73%，其中，发改委资金到位 920 万元，财政部 1860 万元投资全部到位。截至 2010 年 6 月，已经到货验收并登记入账的设备 395 台件，总值 1602 万元，其中 10 万元以上设备 32 台件，价值 1069 万元，占“211 工程”三期设备的 67%，其中 40 万元以上的设备 8 台，价值 526 万元。

举办 8 次国内外学术研讨会：

——森林资源培育子项目举办“第十二届全国森林培育学科发展研讨会暨海峡两岸森林培育高峰论坛”学术研讨会(福建)；

——森林可持续经营与保护子项目举办“森林经理学科协同创新计划建设模式——校政企研讨会”(福建将乐)和“全国森林保护专业及学科建设研讨会”(北京)；

——生态脆弱区水土保持与荒漠化防治子项目举办“与台湾屏东科技大学校际间海峡两岸水土保持学术交流会”(北京)；

——园林与人居生态环境子项目举办“全国风景园林植物景观与人居环境建设”学术研讨会(北京);

——全球变化背景下森林及湿地生态系统保护子项目举办“全国大熊猫栖息地保护的理论与实践”学术论坛(北京);

——林木育种分子基础与良种工程子项目举办“统计和计算遗传学国际研讨班”(北京);

——木质环境友好材料与能源转化工程子项目举办“全国木材科学与技术学术论坛”(贵阳)和“木材科学与技术学科青年学术论坛”(北京)2 个学术会议。 (高双林 刘宏文)

【国家优势学科创新平台建设年度进展】 2011 年围绕平台建设管理的 2 项重点工作：一是根据项目建设的总体目标，进一步凝练建设方向，体现学科交叉融合；二是加强平台体制建设要体现体制和运行机制创新，以平台体制机制创新推动学校管理改革的推进。

林木良种与生物学基础优势学科创新平台、优质高效森林培育、经营与利用研究方向、脆弱生态系统退化机制与恢复重建研究平台、森林与湿地生态系统保护研究方向等 4 个研究方向(子平台)对其项目建设方案进行深入论证，完善建设方案。完成了“优势学科创新平台项目”年度经费预算的编制上报工作。“优势学科创新平台项目”2010～2011 年度经费预算 1000 万元，主要用于平台学术队伍建设，用于引进人才和建立专职研究队伍的各项工资性支出。

组织完善优势学科创新平台制度。学校对平台的学术队伍与建设方向、人才引进与培养、科学研究与基地建设、学术交流与管理体制机制、资金使用速度与效率等方面进行了新的部署，对相关制度进一步进行修订，促进平台有序建设。 (孙玉君 刘宏文)

【2011 年学科建设情况】 2011 年学科建设的主要内容，包括重点学科日常建设管理工作；国务院学位委员会批准了我校申请设置的一级学科博士点和一级学科硕士点；北京市重点学科经费申请；对 7 所农林高校进行学科发展调研。

日常管理：2011 年继续监督在执行项目的运营与经费使用，督促资金效率与执行速度、产出等，并进一步加大建设投入力度，多种渠道探讨与保证我校国家重点学科建设的长效机制。

新增授权点：5 月，国务院学位委员会启动第 11 批新增博士学位授权点和硕士学位授权点审核工作。北京林业大学在本轮学位授权点增列工作中具有自行审核权。9 月，经校学术委员会会议审定，将拟新增 4 个一级学科博士点(机械工程、建筑学、环境科学与工程、农业资源利用)、11 个一级学科硕士点(哲学、理论经济学、心理学、外国语言文学、艺术学、数学、地理学、计算机科学与技术、环境科学与工程、食品科学与工程、公共管理)的相关材料上报教育部，并进行了公示。公示期内，无反对意见。

北京市重点学科建设经费申请：5 月，按北京市教委的要求，学校组织校内外专家对申请北京市教委《科学研究与研究生培养共建项目——学科建设》项目的申报书进行答辩。林业工程、生态学、土壤学、城市规划设计(含风景园林规划设计)4 个学科的建设内容通过答辩，获北京市支持经费 185 万元，已足额到账。

学科发展调研：对中国农业大学等 7 所农林高校进行了调研，了解各校学科建设的总体情况、国家重点学科和优势特色学科建设的经验、学科管理的经验与做法、农(林)口大学在学科建设方面普遍存在的问题。

调研期为 3 月 7 日～4 月 2 日，历时 4 周。分别对中国农业大学、西北农林科技大学、南京农业大学、东北林业大学、南京林业大学、中南林业科技大学和浙江农林大学 7 所高校进行了调研。与相关部门和学科人员进行了座谈交流，对重点实验室进行了实地考察。本次调研得到了兄弟院校领导的重视、管理部门和学科的大力支持。

完成了《关于七所农林高校学科发展的调研报告》及 7 个分报告。报告从学科现状与布局分析、学科建设方面存在的共性问题与困难、学科调研的试点经验(做法)、各学校的分析与定位等方面对我校与 7 所学校进行了分析比较，共近 10 万字，概括起来就是四大关键结构、三种类型、十大经验。并在学校学科建设专题工作会议上，做了 30 分钟的口头汇报。

(孙玉君 刘宏文)

国家重点学科建设

植物学

【学科概况】 国家重点学科。1981年为我国首批硕士学位点，1992年被评为原林业部重点学科，1998年为博士学位授权点，2007年被评为国家级重点学科，是我校目前唯一的理学国家级重点学科。学科发展成为我校森林培育、园林植物、森林生态学科、林木遗传育种的重要支撑，是林业院校第一个"国家基础科学研究与教学人才培养基地(生物学专业点)""林木育种国家工程实验室""国家花卉工程中心"及"林木、花卉遗传育种教育部重点实验室"和"生物学博士后流动站"的主要支撑学科。多年担任林业高校《植物学》《植物生理学》《树木学》等多门植物学相关课程全国统编教材的主编单位，引领全国林业高等院校森林植物学科的发展。

主要研究方向：树木抗逆基础研究与应用、木本植物生长发育与生殖调控、植物次生代谢与防御反应、植物系统分类与演化生物学。

【2011年学科建设的主要进展与成效】 学科形成了由国家工程院院士领衔、学缘与年龄结构合理的学术团队；学科现有教师18名，其中教授8名，副教授7名，讲师1名，另外具备中级职称的教辅人员2名，包括1名中国工程院院士，国家杰出青年称号获得者1名。学科坚持从各层次选拔引进人才，补充学科师资力量。2011年在植物发育生物学研究方向引进顶级人才林金星教授，并从著名大专院校、科学院以及本校吸收优秀博士毕业生，2011年新增30岁以下博士毕业教师1名(赵瑞，中国农业大学)。同时制定青年教师培养计划，强化学科一流人才的培养，2011年1名青年教师晋级副教授。

学科成员一直承担国家重要科研项目，2011年学科成员承担的科研项目有31项，其中包括国家自然科学基金面上项目6项、青年基金2项、国家重点基础研究发展计划("973计划")1项、国家"十二五"科技支撑课题1项、国家林业局"948"项目1项、林业公益行业科研专项2项等，横向项目3项。科研经费累计1752.45万元。

在国际主流刊物Journal of Experimental Botany，Plant Molecular Biology，Planta，Plant Cell Reports，Gene，Molecular Biology Reports等上发表SCI收录论文15篇。在国内核心期刊发表论文41篇。

学科成员通过多年的实践和积累，探索并构建了符合创新人才培养的教学体系，积极采用国际合作形式，激发学生进行开创性研究的积极性。2011年毕业博士生10名，硕士生15名；2011年新招博士生16名，硕士生25名。在站博士后3名。

对"211工程"一期、二期、三期建设中采购的实验室仪器设备进行仪器使用培训和相关操作规程的编写，制定了严格的使用规程。另外，植物学科老师利用科研经费购置一批可开展前沿研究的实验设备，实验条件处于国内林业院校同类实验室的领先水平，为顺利开展各项科学研究提供了保障。

2011年先后举办了"中国林学会杨树专业委员会全国第九次学术研讨会""2011年树木生理生化专业委员会学术年会"等多次国内外学术会议。尹伟伦院士、夏新莉教授和郑彩霞教授参加了澳大利亚举行的世界植物学大会。另外，学科成员积极参加国内学术会议，共计10人次。

国内与北京大学、中国林业科学研究院、中科院植物所、北京市东城区园林局、山西省林科院、杨树局等国内著名大学、科研院所建立了良好的合作研究关系。

2011年，学科成员继续开展北京市和全国优秀教学团队——植物生物学教学团队建设。学科成员还积极参加教育教学改革工作，积极发表教学改革论文。此外还完成了《木本植物生理学》的中文版译著，并于2011年1月由科学出版社正式出版发行。

针对我国干旱地区生态环境建设、生物节水、植物新材料构建及新资源植物开发等与我国科技发展急需解决的重大战略问题紧密相关的基础理论和新技术体系，开展创新性研究。既促进了我国农林业生产和生态环境建设，也为国内科研院所和高等院校培养了相关领域的学术骨干和学术带头人。

木材科学与技术

【学科概况】 国家重点学科、国家林业局重点学科。是我国该领域最早设立的学科之一，为北京林业大学“优势学科创新平台”“211 工程”教育振兴行动计划重点建设学科。1981 年、1986 年经国务院学位委员会批准，成为国内第一批具有硕士学位和博士学位授予权的二级学科。2006 年被认定为国家林业局重点学科。2007 年被认定为国家重点学科。该学科所属的林业工程一级学科于 2008 年被认定为北京市一级重点学科。拥有省部级重点实验室/工程中心 7 个。

学科主要研究方向：木材学、木材干燥、木质复合材料与胶黏剂、木材制品加工工艺、木材加工装备与过程自动化、木材功能性改良，家具设计与工程，包装材料及结构。

【2011 年学科建设的主要进展与成效】 现有教授 12 人，副教授 12 人，讲师 14 人。其中国务院学位委员会学科评议组成员 1 人；全国百篇优秀博士论文指导教师 1 人、获得者 1 人；教育部新世纪优秀人才 2 人；北京市优秀教师 1 人；享受政府津贴者 8 人；国家一、二级学会理事长和理事 19 人。2011 年度，晋升教授 1 人、副教授 2 人。新进教师 2 人。依托教育部创新项目组建“人造板制造关键技术”和“家具产品创新设计与研究开发”创新青年团队 2 个及青年学术团队 1 个。

2011 年度，主持承担国家自然科学基金，林业公益性项目，“948”引进项目等纵向科研项目 28 项、横向科研项目 10 项，合计到账研究经费 531.6 万元。发表 SCI 论文 5 篇，EI 及 ISTP 论文 12 篇。获得授权专利 15 项。制定国家标准“结构用集成材”1 项，制定加工机械行业标准 2 项。

培养研究生 37 人，其中获得校级优秀硕士论文和优秀博士论文各 1 人，获得全国优博论文提名 1 人。出版“十一五”国家级规划教材 2 部，分别为高建民教授主编的教材《木材干燥学》和赵广杰教授与刘一星教授共同主编的教材《木质资源材料学(第 2 版)》。出版著作 2 部，分别为伊松林教授编著的《太阳能及热泵干燥技术》和马尔妮博士编著的《木材物理学专论》。

依托“211 工程”建设，对实验室和实验设备进行更新，为科学研究提供更好的实验条件。在河北平泉县建立了北京林业大学的永久性科研基地——木质复合材料科技成果创新转化基地，占地 26 667 平方米，厂房面积 2880 平方米，土地使用权 30 年，为技术的中试和转化提供了良好的实验环境和条件。

积极利用“211 工程”建设经费和科研经费，举办、承办重要学术会议，加强人才国际化培养。积极与国外大学合作培养研究生，派出研究生 6 人次到世界知名大学进行学习和交流。邀请国外专家学者就研究前沿和热点进行学术交流和访问，2011 年度共邀请国外专家 12 人次来校进行交流。

“改性脲醛树脂生产及应用技术”被认定为“十一五”重大科技成果，在企业广泛应用，有效降低人造板甲醛释放量，有力推动了人造板行业技术进步，为企业新增利税 30 亿元，产生了良好的经济与社会效益。“环保型阻燃剂制造技术”生产的阻燃人造板成功应用于上海世博会主会议厅和主宴会厅装修工程。浙江裕华木业公司成为加入 WTO 以来美国对我“双反”调查中唯一获得“双零”税率的企业，本学科为其提供了重要的技术支持。

与广东联邦家私集团有限公司合作，开展了“基于木材尺寸稳定化的高效干燥技术”项目的研发，为联邦家私集团的速生杨木作为家具材的实木化利用，打下坚实基础。

2011 年度通过专利转化实现创收 30 万元。

林木遗传育种

【学科概况】 国家重点学科。学科始建于 1954 年，1962 年始招研究生(含留学生)，1986 年始招博士生，是我国林木遗传育种学科第一个硕士点和博士点，1992 年成为部级重点学科，2003 年起被列为国家重点学科；同时也是国家“211 工程”以及优势平台重点建设学科。学科经过半个多世纪的精心经营，已成为我国林木遗传育种科学研究、人才培养与学术交流中心，在国内外占有重要地位。

学科目前的研究方向主要有：林木基因组与分子育种，林木细胞遗传与细胞工程，森林遗传与树木改良，林木引种与良种繁育，经济林木遗传改良等。

【2011年学科建设的主要进展与成效】 2011年，学科在充分调研的基础上，学科成员集思广益，对学科方向进行了整合，编制了学科发展规划，进一步明确了学科发展目标以及建设思路，提出在加强人才引进力度的同时，强化学科内部管理，充分发挥在岗学术队伍的潜力。完成学科各研究方向人员的定向、定位，并为林木引种与良种繁育方向引进孙宇涵博士，为"千人计划"学者邬荣领教授团队引进司婧娜博士。现有教师16名，其中教授7人(含"千人计划"学者)，副教授5人，高级实验师1人，讲师3人，35岁以下教师占31%，36～45岁占31.3%，46～55岁占37.5%，全部教师均具有博士学位。

在科学研究方面，新申请到各类课题9项，新增科研经费670万元；本年度课题验收或结题7项，目前学科人员主持的课题有33项；获得省级科技进步一、二等奖各1项；出版专著1部；发表论文52篇，其中SCI论文13篇，核心期刊39篇。获国家发明专利4项，申请国家发明专利11项、林木新品种权4个。

在人才培养方面，招收硕士生24名，博士生13名；毕业硕士14名，博士5名；康向阳教授指导的王君博士获全国优秀博士学位论文；张金凤教授指导本科生获得第六届"挑战杯"首都大学生课外学术作品竞赛特等奖以及全国三等奖。

在学术交流方面，举办"统计与计算遗传学国际研讨会"以及相关培训班；出席国际学术会议2人次，国内学术会议23人次，并做了特邀报告或分组报告。

在条件建设方面，与山东冠县和河北沧州地方政府合作建设的"北方平原林木良种创新与示范实践基地"和"沧州枣树教学和科研实践基地"正式建成并启用，有力提升了学科的科研和人才培养能力。

在社会服务等方面，学科成员努力承担高校教师的社会服务职责，担任中国林学会林木遗传育种分会副主任、副秘书长，中国林学会树木引种驯化专业委员会副主任等职，积极参与国家相关科技及产业发展重大方针、策略制定，以及相关项目评审、论证等工作，在推进我国林业教育、科研和产业发展等方面发挥了重要作用。

森林培育

【学科概况】 国家重点学科。森林培育学科建立于1952年，"211工程"重点建设学科，国家优势学科创新平台重点建设方向。1981年第一批获得硕士学位授予权，1986年获得博士学位授予权，1989年、2001年和2006年被评为国家级重点学科，1995年成为林学博士后流动站的主要支撑学科，在科学研究、人才培养等各方面一直处于全国同类学科的领先地位。中国林学会造林分会创建以来一直以该学科为挂靠学科，学科学术带头人为原中国工程院副院长、原北京林业大学校长、原中国林学会理事长、中国工程院院士沈国舫教授，学科负责人为马履一教授。

学科主要研究方向：生态林与城市森林培育理论与技术、林木种苗培育理论与技术、用材与能源林培育理论与技术、经济林(果树)培育与利用。

【2011年学科建设的主要进展与成效】 2011年度，1名教师晋升为教授。目前，学科共有教师13名，其中教授8名、副教授4名、高级实验师1名。35岁以下教师占15.4%；36～45岁教师占23.1%，46～55岁教师占53.8%，56岁以上教师占7.7%；具有博士学位教师占85.7%。

承担国家"十一五"科技支撑计划面上项目和重点项目、国家转基因生物新品种培育科技重大专项、国家自然科学基金项目等30余项，经费约1000万元。获得教育部科技进步二等奖1项，北京市科学技术进步奖二等奖1项，天津市科学技术进步奖三等奖1项，梁希林业科学技术进步奖一等奖1项，发明专利4项，出版专著2部，出版教材1部，发表学术论文106篇，其中被SCI收录5篇。

在读研究生共160名，其中硕士108名、博士50人、博士后4人；毕业硕士研究生18名、博士生6名，另有8名硕士生转为博士研究生。

拥有"干旱、半干旱地区森林生态系统与森

林培育”省部级重点实验室、教育部和北京市共建“北京林业大学森林培育与保护教育部重点开放实验室”以及“985优势学科创新平台”，并在河北省承德市平泉县新建了科研创新试验基地，完善了北京林业大学妙峰山教学实验基地。在“211工程”三期、“985优势学科创新平台”等经费的支持下，2011年新增价值60余万元的仪器设备，包括土壤水分、溶液取样器、土壤养分速测仪、手持气象跟踪仪（NK5919）、种子加速老化箱、超低温冰箱、超微量微孔板读板机、凝胶成像系统等。

2011年有60人次参加国际学术交流和国内学术研讨会。作为中国林学会造林分会的挂靠单位，组织召开了“海峡两岸森林培育高级研讨会”。

学科主持的十一五”科技支撑计划“速生丰产林良种壮苗规模化生产技术研究与示范”“片麻岩及花岗岩山地抗旱节水造林配套技术”“三倍体毛白杨速生纸浆林可持续经营管理技术研究与示范”“高效能源林培育与经营技术”“经济林优质高产培育技术”“城市森林建设技术”等项目，其研究成果将为国家林业建设发挥积极作用。同时，主持完成的“北京宜居城市绿化体系功能与布局研究”“北京市生态公益林质量提升关键技术研究”等项目，将为北京市生态环境建设提供技术支撑。

森林保护学

【学科概况】 国家重点学科。学科始建于1952年，1958年招收森林保护专业本科生，1981年和2000年分别获得硕士、博士学位授予权。是教育部北京市共建森林培育与保护重点实验室、国家林业局森林保护学重点实验室的主要依托学科。现有教授6人，副教授7人。有国家杰出青年基金获得者1人，教育部长江学者特聘教授1人，教育部“林业重大病虫灾害预警与生态调控技术研究”创新团队1个。1990年以来，获得国家科技进步二等奖等各类重要科技奖励31项。

主要研究方向：森林昆虫学、林木病理学、昆虫与菌物系统学、植物检疫。

【2011年学科建设的主要进展与成效】 学科根据不同方向的发展需要，引进博士后1名，加强了化学生态学方面的研究。入选教育部新世纪优秀人才支持计划1人。同时，为了迅速提高年青教师的创新能力，拓展研究视野，强化了年青教师校外学术导师建设，1名青年教师聘请了中国科学院的知名学者作为学术导师指导相关研究工作。1名教师赴德国哥廷根大学进行短期学术交流。由4名青年教师组成的团队获北京林业大学青年团队创新计划项目“森林病虫害监测与防控”资助。在社会兼职方面，骆有庆教授新任全国林业有害生物防治技术标准化委员会主任委员、第三届中国进出境动植物检疫风险分析委员会委员。

各类在研课题进展顺利，新获批国家自然科学基金面上项目3项，林业公益性行业科研专项1项，博士点基金1项，北京林业大学科技创新项目3项，农业科技成果转化资金项目1项，教育部新世纪优秀人才支持计划项目1项。获北京市哲学社会科学“十一五”规划优秀成果1项；申请专利2项。获得国家发明专利授权1项；发表中文核心期刊论文38篇，SCI收录论文6篇。

2011年毕业博士生4名、硕士生12名；博士研究生任利利赴德国哥廷根大学森林动物与森林保护系进行3个月的短期研修，博士研究生陶静继续在澳大利亚悉尼大学生物科学学院行为和生理学实验室开展相关研究工作，博士研究生周娇赴日本东京农工大学进行2个月的短期研修。

完成学校优势学科创新平台子平台的建设工作，“211工程”设备已基本到位；科学研究平台进一步得到完善，在化学生态、分子生物学以及细胞生物学等方面研究使用的仪器设备有了进一步加强。

由北京林业大学等5个单位共同主办的第6届亚太化学生态学大会在北京举行，会议主题为“化学生态学的未来：21世纪绿色化学生态学”，学科共有2名教师和6名研究生参加。博士研究生周娇参加在日本东京农工大学举行的第17届日本野生动物医学大会，硕士研究生张慧参加在荷兰瓦格宁根举行的第14届昆虫与植物关系论坛。

针对“森林资源保护与游憩专业”存在的问题，主办了全国高等农林院校森林保护专业及学科建设研讨会，应邀参加了“国家林业局森林保护学科建设高级研讨班”，阐述了森林保护学科以及专业建设的改革思路和设想，并组织全国高等农林院校针对“森林资源保护与游憩专业”存在的主要问题、解决对策和具体措施，特别是创新型人才培养目标等问题进行了广泛的调研、问卷调查和分析，向教育部教学指导委员会提交了系统详尽的修订建议报告。

针对学科发展状况，组织离退休老教授、相关学科教师、研究生和本科生举办了多次专业建设研讨会，对今后专业发展方向有了更明确的共识。

森林经理学

【学科概况】 国家重点学科。学科点由中国著名森林经理学家范济洲、关毓秀、于政中教授于1952年创立，1956年开始招收研究生，1981年获首批硕士、博士学位授予权，1989年被评为国家重点学科。1996年被列为国家“211工程”重点建设学科，2006年成为国家林业局重点学科，2009年成为“优势学科创新平台”重点建设学科。以该学科为主干学科，1995年建成国家林业局“森林资源与环境管理重点开放实验室”，2004年建成“省部共建教育部森林培育与保护”重点实验室。在我国森林经理学科领域发挥了重要的引领作用。

学科主要研究方向：森林可持续经营理论与技术、森林生长收获与模型模拟、森林监测与评价、林业遥感与信息技术。

【2011年学科建设的主要进展与成效】 学科现有固定在编人员31人，其中，教授12人、副教授15人，有1人为省部级有突出贡献的中青年专家，2人为省部级跨世纪青年学科带头人，1人获教育部高校青年教师奖励计划资助，1人获教育部新世纪优秀人才支持计划资助，25人次担任全国性学会副理事长、常务理事等职务。学科队伍具有博士学位25人，占总人数的85%，具有博士后经历的8人，80%以上具有在国外留学和访问学者的经历。

科学研究：①森林可持续经营理论与技术：理论研究内容，包括森林多功能经营理论与途径、防护林森林成熟、林业文化体系、森林规划理论与方法、森林资源变化规律、森林结构与功能耦合机理、集体林森林经营理论、材积理论模型。方法研究与时俱进，提出有创新的森林经营方法，包括防护林和用材林作业法、森林健康经营评价方法、森林多功能经营方法、防护林区划调查方法、林业数表系列化方法、集体林森林经营方法与技术、森林可持续经营认证与产销监管链认证。主持、参与“中国森林可持续经营标准”“中国森林可持续经营指南”“中国森林经营认证标准”“中国产销链认证标准”“中国森林经营认证实施规则”“中国森林认证审核导则”“中国森林采伐更新规程”“森林经营方案编制纲要”“公益林建设标准”“材积表编制标准”等20多个标准和规程编制。

②森林生长与模型模拟：主要包括单木生命过程与模型，各尺度森林群体过程、结构与模型，人工林结构与过程，天然林结构与过程，森林多种效益过程与模型。

③森林监测与评价：主要研究森林区划、森林调查、森林经营方案编制、经营模型和经营数表、森林资源与环境综合监测与评价、国家重点林业工程监测等理论、方法及技术。

④林业遥感与信息技术：以天—空—地一体化对地观测技术为支撑，研究森林资源信息提取技术、林业定量遥感、森林资源时空格局分析技术、森林可视化、林业信息系统研建、森林灾害遥感监测。

2011年培养了博士研究生7名，硕士研究生26名。

拥有国内外学术期刊55种、专业著作8000余册、国内外相关教材85部、森林规划设计和经营方案300余个、学位论文500余篇、相关学术研讨会资料/论文集200余部、主要林区航空和航天影像资料。学科设有205平方米的研究生专用研究室，每人配备计算机1台，拥有服务器与学校图书馆和网络中心连接，可以充分使用图书馆和教育网资源。研究生实验室配备RS、GIS、GPS软件和硬件、统计分析软件、数学模型软件、规划设计软件、信息管理软件等，能充分满足研究生培养的需要。与中国林科院情报中心、国家林业局规划院、中国科学院图书情报中心实现信息共享。在福建三明建立以森林经理学科为主的综合教学科研基地，王新杰副教授挂职2年。

2011年10月，中国林学会森林经理分会和北京林业大学主办《全国森林可持续经营学术研讨会暨董乃钧林人奖励基金成立大会》，“董乃钧林人奖励基金”由北京林业大学森林经理学科、山东东营三明林业发展股份有限公司、四川博源生态林业开发有限公司、北京地林伟业信息技术有限责任公司4家单位联合发起设立。该基金已获得3家企业捐资人民币共460万元。

学科与福建三明开展“协同创新计划”建设模式政产学企研讨活动。通过与当地基层政府、林业企业面对面地交流与沟通，深层次了解基层林业面临的实际问题，明确合作可能方向及切入点，为学科发展搭建实践的桥梁。

举办第四届森林文化学术研讨会。

完成江西森林资源生态系统效益评估及其评估报告。

主持国家林业局森林认证试点，主持编写“中国森林认证审核培训教材”，完成第二期全国森林认证审核员培训。

野生动植物保护与利用

【学科概况】 国家重点学科。学科面向国家自然保护领域的科技需求，以动植物保护生物学研究为主线，以动植物保护的理论及动植物资源利用为两翼，注重理论与应用知识研究的整合性，关注分子、细胞、组织、个体、群落等层面研究的有机联系，围绕动植物保护与利用开展深入的研究。

学科研究方向，动植物系统学及进化生物学、动植物生理生化及繁殖生物学、动植物遗传多样性及种质资源保护、动植物保护生物学及自然保护区建设、动物免疫及疫源疫病研究、生物资源利用与产业技术研究。

【2011年学科建设的主要进展与成效】 学科现有12人，其中教授4人、副教授5人、讲师3人。

2011年学科总结“十一五”期间的科研积累和成果，将动植物系统学、濒危物种重引入生物学、药用动物生物学、复合农林系统害虫生态调控作为主攻方向，并取得了显著的进展；承担国家自然科学基金、科技部林业公益专项、教育部博士点基金、国家林业局物种专项等课题12项，经费500余万元；发表学术论文16篇，其中中文核心期刊10篇，SCI刊源6篇。

2011年度招收硕士研究生16人，博士研究生5人；毕业硕士研究生15人，毕业博士研究生3人。

学科的“珍稀濒危及资源物种非损伤技术实验室”和“树木系统进化与生物地理学实验室”得到加强，特色更为鲜明。以实验室为依托，正在顺利实施林麝、朱鹮、普氏野马、赛加羚羊、川金丝猴、大熊猫等物种的保护遗传学、繁殖生物的研究，林木种质资源研究，初步具备动植物遗传多样性、生理免疫等微观生物学层面的研究能力，形成了具有一定程度个体化的研究实验室。

在国内学术交流上，学科共有4位教师及7名研究生参加了动物学会、植物学会的年会；邀请1位国内知名专家进行学术讲座，1位国外专家参与课题研究及学术讲座。

学科教师多人担任国务院第七届国家级自然保护区评审委员会委员、IUCN物种生存委员会成员、动物学会常务理事、兽类学会理事、鸟类学会副秘书长、鹤类与水鸟专家组组长、《动物学杂志》编委、《Chinese Birds》编委以及北京市动植物学会的理事等社会职务，参与了国家级自然保护区的评审，国家林业局濒危物种保护和利用的行政审批专家会、濒危物种保护的专家组活动，重要铁路、公路及桥梁建设的专家评审会等活动。同时，学科教师多人多次为地方经济动植物的保护、利用及开发提供科技咨询，并业已成为学科的正常社会服务活动。

园林植物与观赏园艺

【学科概况】 国家重点学科。现有多家国内权威学术机构挂靠于园林学院，其中有国家花卉工程技术研究中心、全国风景园林硕士专业与教育指导委员会、国际梅花品种登录中心、中国园艺学会观赏园艺专业委员会、中国插花花艺研究会、全国插花花艺培训中心、中国花协梅花蜡梅分会、中国花协牡丹芍药分会等。每年组织2～3次各类全国和国际学术会议，以扩大学科的国内外学术交流。学科成为国内外园林植物学科学术交流的重要平台。

学科具有4个稳定的研究方向：观赏植物种质资源及遗传育种、现代化花卉栽培技术、花卉生物技术研究、园林植物应用与园林生态研究。

【2011 年学科建设的主要进展与成效】 学科现有教师 32 人，其中，45 岁以下的专业课教师 100% 具有博士学位，教授 9 人、副教授 9 人，博士生导师 8 人，在国内、国际有较大影响的学科带头人 1 名，1 名入选教育部新世纪优秀人才计划，在国内有较大影响的中青年学术骨干 17 人，形成了一支以国家级突出贡献专家、博士生导师为核心，年龄结构合理，知识领域广阔，在国内国际有较大影响的高水平的学术队伍。

2011 年在研各类科研项目一共 21 项，经费总额达到 902.65 万元，其中 2011 年新立项科研项目 7 项。发表论文 200 篇，科技著作出版 9 部。

2011 年，本学科科研的标志性成果是获得国家科技进步二等奖 1 项——“主要商品盆花新品种选育及产业化”。该项成果建立了优异种质评价筛选体系，筛选优异种质 169 份和关键育种亲本 46 份；建立了热带兰、菊花、杜鹃花高效综合育种体系，培育出一批性状优良的品种；建立了新品种配套的种苗繁育及标准化生产技术体系，解决了蝴蝶兰种苗生产周期长的难题，提高生产效率 38%~48%，蝴蝶兰生产实现国产化，产品占我国蝴蝶兰盆花市场份额的 40%；建立“三位一体”的大花蕙兰和卡特兰生产技术体系，利用该技术生产的大花蕙兰和卡特兰种苗产品分别占全国市场份额的 30% 和 45%。首创漂浮法高效育苗技术，攻克高山杜鹃花人工繁殖难题。培育出自主知识产权新品种 54 个，其中获中国植物新品种权 14 项（占同期全国花卉新品种权的 14.5%）、美国植物品种专利 1 项，审定良种 6 个，国际品种登录 15 个；申请专利 23 项，获国家发明专利 10 项、实用新型专利 1 项；制定行业标准 2 项（已颁布）、企业标准 8 项。通过本项目关键技术成果的推广与示范，2008~2010 年合计示范推广面积 39 万平方米，生产优质种苗 9975 万株、盆花 5136.5 万盆，出口种苗 2100 万株，新增产值 15.2 亿元以上，新增利润 3.34 亿元，出口创汇 2720 万美元，取得了显著的经济效益和社会效益。利用项目技术生产的盆花占全国同类产品产值的 15.7%，示范辐射效果明显，经济社会效益显著，有力地促进了我国盆花产业结构调整与优化升级。

2011 年，招收园林植物与观赏园艺硕士研究生 60 人，博士研究生 16 人。2011 年获得硕士学位 55 人，博士学位 12 人。

通过发挥国家花卉工程技术研究中心所搭建的平台和辐射作用，建立推广示范产业基地，将花卉科研成果直接应用于花卉生产。目前主要推广辐射的园林植物，包括菊花、梅花、牡丹、芍药、百合、榆叶梅、紫薇、杜鹃花、月季、报春花等。

举办国际和全国性学术会议并承办各类国内外培训等活动，扩大我国园林及园林教育在国际上的影响，提升国际地位；活跃学术思想、提高创新能力，提升国际竞争力，提高我国园林行业的整体水平。2011 年 8 月挂靠在北京林业大学园林学院、依托园林植物与观赏园艺学科的中国园艺学会观赏园艺专业委员会在宁夏举办学术年会，大会推出了由张启翔教授主编、中国林业出版社社出版的系列出版物《中国观赏园艺研究进展(2011)》，截至 2011 年已经连续出版了 8 部，反映了我国观赏园艺学科的研究进展情况。

通过开展国际合作研究、国际联合培养学生，拓宽学术交流领域和深度，丰富创新人才培养的模式，保持与国际同类学科同步发展。派送园艺专业本科生到荷兰花卉企业实习，收到很好的效果。

通过“211 工程”三期建设，为学科科学研究的开展、创新人才的培养、国内外学术交流、成果转化、国际合作、服务国家城市人居生态环境建设、花卉产业发展，提高学科整体水平和国内外地位提供基础保障；为学科的进一步发展、创新能力的提高提供平台。支撑园林植物与观赏园艺学科的教研室有园林树木、园林花卉和观赏园艺 3 个教研室；拥有园林植物实验室 2000 平方米以上，并拥有现代化大型温室 6000 平方米，配套组培楼 1 座，国产玻璃温室 5 座，园林植物资源圃 13 万平方米。2011 年学校本科实习教学增加的北京 8 家场圃 3333 平方米，目前已应用于园林植物实习，增加了学生的实习机会，提高了学生的动手能力。

围绕加强公共服务体系建设，进一步建设和完善国家花卉工程技术研究中心，在北京小汤山基地建设3000平方米的连栋温室，引领国家花卉技术研发，成为具有国际影响的花卉技术研发机构，研发的技术辐射到全国主要花卉产区，目前在全国已经设立有19个分中心。

水土保持与荒漠化防治

【学科概况】 国家重点学科。学科始建于1952年。1980年北京林业大学正式成立了水土保持系，1981年批准建立全国第一个水土保持硕士点，1984年批准建立了全国唯一的水土保持博士点，1989年被国家教委确定为第一批国家重点学科，1996年被列入"211工程"重点建设学科。2001年重新申报后，再次成为国家重点学科。

学科3个主要研究方向：水土保持、荒漠化防治、林业生态工程。

【2011年学科建设的主要进展与成效】 2011年，从浙江大学、中国科学院生态环境研究中心招进贾昕、韩玉国2位具有博士学位的青年教师，学科总人数达到22人，其中教授13人，副教授5人，讲师及助教4人，具有博士学位的教师达到总人数的95%；学科中45岁以下青年教师占40%，45～55岁的中年教师占55%，55岁以上老教师占5%。学术队伍方向明确，形成以中青年教授为学术骨干、老中青结合、学缘结构合理、学术梯队完善的学科队伍。

2011年，学科共承担科研项目22个，其中国家林业局公益项目3个，"十一五"国家科技支撑计划专题1个，国家自然基金项目3个，国家林业局"948"项目1个，国家林业局推广项目1个，北京市合作课题3个，国家科技合作项目1个，横向课题6个，其他项目3个。获得北京市科技进步三等奖1项，获得梁希科学技术二等奖1项，获得青海省科学技术二等奖1项；发表SCI、EI、ISTP三大检索系统收录论文16篇，获批发明专利5项，出版专著5部，出版普通高等教育"十一五"国家级规划教材2部。

2011年，学科共培养研究生66人，其中硕士生38人，博士生28人。

2011年，学科承担优势学科创新平台子平台"脆弱生态系统退化机制与恢复重建"项目，在北京西山林场普照院建设完成大型人工降雨实验系统和风洞实验系统，研究条件得到进一步改善。

在产学研基地建设方面，山西吉县、北京西山、重庆缙云山、河北丰宁、山西方山、宁夏盐池、青海大通、陕西吴旗和北京延庆等野外教学科研基地运转正常，为广大教师、研究生和本科生提供了良好的实习实验条件。

学科在保持国内广泛的科研合作与学术交流的同时，与美国北卡罗来纳州大学、美国康奈尔大学、日本武藏工业大学、德国慕尼黑大学、德国霍恩海姆大学、德国Cottbus大学、奥地利维也纳农业大学、韩国首尔大学、以色列农业大学、台湾中兴大学、台湾屏东大学保持稳定的科研合作和学术交流关系。2011年，正在进行的中德合作研究项目1个；派出6人次到加拿大、澳大利亚、德国学习与考查，接纳美国、日本、德国等国家相关科技人员4人来华讲学并进行学术交流。

学科面向生产建设水土保持主战场成立的具有独立法人资格的"北林丽景生态环境规划设计院有限责任公司"运转正常，效益良好；负责承建的"中国荒漠化培训中心"与甘肃省治沙研究所合作，在甘肃兰州和武威举办了国际荒漠化培训班。

林业经济管理

【学科概况】 国家重点(培育)学科。教育部农林经济教学指导委员会副主任单位。学科教学研究活动始于1952年，经过60年的建设和发展，林业经济管理学科在国内享有较高学术地位并具有一定的国际影响。1984年获林业经济硕士学位授予权，1996年获林业经济管理博士学位授予权，2005年获农林经济管理一级学科博士学位授予权。2006年成为国家林业局重点学科，2007年被评为国家级重点(培育)学科。

学科主要研究方向：林业经济理论与政策(主要包括森林资源价值、林业可持续发展、林业市场化等方面的理论与政策问题)，林业管理(包括林业企业管理理论、森林资源管理、自然保护区与生物多样性保护管理)，森林资源核算与资产化管理(主要包括森林资源价值核算、森林资源资产评估和资产管理、绿色GDP等)，林产品市场与国际贸易(主要包括林产品市场分析、贸易政策、林业产业发展等)。

【2011年学科建设的主要进展与成效】 2011年底,学科有专任教师20人,其中拥有高级职称的18人,中级职称2人;具有博士学位19人;博士生导师17人(其中外聘博士生导师6人);聘请国外梁希学者2人。

2011年,学科科研立项20余项,科研经费近300万元。其中,国家自然科学基金项目1项,国家社会科学基金项目3项。由宋维明教授为首席科学家的“我国西部林业生态建设政策评价与体系完善研究”中标国家社科基金重大项目,实现了林业院校在全国哲学社会科学领域最高级别科研项目的重大突破。

2011年,学科出版教材专著11部,其中刘俊昌主编了“十一五”国家级规划教材《林业经济学》;SCI、EI和ISTP三大检索系统检索的论文共30篇,其中SCI检索4篇、SSCI检索1篇、EI检索2篇。

温亚利等人完成的“林业重点工程与消除贫困问题研究”获第四届梁希林业科学技术二等奖,张颖、温亚利完成的“森林绿色核算和绿色政策研究”获第四届梁希林业科学技术三等奖。“中国木材产业安全研究”获中国林业产业突出贡献奖。

学科在站博士后8人,博士生117人,硕士生(含专业学位)109人,留学生5人;年招生规模博士研究生约40人,硕士研究生(含专业学位)35人。

2011年底,已经建成林业政策实验室、森林资源经济与管理实验室、林业产业经济与贸易实验室;已开发了林业政策决策支持系统、森林资源经济与管理动态模拟系统、林业产业经济与贸易模拟试验系统等3个系统。积极拓展实践基地,进一步深化南方集体林区林业经济管理和林业政策综合研究及实习基地、西部地区林业生态建设及生态管理综合研究实习基地建设、江西铜鼓研究实践实习基地,2011年新建了福建三明林业产业与企业教学实习基地,使学科点固定研究基地数量达到了5个。

学科先后与美国耶鲁大学及密歇根大学、加拿大多伦多大学、日本北海道大学及九州大学、韩国的首尔大学、荷兰的瓦特宁根大学、瑞典农业大学等国外大学建立了学术交流关系。举办中日韩林产品贸易国际研讨会、森林与低碳经济研讨会等国际学术会议,承担5届商务部发展中国家林务官培训活动,承办2期上海合作组织林业管理官员研修班,招收亚太林业网络及中国政府奖学金留学生10人,提升了中国林业经济管理学科的国际影响。国内学术交流方面,发起和举办林业经济论坛、中国林业经济学科建设高峰论坛,举办多届林业技术经济研究会学术年会、林业经济与管理学科研究生培养规范研讨会、全国林业院校经济管理类青年骨干教师教学方法研讨会等全国性学术会议。

学科将理论研究成果与我国发展实际相结合,为国家林业发展和生态建设提供重要的软科学支撑和政策咨询。参加国家林业重大问题调研,在国家木材贸易及木材安全战略、应对非法木材采伐对策、林业产业发展政策、绿色GDP核算、森林与湿地生态补偿、荒漠化治理及生物多样性保护等重点领域上,提供系统政策咨询及理论支持;成立了北京林业大学产权研究中心,为国有林场森林资源管理、集体林权改革及配套政策制定提供决策支持。参与《森林法》及《森林法》修订、《自然保护区法》、《湿地保护条例》等重大立法调研;参与林业六大工程的论证、跟踪研究、政策评价等工作;参与国家林业发展规划、林业科技发展规划、林业产业发展规划等重要规划的研究和制定工作;主持制定了《我国林业及相关产业分类》等管理技术工作,参与制定了天然林资源保护工程等3个林业重点工程社会经济效益监测指标体系的行业标准,为国家林业管理科学化发挥了积极作用。此外,还广泛参与地方林业改革与发展政策的制定,通过建立合作基地、委派教师到地方林业管理部门挂职等方式,支持地方林业管理与决策的科学化,将现代林业管理理论和研究成果服务于我国林业建设与发展。

省部级重点学科建设

生态学

【学科概况】 北京市重点学科，国家林业局重点学科。源于1952年建立的森林学，著名植物学家汪振儒教授和中国生态学会前理事长李文华院士为学科创始人，中国最早的博士点学科之一。2003年被评为北京市重点学科。为我校“211工程”和“优势学科创新平台”重点建设学科。经过近60年的凝练和积累，形成以森林生态为核心，自然保护为特色的涵盖森林、荒漠与湿地研究领域的学科体系。在我国北方退化森林生态恢复研究等方面取得突破性进展，为我国天然林保护工程、湿地保护工程和珍稀濒危物种保护与自然保护区建设工程提供了有力的支撑。

生态学科是我校新学科增长点，在生态学科的努力下，新建了自然保护区学科以及森林保护、森林土壤和环境科学的博士点，形成了完整的生态建设的学科体系。学科拥有实验室面积800余平方米，仪器设备总价值6540万元，野外长期研究基地和网络台站2处。近年来承担“973计划”、“863计划”、国家自然科学基金和科技支撑等纵向科研课题多项，经费近1亿元。获国家级科技进步二等奖1项、省部级科技奖20项；获得国家级教学成果奖2项，省部级教学奖励7项。为国家生态学人才培养和生态环境建设做出了突出贡献。

学科主要的研究方向：森林生态学、生物多样性保护与恢复生态学、全球变化生态学、生态管理与规划。

【2011年学科建设的主要进展与成效】 现有教师20人，其中教授6人，副教授8人。2011年，晋升教授1名，晋升副教授1名。学科聘请了德国哥廷根大学教授K. V. Gadow博士、英国洛桑试验室的吴连海教授、加拿大森林生态系统经营规划咨询公司刘国良博士等为客座教授，其中Gadow博士2010年被评为教育部海外名师。

同时，多名教授担任国内外学术刊物的副主编、编委等职务，其中孙建新教授担任Forest ecology and management、Journal of Plant Ecology、Journal of Integrative Plant Biology、Ecological progress等国际重要刊物的副主编、编委等职。2011年，生态学被评为北京市的教育先锋号；生态学教研室被评为北京林业大学优秀教研室；生态学教研室主任刘艳红老师被评为校级优秀教研室主任。

学科紧紧围绕全球变化背景下国家生态建设和恢复的重大需求，在森林生态、恢复生态、保护生物学、全球气候变化和生态管理等方面开展工作。在我国北方退化森林生态恢复、自然保护理论与保护体系研究方面取得突破性进展。2011年，学科教师承担了国家“973计划”“十二五”科技支撑项目、林业公益性行业专项、国家自然科学基金项目等课题30余项，科研经费3000余万元。在国内外刊物共发表论文近100篇，其中SCI收录论文10篇。出版著作2本，教材1部。2011年，李俊清教授主持申报的“大熊猫栖息地恢复研究”获得教育部科技进步二等奖。

2011年，招收博士研究生11人、硕士生29人；毕业博士生9人，毕业硕士生26人。有1名博士研究生进入建设高水平大学国家公派研究生项目录取名单，作为联合培养博士留学澳大利亚科技大学1年，1名博士研究生将前往英国洛桑实验室留学1年，并派出多名研究生赴加拿大、德国等国进行短期学习。

李俊清教授主编的《森林生态学》被评为2011年北京市高等教育精品教材；张春雨副教授的博士学位论文获国家优秀博士论文提名；刘艳红副教授、郑景明副教授等以访问学者的身份赴美国康宁狄格大学和新泽西州立大学进行合作研究。

通过“211工程”三期的建设，科研实验室面积增至400平方米，包括森林生态实验室、全球变化实验室、生物多样性和生态恢复实验室、林火和生态管理实验室、气象实验室等。新建成吉林蛟河林业局生态产学研基地以及北京百花山实习科研基地，初步设立了内蒙古额济纳绿洲植被及其植物适应研究基地。进一步完善了国家林业局山西太岳山森林生态站、黑龙江郎乡实习科研基地以及西部云冷杉林、中部油松和东北阔叶红松林3条天然林南北样带。

同时，以赵秀海教授牵头申请的“以生态学科为主体的森林资源生态系统过程”北京市重点实验室获批建设。

通过举办国际会议，选派中青年教师参与国外著名研究机构的研究工作，邀请国际知名专家来华合作研究和讲学。2011年，学科多名教师赴英国与爱丁堡大学、英国森林研究中心、爱斯特大学和洛桑研究中心、德国联邦自然保护局等高校和科研院所开展了学术交流和长期科研合作的探讨，其余老师也多人次赴国外参加国际学术会议或进行学术交流。

学科也积极邀请国内外学者来我校进行学术交流。2011年先后邀请来校进行学术交流和访问的国外知名生态学家和林学专家有：Ecology 主编 Donald R. Strong 教授，Forest Ecology and Management 主编 Peter Attiwill 教授，美国俄勒冈州立大学 David Turner 教授，英国洛桑实验室 Philip. Murray 教授、吴连海教授，加拿大林务局李超教授，澳大利亚悉尼科技大学于强教授，等等。

城市规划与设计(含风景园林规划与设计)

【学科概况】 北京市重点学科、国家林业局重点学科。全国本科园林专业教材的组织编制单位、中国风景园林学会教育工作委员会的挂靠单位和主任委员单位、国际风景园林教师理事会(CELA)的会员单位，全国风景园林硕士专业学位(MLA)秘书处也设在该学科。拥有全国最重要的风景园林学术刊物之一的《风景园林》学刊。学科2011年获批准建筑学博士学位授权一级学科点。

主要研究方向：风景园林规划设计与理论、风景园林历史与理论、风景园林建筑设计与理论、风景园林工程与技术、城市绿地系统规划、城市规划设计与理论。

【2011年学科建设的主要进展与成效】 学科现有中国工程院院士1名；博士生导师18人，硕士师导师51人(其中外聘1人)。2011年新增硕士生导师1人，新增遴选风景园林专业学位研究生导师11人。2011年启动风景园林学一级学科规划设计领域的9个青年学术研究团队建设项目。

2011年，本学科完成多项科研和规划设计项目，如重塑“天堂”——杭州环西湖地区景观整治、北京市北郊森林公园地区规划前期专题研究、广州数字园林“十二五”规划、杭州江洋畈生态公园、法国肖蒙花园展展园设计等。发表多部学术专著和多篇高水平的学术论文，如《孟兆祯文集：风景园林理论与实践》《中国皇家园林叠山理论与技法》等。

2011年，学科共招收全日制研究生248名，其中博士研究生33名，学术型硕士研究生135名，全日制专业学位研究生80名；招收非全日制专业学位研究生118名；共授予学位258名，其中授予博士学位29名，学术型硕士学位178名，全日制专业学位51名；共授权在职攻读专业学位141名。

2011年，学科多次获得国内外重要竞赛的奖励，如IFLA亚太区风景园林设计竞赛大奖1项、二等奖1项、中国风景园林学会2011年年会优秀论文一等奖1项、二等奖1项，三等奖1项等。

学科建立了多层次网络化的教学和科研基地。除了风景园林研究所、计算机辅助设计室等学院内的研究所(室)和实验室之外，还包括2个具有甲级资质的设计院——深圳市北林苑景观及建筑规划设计院和北京北林地景园林规划设计院有限责任公司，以及北林科技园林工程公司、深圳市北林地景园林工程有限公司等。此外，还在全国各地和企业事业单位合作建立了教学实习基地41家。

学校图书馆有风景园林方面图书超过8万册，学院资料室有风景园林规划与设计方面的图书2.5万余册，并且订有国内外相关学术期刊85余种。学科各工作室和研究生各宿舍中均有上网条件，可查阅最新的学术信息和动态。

2011年，共接待国外12个国家27次34人来访。派出参观访问交流11个国家45人次。举办国际学术会议2次，参加11项会议，提交论文十余篇，与美国得克萨斯A&M大学建筑学院签署了合作协议。

学科4月30日至5月1日举办的“国际风景园林师高峰论坛”，邀请了来自德国、英国、法国、西班牙、荷兰、美国、澳大利亚、丹麦等8个国家的8位大师，他们分别解读了各事务所近年来完成的城市规划、空间设计、建筑设计、园林设计的优秀项目，设计理念、设计风格以及当代风景园林的发展趋势。

学科点李雄、王向荣、朱建宁、刘晓明等一大批中青年学者和教师，在进行了大量理论研究的同时，还从事了广泛的规划设计实践，如长江三峡风景名胜区总体规划、2012年第三届亚洲沙滩运动会核心区景观设计、北京市永定河绿色生态走廊建设绿化方案、内蒙古黑里河国家级自然保护区道须沟生态旅游规划、十堰市城市绿地系统规划、洛阳新城拓展区中央景观设计等几乎覆盖了我国所有的省区市，在国内外产生了广泛的影响。此外，还完成了多项国家重要的规划设计项目。

森林工程

【学科概况】 北京市重点学科。2003年获得博士学位授予权。其前身主要是林业与木工机械学科。中国森林利用学专家陈陆祈先生为学科奠基人。该学科围绕森林工程学科领域的国际研究前沿和发展趋势，结合我国林业建设对高层次科技人才和技术的市场需求，承担硕士、博士、博士后创新型人才培养任务，开展现代林业装备、森林信息监测以及林业人机工程学的研究，并积极促进成果转化。

主要研究方向：森林工程装备及其自动化、林业人机环境工程、森林及其环境信息监测。

【2011年学科建设的主要进展与成效】 学科在岗教师8人，其中国务院学科评议组成员1人，教授(博士生导师)3人，副教授3人，讲师2人。担任全国二级学会副理事长1人、副秘书长1人、理事2人。

2011年度，学科获得了经济林果采摘运输、人工林采伐、抚育技术与设备、森林及其环境无线传感器网络监测、林业机器人技术等一批特色成果，“人工林自动整枝技术及设备”获得北京市科学技术奖三等奖。学科整体水平处于国内同类学科前列，森林工程装备研究处于国内同类学科领先水平。

2011年，学科主持国家自然科学基金、国家林业公益行业专项、教育部博士点基金、“948”项目、国家林业局重点、博士后基金等国家和省部级课题13项，在研总经费778万元。2011年新立项科研课题6项，其中国家自然科学基金1项，“948”项目1项，国家公益性行业专项子项目1项，北京市自然科学基金1项，博士后基金1项，教育部博士点基金1项。国家林业公益性行业科研专项“多功能林果采摘设备研制与示范”通过国家林业局组织的验收。

2011年学科教师共发表学术论文21篇，其中EI、ISTP收录4篇；获得国家授权专利10项，其中国家发明专利4项；申请国家发明专利10项；出版专著1部。

2011年招收博士研究生1名、硕士研究生6名，在读研究生总人数34名(其中博士研究生12名)。毕业研究生8名(其中博士研究生1名)。魏占国完成的“林木联合采育机底盘设计理论研究与应用”博士论文获得北京林业大学优秀博士论文。

学科与中国福马集团、石家庄中博科技发展有限公司、石家庄动力机械厂建立了产学研合作关系，发展完善了科研基地；研制的单轨运输系统在河北省井陉县建立了示范基地；自动化工程固沙技术和设备继续在内蒙古沙地应用推广，形成了稳定的示范基地。

2011年学科派出1名青年教师赴美国林产品实验室进修，2010年被派到美国学习的阚江明副教授于2011年按时回国，成为了学科的重要学术骨干。学科教师赴日本、美国和加拿大进行学术交流共7人次，学习了先进国家在森工装备及林业信息管理等方面的技术。

林产化学加工工程

【学科概况】 北京市重点学科，国家林业局重点学科。始建于1958年，1993年成为硕士点，2000年成为博士点，2006年被批准为国家林业局重点学科，2007年被批准为北京市重点学科。

研究方向：林产植物资源化学、制浆造纸、生物质能源及化学品、精细化工、功能高分子材料、二次纤维利用。

【2011 年学科建设的主要进展与成效】 学科现有教授 6 人，博士生导师 5 人，副教授 15 人，入选教育部新世纪优秀人才 3 人，具有博士学位的教师 19 人，全国一、二级学会副理事长、常务理事、理事 9 人次。目前有在站博士后 3 人，在读博士研究生 19 名，硕士研究生 54 名。学科宋先亮副教授从美国北卡罗来纳州立大学进修回国，接收应届毕业博士 2 名为学科新教师，学科有 1 名教师晋升教授、1 名教师晋升副教授，马明国副教授入选教育部新世纪优秀人才计划，新增中国林学会材料分会常务委员 2 人。

学科继续执行国家“973 项目”、教育部学科创新引智重大项目、国家自然科学基金重点和面上项目、林业行业公益性研究专项、“948”引进项目、林业科学技术推广项目等课题，新增国家自然科学基金面上项目 2 项、林业公益项目 1 项、林业局重点项目 1 项，发表 SCI 收录论文 44 篇、EI 收录论文 7 篇，申报发明专利 11 项、授权发明专利 5 项。蒋建新教授荣获 2011 年国家技术发明二等奖(第二完成人)和 2011 年梁希林业科学技术二等奖(第一完成人)。

毕业博士研究生 2 名、硕士研究生 19 名，招收博士研究生 8 名、硕士研究生 22 名，指导国家大学生创新计划 4 项。1 名教师从美国公派访问学者学成回国，2 人参加师资培训并通过教师资格考试。获得校级优秀博士论文和优秀硕士论文各 1 篇，有 8 名研究生获得研究生创新计划项目资助，占全校资助项目总数的 57% 。

在“211 工程”建设项目、教育部学科创新引智项目、优势学科创新平台等经费支持下，学科购进并启用凝胶色谱仪、全自动发酵罐、气－质连用仪、膜分离装置等大型仪器设备，总投入经费近 300 万元。

学科先后有 5 人次分别去美国、加拿大等国进行交流访问，邀请美国密歇根州立大学、瑞典隆德大学、加拿大不列颠哥伦比亚大学、英国威尔士大学等 7 人次来学科讲学交流。学科有 12 人次参加国际学术会议、19 人次参加国内学术会议。

学科与内蒙古牙克石栲胶厂、河北春蕾集团、国家电网集团、福建三青农林开发有限公司、华北制药集团等单位保持良好的教学科研合作关系，并派出经验丰富的教师深入生产一线解决实际生产中的问题，建成了植物提取物、生物质分离与利用、纤维素乙醇、溶剂法制浆等一批中试生产线。

土壤学

【学科概况】 北京市重点学科，国家林业局重点学科。是目前我国林业院校唯一土壤学领域的博士学位授予点。1983 年开始招收硕士研究生，1986 年被国务院学位委员会批准设立森林土壤学硕士点，1990 年由森林土壤学改为土壤学，1993 年在国务院学位委员会组织的林科硕士学位与研究生教育评估中获得土壤学科第一名。2005 年被国务院学位委员会批准为首个林业院校的土壤学博士点，并同时被授予一级学科“农业资源利用” 硕士学位授予点。

学科主要研究方向：森林土壤与树(花)木营养、土壤水气运动与土壤侵蚀、土壤生态与植被恢复。

【2011 年学科建设的主要进展与成效】 2011 送出 1 名青年骨干教师去美国做访问学者 1 年，1 名骨干教师从美国做访问学者归来，2 名教师去新西兰进行短期学术交流。注重学术队伍充实，聘请北京市园林绿化局国际合作项目办公室主任、教授级高工王小平为土壤学科外聘博士生导师。

学科针对我国和首都经济发展及生态环境建设中存在的土壤及其相关问题，展开了一系列研究。2011 年国家基础性工作专项“森林土壤资源调查与标本搜集” 、北京市科技计划课题(重大)公益应用类“北京市园林绿化废弃物资源再利用生产花木基质关键技术研究及示范”结题。正在执行国家重点基础研究“973”项目“天然森林和草地土壤碳储量及时空格局”“十一五”科技支撑项目“沿海防护林盐碱地工程治理及植被恢复技术研究与示范”、北京林业大学优秀青年教师科技支撑专项计划“杨树人工林土壤有机碳固持及其稳定性机制” 以及横纵向课题 10 余项。新申请批准课题有科技部农转资金项目“花木泥炭基质生产关键技术转化与示范”、国家林业局“948”项目“利用柳树生态系统处理生活污水”。

制定北京市地方标准“园林绿化废弃物堆肥技术规程”。3 位教师荣获梁希林业科学奖三等奖，其中学科带头人孙向阳教授荣获环境保护科学技术奖二等奖，并获得国家发明专利4项、发表SCI论文2篇。

在本科生培养上，先后承担全校近10门土壤学系列主干课程，指导毕业论文(设计)8名，其中1名获得北京林业大学优秀本科生毕业论文。

在研究生培养方面，招收博士研究生3人，硕士研究生13人，授予博士学位3人、授予硕士学位10人，其中1名博士研究生获得北京林业大学优秀博士学位论文，孙向阳教授被评为“北京林业大学2010~2011年优秀研究生指导教师”。

目前学科有土壤实验室、肥料和植物分析实验室以及土壤标本室等760平方米的实验室，大型仪器20余台。

2011年1月，邀请丹麦循环利用中心首席执行官Peder Gregersen来华讨论利用柳树生态系统零排放处理污水技术在中国的推广前景；8月邀请加拿大阿尔巴塔大学可更新资源系教授Scott X. Chang博士来华访问1周。

学科与北京市科委、农委、园林绿化局等单位密切合作，为首都经济和环境建设提供了有力的科技和人才支撑。深入进行融雪剂对北京绿地次生盐害土壤的修复工作，主要是天安门油松土壤以及北京各地区街道绿篱的改良工程。

草业科学

【学科概况】 北京市重点学科。成立于1999年，2007年被评为北京市重点学科。具有草业科学博士和硕士学位授予权。本科设有草坪科学与管理方向及草坪管理(中美联合)方向。

主要研究方向：草坪科学与管理、草地资源与草地生态、城市生态用水。

【2011年学科建设的主要进展与成效】 学科现有教师11名，其中教授3名(均为博士生导师，二级教授2名，三级教授1名)，副教授4名，讲师3名，实验师1名。学术队伍结构合理，以教授博士生导师为研究方向带头人，同时注重后备人才梯队建设。所有教师均具备博士学位，一半以上的教师有留学经历，可以直接用英语授课；实验师1人，具备硕士学位；办公室和试验地辅助人员3人(学科聘用)。学科教师年龄结构合理，学术思想活跃，科研欲望强。

学科2011年主持承担着包括国家“863”计划、国家自然科学基金、国家林业局“948”项目、质检公益性行业科研专项等国家级和省部级项目10余项。发表论文近30篇，其中SCI、EI及ISTP收录5篇。获得国家发明专利1项，实用新型专利2项，转让国家发明专利2项，转让收入20万元。《运动场草坪(第2版)》被教育部高等教育司评为“普通高等教育精品教材”。

1999年和2000年分别开始招收草业科学专业硕士和博士研究生，2001年开始招收草坪科学与管理方向本科生，2003年开始招收草坪管理(中美联合)本科生，2006年开始与美国北达科他州立大学合作培养双学位硕士和博士研究生。2011年毕业本科生63人，硕士生16人，博士生4人。毕业生就业率近100%。

学科试验设施完善，建有设备完善的2个实验室(草坪生物技术实验室、草地资源与生态实验室)、2个固定的教学科研实习基地(昌平白浮草坪试验站、顺义草地植物实验站)和3个相对固定的教学实习基地(供本科生集中实习)。2011年在本科教学研究中心新建草学综合实验室，主要用于本科教学。

学科与国际间的学术交流频繁，先后邀请多名国际知名专家来我校访问交流，促进了国际草业界对我国草业发展的认识，同时能使研究生准确把握国际研究热点。学科韩烈保教授作为国际草坪学会主席(2009~2013)，主办了“第12届国际草坪学术大会中期会议”，来自9个国家的国际草坪学会理事参加了会议。2011年韩烈保教授被评选为第八届中国草学会副理事长，进一步扩大我校草学学科在国内的影响。

针对当前我国城市绿化中面临的问题，通过现代育种技术手段引进、培育和改良草坪草品种，提高其适应性和抗逆性，提高了草坪质量；通过全面研究草地遗传资源的分类和生物多样性，草地退化与沙化成因、过程及规律，退沙化草地植被恢复治理模式、途径与措施，为京津地区防沙治沙工作提供科技支撑；通过深入研究城市草坪、乔灌草混合型绿地的生态需水量，探讨城市绿地植物耗水规律，并应用节水灌溉、城市雨水和再生水资源的综合利用等技术，解决城市水资源紧张与绿地需水量大的矛盾。

生态环境地理学

【学科概况】 北京市重点学科。生态环境地理学，包括生态环境工程、工程绿化、复合农林学、自然地理学、地图学与地理信息系统5个硕士点，并设生态环境工程、工程绿化、复合农林学3个博士点。

主要研究方向：学科在生态环境地理学领域的研究主要涉及流域水文生态环境、土地科学与区域地理学、脆弱环境生态修复、城乡人居环境绿化工程等方面。学科教师在森林植被对流域水文过程影响、农林复合经营结构配置、脆弱环境生态修复、困难立地造林与植被恢复、城乡人居环境绿化工程等方面形成稳定和前沿性的学术研究方向。

【2011年学科建设的主要进展与成效】 现有教职工21名，其中博士生导师11名，硕士生导师10名；教授13人，副教授7人，讲师1人，所有教师全部具有博士学位。

学科承担“973”研究专题、国家科技支撑计划、国家自然科学基金、林业公益行业研究项目、教育部博士点基金等国家级及省部级项目20余项，项目经费1600万元。2011年获得国家专利4项，计算机软件登记3项。

学科建立设备完善的实验室3个(环规实验室、工程绿化实验室、生态环境工程实验室)和相对固定的教学实习基地4个(供本科生课程实习)。学科建有固定的教学科研实习基地3个(山西吉县、陕西吴起、宁夏盐池)，其中山西吉县为国家级生态站，宁夏盐池生态站为国家级水土保持科技示范园区。

2011年共发表论文63篇，其中核心期刊论文51篇、SCI收录论文4篇、EI收录论文8篇。学科新招硕士生40名，博士生15名。毕业硕士生38名，博士生12名。

学科广泛开展了国内外学术交流活动，2011年度，派遣1人到美国访问6个月，4人次到美国、澳大利亚、英国参加国际学术会议和交流，16人次参加国内学术会议和交流；邀请国外知名学者2人次来华进行合作研究与交流。2011年4月15～17日，在深圳主持召开了“第四届全国水土保持生态修复学术研讨会”，来自全国22个省市，30余所高校、科研以及基层单位的70余名代表参加了此次会议。

学科承担了学校本科生《地质地貌学》《水文与水资源学》《植物地理学》《环境学概论》《自然地理学》《土地评价与土地管理》《工程绿化概论》《工程绿化技术》《3S在水土保持中的应用》《地图学与地理信息系统原理》《人文地理学》《专业英语》等课程教学。

科学研究

【概　况】 北京林业大学科研处是学校开展科研工作的管理部门，现有职工10人，下设科研计划科、成果管理科、开发科、科研教学基地建设办公室和一个微生物研究所。2011年围绕国家及行业发展需求，规范科研项目管理，加强科研实践基地建设，营造良好学术环境，科学谋划，积极组织，科学研究能力与实力稳步提升，全面完成了全年度科技工作任务。

2011年，共组织申报了国家自然科学基金委、教育部、国家林业局、北京市等11个上级主管部门的28个类别项目。科研项目合同经费总数1.7亿元，其中纵向经费1.5亿元、横向经费2157.11万元。2011年，学校到账经费1.4亿元，其中纵向项目经费约1.2亿元，横向协作科研经费2248.59万元。

2011年，新立项纵向科研项目260余项，其中国家"十二五"科技支撑课题3项，专项经费1890万元；"863"项目1项，专项经费897万元；国家自然科学基金获资助项目42项、经费2567.8万元；林业公益性行业科研专项项目10项，经费3266万元；"948"项目8项，专项经费540万；北京市教委共建项目经费833.5万元；中央高校科研基本业务费专项经费1626万元。有7项农村领域科技支撑项目和1项"863"项目编报预算，预算经费6530万元。国家社科基金重大项目立项取得零的突破——"我国西部林业生态建设政策评价与体系完善研究"成功立项，资助经费80万元。

2011年，国家科技支撑项目、国家林业公益性行业科研专项项目、农业科技成果转化项目、国家自然科学基金项目、教育部科学技术研究重大重点项目、北京市自然科学基金项目、博士点基金项目、北京市教委共建项目、新教师科研启动项目等110余项科研课题通过验收。3位新世纪优秀人才支持计划入选者结题验收，1位"百篇优博"结题。

2011年，获国家科技进步二等奖1项、国家技术发明二等奖2项、北京市科学技术奖3项(1项参加)、高等学校科学研究优秀成果奖(科学技术)科技进步奖1项、"中林集团杯"第四届梁希林业科学技术奖10项、第十一届林业青年科技奖1项、黑龙江科学技术进步奖二等奖1项。申请发明专利138项，软件著作权52项，实用新型30项，新品种14项，外观设计3项。获得授权发明专利56项，软件著作权6项，实用新型22项，新品种9项。专利成果转让总收入68万元。2项科技成果通过国家林业局鉴定，1项科技成果通过教育部鉴定。发表SCI收录论文293篇、EI收录论文450篇，其中以第一作者且责任作者被SCI收录170篇、EI收录230篇(含期刊论文23篇)。影响因子高于3以上的SCI收录论文30篇。

2011年，北京林业大学继续积极开展校地(企)合作，促使行业技术进步，服务地区(企业)经济建设。与辽宁省朝阳市、广西壮族自治区林业厅、福建省建宁县签署校地合作协议，与黑龙江省黑河市寒地小浆果综合开发科技合作继续深入进行。继续开展与河北省平泉县的科技合作，组织园林花卉专家参加平泉县"市树市花"评选工作。林业产业"院士工作站"的十多个国家级项目落户北京林业大学南方综合实践基地并已开展工作，争取到科研经费1210万元。依托学校城市规划与风景园林学科优势，主持规划福建省三明市植物园和紫薇园。

北京林业大学作为教育部科技委生命学部办公室挂靠单位，组织召开学部年会，开展高校"十二五"科技发展规划重点学科领域与优先发展方向材料的编写，组织完成教育部高校十大科技进展的评选工作。　(张　力　侯小龙)

【科研项目及经费】 2011年新立项纵向科研项目260余项，总经费近2亿元，其中国家"十二五"科技支撑课题3项、国拨经费1890万元；"十二五"农村领域"863"项目立项1项，国拨经费897万元；国家林业公益性行业科研专项项目10项、国拨经费3266万元；"948"项目8项，国拨经费540万元；林业局重点项目4项，国拨经费142万元；生态站运行补助项目2项，国拨经费20万元；国家自然科学基金项目和北京市自然科学基金项目取得重大突破，均创下了历史最高纪录。国家自然科学基金项目获批41项，国拨经费2567.8万元；北京市自然科学基金获批9项，国拨经费89万元；国家社科基金项目获批4项，国拨经费125万元；中央高校基本科研业务专项资金总经费1624万元，分两次给予119个项目资助；北京市共建项目获得批准10项，总经费833.4768万元。教育部人文社会科学研究一般项目6个，总经费45.9万元；博士点基金16个，总经费112万元；人事部留学回国人员科研启动项目2个，总经费18万元；新世纪优秀人才支持计划3人获得资助，总经费75万元；北京市科技新星计划1人获得资助，经费20万元；中国科协科普发展对策研究类项目1个，经费2万元；北京市教委共建项目10个，总经费833.4768万元；北京市哲学社会科学规划项目3个，总经费11万元；北京林业大学新教师科研启动项目共22项，总经费77万元。“我国西部林业生态建设政策评价与体系完善研究”获得国家社科基金重大项目立项，资助经费80万元。 （张　力　侯小龙）

【科研项目中期管理】　2011年，北京林业大学开展对林业公益性行业科研7个专项项目、国家林业局“948”项目4个项目的中期检查。完成林业公益性行业科研专项项目5项、国家林业局“948”项目7项、国家林业局重点项目2项的现场查定工作。完成国家林业局“948”项目12项和国家林业局重点项目2项，“863”项目、转基因项目、“973”项目、国家林业局业务委托合同、林业公益性行业科研专项项目，国家科技支撑等项目、“948”项目的年度经费审核、年度总结报告审核及二者的材料提交等工作。组织完成填报4个季度的林业公益性行业科研专项项目经费预算执行情况，并完成国家自然科学基金项目41项《计划书》、67项《项目进展报告》。组织北京市自然科学基金3个项目递交《年度进展报告》，协助北京市自然科学基金委员会拨款项目审计调查，签订2010年度任务书5项。组织4名教师填报北京市科技新星计划任务进展情况表。协助市科委对北京林业大学10位历年入选北京市科技新星计划入选人员情况调研，并组织汇总调研报告。配合北京市教委落实关于对高校开展科技合作等情况的摸底调查。组织在高等学校博士学科点中含有专项科研基金的20个课题递交《项目进展报告》。组织2011年度中央高校基本科研业务费专项资金（科技创新计划）项目任务书的签订、经费预算等工作。组织填报中央在京高校基本科研业务费专项资金项目数据信息表、项目信息入库。向教育部科技司报送基本科研业务费实施进展情况报告。组织北京市哲学社会科学规划项目中期检查4项。推荐3个项目参选北京市哲学社会科学“十一五”规划项目优秀成果选编。2011年，北京林业大学为加强科研经费管理力度，规范经费支出，科技处和财务处对科研经费支出严格按照项目合同科目管理，提高了合同预算的执行力度。

（张　力　侯小龙）

【科技成果】　2011年，完成“十一五”国家科技支撑项目“自然保护区功能区划技术研究”验收工作；组织验收2008年度立项新教师科研启动项目32个、国家林业公益性行业科研专项项目2个、农业科技成果转化专项项目1个、国家自然科学基金项目33个、北京市自然科学基金项目6个，6个博士点基金项目结题。北京市教委共建项目有14个通过验收并组织相关项目开展了现场查定工作。3位新世纪优秀人才支持计划入选者结题验收，10个项目参加教育部科学技术研究重大重点项目结题验收，2个北京市社科“十一五”规划项目结项。1位“百篇优博”结题。

2011年，北京林业大学申请发明专利138项，软件著作权52项，实用新型30项，新品种14项，外观设计3项。获得授权发明专利56项，软件著作权6项，实用新型22项，新品种9项。专利成果转让总收入68万元。通过国家林业局鉴定科技成果2项，通过教育部鉴定科技成果1项。

发表SCI收录论文293篇、EI收录论文450篇，其中以第一作者且责任作者被SCI收录170篇、EI收录230篇（含期刊论文23篇）。影响因子高于3以上的SCI收录论文30篇。

（张　力　侯小龙）

【科技奖励】　2011年，北京林业大学获国家、省部级和社会科技奖励3项，其中主要商品盆花新品种选育及产业化关键技术与应用（张启翔等）获国家科技进步二等奖，森林计测信息化关键技术与应用（冯仲科等）获国家技术发明二等奖，高分子多糖生物质加工新技术与产品应用（蒋建新等）获国家技术发明二等奖。

北京市科学技术奖4项（参与1项）：华北土石山区防护林体系建设关键技术研究（余新晓等）；人工林自动整枝技术及设备（李文彬等）；京津风沙源区生态林修复关键技术的研究与示范（李云等，第三完成单位）；人工林精准经营与信息化管理关键技术（余新晓等）。

大熊猫栖息地保护技术研究与示范（李俊清等）获高等学校科学研究优秀成果奖（科学技术）科技进步二等奖。

森林计测信息化关键技术研究（冯仲科等）获黑龙江省科学技术进步二等奖。

“中林集团杯”第四届梁希林业科学技术奖10项：杨树种质资源创新与利用及功能分子标记开发（沈应柏等）；林业重点工程与消除贫困问题研究（温亚利等，协作单位）；花木泥炭基质生产技术研究与应用（孙向阳等）；长江三峡库区森林植物群落水土保持功能及其营建技术（张洪江等）；木本多糖结构性质与制备应用技术（蒋建新等）；北京山区生态公益林高效经营关键技术与示范（马履一等）；森林火灾致灾机理与综合防控技术（刘晓东等）；森林绿色核算和绿色政策研究（张颖等）；青海省东部旱区适宜树种引育及其综合配套技术研究（贺康宁等）；森林资源综合监测技术体系研究（彭道黎等）。

1人获第十一届林业青年科技奖。

（张 力 侯小龙）

【科技成果转化与推广】 2011年，科技处结合林业生产实践需求，认真筛选现有科技成果，组织申报国家各类成果转化与产业化开发项目48项。2项科技成果获国家农业科技成果转化资金计划立项，国拨经费100万元；6项成果获国家林业局林业科技成果推广计划立项，国拨经费210万元。转让专利技术4项，合同金额68万元。“园林绿化废弃物再利用生产有机基质技术研究与应用”获第五届中国技术市场协会金桥奖优秀项目奖。农业科技成果转化资金项目——畜禽粪便无害化发酵生产高效有机肥技术转化通过验收，建立有机肥厂1座，生产线1条，实验示范区1个，生产有机肥8050吨并全部达到有机肥国家行业标准，推广种植面积213万平方米，销售收入830万元，净利润73万元，新增就业人数10人，培训技术人员320人。

2011年，编制《北京林业大学林业推广成果》，组织相关学院、专家参加北京市园林绿化新技术展、第九届中国海峡项目成果交易会、徐州产学研项目交流会、第三届湖南北京重点园区推介项目对接洽谈会、第十八届杨陵农高会、邯郸市推进东部振兴技术项目对接洽谈会等；组织专家参加由科技部、中宣部、中国科协在山东省临沂市举办的“振兴老区 服务三农 科技列车沂蒙行”大型科普活动。 （田振坤 侯小龙）

【科技合作】 2011年，北京林业大学继续积极开展校地（企）合作行业技术进步，服务地区（企业）经济建设。与广西壮族自治区林业厅、辽宁省朝阳市签署校地合作协议书，与黑龙江省黑河市寒地小浆果综合开发科技合作工作深入进行。北京林业大学主持承担的《江西省森林生态系统综合效益评估报告》在北京通过专家论证。依托北方基地，继续开展与河北省平泉县的科技合作，组织园林花卉相关专家参加平泉县市树市花评选工作。福建省建宁县在生物质能源开发领域签署校地产学研合作框架协议。林业产业“院士工作站”成立以来，先后有国家级十多个项目落户北京林业大学南方综合实践基地并开展工作，涉及科研经费1210万元。依托我校城市规划与风景园林学科优势，主持规划了三明市植物园和紫薇园。 （张 力 侯小龙）

【科技管理】 北京林业大学科技处注重加强项目的前期研究、做好顶层设计，对科研项目加强组织、管理与监督。科技管理工作以提高科研项目中标率、保证计划顺利实施和产出高水平科技成果为目标，全面推动校院二级管理运行模式，强化学校宏观管理和学院具体管理的责任分工，有效沟通、有效协调、有效组织和控制的各环节上发挥作用。

科研立项取得突破。在项目申请工作中，高度重视宣传、组织工作，认真分析相关项目指南及申请要求，充分沟通，整合学校相关学科力量和校外资源，增强竞争力。

拓宽申报科技奖励渠道，建立后备项目的数据库。重视发现、扶持、跟踪有潜力的研究项目，对重点项目和相关项目群组建立发展档案，关注其发展动态，为申报科技奖励储备项目，适时推荐奖励，取得较好效果。

完善项目全过程的校内监管机制。在项目立项之初，要求重点项目召开项目启动会，深入学习项目相关管理办法，研讨项目的可行性报告、明确目标，保障项目的顺利进行。对中期评估与验收的项目，要求组织专家在校内开展项目汇报会，汇报项目进展、取得成果、人才培养、基地建设情况和问题，管理部门认真分析存在问题，对确需进行调整计划的内容，提出调整报告并报请上级主管部门审批。

加强自身建设，落实处内行政管理办法，明确岗位职责及公文签发、公章使用审批程序和备案，要求将每一项工作做实、做细，做到热情服务、规范管理，责任到人，不得推诿敷衍。

建立学习制度，转变工作作风。牢固树立公仆意识、大局意识，把求真务实的精神落实到每一项工作中，把工作的着力点放到学校科技发展宏观战略研究和学校社会服务能力提高上。结合行政会、支部生活会、上级部门组织的各种培训会议，开展对干部职工的政治理论和业务知识的培训，提高政治理论水平，扩大专业知识面，掌握国家和各部门现行科技方针和政策，通过学习指导实践，在实践中进一步学习。在不断把握客观规律的基础上，高质量推进各项工作。通过自身建设，增强职工的业务素质，提高办事效率，树立服务意识，提升管理能力，不断探索高校科技管理的新机制、新举措。

2011 年，科技处组织内部学习和讨论，特邀上级主管部门领导开展专题培训，并派人员参加相关业务培训班(国家林业局、教育部、科技部、财政部等)，积极探索二级科研管理模式和重大项目、重大科技成果等的整合、组织方式，围绕项目产出目标加强项目全程管理与服务。在全处的积极努力下，学校被认定为 2011 年全国林业知识产权试点单位，北京市专利试点单位，并编制了“北京林业大学知识产权试点工作实施方案”。科技处被教育部评为“2010 年全国高校科技管理先进团队”，并获教育部 10 000 个科学难题编撰工作优秀组织奖。学校被教育部评为“第二次全国 R&D 资源清查教育系统先进集体”，1 人获国家自然科学基金委“2005 ~ 2010 年国家自然科学基金管理先进个人”称号。

颁布试行《北京林业大学科技成果转化管理办法(试行)》，发布《关于风景园林规划设计工作纳入学校科研计划统一管理的通知》。

(张　力　侯小龙)

【实践基地工作】 2011 年 5 月 30 日，签订北京林业大学北方实验基地委托管理协议，实行先服务后支付管理经费的方式，由平泉县黄土梁子林场负责管理学校 20 多万平方米的苗圃。2011 年 6 月 1 日，与平泉县林业局签订“北京林业大学北方林业新技术试验、示范和推广实践基地林业科研中心合作共建协议”。2011 年 6 月 15 日，签订“北京林业大学(木质材料科研基地)800 千伏配电工程”合同，总造价 47 万元。2011 年 9 月 10 日举行“北京林业大学沧州枣树教学和科研实践基地落成仪式”。2011 年 10 月 9 日举行“北京林业大学冠县教学和科研实践基地落成仪式”。

(张　力　侯小龙)

【“主要商品盆花新品种选育及产业化关键技术与应用”成果】 “主要商品盆花新品种选育及产业化关键技术与应用”获 2011 年度国家科技进步奖二等奖(第一完成单位：北京林业大学；第一完成人：张启翔；证书编号：2011-J-202-2-04-D01)。本项目属林业科学领域，在菊花、热带兰、杜鹃花远缘杂交，菊花安全转基因定向育种，杜鹃花漂浮法育苗技术等方面取得重要突破，构建了主要商品盆花的育种和产业化栽培体系。

项目培育自主知识产权新品种 54 个；获国家发明专利 10 项、实用新型专利 1 项；制定行业标准 2 项、企业标准 8 项；获省部级奖励 5 项。2008 ~ 2010 年在北京、广东、云南等 20 多个省市示范推广 392 万平方米，生产种苗 11 998 万株、盆花 3256.5 万盆，新增产值 15.2 亿元，新增利润 3.34 亿元，出口创汇 2720 万美元。

应用该技术生产的盆花占全国同类产品产值的 15.7%，培训技术人员 3941 人次，提供培训 341 场，带动生产专业户 1000 余个，经济效益和社会效益显著，推进了盆花育种栽培的科技

进步，提高了自主创新能力，促进了我国盆花产业结构调整与升级。（张　力　侯小龙）

【“森林计测信息化关键技术与应用”成果】 “森林计测信息化关键技术与应用”获2011年度国家技术发明奖二等奖（第一完成单位：北京林业大学；第一完成人：冯仲科；证书编号：2011-F-202-2-01-R01）。该项目由国家“863”计划、国家自然科学基金重大计划、北京市自然基金重点项目及企业创新基金等支持完成。

项目以森林资源的数量、质量和空间分布为研究对象，以森林资源的数字化、信息化、精准化计测为研究目标，包括地面林分精准测树、森林遥感定量计测和林火探测与灭火决策等三方面技术内容，通过自主创新和有效集成，发明了三光同轴、绝对编码度盘对径CCD精密测角解码方法、自动补偿及三频率无合作目标激光精密测距核心技术，电子立体角规测树技术，无人机/飞艇航空摄影森林计测技术，基于稳健估计的少量样地“点”（像元）实测配合遥感“面”积分定量反演森林生物量、森林蓄积量、森林资产价值等森林特征参数技术，两任意点林火高度、八叉树蔓延速度及过火面积自动测定技术；首次应用三维激光扫描精准无损测树技术代替大量伐倒木，配合少量伐到解析木，建立森林生物量模型和二元材积库。

项目相关技术与产品共形成5项发明专利授权、4项实用新型专利授权、15项软件著作权登记及电子立体角规等硬件产品，共发表120余篇学术论文，其中SCI、EI、ISTP收录论文93篇；培养硕士生20人，博士生（后）18人。

本项目的研发和应用推广，促进了行业的科技创新与进步，相关研究成果已广泛应用到我国林业、国土资源、土木工程及园林工程等相关行业，取得了显著的经济和社会效益。

（张　力　侯小龙）

【“高分子多糖生物质加工新技术与产品应用”成果】 “高分子多糖生物质加工新技术与产品应用”获2011年度国家技术发明奖二等奖（第二完成人：蒋建新；证书编号：F-211-2-01-R02）。本项目以全面提升中国高分子多糖生物质加工与产品应用技术水平，增强产品国际市场竞争力为目的，发明了半干法多糖胶制备与改性等5项关键技术集成技术，并取得自主知识产权，解决了传统多糖生产存在着技术差异性大、产品质量差、溶剂消耗量大、生产成本高等问题，推动了高分子多糖行业科技进步。

针对多糖分离难度大，开发的微波活化法多糖制备技术与传统的干法技术相比，多糖收率提高了30%，黏度提高了10%以上；与水溶醇沉法相比，用水量和电耗分别下降91%和65%。开发出的增黏速溶多糖胶产品黏度提高了50%，水不溶物降低了30%以上；与国际同类产品相比，本技术生产的瓜尔多糖产品黏度比法国罗地亚公司和印度雪龙公司产品分别高出13%和59%，本产品具有速溶、黏度高等显著优势。

“高分子多糖生物质加工新技术与产品应用”通过产学研紧密结合，已直接应用推广到15家企业30多条生产线，辐射到全国64家大中型企业，极大地促进了我国高分子多糖行业整体技术的跃进。发明成果直接新增利税6.16亿元，新增产值19.46亿元，带动日化行业产品升级、石油行业原油增产印染行业高档糊料替代进口原料，综合经济效益达70亿元，产生了巨大的经济效益和社会效益。（张　力　侯小龙）

科技平台及研究机构

【概　况】 北京林业大学现有国家级、省(部)级工程中心、重点实验室及野外台站23个，其中林木育种国家工程实验室1个，国家花卉工程技术研究中心1个，国家野外观测研究站1个，教育部重点实验室4个，教育部工程中心3个，国家林业局重点实验室5个，国家林业局野外站5个，北京市重点实验室2个，北京市工程中心1个。2011年，新增国家能源非粮生物质原料研发中心1个，北京市重点实验室1个，申报北京市重点实验室3个，北京市工程技术研究中心2个，国家林业局生态定位观测站1个。组织国家花卉工程中心的中期评估工作，科技平台日常运行。

2011年10月，国家能源局正式批准大唐发电集团、河北天冠集团、中国农大、北京林业大学共同建设国家能源非粮生物质原料研发中心；2011年3月“污染水体源控与生态修复北京市重点实验室”经北京市教委批复进行立项建设；向北京市科委申报3个北京市重点实验室，分别是森林生态北京市重点实验室、森林食品加工与安全北京市重点实验室和林木生物质资源利用与技术北京市重点实验室；申报2个北京市工程技术研究中心，分别为北京市草业工程技术研究中心和北京市木基新材料工程技术研究中心；向国家林业局申报“河北辽河源森林生态系统定位研究站”，目前所申报的科技平台均在立项评审过程中。

2011年12月19日，宁夏盐池荒漠生态系统定位研究站通过水利部专家组的现场考察，被水利部授予国家水土保持科技示范园区。

按照上级主管部门的部署和要求，启动林木遗传育种国家工程实验室、林业生物质材料与能源教育部工程研究中心验收的前期筹备工作，提前对相关平台进行自查，督促其完成预期目标。（甄晓惠　万国良）

国家级、省部级台站年度建设情况

【山西吉县森林生态系统国家野外定位观测研究站】 山西吉县森林生态系统国家野外科学定位观测研究站，属于国家森林生态系统定位研究网络站点之一，位于山西省吉县红旗林场和蔡家川流域。吉县定位站自1986年建站以来，先后承担了国家科技攻关项目、国家重大基础研究计划课题、国家自然科学基金课题、国际合作项目、农业科技成果转化基金项目、退耕还林还草工程科技支撑项目、部重点课题等各类科技项目50余项。

主要研究方向：落叶阔叶林植被结构及其演替过程、嵌套流域森林水文过程、土壤侵蚀及生态修复过程。

2011年，在山西吉县站开展的科研项目共4项，其中国家“十二五”科技支撑专题3项、自然科学基金1项。在吉县站的长期工作人员6人，其中教授3人，副教授3人。

2011年红旗林场试验区重新投入使用，可容纳100人在此住宿和开展实验。并修建小气候观测塔，布设观测仪器，开展刺槐林地小气候的长期监测；在蔡家川流域开展了径流泥沙的常年观测、林地土壤水分动态监测、林冠截留监测、不同尺度的坡面水土流失监测。

2011年获得发明专利1项；共发表论文20余篇，其中SCI收录论文1篇；培养硕士生7人，本科生11人。

2011 年，北京林业大学校长宋维明教授来站调研，日本大学阿部和时教授一行 9 人来站进行调查研究，JICA 项目专家大西满信教授一行 3 人来站考察。 （张建军 朱清科）

【长江三峡库区（重庆）森林生态系统定位研究站】 长江三峡库区（重庆）森林生态系统定位站位于三峡库区上游重庆北碚区缙云山国家级自然保护区。1998 年建成，为国家林业局森林生态系统定位研究网络（CFERN）站点之一，原生植被是具有典型代表性的亚热带常绿阔叶林。现有气象观测站 1 座、水量平衡场 5 个、林内降雨观测场 5 个、测流堰 1 座、固定样地 18 块、实验室 1 个 、工作室 2 间、定位观测塔 1 座（在建）；拥有大中型仪器设备 10 余套，主要有LI－8100 土壤碳通量仪、LI－6400XT 光合仪、树干径流仪等。主要开展土壤侵蚀与森林生态水文机理与过程、碳氮水耦合、土壤酸缓冲等 4 个方向的研究。

2011 年，承担科研项目 5 项，经费 118 万元；在重庆缙云山建立水源涵养林（理水调洪型、净水型、低功能定向改造型）试验示范区 1 个，示范区面积 100 公顷；基于 18 块标准样地的森林理水和净水机理实验研究，构建理水调洪型水源林林分结构模式 1 个（马尾松＋广东山胡椒）、净水型水源林林分结构模式 1 个（马尾松＋四川大头茶）、低功能水源涵养林定向改造模式 1 个（四川大头茶＋马尾松＋杉木＋四川山矾）；试验示范区内森林的调洪理水功能调高 30% 以上，水质指标达到国家地表水 Ⅱ 类标准；建立长期定位监测数据库：气象数据、林内降雨数据、地表径流数据、地下径流数据、水位数据、蒸腾数据、光合数据、土壤呼吸数据、林地蒸发数据等，年监测数据量 2000 千万以上；年度发表科技论文 10 余篇，其中 SCI 收录论文 1 篇，会议论文 EI 收录 1 篇；现有固定人员 7 人，其中正高级 1 人，副高级 3 人，中级 3 人。本年培养毕业生 10 人，其中本科生 5 人，博士生 2 人，硕士生 3 人。 （王云琦 王玉杰）

【山西太岳山暖温带落叶林和油松森林生态系统定位研究站】 山西太岳山暖温带落叶林和油松森林生态系统定位研究站是中国森林生态系统定位研究网络台站之一，其前身为北京林业大学森林生态研究室，1990 年正式建站。承担单位为北京林业大学，站址位于山西省沁源县太岳山国有林管理局。定位研究站现有教授、研究员 7 人，中级职称 10 人，博士研究生 4 人，硕士研究生 11 人。

2011 年发表科学论文 10 余篇。获得观测数据近 1GB。新增课题 2 项，经费约 50 万元。开展学术交流和讲座 10 余场。建成 OTC 实验站场 2 处，完成实验室用电改造 1 项，完成野外长期固定观测仪器检修 1 项，完成辽东栎样地凋落物承接框更新 1 项，完成台站网络升级改造 1 项。协助灵空山林场完成科技示范林场平台验收 1 项。举办学术讲座 3 场。2011 年毕业硕士生 5 名，博士生 1 名。

定位站作为开放平台与中国林科院、山西林科院形成长期共建关系，与全国近 10 所大学、科研单位建立长期合作关系。

（康峰峰 赵秀海）

【首都圈森林生态系统定位研究站】 首都圈森林生态系统定位研究站成立于 1986 年 6 月，2003 年加入国家林业局森林生态系统观测研究网络（CFERN）。生态站采取“一站多点”式布局，在北京市共布设 1 个主站和 5 个观测点——海淀区北京林业大学鹫峰林场主站，大兴区大兴林场观测点、密云县密云水库观测点、海淀区奥体森林公园观测点、延庆县八达岭林场观测点和延庆县松山自然保护区观测点。首都圈生态站定位于体现大都市林业生态防护效能、都市重要水源区水源保护功能和都市生态与环境变化等特色，主要开展土壤—森林植被—大气界面生态过程、坡地生态过程、流域生态过程、森林植被与城市环境关系等研究。自建设以来，生态站为不断提高首都圈森林保持水土、涵养与保护水源的生态服务功能，保障水资源的生态安全，全面改善生态环境条件，提高当地人民的经济收入水平，提供了大量重要的监测数据与研究成果。

2011 年生态站承担了各类科研项目 13 项，经费总计 910 万元。其中国家自然科学基金 1 项，国家“十二五”科技支撑项目 1 项、国家林业局重点项目 1 项、林业公益性项目 2 项、省部级科研项目 3 项、国际合作项目 1 项、横向合作项目 4 项。本年度获得以下成果：北京市科技进步奖三等奖1项；发表论文45篇，其中SCI收录4篇，中文核心期刊41篇；获授权专利1项；出版学术著作2部；观测数据记录28.4万条、数据量1100MB、样品1.5万个。

2011年共投入60余万元对定位站基础观测设施进行维修改造并补充和完善观测仪器设备。其中，对原气象站进行搬迁改建，新建标准气象站1个，新建成森林综合气象观测塔1个，新建成仪器设备储藏室1间；购置土壤剖面CO_2梯度监测系统、植被冠层分析仪、包裹式径流测量仪等12台(套)。

定位研究站现有固定人员13人，正高级5人、副高级7人、中级1人；其中博士生11人、硕士生2人，以中青年为主。2011年培养毕业生12人，其中博士生4人，硕士生2人，本科生6人。

2011年，定位研究站共接待美国、德国、日本、加拿大4个国家4次15人来访，派出参观访问美国、加拿大、澳大利亚、日本、德国5个国家共13人次。举办国内各类学术研讨会6次，参加国际学术研讨会2人次，提交论文2篇。 （樊登星　余新晓）

【宁夏盐池荒漠生态系统定位研究站】 宁夏盐池荒漠生态系统定位研究站成立于2003年，2008年7月加入国家林业局陆地生态系统观测研究网络(CTERN)，2011年12月成为水利部水土保持科技示范园区，所在学科为水土保持与荒漠化防治。定位站建有数据处理中心、标本室、实验室、气象观测场、水量平衡观测场、碳水通量观测塔、土壤风蚀观测场及多处固定植物观测样地等基础设施。定位站占地总面积2000公顷。拥有大中型仪器设备40余套。研究站定位于科研、教学、生产、国际合作和科普教育为一体的综合开放性观测研究站。

主要研究方向：气候变化与人为干扰下的荒漠系统生态过程(生态系统及结皮演替、生物多样性)、荒漠生态系统能量平衡与物质运动(热量、水、碳氮循环)、沙区人居环境安全综合保障技术体系、近地表风沙运动规律及土壤风蚀机理，荒漠生态系统服务功能、环境政策评估等。

2011年，定位站完成了扩建工程，各类房屋面积达960平方米。完成国家“十一五”科技支撑计划课题“沙区人居环境安全保障与工程防沙技术”的研究工作，继续承担教育部博士点基金“基于生态足迹的沙区人居环境安全评价与预测”、教育部“985”优势学科科技创新平台建设项目“半干旱区沙地植被生态系统碳、水、氮循环耦合监测与模拟”、北京林业大学人才引进启动基金等科研项目，新增林业公益性行业专项项目“荒漠生态系统生物多样性保育功能监测与评估技术”、北京林业大学创新团队计划项目“沙地植被对地表风蚀堆积过程的影响”等科研项目。2011年中央电视台对定位站进行深入采访，并于12月5日在走基层节目中，播放题目《走在荒漠上的大学生》的采访报道。2011年12月19日，水利部水土保持生态工程技术研究中心在宁夏盐池县组织召开定位站加入国家水土保持科技示范园区评审会，评审专家组现场考察和听取汇报，同意授予定位站水利部水土保持科技示范园区。

2011年，定位站取得观测数据20GB，发表论文10余篇，获得国家实用新型专利2项。定位站现有固定人员18人，其中正高级6人，副高级8人，中级3人。本年度培养博士研究生1名，硕士生5名。 （刘喜云　张宇清）

【青海大通森林生态系统定位观测站】 青海大通高寒区森林生态系统定位研究站成立于2009年，所在学科为水土保持与荒漠化防治。其前身是2006年成立的北京林业大学青海大通高寒区林业生态工程科研教学生产基地。2009年青海大通高寒区森林生态系统定位研究站被正式纳入国家林业局中国陆地生态系统定位研究网络生态定位站建设体系。本站主要开展高寒区森林植被的生长发育规律和在自然或人为干扰下的演替规律，高寒区森林生态系统的结构与功能关系，高寒区森林生态系统与水土气生等生态环境条件的相互响影响等3个方面的研究。

2011年定位研究站投入100万元基建费，完成实验室基建任务(3层，约800平方米)；已完成6处径流小区定位及施工图设计、3处测流堰定位及施工图设计；完成周边基本固定标准地调查。计划2012年通过国家林业局基建验收及定位站论证。

2011 年，生态站承担了“十二五”国家科技支撑项目“黄河上游土石山水源区水源涵养林体系构建技术研究与示范 ”等科研项目的研究工作。2011 年发表论文 10 篇，其中 SCI 收录论文 3 篇。

定位站现有固定人员 16 人，其中正高级 1 人，副高级 4 人。2011 年培养博士研究生 2 人，硕士研究生 2 人。 （贺康宁　刘喜云）

国家级、省部级实验室年度建设情况

【林木育种国家工程实验室】 2011 年，林木育种国家工程实验室本着“开放、流动、联合、竞争”的运行机制，围绕我国林木育种基础研究的前沿目标，强化管理，加快建设，稳步发展，在科技创新、人才培养和硬件建设等方面实现新的进展，高质量地完成年度建设任务。

2011 年，实验室主持和承担科研项目共计 103 项，其中“973”项目 5 项，国家“863”高新技术项目 4 项，国家科技重大专项和科技支撑项目 2 项，国家自然科学基金项目 29 项，省部课题 31 项，林业公益性行业科研专项 10 项，其他 13 项，横向课题 9 项，合同经费达 4769 多万元。

2011 年，在国际国内学术刊物共发表 88 篇研究论文，其中 SCI 收录论文 36 篇，王君副教授的影响因子最高，达到 9. 283；出版科技专著 3 部，获得国家专利 12 项；博士学位论文《青杨派树种多倍体诱导技术研究》获 2011 年全国优秀博士学位论文，1 名指导教师获“全国优秀博士学位论文指导老师”称号。

2011 年，实验室组织各种学术报告 10 项，实验室成员在国内外会议发表学术报告 8 人次。实验室建设方面，2011 年，实验室拥有 10 万元以上的大型设备共 150 台，总价值约 4000 万元，包括流式细胞仪、实时定量 PCR 仪、基因芯片扫描系统、荧光显微镜、倒置显微镜、遗传分析系统、SNP 分析系统、IPG phor 双向电泳系统、蛋白质组电泳系统等大型分析仪器设备，主要用于植物生理、生化、分子与细胞水平遗传变异基础研究。2011 年实验室新建面积 400 余平方米的科研温室正式投入使用，由北京林业大学林木育种国家工程实验室和地方政府共同建设的“北方平原林木良种创新与示范实践基地”和“北京林业大学沧州枣树教学和科研实践基地”正式启用。 （陈金焕　陈 欣）

【水土保持与荒漠化防治教育部重点实验室】 水土保持与荒漠化防治教育部重点实验室是目前我国水土保持与荒漠化防治领域唯一的教育部重点实验室，成立于 2003 年 5 月，下设水土保持、林业生态工程、荒漠化防治、生态环境工程、自然地理 5 个实验室，占地 1684 平方米，拥有大中型仪器设备 42 套。主要开展小流域土壤侵蚀与森林水文机理与过程、荒漠化生态修复机理与过程、水土流失生态修复机理与过程等 3 个方向的研究。

2011 年，重点实验室主持和承担“十一五”科技支撑项目、国家“973”项目、国家自然科学基金、国家林业局项目、林业公益性行业科研专项、省部委重点项目、北京市自然科学基金等纵向科研项目共计 58 项，到账经费共计 1946 万元；主持承担横向合作项目 28 项，到账经费 331 万元，科研经费累计达 2278 万元。

2011 年，在各类学术刊物及国内外学术会议上共发表文章 310 篇，其中 SCI 收录论文 19 篇，EI 收录论文 19 篇，ISTP 收录 3 篇。重点实验室获授权专利技术 14 项，其中 12 项为发明专利，软件著作权登记 4 项，编制行业标准 2 项。

2011 年重点实验室获科技成果 5 项，其中省部级奖 4 项，其他奖励 1 项，即“柴达木盆地农田与草地退化植被恢复技术及示范(都兰)”获“青海省 2011 年科学技术进步二等奖”“长江三峡库区森林植物群落水土保持功能及其营建技术”获梁希林业科学技术二等奖、“花木泥炭基质生产技术研究与应用”获梁希林业科技三等奖、“畜禽粪便无公害资源化自主创新技术系统集成研究及其利用”获 2011 年度环境保护科学技术奖二等奖、“华北土石山区防护林体系建设关键技术研究”获北京市科技进步三等奖，2 篇学术论文分获北京林业大学青年学术论文二、三等奖。

2011 年新购置“人工模拟降雨系统”“CO_2同位素分析仪”“TOC 分析仪”“土壤氮循环监测系统”“CO_2、H_2O 气体分析仪”“能量平衡及土壤温湿盐监测仪器”“三维超声风速仪”“土壤剖面CO_2梯度监测系统”“包裹式径流测量仪”“植物冠层分析仪”等 10 件大型仪器设备，并将陆续实现各大型仪器设备的共享工作。

现有固定人员 67 人，其中正高级 23 人，副高级 33 人，中级 10 人。2011 年培养毕业研究生 151 人，其中博士生 47 人，硕士生 104 人。

2011 年，实验室开展国内外合作研究与学术交流，合作对象包括美国、日本、韩国、德国、加拿大、奥地利、越南、中国台湾等国家和地区及国内有关科研院所和大专院校。2011 年度共接纳来自美国、德国、加拿大、奥地利等国家和地区的科研院所相关方面的科技人员 10 项 16 人次，国内 10 余个单位 20 余人来实验室进修学习、讲学及开展科学研究工作；先后有 17 人次被派往美国、德国、加拿大、澳大利亚、日本等国学习和考察。重点实验室多次聘请短期来华的外国访问学者，为本实验室的工作人员及培养的研究生进行学术讲座。

（樊登星　余新晓）

【林木、花卉遗传育种教育部重点实验室】 林木、花卉遗传育种教育部重点实验室成立于 2003 年，依托于林木遗传育种、植物学以及园林植物与观赏园艺 3 个国家级重点学科，生物化学与分子生物学博士点学科而设立。

实验室主要开展商品林与经济林树种遗传改良、观赏植物新品种选育、抗逆性植物材料良种选育、细胞工程与良种高效快繁及产业化技术以及基因工程与分子辅助育种等 5 个方向的研究工作。现有实验室面积约 3000 平方米，科研设施设备总值 3500 万元，其中 10 万元以上的仪器设备近百台套。

2011 年，实验室成员 1 人晋升教授、3 人晋升副教授，与生物学院共同引进优秀博士毕业生 2 人。实验室现有从事科学研究的教师 43 人，其中教授 28 人，副教授 16 人，讲师及其他人员 3 人。

2011 年，实验室成员申请并承担国家“863”高新技术项目、国家自然科学基金、国家“十二五”科技攻关项目、省部委重点项目等纵向科研项目共计 52 项，到账经费共计 1591 万元；发表学术论文 90 篇，其中 SCI 收录 21 篇，核心期刊 69 篇；出版专著 1 部；出版教材 1 部；申请专利 12 项，获得授权专利 5 项。

2011 年，实验室成员招收博士研究生 26 名，毕业博士研究生 22 名；招收硕士研究生 89 名，毕业硕士研究生 59 名。博士学位论文《青杨派树种多倍体诱导技术研究》入选 2011 年全国百篇优秀博士学位论文。（张平东　陈　欣）

【森林培育与保护教育部重点实验室】 实验室于 2004 年 3 月 24 日通过教育部正式立项建设，2007 年 7 月 30 日通过教育部专家组验收，2010 年 9 月 20 日通过教育部专家评估。实验室依托于国家级重点学科森林培育学、森林经理学、森林保护学，北京市和国家林业局重点学科生态学科，北京市重点学科草业科学学科，拥有 3 个一级学科和 1 个二级学科博士点及林学博士后科研流动站。

实验室现有固定在编人员 59 名，其中中国工程院院士 2 名，长江学者特聘教授 1 名，杰出青年基金获得者 1 名。

2011 年实验室组织开展“十二五”科研项目申报，年度在研项目 90 项，到账经费 2077 万元。国家自然科学基金项目 5 项，林业公益性行业科研专项 - 重大项目 1 项，林业公益性行业科研专项 1 项，“948”项目 1 项，北京市教委共建项目 1 项，获批新世纪优秀人才支持计划 2 项。承担横向课题研究 23 项，年度经费 312 万元。

2011 年，实验室获国家科技发明二等奖 1 项，北京市科技进步一等奖 1 项，北京市科技进步二等奖 2 项，北京市科技进步三等奖 1 项。实验室年度发表论文 300 余篇，其中 SCI 收录 19 篇，EI 收录论文 23 篇，ISTP 收录 6 篇，核心期刊收录 221 篇。

2011 年，实验室引进各类优秀人才 5 人，培养博士毕业生 39 人，硕士毕业生 108 人，农推硕士生 44 人，出站博士后 5 人。

2011 年，省部共建森林培育与保护重点实验室 2004、2005、2006 年三期 100 万元项目通过北京市教委验收。依托实验室组织申报 2011 北京市重点实验室 1 项和北京市工程技术研究中心 1 项。（徐昕照　赵秀海）

【木质材料科学与应用教育部重点实验室】 木质材料科学与应用教育部重点实验室于2007年12月获准立项建设，主要开展木材科学基础理论与应用、木材节能干燥理论与技术、木质复合材料与胶黏剂、家具与木材制品加工工艺、木材化学加工与利用、木质生物质能源化高效利用等方面的研究。固定研究人员66人，其中教授19人，副教授23人，高级实验师8人，具有博士学历的教师39人。培养博士毕业生5人，硕士毕业生47人。

2011年，实验室新增科研经费490万元，获授权发明专利23项，申报15项；发表科技论文370多篇，其中SCI收录81篇、EI收录140篇，ISTP收录22篇。获国家技术发明奖二等奖1项，第四届梁希林业科学技术二等奖1项。

（李南岍　曹金珍）

【污染水体源控与生态修复北京市重点实验室】 2011年，污染水体源控与生态修复北京市重点实验室申请获批。实验室的主要研究方向，包括有毒有害难降解有机废水的成套处理技术的研发、城市污水深度处理与污泥资源化利用技术的研发、水源水污染控制技术的研发、面源污染控制技术的研发等项目，研发出一批具有自主知识产权的水体污染源控制关键技术、水处理材料及成套装备。

实验室现有固定人员26人，其中教授6人，副教授11人。培养硕士毕业生19人。

2011年，承担的科研项目正处于结题验收阶段。“城市交通道路环境空气质量监测与评价”通过环保部组织的专家验收，获北京林业大学举行的第一届科学技术进步三等奖；3名教授在北京林业大学第二届青年学术论文评选中获奖。2011年，新增科研经费近1000万元；发表SCI收录论文25篇；20余位教师和研究生赴德国、瑞士、西班牙、日本、韩国、中国台湾等国家和地区进行了国际交流或参加国际会议；邀请斯坦福大学吴唯民研究员、加拿大温尼伯大学Charles. S. Wan博士、美国佐治亚理工学院的黄清华博士来北京林业大学进行学术交流。

（张立秋　孙德智）

国家级、省部级研究中心年度建设情况

【国家花卉工程技术研究中心】 国家花卉工程技术研究中心于2008年通过验收。2011年承担工程技术研发课题20项，其中完成科研课题6项，本年度新获资助纵向课题2项。申请新品种15项。申请国家发明专利17项。完成梅花全基因组测序工作，构建世界上首个花卉的基因组精细图谱。现有相关专职研究人员83人，其中院士2人，教授19人。培养硕士研究生和博士研究生160名，其中博士22名、风景园林硕士60名；培训园林管理人员120余人、培训插花师130余人。

中心拥有花卉种质创新与新品种培育基地13公顷，连栋研发温室14 800平方米、日光温室3000平方米、国际梅园展示温室2000平方米、阴棚2000平方米、冷库200平方米、组培炼苗室600平方米，库房、锅炉房等其他基础设施1000平方米。梅品种国际登录精品园（国际梅园）总占地面积5.2公顷。在河北固安、海南三亚等地建有花卉产业基地合计生产面积23公顷。

中心在青岛颐梅风景园林有限公司、广东棕榈园林公司等建立了18个国家花卉工程技术研究中心研发与推广中心，完善我国花卉技术研发与推广体系，使中心开发的技术和品种能够辐射到我国14省区，推动我国花卉生产技术水平的总体提升。目前中心研发、生产示范基地达到860公顷，温室生产示范50公顷，对带动周边花卉生产企业和农户技术进步起到重要作用。2011年，组织2名研发人员分别前往美国、日本等地参加学术研讨和高端访问，聘请西澳大学闫桂军教授、Nature亚太区主编等到中心进行学术交流。

筹办由国家花卉工程技术研究中心和澳大利亚西澳大学共同承办的2011年国际园艺学会观赏植物种质资源国际研讨会（北京）。承办中国园艺学会栽培植物命名及国际品种登录工作委员会2011年年会。此次会议全面回顾了我国园艺品种审定与保护工作情况，对梅花、木犀属

植物国际登录工作进行了总结，通报了白菜(芸薹属植物)、银杏品种、蜡梅品种国际登录准备工作进展，并就莲属植物品种国际登录工作进行了交流。与中国园艺学会观赏园艺委员会联合主办“2011 年中国园艺学会观赏园艺专业委员会年会”，主题是“中国观赏园艺产业与西部开发”，参会代表近 260 人，出版了会议论文集《中国观赏园艺研究进展 2011》，收录研究论文 165 篇。

联合全国近 30 家优势花卉研究机构和龙头花卉生产企业共同筹建联合开发、优势互补、利益共享、风险共担的技术创新合作组织——国家花卉产业技术创新战略联盟。2011 年完成联盟《组建思路》《组建方案》《联盟章程》《联盟协议》的起草工作。（刘　冬　程堂仁）

【园林环境教育部工程研究中心】 园林环境教育部工程研究中心于 2001 年批准建设，以北京林业大学林业科技股份有限公司(以下简称北林科技公司)的形式进行开发、经营和管理，以北京林业大学园林学院和花卉研究所的骨干作为技术支撑，以北京林业大学的研究成果作为中心的主要内容进行技术配套和技术推广。主要技术领域和技术方向为园林设计、园林工程施工和高档花卉集约化生产。

中心成立以 2 名工程院院士为总顾问，9 名教授为专家组成员，13 名教授、14 名副教授、14 名博士为主体，22 名硕士、30 名工程师为业务骨干、43 名一线工作人员的研发队伍，其科技水平及股份公司的科技含量始终处在行业的领先地位。

中心通过推广培育的新品种和配套的商品化生产技术，实现经济和社会效益 1.84 亿元。通过完成委托的园林规划设计项目和其他技术服务项目，实现产值 3.21 亿元。

北林科技公司以其在行业内的技术领先优势、技术创新能力及稳健快速的成长顺利通过“2011 年国家火炬计划重点高新技术企业”资格认证，有效期 3 年。

2011 年北林科技公司被北京市教委授予“北京高校毕业生就业百佳用人单位”荣誉称号。

（刘　冬　程堂仁）

【林业生态工程教育部工程研究中心】 林业生态工程教育部工程技术研究中心成立于 2006 年。2010 年 9 月，正式通过教育部科技司组织的专家组验收。2011 年经教育部批准成立中心技术委员会。该中心依托北京林业大学山西吉县黄土高原亚湿润区林业生态工程营建技术试验示范基地、北京密云都市水源保护区水源涵养林营建技术试验示范基地、重庆长江三峡库区防护林体系营建技术试验示范基地、山西方山黄土高原半干旱区抗旱造林及径流林业技术试验示范基地、宁夏盐池风蚀荒漠化地区生态防护型林草植被营建技术试验示范基地、青海大通高寒山地防护林体系营建技术试验示范基地、陕西吴旗农牧交错区生态修复技术试验示范基地等 7 个野外试验示范基地建设而成。中心下设抗逆性植物材料良种选育与基因工程分子育种、退化生态系统植被恢复与重建、生态经济型防护林体系构建与可持续经营、流域管理与林业生态工程规划设计、林业生态工程建设效益监测与评价 5 个研究方向。建成一个林业生态工程技术与理论科技创新平台以及 7 个野外试验示范基地。2011 年，中心承担国家级及省部级科研项目 22 项，发表学术论文 260 余篇，其中 SCI 收录论文 19 篇，EI 收录 24 篇，ISTP 收录 3 篇。另获授权发明专利 11 项，软件登记 4 项。现有固定人员 56 人，其中正高级 21 人，副高级 28 人，中级 7 人。

2011 年 4 月 15 ~ 17 日，与中国水土保持学会水土保持生态修复专业委员会、水土保持与荒漠化防治教育部重点实验室在广东省深圳市联合主办“第四届全国水土保持生态修复学术研讨会”。（李春平　朱清科）

【林业生物质材料与能源教育部工程研究中心】 林业生物质材料与能源教育部工程研究中心于 2007 年 10 月获准立项建设，依托学科为：木材科学与技术、林产化学加工工程、森林培育等有关学科。主要研究开发方向：环境友好木质新材料开发与制造、林业生物质产品加工及性能评价、林业生物质功能性高分子材料开发利用、林业生物质资源精细化学加工、林业生物质高效转化利用、林业生物质产品加工过程节能与环保监测评价。

林业生物质材料与能源教育部工程研究中心在北京林业大学建设科研基地 1 个，规模 66

人，其中高级职称研发人员40人；在北京、河北、浙江等地建立成果转化、产业化示范基地4个，规模62人，其中高级工程师占20%以上。

2011年，工程中心新增科研经费490万元，获授权发明专利23项，申报15项；发表科技论文370多篇，SCI收录81篇，EI收录140篇，ISTP收录22篇。获国家技术发明奖二等奖1项，第四届梁希林业科学技术二等奖1项。

（李南岍　曹金珍）

【污染水体源控与生态修复技术北京市高等学校工程研究中心】 中心于2009年正式成立。在2011年，工程中心的主要研究方向为水源污染控制技术、污水深度处理与废物资源化技术、污染水体生态修复技术等。本年度共申请获得国家自然科学基金4项、教育部博士点基金项目4项、教育部国际合作项目1项、林业局“948”项目1项、环保公益项目1项、国家重点实验室开放课题1项、北京市教委共建项目1项、学校创新研究计划11项，科研经费总额接近1000万元。

（张立秋　孙德智）

国际、港澳台交流与合作

【概　况】 国际交流与合作处负责学校外事(含港澳台事务)及留学生教育工作。国际交流与合作处共有正式员工8人，设2个职能科室，分别是综合事务科及国际教育科。综合事务科主要负责学校对外交流合作、因公出访、国际会议及培训、外国专家引智、中外合作办学、学生公派出国、港澳台事务等工作；国际教育科主要负责学校留学生教育及对外汉语培训等工作。

2011年，有来自10个国家和地区的14个团组共计88人次来访，因公出国(境)团组101组237人次，其中因公出国(境)团组84个193人次，参加各类国际会议29组47人次，执行各类科技考察与合作研究32组53人次。共招收来自43个国家各类留学生95人，学历生占留学生总人数的70%以上。与美国密歇根州立大学合作举办的"草坪管理"本科学士学位项目2011年招收新生30人，在校生人数138人。聘请长期文教专家3人，科教专家4人，短期专家109人次，执行政府间科技合作项目7项。举办1个国际会议，首次与非政府组织合作承办国际培训，第七次成功举办商务部援外培训林业官员研修班，有来自13个国家和地区的29名官员参加。国家公派研究生项目中共有25名学生获得留学资格，创历史新高。通过校际交流渠道共派遣10名学生赴美国、加拿大、日本、芬兰等国家和地区学习。　　(林　宇　刘俊昌)

【外事综合工作】 2011年1月11日美国华盛顿州立大学副校长一行4人来访，副校长姜恩来接待来宾并进行会谈，重点探讨北京林业大学工学院与华盛顿州立大学开展科研合作和博士生培训项目。3月25日，日本信州大学代表团一行4人来校访问，副校长陈天全接见代表团并就两校间开展合作交流事宜举行会谈，与日方代表交换了两校签订的校际合作协议及学生交换协议。4月15日，台湾屏东科技大学校长古源光一行5人来校访问，校长宋维明接见代表团并就两校间开展合作交流事宜举行会谈并签署两校合作备忘录。5月30日，美国南方大学城市林业系主任Kamran教授一行12人来校访问，双方的教师及学生代表就城市林业研究领域进行了学术交流。9月13日，美国密歇根州立大学校友团一行16人来校进行友好访问。9月22日，波兰罗兹科技大学副校长一行2人来校进行正式友好访问，副校长张启翔会见了来宾。9月28日，国际林业研究组织联盟(国际林联，IUFRO)执委会代表团一行7人来校进行正式友好访问，校长宋维明教授会见代表团。9月29日，瑞典林业代表团一行8人来校进行友好访问。10月27日，来自芬兰赫尔辛基大学农林学院的10名硕士生到生物学院进行了交流访问，举办了北京林业大学生物学院与赫尔辛基大学农林学院交流营活动，活动分为座谈会和参观两部分，两校学生通过此次活动进行了深入的交流和互动。10月28日，芬兰农林部访华团代表外事司司长Veli-Pekka Talvela先生、部长顾问Kimmo Närhinen先生来校进行访问，校党委副书记方国良接见了访问团。11月1日，东京农工大学副校长一行5人来校进行正式友好访问，校党委书记吴斌会见了访问团。11月9日，加拿大不列颠哥伦比亚大学林学院代表团一行4人来校，同"中加2+2国际本科实验班"学生见面。11月15日，以校长陈友圆先生为团长的越南林业大学代表团一行7人来校进行正式友好访问，校长宋维明教授会见了代表团全体成员，会见双方就两校即将开展的本科"2+2合作办学"项目进行了深入的讨论，对项目执行过程中的具体内容达成了重要共识。12月6日，苏丹共和国Alzaiem Alazhari大学校长一行2人来校进行访问。

2011年全年累计受理申请出访人员108组248人次，完成派出101组237人次，其中因公出国(境)团组84个194人次，参加各类国际会议29组47人次，在各类国际会议上做口头报告26人次，执行各类科技考察与合作研究32组53

人次。因公赴台团组17个43人次。出访目的地，包括美国、加拿大、德国、英国、西班牙、日本以及中国香港、澳门与台湾等31个国家和地区。

新办因公普通护照及港澳通行证88本，全年在库有效因公普通护照及因公港澳通行证共350本，收缴率95%，因公出访总结提交比重较往年有所增长，因公出国(境)工作进一步规范。

2011年1月，学校应台湾中兴大学邀请，派3人团组赴台参加“海峡两岸农业院校论坛”，与台湾中兴大学签订校际合作协议。2月，张启翔副校长率团参加教育部马来西亚教育展。3月，吴斌书记率团一行6人赴美国进行校际工作访问，与美国天普大学签订校际间合作协议。6月，宋维明校长率团一行5人赴美国密歇根州立大学商讨“中美草坪合作办学”项目上一期情况和未来项目如何开展等相关事宜。8月，宋维明校长率团一行5人赴丹麦、芬兰、波兰工作访问，访问了丹麦哥本哈根大学、波兰罗兹科技大学和芬兰赫尔辛基大学。10月，全海副书记率团一行3人赴日本进行学术交流。11月，宋维明校长参加教育部组织的高校领导海外培训，出访英国，访问了爱丁堡大学、牛津大学等多所世界知名的英国高校，加深了对世界知名大学办学模式和办学经验的了解。

（林　宇　陈若漪　覃艳茜）

【校际交流与合作】 2011年新签校际协议2份，分别是与美国天普大学(Temple University)签署的合作举办DBMD本硕连读项目合作协议、与台湾中兴大学签署的学生校际交换协议。

2011年签订校际交流协议一览表

学校名称	签署时间	合作期限
美国天普大学(Temple University)	2011年4月1日	长期有效
台湾中兴大学	2011年3月15日	3年

根据与美国天普大学的合作框架，学校2011年派遣3位教师参加该校组织的师资培训研讨会。2011年派遣5名教师赴澳大利亚参加为期3个半月的“湄公河联盟”项目培训。

【留学生工作】 2011年我校外国留学生规模、国别、学科分布、学生类别有了明显的变化。今年共有来自英国、意大利、法国、老挝、泰国、孟加拉国、日本、韩国、伊朗、越南、马来西亚、佛得角、科特迪瓦、几内亚、苏丹、马达加斯加、厄瓜多尔、纳米比亚、博茨瓦纳、多哥、马里等43个国家95名留学生来校学习，分布在北京林业大学9个学院36个专业，达到了我校留学生培养历史之最。其中在校博士生15人、硕士生34人、本科生20人，高级进修生6人，普通级进修生5人，语言生16人；学历学生比例占到来校留学生的70%以上。

今年接收了来自日本山形大学2名同学在国际学院学习、UBC（不列颠哥伦比亚大学）2名留学生在经济管理学院和林学院学习、赫尔辛基大学的1名学生在经济管理学院学习。

招收“亚太森林恢复与可持续管理网络”外国留学生奖学金生16名，分别来自老挝、泰国、孟加拉国、巴布亚新几内亚、柬埔寨、越南、蒙古。

继续面向外国留学生开展林学和林业经济管理2个专业方向全英文硕士课程。2011年，会同研究生院和其他各学院，总结经验，及时调整培养方案，将全英文二年制硕士课程调整为林业、林业经济政策方向。

2011年，共有8名留学生毕业，其中有3名博士生、5名硕士生。

外国留学生毕业生名单

学　院	学生姓名	国　籍	学历层次
经济管理学院	CHO NAMSEONG(赵南星)	韩国	硕士
园林学院	SEBURANGA，JEANLEONARD(雷诺达)	卢旺达	硕士
水土保持学院	SUNAO OBAYASHI(大林直)	日本	硕士

（续）

学　院	学生姓名	国　籍	学历层次
林学院	CHEN，KALOANTSIMO(萨拉)	马达加斯加	硕士
园林学院	KIEU DINH VINH(乔亭荣)	越南	硕士
生物科学与技术学院	MOKGOLODI NEO CHRISTOPHINE(尼欧)	博茨瓦纳	博士
生物科学与技术学院	SAMAKE，GABRIEL(萨马琪)	马里	博士
园林学院	PHILIPMAADAPESSIMAMORNYA(菲利普)	塞拉利昂	博士

（徐鲁闽　刁雅榕）

【合作办学】 北京林业大学与美国密歇根州立大学(Michigan State University)的中美合作办学项目草坪管理专业运行良好，2011 年共招收 30 名学生。5 月 13 ~ 14 日，与美国密歇根州立大学的中美草坪管理专业本科联合办学五校联席会议和 2011 届毕业生典礼在北林召开，31 名学生顺利毕业，取得中美双学位。

与加拿大不列颠哥伦比亚大学共同探索开展了本科"2 + 2 双学位"校际合作项目。经过两校多次互访，商谈讨论出项目实施方案并签订了合作框架协议和学分转换协议，完成两校课程对接和学分互认等基础工作之后，与该校本科"2 + 2 双学位"校际合作项目于 2011 年正式启动，第一期共招收 24 名学生，包含生物技术和木材科学与工程 2 个专业。该校是全球著名的综合性大学，项目整合了两校优势学科和优质教育资源，培养了具有国际竞争力的国际化人才，成绩合格的毕业生可同时获得中加双方学士学位。（林　宇　覃艳茜）

【引智工作】 2011 年，共聘用长期语言文教专家 3 人在校从事英语、日语教学工作；长期科教专家 3 人在校从事科研教学工作；邀请国外科技专家短期来华讲学，从事科研合作 109 人，其中教育部海外名师项目聘用 1 人、学校特色项目聘请 10 人、政府间科技合作项目 4 项(中美 1 项、中德 1 项、中奥 2 项)。学科范围涵盖林业、水保、园林、生物、林业经济、森林工业、材料科学、自然保护、人文社科、语言、信息等 23 个专业。（项宪光　刘俊昌）

【援外培训】 2011 年 4 月，承办了由国家林业局亚太森林恢复与可持续管理网络(APFNet)、大自然保护基金会(TNC)等国际组织联合主办的亚太地区可持续森林管理试点教学资源模块——参与式规划与冲突管理培训班。培训邀请来自北京林业大学、亚太森林网络管理中心以及大自然保护基金会的有关专家，就林权改革、林改冲突管理、协调程序与机制等内容对亚太地区林业院校的骨干师资进行系统培训。参加培训的 15 名学员分别来自中国、泰国、老挝、越南、印度尼西亚、马来西亚 6 个亚洲国家的林业院校，均是从事林业教学与研究的专业人才。

5 月 26 日 ~6 月 15 日，承办商务部"发展中国家林区经济可持续发展"官员研修班。共有来自菲律宾、尼泊尔、阿尔及利亚、喀麦隆等 12 个国家和地区的 29 名官员参加。研修班共举行了 17 次专业讲座、7 次实习考察、6 次座谈研讨，专业涉及中国林业概要、中国国情、中国木材贸易、区域林业、国有林场经营、林业产业、国有林区经济发展、参与式林业与山区发展、集体林权改革绩效、中国竹产业可持续发展等，并到福建省三明市、厦门市进行实地参观和交流。

（林　宇　覃艳茜）

【国际会议】 2011 年 11 月 11 日，由亚太森林恢复与可持续管理组织主办，北京林业大学、联合国粮食与农业组织、加拿大不列颠哥伦比亚大学、马来西亚布特拉大学、澳大利亚墨尔本大学、大自然保护协会协办的第二届亚太区域林业院校校长会议在北京国家会议中心隆重召开，会议共有来自 9 个亚太地区国家的 15 所高等林业院校的 23 名代表和 7 个林业国际组织的 12 名代表参会，会议审议通过亚太地区林业院校校长会议机制框架、组建亚太地区林业院校校长会议执委会、讨论亚太地区林业教育合作发展规划纲要，并一致同意将该会议机制协调办公室设在我校。第二届亚太地区林业院校长会议是联合国粮农组织第二届亚太林业周和第二十四届亚太林委会会议的重要内容之一，受到了亚太地区林业高等院校、科研机构、国际组织的广泛关注。

（林　宇　项宪光）

【港澳台交流】 2011年，学校经济管理学院教师成功申请香港王宽城基金资助1项，获得资金支持赴外参加国际学术会议。北京林业大学已连续10年获得该基金专项资助，为学校教师开展赴外交流创造了有利条件。

2011年，派出由校团委组织的校民乐团43人应邀赴澳门演出团组。

2011年，继续承办教育部重点对台交流项目“2011海峡两岸绿色行政与生态文明学术交流营”，并与台湾彰化师范大学合作举办“教学工作坊”，对学校青年教师进行教学技能培训。共申报对台交流团组17个43人次，出访人员涉及园林、经济管理、人文、自然保护区等多个学院、研究中心，出访类型中参加会议和讲学的人数有所增加。年初，校代表团赴台参加“海峡两岸农业院校论坛”，与台湾中兴大学签订校际间合作协议，于9月向中兴大学派出校际交流研究生2名，派出学生范围扩大到人文学院及水土保持学院，校内对台交流学生涉及面被进一步拓宽。信息学院和环境学院分别组织教师和学生2个近10人团组赴台参加学术交流研修和参加“海峡两岸环境科学与工程的挑战研讨会”。

（陈若漪　项宪光）

【学生赴外留学】 国家建设高水平大学公派研究生项目经过2次选拔，共有25人被录取，其中攻读博士学位的12人，联合培养博士生13人。通过校际交流项目共选派12人赴外留学，其中4人赴台湾中兴大学、2人赴日本山形大学、2人赴加拿大不列颠哥伦比亚大学、2人赴芬兰赫尔辛基大学、2人赴美国天普大学交换留学。

（林　宇　覃艳茜）

2011年国家公派研究生项目录取情况一览表

序号	姓 名	学生类别	学　院	留学国别	留学单位
1	李梦一欣	硕士	园林学院	德国	慕尼黑工业大学
2	张娜娜	硕士	园林学院	美国	马里兰大学
3	黄青青	博士	工学院	加拿大	新布伦瑞克大学
4	白志勇	博士	信息学院	美国	南方理工州立大学
5	何文昌	本科	材料学院	加拿大	不列颠哥伦比亚大学
6	韩彦雪	博士	材料学院	美国	美国农业部农业研究院
7	李万兆	硕士	材料学院	比利时	根特大学
8	江进学	硕士	材料学院	美国	华盛顿州立大学
9	刘亚兰	硕士	材料学院	美国	华盛顿州立大学
10	杨晓慧	博士	生物学院	澳大利亚	澳大利亚联邦科工组织植物工业研究所
11	姜　雪	本科	生物学院	美国	康奈尔大学
12	周　洁	博士	水保学院	美国	美国农业部林务局南方实验站
13	薛肖肖	博士	自然保护区学院	美国	阿拉巴马农工大学
14	宋娅丽	博士	林学院	美国	新泽西州立罗格斯大学
15	祝　燕	博士	林学院	美国	美国农业部林务局落基山研究所
16	赵志江	博士	林学院	澳大利亚	悉尼科技大学
17	郭天麒	硕士	林学院	德国	柏林自由大学
18	林　娜	硕士	林学院	德国	哥廷根大学
19	张　鹏	博士	园林学院	澳大利亚	新南威尔士大学

（续）

序号	姓 名	学生类别	学院	留学国别	留学单位
20	赵宏飞	博士	生物学院	波兰	罗兹科技大学
21	李 冉	博士	经管学院	加拿大	不列颠哥伦比亚大学
22	杨莉菲	博士	经管学院	美国	美国密苏里大学哥伦比亚校区
23	吴 健	硕士	林学院	日本	北海道大学
24	翁凌飞	硕士	林学院	澳大利亚	环境科学与工程—环境科学
25	王晓娜	硕士	林学院	日本	森林培育—森林生理生态

2011 年校际交流交换学生情况一览表

境外合作院校	姓 名	专 业	类 别
台湾中兴大学	彭小凡	思想政治教育	硕士
	穆 婧	地理信息系统	硕士
	周 敏	英语语言文学	硕士
	王 雪	园林植物与观赏园艺	硕士
加拿大不列颠哥伦比亚大学	吴天一	木材科学与工程	本科
	孟 洁	木材科学与工程	本科
芬兰赫尔辛基大学	胡禾丰	园林植物与观赏园艺	硕士
	殷丽秋	金融	本科
美国天普大学	钱博森	车辆工程	本科
	刘 潇	金融	本科
日本山形大学	王 榕	日语	本科
	郭昊天	日语	本科

党建与群团工作

组织工作

【概　况】 2011年，党委组织部、党校以党的十七届三中、四中、五中全会和全国第十八次高校党建会精神为指导，在学校党委的正确领导下，以服务党员、干部、人才为宗旨，以推动事业发展为目标，认真履行组织部门"选干部、配班子、建队伍、聚人才、抓基层、打基础"的工作职责，围绕学校中心工作，锐意进取，努力创新，为学校改革、发展和稳定提供组织保证。

基层党组织建设 以创先争优活动为载体，鼓励先进，宣传示范，强本固基，加强基层党组织和党员队伍建设。推进基层党组织规范化建设，规范党员发展程序，严把党员入口关。加强党员教育管理和党建研究，探索党建工作规律。

干部工作 2011年，学校完成院系领导干部调整和机关部分岗位竞争上岗机制建设，建设政治上靠得住、工作上有本事的年轻化干部队伍。推荐优秀年轻干部到中央部委、北京市各区县任职，推荐干部、教师到林业重要省市挂职锻炼，为地方经济社会发展提供管理人才。采取集中授课与网络学习互为补充、理论学习与社会实践相结合的多种方式，开展校内主体班子培训，并选派干部到校外脱产学习。按规定开展干部日常管理、考核、监督工作，做好干部信息、数据的整理分析工作。

党校工作 坚持党校姓"党"和从严治校方针，按照分级分类和按需培训原则，以党员干部、党支部书记、党员和入党积极分子作为培训对象，围绕中心工作，服务学校大局，精心设计内容，创新培训方式，狠抓培训环节，保障培训效果。继续担任北京高校党校协作组组长，搭建北京高校党校沟通、协作、交流、服务平台。

（盛前丽　邹国辉）

【党组织基本情况】 截至2011年12月31日，我校共有分党委13个，党总支3个，直属党支部7个；党支部304个，其中教职工党支部94个，离退休党支部8个，研究生党支部112个，本科生党支部89个，教师、学生混合党支部1个。

【党员队伍基本情况】 组织关系在校党员共计5128名，正式党员3874名，占党员总数的75.55%。预备党员1254名，占党员总数的24.45%。女性党员2973名，占党员总数的57.97%。少数民族党员365名，占党员总数的7.1%。在岗教工党员1182名，占全校党员的23.05%；学生党员3657名，占全校党员总数的71.31%；离退休党员288名，占全校党员总数的5.62%；出国出境未归、组织关系未转出的毕业生党员1名，占全校党员总数的0.02%。学生党员共计3657名，占学生总数的21.16 %；其中研究生党员2059名，占研究生总数的50.38%；本科生党员1598名，占本科生总数的12.11%。

【基层党组织建设】

深入推进创先争优活动 全校基层党组织紧紧围绕学校和本单位"十二五"发展规划及年度重点工作，制定"创先争优"活动方案。采取灵活多样的形式对基层党组织、党员开展领导点评工作。在全校广泛开展"践行善洲精神、助力绿色征程"主题学习实践活动，创新活动载体，形成了一批特色鲜明、成效显著的实践成果。组织广大党员开展"双学双比双提高"集中活动周、参加北京高校系统先进典型事迹报告会。组织全校基层党组织和广大共产党员开展"创先争优做表率、我为党旗添光彩"纪念建党90周年主题党日活动，通过演讲比赛、报告会、参观展览、知识竞赛、观看电影《建党伟业》等形式加强党的历史、传统和知识教育。在全校各级党组织和党员中开展了"提高办学质量促发展、服务人民群众树形象"活动。学校创先争优活动的开展情况受到上级党组织关注，学校"领导点评"创先争优开展情况分别被北京市委创先争优活动简报和市委教育工委创先争优活动简报刊载，学校开展的"践行善洲精神、助力绿色征程"主题学习实践活动被市委教育工委创先争优活动简报刊载。

推进基层党组织规范化建设 指导北京林业大学附属小学直属党支部和后勤服务总公司直属党支部进行换届选举和支部委员补选工作，加强对新成立的综合服务公司直属党支部建设的指导工作。完善基层党组织及其负责人变更报备机制。继续规范组织员队伍建设，制定《中共北京林业大学委员会兼职组织员选聘和管理暂行办法》，对组织员队伍进行充实调整；充分发挥离退休老同志的作用，5名同志被北京教育系统关心下一代工作委员会评为"关心下一代优秀特邀组织员"。

评选表彰先进典型 配合上级党组织做好先进典型评选对象的遴选推荐工作。水土保持学院宋吉红获评"北京市优秀党务工作者"和"北京高校优秀党务工作者"，园林学院李雄同志、材料科学与技术学院李建章同志获评"北京高校优秀共产党员"。外语学院李健同志事迹入选市委教育工委《先锋——北京高校创先争优活动共产党员先进事迹》书稿。

开展校级表彰，共计评选先进党支部20个，优秀共产党员20名，优秀党务工作者10名，优秀党支部书记16名。各分党委、党总支、直属党支部也开展了二级表彰。

规范党员发展程序，严把党员发展入口关 进一步加强发展党员计划批复机制，完善"调研—申报—沟通—批复"程序，指导各单位在深入调查分析的基础上编制本单位《发展党员工作计划书》。对党总支、直属党支部发展党员材料进行严格审查。指导学院按照"坚持标准，保证质量，改善结构，慎重发展"的原则发展党员。全年发展党员1218名，其中发展教工党员13名，发展研究生309名，发展本科生896名。学生党员比例稳步提升，研究生党员比例由49.46%提高至50.38%，本科生党员比例由11.95%提高至12.11%，毕业生中党员比例达38.5%。在新教工报到过程中做好新引进非党员教师的登记备案工作。

加强党员教育管理服务工作 多渠道深入推进《北京林业大学党员教育培训工作规划》，举办新党员培训班、优秀党员示范培训班、教工党支部书记培训班4期，培训党员达1175名；在全校党员中深入推进北京高校党员教育在线学习平台，鼓励党员在岗自学。学校党员在线学习时间高达7058学时，名列北京高校前列；深化电化教育播放点建设工作，推荐1个学院参评北京市"三个一百"电化教育先进评选；开展毕业生党员专题教育活动，印发《毕业生党员组织关系接转工作问答》，完成2011届1556名毕业生党员组织关系转出工作。完成53名新教工党员入校手续办理和政策解释工作；提高党员管理信息化建设水平，指导各单位做好党员校内调转工作；协助档案室做好2名教工入党材料的补填工作；建立健全党员激励关怀帮扶机制，1名离退休党员被列为市委教育工委"年度生活困难党员慰问对象"。

党费工作 全年共计收入党费440558.8元，坚持大额党费不过夜，及时入账。支出党费542002.85元，主要用于每季度按照25%的比例向市委教育工委上缴党费、购买党员学习资料、党员活动立项、党务培训、党内表彰、慰问生活困难党员和印制工作材料等。及时以党内文件形式向全校党员公布党费收缴及使用情况。

高质量完成党内统计工作 认真部署23个二级党组织按照准确、科学、统一、时效的要求，做好党内统计；加强党内统计业务培训、指导和审核，形成2011年度党内统计分析报告，为党的建设服务，为上级部门及学校制定政策提供依据，荣获"2010年党内统计优秀报表"的荣誉称号。

加强党建研究工作 协助学校党委完成北京高校党建研究会课题《高校培养青年马克思主义者的实现途径研究》，课题对学校青年马克思主义培养的意义、现状和对策途径进行了深入思考和研究，获得优秀课题称号。

【干部工作】

校级干部调整 2011年5月，教育部党组任命陈天全同志为中共北京林业大学委员会副书记、纪律检查委员会书记，免去方国良同志中共北京林业大学纪律检查委员会书记职务。教育部免去陈天全同志北京林业大学副校长职务。2011年11月，教育部免去逯广洲同志北京林业大学副校长职务。

选举产生第十届党委、纪委委员，党委常委及书记、副书记 2011年7月11～13日召开中共北京林业大学第十次代表大会，选举产生25名中共北京林业大学第十届委员会委员和11名第十届纪律检查委员会委员。召开第十届纪委第一次全体会议，选举陈天全同志为纪委书记，周伯玲、杨宏伟为纪委副书记。召开第十届党委第一次全体会议，通过第十届纪律检查委员会选举结果，选举产生中共北京林业大学第十届委员会常务委员会委员11人，选举吴斌同志为党委书记，陈天全、方国良同志为党委副书记。

第十届党委常委按姓氏笔划为序依次是：王玉杰、王自力、方国良、全海、吴斌、宋维明、张勇、张启翔、陈天全、姜恩来、骆有庆；第十届党委委员按姓氏笔划为序依次是：于志明、马履一（回族）、王玉杰、王自力、方国良、石彦君、任强、全海、刘诚、刘宏文、李铁铮、吴斌、邹国辉、宋维明、张闯、张勇、张敬、张志强、张启翔、陈天全、陈建成、郑晓清（女）、姜恩来、骆有庆、董金宝；第十届纪委委员按姓氏笔划为序依次是：于文华、于翠霞（女）、王艳青（女）、刘广超、刘俊昌、杨宏伟、陈天全、周伯玲（女）、庞有祝、姜金璞、管凤仙（女）。

开展学院（部）党政领导班子调整及部分处级岗位竞争上岗 2011年9月，学校启动除林学院外的12个学院及体育教学部的领导班子调整工作，对在现任岗位上连续任职超过5年的学院党委（党总支）书记、连续任现职超过5年的学院行政领导班子进行调整，56名干部进入学院行政班子。配合学院（部）领导班子调整，对部分空缺处级岗位进行集中竞争上岗，28名干部被选拔到机关、教辅部门处级领导岗位。

处级干部队伍状况 学校处级干部207名，其中正处级干部78名，占处级干部总数的38%；副处级干部129名，占处级干部总数的62%。机关及挂靠、教辅部门共有处级干部118人，教学单位（含体育、继续教育学院）共有处级干部89人。“双肩”挑干部54名，占处级干部总数的26%，其中担任正处级的“双肩挑”干部23名，担任副处级的“双肩挑”干部31名。女处级干部61人，其中正处级女干部15人，主要从事党务和思想政治教育工作。党外处级干部11人。全校处级干部平均年龄44岁，其中机关及教辅、挂靠等部门处级干部平均年龄43岁，各教学单位（含体育、继续教育学院）院长平均年龄51岁，书记平均年龄47岁；教学副院长平均年龄42岁，科研副院长平均年龄43岁，行政副院长平均年龄36岁，学生工作副书记平均年龄35岁。学校处级干部中61%具有硕士及以上学位，76%具有副高级以上职称，其中具有正高级职称的主要是“双肩挑”干部。

科级干部队伍状况 学校科级干部共计153人，其中正科级干部124人，副科级干部29人。女科级干部85人，党外科级干部17人。机关、教辅及挂靠部门科级干部共71人，各教学单位（含体育、继续教育学院）科级干部共56人。科级干部平均年龄35岁，其中正科级干部平均年龄37岁，副科级干部平均年龄32岁。科级干部中91%具有大学本科及以上学历，38%获得硕士及以上学位。

向校外推荐干部 2011年上半年，北京市集中选拔80后干部担任乡镇、街道领导班子成员，学校动员推荐符合条件的干部参与选拔，经民主测评、组织考察、个别谈话、档案查阅，1名处级干部和11名科级干部分别被选拔到房山、朝阳、丰台、昌平、延庆、通州、门头沟7个区县，担任乡镇、街道处级领导职务。环境学院1名干部经国家环保部考察，被选拔到环保部科技司担任副处级领导干部。

选派干部校外挂职及脱产学习 2011年，推荐1名处级干部到中共中央办公厅，2名处级干部分别到北京市国土资源局和水务局挂职。选派1名教授前往三明市担任林业局副局长挂职，1名教师赴新疆职业技术学院任教。推荐2名团干部参与共青团系统挂职项目，分别到内蒙古巴彦淖尔和北京市海淀区锻炼。选派6名处级干部分别参加国家教育行政学院中青年干部培训班和国家林业局党校脱产培训班学习，2名处级干部参加北京高校优秀年轻处级干部培训班学习。

干部教育培训 2011年，组织部、党校组织开展第九期、第十期干部培训班，97名干部参加集中授课学习，完成60学时培训任务。

干部管理和服务 做好干部队伍基本数据搜集、干部队伍结构分析等工作，向教育部、北京市委教育工委报送校领导基本信息、后备干部信息、35岁以下年轻干部信息等。完成北京高校干部管理信息库基础数据一期录入和维护工作。2011年为干部办理因私出国政审服务70余人次。按照审计联席会议精神，委托审计处开展对2名处级领导干部的经济责任审计工作。2011年度处级干部年度考核以网上考核与现场测评相结合方式开展，18名正处级干部、26名副处级干部年度考核为优秀。

（黄 薇 邹国辉）

【党校工作】 2011年党校工作紧密结合形势，围绕学校中心工作，开展分层分类、各有侧重的教育培训工作。

和党政办联合举办第九期中青年干部培训班 学校各部门办公室工作人员共52人参加培训。培训班采取专题培训、分组讨论和社会实践相结合的方式，听取由校领导、职能部门负责人和校外专家做《加强干部能力建设》《高等学校管理改革与科学发展》《突发事件应对策略》《党风廉政与干部自律》《财务与审计工作有关政策及注意事项》《办公室公务礼仪》《情绪管理与心理健康》《干部自身建设与成长》《信息公开》《制作高水平的PPT文档》《公共行政管理》专题辅导报告11个，围绕"如何使自己成长为一名优秀的管理干部？您在从事管理工作方面积累了哪些成功的经验，有哪些不足？如何在重视制度建设的同时，进一步加强思想品德修养和理想、情操、纪律等方面的教育，增强干部防腐拒变的能力？"3个问题进行分组讨论，共计60学时。

举办第十期中青年暨基层党组织负责人干部培训班 培训班以理论、业务辅导和考察交流相结合为主要方式，邀请校领导、北京市委教育工委领导、北京市委党校领导和著名国学专家做《学校党建和思想政治工作的思考和展望》《国学与管理》《胡锦涛在建党90周年纪念大会上的讲话精神辅导》《中国共产党普通高等学校基层组织工作条例》解读等专题辅导。培训班学员在吴斌书记的带领下，看望学校在基层任职的"80后"干部并参观了北京市党员教育示范基地、北京市新农村建设示范村——南口镇东李庄村。各分党委（党总支、直属党支部）书记、副书记和党委职能部门副处以上干部共计45人参加培训。

举办第一期优秀共产党员示范培训班 20名优秀共产党员在顺义接受了为期3天的集中培训。培训班学员先后听取了有关领导、专家、学者所做的《中国共产党党史》《北京高校党的建设》《北京市经济社会发展状况》《多样化体系中的大学制度建设》《北京市教育中长期发展规划》《中国共产党普通高等学校基层组织工作条例》共6个专题辅导报告。培训班学员还围绕"新时期如何加强党性修养，如何发挥党员的先锋模范带头作用"主题展开讨论。

举办2期预备党员教育培训班 党校利用寒暑假举办2期预备党员培训班，共培训学员1034名。培训班学员共听取《改革开放以来党的思想解放历程》《党风廉政建设》《讲党性、重品行、做表率》《论共产党员的修养》导读、《民主集中制》《胡锦涛"七一"讲话精神》和《预备党员须知》共7个专题辅导报告。预备党员撰写了《在争取入党的日子里》的学习总结。

组织学生党校第45期、第46期提高班 共有1555名入党积极分子接受提高班的培训。培训班采取专题辅导、小组讨论、社会实践和义务劳动相结合的方式，共安排了《构建社会主义和谐社会》《共产党宣言导读》《建设创新型国家》《低碳经济与低碳文明》《中国特色社会主义道路》5次主题辅导报告。学生业余党校提高班组织4次主题讨论、1次义务劳动和1次社会实践。在第45期提高班开展"忆红色岁月，抒爱党之情"主题教育活动；在第46期党校提高班，举办"今天我来讲党课"主题教育活动。

依托各学院党校举办第46期、第47期党校初级班，学习党的基本知识。

举办2011年教工党支部书记培训班 共有89名教师党支部书记参加了培训。培训班以专题辅导、经验介绍、分组交流相结合的方式展开，听取《十七届六中全会精神》专题辅导报告，交流先进党支部的工作经验，对教师党支部建设中的难点问题进行讨论。

担任北京高校党校协作组组长单位 编辑出版了《青春与信念》——入党积极分子培训辅

助教材。于2011年10月组织开展了第二期“精品一课”评选活动，共评选出“精品一课”15个、优秀组织单位4个、最佳视频制作奖2个。2011年5月18～20日和2011年10月11～15日，受北京市委教育工委委托，党校协作组承办了第四期和第五期北京高校优秀教工党支部书记培训班，来自党关系隶属北京市委教育工委的60所高校和事业单位的346名优秀党支部书记参加了为期8天的培训。培训班以专题辅导、经验介绍、分组讨论、参观考察相结合的方式展开，报告涵盖了党的建设、高等教育改革发展、北京经济社会形势等内容。培训班还就“如何创新教工党支部组织生活形式，增强党组织活力”“如何做好在‘双高’人员中党员的发展、教育和管理工作”“如何更好地发挥党支部和党员在维护安全稳定的主要作用”等难点和热点问题展开了讨论。北京航空航天大学等10所大学在培训班上做了经验介绍。2011年9月11～15日，举办了北京高校党校干部培训班。培训班采取专题辅导和考察交流相结合的方式，在听取专题辅导报告的基础上，前往中南大学进行参观考察，北京高校党校干部还参观了毛泽东故居和刘少奇故居。（刘广超　邹国辉）

宣传新闻

【概　况】 党委宣传部、新闻办公室负责北京林业大学思想政治教育和新闻宣传工作，下设思想政治教育科、网络宣传教育办公室、北林报编辑部、电视台、广播台等5个科级部门。学校是北京市高校校报理事长单位，北京高校校报研究会设在学校，日常工作由党委宣传部、新闻办公室承担。现有工作人员12人，其中部长1人，副部长2人。

党委宣传部、新闻办公室贯彻落实学校党政工作要点，以庆祝建党90周年和学校召开的第十次党代会为契机，全力做好宣传思想教育、新闻宣传和大学文化建设等工作。推进学习型党组织建设，提升社会主义核心价值体系引领能力，着力提升舆论引导能力和危机应对能力，为建设国际知名、特色鲜明、高水平研究型大学提供舆论氛围、思想保证、精神动力和文化环境。正确把握舆论导向，为师生员工提供及时、大量、全面、准确的资讯，向社会宣传学校的新成绩、新进展；组织开展大学文化研究和讨论，举办绿色文化沙龙，提炼学校精神、校训、校风、学风等表述语，开展校歌征集，启动绿色校庆年活动，组织编撰校史等有关著作，推动富有特色的北林文化建设。

2011年，学校第三次获得“首都文明单位标兵”称号；获得“北京市纪念建党90周年宣传工作先进集体”称号，1人获得“北京市纪念建党90周年宣传工作先进个人”称号，是首都90多所参评高校中同时获得两项荣誉的5所大学之一；在全国“五五”普法宣传教育活动中，1人获得“北京市教育系统先进个人”称号。学校的思想政治宣传和新闻宣传工作在北京高校中继续保持先进水平。（刘　忆　铁　铮）

【思想教育】 以庆祝中国共产党成立90周年为契机，在全校范围内组织开展了多项主题教育活动，制定了《关于开展中国共产党成立90周年庆祝活动的安排意见》，对全校庆祝活动进行统一部署和安排。组织开展“学党史·知党情·报党恩”主题宣传教育活动，与党委学工部、研工部共同开展“纪念中国共产党成立90周年”征文活动、“建党90周年原创红短信、红段子、红视频”征集活动，收到征文559篇，“红短信、红段子、红视频”220余条。召开纪念建党90周年主题宣传教育活动表彰大会，对获奖的134名师生和8个优秀组织单位进行表彰。广播台举办了“岁月留声”暨建党90周年文艺晚会。《北林报》、绿色新闻网、橱窗、广播台、电视台等各校园媒体开辟纪念建党90周年的专栏、专版，加大了报道力度，营造了喜庆、热烈的氛围。

结合纪念辛亥革命100周年，开展以“学习党史，坚定信念”为主题的博文比赛。与人文学院联合举办“观看红色影片，学习革命精神——红色电影进校园活动”，为全校近2000名学生播放了《建党伟业》《建国大业》《辛亥革命》《东京审判》《首席执行官》等9部爱国影片。开展爱国主义观影征文活动，激发学生们的爱国热情。

结合国家生态文明建设，开展生态文明教育活动。为推动绿色校园建设，举办了“知山知水”报告会和青年专家沙龙，研讨学校的办学特色和办学理念。组织师生参加“2010绿色中国年度焦点人物颁奖典礼”。制作绿色视频、宣传橱窗，宣传生态文明理念。组织开展“我为生态文明做贡献”“绿色校园与生态文明”“低碳生活我先行”“12·4”普法等主题宣传教育活动，提高广大师生对生态文明建设重要性的认识。宣传学校的办学理念，组织专家、学者从多角度来阐释、理解办学理念的深刻内涵。

开展创先争优先进典型宣传教育活动，营造比学赶超的浓厚氛围。在全校范围内开展“创建党建先进”“争做育人标兵”“争做成才表率”等主题教育活动，对在基层党建工作中取得突出贡献的集体和个人，在党建和思想政治工作中取得的突出成果进行集中宣传。在创先争优活动和建党90周年宣传教育中，对获得北京市和学校表彰的先进典型进行重点宣传。

开展海淀区人大代表选举的宣传工作。通过报刊、网络、广播、橱窗、电子屏等媒体，以悬挂横幅、张贴宣传画、发放宣传页等方式，宣传选举的意义和相关知识，动员选民积极参加选举，激发选民的政治热情和主人翁责任感，为顺利选取人大代表选举营造了良好的舆论氛围，同时也使选举成为对广大师生进行民主和法制教育的过程。

围绕国内重大事件和学校中心工作，如廉洁文化教育、大学生创新活动等主题开展了专题宣传教育，并通过举办成果展、文艺晚会等活动创新宣传形式，为增强宣传效果，还组织制作了主题宣传板500余块。（刘忆铁铮）

【理论学习】 按照建设学习型党组织的要求，完善和加强了校党委中心组的新机制，首创了中心组实践基地，率先开展了理论学习“1+1”活动，使北京林业大学党委中心组学习上了一个新的台阶；中心组加强对二级党委中心组的建设与管理，探索二级党委中心组学习的新模式，开展二级中心组特色活动评比，并对获奖单位进行表彰，得到了北京市委教育工委的肯定，2011年10月，在北京市委教育工委组织的学习型党组织建议工作会议上，校党委宣传部部长、新闻办公室主任对学校党委中心组建设做了经验介绍。

校党委理论学习中心组 围绕主题，学习内容精细化。2011年，党委理论中心组围绕国际形势与热点问题、“十二五”规划、学校第十次党代会、现代大学管理改革、学习贯彻胡锦涛“4·25”讲话、庆祝中国共产党成立90周年大会上的重要讲话精神，以及十七届六中全会、党风廉政建设等主题精心设计学习内容，举办了7场专题辅导报告。组织中心组成员听取了“两会”专题辅导、《国际形势热点问题及对我国国家安全的影响》辅导报告、北京林业大学《“十二五”规划》说明会、《英国高等教育的现状与改革》辅导报告、《反腐倡廉的形势和任务》专题报告、《学习贯彻“七一”讲话精神专题辅导》的录像报告；组织部分核心组等成员参加了张雪同志先进事迹报告会。通过学习，使中心组成员对国内外形势、高等教育现状、学校发展等有了较为准确和清晰的把握，理论水平有了新提高。

建立基地，实践活动更加规范化。校党委中心组坚持分专题开展调研实践。上半年，中心组围绕“高校在地方林业建设中的地位和作用”的主题，考察了广西壮族自治区现代林业建设，与当地林业部门开展调研和共建活动，探寻学校服务地方林业建设的突破口和结合点，并在林业高级人才培养、林业产业发展与产品升级、科研与技术合作等方面，谋求更多的校地合作机会，达成多项合作意向；中心组成员结合纪念建党90周年在百色接受了革命传统教育，重温入党誓词；结合生态文明建设和发展需求，在北京麋鹿生态实验中心挂牌建立了首个党委中心组实践基地，建立了校党委中心组实践活动的长效机制。

创新形式，首创理论学习“1+1”模式。创新中心组学习形式，与兄弟高校、部队、企业、地方政府有关部门结对开展理论学习和实践活动。与北京建工学院开展了党委理论学习中心组“1+1”共建活动，双方通过开展经常性的理论学习、经验交流等活动，在党建工作、科学研究、高等教育改革与发展等方面，共同探讨教育事业改革新思路、新举措，共同促进高等教育事业科学发展。这一形式受到了中心组成员的肯定，在高校理论中心组学习中尚属首次。

严格要求，理论学习坚持制度化。学习内容的选择上，既要认真贯彻上级的学习要求，又力求和学校实际紧密结合；形式上力求多样化，以集中学习、专题报告、研讨座谈、参观考察等多种方式，共同营造了良好学习氛围。中心组坚持评比表彰制度，在年底的总结交流会上，对25名优秀学员进行表彰。

注重交流，学习成果更加多样化。通过改版后的"北林在线""绿色新闻网"《舆情通报》等，为学校中心组成员、各单位负责人提供理论学习平台，定期反馈学习成果和网络舆论情况。组织中心组成员结合理论学习、实践调研以及工作中的难点重点，撰写学习论文49篇，编撰《理论学习与实践创新》一书，为中心组成员和党务干部发表论文创造了条件。

二级党委中心组 制定规章制度，规范二级党委中心组理论学习。制定《关于加强二级党委中心组学习的实施意见》，对二级党委中心组的学习内容、学习制度、学习管理、组织建设及工作机制等提出明确要求，鼓励和推动二级党委中心组进一步探索理论学习的新机制，加快推进基层学习型党组织建设的深入开展。各二级中心组进一步健全理论组织机构，大部分分党委形成了以学院党政领导班子成员为主体，根据不同学习内容，适当吸收有关人员参加的组织机构。部分学院还建立了二级党委中心组集中学习研讨制度、中心组成员联系学科教研室、党支部和基层班级的制度等，理论学习不断规范化。

开展特色活动，激励二级中心组探索学习机制。开展二级中心组特色学习活动评比、中心组观摩交流、编印《二级党委中心组简报》活动。校党委中心组在全校理论学习中发挥指导和示范作用，二级中心组结合自身的特色，开展卓有成效的学习实践活动，形成了分层管理、二级联动的良性学习机制，进一步带动了师生的理论学习。组织开展二级党委中心组特色活动评比活动，得到各单位的响应，进行公开演讲，经过认真评比，以校党委名义表彰了9个表现突出的二级党委中心组特色学习活动。

教职工理论学习 2011年开展了4次师生思想动态、理论学习的调查研究，探索新形势下教职工和大学生理论学习的新形式、新方法。结合社会热点问题、焦点问题，编写《舆情通报》《理论学习热点导读》，开辟"红色信息进邮箱"栏目。结合北京市教工委宣传思想工作的课题研究，对新媒体时代如何开展红色教育进行调查和研究，并撰写研究论文。

加强理论宣传，推进当代马克思主义大众化研究。紧密结合学校中心工作，用马克思主义中国化最新成果武装头脑、指导实践、促进工作。利用北京市委"宣讲家"网站等资源，帮助师生员工释疑解惑。在建党90周年之际，加强网络意识形态的引导，对各单位利用形势报告开展社会主义核心价值体系教育活动提出具体要求。

哲学社会科学教学科研骨干培训 2011年，继续加强对学校哲学社会科学教学科研骨干的培训工作，加强哲学社会科学队伍建设和大学生思想政治工作。2011年，共选送22名骨干教师(共12期)参加教育部、北京市哲学社会科学骨干教师培训班，培训结束后，组织召开骨干研修工作座谈会，与会人员围绕"如何巩固马克思主义在意识形态领域的领导地位""如何进一步推进我校哲学社会科学和大学生思想政治教育工作""如何加强大学文化建设"等问题进行座谈，并对学校两课、德育、宣传思想工作和大学文化建设提出意见和建议。将22名学员的结业论文汇集成册，编印《2010～2011年研修论文汇编》。

(刘　忆　铁　铮)

【新闻宣传】 2011年，组织开展北京林业大学年度十大新闻评选活动和"北京新闻奖(高校新闻系列)"好新闻评奖活动。以绿色校庆年启动为契机，邀请中央、地方及行业近20家媒体刊发报道，新华社、《人民日报》又从不同视角予以报道，扩大了绿色校庆年影响面。全年刊发对外报道400余篇，校园报道近5000条。

以风景园林60年、信息学院成立10周年、我国林业继续教育55周年等为契机集中展示了一批学院风采；以国家重点实验室检查验收为契机，集中展示了一批学科建设风采；以教师节庆祝暨表彰和编撰《北林学者》为契机，集中展示了一批教学名师的风采；以优秀毕业生评选表彰和学校年度评优表彰为契机，展示了一批优秀学生和班级的风采。

2011年，各媒体完成了“纪念建党90周年”“第十次党代会”“总书记APEC林业部长级会议讲话精神解读”“绿色校庆年”“知山知水”“中国风景园林学会年会”“第二届青年学术年会”“绿色校庆你我他”等专题内容，丰富报道内容和报道形式。强化《北林报》的主导媒体作用，在深度报道、专题报道上出亮点、出特色；继续发挥绿色新闻网“快、准、好”的风格；广播台、宣传橱窗、网络视频、公共电视、电子显示屏等媒体，紧密配合学校中心工作以及各种主题教育活动，开展了丰富多彩的宣传报道，做了大量工作。

2011年，《北林报》共出版28期；绿色新闻网及时刊发新闻4000余条；电子公告屏播报600余条；校园公共电视共播放节目64个；广播台开办了17个栏目，每天播出时长130分钟；拍摄、编辑、制作宣传橱窗190余个，320块专题展板；电视制作组播出校园电视新闻38期；全年对外报道新闻400多篇次。通过加大媒体宣传力度，进一步扩大了学校的知名度和美誉度。保持和社会媒体的联系，化解危机新闻，妥善处置有关问题，为学校发展营造了积极的舆论环境。（廖爱军　铁　铮）

【大学文化】 全面总结凝练北林精神。总结、提炼校风、教风、学风，组织专家学者开展对校训、校风、教风、学风表述语的提炼工作，总结办学实践经验，继承优良办学传统，弘扬“知山知水、树木树人”的办学理念，深入挖掘北林精神的内涵。开展编写制作校歌的工作。

开展绿色校庆宣传活动。在《光明日报》《中国绿色时报》等媒体发布校庆公告，组织撰写校史、北林学者等相关书籍，制定校庆专题片，确定画册的制作方案，《北林报》、绿色新闻网、广播台、宣传橱窗、电视制作组等媒体突出报道绿色校庆，开设专栏、专版，营造浓厚的绿色文化氛围，扩大绿色学府的影响。

开展“绿色行动”系列文化活动。邀请知名人士参加“知山知水”大讲堂等系列活动；以“院士风采”“北林学者”“身边的榜样”为示范，广泛宣传优秀师生代表的先进事迹，不断培养优良的学风、教风和校风；制作《绿色摇篮：北京林业大学宣传片》；完成自办接收《凤凰卫视》节目数字化传输，对校内东西家属区、6号楼、柏儒苑小区用户实现了有线电视信号全覆盖，

开展“知山知水”系列文化活动。以系统梳理和总结我校办学理念作为我校大学文化建设的重要内容，开展了“知山知水”办学理念解读报告、文化沙龙、征文、专家学者笔谈等形式的活动，刊发文章近百篇。启动《知山知水》一书的编撰工作。

推进文化建设工程，开展系列文化宣教活动。在传播绿色文化，引领生态文明过程中，注重活动策划、媒体互动。与图书馆联合开展了以“倡导读书风尚，提升校园文化，丰富精彩人生”为主题的“世界读书日”活动，通过推荐优秀图书、名师读书大讲堂、读书征文摄影大赛、评选读者之星等活动增浓北林读书风气，推动校园绿色文化建设。（赵海燕　铁　铮）

纪检监察工作

【概　况】 2011年，北京林业大学党风廉政建设和反腐败工作围绕贯彻三部委《关于加强高等学校反腐倡廉工作的意见》，在营造廉政环境、深化廉洁教育、加强防范管理、开展监督检查、推进干部作风建设等方面取得了新的进展。学校反腐倡廉建设与学科建设、人才培养和教学科研及其他行政各项管理深度融合，实现与业务工作同部署、同落实、同检查、同考核，为学校保稳定、保改革、保质量、保发展提供了政治保证。2011年，学校第十次党代会选举产生了新一届北京林业大学纪律检查委员会，共有委员11名。新一届纪委在上级纪委和学校党委的领导下按照《党章》赋予的职责开展工作。

（周仁水　杨宏伟）

【贯彻落实党风廉政建设责任制】 2011年3月15日，召开全校党风廉政建设工作会议，会议传达中央领导和教育部有关领导的讲话精神，总结2010年的党风廉政建设工作，部署2011年学

校党风廉政建设和反腐败工作任务，党员领导干部及有关人员共170余人参加会议。

制定《中共北京林业大学委员会贯彻中共中央、国务院 < 关于实行党风廉政建设责任制的规定 > 的实施办法》和《北京林业大学2011年党风廉政建设重点工作及任务分工》，确定贯彻党风廉政建设责任制、提高民主办学治校能力、推进廉政风险防控管理、开展党风廉政建设宣传教育、强化重点部位重点环节监督、依法依纪办案6个方面24项重点工作，每一项工作任务明确责任领导、牵头单位、协办单位和完成时间，将党风廉政建设责任落实到部门、落实到个人。

开展贯彻党风廉政建设责任制执行情况自查。学校59个处级单位提交自检报告，党委对学校执行责任制情况进行自查并上报驻部纪检组和北京市教育纪律工作委员会。

（周仁水　杨宏伟）

【廉政风险防控管理】 2011年7月，总结学校开展廉政风险防控管理工作情况，形成《中共北京林业大学委员会开展廉政风险防范管理工作整体情况报告》，建立《北京林业大学廉政风险防控管理台账》，上报学校开展廉政风险防控管理的阶段性成果。学校各处级单位将把廉政风险防控管理情况与贯彻执行党风廉政建设责任制情况结合起来，融入日常管理，巩固防控成果。（周仁水　杨宏伟）

【反腐倡廉宣传教育】 召开党委理论中心组扩大会议，组织副处级以上干部学习《廉政准则》，观看“52个不准”教育光盘。购买《廉政准则》和《〈廉政准则〉实施办法》单行本，发放到中心组成员手中。组织全校副处级以上干部填写《准则》和“十不准”知识答卷。向每一位副处级以上领导干部发放《教育系统职务犯罪案例辨析》《党政干部廉洁从政周历》，开展警示教育。各二级中心组组织学习《廉政准则》和教育部“十不准”，组织部将其纳入青年干部理论培训中。组织参加北京市廉政风险防范管理工作成果展、金超杰先进事迹报告会，学习典型经验和先进事迹。

开展大学生和研究生廉洁教育，学生工作部门、宣传部门运用校园网、校报、校电视台、宣传橱窗等载体开展宣教活动，组织班会、征文、专题讲座等廉洁诚信主题活动。

2011年3月，党委对新上岗的处级干部进行集体廉政谈话，11名新上岗处级干部在会上学习《廉政准则》和“十不准”要求，签署“廉政承诺书”。（周仁水　杨宏伟）

【领导干部廉洁自律】 开展兼职情况自查。校级干部填写《高校校级领导干部兼职及从事其他营利性活动情况自查报告表》，处级干部填写《高校处级领导干部兼职及从事其他营利性活动情况自查报告表》。校级领导10人，没有人员在校内外经济实体中兼职，有17人次在社会团体及其他单位兼职，所有兼职活动均没有取酬现象。处级领导干部167人，经过学校批准、备案，在校内外经济实体中兼职共有6人次，其中1人为技术兼职、取酬；1人被派往学校企业担任职务，有4人在学校所属公司兼职并拥有极少量股份；在社会团体及其他单位兼职有33人次，没有取酬现象。

开展廉洁自律检查。校院两级班子坚持每学期召开廉洁自律专题民主生活会，主管校领导参加分管单位班子生活会，遵守领导干部重大事项报告制度、收入申报制度和礼品登记制度。党政领导班子成员没有出现在院系等所属单位违规领取奖金、津贴等情况；没有违规多占、买卖住房问题和利用职权谋取不正当利益等方面问题。

（周仁水　杨宏伟）

【重点专项督察】 纪检监察部门参与学校干部选拔任用、职称评聘、基建工程招投标、招生工作等重点部分和关键环节的工作，做到在监督中参与不代替、督促不包办，加强权力监控和程序、环节监督。①全年参与基建项目、维修改造工程、教学设备采购、后勤物资采购、教职工体检招标等各类招标52项，涉及金额6700余万元。②纪检监察部门严把招生工作程序，对本科生、研究生、成人教育等各种招生类型实行过程监督。特别对自主招生、艺术类招生、文艺特长生等特殊类型招生加大监察力度，参加招生领导小组集体研究会议和提前录取考试的现场监察。参与研究生招生考试、复试巡视和博士生录取的督察；参与继续教育学院招生工作小组对招生计划和录取工作的集体研究。保证和促进了各项招生工作做到“六公开”。③参与学校干部选聘考核工作。全年参与18位正处级、59位副处级岗位干部的民主推荐、民主测评、考察谈话、受理信访等工作，对干部任免进行全过程监督，对流动到校外的11位干部进行廉政考察、出具廉政鉴定。④参与岗位评聘监督和新进教职工评审。参加学校和学院学科评议组会议，监督评议过程，负责组织发放、回收、统计和保存选票。⑤纪委、监察处会同财务处、招生就业处等部门组织开展春秋两季收费自查自纠工作，严格执行教育收费有关制度，撰写检查报告，向教育部和北京市教育纪律工作委员会进行总结汇报。⑥开展“小金库”专项治理工作。2011年5月，“小金库”专项治理领导小组对“小金库”进行全面复查。主要复查内容包括以假发票套取资金设立“小金库”、虚列会议费和培训费套取资金设立“小金库”、以资产出租和处置收入设立“小金库”、虚列成本费用转出资金设立“小金库”和使用“小金库”款项购买消费卡等。各级单位都能够严格执行“收支两条线”的有关规定，及时按照规定上缴资金。（周仁水　杨宏伟）

【查办信访案件】 2011年纪检监察受理信访7件次，所有信访当年办结。2011年结案1件，处分违纪党员1名，给予其党内严重警告处分。查办案件过程中，按照“事实清楚，证据确凿，定性准确，处理恰当，手续完备，程序合法”二十四字方针，确保案件办理质量。办结案件已通过北京市教育纪律工作委员会2011年案件质量检查。（周仁水　杨宏伟）

【迎接教育部专项检查】 2011年9月19日，教育部直属高校贯彻落实《规定》《准则》和“十不准”专项检查第九检查组对学校贯彻落实中央《关于实行党风廉政建设责任制的规定》《中国共产党党员领导干部廉洁从政若干准则》及教育部《直属高校党员领导干部廉洁自律“十不准”》的情况开展专项检查。专项检查动员大会暨工作汇报会由校长主持，教育部检查组领导、全体在校校级领导、全校副处级以上干部、教师代表、民主党派代表和离退休代表共100余人参加会议。检查组组长、南开大学党委副书记杨克欣对检查的重要意义、指导思想、检查程序和形式进行动员部署。校党委副书记兼纪委书记代表学校党委向检查组汇报学校贯彻落实《规定》《准则》和“十不准”情况。按照评分指标点，总结学校2010年以来党风廉政建设工作的成效、经验和不足，提出了学校下一阶段贯彻落实《规定》和《准则》的整改措施以及进一步加强学校党风廉政建设工作的思路。与会人员填写了《高校领导班子民主测评表》，对学校领导班子和领导班子成员执行《规定》《准则》和“十不准”情况进行了民主测评。检查组成员对照《教育部直属高校执行<规定>自查评分表和《教育部直属高校执行<准则>和“十不准”自查评分表》，逐项查阅学校执行《规定》《准则》和“十不准”情况相关文件资料。检查组主持召开了座谈会，学校有关职能部门负责人代表、院系负责人代表、教师代表、民主党派人士代表20余人参加了座谈会。与会人员围绕学校贯彻《规定》《准则》和“十不准”情况和本单位开展党风廉政建设工作情况提出了意见和建议。专家组结合学校自查自评报告，支撑材料、座谈会和测评情况，对学校执行《规定》《准则》和“十不准”情况进行评议，并将评议结果向学校领导进行了反馈。

（周仁水　杨宏伟）

统战工作

【概　况】 党委统战部负责贯彻执行统战方针政策，协助党委了解学校统战工作的情况，反应党外人士的意见和建议，协调统战内部的关系。负责选拔培养考察党外代表人士，协助做好党外人士的政治安排。负责学校民族宗教工作。负责归侨侨眷、台港澳和海外统战工作，协助侨联加强自身建设和开展活动。负责联系学校女教授协会。现有统战部长1人。

2011年，北京林业大学统战工作团结和引导统一战线成员，为实现“十二五”规划的良好开局，为学校建设国际知名、特色鲜明、高水平研究型大学这一目标发挥积极作用。

2011年，学校统战工作创新工作载体，推动统战成员的思想建设。开展了“社会主义核心价值体系学与行”活动，以巩固统战成员的共同思想政治基础。2011 年 5 月，召开了学校民主党派、无党派人士“树立和践行社会主义核心价值体系”学习座谈会。通过观看“身边的榜样”——中央统战部树立和践行社会主义核心价值体系先进人物事迹报告会的领导讲话和 3 位党外人士的事迹报告，引导统战成员巩固与中国共产党团结奋斗的共同思想政治基础，坚定在中国共产党领导下走中国特色政治发展道路的信念和决心。围绕“重温历史，同心同行”主题教育活动，开展了爱国主义、统一战线历史和优良传统以及爱岗敬业的教育，并于 2011 年“七一”前夕在学校宣传栏对 17 位党外代表人士进行了宣传，展示他们在学校的建设和发展中做出的贡献，以及在各自所承担的社会工作中取得的成绩。

截至 2011 年底，学校有民主党派基层组织 3 个，民主党派成员 114 人；有党外高级知识分子 269 人；有党外副处级以上干部 10 人；有少数民族学生 1829 人。

【民主党派工作】 贯彻党对民主党派的各项方针政策，做好民主党派工作，积极为民主党派改善办公条件。2011 年上半年，配合学校办公用房的调整，进行了民主党派办公室的搬家工作。经过各方努力，我校民主党派办公室在原有 1 个联合办公室的基础上，调整为 2 个独立套间，添置了必要的办公设备，进一步改善了民主党派办公和开展活动的条件。

为进一步加强学校党委同各民主党派的联系，贯彻党对民主党派的各项方针政策，2011 年 11 月，下发了《北京林业大学关于校级党员领导干部与学校民主党派组织、侨联建立联系制度的规定》。

2011 年 4 月民盟北京林业大学支部进行了支部换届选举工作。农工党北京林业大学支部被划归农工党海淀区委管理。同月在九三学社北京市委员会成立 60 周年纪念大会上，九三学社北京林业大学支社被评为九三学社北京市委“创优争先”活动中的先进集体，2 人被评为优秀社务干部，3 人被评为优秀社员，1 人因在 2010 年度获得了天津市科学技术进步奖被评为在本职工作中做出突出贡献的社员，3 名有 30 年以上社龄的老社员被评为荣誉社员。1 人作为毕节试验区专家顾问组成员积极参与“促进毕节试验区发展科技示范项目”，该项目被中央统战部、人力资源和社会保障部、各民主党派中央、全国工商联联合授予“社会服务优秀成果奖”，同时获第八届海淀区政协提案与建言献策先进个人奖、第八届海淀区政协特别贡献奖、民建海淀区参政议政先进个人二等奖。

【党外代表人士工作】 加强党外代表人士队伍建设，协助做好民主党派区级组织和区政协的换届工作。根据地方区级组织换届工作的需要，学校积极向海淀区委统战部推荐党外代表人士后备人选并协助区委统战部、民主党派区级组织考察换届人选。2011 年，北京林业大学有 6 人进入民主党派区级组织，其中 1 人任区委科技委员会主任、有 3 名教师任政协海淀区第九届委员、1 名教师继任政协东城区第十三届委员。

党委统战部积极鼓励和引导无党派人士建言献策、发挥作用。2011 年，学校新增中央统战部党外知识分子信息联络员 2 人，选送 1 位民主党派负责人参加了北京高校党外代表人士培训班，1 人再次当选海淀区人大代表并被推荐为第四代表团副团长。

学校积极选派党外代表人士参加挂职锻炼。为了加强对我校党外代表人士的培养，服务北京经济社会发展，推荐 1 名九三学社北京林业大学支社委员参加北京市的挂职锻炼。挂职期间，他积极工作，在海淀区政府和北京林业大学签署校地科教合作框架协议、海淀区园林局与学校自然保护区学院就翠湖国家城市湿地公园建设达成合作意向、海淀区园林局与学校林学院就海淀区二道绿隔资源清查以及海淀区园林绿化局科技产业开发等方面做了大量工作。

【民族宗教工作】 2011 年，党委统战部积极贯彻中央和市委指示精神，认真做好宗教方面抵御渗透和防范校园传教专项工作。为了贯彻落实中办发[2011]18 号《关于做好抵御境外利用宗教对高校进行渗透和防范校园传教工作的意见》，学校调整了民族宗教工作领导小组，进一步明确了工作职责，召开了学校民族宗教工作领导小组会议，成立了宗教专项工作领导小组，有关学院成立了教育引导小组，对开展教育引导工作制定了专项工作预案，落实各项防范工作措施。学校制定了《中共北京林业大学委员会关于做好抵御渗透和防范校园传教工作的意见》。在各部门的努力下，专项治理工作取得了成效。

【港澳台侨工作】 党委统战部积极引导和支持学校侨联开展活动。侨联为校内5人办理了侨眷身份的界定。组织归侨侨眷开展了通州运河文化一日游活动。推荐2人参加了海淀区第六次归侨侨眷代表大会。

2011年6月，在中央台办、国务院台办对台工作评选表彰活动中，1人被授予“特殊贡献奖”。

【女教授协会工作】 支持和引导学校女教授协会开展工作。在2011年“三八”妇女节之际，举办了“缅怀科学巨匠、女性的骄傲居里夫人获诺贝尔化学奖一百周年暨庆祝三八国际劳动妇女节”座谈会。参加座谈的20多位女教授畅谈了学习居里夫人的心得体会，深感肩上责任重大，表示要在学术水平和行为规范等方面为人师表。女教协和中国老龄事业发展基金会银龄关爱工程共同组织了女教协平谷桃花节赏花活动。

2011年11月，女教授协会召开座谈会，以女药学家屠呦呦教授获得被誉为诺贝尔奖“风向标”的拉斯克奖为题，号召女研究生们发扬百折不挠、刻苦钻研、勇于探索的精神，热爱自己的专业，注重点滴知识和经验的积累，为科研贡献自己的青春和活力。

【统战年度特色活动】 2011年6月，党委统战部以为“十二五”时期的经济社会发展及开局之年各项目标任务发挥作用，用实际行动践行社会主义核心价值体系为主题，组织学校民主党派、侨联负责人和无党派人士代表20余人赴位于山东冠县的科研示范基地进行参观考察。通过与基地苗圃负责人进行交流和座谈，了解并感受到了优秀教师朱之悌院士、张志毅教授生前的工作和敬业精神。

为纪念辛亥革命100周年、建党90周年，学校统战部于2011年11月组织部分党外代表人士赴南京参观考察。考察团一行拜谒了南京中山陵、瞻仰了雨花台烈士陵园，赴南京大学、南京林业大学、南京农业大学考察交流。通过参观考察、座谈交流，提高了党外代表人士的思想觉悟和政治素质，坚定了为国家建设和发展勤奋工作、贡献力量的信念。（黄中莉）

学生工作

【概　况】 学生工作部(处)是学校党委领导下的本科生教育、管理和服务机构，武装部与学生工作部(处)合署办公。学生工作部(处)下设学生管理科、思想教育科、学生资助管理中心、学生公寓管理办公室和心理发展与咨询中心5个部门，在职教工13人。2011年，党委学生工作部(处)围绕中心工作深化理想信念教育，推进社会主义核心价值体系建设，开展“我与祖国共命运”主题教育活动，实施新生引航工程，广泛开展形势与政策教育；夯实基层工作基础，探索学习型班级建设、拓展学风建设和学生公寓文化建设工程；保稳定，健全学生安全稳定工作长效机制，实施零报告制度和值班制度，对紧急事件及时处理，对敏感时期的敏感问题及时反馈和上报；精细管理服务举措，构建服务型学生工作体系，加强和改进心理素质教育，积极创新学生资助工作，严格管理本科生科技创新专项计划，完善评优表彰工作细节；强化队伍组织保障，推动学生工作队伍专业化发展，改革班主任队伍建设方案，拓宽辅导员培养发展渠道；加强党风廉政建设，不断推进廉洁文化进校园，切实保障学生各类资金发放，认真落实廉政风险防范管理。

（马驰知　任　强）

【获奖情况】 2011年，学生工作部(处)多次获得校级以上集体和个人奖励：梁希08-2班获北京高校“十佳示范班级”，《北京林业大学学习型班集体建设探索》获第二届首都大学生思想政治教育工作实效奖二等奖，公寓文化建设荣获第二届全国高校学生公寓文化建设成果展示一等奖，阳光社团“太阳村志愿服务”项目入选由中国青少年发展基金会主办的“希望工程激励行动”、获北京市朝阳区玉华残障人士康复服务中心“杰出善团”称号，获“首都无偿献血志愿者协会志愿服务优秀组织奖”，心理发展与咨询中心在“5·25”首都大学生心理健康节大学生心理情景剧比赛中获三等奖，论文《高校军事理论课基地化教学探讨》和《构建军训团临时党支部模式探讨》分获北京高校国防教育征文活动学术类教工组二等奖和优秀奖，学校获优秀组织奖，1 人获海淀区高校系统交通安全工作先进个人。

（马　俊　任　强）

【思想政治教育】 2011 年 3～6 月，以纪念建党 90 周年、纪念辛亥革命 100 周年及学校第十次党代会为主要内容，举办“我与祖国共命运”主题教育活动；9 月，以“引导新生尽快适应大学生活”为目标，重点围绕“适应与发展”“学业与职业规划”“人际与情感”等问题实施推进新生引航工程，首次制作发放《新生入学指南》“预习北林”电子图书，帮助新生认识北京林业大学。

全年开展形式丰富的国情教育和形势政策教育，共组织参与杨佳先进事迹报告会、“十二五”时期首都发展总体战略和政策取向报告会、“党在百姓心中”百姓宣讲团报告会等 10 余场宣讲报告会，覆盖学生党员干部 2000 余人次。

2 月和 9 月，搜集和分析学生返乡见闻，撰写《北京林业大学寒假（暑假）返乡见闻报告》，了解学生思想动态。（马　俊　任　强）

【国防教育、征兵、军训工作】

国防教育　2011 年，武装部结合时事开展爱国主义宣传教育和国防知识普及活动，完成 2010 级本科学生军训工作、应届毕业生预征兵工作和冬季大学生征兵工作。

军训工作　2011 年 4 月 15～24 日，学校 3300 余名 2010 级学生完成军训工作。成立学生军训团临时党支部，开展主题党日活动，弘扬主旋律教育，在国防大学第四军训教研室配合下完成 2010 级学生军事理论课教学工作。

预征兵工作　2011 年 5 月 9 日，启动学校预征兵工作领导小组，完成应届毕业生预征兵工作。9 月，下发《关于安排北京籍新生兵役证查验的通知》，查验京籍新生《北京市公民兵役证》。10 月 21 日至 12 月 31 日，结合冬季征兵开展“携笔从戎圆军梦，志在军旅写人生”为主题的爱国主义和国防教育宣传活动。在冬季征兵中，学校共 19 名学生上站体检，参军入伍 8 人，其中进藏服役 1 人。落实北京市教委学生处下发的《关于报送在校期间从我市入伍且退役后复学完成学业的 2012 年应届毕业生名单的通知》，宣传北京 2011 年征兵优惠政策。

（马　俊　王士永）

【心理素质教育与心理危机预防干预】 2011 年工作重点为迎接北京市教工委心理素质教育工作专项督导，扩展心理素质教育工作思路，健全工作体系、完善设施建设、优化师资队伍、深化课程体系、打造精品活动、提升咨询效果、拓展危机预防和干预途径。

完善设施建设和制度建设　心理发展与咨询中心于 2011 年 7 月搬迁至东配楼 3 层，新增预约接待测量室、家庭咨询室、沙盘游戏室、办公室，总面积由 130 平方米扩展到 240 平方米，升级网上预约系统、电子档案管理系统，购置行为观察设备。梳理总结近 3 年的工作，完善心理健康教育工作档案，通过心理素质教育工作专项督导。完善《大学生心理健康教育实施方案》，细化心理危机发现、预防、监控与干预制度，明确规定个案讨论会的适用范围和干预步骤；将家庭治疗理论应用于学生工作，在首都高校中开创为休学在家学生开展家庭辅导的制度，并制定该项制度实施的前提、途径和程序。

心理健康教育普及宣传　开展阳光心语爱心传递活动、“亲近你我，给力幸福”心理情景剧大赛、“我和父母：说出你的爱”心理征文、“情抒你我，笑动心灵”笑容传递温暖摄影大赛等大型活动，其中经济管理学院心理情景剧《谁是明星》获北京市比赛三等奖；5 篇心理征文、3 篇微笑摄影作品在北京市比赛中获奖。秋季，开展心理咨询室开放日活动，通过开展趣味心理测试、图片展、咨询室参观、减压、宣泄等活动，普及心理健康理念。2011 年，举办专题讲座 6 场，主题分别为“领导的科学与艺术”“信仰与人生意义”“情感与男女”“恋爱中的亲密关系”“身体告诉你的那些事儿”和“身边的心理学”，近 1200 名学生参与讲座。举办成长训练营系列团体辅导活动 10 场，主题有“恋爱也需要学习（3 期）”“碰撞中的友谊（3 期）”“让考试不再焦虑”

"宿舍人际关系""情绪——心灵的信使""注意力失调的调试"等近300名学生参与团体辅导。通过心理委员沙龙、心理电影展播、学院班级开展团体辅导等活动，落实心理健康教育。

心理危机预防干预 规范并细化心理危机发现、预防、监控与干预制度及休学学生开展联合家庭辅导制度。2011年10月，对3300名新生进行心理普查测评。规范咨询知情协议、预约制度、初始访谈制度、团体辅导室使用制度、心理咨询长程个案申请审核制度、咨询转介制度，完善心理咨询师督导制度、心理咨询师督导协议。选聘学校心理系研究生作为助理咨询师，由助理咨询师对来访个案进行预约访谈。引进美国心理咨询效果评估量表，对来访者咨询进行效果分析，并完善心理咨询回访制度。加强与校医院的合作，对患有精神疾病需要住院的学生，及时联系住院单位，协助解决学生患者的住院治疗事宜，保障学生的就诊需求。

（曾子秋　李东艳）

【心理健康教育工作队伍建设】 聘请比利时专家米歇尔·克莱耶和学校心理系教授朱建军为长期督导；采用心理咨询师与学院"一对一"的工作模式，心理咨询师作为学院心理素质教育工作的专业顾问及督导；定期组织心理辅导老师、班主任参加北京市教工委以及高教学会心理咨询研究会举办的培训和督导活动。2011年，组织心理辅导老师例会培训15次，其中6次主题培训，包括"心理危机预防与干预""大学生的性别差异""哀伤处理""焦点解决技术的应用"和"两性与亲密关系"等；2次主题沙龙，分别讨论"心理委员的发展与管理"和"心理危机事件的处理"。对全体新生班主任开展"大学生常见心理问题及应对"的讲座以及以人际沟通为目标的团体心理辅导，提升新生班主任运用心理健康常识开展班级工作的能力。对心理委员开展系统培训，共培训2011级新生110人，开展主题讲座3次，团体辅导20场，心理委员沙龙6次。

（曾子秋　李东艳）

【学生日常管理】

维稳工作 继续完善学生工作系统安全稳定工作机制，先后调研上报了《北京林业大学近期宣传引导工作及师生思想动态情况汇总》等5篇思想动态报告，通过在重大敏感日期间和节假日实施零报告制度和值班制度，及时反馈对紧急事件的处理情况，主动上报敏感时期学生对敏感问题的思想动态，维护校园的政治安全和学生的和谐稳定。

学风建设 2011年，在大一学生中恢复早操活动，早操合格率高达97%。下半年，成立学风督导小组，深入课堂开展学风督导和调研，组织辅导员对有违纪行为的学生进行批评教育和深度辅导。下发《关于加强考风考纪宣传教育的通知》，要求学生签署考试承诺书，召开主题学习班会，加强诚信教育。7月和9月分别向所有新生家长寄送《致家长的一封信》和《再致新生家长的一封信（沟通交流篇）》。2月，启动"2011年本科生科技创新计划"，共审批通过24个本科科技创新计划项目，资助金额总计30万元。全年共有17个项目上交结题申请，发表论文14篇，其中SCI检索2篇，核心期刊收录8篇。

班级建设 组织全校各个班级举办"5·25心理健康节"等主题班日活动，发挥班级成员的主观能动性，促进整个班级开动脑筋、群策群力，在实践中探索并形成特色鲜明的班级文化，提高班级凝聚力。开展2011年"十佳班集体"创建评比活动，成功覆盖全校448个本科生班集体。生命科学09班等10个班级获学校2011年"十佳班集体"荣誉称号，保护区09班等10个班级获2011年"创建评比活动优秀班集体"荣誉称号，园林学院、工学院获"优秀组织奖"。

规范学生管理 2011年8月，学生工作部（处）采用电子迎新系统，完成2011级迎新生工作。编写和发放《北京林业大学学生学习生活指南》《班主任工作手册》和《班级工作手册》，制作并发放《新生基本情况登记表》和《新生情况基本信息表》，修订《学生管理规定2011版》。组织新生填写《新生情况基本信息表》，结合历年数据，编写《2011年北京林业大学学生基本情况调查报告》。

评优工作 2011年，北京林业大学共有69个基层班级、112位老师和6469人次本科学生获得包括优良学风班、优秀辅导员、三好学生和优秀学生干部在内的36项荣誉和奖项。6月，学校147名2011届毕业生获得北京地区高等学校优秀毕业生荣誉称号，与宣传部合作出版《身边的榜样》一书。

服务工作 2011年，共为学生办理公交IC卡4406张，为3160名新生办理平安人身保险，保险理赔金额11万元，办理学生出国(留学、旅游、探亲)登记手续430人次。

（马驰知 温跃戈）

【学生工作队伍建设】 2011年，北京林业大学学生工作队伍共104人，其中辅导员68人。全校共有19名辅导员、93名班主任被评选为校级“优秀辅导员”和“优秀班主任”。参加4期辅导员工作坊110人次，6名专、兼职心理咨询师老师参加“北京高校心理咨询教师培训”，14名辅导员参加北京市心理咨询与发展辅导专业培训；聘请比利时专家米歇尔·米杉为长期督导员，实现咨询师对心理辅导老师的专业支持；组织辅导员和班主任开展座谈交流、朋辈辅导和沙龙12次，促进经验交流和共享。

制定《北京林业大学关于加强班主任队伍建设的意见》，明确新时期学校班主任队伍建设的任务和要求，提出改进和加强班主任队伍建设的具体举措。7月，改革新生班主任业务培训模式，编写《北京林业大学新生班主任工作指南》，组织66名新生班主任和新上岗辅导员进行基础业务培训，开展团体辅导教学。10月，修订班主任的培训方案和考核方案。12月，依照《北京林业大学辅导员考核办法(试行)》对辅导员政治素质、工作态度、工作能力、工作业绩和学生满意度情况等多方面进行综合考核，有17名辅导员考核结果为优秀，合格通过率100%。

2011年，学生工作队伍完成首都大学生思想政治教育重点课题《首都大学生生活方式调查研究》，出版专著1部，发表相关学术论文11篇；校内课题结题22项，取得多项研究成果。《基于校园SNS的大学生思想政治教育工作模式探析及实践研究》获2011年“全国辅导员优秀论文评选一等奖”。在2012年首都大学生思想政治教育重点课题申报中，学校再次中标重点课题1项，一般课题2项，支持课题3项。

7月，经笔试、初试和面试等严格程序，引进学生工作系统正式人员11名，招入者保留研究生学籍2年，在校工作人员14名。

（马驰知 温跃戈）

【资助工作】 2011年，学生工作部(处)继续完善资助工作体系，全校评选出国家奖学金获得者141名，发放国家奖学金112.8万元；国家助学金受助者2898名，发放国家助学金863.45万元。社会各界和学校设立奖学金20项，4262人次获得奖学金，总额614.97万元；社会各界和学校设立助学金13项，3513人次获得助学金，总额1296.02万元。为222名新申请贷款学生办理国家助学贷款463.2万元，为1161名贷款学生发放贷款696.6万元，生源地助学贷款287名、贷款金额168.55万元。勤工助学岗位发放资助金180万元。发放特殊困难补助4项，金额146.706万元；生活物价补贴惠及13 210人，金额951.12万元；学费减免8人，减免金额4.235万元。

5月，为556名2011届毕业生办理了国家助学贷款还款确认手续；6月，首次在校园内开辟新媒体传播途径——校园手机报，定期为在校2000余名家庭经济困难学生免费发送；7月随录取通知书向本科新生邮寄《高等学校学生资助政策简介》和《致家庭经济困难的新生的一封信》；8月，发布《关于做好受灾家庭经济困难学生资助工作的通知》；8月29日，为入校家庭经济困难新生开通绿色通道，准备总价值40万元的文具教材、床上用品、手机和慰问金等物资。绿色通道共为265名2011级新生办理学费和住宿费缓交手续，缓交金额161.8万元。11月，与黄奕聪基金会负责人举办北京林业大学2011年“金光集团·黄奕聪奖学金”座谈会。

组织开展系列活动帮助受资助学生“学会感恩，传递关爱”；在学期末、中秋节、新年期间以信件、电话、邮件等方式向捐助人汇报学习、生活、思想情况；提倡奖学金和助学金“获得光荣、计划使用”。 （徐吉东 焦 科）

【学生公寓管理与服务】 2011年全面推进公寓文化建设和安全教育管理，完善公寓服务体系，加强公寓队伍建设，强化“小宿舍、大文章”的责任意识，围绕注重安全、德育宣传、文化渲染、制度落实、树立星级等重点内容，分析学校面临的新形势和新问题，进一步发挥学生公寓的育人功能。

学生公寓工作队伍 4月下旬组织召开了2011年度学生公寓辅导员座谈会，研讨学生公寓管理服务工作现状。截至年底，北京林业大学已有129名老师从事过公寓辅导员工作，现常驻学生公寓辅导员49名；加强对公寓管理员、楼层长及广大学生的培训，并邀请外校专职人员举办专题讲座；监管物业服务公司的服务质量及服务方式，聘请专业人员对保洁、管理员、电梯员和门卫进行业务培训；与物业服务公司联合开展物业服务交流月活动，组织学生与物业服务人员面对面交流，提高其服务水平。

公寓安全预防与宣传 不断加大消防安全教育宣传力度，做好“三防五查”工作，即防火、防盗、防意外事故，查消防设施、查无人宿舍、查外人借宿、查违章用电、查晚归晚出。6月下旬开展为期2周的安全卫生专项检查整改工作，组织全体公寓辅导员先后3次深入学生宿舍现场办公，全面清理宿舍卫生死角、消除公寓事故隐患，检查中发现的问题多数已现场解决；9月下旬组织专业消防人员深入全部2011级新生宿舍，开展灭火器等常用消防器材的使用教学。定期组织志愿者上门回收塑料瓶、废旧书报等，清理学生宿舍内的堆积杂物。组织对保安人员开展专业培训，制定保安定期巡逻制度，发现并制止学生的不良行为，营造良好公寓环境。

学生公寓文化建设 10～11月，公寓文化节以“寓见温馨十年，共迎绿色甲子”为主题，以“创建持续优良宿舍环境，促进学生健康成长成才”为目标，开展“宿舍设计大赛”“男女生宿舍互访”“党员宿舍挂牌”等多项公寓主题特色活动，近2000间学生宿舍参与其中。11月，在2011年全国高校学生公寓文化建设展示评比会上北京林业大学获一等奖。（辛　磊　王　巍）

【献血工作】 2011年，共组织7次110余名志愿者进行无偿献血，志愿者的献血成功率在90%以上。2月26日，举行主题为“无偿献血，让你更美丽”的无偿献血活动，共有700多人报名，529人成功献血，共计557单位，采血量总计111 400毫升。献血工作办公室组织招募成立青年志愿者服务队，对志愿者进行系统培训，参与到“红色盛夏”以及“温暖冬季”的献血服务工作。2011年，先后组织百余名志愿者在西单图书大厦、海龙大厦、王府井新华书店等地的献血车上担任志愿服务工作者，16名志愿者服务时间达到10小时以上，获得血液中心颁发的志愿服务证书，2名志愿者获“志愿先锋”称号，北京林业大学的献血工作志愿者团队获“优秀志愿团队”荣誉称号。在血液中心举办的新闻报道大赛中，学校获新闻组和传媒组第一名，并取得优秀组织的荣誉称号。（徐吉东　焦　科）

国防生选培

【概　况】 武警部队驻北京林业大学后备警官选拔培训工作办公室（以下简称“选培办”）是武警部队在北京林业大学设立的专门负责依托普通高等教育选拔培养军队干部的职能机构，是依托普通高等教育培养军队干部的重要组织基础。现有工作人员4人，其中主任1人。2011年，选培办认真贯彻落实教育部、解放军总政治部、武警总部关于依托培养工作的指示精神，加强与北京林业大学沟通合作，紧紧围绕国防生学员第一任职需要，严格招收选拔，加大训练力度，提升管理质量，加强典型引导，丰富第二课堂，从严从难开展军政训练，进一步打牢国防生政治思想、科学文化、军事技能、作风纪律“四个基本素质”。（汤宛地　金文斌）

【招收选拔】 截至2011年12月，在校国防生382人，其中，本科国防生369人、硕士国防生13人。2011年，直接从应届高中毕业生中招收国防生93人，其中林学专业21人、森林资源保护与游憩专业14人、土木工程专业15人、计算机科学与技术专业15人、法学专业15人、心理学专业13人。2005级本科国防生共有6人返校攻读硕士研究生，全部为林学院硕士研究生。

（杨敬峰　金文斌）

【军事训练】 按照《普通高等学校武警国防生军政训练计划》和《北京林业大学国防生军政训练计划》，坚持每日早操半小时，利用业余时间加强体能素质训练，同时抓好双休日和集中组织的国防生军政训练。

4月15~24日，2010级101名国防生参加学校在北京市大兴区高校学生军训基地组织的新生入学军训，承担设置教学场地、夜间流动哨、枪械管理、靶场警戒等多项勤务，并成立国旗护卫队和军旗护卫方阵，圆满完成升国旗仪式、阅兵式、分列式多项任务。

7月15~31日，组织2010级国防生101人，完成解放军总政治部在解放军防化指挥工程学院统一组织的暑期驻京国防生集中军政训练任务。在此次基地化集训中，北京林业大学国防生取得2个单项第二名并获得"阅兵优秀方阵"的称号。

3月27日~4月17日，组织2007级国防生赴武警内蒙古森林总队进行毕业前当兵实习锻炼，北京林业大学和选培办组成联合工作组，全程跟踪指导并展开调研。6月17~24日，按照《武警部队毕业国防生综合素质考核评估办法》，协调相关单位，对2007级国防生进行毕业综合素质考评，89名国防生全部通过考核。

（汤宛地　金文斌）

【教育管理】 落实教育部、解放军总政治部新修订的《国防生培养协议》《国防生教育管理规定》《关于加强国防生军政训练和任职培训工作的实施》等法规文件，修改完善《北京林业大学国防生违约淘汰管理暂行办法》，严格规范国防生思想教育、日常管理、学籍学分、考核奖惩机制。

准军事化管理 2011年9月，学生宿舍9号楼为国防生单独设立宿舍，实行准军事化管理。选培办根据部队日常管理规定，按照年级将国防生编成4个学员队，每个学员队下设2个模拟区队，由2004级和2005级返校读研的13名国防生担任学员队骨干，区队骨干由综合素质优秀的国防生担任，选培办指导学员队抓好日常养成，对国防生一日生活、哨位执勤、请销假、内务检查、班务会、晚点名、骨干例会等日常制度进行督促落实，做到内务管理正规化、队列集会整齐化、礼节礼貌规范化、组织指挥标准化，国防生军人基本气质、技能、意识得到强化。

思想政治教育 围绕大力培育当代革命军人核心价值观，以《当代革命军人核心价值观宣讲材料》《中国国防生》等为基本教材，国防每晚利用半小时集体读军报，结合国防生思想实际和形势需要开展随机教育。指导国防生开展"双争"评比活动，进一步调动国防生"比在平时、争在平时"的积极性和主动性，增强国防生自觉成才的危机感和紧迫感。10月，武警森林指挥部王佐明主任和亢进忠政委为国防生进行辅导，开展基层部队干部任职培训。11月，在国防生中举办第三届"橄榄绿"杯征文比赛，并在此基础上编印了《砺剑北林》文集。6月上旬，举行国防生第二届合唱比赛。

国防生党支部 国防生党支部已成为国防生管理教育的基本载体。截至2011年12月，在校国防生党员人数达到45人，占国防生总数12.2%，全年发展党员12人，占未发展人数3%。各学院为国防生党支部配置专门辅导员，对国防生党支部进行重点建设。

课余文化生活 选培办指导国防生模拟中队开展丰富多彩的课余文化活动。举办2届"使命·责任"杯篮球联赛2两届"绿色卫士"杯足球联赛，举办合唱比赛，拔河比赛，羽毛球比赛，乒乓球比赛等活动。国防生网站全年共刊登新闻220余条，跟踪报道大型活动60项。

获得荣誉 2011年，国防生中11人获国家奖学金，40人获各类非义务奖学金，8人被评为"三好学生"，65人被评为校级优秀学生干部。20余人担任班长或学生会、学生社团主要负责人，10人在学校运动会等各类文艺体育比赛中获奖，3人在北京市计算机作品设计大赛等省部级比赛中获奖，2人在全国大学生创业计划竞赛等国家级比赛中获奖。国防生集体第二次获得"感动北林"荣誉称号。（汤宛地　金文斌）

【元旦联欢晚会】 2011年12月28日，北京林业大学武警国防生与外语学院共同举办2012年元旦联欢晚会。武警森林指挥部政治部徐元鸿主任、北京林业大学党委吴斌书记、北京林业大学宋维明校长以及在家常委、各职能处室领导、外语学院领导以及国防生所在学院领导、老师和全体国防生、外语学院同学观看了整场晚会。

（汤宛地　金文斌）

安全保卫工作

【概　况】 党委保卫部（处）是贯彻落实学校党委、行政安全稳定工作任务的职能部门，下设综合管理科、消防安全科、治安交通科、保卫保密科，共有人员15人，其中干部13人，职工2人。保卫部（处）的主要工作有维护学校政治稳定、防火安全、综合治理、交通安全、应急处置、安全教育、科技创安、反邪教工作、国家安全、户籍管理等内容。

2011年，党委保卫部（处）完善机制和制度建设，设立了校园"110"24小时报警室；做好值班工作，保证了校园政治稳定；加强了消防、交通、治安、综合治理、户籍管理等管理工作；整合校园监控，实行智能化交通管理；通过多种形式，对学生进行安全教育培训；启动"平安校园"创建工作。

北京林业大学获海淀区交通工作先进单位荣誉称号；保卫部（处）获北京市公安局集体三等功、北京市国家安全局首都国家安全工作先进集体等称号；9人次分别荣获市级、区级先进个人称号。

（郑文波　姜金璞）

【综合治理】 北京林业大学综合治理工作坚持"打防并举、标本兼治、重在治本"的工作方针，落实各项工作，营造安全有序的校园秩序。

消防安全　保卫部（处）2011年开展全校性检查10次，对重点部位，如实验室、高层建筑、学生宿舍等进行隐患排查13次，下发检查记录单48份，火灾隐患通知书4份，清理消防通道、安全出口15处，基本消除了责任盲区和管理死角，全年保卫部（处）共扑救初起火灾8起；2011年，聘请专业公司对学校所有消防安全设施设备进行了全面维修、维护和保养工作，截止到12月底，共检修灭火器材12 333具、消防灯具2783个，其中更新应急灯516个、安全出口灯326个、安全疏散指示灯392个；对全校范围的消防设施、设备器材进行了摸底调查，并登记造册；根据上级消防部门对"四个能力建设"活动的工作要求，对全校37栋建筑物的消防资料，进行了完善和充实。

治安防范　自2011年3～12月，共接到各类报警1416次，其中治安报警618次，违反学校规章制度扰乱正常办公秩序类308起，共出警1312次，调动保安员1683人次，抓获各类违法犯罪6起8人。针对下半年学生在食堂内手机被盗事件突出的现象，保卫处一方面在食堂内发放警情提示；另一方面组织保安员身着便衣在食堂内蹲守，并协助海淀分局刑警抓获了犯罪嫌疑人。

交通管理　针对大多数学生对北京的交通状况不了解的特点，专门对大一、大二学生进行了安全教育，宣传交通法规，特别是发生在高校师生身上的交通事故案例，提醒同学们行车走路时注意交通安全，增强自我保护意识；在"两会""五一"前，对全校车辆进行了统一检测，对所有驾驶员进行了安全教育，并逐人签订了安全责任书。按照上级要求，消减30%车辆上路行驶。对大车司机进行重点教育，严格按条件选派，配合上级有关部门对司机"三见面、三把关"，督促司机严格遵守交通法规；严格长途用车审批制度，对假期外出的车辆实行严格检测，各项指标均完全达标，杜绝了重大交通事故；整治校园交通秩序，加派人力清理二食堂、图书馆、林阴大道机动车和非机动车停放，维护校园交通秩序；办理机动车通行证，协助处理校园受损车辆的保险赔付等工作。

校园环境治理　保卫部（处）协调学院路街道综治办、城管、派出所等部门，对学校西南门外小商贩聚集、影响交通的现象进行了整治；2011年，在校园内以及周边共清理乱张贴、发放各类小广告293人次，没收广告15 601余份，清理乱摆摊位活动121起、78人次，驱赶各类推销人员129起、120人次，劝解驱赶校南门外、林北路、西家属区等地小商贩131起、406人次。

实验室危险物品监管　对学校危险品的购买、使用、管理、销毁进行严格的审核、监督、检查。对所有使用危险品的单位进行定期检查，全年共检查4次。对管理使用危险品的人员进行了为期2天的安全培训。

外来人口管理 及时督促各二级单位做好外来人口管理工作，做到外来人员暂住证办理率100%，及时进行网上比对，办理暂住证689人。

户口和身份证管理 全年共补办身份证609人；校验2011级学生户口迁移证及户口卡共计2777张；录入2011级户口共计3335人（本科生2226人，研究生1109人）；2010级学生身份证办理、机读并进行发放共计2878人次。

（郑文波 姜金璞）

【安全教育】 保卫部（处）全年共印制13 000条块消防警示、标识、标志标牌，张贴在校内所有建筑物内以及消防通道、重点部位等处，方便师生了解消防设备、设施、器材的位置和使用方法，同时提醒师生注意消防安全，增强安全意识；2011年11月9日，通过横幅、宣传展板、宣传橱窗、广播等形式，广泛宣传消防安全知识；11月10日，邀请清河消防中队警官对学校近400名师生进行消防知识和消防灭火、逃生技能培训，会后，还组织师生进行了现场演练；11月12日，邀请消防专业人员对公寓管理员、中控值班员、保安员进行了消防设施、设备操作和安全管理工作培训；11月19日，协助工学院举办消防知识培训和演习等。（郑文波 姜金璞）

【科技创安】 2011年4月将学校办公楼、宿舍楼、教学楼、食堂等区域的监控系统整合完毕，新的安防控制中心投入运行，实现了学校的统筹管理，提高了技术防范的整体能力；11月完成了学校23栋楼宇的消防报警系统联网及9栋楼宇消防报警系统新安装工程的招标工作；4月26日起智能化交通收费系统投入使用，车辆凭电子卡进出校园，减少了校园停车数量，保证了校园的整齐环境。（郑文波 姜金璞）

【应急工作】 保卫部（处）制定重大敏感日校园维稳工作方案，实施24小时值班，加大校园巡逻力度，落实重点人管控措施，对重点要害部位进行看守，保障校园安全。在“两会”“三·一四”“六四”、“七五”及国庆校园维稳工作中，学校制定了维护校园安全稳定的工作预案，配合公安和安全机关开展工作，确保校园政治稳定。

（郑文波 姜金璞）

【平安校园建设】 2011年10月，学校开展了深化“平安校园”创建工作。制定了北京林业大学深化“平安校园”创建工作活动方案，完成了各部门、各学院的任务分解，并于12月14日召开了学校深化“平安校园”创建工作动员部署会，校领导、机关职能部处、教辅单位科级以上干部，各学院副处级以上干部、全体辅导员参加了会议。北京市委教育工作委员会委员李中水出席本次大会并讲话。（郑文波 姜金璞）

离退休工作

【概　况】 截至2011年12月31日，北京林业大学共有离退休人员759人，其中离休人员46人，退休人员713人。2011年新增退休人员21人，去世离休人员2人，去世退休人员11人。离退休工作人员9人。

离退休工作处党委共有9个党支部，其中在职党支部1个、离休党支部1个、退休党支部7个，离退休党员共有267人、在职党员8人。

离退休工作处设有老年活动组10个，分别是唱歌组、舞蹈组、交谊舞组、棋牌组、乒乓球组、太极组、手工组、书画组、模特组和门球组，经常参加组织活动的离退休人员约300多人。挂靠在离退休工作处的协会有关心下一代工作委员会、北京林业大学老教授协会、北京林业大学老科技工作者协会、北京林业大学老教育工作者协会、《流金岁月》编委会等。

2011年走访、慰问老同志共200人次，发放慰问金11万元（含慰问品）；离退休特困经费补助退休人员8人次，发放困难补助费4万元。2011年共举办形势报告、情况通报会、理论学习辅导报告等6场，共500人次参加；组织外出参观、健康休养和春秋游共5次，近500人次参加。

【党建工作】 加强支部组织生活的指导。将创先争优活动与“五好支部”创建和争当“四好老党员”相结合，指导各支部创新活动方式，丰富活动内容。第六党支部与生物学院学生党支部开展“没有共产党就没有新中国”主题党日活动，获北京市教工委优秀主题党日活动二等奖。多个支部围绕纪念建党90周年开展了特色活动。任恒祺、黄玉屏参加了学校第一期优秀共产党员培训班。鹿振友参加了北京市教育工作委员会举办的党支部书记培训班。

开展形势政策教育，加强离退休同志思想理论建设。组织党员参观“复兴之路”展览，观看电影《建党伟业》；发放《中国共产党党史》、胡锦涛“七一”讲话读本、十七届六中全会《中央关于推动文化大发展大繁荣若干重大问题的决定》，并组织支部带领党员进行学习；组织党员开展“践行善洲精神，助力绿色征程”活动，学习杨善洲先进事迹；通过老同志骨干、党员、群众等3个层面，利用召开各种大小会议和专题情况通报会等机会，离退休领导小组会议、离退休工作计划、落实待遇的相关文件，传达学校工作会议精神传达和李源潮等领导同志讲话的主要精神；组织100余位老同志参加了学校“国际形势和国家安全形势报告会”；组织党员传达学习国家关于反邪教警示教育有关文件。通过系列活动，把老同志的思想和行动统一到上级的决策部署上来。

开展了“七一”评优表彰活动。通过基层推荐、组织评选，离退休工作处党委第七党支部被评为学校优秀党支部，王九丽和刘毓殿分别被评为校级优秀共产党员和优秀党支部书记，受到学校表彰；张璧光、任恒祺、田砚亭、凌靖、戚秋霞和杨景之6名同志被评为离退休工作处党委优秀共产党员，石文玉和王颖2名同志分别被评为优秀党支部书记和优秀党务工作者，第三党支部被评为优秀党支部，受到分党委表彰。

积极开展纪念建党90周年系列活动。组织开展“与党同呼吸、共命运、心连心”征文活动，共收到征文13篇，分别参加了教育部老干部局、北京市教育工作委员会老干部处、北京市老教育工作协会、北京银铃关爱工程和学校组织的征文活动，其中在学校组织的评选中，6位同志的10篇文章分别获得一、二、三等奖和优秀奖，离退休工作处党委获得优秀组织奖；协助学校走访慰问老党员，慰问了老领导和党龄60年以上的老党员45人，发放慰问金4万余元；组织开展纪念建党90周年知识竞赛活动，140余位党员参与答题；隆重举办纪念建党90周年老同志红歌演唱会，近200位老同志参加了活动。

积极配合学校做好学校其他各项工作。按照组织程序推选出党代会代表17名，并完成相关工作任务；配合学校顺利完成海淀区人大代表的选举工作；积极组织在职党员参加北京市委组织的党员在线学习活动。

【服务管理工作】 学校在3月份召开了离退休工作领导小组会议。会上传达了国家领导人重要讲话精神和上级有关离退休工作的文件精神；总结了2010年离退休工作并汇报了2011年离退休党政工作计划；回顾了学校2010年离退休领导小组会议提出问题的落实情况，并就2011年需要解决的问题进行了讨论。就校贯彻落实北京市《关于进一步做好新形势下北京高校离退休干部工作的意见》和《北京市离退休干部工作领导责任制指导意见》2个文件达成共识。修订了《北京林业大学离退休工作领导责任制》，制定了《北京林业大学关于进一步做好新形势下离退休工作的意见》。

组织开展了离退休人员的各项活动。组织2011年老同志迎新春团拜会，为老同志送新年祝福，发放慰问金，并到部分老同志家中看望；联合信息学院组织开展离退休老同志计算机培训班；组织老同志参加教育部老干部局纪念建党90周年文艺汇演；组织参加教育部老干部局、北京市委教育工作委员会和北京市老科技工作者协会举办的庆祝建党90周年书画展，并有多幅作品获奖；组织退休老同志到圣泉山春游；组织离休老同志参观中央电视塔；2011年9月举办了北京林业大学第二十届老年乐运动会，参加人员300多人；重阳节为20位80岁老同志集体祝寿。2011年10月份参加了由北京市委教育工作委员会、市教育委员会举办的“豪情颂党恩、康乐展风采”北京高校老同志健身项目展示活动，获最高奖项优秀表演奖；2011年12月成功举办老同志迎新春联欢会；表彰了首届90岁以上长寿老人：王友琴、张守中、郝振兴、李景韩、孙时轩、孟广卿、李正兴、孙筱祥、董莉、陈良杰和彭淑涵；离退休老同志合唱团、交谊舞组和女教授合唱组被北京市老教育工作者协会评为优秀文化社团。组织离退休人员各活动组全年的各项活动。

提高了离休干部生活补贴标准并调整规范了退休人员生活补贴；增加了2位生活不能自理人员并兑现了相应的护理费；组织了全校近700位老同志健康体检。

【老有所为工作】 进一步加强了关心下一代工作委员会(以下简称关工委)的建设，调整了关工委的工作班子，主管离退休工作的校党委副书记陈天关任主任，主管学生工作的副校长姜恩来任副主任，原党委常务副书记副校长吕焕卿任常务副主任，组织部(党校)、教务处、学生处、团委、校友会、招生就业处、社区居委会、离退休工作处等部门和单位的负责人及部分离退休人员任关工委成员，成立了组织员组、教学督导组、大学生辅导组、大学生理论社团辅导组、大学生村官支援顾问组、大学生人生规划与就业指导组6个工作组，为关工委发挥作用提供了组织保障。出台了《中共北京林业大学委员会关于加强学校关心下一代工作委员会工作的意见》。刘家骐、吴桂生、王选珍、李玉贞4位同志被北京市教育系统关工委获优秀特邀党建组织员；刘家骐获北京市教育系统关工委特殊贡献奖。

成功换届改选北京林业大学老教授协会和二级分会；老教授协会事迹获得北京市教工委老有所为事迹典范；老教授协会会长贺庆棠教授参与撰写的《加快发展“阳光绿色产业”》的建议获得发改委“十二五”规划建言献策三等奖。

顺利完成《流金岁月》第十三期的出版工作。

（曹怀香　宋太增）

工会和教代会工作

【概　况】 北京林业大学教职工代表大会(以下简称教代会)建立于1989年3月17日，以民主管理和民主监督为主体，以依法行使教代会审议建议权、审议通过权、审议决定权、评议监督权为主要内容开展工作，截至2011年12月，已召开6届教代会。教代会执委会为教代会常设机构，二级教代会组织机构健全。北京林业大学工会现有会员1882名(含非在编人员)，二级部门工会22个，工会小组126个。校工会现有专职干部9名，具有维护职能、教育职能、参与职能、建议职能。两会工作相互依托、相互支撑。工会委员会、教代会执委会换届大会同步进行，简称“双代会”。

2011年校工会、教代会的重点工作是召开2个会：一是党政工共建教代会会议；二是“双代会”会议。组织3次大型活动：一是春季师生运动会；二是庆祝建党90周年歌咏比赛；三是学院路地区高校羽毛球比赛。发挥2个作用：一是“科教之星”的引领、示范作用；二是教学基本功获奖青年的辐射、带动作用。加强3个建设：一是“全国模范教职工之家”建设；二是“模范职工小家”建设；三是教职工活动中心建设。搞好2个比赛：一是北京高校青年教师教学基本功比赛；二是北京高校“首都教育先锋”评比。做好2件实事：一是苗圃新建教职工住宅内装修质量巡视；二是校园内车辆有序管理的意见征集。完善2个制度：一是教代会建设制度；二是理论研究制度。

2011年获北京市教育工作委员会工会工作先进单位，2011年北京市教育工作委员会模范职工之家优秀建设单位。　（赵晶泓　石彦君）

【第六届教代会、第十四届工代会第二次会议】 北京林业大学第六届教代会、第十四届工代会第二次全体会议于2011年5月13日在图书馆5层报告厅召开，校领导、老同志、民主党派、工会、教代会代表255人参加了会议。会议的主题是“群策群力、提升质量、发展学科、为增强学校核心竞争力而奋斗”。会议的主要内容是听取、审议通过校长宋维明代表校行政所做的校长工作报告；听取、审议通过校工会常务副主席石彦君同志代表“两委”所做的教代会、工会工作报告；听取校长助理、发展规划处处长所做的《学校“十二五”发展规划报告》；听取了财务处处长所做的《2010年校级教育事业费预算执行情况和2011年校级教育事业费基本收支预算草案的报告》。审议通过了教代会提案工作报告、新建教职工住宅巡视报告、工会财务工作报告、工会经费审查工作报告和学校福利费使用情况的报告。第六届教代会、第十四届工代会第二次会议共收到各类提案42件，其中网上电子提案41件，书面提案1件。经学校教代会提案委员会审查，其中有25件提案被作为建议进行了处理。提案委员会对确定的17件提案进行了认真的分析、审查和分类，其中管理制度方面的提案8件、后勤保障方面的提案3件、本科教学方面的提案6件。（赵晶泓　石彦君）

【二级教代会工作】 北京市教育工会于2011年10～12月对2009年以前获得全国和市级（中国教科文卫体系统、北京市）模范职工之家称号的23所高校及附属医院进行了复查验收。通过对模范职工小家分党委对工会工作的领导、院行政对工会工作的支持、民主管理制度建设、教职工权益维护、教职工队伍建设、工会组织自身建设、工会特色工作等方面情况的验收，北京林业大学生物学院工会、经管学院工会、图书馆工会均达到了复查验收的标准，顺利通过。

（赵晶泓　石彦君）

【全国模范职工之家复验】 2011年11月22日，北京市教育工会主席张青山验收专家组一行13人来校，对获得“全国和北京市模范职工之家”的单位进行复验，校领导及工会领导出席了验收会，校工会委员、教代会执委会委员、部门工会主席、各学院党政负责人和职能部门负责人参加了会议。校工会主席、教代会执委会主任周景做了《深化模范职工之家建设、推进学校和谐发展》的主题报告。专家组实地考察了我校活动中心、教职工消费合作社、北京林业大学全国模范职工小家经济管理学院和北京市模范职工小家图书馆。查阅了全国模范职工之家复验支撑材料，并分别召开了中层干部和教职工代表座谈会。在全面了解校工会建家工作的情况后，验收组进行了讨论。复验专家组组长原中国地质大学党委书记毕孔彰代表复验专家组向北京林业大学反馈了复验意见，复验组一致同意北京林业大学通过“全国模范职工之家”复验。

（赵晶泓　石彦君）

【特色活动】 2011年3月11日，承办“关爱心灵、美丽人生”健康减压主题活动。北京市教育工会主席张青山、常务副主席刘欢、中国科教文卫体工会女工委主任袁茂清及北京高校、郊区县教育战线上的女书记、女主席及部分女教职工代表近200人参加了这次活动。学校人文学院教师为与会人员传授心理健康知识，具体地分析了何为心理问题，以及女教职工心理健康管理机制、影响身心健康的因素，传授生活中心理困惑应对技巧。

4月19～22日，在对外经济贸易大学开展了第二届“首都教育先锋”先进集体和个人申报评选工作。评选活动以“为教育之先、育栋梁之材”为主题。学校生态学科获“教育先锋号”称号、人事处处长荣获“教育先锋”管理育人标兵称号、园林学院教授1人荣获“三育人”先进个人称号。

5月9日至6月3日举办首届“经管院杯”教职工排球联赛。22个部门工会30个队参加了比赛。机关一队获得男子组第一名，外语学院获得女子组第一名；成教学院获得男子组第二名，体育教学部获得女子组第二名；经济管理学院、信息学院获得男子组第三名，机关二队、水土保持学院获得女子组第三名；经济管理学院、机关二队获得精神文明奖。

第二届“首建恒纪杯”2011年北京地区高校桥牌团体锦标赛在北京桥友桥牌活动中心举行。17所高校共22支代表队参加了此次比赛。教工桥牌队获得亚军。

7月8日，学校工会委员、教代会执委、部门工会主席和部分教师代表到学研中心施工现场对工程进展情况和质量保证措施开展了巡视工作，就施工的安全保证措施、材料的码放、施工人员的安排、工程质量等进行实地考察，听取工程建设负责人汇报整个工程建设进展情况。巡视后，与施工单位进行了座谈，校工会、教代会代表全校教职工给工程项目部的同志们送上了慰问品。

7月15～23日，组织青年教师赴江西井冈山开展主题为“追寻红色足迹，启迪生命哲思”的社会实践活动。走访了井冈山革命烈士博物馆、北山烈士陵园、小井红军医院、红军造币厂等地。学校40岁以下青年骨干教师、北京高校第七届青年教师教学基本功获奖教师、北京高校教育先锋标兵共33人参加了暑期社会实践。收集论文23篇。

为期8天的第二届“北林科技杯”教职工男子篮球联赛在田家炳体育场落幕。本次活动由校工会主办，北林科技队出资承办。本届比赛共有12个队参加，北林科技荣获冠军、机关一队获得亚军、体育教学部获得季军。

11月25～26日，在延庆八达岭度假村举办工会干部培训班。北京市教育工会主席张青山、校工会领导出席了会议。第六届校教代会执委会委员，第十四届工会委员会委员，各部门工会主席、副主席，工会、教代会专门委员会委员，经费审查委员会、女职工委员会、劳动人事争议调解委员会、青年教师工作委员会委员、分党委书记(党总支书记、直属党支部书记)、部分职能部处党政领导及校工会专职干部共70余人参加了会议。培训内容主要是学校“十二五”规划、“建家”历程、新形势下工会工作探讨等。

第四届“海淀驾校杯”高校羽毛球团体赛在北京林业大学田家炳体育馆举行，共有16所高校的代表队240余名运动员参加了比赛，北京林业大学获得亚军。

12月24日举办北京林业大学第八届教学基本功比赛，选拔参加北京市高校第七届青年教师教学基本功比赛的选手，共有13个学院17名选手参加了本届教学基本功比赛。本次比赛评出一等奖1名；二等奖2名；三等奖3名；优秀奖11名；优秀组织奖3个；最佳教案奖10个，优秀教案奖24个。2名教师在参加北京市高校第七届青年教师教学基本功比赛活动中获得一等奖。理工类A组最佳演示奖和最佳教案奖；2名教师获得理工类A组优秀指导教师奖；北京林业大学获北京高校第七届青年教师教学基本功比赛优秀组织奖。 (赵晶泓　石彦君)

共青团工作

【概　况】 共青团北京林业大学委员会(以下简称“校团委”)下设办公室、组织培训部、宣传部、文体活动部、学生科技创新教育部、生态环保工作部、志愿者工作部、研究生与青年工作部、学生二课堂素质教育中心、社会实践指导中心、学生会秘书处、社团理事会等共12个部门。人员编制11人，其中书记1人、副书记3人、各部(中心)设部长(主任)1人。全校共13个学院分团委，6个社团团工委，1个直属团支部。

2011年，校团委实施“理想信念教育，志愿服务提升，创新实践拓展，校园文化建设，绿色引领服务，团建凝聚助力”六大工程，重点加强团组织自身建设，创新生态文明教育实践，提升志愿服务品牌。 (姚　莉　辛永全)

【理想信念教育】 出台《关于进一步加强和改进团校建设，深入实施青年马克思主义者培养工程的意见》，对团校的总体思路、培养模式以及管理方式进行了梳理。举办新生班级团支部骨干培训班，全校260名新生班级团支书、班长参加了累计24学时的课程培训。举办团干部培训班，开展现场教学、交流座谈等培训活动。校院团组织共同开展了“讲、演、唱”党史学习系列竞赛。以“党旗在我心中飘扬”党史知识竞赛、“红色青春记忆”党史演讲比赛、“唱支山歌给党听”五月花海红歌赛、“听妈妈讲那过去的故事”党史情景剧汇演等活动，发挥基层班级团支部的积极性，调动青年学生对党史的学习热情。组织团学骨干开展学习胡锦涛总书记在庆祝清华大学成立100周年大会上的讲话精神、在APEC林业部长级会议上的讲话精神。观看“两会”、辛亥革命100周年大会、“天宫一号”目标飞行器发射实况直播。“五四”青年节当天，第十五届中国青年“五四”奖章获得者来校与大学生座谈，围绕“我与祖国共奋进”主题畅谈优秀青年成长历程。组织北林讲堂活动，举办“田伯平书法艺术鉴赏”讲座、“动荡的国际形势和中国的话语权”专题讲座、徐春妮与绿色学子畅想人生、“隐形的翅膀，拥抱最美的人生”雷庆瑶专场、清华大学方朝晖教授讲述当代大学生修身与成长等一系列精品讲座。开展纪念“一二·九”系列活动，包括2400多人参加的越野赛、红色电影展播、专场讲座、总结表彰大会等。

（姚　莉　辛永全）

【创新实践拓展】 第十二届“挑战杯”中国大学生科技作品竞赛中，北京林业大学学生作品获得三等奖3项，学校获优秀组织奖。在第六届“挑战杯”首都大学生课外学术科技作品竞赛中获特等奖1项，一等奖5项，二等奖3项，三等奖4项。举办学生专业知识技能大赛，包括英语口语风采大赛、CAD竞赛、植物认知竞赛、海报设计大赛、flash设计大赛等，覆盖全校各学院的多个专业。北林SIFE团队参与2010～2011年度SIFE上海全国总决赛并获得2011SIFE中国创新公益大赛最佳科技创新项目奖。6月下发《关于组织开展北京林业大学2011年暑期社会实践工作的意见》，以“红色精神代代传，绿色学子跟党走”为主题，在全校重点组建“迎接中国共产党成立90周年主题实践团”“绿色长征主题实践团”“服务社会主义新农村建设主题实践团”“首都大学生城市发展服务主题实践团”“博士服务实践团”“迎接北京林业大学建校60周年主题实践团”“返乡调研主题实践团”等7大主题实践团队。我校共立项198支暑期社会实践团队，其中获得校级重点项目11个，校级项目14个，校级学生思想政治理论课社会实践3个，院级项目166个，学生思想政治理论课社会实践团队4支，直接参与组团实践的学生达2158人。2011年北京林业大学继续推进红色“1＋1”活动，共有38个学生党支部与京郊农村党支部结对，开展共建活动。获得“首都大学生社会实践先进单位”称号。开展2期共青团就业创业学校培训班，共培训学员50名，开办2期小树苗创业就业训练营，共培训学员120余人。

（姜　斌　杨实权　辛永全）

【校园文化建设】 北京林业大学学生艺术团，包括学生军乐团、民乐团、合唱团、舞蹈团、礼仪队、吉他协会、电声乐队、之洋话剧社、室内乐团共9支社团500余人，其中包括特长生197人，分布在学生军乐团、民乐团、合唱团、舞蹈团和室内乐团。2011年文艺特长生招生43名。训练场地主要在大学生活动中心、田家炳体育馆和12号楼社团活动办公室，聘任13位专业指导教师。

2011年1月，组织2012年艺术特长生招生考试，来自全国各地800余名考生参加了艺术专业水平测试。2011年春，民乐团应邀赴澳门举办“龙腾虎跃迎新年”专场音乐会，共举办大型文艺晚会5场。2011年6月30日举办了“永远跟党走”北京林业大学纪念建党90周年暨迎接第十次党代会文艺晚会；9月18日，举办“林之韵”北京林业大学迎新舞蹈专场；10月16日，举办“绿·韵”北京林业大学建校59周年专场音乐会；12月29日，举办“家·圆”北京林业大学2012新年文艺晚会——教职工专场；12月29日，举办“家·圆”北京林业大学2012新年文艺晚会——学生专场。2011年11月学生合唱团受邀参与北京电视台“绿满京华”纪念首都义务植物30周年文艺晚会录制。2011年11月～2012年5月在全校范围内开展“绿动北林 情系甲子”北京林业大学60周年校庆绿色青年大使评选活动，评选出“学习、公益、励志、活力、创新”10名绿色青年大使。

开展“情系甲子”校园文化节，举办“我们”吉他协会10周年专场演出，绿方程电声乐队“以青春的名义，让热血燃烧”专场演出，之洋话剧社上演《茶馆》《操场》《不准开窗》等经典剧目，坚持开展“SEE YOU SUNDAY”艺术文化沙龙共12场。2011年4月参与海淀区振兴希望小学支教，教授音乐课。2011年5月18日民乐团、合唱团参加了在国家体育馆鸟巢举行的全国“爱鸟日”活动演出，2011年9月28日，合唱团参加“走进东王庄”庆祝重阳节社区演出。此外，还组织学生观看“北京青年京剧艺术擂台赛”“残疾人艺术团专场演出”“北大红色经典歌会”等校外演出。

（马樱宁　辛永全）

【志愿服务活动】 2011年，北京林业大学志愿服务项目重点是做好关爱农民工子女志愿服务活动，同时完善志愿服务组织建设和管理体系，完成组建第十四届研究生支教团、西部计划志愿者招募选拔等常规工作。

重点做好关爱农民工子女项目。全校13个学院以及学生组织纷纷积极行动，与10余所打工子弟学校对接，开展志愿服务。开展“七彩课堂”等活动。2011年“五四青年节”，团中央志工部等领导参与了北京林业大学在海淀区前八家小学举行的关爱农民工子女志愿服务活动，并对学校志愿服务开展给与了肯定。《北京林业大学：红绿相映，促进农民工子女全面发展》一文入选由团中央主编的《共青团关爱农民工子女志愿服务行动工作案例》。

继续做好常规志愿服务项目。建立志愿者服务队，加强与志愿服务基地的对接和合作，开展日常志愿服务活动。2011年，第十三届研究生支教团在完成培训后前往内蒙古开展为期1年的支教工作；完成第十四届研究生支教团组建工作；完成西部计划志愿者的招募、选拔和派遣任务。（杨实权　辛永全）

【绿色环保活动】 举行2011年绿桥、绿色长征活动启动仪式，国家林业局原总工程师、中国绿化基金会副主席兼秘书长卓榕生、北京市副市长程红等领导出席。评选资助“绿色播种”全国青少年生态环保创意创业项目。组织志愿者与农民工子女小学结对，开展“心手相牵，绿色成长”农民工子女环保教育课堂活动。组织基层团组织与企事业单位签署首都大学生城市发展服务计划绿色北京示范项目协议。聘请李谷一、徐峥、莫慧兰、张宁、孙甜甜、陈一冰、李妮娜等人担任“首都大学生绿色志愿大使”。在奥林匹克公园开展首都大学生绿色咨询活动。首都大学生“青春志愿林”种植活动在房山区张坊镇举办。全国31个省(自治区、直辖市)的100名青少年生态环保社团骨干和高校团干部参加了为期4天的综合培训。组织“高擎团旗，绿色长征，永远跟党走”建党90周年骨干培训，赴延安开展实地考察学习活动。以“绿色学子对话红色延安”为思想内涵，先后参观考察了延安革命历史纪念馆、王家坪、枣园、杨家岭等革命旧址，并与延安大学进行了交流学习。组织绿色长征志愿者开展“家庭C计划——社区居民家庭碳排放调查与建议”实践活动，走访北京10个社区开展绿色实践；前往武汉学习，考察农民运动讲习所、毛泽东旧居纪念馆、中共“五大”会址纪念馆等红色历史遗迹，在武汉南湖社区、百步亭社区及江滩广场开展低碳宣传、绿色咨询、座谈交流和居民调研等活动。（黄　鑫　辛永全）

【社团组织】 学生社团联合会是对校、院两级学生社团进行科学管理、全面协调、联合运作的学生组织，是以学生社团为基层单位的社团(团员)权益代表机构，以“团结社团、服务社团”为宗旨，肩负“管理、监督、服务”三大职能，负责学生社团的成立、注册、审计、评比以及注销等日常事务。2011年，北京林业大学共有111支学生社团，其中新成立社团3支，分人文社科、学术创新、语言文化、表演艺术、环保公益、体育健康6大类。各社团团员合计18 939人，开展活动千余次。

【主要社团活动】

学生社团联合会 举办2次社团成立答辩会，2次社团注销答辩会，优秀社团团支部评选答辩会，“十佳明星社团”评选，学生社团2011年暑期社会实践活动审批答辩会，学生社团团支书培训，第六届学生社团代表大会以及2011年度社团风云人物评选。发布《北京林业大学学生社团财务管理制度》，召开2011首都高校环保社团座谈会，召开校院两级学生社团联合会座谈会。举办第27届首都大学生绿色咨询活动，举办庆祝建党90周年系列活动之“听妈妈讲那过去的故事”情景剧比赛。承办校园一卡通设计大赛，举办灵舞之夜元旦露天舞会。

人文社科类社团　辩论与演讲协会举办第十六届“绿叶杯”新生辩论赛；天行者读书与实践协会承办北林读书月系列活动；经济观察者协会举办“爱心慈善义卖·捐助特殊儿童”学习用品慈善义卖活动。

学术创新类社团 科技协会举办CAD大赛；计算机与网络协会举办计算机技术现场咨询会及计算机义诊和重装系统、网页制作等一系列讲座；北林SIFE承办大学生创业课堂(北林站)活动；天文学会举办北林天文科普周系列活动、“路边天文”活动。

语言文化类社团 英语地带举办天天晨读活动，红楼梦学会举办《易经与养生》讲座，粤港文化协会参加举办北京林业大学第三届粤语歌大赛。

表演艺术类社团 wander动漫社举办原创技法交流活动，林馨国乐举办笛箫雅集交流活动，奇葩魔术协会举行魔幻奇彩魔术专场晚会演出。

环保公益类社团 红十字会学生分会举办我爱手语课活动；翱翔支农与实践社继续开展一个宿舍资助一个孩子活动；田野学社与翱翔社联合开展关爱工友活动；山诺会与田野学社联合发起绿色风暴活动；彤心社举办彤心讲堂系列公益讲座。

体育健康类社团 北林网羽协会举办“心羽心愿”北京高校羽毛球联赛暨支教系列活动、“新生杯”羽毛球赛、“院系杯”羽毛球赛、北林网球公开赛。悦野自行车协会参加赛道拉练，并在日常开展义务修车活动。乒乓球协会举办国球文化节。台球协会举办北京市大学生台球联赛。（姜　斌　辛永全）

【学生会和重要活动】 北京林业大学学生会是在校团委具体指导下，开展学生工作的学生群众组织，是全国学生联合会委员单位、北京市学生联合会主席团单位。以“立足本职，服务同学”为宗旨，引导全校同学进行自我教育、自我管理、自我服务。学生会现有会员1.2万余人，学生会干部287人。

开展思想引领教育活动，加强社会主义核心价值观教育。开展五月花海红歌赛、党史知识竞赛、党史演讲比赛等形式多样、内容生动的主题活动；举办“两会”专题座谈会、观看纪念辛亥革命100周年大会直播、观看清华大学百年校庆庆祝大会直播，组织“延安精神放射出新的时代光芒”——万场党史报告进校园活动，组织广大同学参观汶川地震灾后恢复重建主题展览、观看“天宫一号”目标飞行器发射实况，举办“动荡的国际形势和中国的话语权”专题讲座，“我与祖国共奋进”——与“中国青年五四奖章”获得者共度“五四”青年节座谈会。

推进“登天网络工作小组”建设，完善舆情汇报机制。

打造系列精品活动，丰富校园文化生活。体育文化方面，除了传统的春、秋两季运动会外，举办“一二·九”阳光体育冬季长跑，“团团圆圆”北京林业大学2011年新年零点欢庆活动暨新年舞会，“主持新生代，有我更精彩”主持人大赛，饮食文化节，学生烹饪大赛，“秋日恋歌”校园十大歌手赛，创新推出北京林业大学首届节能环保周系列活动，配合首都绿化委员会开展“寻找绿色之光”暑期大学生绿色环保实践活动，开展“北林讲堂”系列活动，分阶段推出了“田伯平书法艺术鉴赏”讲座、“动荡的国际形势和中国的话语权”专题讲座、钱学敏教授报告会等一系列精品讲座，定期举办英语四、六级模拟考试。

维护青年权益，服务青年健康成才。定期召开校、院两级维权工作会议，广泛倾听同学诉求；在继续开展“维权回音壁”“归璧”等特色活动的同时，不断思索维权工作方式的创新；进一步加强网络平台建设；继续开展“面对面”——职能处室领导与学生代表座谈活动，反映同学心声。

深入开展志愿服务，扩大志愿服务内容和范围。组织开展“三五”志愿者周系列活动，开展“一条鱼”支教活动，关爱农民工子女；动员全校同学参与“青春志愿林”植树活动，为绿色生活、低碳生活而努力。

加强自身建设，增强组织活力。召开北京林业大学第28届学生委员会中期调整大会。

（杨实权　辛永全）

【团组织自身建设】 通过学习研讨会、座谈会等多种方式，提升团干部的学习意识，推进各项工作科学开展。利用团校推进团干部、学生骨干的分层培训。在学习型组织建设中侧重作风建设，提升团学组织的服务意识、责任意识、创新意识；配合学校相关部门组织开展“绿色校庆年”启动仪式。开展“绿动北林，情系甲子”北京林业大学60周年校庆绿色青年大使评选活动。发挥团学组织服务青年职能，定期开展“面对面”——校职能处室领导与学生代表交流座谈活动。组织饮食服务中心、信息中心、保卫处、体育教学部、总务处、学生处等职能处室与学生代表交流沟通，解决学生普遍关心的问题；指导召开第六次学生社团代表大会，第28届学生会中期调整会，强化组织职责，在引领学生思想、服务学生成长、维护学生权益的工作中，发挥学生组织作用。（姚　莉　辛永全）

管理与服务

发展规划

【发展规划制定及执行情况】 2011年，我校全日制本科招生3337人，毕业3053人，在校生13 213人，本科生一次就业率为95.06%；学术型学位硕士招生867人，毕业867人，在校生2715人；专业学位硕士(全日制)招生339人，毕业73人，在校生515人；博士招生257人，毕业244人，在校生930人；硕士、博士研究生一次就业率为98.6%。

2011年，在职人员攻读硕士招收491人，博士后进站29人。2011年在职人员攻读硕士授予学位人数为216人，办理博士后出站12人。

3位教师获北京市教学名师称号；新增2种国家精品教材，2种北京高等教育精品教材，4种教材列入首批农业部"十二五"规划教材选题；新增国家级和北京市级大学生科研训练计划项目各50项；学生获得IFLA亚太区学生设计竞赛13项大奖；学生在各学科全国竞赛中共获奖项212项，其中国家级114项。全国优秀博士论文奖1篇、提名奖2篇，北京市优秀博士论文奖1篇，全国农业推广硕士优秀论文1篇。

获得国家技术发明二等奖2项、国家科技进步二等奖1项。SCI、EI等收录论文231篇(SCI论文200篇)，影响因子高于3以上的近40篇。授权发明专利56项，软件著作6项，实用新型22项，新品种9项。

获评"北京市优秀党务工作者""北京高校优秀党务工作者"各1人，2名教工党员获评"北京高校优秀共产党员"称号。学校第三次获得"首都文明单位标兵"称号，获得"北京市纪念建党90周年宣传工作先进集体"和"先进个人"各1项。

全年新立项纵向科研项目260余项，总经费近2亿元。其中国家"十二五"科技支撑课题3项、国家自然科学基金获资助项目42项、"863"项目1项、"948"项目8项，首次获得国家社科基金重大项目立项。林木基因组学研究取得突破，绘制完成了毛白杨的基因组序列图谱；出版的《中国木本植物花粉电镜扫描图志》《中国观赏植物种质资源(宁夏卷)》专著，填补了所在领域的空白。

新增北京市重点实验室1个；组织完成国家花卉工程中心的中期评估；盐池生态站通过国家水保科技示范园评定。试点实施大型仪器设备开放共享实验室，推进校院两级大型仪器设备开放共享平台建设。拓展分析测试服务。沧州、冠县两大实践基地建设正式启动，福建三明南方基地完成主体工程封顶和基地实验苗圃改造，河北平泉北方基地完成教学科研培训中心大楼封顶和试验苗圃建设。

专任教师达到1113人，具有高级专业技术职务的682人(其中教授209人，占师资总数的18.78%)；具有硕士以上学位的871人(其中博士学位577人，占师资总数的51.84%)。

(向文生　孙玉君)

【十二五发展规划情况】 2011年是"十二五"规划的开局年。根据《国家中长期教育改革和发展规划纲要》精神要求，广泛征求校内外专家建议，四上四下，完成学校"十二五"事业规划的顶层设计。学校多次召开班子会，听取学校"十二五"事业发展规划的编制情况汇报。

2011年4月27日，学校向教育部汇报"十二五"规划编制情况，校长宋维明参加了本次会议，并在会上介绍了我校"十二五"事业发展规划纲要。校长宋维明首先从学科建设、师资队伍、人才培养等7个方面介绍我校"十一五"期间所取得的成就，并着重介绍了我校"十二五"事业发展规划编制情况、"十二五"的主要建设任务。他说，学校要坚持育人为本，突出办学特色，提高人才培养质量，强化科研创新能力，完善社会服务职能，创新和传承文化，更好地服务国家林业与生态建设。同时，他指出我校“十二五”总体目标是实现特色优势学科继续保持国内第一；综合办学质量列国内农林大学前列；办学条件基本满足需求，办学效益显著提升；初步建立起现代研究型大学管理体制与运行机制；特色学科在国际专业学术领域具有一定知名度；初步完成向研究型大学的转型。此外还介绍了我校学科发展计划、师资提升计划、科学研究计划、人才培养计划、社会服务计划、创新平台计划、基础工程计划和国际合作计划等“十二五”规划的具体实施计划。

2011 年 9 月 8 日，学校召开会议，听取学校“十二五”事业发展规划的汇报，校长宋维明主持会议，校领导王玉杰出席，有关职能部处的负责人参加讨论。为保质保量完成规划的最后阶段工作，学校决定增加规划修改组力量，由校领导王玉杰协助宋校长开展此项工作。

2011 年 9 月 15 ~ 19 日，组织校内专家，在北京九华山庄编写学校“十二五”事业发展规划，校领导王玉杰到会提出要求并参加讨论。2011 年 9 月 20 日，学校召开会议，校长宋维明专门听取了学校“十二五”事业发展规划的汇报，并提出进一步完善的修改意见。校领导王玉杰主持会议。

2011 年 9 月 26 日，学校召开班子会，专门听取学校“十二五”事业发展规划的汇报，宋校长主持会议，吴书记发表讲话，全体在校校领导参加。原则通过了学校“十二五”事业发展规划，决定根据会议的意见修改后上报。2011 年 9 月 30 日，学校“十二五”事业发展规划上报教育部。

（向文生　孙玉君）

【统计与法律工作】

统计报表　上报教育部 2011/2012 学年初高等教育基层统计报表；上报教育部我校校办企业 2010 年度财务决算报告、2011 年度每月的财务情况快报；上报教育部 2011 年高等教育招生计划执行情况快报及 2012 年研究生招生计划；上报北京市海淀区统计局 2010 年关于我校的财务状况、能源消耗、劳资情况统计表等统计报表的年报及 2011 年定期报表；上报北京市教委校办产业管理中心我校校办企业 2010 年度报告。

法律工作　共审核合同 25 份(类)，涉及生物学院、信息学院、科技处、教务处等校内十多个学院与职能部门，涉及内容包括专利转让、技术服务协议、合作办学协议(国内、国际)、校地共建、林场部分边界调整等。在合同评审中以学校利益为基本出发点，保证合同文本的合法性、合理性，尽最大限度规避风险，保证实现合同权益。

2011 年协助有关处室处理法律诉讼案件 5 件。李英杰因不服不被授予学士学位起诉北京市教委及北京林业大学行政诉讼案，2011 年 4 月北京市第一中级人民法院驳回其上诉，维持原判，北京林业大学胜诉；赵弟轩起诉北京林业大学、成仿云植物新品种权纠纷案二审，该案一审判决基本维护了北京林业大学合法权益，原告不服判决，提起上诉，2011 年 9 月北京市高级人民法院驳回上诉，维持原判；北京林业大学李云教授课题组科研报告被侵权的维权案件，2011 年 4 月在海淀区法院起诉，9 月海淀法院一审判决，部分支持北京林业大学诉讼请求，判令被告刁其玉等人因侵权行为向北京林业大学赔礼道歉，消除影响等，现在双方均提起上诉；赵存姐起诉北京林业大学人身侵权案，2011 年 11 月海淀区法院判决，部分支持原告诉讼请求，支持率不足 15%；舒晓成起诉北京林业大学、北京长捷物业服务公司财产损害赔偿案，该案是因原告室内供暖管道爆裂漏水引起财产损失的赔偿案件，2011 年 5 月起诉，至今仍在审理期间。

（向文生　刘宏文）

校务管理

【概　况】　党政办公室是校党委、校行政的综合办事机构。下设综合管理科、文秘科、信息科，档案馆、收发室、电话室 3 个单位挂靠办公室。2011 年 7 月，电话室由党政办公室划归信息中心管理。

2011 年，党政办公室围绕学校年度工作目标，坚持服务中心、服务领导、服务部门、服务师生的宗旨，推进工作创新，提高服务质量，改进管理方式，做好参谋助手、组织协调、督查督办、调查研究、信息报送、信访接待、对外联络、公文办理、档案管理、年鉴编纂、重要活动组织、综合事务管理以及领导交办的其他工作。

2011 年，党政办公室在学校第十次党代会筹备工作中负责会务组和大会主报告的起草工作。牵头组织完成党委工作报告的初稿起草、征求意见、修改完善的工作；制定了党代表任期制和提案制两项制度，并组织实施了学校首次党代表提案工作；完成了礼品定制、来宾接待、会务安排、会场布置等组织工作。

2011 年 11 月 13 日 ~ 12 月 1 日，教育部对我校进行为期 3 周的巡视工作，办公室作为迎接巡视工作的总体协调联络单位，负责整体接待和文秘工作，起草了学校总体工作汇报和校长补充汇报的文本及 PPT 制作，与巡视组密切联络，完成了接待、会务安排、会场布置等组织工作。

2011 年，党政办公室组织了学校工作会议、开学典礼、毕业典礼、运动会、庆祝教师节大会、新年招待会、“十二五”规划宣讲会等大型会议；接待了市委常委、海淀区委书记赵凤桐，市教委主任姜沛民等多位领导同志先后来校视察、调研；完成了教育部人事司、国家林业局科技司、广西林业厅、福建三明市、新疆农业大学、南京农业大学、南京林业大学、临沂大学等 20 多个团组和兄弟高校的检查、交流活动。

2011 年，党政办公室组织编纂的《北京林业大学年鉴(2010 卷)》获得全国年鉴编校质量二等奖，全年办公室成员在《中国林业教育》等学术期刊上发表论文近 10 篇。 (丁立建　张　勇)

【综合事务管理】 完成学校总值班室的全年 24 小时值班工作，在重要敏感日、节假日坚持强化领导带班、值班制度，认真严格做好印信管理、公务接待、会议安排、会务服务、车辆调度、会议室管理等日常工作。全年为各类合同、申报材料、证书、证明等用印 67581 次，做好全校各类会议的查询、预约、审批工作，提供综合楼会议室服务 899 次。收发各类报刊、信件、包裹 25 万多件，为全校师生提供及时周到的服务。认真完成学校法人证书、组织机构代码年检工作，修订完善学校各级各类通讯录。加强用印规范，严格执行印章使用登记、审核制度；不断提升各类会议、大型活动的综合服务保障。

(欧阳汀　张　勇)

【文秘工作】 全面完成学校重要文稿的起草工作，包括学校第十次党代会报告、教育部巡视学校整体工作汇报材料、党政领导班子述职报告等；学校与政府、高校、企业等合作文件的起草、修改及相应协调工作。全年编写各类大型活动的领导讲话，搜集整理更新全校各类领导小组名单，全年制发学校文件 140 件，其中党发 42 件，校发 83 件，党政办发 15 件。全年流转各类上级来文和校内文件 1500 多件。

(杨金融　张　勇)

【信息工作】 2011 年，学校向教育部报送了《坚持四个统一 深入贯彻落实胡锦涛总书记讲话精神务求实效》《发挥特色 突出内涵 构建实践育人四平台》等近 30 篇学校情况反映。全年共向教育部、北京市委教育工委、北京市教委报送紧急信息 3 篇，无迟报、瞒报、漏报现象发生。2011 年，编发《领导信息参考》3 期。

(刘继刚　张　勇)

【办公自动化工作】 进一步普及和优化 OA 系统，充分运用系统主要功能，全年通过 OA 系统流转完成来自全校各部门的 174 份校级文件，共审核并组织或安排各类会议 908 次，会议室利用率和会议审核效率得到提升。

(刘继刚　张　勇)

【信访工作】 全年共处理信访材料 14 份，接待信访群众十余人次，积极妥善处理好网上书记留言本、校长信箱所反映的各类问题，及时督办领导信访批示。接听、处理大量反映问题或对学校改革与建设提出建议的来电、来访。各种信访得到妥善解决，没有产生矛盾，群众对处理结果比较满意。 (欧阳汀　张　勇)

【信息公开工作】 进一步推进党务、校务、信息三公开工作，出台《北京林业大学党务公开工作实施办法(试行)》(北林党发[2012]17 号)，并配套出台《北京林业大学党务公开目录》。严格按照目录推进校务公开和信息公开规范化、制度化、科学化建设。丰富公开内容，创新公开形

式，强化公开效果，促进学校民主政治建设，构建和谐校园。（杨金融　张　勇）

【年鉴工作】 2011年1月，《北京林业大学年鉴（2010卷）》正式出版。3月28日，召开了年鉴2010卷总结表彰会及年鉴2011卷工作启动会，修订了《北京林业大学年鉴年度工作先进评选标准》，对在年鉴2010卷工作中表现突出的单位和个人进行了表彰，评选出年鉴工作先进单位10个，年鉴工作先进个人10名。年鉴2010卷在第五届全国年鉴编校质量检查评比活动中获全国二等奖。

调整了年鉴2011卷的目录框架设置，突出学校事业发展的新进展，编制《年鉴编辑手册2011卷》；严把质量关，聘请2位退休老教授作为年鉴编辑部特约编辑，加强对年鉴组稿、编校环节的控制，完成了《北京林业大学年鉴（2011卷）》的组稿和3次审校工作。

（刘继刚　张　勇）

人事管理

【概　况】 人事工作主要包括学校人员编制的规划和管理、机构设置工作；负责教职工调配和离退休审批、办理手续工作；制定人才队伍建设规划，开展各类人才队伍的引进补充、培养培训和使用考核工作；负责各类岗位的设置和聘用工作，负责人才交流中心待岗人员管理、培训、推荐交流工作；制定和执行学校教职工薪酬及福利待遇政策，缴纳在编和非在编用工人员社会保险工作；制定和执行教职工奖惩办法，并组织各类优秀人才的选拔推荐及专家管理服务工作；负责教职工长期公派和因私出国的审批；负责对口支援项目人员接收培训和人员派出工作；负责全校临时用工的计划管理工作。

人事处负责博士后管理办公室和校学术委员会秘书处工作，承担具体运行和日常管理工作。

2011年，人事处继续贯彻人才强校战略，加大人才引进和培养工作的力度，在学校党委的正确领导下，全面组织开展首轮聘期岗位聘用工作的总结，开展2012～2015年第二轮关于岗位聘用及收入分配制度改革校内外调研、征求意见和方案起草的工作。（崔惠淑　张　闯）

【机构设置调整】 2011年新成立、变更机构5个，其中标本馆为独立机构；保密工作委员会办公室挂靠党政办公室；北京林业大学林业碳汇计量与监测中心挂靠在自然保护区学院；对原与人文学院合署办公的北京林业大学思想政治理论课教研部进行调整，设置北京林业大学思想政治教育教研部；原北京林业大学职业技能培训部更名为北京林业大学职业技能培训学校（原举办单位由北京林业大学变更为北京林业大学培训中心）。（徐海旻　张　闯）

【师资和教职工队伍】 2011年全校教职工新增各类人员87人，各类减员44人。截至2011年底，全校在册教职工人数1710人，按岗位类别划分，管理岗位327人，工勤技能岗位84人，专业技术岗位1299人。专业技术岗位中，专任教师岗位1113人（其中专职辅导员教师44人），其他专业技术岗位186人。专任教师岗位按岗位级别划分，聘任高级专业技术岗位682人，占61.3%；中级专业技术岗位359人，占32.2%；初级及以下专业技术岗位72人，占6.5%。按学位划分，全校教师中具有博士学位614人，占55.2%；具有硕士学位317人，占28.5%；具有学士学位176人，占15.8%。按年龄划分，全校教师31岁以下137人，占12.3%；31～40岁471人，占42.3%；41～50岁358人，占32.2%；51～60岁132人，占11.9%；60岁以上15人，占1.3%。（吴　超　张　闯）

【专业技术岗位聘任】 年度岗位聘任工作于2011年2月启动，2011年4月初完成。经学校聘任领导小组最终审批通过，教师系列共117人晋级聘任至新岗位，其中2人聘任至教授二级岗，7 人聘任至教授三级岗，15 人聘任至教授四级岗，12 人聘任至副教授一级岗，8 人聘任至副教授二级岗，41 人聘任至副教授三级岗，32 人聘任至讲师一、二级岗；非教师系列共 85 人聘任至新岗位，其中 2 人聘任至正高级岗，4 人聘任至副高一级岗，3 人聘任至副高二级岗，32 人聘任至副高三级岗，12 人聘任至中级一、二级岗，23 人聘任至中级三级岗，5 人聘任至初级岗；工勤系列 1 人聘任至技术工一级岗(高级技师岗位)，4 人聘任至技术工二级岗(技师岗位)。以上人员新岗位聘期均从 2011 年 1 月 1 日起，至首轮全员聘任聘期结束。

2011 年新聘请 21 名国内外知名专家学者担任兼职(客座)教授，聘任到期 6 人，截至 2011 年 12 月 31 日，共有 35 人担任学校兼职(客座)教授。2011 年新聘担任兼职(客座)教授 21 人，具体名单见下表。

姓名	工作单位	职务(职称)	聘任单位	聘任名称
胡壮麟	北京大学	教授	外语学院	兼职教授
刘润清	北京外国语大学	教授	外语学院	兼职教授
黄震华	对外经济贸易大学	教授	外语学院	兼职教授
邱　鸣	北京第二外国语学院	教授	外语学院	兼职教授
杨永林	清华大学外语系	教授	外语学院	兼职教授
文　军	北京航空航天大学外国语学院	教授	外语学院	兼职教授
王立非	对外经济贸易大学英语学院	教授	外语学院	兼职教授
武　波	外交学院英语系	教授	外语学院	兼职教授
李世东	国家林业局信息办公室	高级工程师	信息学院	客座教授
鞠洪波	中国林科院资源信息研究所	研究员	信息学院	客座教授
鲍　泓	北京联合大学	教授	信息学院	客座教授
滕桂法	河北农业大学研究生院	教授	信息学院	客座教授
唐小明	中国林科院资源信息研究所	研究员	信息学院	客座教授
卢正刚	北京水晶石数字科技有限公司	董事长兼总经理	信息学院	客座教授
张孝林	华海医疗信息技术有限公司	董事长	信息学院	客座教授
周洁敏	国家林业局调查规划设计院	高级工程师	信息学院	客座教授
唐小平	国家林业局调查规划设计院	高级工程师	信息学院	客座教授
毕慧泉(Huiquan Bi)	澳大利亚新南威尔士州初级产业部科学研究中心	首席研究员	信息学院	客座教授
Thomas Andrew Black	加拿大不列颠哥伦比亚大学	终身教授	水保学院	客座教授
张希武	国家林业局野生动物保护与自然保护区管理司	司长	自然保护区学院	客座教授
沈岐平	香港理工大学建设与环境学院	教授	水保学院	兼职教授

(吴　超　徐海昊　张　闯)

【人才引进】 2011 年 1 月，引进北京物资学院商学院副院长张立忠教授到经济管理学院工作；2011 年 11 月，引进中国科学院植物研究所“国家杰出青年基金获得者”林金星教授担任生物科学与技术学院院长。(张　鑫　张　闯)

【人才培养】

新教师岗前培训 2011年9~12月组织开展新教工教育理论培训工作，66位新教师报名参加培训。培训内容包括《教师职业道德修养》《高等教育法规概论》《高等教育学》《高等教育心理学》和《教学技能技法》5门课程。培训方式分面授和网络培训2种，其中《教学技能技法》为面授，其他4门课程为网络培训。53名学员获得岗前培训结业证书。

学历教育 2011年，13名教职工在职取得新学位，其中取得博士学位7人，取得硕士学位6人。

接受教师进修 2011年，接受各类进修人员25人，其中"西部之光"访问学者3人，新疆少数民族科技特培骨干学员9人，"质量工程"对口支援进修学员1人，教育部青年骨干教师国内访问学者7人，一般访问学者5人。

骨干教师培养 2011年11月，学校启动中青年教师培养子项目，经审核及专家评审共有98名教师获得《青年骨干教师国家公派出国研修项目》《青年骨干教师国内访问学者项目》《青年骨干教师在职学位提升和课程进修项目》《新进教师科研启动基金项目》《青年教师学术论文资助项目》《优秀中青年教师教学资助项目》《中青年教师学术交流资助项目》《国家精品课程师资培训项目》8个项目的资助，资助人数129人次，资助金额近300.6万元。2011年"211工程"三期建设资助教师参加各类骨干教师培训、国际会议、发表学术论文等共计116人次，金额达105.19万元。

教师资格认定 2011年，50人通过了北京市教委高等学校教师资格认定。

（张向辉 张 鑫 张 闯）

【职工管理】

职工考核 根据国家有关岗位设置管理和人员聘用工作的政策要求，学校2011年度考核按照被考核人所聘岗位类别开展，教师岗位人员根据《北京林业大学关于教师专业技术岗位职责、聘用条件和考核办法的暂行规定》(2008年修订版)由各教学科研单位结合岗位职责自行制定考核办法，其他人员按照本岗位系列考核办法及岗位职责进行考核。2011年1710名教职工应参加学校年度考核，考核结果优秀292人，合格1350人，基本合格5人，不合格1人，因公派出国等原因不确定考核等级或未参加考核62人。

二级人事代理 2011年新入校人员除引进人才外均签订了人事代理聘用合同书，聘期统一为4年。因2007~2009年学校统一的合同聘期调整，2011年度并无人事代理人员聘用合同到期。

劳务派遣 2011年度劳务派遣人员新增2人，截至年底，学校共有在聘劳务派遣人员8人。

（吴 超 张 闯）

【人事调配】 2011年新增教职工共87人，其中专任教师52人、实验技术人员3人、其他专业技术人员4人、学生口及辅导员11人、管理人员17人。新进专任教师52人，按学历学位划分，具有博士学位48人，占92.31%，具有硕士学位4人，占7.69%；按来源分，留学回国4人，占7.69%，其他单位调入5人，占9.62%，出站博士后10人，占19.23%，应届毕业生33人，占63.46%；按学缘结构分，32人来自非本校的"985""211"高校院所，14人为本校毕业。新增3名实验技术人员，博士学位1人、硕士学位2人。

2011年调出人员18人(其中13人为北京市选聘干部)。

2011年为15名教职工分批申报解决夫妻分居问题，其中7人当年获批准调动户口。2010年申报材料中9人获批准调动户口。

（徐海昊 张 闯）

【工资与福利】 2011年，全年在职职工工资总额14 447.6万元，年末正常发放人员1710人；全年离休人员工资总额401.6万元，年末正常发放人员46人；全年退休人员工资总额4316.2万元，年末正常发放人员716人。2011年岗位变动调整工资标准386人次；根据2010年度考核结果，晋升薪级工资1565人次。

2011年办理后事15起，发放抚恤金等各项补助共计46万元。发放防暑降温费54.6万元、三节补助114.65万元、年终补贴462.2万元。

（任元彪 张 闯）

【社会保险工作】 截至2011年12月，学校共1989人参加北京市失业保险、工伤保险，其中

400名合同制工人和非在编聘用人员参加基本养老保险，331名非在编聘用人员参加基本医疗保险。2011年，全年缴纳失业保险费176.22万元（含单位缴费、个人缴费），工伤保险费60.28万元。合同制工人和非在编聘用人员养老保险费332.14万元（含单位缴费、个人缴费），非在编聘用人员基本医疗保险费46.51万元（含单位缴费、个人缴费）。（刘尚新 张 闯）

【离退休工作】 2011年退休教职工23人。其中，教师退休4人，干部退休10人，工人退休9人。退休名单如下：

任明茹 陈新明 郭彩云 张丽梅 王文达
陈小敏 凌 立 武 生 顾凯平 高孟宁
李 芳 黄晓莉 杨桂兰 张 辉 申功诚
宫晓滨 张爱国 陈华贞 于莉莉 戈江生
李淑艳 马司光 胡 英 （徐海昊 张 闯）

财务管理

【概 况】 计划财务处是学校一级财务机构，在学校财经领导小组领导下，统一组织、全面负责学校的各项财务管理和会计核算工作。设置财经管理中心和财务核算中心，分设财经办公室、基建科、计划科、核算科、结算科、综合管理科、科研经费管理科。2011年5月，学校成立北京林业大学教育经费监管中心，挂靠学校计划财务处，下设专项经费评估评价科和教育经费信息管理科。现有职工24人，其中高级职称4人、中级职称12人、中级以下8人。

2011年，计划财务处在预算管理、资金筹措、财务制度建设、专项经费管理、会计核算、支出管理、学费管理、工资公积金管理、业务培训等方面开展工作，同时在“二上二下”部门预算编制、成本测算、组织售房收入、小金库治理、学校化债、修购项目总结等方面取得进展。

2011年我校各项收入为97 546万元（含售房及装修款），总支出将突破99 700万元（含基建支出），收支基本持平。

【预算管理】 计划财务处于2011年6月准备2012年部门预算资料，于7~8月期间编制并向财政部、教育部报送2012年“一上”预算，教育部根据“一上”预算下达学校2012年预算指标及部门项目经费，11~12月依据“一下”的预算控制数编制并报送了“二上”部门预算，学校2012年收支规模基本确定，2012年预算超过90 000万元。2012年的收入预算内容主要为本科生生均拨款、研究生经费拨款、离退休人员经费拨款、住房基金拨款、中央修购经费拨款、合理预计的科研经费拨款、教育事业收入、科研事业收入、基建计划等。2011年，财政部、教育部提高了中央高校新的预算拨款标准，本科生、研究生生均拨款大幅提高，进一步完善高等教育发展的经费保障机制。

计划财务处继续完善校内预算编制，编制流程逐步向国家部门预算靠拢，校内各单位直接参与预算、根据本单位下一年工作任务提出资金需求，预算进一步细化。

【财务核算与管理】 学校实行“一级核算、二级管理”的财务管理制度，基建项目由基建会计科单独核算。学校财务实行统一收支计划、统一规章制度、统一资源调配、统一业务领导、统一管理校内经济活动，维护学校正常的财经秩序。2011年，计划财务处依照国家财经法规和学校财务管理办法，认真组织开展财务核算工作，在审核过程中严格把关，完成教育事业费、科研经费、财政专项经费、公费医疗、基建经费、小学、校友会等经费核算工作。

具体工作如下：2011年累计完成凭证32 000份，超过去年全年的26 736张凭证，增幅达到10%以上，核算业务工作量增加10%以上。往来账管理方面，及时清理暂存暂付等挂账业务、杜绝资金的不合理占用，加大对个人借支的催收力度，严格控制个人长期占用公款现象；科研经费平稳增长，全年科研拨款及横向科研总收入达14 000万元，总支出13 000万元，科研收支核算与经费管理及配合科研审计等事务已成为财务工作的重要内容；在银行及现金管理方面，全年支票业务量12 000笔（含国库银行），银行业务15 000笔，增幅达10%以上，日常现金流量（含国库现金）累计达11 000万元，刷卡报账业务量累计超过2300万元，增幅达10%以上；公费医疗方面，全年门诊药费报销达4500人次，住院费报销达到400人次，较2010年增加10%以上，全年公费医疗支出1300万元，较2010年的1200万元增加100万元；进行住房基金核算，全年完成购房补贴、住房公积金、提租补贴等住房基金核算业务量2081万元。2011年因教工住宅建设学校教师公积金支取人数大幅增长，截至12月10日，累计支取达1000人次，与2010年持平。

【科研经费管理】 截至2011年12月底，各类科研经费到账金额已达14 000万元。根据财政部、科技部《关于调整国家科技计划和公益性行业专项经费管理办法和若干规定的通知》规定，计划财务处积极同科研处协作，对新立科研项目进行精细化管理探索，重新修订了《北京林业大学科研经费预算控制明细表》，增加了科研经费中间接费用的支出一项，要求科研项目的实际支出与科研预算支出基本保持一致。

【收费管理】 2011年，计划财务处对学生收费软件升级更新，设立了专人管理收费，明确岗位职责，对历年未收的学费进行了补收；并与学生处、教务处、各院系密切配合，制定出相关收费措施，使学校的收费制度逐步完善。截至年底，共收到学费、培训费、住宿费等15 000万元，所收行政事业性收入已全部上缴财政并已返回学校账户。2011年共从中国银行取得助学贷款823万元，贷款学生1400人；生源地贷款金额170万元，贷款学生230人。

【专项经费管理】 2011年，教育部及北京市教委下达到我校的专项经费，主要有中央修购专项经费、优势学科创新平台建设运行经费、基本科研经费、基建经费、质量工程、“211工程”三期、高等学校本科教学质量与教学改革工程、学生国家奖学金、励志奖学金、助学金、困难补助，中央高校与地方共建经费等专项经费，总计突破13 000万元，截至年底，累计支出9000万元，专项经费已成为学校发展的重要资金来源。

【加强筹资能力】 2011年，学研中心项目得到国家发改委及财政部专项资金超过6000万元。组织专人参与售房款、装修费收取以及住房贷款后期管理，在资金上最大程度保证苗圃住宅工程按期完工。在资金安全前提下，筹划校内自有资金，保障六道口征地项目顺利实施。严格按照支付程序支付工程款项，在各种手续齐全完备的情况下及时支付工程进度款，全年支付三大工程款项总计超过26 700万元 。

除预算拨款外，经过学校与计划财务处共同努力，从多渠道获得了教育部追加的系列财政拨款，第一，绩效拨款1412万元，该款项直接被纳入学校预算，用于改善全校教工福利待遇，其中财务卓越绩效112万元，预算执行继续500万元，资助工作绩效800万元；第二，追加中央修购专项1000万元，主要用于本科教学实验室、消防设施、体育场馆改造、设置一卡通等项目，学校基本办学条件得到进一步提高；第三，追加基本科研业务费734万元，由科研处进行分配；第四，化债奖励580万元，已直接偿还银行贷款；第五，追加其他基本经费和项目经费。

【基建工程核算】 2011年，学校基建账务中在建工程主要有苗圃教工住宅、六道口征地、学研大厦等，截至2011年12月20日，六道口征地项目已当年实际付款5800万元，累计付款14 000万元；学研中心工程当年实际付款11 800万元，累计付款13 290万元；苗圃住宅工程当年实际付款9100万元、累计付款17 800万元。

【国库集中支付】 2011年是我校推行国库集中支付工作的第四年，国库集中支付的范围进一步加大，主要包括人员工资及学生奖助学金的发放、人员支出、水电费、物业费、供暖费等日常公用支出，截止11月底，23 000万元的国库基本支出已全部执行完毕，项目经费由于诸多原因执行偏慢。2011年通过国库集中支付下达的资金达到37 000万元，占学校总收入46%；预计全年支出36 000万元，占学校总支出的40%以上。

【偿债工作】 2011年，按照2009年上报财政部、教育部既定化债方案，继续优化学校债务，利用自有资金1800万元归还银行贷款，学校债务负担进一步减轻。3月，财政部、教育部委托事务所对北京林业大学近两年来的化债工作进行检查，6月下达我校化债奖励580万元，该款项直接用于学校偿还债务。

【业务研究与培训】 2011年10月，组织校内8名高级财会人员在国家会计学院参加了《2010年财会人员继续教育》的培训。

【制度建设】 2011年，学校成立北京林业大学教育经费监管中心，该中心挂靠学校计划财务处，设主任1名，由计划财务处处长兼任，下设副主任(副处级)1人，协助主任处理中心日常工作。该中心下设专项经费评估评价科和教育经费信息管理科，主要职能是按照教育部和学校要求，办理与教育经费监管相关的工作，提出意见和建议；办理相关教育专项经费预算的前期论证、评估评审及绩效评价等具体工作，提交相关论证、评审和评价报告，为教育部的项目评审提供基础资料和项目文本；办理与经费监管相关的信息化建设和财务数据统计、汇总、分析工作，为教育部和学校提供财务分析数据；承办其他与财务管理有关的具体工作。

（于志刚　刘　诚）

审计工作

【概 况】 审计处是学校内部审计机构，主要职能是依照国家法律、法规、政策以及上级部门和学校的规章制度，对学校及所属单位有关经济活动的真实、合法和效益行为进行独立的监督和评价。主要业务范围，包括财务收支审计、专项经费审计、经济责任审计、基建修缮工程审计、科研经费审计等。2011年，审计处共组织配合各类审计45项，审结35项，在审10项，审计总金额8.6亿元，出具审计报告41份，其中基建工程审计3项，审计金额6.07亿元；经济责任审计6项，审计金额1.2亿元；财务收支审计6项，审计金额1.2亿元；修缮工程审计30项，审计金额1494万元；科研经费审计40项，审计金额1133万元。

（李文　杨宏伟）

【经济责任审计与财务收支审计】 2011年，审计处共完成经济责任审计项目6项，审计总金额1.2亿元，出具审计报告6份，分别为原林学院院长骆有庆同志、原人事处处长全海同志、原总务与产业管理处处长王自力同志的离任经济责任审计和水土保持学院院长余新晓同志、学生处处长任强同志、工学院院长俞国胜同志的任中经济责任审计。同时，对上述6个单位的财务收支情况进行审计，重点审查被审计单位国家财经政策执行及内部控制制度情况、财务收支及专项经费使用情况、重要资金和固定资产的管理使用情况，审计总金额1.2亿元，出具审计报告6份，促进被审计人员及单位进一步规范财务管理、健全内部控制制度。

（李　文　杨宏伟）

【基建、修缮工程结算审计】 2011年，审计处对8家教学单位的修缮工程(苗圃建设、财务处维修、图书馆前厅改造、林大围墙拆建、土壤侵蚀试验大厅建设、数据机房维修、浴室锅炉房维修改造等30)进行审计，审计总金额1494万元。审计重点是各项目审批手续的健全性，维修资金使用的真实性、合法性，以及项目招标、合同、协议的执行情况。

（李　文　杨宏伟）

【基建工程全过程审计】 2011年，按照《北京林业大学建设工程和修缮工程全过程审计实施办法》的要求，审计处继续将学校的基本建设工程全过程跟踪审计作为工作重点，对教工住宅、学研中心和征地拆迁项目实施全过程跟踪审计，加大对工程前期、施工过程、进度款支付和竣工结算等环节的审核力度。

教工住宅工程 教工住宅主体工程部分已基本完工，精装修、室外工程等各专业分包项目的施工及建设是该项目2011年审计的重点。审计处在之前建立的审计制度及工作程序基础上，对各种专业分包项目的招投标文件、合同、清单、标底及工程进度款进行了审核，定期参加基建审计沟通会和工程监理例会，开展询价工作。重点配合基建处开展精装修工程的各项事前、事中考察及招标、评标工作，审核分包合同、工程进度款，为减少资金风险，保证精装修工程取得高品质、高性价比的装修效果提出多项合理化建议。

学研中心工程 审计处总结教工住宅工程先进经验，制定符合工程特点的进度款、洽商、招投标文件、合同等的审计流程，组织学研中心项目审计小组重点参与消防、弱电、外幕墙工程、配电箱柜、污水泵、冷水机组、无负压供水设备等十几项分包项目及暂估设备的考察、招标、评标工作，编制工程量清单及标底，并对其招标文件、合同、进度款等资料进行审核，该工程目前已完成年底封顶的施工计划。

征地拆迁工程 审计处组织审计公司对周边2万平方米土地征地拆迁工作进行全过程跟踪审计，对拆迁过程中的相关文件、材料进行审计复核，审查拆迁政策法规的执行和补偿标准的制定情况，并在拆迁工作正式开展之前，与工程各参建方相互沟通，明确责任、义务，确定审计参与的控制环节和工作流程。截至2011年底，有6户居民签订拆迁补偿协议(总计16户)并通过审核，拆迁面积达2028.4平方米，占总拆迁面积的64.8%，补偿总金额为6240万元。

(李　文　杨宏伟)

【审计制度建设与业务咨询】 2011年，审计处以近两年起草出台及汇总整理的多项审计制度为基础，以网络为载体，通过召开审计联席会议、工作沟通会等方式加强审计制度宣传与落实，进一步推动审计工作程序化、制度化、规范化的进程。另外，审计处前移工作思路，将事后监督转变为事前控制，对有关部门的招标文件、工程预算、合同等重要文件进行审核，提供合理化建议，对主动加强投资控制，促进各项目科学规范管理，防范经济风险起到积极的建设性作用。(李　文　杨宏伟)

【审计培训】 2011年，审计处多次参加高校财务审计、工程管理审计培训班、研讨会，学习掌握最新的审计政策和理论，为开拓审计思路，更新审计观念，提高审计工作质量提供理论基础，并定期召开处务会，加强内部经验交流与沟通，规范审计工作程序、提高审计工作水平。

(李　文　杨宏伟)

设备管理

【概　况】 实验室与设备管理处主要职责是根据相关法律、法规和其他有关规定，制定学校重点实验室(工程中心、野外台站)等科研平台管理的规章制度与建设规划，重点实验室的立项、评估及检查验收；仪器设备计划与采购；大型仪器设备的开放共享；化学试剂的申报与管理；以及公共分析测试中心的建设与运行等工作。下设实验室建设与管理、设备管理、设备采购和化学试剂4个科室。

2011年3月“污染水体源控与生态修复北京市重点实验室”经北京市教委批复进行立项建设。公共分析测试中心启动国家实验室认可和计量认证工作，建立质量体系和管理程序，规范业务管理流程。全年采购金额4345万元，节约资金210余万元。举办大型仪器设备开放共享平台展示，推动校院两级大型仪器设备开放共享平台建设，充分发挥大型仪器的效益，提升教学科研实力，通过宣传橱窗和网络同步展示的方式展示10万元以上的大型仪器设备共66台。首次通过仪器设备综合管理系统大型仪器设备管理平台，开展大型仪器设备效益评价，通过网络填报仪器设备效益评价信息。(李　傲　万国良)

【仪器设备资产管理工作】 截至12月31日，北京林业大学仪器设备类固定资产共计50 790台(件、套)，价值57 953万元，其中教学科研设备39 670台(件、套)，价值48 435万元，占总固定资产的84%。2011年，新增仪器设备类固定资产4810台(件、套)，价值5954万元。其中教学科研仪器设备3470台(件、套)，价值4996

万元，占新增总量的84%；10万(含)~40万元大型仪器设备62台(件、套)，价值1181万元，占总量的25%；40万元(含)以上大型仪器设备13台(件、套)，价值892万元，占总量的19%。

2011年，仪器设备维修经费支出10万元，报废收入15万元。（范朝阳 万国良）

【信息化建设】 2011年仪器设备综合管理系统完成2次升级，解决系统出现的问题，完善系统功能。发票的数字采集功能得到应用，系统的各项业务办理已开通短信通知服务。仪器设备采购经费账号与财务处实现对接，规范了经费账号的管理。通过仪器设备综合管理系统，协助各学院、部门对所属仪器设备进行资产清查工作。

建立仪器设备管理人员队伍。10月在北京鹫峰实验林场举办北京林业大学仪器设备管理人员培训交流会，增进仪器设备管理人员间的交流，促进仪器设备二级管理和大型仪器设备开放共享平台建设。（范朝阳 万国良）

【大型仪器设备共享】 2011年6月，发布北林实设发[2011]3号《关于我校大型仪器设备开放共享专家委员会委员增补的通知》，确定了新一期大型仪器设备开放共享专家委员。

9月，首次通过仪器设备综合管理系统大型仪器设备管理平台，开展大型仪器设备效益评价，通过网络填报仪器设备效益评价信息，全校价值40万元以上在用的大型仪器设备共有95台参加了年度效益考核与评价，平均分值是59.22分，其中合格的54台，占56.8%。

12月，举办大型仪器设备开放共享平台展示，推动校院两级大型仪器设备开放共享平台建设，通过宣传橱窗和网络同步展示的方式，共展示12块展板，采集图片150幅，文字4万字，展示10万元以上的大型仪器设备共66台。申报了2012~2015年校级平台公共分析测试中心建设项目三期，并在前两期的建设基础上，进一步完善仪器设备配置、特色建设、信息化管理等任务。（范朝阳 万国良）

【分析测试平台建设】 2011年分析测试中心共接待800多人次，校内、外测样约1万个，使用总机时18 000小时，每台机时利用率都能达到65%以上。完成透射电镜的CCD、遗传工作站、三重四级质谱仪、凝胶干燥系统等设备的安装、调试与验收，以及技术培训工作。分析测试中心显微室加入了北京市电子显微学会。

9月启动国家实验室认可和计量认证工作。建立中心的质量体系文件和管理程序文件，规范中心的业务管理流程。（孙月琴 万国良）

【实验楼运行情况】 经过4年的运行，实验楼已成为北京林业大学科研工作和研究生培养的重要基地，同时还是学校对外展示的重要窗口。实验楼每周接待实验研究人员(含研究生)约1500人次，全年接待上级领导和国内外专家学者的参观指导15批次。

实验楼1层为公共分析测试中心，2~5层设有林木育种国家工程实验室、森林培育与保护教育部重点实验室、国家花卉工程技术研究中心、北京市污染水体源控与生态修复技术工程研究中心。（程 迅 万国良）

【化学试剂管理】 2011年2月，经学校研究决定，将对管制化学药品进行统一管理，6月7日化学试剂管理科正式成立。化学试剂管理科主要职能是负责全校管制化学药品的统一申购和管理、危险废弃物的收集与处理、化学试剂库的管理、化学试剂安全管理制度执行情况的监督和检查。全年共处理废弃物2.7吨，其中剧毒化学试剂72千克。（刘 洋 万国良）

【设备采购】 2011年，设备采购方式为政府采购设备公开招标、政府采购协议供货、校内邀请招标和单一来源谈判、询价。年度采购共计4200台(件、套)，总金额4345万元，节约资金210余万元。其中采购外贸设备114台(件、套)，金额1137万元。（李 青 万国良）

基建与房产管理

【概　况】 学校基本建设和房地产管理工作由基建房产处承担，下设综合科、工程科、房地产管理科和人防办公室。主要工作内容有制定基建及房地产管理规章制度、组织工程项目招投标、工程施工管理、周转房管理、房补发放等管理职能。

2011年，学校基本建设工作主要集中在学研中心工程、教工住宅工程、北京林业大学附属小学加固工程和校园东侧土地征用及拆迁4项重点工程。房地产管理工作主要是做好腾退住房的房屋所有权证办理、住房补贴的发放、物业费及供暖费的报销核算、周转房的管理工作。

【学研中心工程主体结构封顶】 学研中心工程建筑面积89 989.7平方米，总投资40 449万元，是集教室、实验室、办公室于一体的多功能、现代化楼宇。工程于2011年1月18日正式开工；6月30日，完成基础底板施工；8月完成地下室结构施工。11月6日通过长城杯金奖第一次验收，12月18日通过长城杯金奖第二次验收。12月2日获北京市绿色安全文明工地称号。12月28日，主体结构封顶。

【教工住宅工程施工任务圆满完成】 2011年8月底，教工住宅工程按计划完成了二次结构施工、室内外结构装修、设备安装、小区道路、污水、雨水、自来水、中水、天然气、电力、安防、消防、景观绿化等各项施工内容，进入收尾验收阶段。

【教工住宅集中装修工作基本完成】 学校组织对教工住宅进行集中装修。2011年3～6月，组织教工住宅精装修方案比选。6月确定教工住宅精装修设计方案。8月31日完成教工住宅精装修工程样板间施工。9月9日教工住宅精装修工程正式施工。春节前，完成全部装修工作。

【校园东侧土地征用及拆迁工作】 校园东侧土地征地拆迁工作进展顺利，截止2011年底，已完成20户三角地拆迁户的拆迁工作，拆除房屋面积约4600平方米，已完成应拆除面积的82%。同时，学校积极推动海淀区政府加快静淑苑路道路修建工作，静淑苑路除部分管线入地还未完成外，各项工作都基本完成，极大改善了校园周边的环境和出行条件。

【北林附小抗震加固工程圆满完成】 暑假期间，基建房产处承担了北林附小抗震加固任务。该工程从决定启动到要求完成不足4个月，时间紧、任务重，基建房产处专门抽出人员组成工作班子，积极协调相关单位，通过一个暑假的努力，该工程在8月底按时完成了全部施工内容，确保了小学的正常开学。9月1日，北京林业大学附属小学加固工程完成竣工验收。

【工程档案及统计工作】 完成2011年基本建设投资计划及教育部、北京市统计局基本建设月报工作。

【房地产管理】 本年度办理腾退住房房屋所有权证421户；协助65位教职工办理住房贷款；安排新教工住宿58人；发放住房补贴1117万元；发放供暖费和物业费共计1 133 410元。

总务管理

【概　况】 总务与产业管理处成立于1998年，现有事业编制职工14人，非事业编制职工26人。下设管理科、节能办公室和环境科，主要工作内容有节能管理、校园环境建设、校园维修、办公用房管理等，代表学校作为甲方负责监督管理综合服务公司的工作。

2011 年总务工作主要围绕校园环境改造、基础设施维修、日常能源管理、办公用房调整、校园绿化美化等内容开展，继续推进节约型校园建设，为学校师生员工提供安全舒适的工作和学习环境。配合学校招标领导小组，做好学校修缮招标组织工作。（许红芹 崔建国）

【节能工作】 制定学校能源管理规划及节能技改方案，管理监督能源使用及其运载设备、设施的运行，做好能源数据统计分析以及水电暖费用的收缴。

2011 年，全校年用水量 90.9 万吨，支付水费 369.7 万元；年用电量 2185 万度，支付电费 1063.6 万元；年用天然气 537.5 万立方米，支付燃气费 1186.7 万元。2011 年收回学生宿舍、经营性单位等水电费 335.7 万元。

准确把握国家和北京市节能政策支持，争取各种节能经费，节约办学经费。5～6 月，争取住建部、财政部节能监测平台经费，申报经费 1000 万元；7～8 月，争取海淀区居民供暖补贴，补贴资金已到账 110 万元。

持续推进绿色照明工程，国管局补贴 5 万支 T5 灯管转换支架全部到位，6～9 月基本完成学生宿舍的灯管更换。节电率高达 50%，预计每年可节电 219 万度。

3 月，完成校内建筑避雷检测工作。

5 月，完成配电室高压设备检测，保障全校用电需求。

6～10 月，对学校中央空调自动控制系统进行调研，完成图书馆中央空调自动化节能控制系统的课题研究，论证后实践。

7～8 月，完成对森工楼、基础楼的电力增容改造，满足了各楼的用电需求。

7～8 月，完成学 11、12 号楼浴室混水系统的改造。

8～12 月，完成了柏儒苑小区高压供电改造工程；完成了对经营性单位用电、用水计量表的更新换代工作，避免了学校水电资源的浪费和流失。

6～11 月，对供暖管网进行维护，实施供暖维修 10 余项；对燃烧机、锅炉重点设备进行专业维护测试；对板式换热器进行清洗维护。同时，加强对供暖智能化节能系统的管理，强化培养专业操作人员，对供暖智能设备及网络通讯进行全面检修、校正，对分时分温系统进行深入分析，合理制定各楼每天各个时段的供暖温度，提高节能效果。

配合柏儒苑二期工程进度，调整苗圃锅炉房供暖运行方案，保障工程顺利进行。

完成校外小区 12 万平方米的供暖收费任务，收费率达 93.84%，远高于北京市 70% 的平均收费率。（满 达 崔建国）

【校园环境建设工作】 负责全校绿化美化、校园公共区域的卫生保洁、垃圾清运，承担全校 19 万平方米的绿化养护、11.7 万平方米的室外保洁和 1.2 万平方米的室内保洁任务。

绿化美化工作 2011 年，完成校园绿地基础养护、春季补植工作。补植草坪约 4000 平方米，绿篱 450 延米，种植宿根花卉 180 平方米，乔灌木 150 余株，引种天目琼花、地被菊、猥实、八宝景天、红狼尾草等多个新品种植物，保证了校园绿地的完整性和绿化景点的美观性。

设计制作建党 90 周年、欢送毕业生主题花坛、迎新花坛、国庆花坛及迎接教育部巡检花坛的设计和摆放工作。

完成北林校园绿地信息管理系统建设工作，信息管理系统的应用确实提高了学校绿化管理工作的效率和管理水平，为校园的植物配植、绿地改造、景观规划等提供了翔实的依据和科学的指导。

3～7 月，完成了综合楼东侧温室的搬迁及 3600 平方米绿地建造工程，与综合楼前的小广场相连接，形成学校办公区一片美观实用的中心绿化带。

7 月，完成倒伏树木的处理、危险树木的支撑、冬季树木的防寒保护工程，对枯枝、断枝、危险枝进行了全面清理，对长势倾斜的树木进行了支撑。

7～8 月，对学生宿舍区绿地进行改造，施工改造面积约 14 500 平方米，扩宽了学生 5 号楼南侧学生健身用地，取缔了学生 2 号、3 号楼前自行车棚拆除后遗留下的地基，铺设汀步更新路牙 220 米。

做好美国白蛾第三代幼虫的防治工作，防止其地下越冬。

2011 年，学校被评为“海淀区绿化美化先进单位”，1 人被评为“海淀区绿化美化先进个人”。

环境卫生工作 分区划片责任到人，随时检查，全天保洁。对学生食堂、公寓等重点部位，加强日常管理与检查，杜绝乱贴乱画现象。

完成垃圾房迁址重建工程，由原来的半开放式变成了全封闭式的管理。

完成教育部和卫生部联合下发的各高校创建“无烟校园”的文件要求，制定了我校的控烟管理规章制度，张贴宣传海报，在上级部门对我校进行的中期和年终两次控烟工作检查中，都取得了较高的评分。

迎接教育部巡检，与保卫处共同完成学校西南门环境卫生整治工作和校内小广告的清除工作，同时在显著位置摆放鲜花绿植，确保校园环境卫生无死角。

结合季节特点适时开展夏季灭杀蚊蝇、秋季清理绿地、冬春季扫雪铲冰等工作，并长期进行小广告清理、爱国卫生宣传等专项工作。

（王　谦　崔建国）

【校园维修】 负责全校公共设施、设备的运行和日常维护。制定学校全年重点维修项目计划及相关工程的实施安排，根据《北京林业大学维修改造实施管理办法》《北京林业大学维修项目实施细则》《北京林业大学修缮和服务采购招投标实施细则》，完成了维修工程项目的方案论证、可行性分析、经费预算与结算、重点工程的招标、质量管理与监督验收等工作。

实施重点改造工程，提升办学硬件条件。完成了百福隆实验中心改造建设工程，增加教学科研实验室面积约 1600 平方米；图书馆前厅改造工程竣工；对林大附小学生休息室进行危墙改造，彻底消除了墙体倾斜的隐患问题；改造党委宣传栏，从根本上解决了玻璃易碎伤人、漏电、灯光暗淡等问题；对学生 9 号楼进行了维修改造，维修改造面积 8212 平方米；对篮排球场胶皮地面、足球场地人工草坪实施了翻新改造工程；开展二教报告厅维修改造工程；对学校东墙施工和六道口下水实施维修改造工程，确保了学研大厦工程的顺利进行。

完成 2012 年校庆维修方案的起草和论证工作。

作为招标组长单位，先后组织召开学校篮排球场和足球场地翻新改造工程、柏儒苑接入校园网、教师信息系统项目的招标会，因准备充分，组织严密，招标效果良好。

随着对散修工作范围和设备维修要求的不断提高，部门代表学校重新修订了与综合服务公司的日常散修合同，进一步明确了职责范围，重点抓好报修体系的落实，确保报修渠道畅通，提高维修质量和服务水平。（李　庆　崔建国）

【办公用房管理】 负责全校办公、教学、试验、科研用房使用的规划、调配。

2011 年，随着“学研大厦”的兴建，学校成立了以主管校长为组长的公用房工作小组，制定学研大厦及全校公用房的调研、调整方案，力争实现学校提出的“一院、一地、一文化”的理念。录入核对全校公用房信息，绘制全校公用房 CAD 电子图，调研国内部分高校公用房管理办法，制定公用房定额测算模式和标准，制定《北京林业大学公用房管理条例》（草案）；建立了全校公用房管理系统，实现公用房管理信息化、网络化，重新打造我校公用房配置格局，是公用房管理理念和管理方法的改革。

（王　毅　崔建国）

产业管理

【概　况】 北京林业大学经营性产业组成，主要包括北京林业大学资产经营有限公司、北京林业大学林业科技股份有限公司、北林宾馆、北林印刷厂、京林加油站、北林科技园有限公司、林和物业有限公司共 8 家企业。

2011 年，产业规范化建设工作推向纵深。通过完善法人治理机构、优化管理模式、获取竞争优势，强化风险管控，加强对外合作，着力打造产学研合作发展平台，帮助子公司北林科技园股份有限公司完善了孵化运行机制，采取“创投+孵化”的机制，设立500万元创投基金。

2011年对校属企业实施规范化管理，逐步建立了一整套与市场经济运行规律相适应的基础规章制度，用制度来指导和监控所投资公司的经营行为。资产公司逐步建立并完善所投资企业方方面面的规章，出台一系列涉及公司投资决策管理、资产管理、财务管理和人力资源管理等方面的制度。

校办产业核心科技企业北京林业大学林业科技股份有限公司2011年总收入6.5亿元，同比增长34.3%；净利润4500万元，同比增长13.57%。

北京林业大学资产经营有限公司2011年总收入6.6亿元，同比增长31.74%，上交学校利润1600万元。

【科技产业管理】 2011年校办产业继续完善产业管理体系建设，规范治理结构，强化制度建设，截止到2011年底，校办产业取得了稳固发展，实现总产值6.6亿元。

2011年北京林业大学资产经营有限公司制定了《北京林业大学资产经营有限公司控股公司总经理考核指导意见(试行)》《北京林业大学资产经营有限公司控股公司薪酬管理指导意见》《北京林业大学资产经营有限公司合同管理办法》《北京林业大学资产经营有限公司派出人员管理办法》等规定；为了有效控制成本，预防腐败行为的滋生，资产公司还下发了《关于严格控制公费旅游行为及费用的通知》。

2011年7月，北京市政府与北林科技园签约中关村科学城第三批建设项目——“北京林业大学生态环保产业技术研究院”，项目签约成立。产业技术研究院作为北京市与北京林业大学共建的研发机构，以学校为主体，实行校市共建、企业化运作，为我校搭建市校合作平台。

2011年，北林科技园加大基本建设项目的投资力度，国家花卉工程中心、北京林业大学生态环保产业技术研究院、中关村碳汇研究院、科技园博士后流动站相继迁入科技园，对提升科技园的综合实力起到支撑作用。

2011年，北林科技园与北京林业大学围绕产学研合作，签订10年产学研合作协议，推动制定《北京林业大学科技成果转化管理办法(试行)》。2011年，北林科技园为园区企业争取政府扶持资金100余万元，协助园区企业成功申请成立博士后流动站、北京市工程技术中心。推动大学生科技创业实习基地建设，引进大学生创业团队10个，成功注册6家企业。2011年，北林科技园不断加强园区的管理工作，改善服务环境。积极探索“创投+孵化”发展模式，逐步建立和完善孵化服务平台、信息服务平台、投融资服务平台和培训服务平台等科技创新服务平台，促进入园企业、在孵企业的良性发展。

【北京林业大学资产经营有限公司】 北京林业大学资产经营有限公司(以下简称资产公司)，是北京林业大学校办产业的管理单位，资产公司代表学校行使校办产业管理职能，主要有学校经营性资产和对外投资股权的经营、管理；科技成果的转移、转化及产业化；为学校教学、科研工作提供配套服务。公司经营范围为资产公司拥有的国有资本、股权的经营和管理，包括划入资产公司的经营性资产和对外投资股权的经营和管理。资产公司于2007年9月17日成立，注册资本3000万元。

2011年，资产公司坚持以“规范管理、科学发展”为指导方针，紧紧围绕学校重点工作，稳定发展、开拓创新，完成2010年制定的各项工作任务。2011年资产公司总收入6.6亿元，同比增长31.74%；净利润4600万元，同比增长13.46%；资产总额达到4.72亿元，同比增长30.03%；上交学校利润1600万元。

2011年，顺利完成董事会、监事会的换届工作。北京林业大学派出5名成员组成董事会；派出2名监事，连同职工监事共3名监事组成监事会。完善股东会、董事会、监事会“三会”为代表的企业法人治理结构。形成各负其责、协调运转、有效制衡、机制灵活的管理体系，建立科学、民主的决策程序和有效的激励、监督、约束机制。

2011年，资产公司的子公司北京林和物业管理有限公司完善组织机构，设置3个部门，分别为综合管理部、品质客服部、安保工程部，并逐步建立起物业管理和服务标准以及经营目标考核标准，形成服务质量评价体系和激励机制，提升物业服务质量，打造物业服务公司新形象。

2011年底，物业服务公司接管柏儒苑二期物业服务项目，并成立柏儒苑项目部。截至2011年底，物业服务面积近20万平方米，供暖面积18.4万平方米，物业员工近150人。

2011年，北林宾馆、北林印刷厂、京林加油站经营状况平稳提升，其中宾馆顺利完成学校多项重点接待任务。

【北京林业大学林业科技股份有限公司】 北京林业大学林业科技股份有限公司(以下简称北林科技)是以北京林业大学作为主要发起人的高科技股份公司，拥有住房和城乡建设部核发的城市园林绿化一级施工资质，控股子公司北京北林地景园林规划设计有限责任公司和深圳北林苑景观及建筑规划设计有限责任公司均获风景园林甲级工程设计资质。北林科技获得了国家高新技术企业资格认证，是北京市工商局和园林局核准的守信企业，具有进出口权，拥有科研成果专利授权48项，植物新品种权6项。

北林科技主营业务涉及园林绿化工程施工与养护管理、园林规划设计；建设项目环境影响评价；高中档盆花、花卉与盆景、花卉种苗(种球)生产与销售、花卉装饰服务；提供园林绿化与造林优质树种、种苗、各类草种、花种、园艺资材；进出口代理服务、技术培训与咨询服务等。

2011年，北林科技营业收入达到6.5亿元，上缴国家税收2500万元。公司社会影响力不断增强，入选北京市信用企业名录和中关村重点创新企业名录；进入了中关村高成长企业100强和德勤亚太地区高成长企业500强；同时还被评为中关村最受媒体关注企业。2011年顺利通过科技部火炬计划国家重点高新技术企业资格认证和中关村“十百千工程”第二批重点培育企业评审。

2011年，由北林科技施工的“北京理工大学良乡校区北湖景观工程”和“西山华府园林景观工程”两项工程项目获得中国风景园林学会优秀园林工程2011年度金奖；“静水园A1区居住项目首开区园林绿化及景观工程”等3项工程项目同时获得了“北京市2011年度园林绿化优质工程”奖。中南海警卫局等保密级项目得到国家有关单位的高度认可。

2010~2011年，公司获得了中关村科技园海淀园区“重大科技成果转化一次性奖励”“海淀区促进产学研合作专项资金”海淀区“科技型企业科技创新项目基本计划”等项目资金300多万元。由北林科技撰写的产学研结合典型案例成功入选教育部的《全国高校产学研结合优秀案例集》。2011年，公司向北京市科学技术委员会申报了园林植物技术工程研究中心，已通过初审。

公司积极拓展京外市场，截至2011年底，公司已经签订合同正在施工或即将签订合同的京外项目涉及山西、山东、河北、陕西、天津、辽宁、重庆、海南等省市，为了进一步拓展当地市场及项目管理的需要，公司将在上述省市陆续建设分公司。（徐 军 蔡 飞）

后勤服务

【概　况】 后勤服务总公司成立于2000年5月，职责是为学校提供安全高效的餐饮、学生公寓、幼教、超市等后勤保障服务，实行主管校长领导下的总经理负责制，按照事企分开、两权分离、产权明晰、权责明确原则，实行公益性全成本服务，下设行政部、财务部2个部，饮食服务中心、学生公寓中心、幼儿园3个中心，拥有固定资产949万元(不含房屋建筑和公寓家具)，共有正式职工27人，退休返聘职工5人，劳务派遣本科生5人，合同工487人(包括合作经营餐厅员工160人)，其中大学学历21人、大专学历26人；正高职1人、副高职2人、中职13人；中共党员20人。2011年后勤服务总公司主要集中精力做好日常管理服务工作，为全校2万多名师生提供了优质的后勤服务；完善管理平台，加强了公司制度建设，ISO9001质量管理体系升级换版和公司新版制度汇编顺利完成；开展全员技术、技能、文明、礼仪、安全等全方位培训，加强队伍建设；全面实施安全工程，确保了学校后勤的平稳运行；坚持民主沟通，开展多种形式的师生沟通、交流会议；举办评选先进员工、十佳菜肴等特色活动，构建了和谐后勤；推进公司廉政建设，坚持“三重一大”、企务公开、联合采购，实行透明管理；积极应对物价上涨，动用积累，通过高效管理内化成本上涨压力，确保了食堂价格基本稳定；保持大力投入，积极改善后勤服务条件。（邓桂林　赵相华）

【管理工作】

管理平台　完成内部审核和管理评审，通过中安质环认证中心监督审核，根据 ISO9001：2008 版标准，修改升级为 D 版 ISO9001 质量管理体系文件，通过海淀区卫生局卫生 A 级量化复验评级；通过一级一类幼儿园复检验收。

改善条件　2011 年公司共投入 200 多万元改善后勤服务条件，其中饮食服务中心投入近 160 万元用于为学生一食堂、莘园餐厅、沁园餐厅更换食堂防火墙体，利用暑期对所有食堂地面、墙砖、西区食堂后通道等进行全面维修；更新部分灶具、炊事机械、工具；增加食堂抽排油烟系统前端水循环净化油烟处理装置；购置客货车 1 辆，对北区员工宿舍进行电路改造，更换电缆，安装磁卡电表，与社会户分开使用；幼儿园投入 35 万元用于添置大型玩具、添置部分炊具设备、更新食堂抽油烟机设备、铺设人造草坪及塑胶地面等。学生公寓投入 9.2 万元用于学生宿舍楼电梯维修保养。

队伍建设　继续利用多种形式开展劳动法规、ISO9001 标准 D 版、职业道德、文明礼仪、消防安全、业务技能及饮食卫生知识等培训；饮食服务中心举办为期一周的暑期炊事技能培训班，110 人参加；举办第十一届炊事技术等级考核暨全员烹饪大赛，共有 114 人次参加(其中合作经营餐厅 16 人)；自筹资金 116.8 万元为合同工缴纳养老、失业、工伤、医疗等社会保险。

民主管理　定期召开例会听取学生对后勤服务的意见和建议，安排专人每日浏览校园网络论坛，及时回复帖子，定期编辑“伙食简报”“公寓简报”，宣传后勤工作，参加学校及各院系的学代会解答有关提案，与校学生会联合举办 3000 多名学生积极参与的第六届饮食文化节和第五届学生烹饪大赛，由学生评选文明食堂、十佳炊事员、十佳菜肴，邀请学生参加伙食原材料招标采购，食堂聘任学生值班经理以便于监督和沟通，与学生处联合举办第十届公寓文化节系列活动，举办“物业生活我体验”“评选优秀保安员”“评选最有人气电梯司机”“评选最佳管理员”等系列活动，通过问卷调查、教学观摩、家教宣传栏、家园联系册、飞信短信平台等方式，加强与幼儿家长的信息交流和沟通，2011 年公司共向学生发放 4400 份调查问卷主动征求意见和建议，后勤服务满意率达到 89.33%。

党建工作　后勤直属党支部共有党员 20 人，完成北京高校党员年终统计，通过听报告、讲党课、看光盘、召开专题会议等形式对干部员工加强廉政教育及职业道德教育，提高廉洁自律意识和拒腐防变能力，与实体负责人签订“廉政建设责任书”。党支部积极开展特色活动，组织全体党员参观金路易速冻食品有限公司，了解速冻食品的原料处理、加工流程、质量控制、运输控制等环节，促进广大党员对工作行业情况的了解，丰富专业知识。（邓桂林　赵相华）

【饮食服务中心】　饮食服务中心负责全校师生的餐饮保障工作，下设办公室、采购部、维修部、总库房、微机室 5 个部门和学生一食堂、学生二食堂、学生三食堂、清真食堂、呱呱餐厅、沁园餐厅、莘园餐厅 7 个食堂餐厅以及超市，拥有员工 345 人，其中学校编制正式工 11 人、劳务派遣职工 4 人、退休返聘职工 3 人、中心所属合同工 167 人、合作经营餐厅员工 160 人；高级技师 1 人、技师 6 人；高级厨师 60 人、中级厨师 50 人，全年营业收入 4200 万元，承担全校 2 万名师生员工的餐饮服务。

稳定伙食价格　继续贯彻实行精简高效、强化管理、节能降耗、严格核算、品种调剂、合理用工等措施，坚持倒挂成本补贴办伙举措，顾全大局，动用往年积累补贴 200 万元，以保持饭菜价格基本稳定。

联合采购　组织学校伙食原材料采购小组参加第 13、14 届北京高校伙食原材料联采活动，认真开展 3 次单品种“二次招标”工作，按照“质量第一、价格第二、安全卫生一票否决”的原则，全年共签订1600万元的办伙物资采购合同。

烹饪大赛 2011年11月举办第十一届炊事技术等级考核暨全员烹饪大赛，共有114人次参加(其中合作经营餐厅16人)，比赛项目包括主食、副食、冷荤、切菜，王丽、马增贺、赵智勇等23人分获主食、炒菜、切菜一、二、三等奖，考核成绩与员工岗位、报酬挂钩。

改善服务条件 全年投入160万元维护电子监控系统并增加容量，检修灭火器材，购置客货两用面包车，为学生一食堂、莘园餐厅、沁园餐厅更换防火墙体，修补所有彩钢板用房屋顶和踢脚线，全面更换学生二食堂灯具，暑期维修所有食堂的地面、墙砖、墙面等基础设施，全面更换呱呱餐厅的灶具并增加前端水循环净化处理和抽油烟装置，更新食堂室内外抽油烟装置，修补地下室通道斜坡，修补西区食堂大楼后通道，维修更新部分炊事机械、工具用具，全面改造员工宿舍的电路。

社会工作 主持北京市伙食专业委员会工作，组织全市食品卫生安全专项检查2次。拟定《北京高校学生食堂成本核算标准》，起草《北京高校引入社会餐饮准入、日常管理和退出制度》，对全国办伙原材料价格、人工成本、补贴政策等做全面调研，为教育部和北京市教委提供数据和信息支持，为政府制定伙食政策提供参考，促进了北京市生均20元/月(共计6个月)伙食补贴政策的及时出台。开展标准化食堂建设工作及行业培训，为北京联合大学生物化学工程学院、北京财贸职业学院、北京石油化工学院新建食堂的图纸设计及食堂改造提供咨询和服务；为郑州市20多所高校、北京师范大学、北京航空航天大学、北京伙食专业委员会第四协作组14所高校等做伙食管理改革培训7场；为北京市各区县教委中小学校长进行食堂食品卫生管理培训。 (刘　鹤　赵相华)

【学生公寓中心】 学生公寓中心下设办公室、质量监督检查部、东区公寓管理部、西区公寓管理部，负责管理学校11座本科生和研究生公寓，总建筑面积15.5万平方米，承担了17 300名住宿学生的物业管理和服务工作。拥有员工123人，其中正式工5人、合同制及劳务人员118人。组建了4支管理服务队伍，即管理员(包括值班员)、保洁员、电梯司机、消防中控员队伍。

日常管理 学生公寓7号楼物业于2011年1月起划归后勤总公司学生公寓中心管理，一、三、四教学楼物业划归北京林和物业管理有限公司管理；根据工作需要，中心在原有基础上增加了一名中心副主任，学生7号公寓楼组建了一支由管理员、电梯司机、保洁员组成的员工队伍；依法提高了全体员工工资待遇、加班工资及社会保险水平；增加了骨干员工餐费补贴，提高了各工种班长津贴费。

安全工作 层层签订安全责任书；学生1号、2号、4号、5号、6号、8号、9号公寓楼公共区域安装了视频监控系统，学生公寓楼均安装了门禁系统，学生11号、12号公寓楼12部电梯轿厢内安装了视频监控和可视对讲系统；对学生公寓公共区域3864个灭火器、学生宿舍3180个灭火器进行了检修，并配备灭火器箱，学生11号、12号公寓楼更换应急灯168个、安全出口指示灯396个；对学生7号公寓楼全部消防水带进行更新，共计222条；学生12号公寓楼3号梯更换了钢丝绳、2号梯更换了曳引机轴承；重新与三菱电梯公司和东芝电梯公司续签了2年的电梯维护保养合同；配合海淀区特种设备检验所对学生公寓所属22台电梯进行了年检并取得了年检合格证书；全年各楼巡查总计13 800次，排查可疑人员75人，发现推销人员18人次，纠正违章用电358起，及时制止学生因打架、酗酒等引起的群发事件30起，及时发现并有效处置烟头和烧纸引发的火情21起，将火情消灭在萌芽状态；由值班员及时发现并立即通知相关部门领导，成功处置了1起学生跳楼未遂事件。

ISO9001工作 学生公寓中心对ISO9001质量管理体系3层文件进行了修改和完善，由原来的C版文件升级为D版；4月通过了ISO9001质量管理体系2011年外部监督审核；11月份顺利完成了本年度的体系内部审核工作。

员工培训 4月组织全体员工观看了“高层学生公寓防火知识”的视频讲座，并进行了全员消防安全知识试卷考核和灭火器实际操作演练；5月组织员工参加了后勤服务总公司举办的消防安全知识及灭火器使用技巧的培训，并进行了灭火器实际操作演练；10月请保卫处副处长对全体员工进行了"学生公寓预防火灾、火场疏散和逃生及学生公寓应对突发事件应如何有效处置"的专题讲座；11月组织员工参加了学校举办的"11·9消防日"消防安全知识讲座，并参与了灭火器实际操作技能培训；12名值班员和消防中控员参加了北京市专门为学校举办的消防中控培训学习，并取得消防中控证；4名新上岗电梯司机参加了北京市特种设备监督检验所举办的电梯相关知识和实际操作培训，并取得了北京市特种设备上岗证书。

维修工作 配合总务处对学生11号、12号公寓楼楼顶防水和防雷护栏进行大修改造；协助做好学生9号公寓楼的大修改造(包括房间内外粉刷、厕所和水房整体改造等)、学生7号公寓楼1~6层墙面的粉刷工作；协助做好学生7号公寓楼1~6层及学生9号公寓楼宿舍家具的调换和配备工作；做好大修后的宿舍内外保洁、钥匙的配备等工作；与维修中心配合做好本年度学生公寓的小型维修工作。

沟通工作 参加学代会、每周公寓例会、辅导员座谈会、学生自律委员会有关会议；通过网络、顾客满意度调查了解学生需求，关注学生动态；购置微波炉，补充各楼爱心雨伞，购置宣传板；与学生处公寓办共同举办"公寓文化节"系列活动，举办"物业生活我体验""评选优秀保安员""评选最有人气电梯司机""评选最佳管理员"等活动。

迎新送旧 完成3000多名毕业生离校和3000多名新生的迎新工作，共计清扫毕业生宿舍1228间，清洗电扇3000台，收发钥匙14 700把；配合学校做好学生4号、6号、7号、8号、9号、11号、12号公寓楼2100名学生宿舍调换和搬家工作。 （李慧丽 赵相华）

【幼儿园】 幼儿园负责全校教职工二代、三代幼儿的保教工作。现有教职工52人，其中正式工9人、人事派遣员工1人、合同工42人；区级骨干教师2人，带班教师中90%为大专学历。现有10个教学班，在园幼儿352人。

2011年，投入近12万元将幼儿园操场改造为塑胶场地，对院墙重新设计粉刷；投资5万元添置户外大型玩具及活动室玩具；增添各类办公设备共计4万余元；购置钢琴、空调等共计3万余元。投资3万余元开发试运行食堂采购物资和出入库管理系统。10月份开展教师技能技巧大赛，全园共39人次参加，比赛项目包括儿歌、手指游戏、唱歌、歌舞表演4项，大赛成绩与奖惩挂钩。多次召开教职工安全知识培训会议，开展安全知识竞赛，组织全园进行防火演练；购买儿童安全教育书籍，加强幼儿安全教育，定期对大型玩具进行保养维修。结合"六一"儿童节，托小班召开了亲子运动会；中大班开展家长与幼儿汇操比赛活动。顺利举行大班毕业典礼，完成大班幼儿离园工作。完成托小班招生编班及人员配备工作。通过北京市一级一类幼儿园复检验收工作及食堂卫生等级B级单位验收。

（王 春 赵相华）

【获奖情况】 后勤服务总公司被中国高等教育学会后勤管理分会评为后勤社会化十年改革先进集体，同时被北京高等教育学会后勤管理研究会评为后勤社会化十年改革先进集体，后勤直属党支部被市教委评为北京高校后勤先进党组织，被学校评为先进党支部，幼儿园被市教委评为先进幼儿园，后勤团支部被团市委评为优秀团支部，饮食服务中心被学校授予"突出贡献先进单位"称号，2人被市教委评为北京高校后勤思想政治工作先进个人，1人被市教委评为先进商贸工作者，2人被市教委评为北京高校后勤幼儿园工作先进个人，1人被市教委评为"北京市第二届辛勤育苗优秀学前教育工作者"，2人被海淀区教委评为"2011年海淀区青年先进教育工作者"，2人被团市委评为优秀团干部，刘子怡、江红被评为优秀团员。 （邓桂林 赵相华）

综合服务

【概　况】 综合服务公司是学校下属独立核算的后勤服务机构，下设日常维修、修缮工程、茶浴供暖、交通服务4个中心。公司按照企业化模式运作，接受学校委托的服务事项，完成工作任务，达到相应的服务标准或工作要求。

主要负责学校委托的房屋、机电设备、道路、照明、供水供电系统、排水排污系统、供暖系统等维护保养及小修；校内重点修缮工程；学生及部分员工的洗澡、开水供应；冬季采暖；交通服务；毕业生行李发送；新生行李接取发放；寒、暑假学生火车票团购以及完成学校交办的其他工作。

公司现有职工41人，其中在编职工18人、非在编员工23人；副高级职称1人，中级职称1人，技师3人；大学学历3人，大专学历4人，中专学历1人；中共党员5人。

2011年，公司在保证学校基础设施、设备正常运行的前提下，还完成了学生7号楼粉刷工程、百福隆实验室改造工程、学生9号楼大修工程、基础楼和森工楼电缆及配电设备更新工程、新建垃圾站工程等多项重点修缮工程，共投资800余万元。（潘洁忱　赵桂梅）

【队伍建设】 公司重视队伍建设与人才培养。适时安排各类学习、培训。电工、司炉工、水质化验等特殊工种全部具备相应资质，每年参加审验。非在编的23名员工全部签订了“无固定期劳动合同”。公司关注员工整体素质的提升，2011年邀请海淀交通大队及清河消防中队警官为全体员工进行交通安全及消防安全知识培训；3名员工继续参加本科学历学习；先后派出9人次参加专业单位举办的节能管理、物业管理等专业培训；共23人次参加电工、司炉工、水质化验等特殊工种资质培训及审验。

（潘洁忱　赵桂梅）

【党建与团群工作】 2011年6月发展2名积极分子加入党组织，成为预备党员。积极参与学校工会组织的各项活动，如双代会、工会主席培训班及各类文体活动。（潘洁忱　赵桂梅）

【荣誉与奖励】 2011年公司共获得校级以上奖励5次：获北京市交通安全先进单位；连续第七年获海淀高校交通安全先进单位；获北京市教委高校后勤先进接待单位；1人被评为海淀区高校优秀驾驶员；1人被授予北京林业大学巾帼标兵称号。（潘洁忱　赵桂梅）

【日常维修中心】 日常维修中心现有在编员工5人，非在编员工11人。主要负责合同范围内的295 172平方米校舍、水、电、暖设施、设备、道路、场院等的维护、维修；负责454 809平方米供暖设施维护小修，其中校内368 397平方米、校外86 511平方米。2011年，共完成日常维修任务10 000余个，派出人工约1.3万人次，总投入达100余万元。同时完成小型单项工程53项，其中学生7号楼盥洗室水龙头改造，解决了多年困扰的维修难问题。

市场化运作，降低运行成本 采取灵活的用工方式解决用工成本过高的问题，与社会上具有相应资质的工程公司合作，承接学校装饰装修工程；与大理石厂合作，专门维护校内的花岗岩路面等石材设施；使中心不必长期雇用专业人员，节省了用工成本。

中心充分发挥激励机制的作用，对一线员工实行多劳多得、优劳优酬的报酬模式，对所有维修任务均确定人工报酬，按劳付酬，极大地提高了员工的工作积极性，同时提高了维修及时率，减少了用工量。

抢险救急 2011年，本中心除完成正常的维修任务外，还在抢险救急方面为学校基础设施正常运行做出了贡献。7月图书馆西南角草坪，由于地下下水管道破裂，受到流水冲刷，地面出现10余平方米的塌陷坑。中心人员通过夜以继日的连续奋战，共挖掘土方、淤泥30余立方米，修复了断裂的管道和通讯线路，恢复了原有草坪。8月由于学校征地，东围墙外居民拆迁，施工中将下水主管道堵塞，校内多处污水流出，被堵的管井深达6米以上，并有一定浓度的沼气，井下约有2立方米的砖瓦砂石等施工渣土堵塞了水路，中心组织人力，冒雨连夜抢修，依靠人力从井下掏出了所有渣土，终于恢复了管线畅通。

（潘洁忱　赵桂梅）

【修缮工程中心】 修缮工程中心现有在编员工4人、兼职员工不定，主要负责学校重点修缮工程的施工方案设计、施工材料选购、施工队伍组织、施工现场管理、工程预结算等工作。2011年完成百福隆实验室改造工程、学生9号楼大修、茶浴室维修、基础楼和森工楼电缆及配电设备更新、新建垃圾站工程、校东侧围墙工程及主楼地下室维修粉刷等重点修缮工程共计十几项，投资760万元。（潘洁忱　赵桂梅）

【茶浴供暖中心】 茶浴供暖中心现有在编员工6人，非在编员工4人，保安1人。中心下辖茶浴室和供暖锅炉房2个部门，负责学校浴室管理、开水供应、冬季采暖、寒暑期学生火车票团购及新生行李接取、毕业生行李托运服务。

学校现有浴室3处，洗浴服务总面积1134平方米，共有喷头258个，服务对象为17 000多在校生和后勤职工。从2010年10月29日开始取消双休日休息，每周七天全部开浴。2011年共接待洗浴服务120多万人次，同时通过温控设备更新，解决了浴水忽冷忽热的问题；通过严格管理和检查，解决了浴室环境卫生质量不高的问题；通过延长开浴时间、调整男女浴室面积，缓解了浴室拥挤的问题。此外，对浴室进行了粉刷和设备维护。

2011～2012年度供暖季共供热144天，比上一年度多供12天。同时通过严格管理，节能工作再创佳绩，在去年基础上为学校节约能源费60多万元（去年节约170多万元）。

2011年寒暑假团购学生火车票7500多张，新生行李接取731件，毕业生行李托运2100件。

（潘洁忱　赵桂梅）

【交通服务中心】 交通服务中心是自主经营、自负盈亏的经济实体，为学校的教学、科研、行政及生活出行提供安全便捷的交通服务。现有在编员工3人，非在编员工7人；大、中、小型客车19辆；开通有回龙观、西三旗、亚运村3条班车线路4辆班车，开通教学实习、科考基地等30多条线路，2011年固定资产增加138万元，使固定资产合计达到799万元。

2011年共出动6133车次，安全行驶360 526万千米，送接师生268 656人次，其中接送教职员工上下班1616车次，计53 328人次；接送学生往返教学实习基地4212车次，计185 678人次；会议、迎新送旧、科研课题、生活用车等305车次，送接29 650人次，同时加强与海淀高校之间的交流与协作，实现资源共享、拓展市场、互利共赢，弥补了繁忙季节和高峰期时段用车的资源不足问题，满足了学校的用车需求，增加了经营效益。

2011年，中心自筹资金138万元，购置金旅牌大客车辆、别克商务车辆、奥德赛商务车辆，缓解了交通运力不足的问题，增加了学校优质固定资产，改善了服务条件和乘车环境。为规范服务，驾驶员特别配发了冬夏两季的工作服，以便统一着装，同时改善员工的劳动保护条件，提高了员工待遇。（潘洁忱　赵桂梅）

校友联络和教育基金会

【概　况】 校友工作办公室负责校友会和教育基金会工作，现有专职工作人员3名。校友会已成立15个地区校友会，11个学院也分别成立了北京校友会。2006年，开始编印校友简报，共编印15期；2009年更名为《北林校友》，共编印12期，向全国各地校友免费邮寄，至今已寄发20余万本。2007年建立校友会网站及校友数据库，我校8万余名毕业生信息，现已收集6万余名校友资料，并实现信息化管理。2009年，建立校友工作联络员制度，在毕业班设立班级、专业、学院和学校校友工作联络员，并每年召开毕业生校友工作联络员聘任大会。为加强学校与校友互动，2009年起，每两年召开一次校友工作会议，交流各地校友会工作开展情况及经验。北京林业大学教育基金会是2006年11月23日在北京市民政局注册的非公募基金会，注册资金

200万元。教育基金会为学校发展提供资源，围绕人才、教学、科研等学校中心工作，开展大量的奖学、助学、奖教、助教等公益慈善活动。基金会从2006年接收的5万元到2011年的910.61万元捐赠，累计收到捐赠收入、投资收益、利息收入和财政配比资金共计3118.01万元，其中捐赠收入、投资收益及利息收入总计2337.01万元，财政部、教育部配比资金781万元，总支出1273.78万元，受益人数5456人次。

【校友联络交流】 校友信息管理系统进一步完善，2011年校友会收到应届毕业生校友登记卡3790张，更新校友信息14 336条。2011年，校友会先后走访山西、辽宁、湖北、四川、新疆等省（区、市）校友，并成立贵州校友会和甘肃校友会。6月13日召开2011届毕业生校友工作联络员聘任仪式，聘任班级、专业、学院校友工作联络员共149名。6月18日，校友工作办公室特别设计制作毕业生纪念帽和纪念T恤，赠送2011届4300余名毕业生。12月15日，校友会联合关心下一代委员会、校团委，关心慰问北京延庆县的北京林业大学大学生“村官”，与大学生“村官”亲切交谈并向每一位“村官”赠送了价值200元的旅行箱。

【校友返校活动】 2011年，校友会共接待和服务了园林1960级、园林02-1班、木工1997级、林机1997级、园林1987级、林学1987级、园林1957级、信息1987级、水保1987级、硕士1998级等多个班级校友的返校聚会活动。6月7日，邀请木工1986级校友、清华大学签约教授薛宪明先生回校举行“精彩人生与职业素质修炼”主题报告讲座。2011年共收到校友捐赠书籍13本（册），牌匾1块。

【各地校友联谊会】 2011年2月19日，天津校友会举行新年联谊会。7月17日，贵州校友会成立，宋维明校长参加大会。11月12日，重庆校友会举行年会。12月10日，陕西校友会举行年会。12月18日，甘肃校友会成立。

【校友工作会议】 10月16日，2011年校友工作会议召开，来自全国20个地区的25位校友和14位学院代表参加会议。会议主题围绕促进地方校友会的成立、地方校友会工作的发展、为学校建校60周年及今后的发展献计献策等方面进行讨论。

【捐赠管理】 2011年共接受捐赠人民币8 881 926.25元，投资收益63 990.41元，利息收入160 148.20元，合计9 106 064.86元，财政部教育部资金配比3 530 000元，收入总计12 636 064.86元。设立各类奖助项目42个，发放奖助学金5 179 444.90元，资助学生2090人次。

【项目管理】 沈国舫森林培育奖励基金项目是沈国舫院士2009年捐出10万元作为启动资金设立的，重点奖励全国森林培育学科的优秀研究生，2011年收到捐款5万元。嘉汉林业（中国）投资有限公司捐赠11万元，用于新生专业特等奖学金，自2007年起累计捐款40万元。大学生就业扶助项目是华民慈善基金会的首推项目，旨在帮助家庭经济困难的大学生缓解就业中遇到的问题，2011年该项目资助100名学生，资助额度为每人4000元，2011年共到账41.60万元。家骐云龙奖学金是由北京千禧福临房地产开发有限公司2002年设立的，该奖学金每年出资10万元，奖励家庭困难、品学兼优的本科生，2011年共奖励20名学生，每人5000元，累计捐款120万元，资助200人次。海峡两岸林业敬业奖励基金由祁豫生先生于1995年设立，奖励林业行业知名专家和从业人员，已有16年历史，68人获得奖励，2011年祁豫生先生又捐赠25 000美元，折合人民币162 507.47元。2011年10月12日，召开海峡两岸林业敬业奖励基金颁奖仪式，5名林业工作者获奖，奖金每人3万元人民币。爱生助困基金主要资助罹患重病及遇突发事件的经济困难的在校生，该项目号召全体教职员工“捐出一天工资，奉献一片爱生情”，体现教师对学生的关心和关爱，自2007年设立以来的5年里，共收到捐款518 327.40元，5582人次参与捐款，2011年收到捐款70 216.40元，捐款人数850人。申宗圻木材奖是欧年华先生、杜庆平先生为纪念恩师对木材学科发展的成就设立的，主要奖励木材学科优秀论文作者，2011年申宗圻木材奖评选出10位获奖者。“我爱母校校友年度捐款”项目，2011年共有97位校友参与，共捐款27 051元，自2008年起至今累计有419人次参与，捐款总额93 925元。6月28日，安防运营服务(中国)有限公司、北京冠林盈科智能系统集成有限公司携手北京林业大学“助学·就业”成长计划捐资授牌仪式在北京林业大学举行，此次捐款10万元用于设立奖助学金，每人2500元，每年10人，资助4年，该公司已累计捐款18万元。9月19日举行丰华镇远攀登助学金捐赠仪式，北京丰华镇远生物医药科技有限公司为鼓励青年学生积极进取设立“丰华镇远攀登助学金”，为期10年，每年资助学生50人，每人资助额4000元，第一年20万元资助款已到账。11月13日，举行2011年中国扶贫基金会·恒大助学金颁发仪式，2011级的100名家庭经济困难学生每人获1500元资助，共计15万元；中国扶贫基金会的新长城项目2011年捐赠194 320元，资助103名在校贫困生，新长城项目累计资助289万元，资助学生1554人。11月23日，举行黄奕聪奖学金座谈会，黄奕聪奖学金旨在奖励优秀青年学生，为鼓励人们关心社会，关注和投身社会公益事业而设立。黄奕聪基金会苏蔷华秘书长、基金会王平秘书长及学生处相关人员参加座谈会，并为16位获奖者颁发证书，每人奖励4000元，黄奕聪基金会的第一笔捐赠10万元已到账。深圳市朝向体育管理有限公司自2004~2013年每年捐资10万元设立朝向奖学金，用于奖励品学兼优的本科生、研究生以及优秀的中青年教师，自2007年已累计捐款50万元。北京市慈善协会为让家庭困难学生顺利完成学业，秉承“雪中送炭”和“与政府救助政策相衔接”的原则，设立“爱心成就未来”助学项目，2011年捐资30万元。北京北林丽景生态环境规划设计院有限公司捐资10.20万元，设立科技创新奖学金，用于奖励水保学院品学兼优的本科生和研究生。北京中林地信科技开发有限公司捐资10万元，设立小明奖学金，用于奖励信息学院及林学院品学兼优的硕士和博士研究生。

【新设项目】

家骐云龙青年教师教学优秀奖 为鼓励学校青年教师在教学和教学研究工作中做出优异成绩，杨云龙捐资80万元设立“家骐云龙青年教师教学优秀奖”项目。根据《家骐云龙青年教师教学优秀奖管理办法》，18名教师获“家骐云龙青年教师教学优秀奖”，2011年9月9日举行颁奖活动，每人奖励人民币6000元。

经管学院英才计划 校友梁明武出资50万元设立北京林业大学经管学院英才计划，旨在营造学术氛围，提倡学术健身，厚实学术基础，鼓励学术创新，凝聚学术智慧，激发学术活力，培育学术精英，造就学术大师，传播学术力量，提升学术水平。内容包括4个建设工程：创新团队工程、出版工程、奖励工程、论坛工程。

董乃钧林人奖励基金 由北京林业大学森林经营管理学科、山东东营三明林业发展股份有限公司、四川博源生态林业开发有限公司、北京地林伟业信息技术有限责任公司4家单位联合发起设立我国首个以奖励优秀林业工作者、促进森林可持续经营管理为宗旨的公益项目“董乃钧林人奖励基金”，10月9日，举行“董乃钧林人奖励基金”项目揭牌仪式，该基金已到账23万元。

北林绿色发展基金 2011年10月16日，中国绿化基金会和北京林业大学教育基金会联合设立的“中国绿化基金会－北林绿色发展基金”正式启动。“北林绿色发展基金”旨在动员海内外社会力量关注林业高等教育事业，捐赠善款支持北京林业大学开展教育科研平台建设、青年教师科研支持计划、绿色人才培养及发展、开展国内外学术研讨交流活动等公益项目，为中国的高等教育特别是林业高等教育做出努力。

关君蔚奖励基金 该基金由水土保持学院的校友刘振国、张孝林、赵方莹3人协商共同出资设立，纪念关君蔚院士对水保事业的贡献，主要奖励热爱水土保持事业、工作勤奋、并做出重要贡献的水土保持教育工作者和科技人员及品学兼优的本科生、研究生。刘振国捐赠50万元作为关君蔚奖励基金的第一笔捐款已到账。

弘通校园文化发展基金 2011年12月25日，北京弘通万众文化传播有限公司在经管学院设立北京林业大学弘通校园文化发展基金项目，资助校园文化建设，推动校园文化创新，扶植校园文化人才，促进高校之间、高校与社会之间的文化交流，致力于北京林业大学及其他高校校园文化的繁荣发展。该基金一次性捐赠50万元已全部到账。

【税收优惠政策】

非营利组织免税资格 2011年3月31日，由北京市财政局、北京市国家税务局、北京市地方税务局联合下发的京财税[2011]462号文件，《关于公布北京市2008、2009年度获得非营利组织免税资格的单位名单(第四批)的通知》，教育基金会获得免税资格认证，有效期5年。

公益捐赠税前扣除资格 5月18日，北京市财政局、北京市国家税务局、北京市地方税务局、北京市民政局联合下发京财税[2011]810号文件，《关于公布北京市2010年度获得公益性捐赠税前扣除资格的公益性社会团体名单的通知》，教育基金会获得2010年度公益性捐赠税前扣除资格。

【资金配比】 教育部、财政部对高校基金会募集资金10万元以上捐赠项目进行资金配比，2011年教育基金会获配比资金353万元。

【学习交流】 校友会参加厦门大学90周年校庆活动、长安大学60年校庆活动、辽宁林业职业技术学院60年校庆活动、清华大学主办的北京地区高校校友会交流活动。7月20日，校友会参加由耶鲁全球校友领导交流项目和耶鲁大学校友会主办的“世界校友峰会——为了和谐世界”活动。11月30日~12月2日，参加在成都举行的校友工作研究分会第18次工作研讨大会。11月2~4日，本校教育基金会派代表参加在安徽大学召开的中国高等教育学会教育基金工作研究分会第13次年会，国内外129家高校、政府机构、学会代表共240余人参会。11月24日，基金会王平秘书长参加在北京大学召开的第三届非公募基金会论坛。 （李永花 王 平）

高教研究

【概 况】 北京林业大学高教研究室创建于1988年，1993年在此基础上成立原林业部高等教育研究中心，1999年由于学校机构调整，中心与学校编辑部合并，成立北京林业大学教育发展研究中心。2001年恢复独立建制。中心现有成员7名，其中研究人员5名。

研究中心的主要工作职责是承担教育部、国家林业局和学校等有关部门的教育科研项目；承担教育经济与行政管理教学任务；编辑《高教信息摘要》；为全校师生提供高教信息与资料服务；承担全国农林高校高教期刊论文索引编写任务；承担有关学术团体和学校交办的其他工作等。

“九五”以来，中心先后承担或完成了教育部、国家林业局、北京市、中国工程院和学校等来源的课题近30项，组织和参与编写出版专著10余部；在教育类刊物(包括核心刊物)发表论文70余篇，获各类教育科研奖励15项。中心于2000年和2006年被美国波士顿大学国际高等教育研究中心收录在《世界著名高等教育研究机构指南》一书之中。2011年获得北京市优秀高等教育研究机构荣誉称号。

研究中心注重学术交流与联系，与国内外多所著名大学的相关研究机构保持着学术交流关系。研究中心坚持“立足学校、面向全国、放眼世界”的发展思路，努力建成国内高水平、在国际上有一定影响的院校研究机构。

【科研成果】 2011年，高教研究中心完成各类教育科研项目5项，分别是教育部人文社会科学重大攻关项目子项目《研究性教学与创新人才培养研究》、中国高等教育学会“十一五”规划项目《研究性教学的理论与实证研究》、北京市高等教育学会课题《大学生学习与大学教学改革关系的研究》、北京市教委课题《高校本科课程结构创新的理论于实践》、北京市课题“在大学生中开展《学习科学》教育”的研究。申请获批和立项各类“十二五”规划项目4项，分别是教育部人文社科基金项目《我国卓越林业工程技术人才培养模式研究》、中国林业教育学会高教分会“十二五”规划项目《我国卓越林业人才培养模式研究》《具有行业特色高水平研究型大学章程研究》

和校级项目《在教学过程中优化学生学习方式的研究》。全年撰写论文研究报告16篇，公开发表研究论文8篇。全年编辑发行《高教信息摘要》17期。

【学术交流】 2011年，先后参加各类学术研讨会和论坛等共6次，分别是北京高科大学联盟发展论坛并提交了《行业特色型大学文化建设的思考》的会议论文；参加大学教师发展国际会议并提交了题为《国外著名大学教学发展中心建设的经验与启示》的会议论文；第五届高水平行业特色型大学发展论坛并提交了《推进协同创新机制建设 全面提升高等教育质量》会议论文；民办高等教育国际化发展国际研讨会和北京市高校教育管理干部培训。

【获奖情况】 高教研究室获得由北京市高等教育学会评选的北京市优秀高等教育研究机构荣誉称号；《学生学习与学校教学改革关系的研究》课题获得北京市高等教育学会"十一五"高教规划研究课题优秀成果一等奖。

（侯 璐 李 勇）

中国水土保持学会

【概　况】 中国水土保持学会(Chinese Society of Soil and Water Conservation)于1985年3月由国家体改委和中国科学技术协会批准成立，是由全国水土保持工作者自愿组成，依法登记的全国性、学术性、科普性的非营利性社会团体，是中国科学技术协会的组成部分。

中国水土保持学会于1986年5月、1992年5月、2006年1月和2010年12月在北京分别召开第一、第二、第三和第四届全国会员代表大会。杨振怀任第一和第二届理事会理事长，鄂竟平任第三届理事会理事长，刘宁任第四届理事会理事长。中国水土保持学会第四届理事会共有理事168名，常务理事35名。

中国水土保持学会下设14个专业委员会，分别是防护林专业委员会、水土保持预防监督专业委员会、小流域综合治理专业委员会、黄河专业委员会、崩岗防治专业委员会、沙棘专业委员会、水土保持规划设计专业委员会、泥石流滑坡防治专业委员会、水土保持监测专业委员会、工程绿化专业委员会、生态修复专业委员会、风蚀防治专业委员会、科技协作工作委员会、城市水土保持生态建设专业委员会。在24个省(自治区、直辖市)成立省水土保持学会，分别是四川省、甘肃省、吉林省、黑龙江省、山东省、辽宁省、江西省、福建省、陕西省、山西省、内蒙古自治区、青海省、安徽省、云南省、河北省、贵州省、江苏省、重庆市、河南省、新疆维吾尔自治区、广东省、湖北省、宁夏回族自治区、广西壮族自治区。

2011年，中国水土保持学会(包括专业委员会)组织境内外学术交流和考察活动10次、科普活动3次、举办各类培训班5期。编辑出版《中国水土保持科学》正刊6期，《生产建设项目水土保持设计指南》首发，《水土保持科普读本》(小学版)通过专家审定。

【学术交流】 2011年4月15~17日，由中国水土保持学会生态修复专业委员会、水土保持与荒漠化防治教育部重点实验室和林业生态工程教育部工程研究中心主办，北京华森启达企业管理咨询有限公司承办的"第四届全国水土保持生态修复学术研讨会"在广东深圳召开。来自全国各地的70名水土保持科技工作者参加了会议，与会代表围绕水土保持林草植被构建、困难立地植被恢复与重建、开发建设项目废弃地生态修复、严重侵蚀劣地植被恢复与生态修复、山地灾害防治工程及生态修复、高效生态经济园林景观型林草植被构建、生态文明与生态修复、生态修复效益监测与评价等进行了学术交流与技术探讨，新颁布的《中华人民共和国水土保持法》对生态修复工作的促进及新《中华人民共和国水土保持法》贯彻执行成为与会代表讨论的焦点。

6月29日，中国水土保持学会预防监督专业委员会第八次会议在乌鲁木齐召开。各流域机构、省(自治区、直辖市)、计划单列市水土保持局(处)的专委会成员共60人参加了会议。各参会委员交流了中国水土保持学会预防监督专业委员会第七次会议以来水土保持监督管理工作的经验，分析和研究了存在的问题，提出了相应对策和建议。

7月9～12日，由中国科学院水利部水土保持研究所、西北农林科技大学水土保持研究所、黄土高原土壤侵蚀与旱地农业国家重点实验室、世界水土保持协会和中国水土保持学会联合主办，江西省水土保持科学研究所和西北大学城市与环境学院协办，区域水土保持与环境研究室承办的"区域水土保持研究学术研讨会"在陕西杨陵召开。来自12个省市的110名代表就全国和区域尺度水土保持理论与方法、区域水土流失评价因子及其机制、区域水土流失治理方法(模式)与成效、不同尺度水土保持监测和区域水土保持环境效应等主题进行学术交流，对我国主要水土流失区(黑土、黄土、红壤、喀斯特和青藏高原等)的宏观和区域性的水土保持研究和水土流失治理进展展开讨论，提出区域土壤侵蚀过程与评价模型、区域土壤侵蚀与水土保持环境效应评价、区域水土流失与全球气候变化及宏观战略对策和区域水土保持基础信息设施建设等需要强化的研究方向。

7月27～30日，中国水土保持学会主办，台湾中华水土保持学会、中国水土保持学会泥石流滑坡防治专业委员会协办，新疆维吾尔自治区水土保持学会承办的"第八届海峡两岸山地灾害与环境保育学术研讨会"在乌鲁木齐召开。部分省(自治区、直辖市)水土保持行政主管部门领导，海峡两岸有关高等院校、科研院所和企事业单位的90名代表参加了本次研讨会，其中25位专家学者分别就中国大陆重大地质灾害特点、新疆水土流失特点及成因、台湾极端气候的土石流防灾策略、汶川地震区震后泥石流活动特征与防治对策、台湾原住民的分布及其面对的灾害类型等主题做了学术交流。会后，全体与会代表对吐鲁番干旱地区农业灌溉系统和天山地区高寒荒漠地带森林植被保育等进行了野外考察。

9月4～8日，中国水土保持学会组团参加在西宁举办的第五届国际沙棘协会大会，本次大会的主题是"和谐生态、健康生活"，来自16个国家的85名专家和我国20个省、市、自治区的605名专家、企业和政府部门代表参加了大会。本次大会通过研讨会、沙棘产品展示、实地考察沙棘种植基地等形式，展示沙棘新产品、新技术、新工艺，分享和交流全球沙棘研究开发的最新成果，促进建立国际间沙棘技术和产业的合作，创造市场推广和贸易合作的平台。

10月14～15日，由中国水土保持学会工程绿化专业委员会主办，北京市环境卫生设计科学研究所与北京林业大学边坡绿化研究所协办的"矿化垃圾资源化利用与填埋场绿化技术研讨会"在北京召开。来自全国城市环卫、园林绿化等科研院所、企事业单位和高等院校的90名专家、工程技术人员参加了会议，其中12名学者就北京市非正规垃圾填埋场污染特性和风险评价、北京市垃圾填埋场植被现状及植被恢复建植技术、矿化垃圾腐殖土安全性评价与应用方法、非正规垃圾填埋场的原位治理等主题进行了学术交流。会后，全体与会代表前往北京丰台区、房山区实地考察矿化垃圾筛分工艺及流程、矿化垃圾资源化利用示范。

11月6日，由中国水土保持学会科技协作工作委员会主办，长江水利委员会长江科学院、中国科学院寒区旱区环境与工程研究所、中国科学院水利部水土保持研究所协办，水利部水土保持生态工程技术研究中心、四川省水利厅、四川省绵阳市水务局承办的中国水土保持学会科技协作工作委员会2011年年会在四川绵阳召开。60个委员单位的100名委员参加了会议。会议总结、交流了"十一五"水土保持科技成果，探讨了近期水土保持科技工作重点方向。国家"973计划"项目"黄河上游沙漠宽谷段风沙水沙过程与调控机理"、国家科技支撑计划重点项目"红壤退化的阻控和定向修复与高效优质生态农业关键技术研究与试验示范"、水利部公益性行业专项"水蚀地区坡面水土流失阻控技术研究"等一批国家重大科研项目的首席科学家分别介绍了项目的基本情况与研究进展，交流了项目的研究特色、技术创新和取得的成果。来自科研院所和高等院校的10个委员单位总结了"十一五"期间的科研工作，交流了最新科研成果，展示了在水土保持科研领域的实力和特色，介绍今后水土保持科学研究的新方向、新问题和新现象。会后，与会代表参观了水利部四川盐亭水土保持科技示范园区暨中国科学院盐亭紫色土农业生态试验站和新北川县城。

11月20～21日，由中国水土保持学会小流域综合治理专委会和水利部水土保持监测中心联合主办的"坡耕地水土流失综合治理学术研讨会"在福建厦门召开。80名领导和学者参加了会议，其中26名围绕坡耕地以及小流域水土流失综合治理等进行了学术交流。

12月10～11日，由中国科学技术协会主办，中国水土保持学会、中国林学会、中国环境学会、中国生态学学会等12家全国学会共同协办的首届以"湖泊健康与可持续发展"为主题的中国湖泊论坛在南京召开。来自全国的800名湿地、生态、环境、水利湖泊等领域的专家、学者和科技工作者参加了会议，对湖泊资源利用、湖泊生态保护、流域综合治理及水科技创新等进行了跨学科、跨行业、综合性的交流和研讨。

12月10～11日，由中国水土保持学会规划设计专业委员会主办，广西壮族自治区水土保持学会、广西水利电力勘测设计研究院承办的"中国水土保持学会规划设计专业委员会2011年年会暨学术研讨会"在广西桂林召开。水利部水土保持司、水利部各流域机构、部分省(市、区)水利厅(局)，以及水利水电、公路、铁路、冶金、矿山、高校等87家会员单位的代表150人参加了会议。会议表彰了2010～2011年度专委会活动中表现优异的12家会员单位和10名先进个人。会议收到论文54篇，其中就27篇进行了大会交流，评选出10篇优秀论文。

【期刊工作】 完成中国水土保持学会会刊《中国水土保持科学》6期正刊的出版工作，刊出文章120篇，第2期推出"水土流失监测技术专栏"，对水土流失监测中的新方法和新技术进行集中报道。

2011年1月，正式启用编辑部远程办公和网刊系统，并充实网站(网址：http：//www. sswcc. org)内容，所有过刊全文上网。

8月，《中国水土保持科学》成功入选中国科学引文数据库(简称CSCD)，并加入中国科学院科技期刊开放存取平台。

11月，根据《〈中国水土保持科学〉优秀论文奖评选办法(试行)》规定，开展了《中国水土保持科学》第三届优秀论文评选工作。本次评选范围为2006年第1期～2010年第6期正式发表的799篇论文，通过编辑部初选、编委初评、复评和专家现场评选4个环节，并报请常务理事会审议通过，评选出15篇优秀论文，其中包括一等奖3篇，二等奖5篇，三等奖7篇。

12月，按照《〈中国水土保持科学〉编辑出版工作条例》有关规定，经中国水土保持学会秘书处研究，并报请常务理事会审议通过，完成第三届编辑委员会换届工作。目前编委会有顾问15人，主任委员1人、编委50人，特邀国际编委4人。

据2011年版《中国科技期刊引证报告(核心版)》公布的数据，《中国水土保持科学》2010年影响因子为0.708，在1998种中国科技论文统计源期刊中，影响因子排序为第307位，在农业工程类期刊中，影响因子和综合评价总分排名分别为第5位和第3位。

【科普与青少年工作】 2011年4月，"小学生室外水土保持知识调查问卷"新闻摄影作品获"2010年度中国科协网全国学会优秀图片奖"三等奖。

5月12日，参加由中国科协主办的2011年"防灾减灾日"主题科普活动启动仪式，展出10张"山地灾害防灾减灾科普知识"展板，聘请防灾减灾专家现场咨询，并发放1000册宣传画册。

7月10日，新《中华人民共和国水土保持法》宣讲活动在北京植物园举行，展出了水土保持60年成就与相关科普知识展板，发放新《中华人民共和国水土保持法》宣传手册10 000册。

【资质管理】 2011年3月，中国水土保持学会启动水土保持方案编制乙、丙级资格证书的申报工作，经过申报、初审、审核和公示，7月15日，在中国水土保持学会工作会扩大会议上对123家单位颁发了《水土保持方案编制乙级资格证书》，对152家单位颁发了《水土保持方案编制丙级资格证书》。

【培训工作】 以集中授课的方式，举办2期生产建设项目水土保持方案编制资格证书单位甲级水土保持方案编制技术人员培训班，培训学员

500人。举办2期乙、丙级水土保持方案编制技术人员培训班，培训学员400人。培训内容包括水土保持法规与评审规定、开发建设项目水土保持技术规范、水土流失防治标准(新国标)、开发建设项目水土保持措施设计、水土保持方案审查要点与常见问题、开发建设项目水土保持监测技术、水土保持工程概(估)算编制方法等。

以集中授课方式，举办1期新《中华人民共和国水土保持法》培训班，培训学员200人。培训内容包括新法主要内容、重要制度、依法行政的理论与实践、生产建设项目水土保持工作等。

以集中授课方式，与中国水利水电勘测设计协会联合举办2期注册土木工程师(水利水电工程)水土保持考前培训班，培训学员189人。培训内容包括建材、岩土力学、结构力学、钢混结构、水力学、水文基础、测量、水土保持综合规划、水土保持工程措施和水土保持生物措施等。

【组织建设】 2011年1月，中国水土保持学会开展《中国水土保持学会“十二五”事业发展纲要》编制工作，于2011年年底完成。3月4日，中国水土保持学会四届二次常务理事会在北京召开，经投票表决，推荐中国科协“八大”代表及委员候选人。7月15日，中国水土保持学会工作会扩大会议在北京召开。会议传达了中国科协“八大”会议精神，介绍了中国水土保持学会“十二五”事业发展纲要，通报了优秀水土保持方案报告评选表彰结果。与会代表围绕中国水土保持学会“十二五”事业发展纲要、专委会管理、学会与地方学会合作、水土保持方案编制资质管理等主题展开讨论。9月14日，中国水土保持学会迎接民政部社会组织评估工作专家组的实地考察评估。经过全国性社会组织评估委员会评定，中国水土保持学会在2011年度社会组织评估中被评为4A等级。11月16～17日，中国水土保持学会城市水土保持生态建设专业委员会成立大会在深圳召开。会议审议通过了中国水土保持学会城市水土保持生态建设专业委员会管理办法，选举产生了中国水土保持学会城市水土保持生态建设专业委员会第一届领导机构。12月21日，中国水土保持学会四届三次常务理事会在北京召开。大会听取、讨论并审议通过了中国水土保持学会2011年工作报告、“十二五”事业发展规划纲要、2011年财务报告、分支机构管理办法、副秘书长变更申请、《中国水土保持科学》第三届编委会组成方案和《中国水土保持科学》第三届优秀论文评选结果，通报了中国水土保持学会2011年理事会费和团体会员会费交纳情况。

【网络建设】 继续维护中国水土保持学会网站http：//www. sbxh. org和《中国水土保持科学》网站http：//www. sswcc. org，及时更新内容和发布信息。

【科普读本通过专家审定】 2011年10月10日，《水土保持科普读本》(小学版)审定会在北京召开。《水土保持科普读本》(小学版)(以下简称《读本》)是水利部委托中国水土保持学会负责组织编写的全国水土保持科普宣传教育系列丛书之一。教育部基础教育一司、团中央青农部、国家林业局防治荒漠化管理中心、中国水土保持学会、北京林业大学、中国科学普及出版社、中国水利水电出版社、北京石油学院附属小学和北京林业大学附属小学等单位代表参加了会议。与会专家一致认为，编写面向小学生的《读本》很有必要，该《读本》形式新颖，通过卡通形式将专业性很强的科学知识转化为小学生易于理解的通俗科普读本，具有独到的创新性，填补了国内卡通专业科普读本的空白；《读本》内容丰富，结构合理，层次清楚，科学规范，知识面较宽，逻辑性较强，是一本专业系统全面的水土保持科普读本；《读本》专业知识表达准确，深度把握比较适宜，语言简练，生动有趣，在通俗性、警示性、趣味性、可读性和拓展性等方面都有一定的体现和探索。《读本》适合小学生阅读，可作为小学开展生态文明教育的课程资源。

【《生产建设项目水土保持设计指南》举行首发仪式】 12月10日，中国水土保持学会规划设计专业委员会在广西桂林举行《生产建设项目水土保持设计指南》(以下简称《设计指南》)首发仪式。中国水土保持学会规划设计专业委员会会员单位、主编单位和参编单位代表及特邀嘉宾参加了会议。会上举行了新书赠书仪式。《设计指南》的编撰汇聚了水土保持规划设计领域 49 家单位 170 余位技术人员的心血，历时 2 年半，前后组织集中的编制工作会议 8 次。

《设计指南》内容涵盖生产建设项目水土流失的特点、防治原则、措施体系和布局，生产建设项目水土保持设计理念，水土保持措施体系与设计方法，水土保持措施适用条件和设计要点，重点突出弃渣场和植物措施设计。全书分设计和案例 2 篇、共 12 章 90 余万字，其中收编案例 49 个，反映了项目类型和地域差异条件下生产建设项目水土保持设计的特点。全书要点与实例结合，案例与理念呼应，内容丰富新颖、图文并茂、实用性强。 （程　云　张　焱）

中国林业教育学会

【概　况】 中国林业教育学会系国家一级学会，是具有独立法人资格的学术性、科普性、公益性、全国性的社会团体。学会由教育部主管，业务挂靠国家林业局，秘书处设在北京林业大学，有专职工作人员 3 名。学会下设 4 个二级分会：高等教育分会（挂靠北京林业大学）、职业教育分会（挂靠南京森林警察学院）、成人教育分会（挂靠国家林业局管理干部学院）、基础教育分会（挂靠黑龙江森工总局）。学会设有组织、学术、学科建设与研究生教育、专业建设、图书与教材、毕业生就业指导、交流与合作、现代教育技术指导 8 个工作委员会。学会网址 http://www.lyjyxh.net.cn。会刊为《中国林业教育》。截至 2011 年底，中国林业教育学会理事会共有理事 175 人，常务理事 58 人。（陈　涛　贾笑微）

【组织建设】 2011 年 8 月 20 日，中国林业教育学会第四次会员代表大会在北京召开。来自全国 60 所高、中等林业院校，28 个国家林业局直属单位，27 个省、市林业厅（局），5 个林业企业 178 名代表出席会议。国家林业局、教育部领导到会并致辞，教育部高教司副司长石鹏建应邀做了“当前高等教育主要工作任务”的报告。会议期间，代表听取了第三届理事会工作报告、财务情况报告、《章程》修改报告。选举产生了第四届理事会理事 175 人、常务理事 58 人、理事会领导 21 人。特邀第十届全国政协副主席张怀西、原林业部副部长刘于鹤、中国工程院院士尹伟伦担任名誉理事长。杨继平继续担任第四届理事会理事长，北京林业大学党委书记吴斌任常务副理事长，北京林业大学校长宋维明任副理事长，林业管理干部学院党委书记李向阳任法人代表，北京林业大学副校长骆有庆任秘书长，聘任了 12 名同志担任副秘书长。

会议期间，表彰了 34 个优秀团体会员单位，1 名“特殊贡献”个人，颁发了“林业高等教育研究优秀论文奖”。 （陈　涛　贾笑微）

【学术交流及研讨会】 2011 年 8 月，高等教育分会在北京召开 2011 年工作年会，来自北京林业大学、东北林业大学、南京林业大学等 20 所林业或农业大学林学院的 50 多名领导和代表参加会议。会议邀请国务院学位委员会专家做了“有关林科重点学科建设工作”的专题报告，国家林业局人事司、科技司领导就国家林业局今后一个时期林科重点学科建设和重点实验室建设的工作思路进行了说明。会议就林学人才培养、高等林业院校开展视频公开课和精品课程资源共享建设等问题进行了广泛的交流。

1 月 19 日，职教分会会同教育部高职高专林业类专业教学指导委员会在海口市召开 2011 年工作会议，提出 2011 年的工作要点，征求了全体委员的意见。

9 月 16 日，职教分会在北京召开“全国中等林业教育改革创新研讨会”，全国共有 14 所林业职业院校的 30 名代表参会。

9 月 22 日，职教分会在辽宁召开了“全国中等林业教育改革创新研讨会”，有 30 多名代表参加了会议。

11 月 25 日，职教分会在江西赣州召开了“全国林业职业院校就业工作研讨会”，20 多所林业职业院校共计 100 多人出席会议。各校就业负责人分别介绍了就业工作情况。会议对荣获 2011 年度全国林业职业院校就业工作先进集体的8个林业职业院校、16位2011年度全国林业职业院校就业工作先进个人进行了表彰。

（陈 涛 贾笑微）

【调研工作】 2011年5月，杨继平理事长率队赴陕西、新疆对西北农林科技大学、杨陵职业技术学院、新疆农业大学林学院、新疆林业学校进行调研，了解西北地区林业院校招生、专业人才培养、就业等情况，并广泛听取基层对生态林业建设中人才使用情况的汇报。

（陈 涛 贾笑微）

【理论研究】 成人教育分会以现代林业教育培训体系研究为重点，完成4项理论研究工作：一是"现代林业干部教育培训体系研究"；二是"林业干部教育培训管理创新研究"；三是"林产品贸易政策对林业的影响及对策研究"；四是"林业教育培训统计指标及方法研究"。

中国林业教育学会受国家林业局及教育部委托，完成以下工作："全国林业行业教育培训'十二五'规划"的调研、总体编制、行业教育内容的撰写与修改；编写完成教育部职业教育与成人教育司"关于全国中等职业学校专业情况统计"部分内容；参与起草教育部"关于加快发展面向农村的职业教育的意见"的基础资料；参与教育部"高职林业类专业教学基本要求"的编制。

（陈 涛 贾笑微）

【评奖活动】 2011年6月，在北京启动"第二届北美枫情杯全国林科十佳毕业生评选活动"，评选出2012届全国林科十佳毕业生21人(其中研究生11人、本科生10人)，全国林科优秀毕业生80人(其中研究生39人、本科生41人)，11月，在北京举行了表彰大会。

11月，职业教育分会在江西赣州举办了"全国林业职业院校大学生绿色创业大赛"。评选出2011年全国林业职业院校大学生绿色创业大赛一等奖4人、二等奖5人、三等奖6人、优秀奖20人；指导教师一等奖6人、二等奖10人、三等奖11人、优胜奖20人；优秀组织奖9人。

8月，高等教育分会"第二届高等林业教育优秀论文评选"结束，期间共收到10多所院校参评论文213篇，最后，评选出一等奖6篇、二等奖21篇、三等奖39篇。

12月19日，职业教育分会、国家林业局职业教育中心，共同组织开展国家林业局高等职业教育重点专业评选工作，评出高职精品课程10门。

职业教育分会开展2011年"全国林业职业教育优秀论文评选"，评选出一等奖18篇、二等奖27篇、三等奖27篇、优秀奖15篇，同时表彰了12个学校并授予其优秀组织奖。

成人教育分会开展"全国林业行业教育培训类网站评优活动"，评出一等奖1人、二等奖2人、三等奖3人。并参与中国职协举办的优秀科研成果评比活动，《林业干部教育培训规范化建设研究》一书获得课题类一等奖。

基础教育分会开展"教学研究成果的征集与评选"工作，旨在通过研究成果的征集和评选，促进林区教学工作的提升，进一步推进林区教师的课题立项研究，提高林区教师素养和教学水平。

（陈 涛 贾笑微）

【培训工作】 成人教育分会举办了"全国林业远程培训教材建设暨网络课程建设工作培训班"，对全国林业网络管理人员加强信息化建设进行培训。

举办了"I2B职业技能培训班"，结合林业行业需求，运用IT技术提高业务骨干的计算机实际运用操作能力。

举办"中国林业教育培训网通讯员培训班"，提高通讯员的新闻写作、摄影及网络管理能力。

7月16日，职教分会在乌鲁木齐市举办"全国林业职业院校学生管理工作研讨班"，来自全国17所林业职业院校的42人参加培训。

7月31日，职业教育分会在福建省武夷山市举办"海峡两岸高职教育园林技术专业师资培训班"，来自全国19所高职院校、2所中职学校共63名园林与林业技术类学科带头人及骨干教师参加培训。

7月25日，职业教育分会在宁波市举办《园林工程招标与预决算》课程建设研讨班，来自全国20所高职院校的40余名专业教师参加培训。

基础教育分会在黑龙江省东京城林业局举办"牡丹江片教育与研究培训班"，来自牡丹江、松花江、合江林管局的12个林业局的会员单位代表及一线教师400余人参加培训。

学会秘书处结合当前林业建设的特点，举办

"集体林权制度改革后土地流转与国有林场改革""林业信息化建设与应用""天然林保护工程二期政策"3个培训班。（陈 涛 贯笑微）

【网络建设】 成人教育分会依托中国林业教育培训网，在信息管理和远程培训方面不断创新，完成林业教育培训网站的改版工作，新版设置"行业培训""高等教育""职业教育""社团工作"等专题栏目，完善"在线学习平台"建设，录制课程30部。（陈 涛 贯笑微）

【出版刊物及信息】 2011年，学会编辑出版《中国林业教育》正刊6期，增刊1期；《高等林业教育信息动态》(电子版)4期；职业教育分会编辑《林业职业教育动态》7期。

（陈 涛 贯笑微）

国家林业局自然保护区研究中心

【国家林业局自然保护区研究中心】 2011年，国家林业局自然保护区研究中心(以下简称"中心")继续协助国家林业局野生动植物保护司组织"2011年林业系统国家级自然保护区晋升评审工作"和国家级自然保护区《总体规划》《生态旅游规划》的评审工作，组织学术研讨会、培训、重大工程项目考察工作，以及承担中国自然科学博物馆协会自然保护区专业委员会秘书处工作。

2011年4月6日，中心设立"国家林业局自然保护区研究中心办公室"和"中国自然科学博物馆协会自然保护区专业委员会办公室"2个办公室。

评审工作 2011年度林业系统省级自然保护区晋升国家级评审，协助国家林业局保护司组织2011年全国林业系统国家级自然保护区晋升评审会，共32个保护区经预审合格后参加了晋升及功能区调整评审会，其中有30个自然保护区通过评审。对有争议的"内蒙古达赉湖自然保护区功能区划调整"，会后中心组织评审专家分为2组对其进行现场评审，并向国家林业局野生动植物保护与自然保护区管理司提交书面评审意见。组织专家协助国家林业局保护司保护处对30个国家级自然保护区的《国家级自然保护区总体规划》和《国家级自然保护区旅游规划》进行评审及复审。2011年开始，将原有的"函审"方式改为"现场评审"与"函审"相结合的方式；完成2011年全国林业系统省级晋升国家级保护区材料的整理归档工作。

示范保护区 2006年国家林业局正式启动全国林业示范自然保护区建设工程。这项工程将在全国林业系统选择一批具有典型性、代表性的自然保护区，开展示范自然保护区建设工作，以逐步探索和形成我国自然保护区建设和管理的典型模式，全面促进国家自然保护区建设管理水平的整体提高。福建武夷山、江西鄱阳湖、湖北神农架等51个保护区成为首批国家级示范自然保护区。国家林业局定期对国家级示范自然保护区建设进行考核和评估，对管理混乱、资源遭到破坏、制度不健全、没有达到示范标准的示范自然保护区给予通报批评和摘牌处理。2011年中心受国家林业局委托组织专家实地考核了黑龙江丰林、陕西长青、云南西双版纳等10个林业示范自然保护区，其中过半保护区需要整改，专家组给出具体整改意见。

调研工作 2011年7月，受国家林业局保护司委托，派专员与国家林业局经济研究中心人员赴云南就"自然保护区管理体制"问题进行为期4天的调研，在实地考察并与当地管理者座谈后中心撰写了调研报告，描述云南省各级自然保护区的管理体制现状、存在的问题、解决这些问题的初步思路和每种思路面临的挑战，调研报告提交国家林业局保护司作为日后全国自然保护区管理体制改革的重要参考资料。

培训工作 2011年6月，在吉林省吉林市与吉林松花江三湖国家级保护区管理局共同组织"自然保护区监测与巡护专题培训班"，中心邀请北京林业大学、中国林业科学院相关专家针对三湖保护区的特点开展为期3天、理论与实践相结合的自然保护区监测与巡护专题培训，保护区管理局工作人员约70人参加了培训。

中国自然科学博物馆协会自然保护区专业

委员会秘书处工作 中国自然科学博物馆协会自然保护区专业委员会由国家林业局野生动植物保护与自然保护区管理司主管，中心目前承担秘书处工作。

2011年8月21～30日，“第十六届海峡两岸自然保护区交流研讨会”在黑龙江哈尔滨举行，本次研讨会由中国自然科学博物馆协会自然保护区专业委员会承办，中心负责组织并全程参与陪同。以台湾营建署署长为团长、10余位国家公园协会代表组成的访问团与来自黑龙江、吉林、辽宁自然保护领域的40余位代表一起畅谈自然保护区和国家公园管理的经验和进展，参观考察黑龙江珍宝岛、七星河等多个大面积湿地类型国家级自然保护区，并在保护区生态旅游开发、管理体制等多个方面进行深入探讨。2011年11月中旬，“第十七届海峡两岸自然保护区交流研讨会”在台湾举行，国家林业局保护司领导率团赴台考察学习，并与台湾国家公园协会商讨下一步的合作细节。

协助中国自然科学博物馆协会筹备理事会换届工作。按照协会章程，本届理事会及常务理事会于2011年底到期，中心6个专业委员会秘书处共同开展了换届前期的会员清查、通知整改及向民政部报批等具体工作。

2011年3月参加了在江苏南京举行的“2011年中国自然科学博物馆协会联络员大会”，讨论了联络员管理、工作制度、会员对协会的期望和协会未来的发展方向。

国家级自然保护区总体规划评审座谈会 2011年3月25日，中心邀请国家林业局保护司相关领导和国家林业局总体规划、生态旅游规划评审组专家来到北京林业大学，就国家级自然保护区总体规划和生态旅游规划的评审形式、评审要求征求专家意见。会后根据专家提议，保护司和中心领导决定对计划进行基础设施建设和开展生态旅游的国家级自然保护区进行实地考察评审。

“中央投资计划执行情况”数据统计工作 从2010年6月开始，中心承担国家林业局保护司“中央投资计划执行情况”数据统计工作，本年度主要统计2011年国家级自然保护区基础设施建设进展相关情况统计表(《中央预算内林业基本建设执行情况表》)和《中央投资计划执行情况单行材料》)，由中心工作人员每季度末月20日之前向各省林业厅保护区管理部门了解情况，整理统计后于当月25日前向国家林业局保护司报送。

(刘文敬 张燕良)

校医院

【概 况】 北京林业大学医院(以下简称校医院)创建于1952年，是一所一级甲等医院，北京市医疗保险定点医院及社区卫生服务中心。医院隶属北京林业大学，为学校教辅单位。现有职工26人，其中卫生技术人员25人(包括主任医师1人，副主任医师3人，副主任检验师1人，副主任药剂师1名，主治医师、主管护师、主管技师17人，药师1人，医师1人)，其他技术人员1人。校医院设有内科、外科、口腔科、妇科、中医科等普通门诊，护理、医技、保健、急诊、中西药房等业务科室，负责全校师生员工日常医疗服务及全校突发公共卫生事件的应急处理工作。

校医院现有通过北京市社区医学考试获得证书的全科医生9人，社区护士10人，24名医护人员均获得了不同岗位的社区准入证。2011年，校医院医护人员均完成了国家级继续医学教育课程的学习并通过了年终审核注册，全年共发表医学论文13篇。

(朱 彤 贺 刚)

【社区卫生服务工作和日常医疗服务】 2011年，校医院门急诊量近6.5万人次，护理治疗各类患者16 000人次，各种健康体检(学生、儿童、餐饮人员和职工)12 877人次，预防免疫接种12 811人次。为行为不便60岁以上老人上门服务320人次，为社区育龄妇女、新生儿提供生育指导74人次，上报传染病例3人次，访视监控传染病273人次，承担了学校各种重大活动保健医疗和大学新生军训保健服务。

预防保健和健康教育 2011年，校医院完成建立了2251份家庭电子档案和22 358份个人健康档案。与本社区279户签约实施了家庭式医疗卫生服务。医院主办的《绿色健康》报，全年发行12期8万张。免费为学生举办了各种健康讲座13次，举办健康促进活动8次，建立家庭健康档案2360份，个人健康档案2906份，大学生健康档案17 078份，妇女健康档案1083份，儿童健康档案165份及其他档案(精神病人、残疾人、孕产妇)100份。为各种高发病(如糖尿病、高血压、冠心病、恶性肿瘤等)今后的长期跟踪治疗、慢病管理、监测和指导提供依据。2011年5月启动对全校院系及办公楼教授职称以上人群通过电话、短信等方式定期进行健康服务。

公费医疗工作 2011年校医院获得北京市医保中心奖励补助，全部用于补充公费医疗。2011年校医院继续落实社区药品零差价出售的优惠政策，加强和北医三院对口支援联系。2011年邀请北京三院专家来校医院坐诊7次，诊治病人110人次。2011年医院通过了海淀区卫生局、海淀疾病控制中心、海淀区防疫站等各种上级业务主管部门组织的各项绩效考核。

医院医生工作站的实施 2011年校医院在学校的大力支持和上级医疗卫生行政部门的统筹下，更换线路和计算机设备的投入，于11月正式开始医生服务站的工作，实现了挂号、看病、取药电子处方的信息化。

(朱 彤 贺 刚)

人口与计划生育

【概 况】 2011年，北京林业大学人口与计划生育工作围绕“统筹解决人口问题、稳定适度低生育水平、促进人口长期均衡发展”这一中心任务，结合学校重点工作召开计划生育工作会1次、计生形势通报会1次，组织兼职干部业务培训1次，参观计划生育文化展2次，接待外校来访6次，参加市计生委“青春健康骨干教师培训班”1期。

2011年，学生、职工生育子女61人，随父落户9人，办理生育服务63人，整理出生报告、增减托补116人次，出具学生婚育状况证明445份，办理学平保险、计划生育家庭意外伤害险46人份，补助独生子女困难家庭28个，发放独生子女父母奖励费、年老时一次性补助费、职工子女医疗费1979人份。 (郭海滨 胡 建)

【学生同伴教育团队活动】 青春健康项目是中国计划生育协会和美国帕斯事宜卫生科技组织(PATH)的国际合作项目，目标是改善中国10～24岁青少年和未婚青年的性与生殖健康状态，营造利于开展青少年性与生殖健康工作的社会、社区和学校氛围。

青春健康同伴教育作为一种健康教育模式，是具有相似年龄、背景、生理、经历、体会等具有共同语言的人在一起分享信息、观念或行为技能，同伴间谈论敏感话题更自由，易唤起共鸣，打破以往形成的健康痼疾，改变人们思想与行为的方式，以实现教育目标。

北京林业大学的同伴教育团队成立多年，除给学生做宣传外，还为兄弟院校主持人进行过培训，在北京地区高校计划生育联合会换届会上做过经验介绍，在国际预防艾滋病宣传日制作了12块宣传板在学校橱窗展出，内容包括远离艾滋、学生健康课堂、同伴社校外活动等，共展出活动图片61幅，艾滋病患儿图片30幅。

2011年，学校被列入第二期项目试点院校，并于5月27日参加了中国计划生育协会在中国人民大学举办的“绚丽的青春 闪亮的足迹”话剧全国巡演启动仪式，共有北京地区高校、新闻媒体、驻外机构400余人参加，经过认真选拔，活动主持人确定为北京林业大学学生。主持人的风采成为整个活动靓丽的风景线，北林所有学生守纪律、做表率并因此受到了大会的表扬。回校后同伴社召开了总结会，对下一步工作进行了认真讨论，在校宣传网发布了信息，同伴教育为社会和学校营造了良好的青春健康氛围。

(郭海滨 胡 建)

【参加“首届大学生与人口发展论坛”】 2011年

10月26日，北京林业大学参加了学院路地区“首届大学生与人口发展论坛”，发表了题为“做好新时期高校人口计生工作”的论文，文章从高校人口与计划生育工作的现状、面临的主要问题入手，分析了计生部门与其他部门的关系、高校与政府的合作等情况，并就多年的工作积累，根据归国人员、流动人口、在校学生具体情况进行分类指导，做好计生服务工作，针对新时期高校人口计生工作特点提出了转变观念、认识到位，确保基础、投入到位，完善机制、职业定位，加强管理、服务到位，提高素质、培训到位等5项措施。同月，海淀区计生委在中国地质大学召开了高校主管领导参加的“计划生育工作及政策推进会”，在会上宣读了“关于高校计生工作的调研报告”，报告多处引用了本文的论点。

（郭海滨　胡　建）

社区工作

【概　况】 北京林业大学社区居民委员会(以下简称：社区居委会)是党领导下的社区居民实行自我教育、自我管理、自我服务、自我监督的群众性自治组织，是社区建设、社区服务、社区管理的基层组织，是党和政府联系群众的桥梁和纽带。北京林业大学社区共有住宅楼24栋，住宅面积16万平方米，常住居民1600余户，4200多人。社区居民中离退休人员800余人，学前儿童70余人，低保人员1名，残疾人41名。

2011年，社区居委会依法组织居民开展自治活动，协助政府派出机关做好与居民利益有关的社会治安、社区矫正、公共卫生、计划生育、优抚救济、社区教育、劳动就业、社会保障、社会救助、住房保障、文化体育、消费维权以及老年人、残疾人、未成年人、流动人口权益保障等工作。

【组织机构】 社区现设社区党支部、社区居委会、社区服务站、社区妇女联合会等部门，其中社区居委会设主任1名、副主任2名、委员4名；下设6个工作委员会，分别是综合治理、人民调解、社会福利、公共卫生、人口计生、文化共建委员会。社区党支部设支部书记1人，组织委员1名、宣传委员1名，在册党员35人。

【获奖情况】 2011年，北京林业大学社区获海淀区充分就业社区、学院路街道三星级和谐社区、学院路街道第六次全国人口普查工作先进集体、学院路地区“优秀社区义工服务队”等称号。

【便民服务】

居家养老、助残 多次摸底调查，采集老年人健康信息679人。成立以老助老工作领导小组，选配10名助老员帮助社区内高龄独居老年人。全年慰问各类民政对象68人次。解决特困归侨房屋漏雨问题。组织居民参加北京市万名“孝星”评选活动，评出北京市级“孝星”3名。全年共办理老年证64个，办理65岁以上老年优待证48个。为满80岁以上的老人办理发放养老服务补贴券620人/次，为90岁以上老人办理特殊养老补贴金14人次。发放小帮手5人。走访残疾人家庭，采集残疾人信息，发放康复器材136件。为3名残疾人办理残疾证。落实特困残疾人补贴15人；残疾人学生补贴3人；残疾人子女补贴2人；残疾人燃油税补贴3人；为残疾人安装可视对讲门铃2人。开展扶贫济困等捐赠活动2次，共募集善款2006元，棉衣棉被480余件。

人口计生 完成流动人口抽样调查，新生代流动人口动态监测调查，全员人口信息核对、更改、补充录入工作。组织流动人口参加健康检查。落实常住人口一孩生育服务证12人，领取发放独生子女证9人，为59个家庭发放独生子女费，办理年老时独生子女家庭一次性奖励费3人，审核上报伤残独生子女家庭特别扶助补助金申请1份。开展各种宣传活动，全年共发放药具约8000只。

惠民便民 “五一”“十一”节前开展居住环境综合治理专项活动，评出“环境好”单元38个，民居439户。完成失业人员档案、灵活就业人员档案、领取失业金人员档案、社会化退休人员档案信息库建设。完成社会化退休领取社会保险长期待遇人员资格认证、登记和年审信息录入工作。完成“4050”和求职困难人员的摸底、登记及上报工作。完成“2011 年度《再就业优惠证》年度注册工作”“城镇居民基本医疗费用报销”“一老一小”“城镇居民医疗保险参保续保”“灵活就业人员核查记录”等政策的落实工作。

开展 0~6 岁流动儿童疫苗接种及查漏补种、猩红热疾病防控宣传、手足口、麻疹疫苗的筛查登记、婴幼儿和 60 岁以上老年人流感疫苗接种等宣传工作。开展经济适用房和廉租房、限价房的宣传、调查、审核、上报、公示工作。全年共为 50 人(次)完成资格初审，27 户家庭通过社区公示，另为 4 户家庭进行异地公示。

宣传活动 利用社区宣传栏定期开展社区共建及居民中的好人好事宣传活动，全年共做 8 期 20 余块宣传展板。

文化生活 组织居民参加“低碳出行”春季骑车比赛、参观植物园、参加“唤醒童年、倡导低碳”老北京民俗游戏展示活动。举办第二届林大社区“林里和谐杯”乒乓球友谊赛、组队参加学院路地区第五届“和谐杯”乒乓球比赛。

【司法民调工作】 全年接收 3 名社区服刑人员和 1 名解教人员，开展矫正和帮教工作。启动“六五”普法，开展“加强学习宣传宪法 大力弘扬法治精神”等各类法制宣传活动，为居民就近解决身边的法律问题提供帮助。充分发挥调解员队伍在调解工作中的作用，全年调解扰民、纠纷等 50 余起。

【创新社会管理】 试行网格化管理，成立三级网格组织。将 24 栋居民楼和平房分为 6 个三级网格，居委会人员牵头、楼门组长为成员，从过去封闭式、纵向、单线、条状管理，转向多线组合、团队式服务管理模式。

【安全工作】 布置重点日安保工作及落实烟花爆竹限放禁放工作。落实学校平安校园工作精神，对东、西社区居民楼房前屋后、楼道内可燃物、堆积物进行清理，消除火灾隐患。检查社区 7 处网点安全，更新便民网点的灭火器。督促柏儒苑物业服务公司做好地下室、监控室、出租商业用房等重点部位区域的安保工作。社区内(西区)新增 8 个监控探头，解决多年来卷 1~15 号楼无电子监控的状况。开展消防安全知识讲座，配合街道及派出所开展“百日养犬管理专项检查执法”活动。协助社区民警做好出租房的管理，本年度社区共有出租房 135 户 401 人，其中中国人 90 户 303 人、外籍 45 户 98 人。

【社区妇女联合会工作】 开展“切实维护妇女权益，法律援助在您身边”为主题的法律宣传咨询活动。建立“家庭方圆驿站”，设立妇女“心愿信箱”，推动“妇女之家”建设。配合北京市对社区内单亲母亲进行摸底调查，建立单亲母亲数据库。开展《社区居民伤害抽样调查》。走访社区老党员、新生儿家庭、特困家庭。慰问社区女同胞。组织开展大拜年、亲子趣味运动会、“学雷锋”志愿者活动等各类活动 10 余项。

(夏巍青 刘西瑞)

附属小学

【概 况】 北京林业大学附属小学(Subsidiary Elementary School of Beijing Forestry University，以下简称附小)创建于 1960 年，坐落于北京林业大学校园内，占地 3100 平方米。学校坚持“勤学、明理、笃行”的校训，以培养具有高尚品德、遵规守纪、勤奋上进的人才为育人宗旨，全面推进附小的发展建设。先后被评为北京市海淀区德育管理先进校、北京市海淀区教学管理先进校、北京市海淀区三星平安校园、北京市文明礼仪示范校、北京市海淀区绿色学校，北京市阅读工程示范学校等。

现设有语文教研组、数学教研组、英语教研组、体育教研组和科任课教研组 5 个教研组。现有教职工 32 人，专职教师 28 人，其中小中高级教师 2 人；具有本科、研究生学历的教师 19 人；市级骨干教师 1 人、区级骨干教师学科带头人 6

人，年度教师考核全部合格。2011 年，新进教师 1 人。2011 年，毕业学生 88 人，在校生 556 人。

【校园建设】 2011 年 6 月，北京林业大学拨款 400 余万元为附小的教学楼进行了加固改造，总工期 78 天。6 月底，因市政规划道路，附小的东墙向西移动 2.5 米。此外，附小还扩建了领操台，并在操场南侧新建了国旗台。10 月，翻新操场塑胶跑道与篮球场地面。

【少先队工作】 附小从细节之处落实德育教育常规管理，深入推进养成教育工程，借助实践活动、行为训练手段，尝试采用“学校主导 + 家庭配合 + 社会协同”的教育方式积极构建以学生为主体的自主管理与自主教育的德育机制。切实抓好德育队伍建设，提高教师的德育工作意识与能力，以促进德育工作有效开展。

主题教育 以“播种习惯，播种未来”为主题，9 月份的开学典礼拉开“好习惯培养”的序幕，引导学生既要关注文化知识的学习，同时也要关注自身好习惯、好品质的培养。在中国少年先锋队纪念日当天，出台了《林大附小常规养成教育手册》，设置了先锋班评比，优学、优德双轨奖励机制，成立了《教师成长工作室》、开设了《养成教育的实践与思考》德育教育随笔，举办了班主任培训，为教师的成长搭设了平台，从而进一步完善了学校德育教育机制。

少先队建设 确定“播种习惯，播种未来”教育主题，以学生养成教育为切入口，积极探索“队务建设”和“学生养成教育”的关系，寓教育于少先队实践活动中，以逐步完善少先队组织建设。

具体活动 3 月，《开学第一课》观后感分享；4 月，“我读校园”——名言警句诵读；加强少先队阵地教育；5 月，八达岭野生动物园秋游实践活动；6 月，快乐课间游戏活动；7 月，大队、中队日志、光荣簿展示；9 月，“播种习惯，播种未来”少先队活动，邀请林业大学武警国防生举行升旗仪式；10 月，红领巾广播——《校园旋律》，以说唱文明礼仪系列童谣形式启动习惯养成教育工程。11 月，板报设计、板报解读评比；12 月，师生录制元旦节目、班级联欢会活动。

阳光体育 以“让每一个学生都能感受到运动的快乐”为主题，附小体育教研组组织开展了多种多样的体育活动，既丰富了学生的校园生活，同时也促进了学生身心健康的和谐发展。5 月，举办学生课间操比赛；10 月，举办全校跳绳比赛。

各类奖励 以“学生的美在何处”为主题的联合主题中队会，被海淀区少工委评为海淀区二等奖。

【教学工作】 附小坚持“质量是学校生存生命线”的教学理念，将教师队伍专业水平的提升与学校的生存发展紧密结合。附小立足课堂，以落实减负增效，稳步提升教学质量为宗旨，开展教学工作。以教研组为单位有效开展系列校本教研及学科验收、比赛等展示活动。

学科研究 在梳理各科知识点的基础上，语文学科着重进行阅读与习作结合点的策略研究；数学学科建立《林大附小学生典型错例集》；英语学科注重 1 ~ 3 年级听说训练的研究等。

听评课活动 根据不同要求与课型，观察点和侧重点不同。推门课：聚焦课堂，注重常态课教学，关注教师对教材重难点的把握及环节的有效性和对学生学科习惯的培养。基本功课：依据（基本功）课堂评价表，从教师对教材的理解和重难点的把握、学科基本功、学习效果三方面进行验收。邀请课：35 岁以下的年轻教师邀请有经验教师听评课两轮（期中前和期中后各 1 次）。通过课堂，努力研究学科发展的方向与策略，实现各学科优质均衡发展，把课堂还给学生，把思、说、写的权利还给学生，让教师真正成为课堂的组织者和引导者，让学生真正成为课堂的主宰者。

学生活动 2011 年，附小开展了 4 ~ 6 年级朗诵比赛、2 ~ 3 年级成语接龙展示、“林小百家讲坛——数学活动”“林小我行我 SHOW 英语活动”等。

队伍建设 3 月份正式成立“林小教师成长工作室”。工作室以“提升工作效能，享受幸福工作”为核心，引领教师在努力钻研业务和开展科研中，体验教育教学的幸福感，追求教学的新境界。林小教师成长工作室开展系列培训，包括

《如何确立教学研究点》《共同研究我们的课堂——课堂观察》《教师如何关注学生的课堂行为》《提高课堂实效，减轻学生课业负担》《巧用5W法，提升我校教师自我反思能力》《转变思维方式，享受幸福工作》《提高工作效率，关注课堂质量》《找准教学的基点——从了解你的学生开始》等，开通“幸福工作——林小教师成长”博客，博文370余篇；《教师的反思》由教学主任专人阅读、批注评语，并装订成册，人手一册，互鉴互学，累计18期，促进教师专业技能和教研能力的不断提升，凸显成效。

教学成果 在2011年海淀区5年级教学质量监测中，附小取得了全海淀区第一名。

【校园安全工作】 2011年，附小认真贯彻执行中央十部委关于《中小学幼儿园安全管理办法》精神，夯实学校安全稳定基础，建立健全安全制度和应急机制。附小把安全工作列入行政主要议事日程之中，将学校的安全工作纳入年度工作计划，明确校长为学校“安全”第一责任人，平安校园建设重在校内安全管理上，把学生的安全放在第一位，牢记学生的安全是学校最大的安全。2011年，附小完善了安全部门组织结构和网络实时监控。学校在2011年新设安全保卫处，有兼职保卫干部。附小安全负责部门确保日常安全的管理和学生教育工作，坚持“预防在先，发现在早，解决在小”的原则，坚持检查和督查校园安全工作，通过全面检查（重大节假日）和重点检查相结合，发现问题，及时整改，及时记录在案；发现事故隐患立即进行整改，及时消除隐患，确保师生安全。

附小的安全技术防范设施进一步完善，在原有的校园技术防范设施基础上，2011年，加大经费投入，建设校园安全防范技术系统，进一步加强校园技术防范安全设施设备的更新和升级，视频监控从原来的10只增加到15只，图象资料贮存30天。已到达基本覆盖校园全貌，使学校的技防、物防、人防措施全面到位。校园安全保障管理科学常态化，有力地保障学校教育教学的稳定和平安。加强对学生的安全教育，利用国旗下讲话、开学典礼、休学式等形式进行行之有效的安全教育。学校有完善的各类应急预案。学校每年对入学新生进行一次全面安全教育培训；口头教育结合实际演练，每学期对学生进行2次应急疏散演练，加强学生在面对危险时的自救自护和逃生能力的提高，增强师生的公共安全意识和防灾避险的能力。

2011年，附小师生无违法犯罪行为、无一例交通事故、无一例重大安全责任事故、无一例恶性意外伤害事故，无一例群访、集访、越级上访等事件，被北京市海淀区评为三星级平安校园。 （王 琳 高慧贤）

学校公共体系

信息化建设

【概　况】 北京林业大学信息中心承担学校网络建设与管理、信息化建设、信息安全管理、网络资源平台建设、校园一卡通运行、基础数据通信管理等职能，下设信息部、用户服务部、网络管理科、系统运行科、数据研发科、基础业务维护科。

2011 年，学校进一步完善信息化管理与运行机制，将信息中心调整为正处级单位，原电话室(挂靠党政办公室)合并调整到信息中心基础业务维护科。1 人提拔为正处级，1 人提拔为副处级，1 人获聘高级工程师职称，2 人提拔为正科长，1 人提拔为副科长。

2011 年，信息中心重点推进网络改造、带宽扩容、无线网、数据中心等信息化基础建设，进一步推进 IPv6 应用，继续执行校园一卡通系统二期工程，编写信息化“十二五”规划，启动教师信息系统等信息化项目工作，继续提升日常管理与服务水平，2011 年度获“高校招生网络安全畅通工程”先进单位称号。

（黄儒乐　黄国华）

【校园网】

校园网改造与优化　初步完成校园骨干网络万兆升级，实现学生 7 号楼、学生 10 号楼万兆试点接入。新增 250M 校园网出口带宽，全网出口带宽总量达到 1.1G。调整路由设备，优化网络访问策略，提升使用效率，网络双向使用带宽达到 1.5G。

IPv6 网络项目　继续执行教育部 CNGI-IPv6 项目后期工作，完成新到服务器等设备的上线安装，上交财务结算报告，配合教育科研网开展世界 IPv6 日活动。完成清华大学“新一代可信任互联网实验网”子课题研究与工程实施工作，部署测试 SAvI 安全认证体系，推广 IPv6 试商用服务。截至 2011 年年底，学校 IPv6 出口入流量峰值突破 4Gbps，平均流量在 2.2Gbps 以上。

无线网络　上半年，与中国移动合作，完成教学区与办公区的双热点无线网络建设，实现了教学区与办公区无线网的全覆盖。下半年，与中国电信合作，开展校园无线网络建设，新增无线 AC 控制器 2 台，安装无线 AP 发射器 350 个，完成西学生区、操场、北家属区等楼宇内部无线网络建设，并正式开通无线接入服务。

综合服务　进一步加强业务管理与服务工作。实时公开发布校园网使用情况，建立网络优化服务月制度，定期集中技术力量解决网络中常见问题，修订《2011 版网络使用手册》并发放到每一个新生宿舍。降低上网资费，印发《北京林业大学校园网收费管理办法》，并于 6 月 1 日起执行。组织多种形式的网络宣传与培训，开展一卡通卡片设计大赛。与电影网合作，在校园内引入正版电影播放平台，初步完成系统测试工作。引入拉卡拉支付平台，为广大师生提供便民服务。继续提高客服人员素质与技能，实施服务人员考评制度，在校园论坛里建立客服专版。

全年一卡通累计发卡 4500 张，接受各类电话咨询 7000 余次，外派网络与计算机故障维修 600 余次，维修网络端口 350 个。

（王雁军　黄国华）

【数字校园与信息化建设】

教师信息系统项目　从面向教工管理服务出发，分析、整合部门业务需求，开展以人力资源一体化系统为核心的教师信息系统建设研究工作。2011 年完成系统调研、需求整理、方案制定与论证工作。截至年底，项目实施的各项准备工作基本就绪。

教师信息系统目的是实现相关业务系统的集成和整合，推进管理流程优化与改革，实现网上协同办公，提高管理与服务效率。

校园信息化课题研究 完成北京林业大学2010年校园信息化科研专项课题的验收与结项工作。2011年，信息中心部门自筹经费，继续设立北京林业大学2011年校园信息化科研专项课题，并组织各子课题单位开展课题研究，专项共设立子课题26项，课题经费合计12.9万元。课题承担部门涉及人事处等17个部门。课题研究内容包括信息化平台研究、业务信息系统研究、教学与资源研究、信息化需求分析与规划等方面。

信息安全 2011年4月7日，组织召开2011年北京林业大学信息安全与等级保护工作动员部署会，邀请北京市公安局文保总队有关人员做网络信息安全与等级保护工作专题讲座。按上级有关文件精神，开展学校网站与信息系统等级保护工作，完成登记备案工作。邀请第三方单位(国家信息安全工程中心)对学校重点网站与系统进行安全测试，加强网站与信息系统安全防护。

网站建设 2011年，继续推进网站集中管理与发布工作，升级完善网站内容管理系统(CMS)，完成教务处等7个部门网站的改版工作，将标本馆等7个部门网站迁移至CMS系统集中管理。截至年底，CMS系统中共管理网站92个，北京林业大学网站基本实现统一技术平台、统一建设、统一管理。10月，提前一年制作发布北京林业大学60周年校庆网站，与校庆办合作，逐步对校庆网站进行修改完善，整理发布网站栏目内容。

信息化交流 2011年，参加教育部教育信息管理中心、科技发展中心等单位举办的“2011高等教育信息化创新论坛暨数字校园‘十二五’规划研讨会”等重要会议；积极到中国科技大学、华中师范大学、华中农业大学、西安交通大学、西北农林科技大学等兄弟院校交流学习。

教育部教育信息管理中心网络处、中国农业大学、中国矿业大学、北京建筑工程学院先后来校调研，交流信息化建设的有关情况。

(李学龙　黄国华)

【改造扩容数据中心】 2011年5~11月，北京林业大学调整数据中心设备至新数据中心机房，数据中心存储容量新增16.2TB，扩容后的存储裸容量达到90TB，为建立全校统一共享的数据异地容灾备份中心奠定了基础，新增存储设备7月正式投入使用。截至年底，先后将1TB一卡通系统数据、200GB网络计费系统数据、200GB网站管理系统数据迁移到新网络存储系统，数据安全性得到提高。

完成主控机房UPS电源的改造升级工程，实现3台UPS并机运行，减少相互冗余备份，保证主控中控机房的高可用性与安全性。

(高显俊　黄国华)

【生物高性能计算平台建设】 2011年7月，北京林业大学建成生物高性能计算平台，新增数据中心机房1间，面积60平方米，完成机房标准化装修与设备安装调试工作。该平台采用曙光高性能计算设备，共32个计算节点、64颗CPU、512个内核，存储容量达28TB，为生物计算中心有关科研项目提供高性能计算服务，并将逐步建成为面向全校服务高性能计算与科研共享平台。

(高显俊　黄国华)

【扩大校园一卡通应用范围】 继续执行校园一卡通项目二期工程，改造调优软硬件系统，扩大一卡通系统覆盖范围，全年新增刷卡终端250余个。为工会合作社超市、总务处电费收缴提供一卡通刷卡服务，完成一卡通系统与门禁系统、迎新系统、本科生以及研究生多媒体教学系统的接入改造工作，完成网络使用费一卡通转账服务。印发《校园卡章程》等系列文件，规范一卡通的发行、管理与结算，一卡通服务水平与服务质量得到进一步提升。(王雁军　黄国华)

图书馆

【概　况】 2011年，北京林业大学图书馆有职工91人，其中在编职工64人，正高2人、副高23人。图书馆主要围绕“建设更好的图书馆，建设更丰富的文献资源”开展工作。2011年发展新党员1人，转正2人。以北京林业大学图书馆为主任馆的高校科技情报专业委员会连续第7年被北京科学技术情报学会评为优秀专业委员会。完成图书馆中心机房的扩建和信息化平台的升级，机房面积增加35平方米，增加服务器7台，存储增至36TB。完成一楼服务大厅的布局改造。

（袁明英　阎锦敏）

【读者服务】 2011年，图书馆读者服务工作在完成基本业务的基础上，侧重于读者信息反馈的收集以准确把握读者需求及监督机制的完善，促进服务的多样化和规范化。

读者培训 全年共举办各种培训100余次，比2010年增加1倍。内容涵盖新生入馆教育、馆藏文献资源利用、中外文数据库利用SCI专题、论文提交、NE软件等，其中SCI专题关注度最高。新生入馆教育模式由集中教育转为"一对一"培训形式，开展新生"走进图书馆活动"，在开学1个月内，对全校新生按班级进行现场讲解观摩和实务操作培训。

举办世界读书日主题活动 2011年4月以"世界读书日"为契机，举办为期1个月"倡导读书风尚，提升校园文化"的读书宣传月活动。活动涵盖名师大讲堂、名师推荐展、"读好书"签名倡议、征文摄影大赛、资源利用专题讲座等内容。活动得到读者的积极参与，受到校党委宣传部、学生处等职能部门以及学院的积极响应，得到师生一致好评。

增加开馆时间 2011年，图书馆将每日开馆时间提前至早7:00，日开馆时间延长到15小时。

读者咨询 接待读者咨询1300多人次，接受电话咨询600多次，回复网上留言130余条。

文献借阅 全年完成41万册图书的借阅服务，10万多人次的阅览服务，提供读者复印服务1700多册次，预约借阅图书700余册，接待临时阅览读者1650多人次。

馆际互借及原文传递 5月开展了以"足不出户尽享文献宝藏"为主题的第二届馆际互借及原文传递宣传月活动，通过网络介绍、材料宣传、现场演示等多种形式宣传北京高校资源共享平台。活动中，北京林业大学图书馆获得了BAILS管理中心颁发的先进集体二等奖2项，先进个人二等奖2项，展板设计三等奖1项。

电子资源宣传与推广 4月开展"电子资源宣传推广月"活动，40家数据库商包含世界知名出版社（公司）和国内知名公司在内的近60种电子数据库参加本次活动。读者通过现场介绍、问题答疑以及填写资源推介表（现场和线上）等方式，对图书馆现有电子资源有了更深入的了解，同时对电子数据库的引进提出了反馈意见和建议，使图书馆能针对需求引进优秀电子资源，助力学校教学与科研。

（于　晗　闫锦敏）

【馆际交流合作】 2011年，馆际交流合作稳步发展。馆际互借合作80余家，提供人工和网上2种方式的馆际互借服务；拥有CASHL（中国高校人文社会科学文献中心）和BALIS（北京高校文献资源保障体系）2套原文传递服务系统，为读者提供全方位、多学科的原文传递服务。2011年度，通过馆际互借借阅图书450余册，完成原文传递340余篇。

（石冬梅　闫锦敏）

【文献资源建设】

文献供应商招标 春季开学，首先对中外文图书和期刊的合作商进行评价，报请北京林业大学2011年继续沿用2010年的合作商，得到批准并与合作商签订2011年的合同。

纸质文献建设 文献采选工作围绕着既满足重要学科和新专业的文献需求，又突出馆藏特色的采选目标，截至2011年12月，新增中外图书2.3万册、新增中外文合订本期刊5607册，收集本校博硕学位论文1129册、混合性资料3583册、光盘319种。

电子文献建设 根据读者要求，考虑与SCI配套使用的数据库，2011年电子资源新采购"weley"和"spring"2个外文期刊全文库，同时考虑本馆数据库类型结构配置，购买"国道数据""CABI电子书"和"EBSCO食品科学"等5个数据库；续订"SCI""JCR期刊引用报告""ISI－ESI基本科学指标数据库"等20个数据库。

文献捐赠 2011年共接受赠书1991册，其中包括几批大型赠书，如关毓秀先生赠书207册；北京林业大学留学生处赠书419册，水保87全体校友赠送园林类工具书158册等。经过挑选编目上架1325册，其余666册不适合上架的图书送交阅览漂流，使读者按需取阅。

文献荐购 2011年组织院系师生4次30余人外出现采，分别在5月6日、5月12日组织院系教师到新华书店台湖国际书城和教图样本书库选书，教师根据教学和科研所需，有针对性地选择了大量急需的优秀文献。

举办新书展 2011年分别在春季和秋季举办新书展4次，有针对性地选择专业优秀文献，为读者提供近万种新书。

文献整理 2011年编目特藏文献1186种，1418册；流通部各室非借状态改为可借状态图书861册；做流通遗失赔书编目130册。

（张丰智 闫锦敏）

【图书馆课题研究】 2011年7月课题“我国高校图书馆投入产出计量模式研究”，通过CALIS全国农学中心2010年度课题验收，并获得优秀课题一等奖。

2011年3月，2010年度图书馆立项的6个课题全部通过图书馆学术委员会的验收。

2011年，图书馆教职工发表专业论文8篇，其中核心期刊2篇。（袁明英 闫锦敏）

期刊工作

【概　况】 期刊编辑部负责5种国内外公开发行的期刊，包括《北京林业大学学报》《北京林业大学学报（社会科学版）》《中国林学（英文版）》《中国林业教育》《中国鸟类（英文版）》的编辑出版工作。

2011年，18名在职人员中有1人于12月份调至校外单位，其余17人中副高职称9人、中级职称7人。各刊继续评选上一年度的优秀论文作者和优秀审稿人。完成网上稿件处理系统升级。在汤森路透北京办事处期刊编辑部相关人员和《中国鸟类》主编等与SCI选刊负责人就《中国林学（英文版）》《中国鸟类（英文版）》2个刊物国际化进行交流。向国家新闻出版总署递交申请，将《中国林学（英文版）》更名为《林业研究与实践（英文版）》，将《中国鸟类（英文版）》出版单位由高等教育出版社变更为清华大学出版社。对所有稿件检查，符合要求送外审，发稿前再次检查是否存在学术不端行为。对所有版权转让协议进行管理、归档，要求所有作者在版权转让协议上签字。

据中国科学技术信息研究所11月发布的《中国期刊引证报告（扩刊版）》，《北京林业大学学报》的影响因子为1.453，在全国林业科技期刊中位列第二，在全国高校自然科学学报中位列第三。《北京林业大学学报（社会科学版）》继续保持《中文社会科学引文索引》（CSSCI）来源期刊。

2011年，《北京林业大学学报》被教育部科技发展中心评选为2010年度中国科技论文在线优秀期刊一等奖，被科技部中国科技信息研究所评为第2届中国精品科技期刊荣誉称号，继续被收录为中国中文核心期刊、中国科学引文数据库来源期刊。《北京林业大学学报》编辑部获教育部科技司中国高校科技期刊优秀团队奖。《北京林业大学学报（社会科学版）》首次获得中国科技论文在线优秀期刊一等奖、被全国理工农医院校社会科学学报联络中心评为优秀学报，其中“森林文化”栏目被评为优秀栏目。

【组稿工作】 2011年，期刊编辑部针对来稿质量总体下降的情况，加大组稿力度，改变组稿策略，主要是组织专栏和专辑，加快稿件处理速度。到2011年年底，《北京林业大学学报》组织并完成3个专栏或专辑，确定了2012年第1期专辑的主题。《中国林业教育》确定2012年与中国林业出版社合办1期专刊，与西北农林科技大学资源环境学院合办专栏“特色专业建设”（水土保持与荒漠化防治专业）。《北京林业大学学报》《北京林业大学学报（社会科学版）》《中国林业教育》《中国林学（英文版）》《中国鸟类（英文版）》均完成全年出版计划，共编辑出版正刊24期、增刊3期。

【召开全国第4届森林文化学术研讨会】 2011年12月3～7日，期刊编辑部发起，北京林业大学联合西南林业大学、国际木文化学会、亚洲绿色文化国际交流促进会在昆明主办了全国第4届森林文化学术研讨会，美国林务局、日本东京大学、菲律宾开放大学、中国科学院、国家林业局、中国林业科学研究院、甘肃省社会科学院、云南生物与文化多样性保护中心、台湾林试所福山研究中心、华南农业大学、北京林业大学、西南林业大学、国际木文化学会、亚洲绿色文化国际交流促进会等单位的70多位学者参加会议，共有32位代表发言，内容涉及生物与文化保护、森林文化建设及林业史考究等。来自美国、日本、菲律宾的3位学者分别介绍了本国的森林文化与生态保护情况。 （张铁明）

档案工作

【概　况】 北京林业大学档案馆(以下简称“档案馆”)隶属北京林业大学党政办公室，是学校档案工作的职能管理部门，也是永久保存和提供利用北京林业大学档案的科学文化事业机构，主要负责全校各门类档案的立卷归档的监督指导和档案材料的收集、整理、编目、保管、借阅、统计、鉴定、利用、编辑研究以及档案的信息化建设几项主要工作。

档案馆现有专职档案员6人、外聘人员1人，其中副研究馆员2人、馆员2人、助理馆员2人。档案用房870平方米，设有综合档案库房、人事档案库房、阅览室、办公室，案卷排架总长度855米。

档案馆共有1个全宗，包括党群、行政、人事等14类档案，库藏档案58 252卷，其中包括邓小平等国家领导人为学校题词的原稿，为学校建设发展做出突出贡献的知名专家资料和北京林业大学在教学、科研方面取得突破性成就的记录等。 （李伟利　张月桂）

【档案管理】 2011年，北京林业大学档案工作在资源整合、档案基础工作、档案信息化建设、档案编研和宣传以及完善管理手段方面开展档案管理工作。

根据北京林业大学档案工作管理规定，开展2011年度北京林业大学档案工作先进单位和先进个人评比表彰活动，共评出先进单位一等奖16个、先进单位二等奖23个、先进个人7名。

信息化建设 2011年，档案馆推进档案信息化建设、资源建设以及档案开发利用等创新工作。完善对1952～1985年的比较破旧，散乱的旧档案进行修补抢救、整理编目、换皮装订的工作，并对全校库存的老档案实行统一分类、统一编号，进行规范化整理，保证档案的数字化管理能够顺利进行。对1952年建校以来的纸质档案的案卷目录和卷内目录进行数字化管理。2011年完成案卷整理2979卷，电子目录数据70583条，扫描各类重要档案全文947份。启动网络环境下电子档案的接收工作，加大力度收集、整理和利用现行电子文件并借助档案网络系统平台全面实现档案资源共享，加快实现电子文件与纸制文件同步归档和有效管理，促进档案信息化建设的实施。

人事档案审核达标工作 档案馆完善人事档案审核达标工作，针对人事档案达标要解决的干部档案材料是否完整、档案信息是否准确、档案整理是否规范的3个问题以及围绕着检查验收实行4项“单项否决”的重要内容开展工作。对全校1654卷在职干部人事档案的内容和有关信息进行逐页逐项的核对，对缺少的内容进行补充，共补充各类材料3408份，发放确认表1654份，对每份档案进行规范化整理、分类、编目、补洞、裱糊、编页、装订，并将手写目录全部录成电子目录。完成干部人事档案库房的重新搬迁装修，干部人事档案步入正规化、规范化管理。

归档工作 在全校再次开展“学校记忆工程活动”，继续完成2010年归档主渠道工作；开拓征集范围，广泛开展多种形式的征集活动，把不同时期形成的具有归档保存价值的不同门类、不同载体、不同形式的存放在各单位的档案以及过去遗漏立卷的档案材料进行一次全方位的收集、记录、整理和开发利用，档案数量大幅提升，档案质量普遍提高，门类不断增加，结构得到优化。

档案工作会 3月，档案馆围绕“全面收集、科学管理、有效利用”的主题召开2011年全校档案工作会议，全校52个单位参加会议。会议总结了档案工作取得的重要成绩，分析归档工作中存在的内容不全面、电子文件不完整、兼职档案员变动频繁等问题，并安排2012年的档案工作，对参会的档案工作人员进行了档案网络管理系统的应用培训。培训中讲述了档案管理系统的归档操作流程、电子文件的上传和编辑档案类目等内容。

馆际交流 2011年，档案馆派人参观了北京大学、清华大学、华北电力大学等多所高校档案馆的建设情况，并同档案人员开展深入交流活动，对档案馆建设、人事档案审核、编研和信息化建设等工作进行了交流。

（李伟利 张月桂）

【档案开发利用】 2011年，档案馆共接收档案案卷2979卷，补充教职工档案5800份，补充学生档案14 800份，转出学生档案4100卷。为教学、科研、管理工作提供全方位的档案信息服务，利用档案网络查询系统提供档案查询服务，利用综合档案9222.8卷次，利用人事档案3100卷次，借出和复印档案材料746份，电话查询459人次，网站访问量5817人次，配合教育部学位学历认证86人次。

档案馆补充完善14项档案编研工作，完善北京林业大学1952～2008年组织机构沿革、北京林业大学1952～2008年教职工的职称聘任情况、北京林业大学1984～2008年各类获奖证书、锦旗名录及电子奖证、北京林业大学建校50周年书画作品目录及电子图样等编研工作，按照历史发生时间或者部门的顺序编纂成册，形成电子版和纸质版，为查询中遇到的困难提供解决途径，方便查找相关信息。2011年，北京林业大学的档案多次被组织部和人事处加以利用，为学校职称变动查询，人事变动查询和人事档案审核达标工作提供帮助，提高了档案查询效率。

（李伟利 张月桂）

实验林场

【实验林场概况】 经调查，2011年实验林场范围内共有陆地植物121科447属955种(包括变种、变型)，昆虫14目122科539种。实验林场现在主要任务是为教学实习科研服务、营林防火、病虫害防治和森林旅游。

现有教职工40人，其中高级职称3名、中级职称7名；具有大学本科以上学历9人。

2011年，实验林场围绕教学实习科研服务、营林防火、病虫害防治和森林旅游的中心工作，筹集资金131万元，完成对普照院铺设供水管线、家属楼供电线路和萝芭地瞭望塔维修改造工程，完成环境整治面积8000余平方米，栽植苗木4650余株，林木抚育56.67公顷。实验林场被评为2010～2011年度海淀区护林防火先进单位称号。

（邓高松 王 勇）

【教学实习和科研】 实验林场是北京林业大学重要的教学、科研、实习基地，为北京林业大学教学和科研工作服务是实验林场的中心任务。

教学实习 2011年，实验林场共接待北京林业大学教学实习师生4900人次，其他院校实习师生6900人次，继续承担着北京林业大学成人教育学院实验林场校区学生的学习、生活和住宿等后勤保障工作。实验林场教学实习的课程有：营林生产实践、林木种苗培育技术、土壤学、地质与地貌、生态学、昆虫分类学、果树概论、植物学、园林树木学、气象学、地图学、苗圃学、园林设计、旅游规划、森林保护、环境规划、森林防火。

科研服务 实验林场协助水保学院、林学院、生物学院、工学院等有关科研项目在林场顺利开展，完成人工降雨模拟大厅、风洞实验室、森林培育温室大棚1500平方米建设。截至2011年12月31日，在实验林场开展的科研项目有遗传育种、水土保持、干旱地区造林、梅花、牡丹和芍药等方面的课题。

北京林业大学实验林场开展的科研项目情况

序号	项目名称	项目负责人	项目地点
1	梅花品种的保存研究	张启翔	梅园
2	梅花与牡丹分子育种与品种创新	成仿云	牡丹园
3	森林植被对降水输入过程的调控机制	谢宝元	秀峰寺以西
4	“十二五”国家科技支撑计划项目三北地区水源涵养林体系构建技术研究与示范(2011BAD38B05)	余新晓	锅炉房以南以及云岫亭西侧
5	国家林业局林业公益性行业科研专项项目典型森林植被对水资源形成过程的调控研究(201104005)	余新晓	锅炉房以南以及云岫亭西侧
6	国家自然科学基金面上项目基于氢氧同位素技术的植被－土壤系统水分运动机制研究(41171028)	余新晓	林场办公区北侧气象站区域
7	蓝莓定向高效培育及加工利用技术研究	侯智霞	普照院
8	能源林培育技术	马履一	普照院
9	灌木能源林树种选育与高效培育技术	马履一	普照院
10	华北主要造林树种容器苗稳态营养加载技术研究	李国雷	普照院
11	红花玉兰种质资源收集保护、遗传测定与开发	马履一	普照院
12	中法生物质能源树种良种基地建设与培育	彭祚登	普照院

（邓高松　王　勇）

【营林与防火】 实验林场的营林管理工作重点是林相改造、护林防火和病虫害预防监测的生态维护。

营林工作 实验林场接待了社会单位1200人次在实验林场参加植树活动，共栽植各种苗木1300余株，完成单位义务植树和纪念林抚育管理56.67公顷。

护林防火工作 实验林场调整完善全年度森林防火工作计划及扑火预案，突出“防”字。落实管理制度，打设防火隔离带43万平方米，清理防火小道20千米，培训一支15人的专业扑火队伍，完成萝芭地瞭望塔维修改造，对原有的防火设施、监控设备等全部进行调试，保证防火期间各种设备正常运转。实验林场全年度没有发生火情、火警和火灾现象，被评为2010～2011年度海淀区护林防火先进单位称号。

病虫害防治工作 实验林场设立专人进行监测，共设置6个观测点，4～10月每天进行观测记录并报海淀区林业工作总站，在重点区域、重点部位4～9月份进行了7次药物防治，确保实验林场林木资源安全。（邓高松　王　勇）

【实验林场基本建设】 2011年，实验林场筹集资金131万元，投资新建值班房，完成普照院铺设供水管线和家属楼供电线路改造工程，完成2吨锅炉大修和锅炉房室外地面硬化，完成秀峰寺餐厅和萝芭地瞭望塔的维修改造等工作。

（邓高松　王　勇）

【北京鹫峰国家森林公园】 2011年，北京鹫峰国家森林公园开展环境综合整治改造、绿化美化工作，完成环境整治面积8000余平方米，对鹫峰古道进行了修补完善。公园完成3A级旅游景区复核工作。公园举办鹫峰梅花节、鹫峰生态文化节、鹫峰登山节和鹫峰彩叶节系列主题旅游文化活动，参与由海淀区人民政府、北京市旅游局共同主办的“2011中关村科教旅游节”，北京市海淀区人民政府和北京市旅游局主办、北京市海淀区旅游局和苏家坨镇人民政府承办的2011年西山文化休闲旅游节，全年接待游人13万人次。

（邓高松　王　勇）

【义务植树活动】 4月16日，国家林业局50多位司局级领导在实验林场开展义务植树，共栽植白皮松和华山松60株。校党委书记吴斌、副校长骆有庆、海淀区园林绿化局局长沙海江及林场相关负责人一起参加了植树活动。

【第八届登山越野赛】 10月30日，由北京市大学生体育协会主办、北京林业大学承办的鹫峰国家森林公园杯“首都高校第八届登山越野赛”在鹫峰国家森林公园内举行，来自北京27所高校的28支代表队报名参赛，有教练员、裁判、运动员共500余人。北京高校大学生体育协会主席杜松彭、校党委副书记陈天全等领导参加开幕式，并为比赛起跑鸣枪。（邓高松　王　勇）

苗圃与树木园

【概　况】 北京林业大学苗圃和树木园管理办公室，成立于2010年10月26日，挂靠北京林业大学教务处。该办公室是学校的实践教学单位，负责建设和管理教学实习苗圃和树木园，为本科教学提供实习实验平台，开展本科教学实习，为教师和学生实习服务。管理办公室现有主任1名、副主任1名，设生产业务科和教学实习科2个科室，分别由1人负责，招有劳务人员若干。

苗圃位于北京市海淀区双清路西侧，北京地铁13号线东侧，八家村委会北侧，海淀区八家郊野公园南侧，距北京林业大学校本部西北门约300米，总面积31 181平方米。由西院18 683平方米、东院10 369平方米和东南院2154平方米3部分组成，已完成规划建设，投入使用。树木园正在规划设计中。

2011年3月28日正式接待本科学生实习。2011年度，共安排园林学院、林学院、梁希班实习课程25门次，实习班级67班次；接待大学生创新实验计划和科研训练项目5项，大学生毕业论文实验4项。苗圃内种植木本植物16种左右，草本植物60余种，药用植物29种，草坪草种60余种，牧草草种18种。教学实习用地共14 530平方米。（王　珏　郝建华）

【基本建设】 2011年度主要开展苗圃一期工程运行维修和二期工程补充完善等相关建设。

一期工程运行检查　苗圃和树木园一期工程验收后，2011年对苗圃的基础设施进行了实际运行检验，发现问题主要为2个方面：一是苗圃铺设的水管在2010年冬季有部分出水口冻裂；二是苗圃建筑部分屋顶出现漏雨情况，经建设方维修，已恢复正常使用。

二期工程补充建设　2011年对苗圃二期工程建设的彩钢房、锅炉房、师生活动广场进行完善，补充建设了多用途景观、停车、休息棚架，设置了户外休息椅、凳等服务设施共5处，费用约45万元。

建设多用途温室　经过多次调研，在主管校领导和有关部门的支持下，苗圃和树木园建设了1个多用途温室，即可做温室种植植物，又可做教室给师生上课，还可以做陈列室、展示教学实习成果。温室总面积192平方米，投资30万元。多用途多功能温室2011年主要用作学生实习中教师上课的教室、学生实习优秀报告和成果展览室、相关实习课程穴盘苗种植室以及学生创新实验创意操作室等，并陈列了苗圃采集的部分植物种子标本瓶。

土壤改良　苗圃生产用地区域由于土壤中含有大量的建筑垃圾，土壤结构和土壤肥力差，不利于苗木生长和教学实习。2011年秋季苗圃生产结束后，苗圃管理办公室安排大规模的土壤改良工作，机械松土10 200平方米、筛土4000平方米。此外，种植紫花苜蓿、施草炭土等生物措施改良土壤3300平方米。

改建围墙、排水渠、大门　2011年苗圃改建东院东围墙和排水渠，将围墙和内侧的排水渠向西挪移。同时，完成改建苗圃东南院大门的工作，增强了该大门的安全性。

（王　珏　郝建华）

【物联网信息建设】

物联网信息建设初具模型　苗圃和树木园管理办公室采用引进、同教师合作的方式开展物联网信息建设，2011年安装调试自动监测、记录、控制灌溉系统6套，自动土壤温湿度检测、记录仪2套，苗木定时观测、记录IP无线摄像机3套，初步形成物联网终端框架。苗圃管理系统是该物联网主体框架，其下设置小型气象站、

6个自动录像摄影系统、10个土壤温湿度自动测量及自动喷灌系统以及覆盖苗圃小区的无线上网系统。

建设的苗圃网站已挂网运行。逐步完善了苗木培育、树木栽培技术方面的栏目。目前主要栏目设置有场地介绍、站内新闻、通知通告、教学实习、管理制度、技术名词、植物数据库等。网址是 http://miaopu. bjfu. edu. cn/default. aspx。

为整合物联网信息系统，实现开放性网络平台，苗圃和树木园管理办公室还建设网络服务器系统平台，将终端检测、采集到的数据存储利用，完善苗圃物联网信息系统，供教师学生信息查询。

（王　珏　郝建华）

机械化系统建设　苗圃根据生产规律，经过分析，提出了苗圃机械化系统的构成和适用机械。苗圃机械化系统构成是从整地、做床、播种、扦插、覆膜到中耕除草、施肥、喷药、挖苗，各个环节适用机械主要是深耕犁、旋耕犁、高床做床机、高垄做垄机、播种机、扦插机、覆膜机、中耕除草机器、追肥机和挖苗机。

与工学院教师合作，开展苗圃机械研究。2011年主要从中耕除草机械入手，设计适合苗圃使用的中耕除草机。其次，派苗圃管理人员到山东、河北、北京考察，调研农业机械以及苗圃机械，选购了苗圃急需的圆盘犁、平地机、机动喷雾器、机动割灌机、剪草机、粉碎机、电焊机等常用机具。（王　珏　郝建华）

【规章制度建设】　2011年，建立和完善苗圃管理制度6项：《苗圃和树木园管理办公室组织机构及岗位职责》《教学实习管理办法（暂行）》《北京林业大学教学实习苗圃作业规范》《北京林业大学教学实习苗圃安全值班员岗位职责》《北京林业大学教学实习苗圃管理规定》《北京林业大学苗圃工人管理规定》。（王　珏　郝建华）

【苗圃生产技术管理和财物管理】　苗圃生产过程，包括苗圃生产作业安排、劳务工人工作安排、机械管理、生产资料组织等。2011年，苗圃和树木园管理办公室试行将苗圃劳务发包给园林绿化公司，经过一年的运转，效果较好。技术管理方面，经过学习和培训，能够指挥和管理苗圃生产和教学实习，并对苗圃生产及管理过程的重要环节和事项进行记录、整理，如对生产资料使用量的统计、记录；对工人单位时间某种工作量的观察记录；对苗木生长的观察记录等，一年来积累影像资料约60G，整理、保存文字资料约26 000字。

2011年，苗圃和树木园管理办公室编制了苗圃作业规范，以指导工人作业，为苗圃生产起示范作用，为建立一流的教学实习苗圃创造条件。该规范主要内容是对苗圃作业整体要求符合《育苗技术规程（GB6001 – 1985）》及《城市园林苗圃育苗技术规程（CJ/T 23 – 1999）》。对苗圃作业细部每个环节，如整地、机械耕地、做苗床、垄、畦、步道、各类播种方式和植苗方式、灌溉、施肥、施农药、施除草剂、中耕松土、除草、排水、间苗、遮阴、防寒、挖苗、根系修剪、假植、苗木根系挂浆、苗木包装等，都做了详细的操作要求和标准示范。

财物管理方面　学校拨付的2011年苗圃运转经费，按计划基本执行完毕，合同劳务费根据合同作为应付账款，到合同付款期的2012年2月再支付。在审计处的指导下完成苗圃一期建设工程的尾款支付和二期工程第一、第二笔工程款支付。（王　珏　郝建华）

【教学实习】　作为学校实践教学平台的苗圃，为林学院、园林学院、生物学院、自然保护区学院和水土保持学院的相关实践课程提供服务，如森林培育学（育苗部分）、草坪学、牧草、切花生产、盆花生产、野生花卉学、园林植物景观设计、园林植物栽培养护、花卉种苗与园林苗木生产学、园林植物遗传育种学、园林苗圃学、盆景学、果树与蔬菜园艺学、药用植物学等课程的实践环节。

2011年4月初，苗圃管理办公室收集汇总各学院本科教学实习申请表，协调各门课程到苗圃开展各项实践环节的时间安排，及时向各学院反馈苗圃可承担的实习内容，以书面形式回复苗圃对各学院2011年春季实习申请的反馈意见；为本科生实习做好前期各类工具、生产资料、苗木植株和土地修整、灌溉、做床的准备；学生实习期间做好师生接待工作，协调工具和生产资料的供求，及时解决各类突发事件，保证学生实习中的安全；记录学生实习过程主要技术环节，并为学生实习拍照留影以备存档；学生实习后安排苗圃工作人员及时撤除覆盖物，并进行灌溉、松土、除草、间苗、追肥、移栽等，督促实习班级学生做少量管理工作，做定期数据调查。

2011 年度，苗圃共接待教学实习课程 25 门次，接待实习班级 67 班次；实习总用地14 530平方米。

2011 年度苗圃接待实习课程及班级一览表

实习课程	起止时间	实习班级	任课教师	备　注
园林苗圃学	3 月 29 ~ 30 日	园林 08-1 ~ 6	成仿云	
林木种苗学	4 月 5 ~ 8 日	林学 08-1 ~ 3	郭素娟	
种苗与苗圃学	4 月 12 ~ 14 日	园艺 08-1 ~ 2	吕英民	
林学概论	4 月 28 ~ 29 日	梁希 10-1	彭祚登	做高低床播种等
草坪学	4 月 28 日、5 月 21 日	所有草业专业班级	常智慧 尹淑霞 宋桂龙	分区撒播各类草坪草种
森林培育学	5 月 3 日	梁希 09 – 2	李国雷	做高低床播种等
草地植物栽培学	5 月 3 日	草业 08	王铁梅	分区条播各类牧草
园林花卉学	5 月 3 日	风园 09-3	李秉玲	草花移植
林学概论	5 月 10 日	林经 10-1 ~ 2	贾忠奎	苗圃参观学习
园林植物景观设计 A	5 月 14 日、17 日、24 日	园艺 08-1 ~ 2	高亦珂	各类花径建植
切花生产	5 月 17 日、19 日	园艺 08-1 ~ 2	潘会堂	切花播种球根种植
园林花卉学	4 月 19 日、22 日、26 日； 5 月 19 日、20 日、23 日； 6 月 13 日、14 日、17 日	园艺 09-1 ~ 2 园林 09-1 ~ 6	刘　燕 董　丽 杨秀珍 李秉玲 何恒斌	春播花卉、移植、定植；各班分批分期前来苗圃实习
专业英语	6 月 22 日	草坪 08、草业 08	尹淑霞	到草坪播种区辨认不同的草坪草及杂草种类
草业专业综合实习	6 月 27 ~ 29 日	草业 08	王铁梅	主要进行草坪杂草相关内容实习
园林植物景观设计 A	8 月 31 日	园艺 08-1 ~ 2	高亦珂	该课程第二学期实践环节补种秋花等
林木种苗学	9 月 5 日	林学 08-1 ~ 3	郭素娟	该课程设计部分
果树蔬菜概论	9 月 16 日	园艺 10-1 ~ 2	吕英民	种植各类蔬菜
草坪学(双语)	9 月 24 日	草业 10	尹淑霞	草种认知、草坪建植示范
苗圃学	9 月 26 日	草业 09	贾忠奎	做高低床播种等
园林树木栽培养护学	9 月 27 日	园林 09-3，5，6	袁　涛	种植牡丹灌冻水等
林木种苗学	10 月 11 ~ 13 日	林学 09-1 ~ 3	贾忠奎	参观学习
野生花卉学	11 月 1 日	园艺 09-1 ~ 2	高亦珂	播种野外采集草花

（续）

实习课程	起止时间	实习班级	任课教师	备　注
园林草坪与地被	11月7日、9日	园林09-4～6	李秉玲	草坪识别
草坪灌溉与排水学	11月29日	草业09	苏德荣	参观学习苗圃灌溉排水系统
园林花卉学A	10月17日、18日、20日、21日、25日；11月5日、16日、18日、19日、22日	园艺10-1～2 园林10-1～6	刘　燕 董　丽 杨秀珍 何恒斌	秋播花卉、打阳畦等；各班分批分期前来苗圃实习

（王　珏　郝建华）

专　文

党发重要文件选编

关于开展中国共产党成立90周年庆祝活动的安排意见

北林党发[2011]3号

各分党委、党总支、直属党支部，各单位：

今年是中国共产党成立90周年，在全校范围内深入开展建党90周年纪念活动，是对广大师生进行爱党爱国爱社会主义教育、中国特色社会主义理想信念教育、民族团结进步教育的重要契机。为进一步贯彻落实中央和北京市委的有关精神，我校决定于今年在全校范围内广泛开展建党90周年庆祝活动，特提出以下安排意见：

一、指导思想

高举中国特色社会主义伟大旗帜，以邓小平理论和“三个代表”重要思想为指导，深入贯彻落实科学发展观，全面落实党的十七大和十七届四中、五中全会精神，唱响共产党好、社会主义好、改革开放好、伟大祖国好、各族人民好的时代主旋律，紧密联系建党90周年来的光辉历程，紧紧围绕学校科学发展的中心工作，对广大师生深入进行理想信念教育，鼓舞和坚定全校师生走中国特色社会主义道路的信心和决心，为推进学校科学发展，为实现国民经济和社会发展第十二个五年规划和全面建设小康社会宏伟目标而奋斗。

二、主要内容

1. 宣传中国共产党90年的光荣历史、优良传统和丰功伟绩，充分展示中国共产党带领全国人民艰苦奋斗的光辉历程，突出展示新中国成立以来特别是改革开放以来我国经济社会发展取得的辉煌成就。从历史和现实、理论和实践、成就和经验相结合的高度，用雄辩事实说明，中国共产党的领导是历史的选择，是人民的选择，只有中国共产党才能领导中国人民开创建设有中国特色社会主义的道路，引导师生员工把坚持爱国主义、社会主义和党的领导三者有机统一起来。

2. 宣传中国特色社会主义理论体系，引导师生员工深入学习马克思列宁主义、毛泽东思想、邓小平理论和“三个代表”重要思想，深入贯彻科学发展观，自觉用中国特色社会主义理论体系武装头脑，努力实践社会主义核心价值体系，做共产主义远大理想和中国特色社会主义共同理想的坚定信仰者、科学发展观的忠实执行者、社会主义荣辱观的自觉实践者、社会和谐的积极促进者。

3. 宣传辛亥革命开启中国发展进步新纪元的伟大意义，宣传中国人民为民族独立和国家富强共同奋斗的光荣历史，鼓舞激励广大师生员工为推进祖国和平统一大业、实现中华民族复兴而不懈奋斗。

4. 宣传林业战线、基层组织、广大党员在各级党委的领导下，积极投身社会主义经济建设、政治建设、文化建设、社会建设和生态文明建设的时代风貌和先进事迹，引导师生员工在服务国家和首都经济建设的实践中建功立业、奋发成才，为实现党的宏伟目标努力奋斗。

三、活动安排

1. 开展党史专题学习活动。一是开展理论研讨。校党委理论学习中心组，要以学习型党组织建设为载体，带头开展专题学习研讨，重点围绕党的历史和中国特色社会主义理论体系开展理论研究。各二级中心组也要以此为主题，并结合创新争优组织相应的学习教育活动。二是开展宣讲活动。思想和政治理论课要充分发挥课堂主渠道作用，安排专门课时、改进教学手段，加强党史宣传教育；其他理论课也要深入挖掘思想政治教育资源，在传授知识过程中，加强理想信念教育。各分党委、分团委要结合实际，通过举办报告会、讲座、论坛、座谈等方式，充分借助网络、手机等新媒体，加强党史和形势政策教育，帮助广大师生深入了解党的历史，增进对党的感情。三是开展教育培训。学校各级党团组织要把党史教育列为2011年党员、团员、干部和积极分子培训的重点内容，通过党（团）课，读书学习、社会实践、参观走访、仪式教育等多种形式对广大师生进行党的知识和党的历史教育。通过编发宣传提纲、编写学习资料，制作宣传图片等形式，进行深入浅出、通俗易懂的宣传阐释，进一步提升师生员工的理论修养和思想认识。学校将开展“校(院)党委书记恳谈日——走进青年讲党史说党情”等活动，在师生中掀起学习热潮。

2. 开展主题鲜明的教育活动。一是举办系列庆祝活动。各级党团组织结合自身实际，不断创新活动载体，丰富活动手段，广泛组织开展红歌传唱、演讲比赛、文艺汇演、知识竞赛、图片展览、电影展播、主题征文等多种形式的教育活动，引导广大师生以隆重热烈、俭朴务实的方式抒发对党的热爱之情。学校将组织开展“学党史·知党情·报党恩·铸党魂”系列主题教育活动，在师生中开展纪念建党90周年红歌演唱会，首届“红短信”“红段子”“红色视频”征集和评选活动，以及“纪念中国共产党成立90周年”征文活动等。二是举办党(团)日系列活动。各级党团组织要在“五四”“七一”等重大节庆日，集中开展主题党日和团日活动，通过邀请党组织领导上党课，举行新党(团)员宣誓仪式，志愿服务老党员、老干部、老红军、老模范等形式，进一步增强师生员工对党、对国家的深厚感情。

3. 开展主题实践和志愿者活动。各分党委、各单位要围绕庆祝建党90周年和国家、首都、学校重大发展战略，在师生中广泛开展以“我为‘十二五’做贡献”“青春建功‘十二五’”为主题的实践活动。组织师生以多种方式为“十二五”建言献策、岗位建功，组织师生深入基层、深入企业、深入农村、深入社区，开展调查研究、志愿帮扶活动，引导师生把爱党、爱国的热情化为关爱他人、奉献社会的实际行动。

4. 大力开展学习先进典型的活动。“七一”前夕，学校将推出一批爱岗敬业、教书育人、改革创新、甘于奉献的优秀党员和基层党组织。各单位可根据实际情况，大力开展“立德树人”的教育活动，进一步营造学习先进的良好氛围；邀请一些先进典型、知名校友、成功人士举办先进事迹报告会，激励广大师生崇尚先进、学习先进，将爱国之情化为报国之志，强校之行。

5. 精心组织媒体宣传活动。学校及各单位要充分利用报纸、网络、橱窗、广播、电视、校园公共电视、电子显示屏等媒体，开设专网专题专栏专版，营造隆重热烈的教育氛围，大力宣传建党90周年来取得的巨大成就，大力宣传我校建校以来各项事业取得的成绩和经验，大力宣传为学校做出贡献的典型人物、先进事迹。要充分发挥互联网优势，积极搭建网络交流平台，加强对青年学生的宣传教育和正面引导。

四、总体要求

1. 要充分认识这项活动的重要意义。纪念建党90周年是今年全党、全国人民政治生活的一件大事。各分党委、各单位要把庆祝活动作为当前和今后一个时期的重点工作，摆在突出位置，列入重要日程，加强组织领导。要按照学校的统一要求，充分发挥组织优势，结合本单位实际，制定切实可行的工作方案，分解任务，周密安排，精心实施，突出教育意义，确保取得实效。

2. 要创造性地推进活动取得实效。各分党委、各单位要突出“学党史·知党情·报党恩·铸党魂”的主题，组织开展各种纪念活动，既要完成好规定动作，统一行动，形成合力，又要创造性设计好自选动作，丰富载体，突出特色。要坚持面向基层、面向师生，采用师生便于接受、乐于接受的传播渠道和活动方式，注重调动师生内在的积极性、主动性、创造性，鼓励他们自主开展活动，努力增强活动的群众性，扩大活动的影响力。

3. 要有重点地形成阶段性活动高潮。各分党委、各单位在部署和开展活动时，要分阶段分步骤扎实推进，有重点有层次贯穿始终。按照“五、六月集中开展，七月形成高潮”的总体要求，抓住“五四”“七一”等重要节点，结合实际制定各具特色、切实可行的实施方案，确保教育活动的既富思想性、教育性，又富吸引力、感染力。

4. 各单位要对开展的主题宣传教育和纪念活动进行及时总结，并将活动方案、活动总结及相关材料及时报送党委宣传部(E-mail：xuancb@bjfu. edu. cn)。

中共北京林业大学委员会

2011 年 3 月 5 日

北京林业大学关于进一步做好新形势下离退休工作的意见

北林党发[2011]7 号

离退休老同志是学校发展过程中的重要力量和宝贵财富，是校园和谐稳定的重要因素。为深入贯彻落实中央组织部、人力资源和社会保障部《关于进一步加强新形势下离退休干部工作的意见》(中组发[2008]10 号)和中共北京市委办公厅、北京市人民政府办公厅印发的《关于全面做好新形势下离退休干部工作的意见》(京办发[2009]31 号)精神，根据北京市委教育工委《关于进一步做好新形势下北京高校离退休干部工作的意见》(京教工[2011]2 号)，针对我校离休干部进入高龄期、高发病期以及退休老同志人数不断增加的实际情况，现就进一步做好新形势下我校离退休工作，提出以下意见。

一、加强对离退休工作的领导

离退休工作要坚持党政统一领导，认真落实《北京市离退休干部工作领导责任制》，每年对责任制的贯彻落实情况进行自查。党政主要领导要经常关心过问，主管领导要加强具体工作指导，党政领导班子成员至少要联系一名离退休老同志。离退休工作领导小组组长由学校党委书记担任，校长、主管领导及有关校领导担任副组长，离退休工作相关职能部门负责人任小组成员，切实形成各部门各负其责、齐抓共管的工作格局，不断增强工作合力。领导小组每年至少召开一次会议，协调解决离退休工作中的重点难点问题。重视做好离退休老同志信访工作。

加强离退休工作部门自身建设。选好配齐离退休工作部门领导班子和工作人员，加强离退休工作人员的教育培训和实践锻炼，提高离退休工作人员服务意识，加强离退休工作的调查研究，增强破解工作难题的本领。

二、努力加强离退休老同志思想政治建设

离退休党组织建设做到与在职人员党组织建设同部署、同规划、同考核、同表彰。选强配齐离退休党支部书记和委员，根据党员特点，优化离退休党支部设置。以“五好支部”(支部班子好、党员队伍好、组织设置好、活动开展好、群众反映好)创建活动为抓手，扎实开展“创先争优”工作。

教育和勉励离退休老同志坚定理想信念、珍惜光荣历史、永葆革命本色，深入开展中国特色社会主义理论体系教育，把社会主义核心价值体系融入离退休老同志思想政治工作。充分发挥校园媒体以及离退休工作处所办刊物的宣传引导作用，离退休党支部、离退休各协会、离退休各活动组的辐射带动作用，老干部活动中心的阵地作用，不断加强离退休员老同志的思想政治工作。

三、丰富离退休老同志精神文化生活

积极组织有益于离退休老同志身心健康的各种活动。每年要举办离退休老同志参加的老年乐运动会和离退休老同志迎新春联欢会，每年组织离退休老同志健康体检活动，重阳节前后要为年龄为整80岁和整90岁的离退休老同志举办集体祝寿活动。认真组织离退休老同志各种活动组的日常活动。积极参加上级有关部门举办的各种演出、比赛和展览等。

努力加强离退休老同志学习活动阵地建设。学校各有关部门要为离退休老同志的各种活动提供必要的帮助和支持。

四、做好离退休老同志的服务管理工作

学校各有关部门要按照上级有关要求，保证离退休老同志阅读相关文件；邀请相关离退休老同志参加学校举办的重要会议和重大活动；给离退休老同志适时举办情况通报会；适时举办就近参观学习活动；重要节日要走访慰问离退休老同志；适时慰问住院病人及生活困难老同志。

做好离休干部的服务管理工作。认真落实国家及北京市有关离休干部生活待遇的政策规定。针对离休干部普遍进入高龄、高发病期的实际情况，离退休工作部门和原工作单位要对行动不便、身患重病、身边无人照料的离休干部不定期走访；社区居委会要按照上级部门精神给离休干部提供帮助；学生工作部门尽力安排大学生志愿者给予离休干部适当帮助。

做好退休老同志的服务管理工作。认真落实国家及北京市有关退休老同志养老、医疗和生活补贴等方面的政策规定，保证原校级领导和其他退休老同志的政治待遇。根据经济社会发展水平和学校实际情况，逐步提高退休老同志生活待遇，共享社会改革发展成果。根据退休老同志队伍不断壮大的实际情况，要适当增加工作人员和工作经费，以适应离退休工作的实际需要。党政办公室、组织部、宣传部、人事处、财务处、校医院、后勤部门、基建房产处、团委、学生处、校工会、社区居委会、离退休工作部门和离退休老同志原工作单位等共同做好退休老同志的服务管理工作。

落实特殊困难离退休老同志的帮扶工作。离退休老同志的离退休费、医药费、离退休老同志公用经费足额列入学校预算。对有特殊困难的离退休老同志，要在政策范围内，本着特事特办、急事急办的原则，利用特困经费给予适当帮助，努力为离退休老同志做好事、办实事、解难事。

五、发挥离退休老同志的积极作用

根据离退休老同志的实际情况，按照自觉自愿、量力而行的原则，充分发挥离退休老同志在学校教学科研、人才培养和服务社会方面的作用。根据学校各单位的工作需要，利用离退休老同志各方面优势，在弘扬党的优良传统、人才培养、教学科研、服务社会、关心教育下一代、维护校园和谐多方面的积极作用。按照“学习活动好、教育子女好、家庭关系好、保持本色好”的要求，鼓励、引导离退休老同志争当促进和谐社会建设的模范。

大力宣传和表彰离退休老同志先进典型。学校举办宣传和表彰活动时，要考虑离退休老同志的先进典型。面向学校和社会，广泛宣传离退休老同志群体和个人“老有所为”的先进事迹，大力营造有利于离退休老同志发挥作用的良好环境和舆论氛围。

中共北京林业大学委员会
2011年4月20日

北京林业大学离退休工作领导责任制

北林党发[2011]8号

为深入贯彻落实中共北京市教育工作委员会《关于进一步做好新形势下北京高校离退休干部工作的意见》(京教工[2011]2号)，进一步加强和改进我校离退休工作，促进离退休工作科学化、制度化、规范化，根据《北京高校贯彻落实〈北京市离退休干部工作领导责任制〉指导意见》(京教工[2011]3号)的精神，结合我校实际，制定《北京林业大学离退休工作领导责任制》(以下简称《责任制》)。

第一条 学校党委要把离退休工作列入重

要议事日程，党委常委会议每年至少听取一次离退休工作的情况汇报，及时研究解决离退休工作中的重大问题，每年检查《责任制》的贯彻落实情况，并将检查结果向离退休老同志通报，上报北京市委教育工委。

第二条 建立健全我校离退休工作领导小组。党委书记任组长，校长、相关工作的副书记、副校长任副组长，党政办、组织部、宣传部、人事处、财务处、离退休工作处、校医院、后勤部门、团学组织、校工会、社区居委会等部门主要负责同志及老同志代表为成员。形成党委领导，部门各负其责，党政齐抓共管的工作机制，协调解决离退休工作中遇到的困难和问题。

第三条 离退休工作领导小组每年年初召开会议，传达上级文件精神，审议离退休工作全年计划，协调解决离退休工作中的困难和问题。离退休工作领导小组下设办公室，办公室设在离退休工作处。

第四条 坚持校级领导联系老同志制度。每名班子成员至少联系一名离退休老同志，及时了解情况、交流思想，重大节日期间要带队走访慰问离退休老同志代表。新任校级领导任职一个月内与离退休老同志见面，听取意见和建议。与处级干部任职谈话时，要提出重视、支持离退休工作的要求。

第五条 校领导班子要及时向离退休老同志传达中央、市委、教育部和学校重要会议精神，通报学校发展规划和重大事项，在研究制定重大决策或重要改革措施时，要征求离退休老同志的意见和建议。

第六条 重视离退休工作队伍建设。按照政治素质好、工作能力强、作风过得硬、老同志信得过的标准，选好配强离退休工作领导班子和工作人员。关心离退休工作人员的工作和发展，重视对他们的培养、交流和使用。

第七条 党政办公室的主要职责：

1. 征集、安排和协调有关需提交校党委常委会议和校长办公会议研究的离退休工作议题；

2. 统筹安排校级领导干部看望慰问离退休老同志，参加离退休老同志的重要活动；

3. 及时向离退休工作处提供离退休老同志应阅读的相应文件；

4. 协调做好离退休老同志的来信来访接待、汇报和批转工作；

5. 学校重大庆典、重要活动、春节团拜会等要妥善安排离退休老同志代表参加；

6. 会同离退休工作处做好离退休领导小组会议的筹备工作。

第八条 校党委组织部的主要职责：

1. 将离退休老同志党建工作纳入学校党建工作总体规划，做到与在职人员党建工作同部署、同规划、同考核和同表彰；

2. 指导离退休工作处党委做好离退休老同志党员的培训和教育管理工作，培训支部书记，宣传表彰先进党组织和优秀党员；

3. 指导离退休工作处党委和党支部做好换届选举工作，优化组织设置；召开学校党员代表大会时，按照政策规定比例要求离退休党员代表参加；

4. 按照规定保证离退休党支部开展活动的经费足额使用并根据情况给予适当倾斜，合理安排学校党建经费支持离退休党支部工作；

5. 按照政策规定和干部管理权限做好离退休老同志政治待遇的落实和组织协调工作；

6. 会同离退休工作处做好《责任制》落实情况的自查工作以及上级部门的抽查工作。

第九条 校党委宣传部的主要职责：

1. 会同离退休工作处加强离退休老同志形势政策教育和理论学习；

2. 利用校内宣传阵地大力宣传党和国家的离退休工作的方针政策，宣传离退休老同志为党和国家、为学校做出的突出贡献和老有所为的崇高风范，宣传校内尊老敬老助老爱老的先进事迹；

3. 充分利用校内宣传媒体和现代技术手段为离退休党组织丰富活动内容、创新活动载体提供支持。

第十条 人事处的主要职责：

1. 及时传达和落实上级下发的有关离退休老同志生活待遇的有关政策；

2. 及时办理离退休费及各种补贴的调整、编制和审批手续，负责相关政策的咨询解释；

3. 办理教职工退休手续，并与离退休工作处做好交接工作；

4. 会同离退休工作处等单位做好“大病帮困”工作。

第十一条 财务处的主要职责：按政策规定保证离退休工作经费足额拨付使用。

第十二条 校医院的主要职责：

1. 执行国家和学校的医疗管理规定，落实好离退休老同志看病、转院、住院、报销等相关规定；在政策许可范围内尽力为老同志提供便利服务；

2. 根据学校安排完成离退休老同志健康体检；协助有特殊困难的离退休老同志及时就诊；

3. 对学校组织的离退休老同志参加大型活动提供现场医疗保障；

4. 会同离退休工作处等单位做好“大病帮困”工作。

第十三条 后勤部门的主要职责：

1. 做好学校离退休老同志活动场所的日常维护保养，保证场地、设施的安全有效运行；

2. 根据需求尽力改善离退休老同志活动场所的条件。

第十四条 团委、学生处的主要职责：

1. 倡导团学组织、大学生志愿者与离退休党组织、离退休老同志建立“1＋1”共建对子，为老同志提供力所能及的服务；

2. 利用重阳节等节日，在大学生中开展尊老敬老爱老助老宣传教育，营造和谐校园氛围。

第十五条 校工会的主要职责：

1. 妥善安排离退休老同志代表参加或列席学校工会代表大会和教职工代表大会；

2. 积极向会员宣传党的有关离退休工作的方针、政策，教育会员树立尊老、敬老、爱老的良好风尚，关心、照顾离退休老同志的文体活动；

3. 关心老劳模和有特殊困难的老同志，结合“大病帮困”工作，实施帮扶，为他们排忧解难。

第十六条 社区居委会的主要职责：贯彻落实上级有关养老的文件精神。

第十七条 离退休工作处的主要职责：

1. 贯彻执行中央和北京市关于离退休老同志工作的方针政策，结合学校实际，提出具体实施办法、细则；

2. 积极筹划开好学校离退休工作领导小组会议，在了解情况、掌握政策的基础上，提出议题；督促、检查领导小组会议决定的落实情况并向主管领导汇报；

3. 会同有关部门认真落实政策规定的离退休老同志政治、生活待遇，做好离退休老同志传阅文件、情况通报、参加重要会议和活动、参观工农业建设成果、健康休养和健康体检等具体组织工作；

4. 抓好离退休老同志党支部建设和离退休老同志思想政治建设，开展主题实践活动，创建“五好支部”；

5. 充分发挥老同志自我教育、自我管理、自我服务的骨干作用，联系、指导涉老组织和老年文体社团，搭建老有所为平台；组织离退休老同志按照自愿量力的原则，为学校建设发展和育人工作发挥余热；宣传表彰“老有所为”的先进事迹和典型人物；

6. 及时探望、慰问生病住院和有特殊困难的老同志；

7. 协调学校有关单位，统筹资源，办好老干部活动中心，组织开展有利于老同志身心健康的文体娱乐活动；

8. 按规定管好用好离退休工作经费和离退休党支部活动经费；

9. 会同人事处、组织部、党政办、老同志原工作单位协助家属做好离退休老同志丧葬及善后事宜。

第十八条 离退休老同志原工作单位的主要职责：

1. 离退休老同志原工作单位明确一名副处级以上领导同志负责本单位离退休工作。配合离退休工作处共同做好老同志工作；

2. 关心本单位离退休老同志，加强与他们的联系，关注有特殊困难的老同志；

3. 关心本单位老同志老有所为工作。

中共北京林业大学委员会
2011 年 4 月 20 日

中国共产党北京林业大学代表大会代表任期制实施细则

北林党发[2011]11号

为进一步发展党内民主，健全党的民主集中制，提高党的执政能力，保持党的先进性，根据《北京高校党代表大会代表任期制实施细则(试行)》(京教工[2010]9号)精神，结合本校实际，制定本细则。

一、实行党代表大会代表(以下简称党代表)任期制

党代表按照党内选举的有关规定选举产生。党代表每届任期与学校党代表大会当届届期相同。如下一届党代表大会提前或者延期举行，其代表任期相应地改变。党代表在党代表大会召开和闭会期间，享有代表资格，行使代表权利，履行代表职责，发挥代表作用。

二、党代表的权利与职责

党代表要认真学习宣传贯彻党的理论和路线方针政策，模范遵守党的章程、党内各项规定和国家法律法规，维护党的团结和统一，认真学习宣传贯彻党代表大会精神，密切联系党员和群众，在各方面发挥表率作用，认真行使职权，自觉接受党员和群众的监督，不得利用代表身份谋求任何私利和特权。

党代表有下列权利与职责：

1. 在学校党代表大会召开期间，参与听取和审查党委、纪委报告；参与讨论和决定有关重大问题；在党代表大会上行使表决权、选举权，有被选举权。

2. 了解学校党委、纪委以及各基层单位党组织贯彻执行党的决议、决定的情况。

3. 向学校党代表大会或者学校党委就学校事业发展和党的建设方面的重大问题提出意见和建议。

4. 对学校党委、纪委及其成员进行监督。

5. 参加学校党代表大会或者党委组织的活动。

6. 受学校党代表大会或者党委的委托，完成有关工作。

三、党代表开展工作的主要制度

党代表主要通过参加学校党代表大会和学校党委组织的活动履行代表职责。

1. 党代表提案制度。党代表大会召开期间，党代表可以联名(1人提出，5人及以上附议)以书面形式向大会提出属于学校党代表大会职权范围内的提案。提案应当有案由、案据和方案。提出提案的代表可以要求撤回提案。

2. 党代表提议制度。党代表大会闭会期间，党代表可以通过个人或者联名的方式，采用书面形式向学校党委提出属于学校党代表大会和学校党委职权范围内的提议。学校党委对党代表提出的提议应当责成有关党组织或者有关部门、单位在3个月内研究办理并负责答复。

3. 向党代表通报情况制度。学校党委每年向党代表通报一次有关党的决议、决定的贯彻落实情况及党内其他重要情况。通报可采取印发情况通报、简报、工作通讯等方式，必要时还可以召集有关代表召开情况通报会。

4. 向党代表征求意见制度。学校党委、领导班子成员到基层检查工作和调查研究，应当注意听取党代表的意见；学校党代表大会召开前，应当就党委、纪委报告稿征求本届和下一届党代表的意见。学校领导班子召开民主生活会或者对有关重大问题进行决策前，应当征求党代表的意见；党代表可以应邀列席学校党委全委会等会议，对学校党的建设和事业发展等方面的重大决策和党内重要文件的制定，提出意见和建议；党代表根据学校党委安排，可以参加对重要干部的民主推荐、考核和对学校党委、纪委领导班子及其成员的民主评议，参加对学校党委会(常委会)工作的评议。

5. 党代表联系党员和群众制度。党代表应采取适当方式与本单位党组织、党员和群众加强联系，了解党的决议、决定在执行过程中遇到的问题，反映本单位党员和群众的意见和建议。

6. 党代表调查研究制度。党代表受学校党代表大会和党委的委托，可以在本单位对涉及学校党代表大会和党的委员会职权范围内的有关重大决策、重要事项，进行调查研究。

四、党代表履行职责的保障

学校设立党代表联络办公室，设在党政办公室。党代表联络办公室的主要职责是：参与党代表大会的筹备与组织工作；负责党代表大会代表提案、提议的收集和督办工作；负责组织学校党代表开展调查研究、向代表征求意见建议和通报情况等工作；制定党代表任期制相关工作制度；组织党代表培训；负责学校党代表日常联络等工作；指导分党委、党总支、直属党支部做好党代表任期制的相关工作；做好学校党委交办的其他事项。

学校党委将采取多种形式，有计划地开展党代表工作培训。年度学习培训不少于16学时。

学校党委为党代表开展工作提供必要的经费支持和时间保证。按照党代表人均年度工作经费不少于200元配备，由党代表联络办公室负责管理使用。各单位应对党代表参加学校党代表大会和党安排的活动给予时间保障。

各级党组织必须尊重和保障党代表的权利。对有义务协助党代表开展工作而拒绝履行义务的党组织和党员，校党委将予以批评教育，并责令改正。对妨碍党代表开展工作或者对党代表开展工作打击报复的，按照有关规定追究相关责任人的责任。

五、党代表资格的终止和停止

（一）党代表在任期内，有下列情况之一的，终止其代表资格：

1. 受党内外处分的；

2. 被停止党籍，或丧失中华人民共和国国籍的；

3. 辞去代表职务并被接受的。

党代表大会代表资格终止，由所在选举单位或基层党组织提出，学校党委决定，报中共北京市委教育工作委员会备案。

（二）党代表在任期内，有下列情况之一的，停止执行代表职务：

1. 因组织关系迁出或者因工作调动、毕业等原因调离学校党代表大会所属范围的；

2. 因其他原因需要终止代表资格或者停止执行党代表大会代表职务的。

本细则由北京林业大学党政办公室负责解释。

本细则自发布之日起施行。

中共北京林业大学委员会

2011年6月15日

中国共产党北京林业大学代表大会
代表提案制实施细则

北林党发[2011]12号

为进一步扩大党内民主，充分调动党代表参与学校事务的积极性，使其充分履行职责，发挥党代表在学校改革发展中的骨干作用，不断提高党委决策的科学化、民主化水平，增强党的执政能力，构建和谐校园，根据《北京高校党代表大会代表提案制实施办法（试行）》（京教工[2010]24号），并结合学校实际，制定本细则。

一、工作机构和主要职责

党代表提案，是指党代表大会召开期间，党代表以书面形式提出属于学校党代表大会职权范围内的意见和建议。

党代表提案是党代表参与学校党的建设、事业发展的重要渠道，也是推进党内民主建设、加强党内监督的重要方式。

（一）工作机构

成立提案工作委员会（以下简称提案委员会）负责党代表提案工作，其组成人员由学校党委提名，经党代表大会通过。

提案委员会主任由党委副书记担任，成员由本届具备党代表资格的部分党委职能部门和学院分党委、党总支、直属党支部负责人、教职工、学生党员代表组成。

提案委员会下设办公室，负责提案工作的具体事务。提案委员会办公室设在学校党政办公室；办公室主任由学校党政办公室主任担任。

(二)工作职责

1. 制定有关提案工作制度；

2. 负责对党代表进行相关培训；

3. 负责提案的征集、审查和立案；

4. 检查、督促承办单位对提案的处理情况；

5. 向党代表大会报告提案征集情况和办理情况。

二、提案的提出

(一)提案的征集

党代表大会召开前，由提案委员会发出征集提案通知。党代表在广泛听取党员意见的基础上，提出拟提案的问题，并对拟提案问题进行调研，在党代表大会开会前及会议期间向所在分党委、党总支或直属党支部提交党代表大会提案表和提案调研报告。

各分党委、党总支和直属党支部将提案汇总表及党代表提案上交提案委员会。

(二)提案的范围

1. 关于学校贯彻执行党和国家的路线、方针、政策及贯彻上级有关规定的建议和方案；

2. 关于广大教职工共同关心的学校改革与发展中重大问题的建议和方案；

3. 关于领导班子建设、领导干部队伍建设和人才队伍建设的建议；

4. 关于学校政治文明、精神文明建设的建议和方案；

5. 学校工会、共青团、学生会工作；

6. 学校统一战线工作；

7. 学校教学、科研、管理工作和基本管理制度的重大问题；

8. 其他涉及学校改革发展稳定的重大事项。

(三)提案的具体要求

1. 提案应一事一案，提案内容应准确、具体、实事求是、简明扼要；提案应有案由、案据和具体解决方案或具体建议方案。

2. 提案应由 1 名党代表提出，并有五名以上(含 5 名)党代表附议，以书面形式向大会提出属于学校党代表大会职权范围内的提案。提出提案的党代表可以要求撤回提案。

三、提案的受理和立案

(一)提案的受理

提案委员会收到提案后，应及时进行审查、整理、分类和登记。审查内容主要包括：提案是否符合提案范围的要求；问题是否具体属实；建议措施是否实事求是，具有可操作性；内容是否一事一案等。

(二)提案的立案

提案委员会对符合征集要求的提案予以立案并通知提案人。有下列情形之一，不予立案：

1. 与党内法规、国家法律法规和政策相违背的；

2. 涉及党和国家秘密的；

3. 进入民事、刑事、行政诉讼以及仲裁程序的；

4. 内容空泛、建议笼统，不具备可行性的；

5. 纯属为本人或亲属解决个人问题的；

6. 其他不适合立案的。

对经审核不予立案的，提案委员会应告知提案人。未立案的提案视情况可作为意见、建议或代表来信处理。

提案内容相同或相近的，提案委员会可以进行并案处理，原提案人作为共同提案人。

提案委员会在审查提案的基础上提出立案建议，向学校党委报告，并将提案是否立案的情况向各分党委、党总支或直属党支部反馈。

四、提案的办理实施

(一)提案的交办

提案委员会将立案的提案报学校党委后，由学校党委签署办理意见，交分管校领导和相关单位处理，逐条落实到承办单位。重大提案由党委常委会议讨论决定。

承办单位要认真对待提案内容，拟定工作实施方案，明确职责，积极推进提案办理工作。

能在具体期限内办结的提案，承办单位要按时在承诺时限内办结；需要长期办理的提案，由承办单位列入工作计划；不能解决的应及时向党代表做出书面情况说明。

(二)提案的办结与归档

承办单位应在党代表大会闭幕前提出对提案的处理意见，填写提案办复单，并报分管校领导和提案委员会；承办单位在对提案办理工作进行逐一检查核实的基础上，总结落实情况，由本单位领导审核后，填写提案办复单，并报分管校领导签发后，回复党代表。

提案委员会应在党代表大会闭幕时做出党代表大会提案工作情况书面汇报，向党代表汇报提案征集、立案和处理情况，接受党代表的监督；党代表大会闭会期间，每年通过一定的方式向党代表报告提案工作情况，接受党代表的监督。

提案委员会应定期将党代表大会代表提案及办理情况进行汇总归档，以便查阅。

党代表大会闭会期间，党代表可以通过个人或者联名的方式，采用书面形式向学校党委提出属于学校党代表大会和学校党委职权范围内的提议。对党代表提议的处理，可参照本办法执行。

本细则由提案委员会办公室负责解释。

本细则自发布之日起施行。

中共北京林业大学委员会

2011 年 6 月 15 日

中共北京林业大学委员会
关于进一步加强和改进工会工作的意见

北林党发[2011]13 号

为深入贯彻落实《中共北京市委教育工作委员会关于加强和改进教育系统工会工作的意见》(京教工[2010]33 号)的精神，进一步做好新形势下工会工作，更好地落实全心全意依靠教职工办学的指导思想，充分发挥工会在学校建设中的作用，现就加强和改进工会工作提出如下意见。

一、加强和改进工会工作的重要意义、指导思想和基本要求

1. 充分认识加强和改进工会工作的重要意义。工会是党领导下的工人阶级群众组织，是党联系职工群众的桥梁和纽带，是职工合法利益的代表者和维护者。各级党组织、行政管理部门和工会组织要从贯彻落实科学发展观、提高党的执政能力、坚持立党为公执政为民的高度，充分认识加强和改进工会工作的时代意义，把更多的资源和手段赋予工会组织，把党政所需、职工所急、工会所能的事情更多地交给工会组织去完成，发挥工会组织在学校工作中不可替代的优势和作用，推动学校工会工作上升到一个新水平。

2. 进一步明确加强和改进工会工作的指导思想。全面贯彻党的路线、方针、政策，坚持以邓小平理论和"三个代表"重要思想为指导，认真贯彻落实科学发展观，坚定不移地走中国特色社会主义工会发展道路，坚持全心全意依靠广大教职员工办学，引导工会组织紧紧围绕学校中心工作，自觉服从学校工作大局，增强工会组织凝聚力，把工会建成教职工之家，团结带领广大教职工为学校的发展建设建功立业。

3. 准确把握加强和改进党对工会工作领导的基本要求。各级党组织和行政管理部门要认真落实《中华人民共和国工会法》《中国工会章程》《教师法》等法律法规，把握工会工作的政治方向、指导原则和根本任务，实现党对工会工作的政治领导和组织领导；保障工会在学校发展建设中的地位，充分发挥工会在组织职工、引导职工、服务职工、维护职工合法权益中的重要作用；支持工会依照法律和章程及自身性质与特点，独立自主、创造性地开展工作。

二、充分发挥工会在团结动员广大教职工推动学校科学发展中的重要作用

4. 组织教职工当好学校发展建设的主力军。各级工会组织要紧紧围绕学校和具体部门的中心工作，服从服务于学校工作大局，以科学发展为主题，以促进建设为主线，动员和组织广大教职工立足本职，建功立业；激发和调动广大教职工的工作热情和创造活力；大力弘扬"三育人"的职业道德精神，贯彻尊重知识、尊重人才、尊重创造的方针，为广大教职工充分发挥主力军作用营造良好校园环境和氛围。

5. 引领教职工不断提高自身素质。各级工会组织要充分发挥“大学校”作用，将贯彻落实科学发展观与开展多种形式的爱国主义、集体主义教育结合起来，引导教职工在学校改革发展中自觉增强主人翁的责任感和使命感，正确处理国家、集体、个人三者利益关系。要及时掌握教职工的思想动态，协助党委做好教职工的思想政治工作，提高教职工的思想道德素质。要以青年教师教学基本功比赛、“科教之星”评选、师德标兵建设及有关的创先争优活动为抓手，深入开展“传、帮、带”和岗位成才活动，提高教职工的业务能力和水平，为教职工岗位成才创造良好条件和平台。

6. 服务和帮助教职工解决好工作生活问题。各级工会组织要牢固树立以教职工为本的原则，建立健全困难职工档案，及时了解教职工工作和生活中的困难，解决好教职工最关心、最直接、最现实的利益问题，努力为教职工排忧解难。要通过形式多样的送温暖活动，关心和帮助困难教职工，认真做好教职工互助保险工作。

三、健全和完善工会工作的领导体制

7. 加强和完善党政工共建教代会制度。教代会制度是学校民主办学的重要制度，是学校管理体制的重要组成部分，是广大教职员工在党的领导下依法行使民主权利的基本载体。党政工共建教代会制度是学校党委加强对工会工作的领导，是学校行政尊重和支持教代会行使职权，是工会发挥组织优势的重要制度，要在实践中不断深化完善，把党的领导、行政支持和依靠工会承担的相关责任落到实处。

8. 健全党委对工会工作的领导制度。各级党组织要切实加强和改善对工会的领导，把工会工作纳入学校、学院(部门)的重要议事日程。各分党委(党总支、直属党支部)要明确一位负责同志分管工会工作，每年至少召开一次专题会议研究工会工作，及时解决工会工作中遇到的重大问题和实际困难。在讨论决定事关广大教职工切身利益问题时，校工会负责人要列席校务会议，学院工会负责人要列席院务会议，了解和掌握决策过程和相关信息，动员教职工积极参加与支持。各级党委要把加强和改善对工会工作领导的成效列入年度工作考核内容，做到党建与工建统一部署、统一检查、统一考评。坚持党建带工建，做到共建组织、共建队伍、共建阵地。

四、进一步完善工会工作机制

9. 完善教职工民主参与、民主管理机制。坚持教职工代表大会制度，学校坚持五年一届换届选举、一年一次教代会代表大会，健全和完善二级教代会组织。使教代会工作制度化、规范化、程序化，保障教职工的民主权利落到实处。工会要切实承担好教代会工作机构的职责，认真做好教代会的各项工作，充分发挥教职工参政议政的民主渠道作用；要积极配合行政主体加强校务公开工作，保障教职工的知情权、参与权、表达权和监督权。各单位凡制定涉及教职工切身利益的规章制度、重大事项时应当经工会会员代表大会和教职工代表大会审议、通过，方可实施；未经审议、通过或者决定的不得实施。

五、为工会工作创造更好的条件

10. 加强工会领导班子和干部队伍建设。切实加强各级工会领导班子和干部队伍建设，重视工会领导干部的选拔和培养，严格按程序配备工会主席、副主席，配足配强工会专职干部。学校要把工会干部纳入学校干部队伍建设总体规划，通过党校培训、岗位交流等形式，加强对工会干部的培养、选拔、管理和交流，为工会干部成长创造良好条件。

11. 进一步保障工会工作的物质基础。学校行政应按要求和规定，按时、足额向工会拨交经费，并根据工会活动的需要，提供设施、场地、经费等方面的支持。

12. 积极探索强化劳动人事争议调解工作的有效途径。研究工会组织参加劳动人事争议调解工作、代表教职员工参与建立健全劳动人事合同管理工作，参与研究解决有关教职工工作生活福利待遇的重大问题，依法参与和有效调解劳动人事争议，维护学校和教职工的合法权益。

13. 进一步完善工会帮扶工作的长效机制。充分发挥工会在民主建设工作中的重要作用，逐步建立完善上下联动、分级帮扶的工会帮扶体系，大力推进教职工互助保险，为教职工提供心理健康、法律援助等服务。

14. 进一步营造良好的工会工作氛围。各级领导干部要加强对工运理论的学习和研究，加强对教职工热点和难点问题的调查。将工运理论纳入党委理论中心组学习和新任领导干部岗前培训内容。党委宣传部和报刊、电台、橱窗等新闻媒体和阵地要加大对工会工作宣传力度，形成有利于发挥工会作用的舆论氛围，推动工会在学校发展建设中做出更大贡献。

中共北京林业大学委员会
2011年6月15日

中共北京林业大学委员会贯彻中共中央、国务院《关于实行党风廉政建设责任制的规定》的实施办法

北林党发[2011]15号

为了加强学校党风廉政建设，明确领导班子、领导干部在党风廉政建设中的责任，推动学校科学发展，促进校园和谐，提高党的执政能力，保持和发展党的先进性，根据《中国共产党章程》、中共中央、国务院《关于实行党风廉政建设责任制的规定》和教育部、北京市教工委的有关规定，结合我校实际，制定本实施办法。

第一章 指导思想和基本原则

第一条 实行党风廉政建设责任制，要以邓小平理论和"三个代表"重要思想为指导，深入贯彻落实科学发展观，坚持党要管党、从严治党，坚持标本兼治、综合治理、惩防并举、注重预防，扎实推进学校惩治和预防腐败体系建设，保证党中央、国务院关于党风廉政建设的决策和部署的贯彻落实。

第二条 实行党风廉政建设责任制，要坚持党委统一领导，党政齐抓共管，纪委组织协调，部门各负其责，依靠群众支持和参与的领导体制及工作机制；要把党风廉政建设作为党的建设和行政建设的重要内容，纳入领导班子、领导干部目标管理，与业务工作紧密结合，一起部署，一起落实，一起检查，一起考核。

第三条 实行党风廉政建设责任制，要坚持集体领导与个人分工负责相结合，谁主管、谁负责，一级抓一级、层层抓落实。

第二章 组织领导和职责

第四条 学校领导班子对职责范围内的党风廉政建设负全面领导责任。领导班子主要负责人是职责范围内的党风廉政建设第一责任人，应当重要工作亲自部署、重大问题亲自过问、重点环节亲自协调、重要案件亲自督办。领导班子其他成员根据工作分工，对职责范围内分管单位的党风廉政建设负主要领导责任。

第五条 学校成立贯彻党风廉政建设责任制领导小组，组长由校党委书记担任，副组长由校长和纪委书记担任；成员由副校级领导和纪委、监察处、党政办、组织部、宣传部、机关党委、人事处、计划财务处、审计处等部门领导组成。领导小组下设党风廉政建设办公室，纪委、监察处负责办公室日常工作。

第六条 学校领导班子、领导干部在党风廉政建设中承担以下领导责任。

（一）认真贯彻落实上级党委、政府和纪检监察机关关于党风廉政建设的部署和要求，把学校党风廉政建设列入校党政领导班子的议事日程和党政年度工作计划，并组织检查考核；结合实际研究制定学校党风廉政建设工作计划、目标要求和具体措施；学校领导班子每年召开专题研究党风廉政建设的党委常委会，组织召开全校部署党风廉政建设的工作会议，对党风廉政建设工作任务进行责任分解，明确领导班子、领导干部在党风廉政建设中的职责和任务分工，并按照计划推动落实。

（二）深入贯彻落实《关于加强领导干部反腐倡廉教育的意见》，开展党性党风党纪和廉洁从政教育，组织党员、干部学习党风廉政建设理论和法规制度；落实《廉政准则》和教育部"十不准"等廉洁自律各项规定；制定廉政教育计划，召开廉政宣传教育联席会议，在师生员工中开展多种形式的廉政文化宣教活动，开展师德师风和职业道德教育；坚持领导干部上党课；组织干部开好专题民主生活会，增强党员干部的廉洁自律和遵纪守法意识。

（三）贯彻落实党风廉政法规制度，推进制度创新，深化体制机制改革；贯彻落实中央纪委、教育部、监察部《关于加强高等学校反腐倡

廉建设的意见》，研究制定学校加强党风廉政建设和反腐败工作的重要文件，完善相关制度，提出我校不同时期源头预防和治理腐败的具体措施，并组织实施。

（四）强化权力制约和监督，建立健全决策权、执行权、监督权既相互制约又相互协调的权力结构和运行机制，推进权力运行程序化和公开透明；贯彻落实教育部《关于进一步推进直属高校贯彻落实“三重一大”决策制度的意见》，学校重大事项决策、重要干部任免、重要项目安排和大额度资金的使用，必须经集体讨论做出决定，严格决策程序；督促检查二级单位“三重一大”制度的实施。

（五）组织领导和监督检查全校开展惩防体系建设、干部廉洁自律建设、干部作风建设、廉政风险防范工作和重要案件查办等重要工作。监督检查和考核学校党风廉政建设情况和处级单位领导班子、领导干部廉洁从政情况。

（六）落实选拔任用干部的各项规定，根据国家和教育部人事管理政策，建立健全组织、人事监督机制，防止用人上的不正之风，为实施党风廉政建设责任制提供组织保证。

（七）加强作风建设，防止出现损害群众利益的不正之风，切实解决党风、政风、校风方面存在的突出问题；进一步开展校务公开、党务公开和信息公开工作，每年定期召开校务公开工作会议，总结和部署相关工作。

（八）领导、组织并支持纪检监察和审计等执纪执法单位履行职责，及时听取工作汇报，定期研究、分析学校党风廉政建设和反腐败工作，切实解决重大问题。接受上级纪检监察机关和同级纪委的监督。

第七条 学院、处级单位、公司领导班子和领导干部的职责。

各单位党政一把手对本单位党风廉政建设和反腐败工作负总责；领导班子和领导干部在党风廉政建设中承担以下责任。

（一）贯彻落实上级和学校党风廉政建设和反腐败工作的各项部署和要求，结合本单位实际，研究制定党风廉政建设工作计划，在本单位年度工作计划和工作总结中列入党风廉政建设有关工作。

（二）组织干部、党员、教工学习反腐倡廉重要文件，抓好本单位的党风党纪教育、廉政教育和职业道德、师德师风教育。各学院组织开展面向学生的、多种形式的廉洁教育。

（三）加强内部管理，协助学校完善惩防体系建设，贯彻执行上级和学校制定的党风廉政建设制度，建立二级党风廉政建设责任制，并履行相应的监督职责。

（四）坚持一岗双责，定期分析和研究本单位廉政建设存在的问题，注重抓好苗头性、倾向性问题，采取相应措施，加强廉政风险防范。

（五）贯彻执行“三重一大”集体决策制度，制定本单位实施措施；坚持校务公开、院务公开制度和定期向教职工代表大会报告工作制度，建立相应的监督机制。

（六）按照干部、职工管理权限，对本单位党风廉政、师德师风、职业道德等方面出现的问题进行调查处理；协助纪检监察和执纪执法部门对有关信访、案件进行调查处理和整改。

（七）建立本单位党风廉政建设责任制及责任分工；每年年底向主管校领导和党风廉政建设办公室书面报告本单位党风廉政建设责任制执行情况。

第三章 具体责任内容

第八条 按照各负其责的原则和要求，各单位和主管校领导根据各自的业务职能和职责，分别牵头负责以下专项工作。

（一）党政办，负责贯彻落实教育部《关于进一步推进直属高校贯彻落实“三重一大”决策制度的意见》，组织开展校务公开、信息公开等工作；负责协调落实上级有关廉政风险防范、高校惩防体系建设等重点工作；了解、报告学校违反党的纪律的重大事件；制止奢侈浪费，负责公务用车、公务接待和重大会议安排的廉政建设工作。

（二）组织部，负责落实干部选拔任用的各项规定；组织实施干部个人有关重大事项报告和收入申报工作；负责落实校处级领导干部廉政专题民主生活会，干部述职述廉制度和谈话制度；负责提出处级干部经济责任审计意见和建议；会同有关部门调查处理党员处级领导干部违纪信访和案件；牵头组织党务公开工作；负责党风廉政建设考核结果的运用。

（三）宣传部，负责牵头抓好党风廉政建设

的大宣教工作，召集宣传教育联席会议，落实廉政专题的一、二级中心组学习和校级领导干部讲党课等工作。

（四）人事处，负责牵头组织师德师风教育和教职工的职业道德教育；贯彻落实对涉及教职工切身利益的各项政策及各类评优、评审文件制定和执行过程的公平、公正、公开。

（五）计划财务处，负责执行有关财经法规和财经纪律，负责对财务人员进行宣传教育；落实学校内部财务管理监控制度；加强教育收费管理；加强科研经费使用管理。

（六）基建房产处，负责执行国家《招投标法》，贯彻基本建设管理和招投标有关规定，落实学校大宗采购招投标管理办法，实施"项目廉政责任书"制度；实施学校基本建设"阳光工程"。

（七）总务产业处，落实学校大宗采购招投标管理办法，负责修缮工程和服务性项目招投标管理工作，实施"项目廉政责任书"制度；对学校有关产业加强管理和监督。

（八）实验室与设备管理处，执行《政府采购法》和《招投标法》，落实学校大宗采购招投标管理办法，负责设备采购招投标管理工作。

（九）科技处，负责牵头落实上级有关学术道德的规定和要求，开展学术道德教育，加强科研经费管理，对各类科研项目、科研奖励的评选进行监督，防止弄虚作假。

（十）教务处，负责推免研究生、转专业的管理，协助开展师德师风教育。对各类教学项目、教学奖励的评选进行监督，防止弄虚作假。

（十一）研究生工作部、学生工作部、团委、继续教育学院党总支，负责研究生、大学生的廉洁诚信教育、学风教育、党纪法规教育，开展廉洁文化活动。负责学生评优、奖助学金发放的管理和监督。

（十二）研究生院、招生就业处、继续教育学院，负责贯彻执行上级招生、考试的各项政策和规定，落实招生"阳光工程"，实施招生收费公示制度。

（十三）图书馆，负责落实图书、教材采购招标制度，加强采购环节的管理和监督。

（十四）校工会，协助校行政抓好校务公开工作，落实校务公开责任分工，参与监督检查；协助抓好师德师风建设和职业道德教育。

（十五）各公司，负责本企业党员和职工的廉政教育，落实企业人员廉洁自律的各项规定；建立和落实本企业党风廉政建设责任制；完善企业内部监控机制。

（十六）审计处，负责全校的财务收支审计；组织重大基建工程全过程审计；开展维修工程审计、处级领导干部经济责任审计、科研经费审计；加强学校专项资金的审计监督；逐步公开审计结果。

（十七）纪委、监察处，协助党委组织协调、监督检查全校党风廉政建设责任制的贯彻落实和考核追究；抓好处级领导班子和处级干部的廉政教育；落实上级专项工作部署；开展党内监督和行政监察；组织开展校务公开监督检查；受理和调查有关党员、干部违法违纪的信访和案件。

（十八）各学院，负责本单位工作人员廉政教育、党员党纪法规教育、财经纪律教育、师德师风教育和学术道德教育；坚持"三重一大"集体决策制度，召开领导班子民主生活会；实行院务公开；在学生中开展廉政文化教育活动，做好学生评优、入党、推免研究生和奖助学金发放的管理和监督。

（十九）其他处级单位，负责本单位人员廉政教育，学术道德、职业道德教育和党员党纪法规教育。

第九条 学校年度党风廉政建设责任分工按照上级纪检监察机关年度部署和要求，结合学校和各单位年度工作重点，调整制定具体责任单位和责任内容。

第四章 检查考核与监督

第十条 学校贯彻党风廉政建设责任制领导小组，依据每年重点工作责任分工，对处级单位领导班子和领导干部执行党风廉政建设责任制情况进行检查考核，并将检查考核情况列入学校年度总结。

第十一条 纪委、监察处协助党委具体组织实施党风廉政建设责任制考核工作，成立检查考核工作组，制定检查考核评价办法，明确检查考核的内容、方法、程序和要求。

第十二条 党风廉政建设责任制检查考核，采取每年年底集中检查、不定期抽查和专项检查等方式进行，也可以与领导班子、领导干部工作目标考核、年度考核、惩治和预防腐败体系建设检查工作等结合进行；将考核结果及时报告学校党风廉政建设领导小组，对落实好的单位给予表扬、奖励，对落实不力的单位督促改进。

第十三条 党委组织部建立和完善检查考核结果运用制度。检查考核结果作为对领导班子总体评价和领导干部业绩评定、奖励惩处、选拔任用的重要依据。

第十四条 组织部在上报党委任免处级干部职务之前，要事先征求纪委意见。按照中央有关规定，领导干部执行党风廉政建设责任制的情况，应当列为民主生活会和述职述廉的重要内容，并在一定范围内进行评议。

第十五条 党委常委会应当将执行党风廉政建设责任制的情况，作为向学校党委委员会全体会议报告工作的一项重要内容。党委应将检查考核情况在适当范围内通报。对检查考核中发现的问题，要及时研究解决，督促整改落实。

第十六条 学校党委通过检查考核，将贯彻落实党风廉政建设责任制的情况，每年专题报告上一级党委（党组）和纪委。

第十七条 学校党委结合实际，也可通过走访座谈、通报会、社会问卷调查等党风廉政建设社会评价机制，组织党员、群众有序参与，广泛接受监督。

第五章 责任追究

第十八条 按照中共中央、国务院《关于实行党风廉政建设责任制的规定》和本办法，领导班子、领导干部违反或者未能正确履行本规定第六条、第七条规定的职责，有下列情形之一的，应当追究责任：

（一）对党风廉政建设工作领导不力，以致职责范围内明令禁止的不正之风得不到有效治理，造成不良影响的；

（二）对上级领导机关交办的党风廉政建设责任范围内的事项不传达贯彻、不安排部署、不督促落实，或者拒不办理的；

（三）对学校发现的严重违纪违法行为隐瞒不报、压案不查的；

（四）疏于监督管理，致使领导班子成员或者直接管辖的下属发生严重违纪违法问题的；

（五）违反规定选拔任用干部，或者用人失察、失误造成恶劣影响的；

（六）放任、包庇、纵容下属人员违反财政、金融、税务、审计、统计等法律法规，弄虚作假的；

（七）有其他违反党风廉政建设责任制行为的。

第十九条 领导干部有本规定第十八条所列情形，情节较轻的，给予批评教育、诫勉谈话、责令做出书面检查；情节较重的，给予通报批评；情节严重的，给予党纪政纪处分，或者给予调整职务、责令辞职、免职和降职等组织处理。涉嫌犯罪的，移送司法机关依法处理。

以上责任追究方式可以单独使用，也可以合并使用。

第二十条 领导班子、领导干部具有本规定第十八条所列情形，并具有下列情节之一的，应当从重追究责任：

（一）对职责范围内发生的问题进行掩盖、袒护的；

（二）干扰、阻碍责任追究调查处理的。

第二十一条 领导班子、领导干部具有本规定第十八条所列情形，并具有下列情节之一的，可以从轻或者减轻追究责任：

（一）对职责范围内发生的问题及时如实报告并主动查处和纠正，有效避免损失或者挽回影响的；

（二）认真整改，成效明显的。

第二十二条 领导班子、领导干部违反本规定，需要查明事实、追究责任的，按照职责和干部管理权限调查处理。校级党政领导班子及领导成员的责任追究，按照教育部和北京市教育工委有关对学校校级领导班子和领导干部违反党风廉政建设责任制行为进行责任追究的有关办法执行。

处级干部需要追究党纪政纪责任的，由纪检监察会同组织人事部门，按照党纪政纪案件的调查处理程序办理；需要给予党纪处理的由所在单位党组织和纪委负责；需要给予组织处理的，由组织部负责；需要给予行政处理的，由人事处、监察处负责。

第二十三条 实施责任追究，要实事求是，分清集体责任和个人责任、主要领导责任和重要领导责任。

追究集体责任时，领导班子主要负责人和直接主管的领导班子成员承担主要领导责任，参与决策的班子其他成员承担重要领导责任。对错误决策提出明确反对意见而没有被采纳的，不承担领导责任。错误决策由领导干部个人决定或者批准的，追究该领导干部个人的责任。

第二十四条 实施责任追究不因领导干部工作岗位或者职务的变动而免予追究。已退休但按照本规定应当追究责任的，仍须进行相应的责任追究。

第二十五条 受到责任追究的领导班子、领导干部，取消当年年度考核评优和评选各类先进的资格。

单独受到责令辞职、免职处理的领导干部，1 年内不得重新担任与其原任职务相当的领导职务；受到降职处理的，2 年内不得提升职务。同时受到党纪政纪处分和组织处理的，按影响期较长的执行。

第二十六条 纪检监察部门要加强对处级单位实施责任追究情况的监督检查，发现有应当追究而未追究或者责任追究处理决定不落实等问题的，应当及时督促予以纠正。

第六章 附 则

第二十七条 本办法由纪委监察处负责解释。

第二十八条 本办法自下发之日起施行。2006 年 10 月 22 日发布的《北京林业大学贯彻党风廉政建设责任制实施办法》同时废止。

中共北京林业大学委员会

2011 年 9 月 15 日

中共北京林业大学委员会关于加强学校关心下一代委员会工作的意见

北林党发[2011]16 号

为全面贯彻党的十七大关于“动员社会各方面共同做好青少年思想道德教育工作，为青少年健康成长创造良好社会环境”精神；全面贯彻《中共中央、国务院关于进一步加强和改进未成年人思想道德建设的若干意见》(中发[2004]8 号)、《中共中央、国务院关于进一步加强和改进大学生思想政治教育的意见》(中发[2004]16 号)文件精神；深入学习贯彻《关于加强全国教育系统关心下一代工作委员会建设的意见》(教党[2009]20 号)和北京市委教育工委京工[2009]48 号文件精神，更好地发挥离退休老同志的作用，推进学校关心下一代工作的深入开展，共同做好青少年学生和青年教工的思想教育工作，结合学校实际，现就加强我校关心下一代工作委员会(以下简称“关工委”)工作提出以下意见。

一、深刻认识加强学校关工委工作的重要性和必要性

青少年是祖国的未来，民族的希望。学校各级党政领导要从确保党和国家事业后继有人和社会主义事业兴旺发达的战略高度，从实现全面建设小康社会和中华民族伟大复兴目标的全局高度，从提高党的执政能力、巩固党的执政地位和落实科学发展观、构建和谐社会的时代高度，充分认识加强关工委建设和发动、组织老同志参与培养教育青少年工作的重要性和必要性。

离退休老同志长期在教学、科研、管理等岗位辛勤耕耘，积累了丰富的育人经验，是配合学校关心教育青少年学生和青年教师工作的一支重要力量。各单位要提高加强关工委工作重要性和必要性的认识，积极支持关工委的建设和工作。

二、准确把握关工委的性质、任务和工作方针

教育部教党[2009]20 号文件对高校关工委的性质、工作方针和任务都做了明确阐述。

关工委的性质是：“学校关工委是在学校党委领导下，以离退休老同志为主体、有在职同志参加的群众性工作组织。以现职党政领导为主导，提出工作任务，以离退休老同志为主体，开展工作。"

关工委的工作方针是:"围绕中心、配合补充,因地制宜、量力而为,立足基层、注重实效"。

关工委的主要任务是:"组织、指导离退休老同志,配合学校,全面贯彻党的教育方针,着力对学生以及青年教工进行思想政治和道德品质教育,全面关心青少年成长,为培养德智体美全面发展的中国特色社会主义事业合格建设者和可靠接班人服务。"

三、加强对关工委工作的领导,建立健全组织机构

学校各级党政领导要从思想上重视关工委的组织建设工作。关工委主任由分管离退休工作的校领导担任,主管学生工作的副校长任副主任,常务副主任由退休校领导担任,学校相关部门、学院负责人和离退休老同志担任关工委委员。形成党委领导、相关职能部门和学院为主导、离退休老同志为主体的工作格局。关工委办公室挂靠在离退休工作处,办公室主任由离退休工作处负责人兼任。

学校各级党政领导要从思想建设上关心支持关工委的工作。与青少年和青年教师教育相关的文件、会议精神和工作要求要及时向关工委传达、通报;召开涉及有关德育、思想政治工作、学生党建等专题性会议时,邀请关工委负责同志参加。加强宣传力度,使学校各方面了解支持关工委工作,为关工委和老同志开展工作创造良好的舆论和社会环境。

根据教育部文件要求,校党委为关工委开展工作提供必要的办公条件和经费支持。对担任关工委领导职务且坚持日常工作的离退休老同志个人给予适当补助;对工作成绩突出的老同志给予表扬和奖励。

四、建立健全关工委工作长效机制,搭建有效平台

学校相关职能部门、学院与关工委工作机构间搭建工作平台。相关职能部门、学院提出工作任务和要求,关工委组织离退休老同志开展工作。相关职能部门、学院和关工委沟通配合,相互支持、形成合力,努力营造一个有利于青少年学生和青年教工健康成长的良好氛围。

根据学校工作需要和老同志优势与特长,关工委可成立专项工作小组。例如,学生理论社团指导组、村官工作专家组、助学组、学生辅导员组、党建组织员组、教学督导组等。紧紧围绕学校育人工作中心,与主渠道形成合力,协助有关职能部门和学院积极主动地做好配合补充工作,当好党政领导的参谋和助手。

关工委要从学校实际情况出发,逐步制定保证关工委工作的各项制度,制定相关工作规程和工作条例,推进关工委工作制度化、规范化、科学化进程,保证关工委工作有序、协调、持续、健康发展。

五、进一步加强关工委队伍建设

关工委要宣传、动员、组织引导老同志,特别是新退休的老同志参加关心下一代工作。要尊重老同志的意愿,发挥老同志的优势和专长,逐步发展建设一支素质高、乐于奉献的老年志愿者队伍,为关心下一代事业的持续发展奠定坚实基础。

组织好关工委人员的学习培训,采取多种形式,提高关工委队伍的整体素质和工作水平。

中共北京林业大学委员会
2011 年 9 月 22 日

北京林业大学关于校级党员领导干部与学校民主党派组织、侨联建立联系制度的规定

北林党发[2011]20 号

为贯彻《中共中央关于坚持和完善中国共产党领导的多党合作和政治协商制度的意见》,进一步落实《中共北京林业大学委员会关于进一步加强统战工作的意见》和《北京林业大学党员领导干部联系党外人士工作的若干规定》,加强学校党委同我校各民主党派、侨联的联系,更好地发挥民主党派参政议政、民主监督和建言献策的作用,根据学校党委的意见,现将我校校级党员

领导干部与学校民主党派组织、侨联建立联系制度的情况规定如下。

一、建立校级党员领导干部与学校民主党派组织、侨联联系制度。党委副书记兼纪委书记陈天全联系九三学社北京林业大学支社，党委副书记方国良联系民盟北京林业大学支部，党委副书记全海联系农工党北京林业大学支部，副校长姜恩来联系北京林业大学侨联。

二、联系制度建立后，日常联系工作的具体事宜由党委统战部负责协调和承办。

三、校级党员领导干部要与民主党派和侨联负责人交知心朋友。按照各自分工，每年要与联系的基层组织负责人开展谈心交友活动，了解情况，交换意见，沟通思想，密切感情。谈心活动一年不少于2次。应定期走访对口联系的民主党派、侨联，每年应参加1～2次党派(侨联)的活动。

四、学校党委每年要对联系工作情况进行检查，抓好落实，党委统战部要协助做好制度落实的有关工作。

中共北京林业大学委员会

2011年11月7日

北京林业大学规范党员领导干部兼职行为的暂行规定

北林党发[2011]21号

为认真贯彻落实《中国共产党党员领导干部廉洁从政若干准则》和《直属高校党员领导干部廉洁自律“十不准”》，按照《中共教育部党组关于进一步加强直属高校党员领导干部兼职管理的通知》(教党[2011]22号)文件要求，加强党风廉政建设，进一步规范学校党员领导干部兼职行为，制定本规定。

第一条 学校党员领导干部要自觉执行《廉政准则》和“十不准”，认真贯彻落实三部委《关于加强高等学校反腐倡廉建设的意见》，忠于职守，廉洁自律，认真履行岗位职责，把主要精力放在做好本职工作上。

第二条 学校党员领导干部兼职管理，按照有利于提高教学科研质量，有利于产学研相结合，有利于服务经济社会发展的原则，对党员领导干部严格教育、严格要求、严格管理、严格监督。

第三条 本规定适用于我校校级党员领导干部和我校组织部正式任命的处级党政领导干部(含校级、处级待遇的干部)。非中共党员校处级领导干部参照执行。

第四条 本规定所指兼职，是指党员领导干部在各类“经济实体”中兼任领导职务、非领导职务(含独立董事)和名誉荣誉职务(不含短期学术职务，即3个月以下，且不得连续)；以及在各类“社会团体”中兼任会长(理事长、主席)、副会长(副理事长、副主席)、秘书长，分会会长(主任委员)、副会长(副主任委员)等，不包括名誉职务、常务理事、理事。

兼职报酬包括兼职单位给予的工资、董事会酬金、咨询费、业务费、奖金、津贴以及兼职单位送给的股权、红利等。

第五条 校级领导干部原则上不得在校内外经济实体中兼职，确因工作需要在本校设立的资产管理公司、经营性单位兼职的，须由本人提出申请，经学校党委常委会集体研究决定，由组织部按照干部管理权限报教育部审批，并报教育部监察局备案。处级领导干部，严格控制，原则上不得在校内外经济实体中兼职，确因工作需要兼职的，须由本人提出申请，所在单位提出意见，报党委组织部审核，经学校党委常委会集体研究审批，并报校纪委备案。经审批同意方可兼职。

第六条 党员领导干部本人以科技成果转化的形式在经营性经济实体获取技术股权并兼任职务，必须符合国家的有关规定，并由本人提出申请，按照第五条所列审批程序报批。其持股情况的变化和收入，应按规定作为个人重大事项、个人收入向组织报告。

第七条 党员领导干部在社会团体等单位

中兼职，须按照干部管理权限，依照第五条所列程序登记报批，并报纪委备案。

第八条 经批准在校所属产业(企业)兼职、校外经济实体科技成果转化技术兼职和社会团体等单位中兼职的领导干部，在兼职活动中要遵守有关法律法规和党纪政纪，维护学校利益，不得影响本职工作。除经批准在校内外经营性企业获取技术股权，并兼任技术职务，同时取得相应报酬的干部；其他兼职干部，一律不准领取任何报酬。领导干部如收到兼职单位发给的报酬(包括各种经济利益)，必须全额上交校财务部门。对兼职单位做出较大贡献的，学校可结合其完成本职工作的情况酌情给予适当的奖励。

第九条 学校党员领导干部被派往学校企业担任经营性领导班子成员或重要岗位的，视做公司员工，由公司董事会决定报酬；本人在学校领取的各种工资、报酬、福利，均应由企业每年统一返还学校。

第十条 已经在经济实体中兼职的党员领导干部，应当辞去本职或兼任的职务，确因工作需要在校内外经济实体中兼职的领导干部，自本通知下发之日起重新登记，履行审批手续。

第十一条 新提任的校处级领导干部，应当在任职后2个月内辞去在经济实体中兼任的职务。确因工作需要在校内外经济实体和社会团体中兼职的，在新提任后重新履行审批手续。

第十二条 加强领导干部兼职工作管理。学校由党政办、组织部、纪委负责人组成“北京林业大学领导干部兼职工作审议小组”，按照工作职责，履行对领导干部兼职工作的审议、统计、总结、上报和监督。

第十三条 加强监督检查，党员领导干部凡未经批准在经营性经济实体和技术团体、社会团体中兼职或者兼职取酬的，依照《中国共产党纪律处分条例》第七十七条规定和有关行政纪律处理。

第十四条 学校党员领导干部兼职情况，应在一定范围内公开、公示，接受师生的监督。

第十五条 本规定由校党委组织部负责组织实施，校纪委监察处负责监督监察。

第十六条 本规定自下发之日起执行。

中共北京林业大学委员会

2011年12月1日

北京林业大学
法制宣传教育第六个五年规划(2011～2015年)

北林党发[2011]22号

为贯彻落实中共中央、国务院转发的《中央宣传部、司法部关于在公民中开展法制宣传教育第六个五年规划(2011～2015年)》、教育部印发的《全国教育系统开展法制宣传教育第六个五年规划(2011～2015年)》文件精神，全面推进依法治教、依法治校，进一步提高我校师生员工的法律素质和法治观念，为学校改革与发展营造良好的法治环境，保障我校“十二五”教育发展规划的顺利实施，特制定本规划。

一、指导思想和主要目标

(一)指导思想

高举中国特色社会主义伟大旗帜，以邓小平理论和“三个代表”重要思想为指导，深入贯彻落实科学发展观，紧紧围绕国家中长期教育发展规划纲要确定的目标，坚持普法与依法治理相结合，深入开展法制宣传教育活动，进一步提高全体师生的法律素质和法治观念，全面提高全校法治化管理水平，为促进全校各项事业健康发展，办人民满意教育，构建和谐校园营造良好发展环境。

(二)主要目标

通过组织实施“六五”普法规划，进一步向全校广大师生、干部宣传普及宪法和法律知识，不断提高广大师生员工的法治意识和法律素质，使广大教师成为师德高尚、教书育人、为人师表的楷模，使广大学生成为学法、知法、守法的社会主义建设者和接班人。全面推行党务和校务公开，自觉接受有关部门和社会监督，使学校管理步入法制化轨道。

二、主要任务

(一)深入学习宣传宪法和国家基本法律制度，推进依法治国方略的落实

大力宣传宪法基本精神、基本原则和中国特色社会主义优越性，进一步增强全校师生的宪法意识、公民意识、爱国意识、国家安全统一意识和民主法制观念。牢固树立党的领导、人民当家做主和依法治国有机统一的观念，树立国家一切权力属于人民的观念，树立权利义务相统一的观念。深入学习宣传国家基本法律，加强学习宣传中国特色社会主义法律体系形成的重要意义、基本构成、基本经验。深入学习民商、行政、社会、刑事及程序法制制度，大力开展社会主义法治理念教育，广大党员干部特别是处级以上干部要牢固树立依法治国、执法为民、公平正义、服务大局、党的领导理念。深化依法治国基本方略的学习宣传，提高各级领导干部依法执政能力，树立宪法和法律至上理念，在全校形成崇尚法律、遵守法律、维护法律的良好氛围。

(二)深入学习宣传国家经济法律制度，营造学校平稳较快发展的法治环境

学习宣传国家基本经济制度、改革开放、社会主义市场经济、财税、金融、投资等方面的法律法规，促进经济平稳较快发展。深入开展推进科技进步、加强自主创新、促进科技成果转化和产业化、知识产权保护、反垄断反倾销等方面法律法规的学习宣传。深入学习宣传资源节约和管理、环境和生态保护等生态安全方面的法律法规，增强师生员工的法律意识，促进资源节约型、环境友好型校园建设。学习宣传区域协调发展和城乡规划建设管理相关法律法规。

(三)深入学习宣传保障和改善民生法律法规，维护校园和谐稳定

从维护师生的根本利益出发，学习宣传与生产、生活密切相关的法律法规。学习宣传食品药品安全、生产安全、消防安全、防灾减灾、公共卫生等法律法规，推进校园公共安全体系建设；学习宣传有关收入分配、社会保障、医疗卫生、社会救助等法律法规，促进社会保障体系建设；学习宣传有关促进就业、劳动合同、劳动争议处理等法律法规，促进和谐劳动关系建立；学习宣传有关房屋拆迁、土地征收征用与补偿、土地承包经营权流转等法律法规，保障人民群众合法权益；学习宣传有关维护妇女、儿童、老年人、残疾人权益以及法律援助、法律救济等相关法律法规，维护弱势群体合法权益。

(四)深入学习宣传教育管理和法制文化建设法律法规，推进校园管理和服务的法治化

紧紧围绕建设现代大学、全面推进依法治校的要求，学习宣传有关保障和落实国家教育方针、规范办学行为等内容的法律知识。深入宣传教育法、高等教育法、教师法等教育法律法规，依法维护广大教师的合法权益，切实提高广大教职员工依法实施教育教学活动、参与学校管理的能力，严格规范办学行为，及时查处违规办学、违规招生、违规收费等不法行为。积极推进社会主义法制文化建设，将法制宣传教育渗透到教学、科研和管理中来，渗透到师生的实践活动中，加强普法文化产品的创作和推广，满足广大师生对法治文化的需求，丰富校园文化的法制内涵。

(五)加强反腐倡廉法制宣传教育

以领导干部为重点，加强审计法和廉政准则等相关法律法规和党纪条规的宣传教育，坚持反腐倡廉法制宣传教育与理想信念教育、职业道德教育、党的优良传统和作风教育相结合，不断增强各级领导干部反腐倡廉意识，提高廉洁自律的自觉性。广泛开展面向学生和社会的反腐倡廉法制宣传教育，促进廉政法制文化建设，引导学生树立正确价值观和高尚道德情操。

三、组织领导和保障

(一)切实加强组织领导，健全完善工作机制

学校成立法制宣传教育领导小组，组长由党委书记担任，副组长由主管宣传、学生、教学工作校领导担任，党政办公室、宣传部、组织部、纪委(监察)、人事处、教务处、工会、学工部、研工部、团委、保卫处、财务处、总务处、信息中心等相关部门以及各学院党委书记为组员，积极构建法制宣传教育大格局，按照分工负责，齐抓共管的要求开展法制宣传教育工作。组织部、纪委(监察)、宣传部负责党员和领导干部的法制宣传教育；教务处、人事处、工会负责教师的法制宣传教育，人文学院、学工部、研工部、团

委、各学院负责学生的法制宣传教育。

（二）落实保障工作经费，发展壮大宣传队伍

根据国家、教育部有关文件精神，落实法制宣传教育专项经费，专款专用，保证法制宣传教育工作正常开展。加强法制宣传专兼职队伍建设，充分发挥我校大力宣传格局的优势，鼓励学校法律教师、学生志愿者参与宣传教育活动，加强组织管理和培训，深入开展普法宣传。

四、普法对象和要求

（一）普法对象

普法宣传教育的对象是全校师生员工，普法教育要针对不同的对象，确定不同的内容，运用不同的方法，创造性地开展工作。普法宣传教育重在实效，切忌形式主义。

（二）工作要求

1. 全校师生都要认真学习宪法和国家基本法律知识，不断增强社会主义法制意识。按照国家普法规划和学校法制宣传教育规划，从贯彻党和国家教育方针、维护国家长治久安的战略高度，进一步统一思想，将法制教育作为开展公民意识教育，树立社会主义民主法治、自由平等、公平正义、权利义务理念，培养社会主义合格公民的重要载体和素质教育的重要组成部分，切实抓紧抓好。

2. 中层以上领导干部要带头学法、用法、守法，努力提高宪法意识和法制观念，不断增强依法决策、依法治校和依法管理的能力。大力推进领导干部法制教育制度化、规范化，落实党委理论学习中心组集体学法、办公会议前学法、领导干部法制讲座、法律知识年度考试制度，并把学习和掌握法律知识的情况作为领导干部年度考核和任用考察的重要依据。

3. 加强教职员工特别是教师的法制宣传教育，提高教师职业道德修养。增强教师依法教书育人的自觉性，建立教师法律培训制度，将法制教育列为必修课或者考核内容，组织教师系统学习、掌握基本的法律原则和各种必要的法律规范，以及教育专业法律知识。

4. 对学生要开展法学基本理论的教育，将法律教育列入大学生课程，培养大学生的权利义务观念，增强社会责任感，使其成为具有社会主义法治理念的合格人才。

5. 要不断丰富学校法制教育的内容，创新教育形式和手段，增强法制教育的互动性、趣味性和感染力，提高普法教育的质量与效果。积极开辟法制教育第二课堂，举办法律知识讲座与竞赛、法律知识演讲与表演、模拟法庭、“12·4”全国法制宣传日以及开展校园法制园地等多种形式的法制宣传教育活动，努力营造学法用法氛围；充分利用法制教育基地和各种教育资源，开展丰富多彩、寓教于乐、参与性强的校外法制教育实践活动；充分利用校报校刊、校园网、宣传橱窗、广播、电视、黑板报等多种宣传阵地，加强法制宣传教育。鼓励在网上开办普法博客、微博，运用视频、音频等多媒体手段进行宣传。

五、工作步骤与安排

本规划从2011年开始实施，到2015年结束，分3个阶段推进。

1. 宣传动员阶段（2011年下半年）。根据上级要求，学校制定规划，并做好宣传、动员和组织工作。

2. 组织实施阶段（2011年下半年至2015年）。依据规划确定的目标任务和要求，结合实际，制定年度计划，认真组织实施，确保规划全面贯彻落实。

3. 检查验收阶段（2015年下半年）。按照本规划确定的目标、任务和要求，进行总结和自查，同时接受上级部门的检查验收。学校将于2013年和2015年分别开展中期及“六五”普法宣传工作总结，对取得突出成绩的单位予以表彰。

中共北京林业大学委员会

2011年12月8日

北京林业大学深化“平安校园”创建工作方案

北林党发[2011]24号

为贯彻落实北京市委教育工作委员会、北京市教育委员会、首都社会治安综合治理委员会办公室及北京市公安局《关于深入推进高校“平安校园”创建工作的意见》(以下简称《意见》)的精神，深入推进我校“平安校园”创建工作，制定本方案。

一、指导思想、工作目标和工作原则

(一)指导思想

以科学发展观为指导，把“平安校园”建设放在学校全局工作中统筹推进，进一步固化深化学校平安建设成果和经验，牢牢把握维护稳定这一首要政治任务，紧紧抓住“平安校园”创建这一工作抓手，创新体制机制，夯实基层基础，有效整合资源，健全长效机制，加强安全防范体系建设，提高预防、应对和处理各种事故的能力，确保我校的稳定和广大师生的生命财产安全，真正做到预防和减少校园事故的发生，进一步巩固和发展学校持续和谐稳定的工作局面，为创建和谐社会做出贡献，整体推进安全稳定工作更好的发展。

(二)工作目标

通过开展“平安校园”的创建活动，全面建立维护校园及周边治安环境长效工作机制，实现“大事不出、小事减少、管理严格、校园和谐”的工作目标。做到校园安全稳定的局面更加巩固；学生法制教育更加全面；学校安全防范措施更加完善；校园及周边治安秩序更加良好；广大师生安全感更加增强。具体任务和目标如下。

大事不出。确保不发生校园暴力恐怖事件，不发生危害国家安全和社会稳定的重大政治事件，不发生大规模群体性事件，不发生重大治安刑事案件，不发生重大事故。

小事减少。减少各类敌对势力针对学校的捣乱破坏活动，减少各类校园侵财性案件和由治安问题引发的刑事案件，减少各类矛盾纠纷和上访滋事事件，减少一般性事故和恶性事件。

管理严格。严格落实安全稳定责任制，落实校园安全与环境秩序排查整治、宣传教育、管理防范各项措施，校园综合防控体系科学严密，管理服务体制机制健全完善，师生安全防范和维护稳定意识明显增强，各项工作运行有序，形成上下联动、左右配合的严密安全稳定工作体系和全员参与、齐抓共管的良好工作格局。

秩序良好。经常排查、全面消除各种隐患，及时发现、全力化解各种不安定因素，有效稳控、妥善解决影响安全稳定的突出矛盾和问题，校园秩序良好、安定和谐，师生员工思想和舆情平稳，广大师生的安全感普遍增强。

(三)工作原则

统筹资源。学校党委和行政总揽全局、统筹协调，搭建共创平安、共促和谐的平台，深入整合资源，调动各部门、岗位及广大师生员工的积极性，形成建设“平安校园”的整体合力。

夯实基础。不断适应新形势新任务要求，切实抓好校园安全稳定工作体制机制建设、综合防控基础设施建设、保障措施建设、各级组织和队伍建设，不断夯实校园安全稳定工作基础。

注重长效。把“平安校园”建设作为维护学校安全稳定的一项基础工程和经常性工作常抓不懈，及时总结提炼工作中的好经验、好做法，加强和改进工作薄弱环节，破解各种重点难点问题，完善长效工作机制，切实提高整体工作水平，实现校园长治久安。

服务大局。紧紧围绕学校改革发展稳定的大局，扎扎实实做好“平安校园”创建各项工作，营造和谐稳定的校园环境，为推动学校改革发展服务，为维护首都稳定服务。

二、总体工作进度

为了把握时间进度，确保把“平安校园”的各项工作任务抓实抓好，将“平安校园”创建工作分7个阶段组织实施。

第一阶段：11月29日召开学校安全稳定领导小组协调会，传达落实北京市委教育工委、北京市教委、首都社会治安综合治理委员会办公室及北京市公安局《关于深入推进高校“平安校园”创建工作的意见》的精神，部署我校深化“平安校园”创建工作方案和创建《工作任务分解表》(征求意见稿)。

第二阶段：广泛征求意见阶段(2011 年 11 月 30 日至 12 月 10 日)，针对“平安校园”创建工作方案和创建《工作任务分解表》，广泛征求各院、部、处的意见，认真进行整理和修改；修改后再进一步征求意见和修改。12 月中旬向学校党委汇报。

第三阶段：动员部署阶段(2011 年 12 月下旬)。召开全校深入创建“平安校园”工作动员大会，传达上级文件和会议精神，下发《北京林业大学深化“平安校园”创建工作方案》，广泛动员各级党组织和广大党员以及广大师生积极参与“平安校园”创建活动，营造安全和谐的校园氛围。进一步统一思想，明确各部门、各学院工作任务、测评要素、时间安排和工作要求等，全面动员部署学校“平安校园”创建工作。

第四阶段：自查自评阶段(2011 年 12 月下旬至 2012 年 3 月 10 日)。各部门、各学院按照工作要求及《工作任务分解表》，认真开展自查，重点查找各类事故隐患，安全责任和安全制度的落实情况，工作中存在的问题和薄弱环节，并提出整改方案。同时认真总结本部门、本学院安全稳定工作取得的好经验和好做法。在此阶段，学校“平安校园”督查工作小组将组织对各部门、各学院任务分解和工作开展情况进行检查测评。

第五阶段：整改完善阶段(2012 年 3 月11 ~ 25 日)。学校召开“平安校园”创建工作阶段总结会，总结动员部署和自查自评阶段取得的成绩，以及存在的问题和不足，明确本阶段工作的主要目标和任务，进一步强化工作措施，确保各项测评要素落实到位。

第六阶段：迎评检查阶段(2012 年 3 月 26 ~ 31 日)。学校召开专题会研究部署迎评检查阶段的各项工作要求，积极迎接专家组进驻校园开展检查，通过检查评比，进一步扬长避短，建立和完善维稳工作长效机制。

第七阶段：巩固提高阶段(2012 年 4 月 1 日至“十二五”结束)。学校在“平安校园”达标验收工作的基础上，认真总结和固化学校“平安校园”创建工作的好做法、好经验，建立和完善校园维稳工作长效机制。同时学校党委结合专家组反馈的意见和建议，进一步创新体制机制，制定切实可行的工作方案，强化工作措施，不断筑牢校园安全稳定工作防控体系。

三、工作任务

(一)切实加强学校安全稳定组织领导体系建设

1. 推进机构整合，落实安全责任。调整学校安全稳定领导小组，党委书记和校长任组长，主管安全、学生、教学、后勤的校领导任副组长，党政办、保卫部、宣传部、学工部、研工部、团委、统战部、国际合作处、实验室与设备管理处、教务处、总务处、信息中心等单位负责人为领导小组成员。领导小组办公室设在党政办公室，负责安全稳定重要事项的组织协调工作。领导小组下设 11 个专门工作小组，即国家安全、民族宗教、综合治理、消防安全、安全生产、交通安全、安全教育、应急指挥、科技创安、防范和处理邪教问题及保密工作小组，负责各专项安全稳定工作。各学院设立安全稳定工作小组，分党委书记和院长任组长，全面负责学院的安全稳定工作；有关部处负责人负责本单位安全稳定工作。学校建立安全稳定责任制，党委书记和校长负总责，各分管领导各负其责，学校与学院、部处签订安全稳定责任书，各学院、部、处把安全稳定责任落实到岗，责任到人。

2. 充分发挥各级党组织和广大党员的作用，维护学校安全稳定。学校党委要把安全稳定工作当作党建重要内容来抓，列入年度工作计划，列入“十二五”规划。学院、部处要把安全稳定工作作为重要内容，摆到与教学、科研同等重要位置。各党支部每年要集中组织 2 次安全稳定的专题学习，提高基层党组织和普通党员自觉维护安全稳定的工作意识和能力。同时，工会、共青团、学生会等群众组织要通过举办形势报告会、专题讲座等形式多样的活动，提高广大教工和青年学生维护安全稳定的意识。

3. 加强安全稳定工作队伍建设。一是配齐配强安全稳定工作队伍。按照不低于学校师生总数 1‰的比例，选拔政治素质过硬、责任心强、业务能力突出的年轻干部充实保卫干部队伍；加强保安员队伍建设，委派专人负责监督检查保安公司的日常管理工作，做好保安员业务培训、队伍稳定和思想教育工作，不断提高保安员队伍整体素质。二是加强对保卫干部的培训。学校坚持每年组织一次保卫干部集中培训，培训内容包括政保、消防、治安、交通、应急管理等方面，同时要加强与兄弟高校间的工作交流和研讨，全面提高安全稳定队伍业务能力和整体素质。三是培养和重用安全稳定工作干部。学校积极为保卫干部创造良好的工作条件，选拔优秀的保卫干部到其他部门任职或轮岗，加强保卫干部的交流和培养，同时不断提高保卫干部的特殊岗位津贴和待遇。四是充分发挥学生工作队伍的维稳作用。不断完善《北京林业大学学生突发事件应急预案》，组建由学工部干部、教师辅导员、学生党员、班级骨干和学生公寓自律委员会组成的学生工作系统安全稳定工作队伍，建立健全学校、学院、班级、宿舍四级防护网络，逐级疏通信息，沟通渠道，做好深度辅导工作，准确把握学生思想动态。

4. 建立平战结合、注重常态的维护稳定工作机制。认真贯彻落实教育部和北京市关于维护校园稳定的有关会议和文件精神，强化敏感时期校园维稳工作措施，适时启动三级常规防控、二级加强防控和一级超常防控，平时实施三级常规防控，战时启动二级或一级防控，进一步加强校园安全管理、活动管理、巡逻防控、重点人群管控、师生教育引导与校园网络和舆情引导等措施，确保敏感时期校园平稳。

5. 有效防范、妥善处理各类敌对势力的渗透活动。进一步明确统战、保卫、学生、外事等部门维稳工作职责，强化各组织系统维稳工作责任。通过组织调查、座谈会、个别谈话、问卷调查、校园巡逻等多种途径调查邪教组织、地下宗教组织、境外非政府组织在学校的活动情况，特别是在重大敏感期要充分发动各个组织系统，实施零报告制度，加强信息搜集和报送工作。要进一步加强校园活动的审批和管理力度，对学校课堂、论坛讲座、学术交流、项目合作严格把关；加强外籍教师和留学生的管理，实现从源头防范，有效预防各种渗透活动，确保学校意识形态阵地绝对安全。

（二）建立和完善学工系统维稳工作网络

1. 建立和完善学生思想动态摸排机制。学工系统要依托各级党团组织、班主任、辅导员和学生骨干，建立舆情信息搜集网络，并以此为抓手，深入到课堂、班级、学生公寓以及各种学生活动中去，全面深入掌握广大学生的思想动态和舆情动向。学生工作部门要采取定期召开座谈会、进行个别谈话等措施，及时掌握学生思想动向，每逢重大敏感期适时采取正面教育引导和调查摸底相结合的方式，深入细致地做好大学生思想工作。同时团委要指派专人负责学生社团的管理工作，进一步加强对学生社团和活动的指导和管理。通过建立全方位的思想动态摸排机制，更加有针对性地加强对青年学生的教育和引导，更好地促进大学生成长、成才。

2. 构建学生公寓安全防范体系。通过建立学生公寓辅导员队伍、物业服务队伍、保安巡逻队伍、学生公寓自律队伍和公寓党员干部队伍等5支队伍，实现学生公寓立体化的安全防范体系。在公寓楼内实行24小时值班制度、出入证制度、大件物品出入制度等安全制度，确保学生的住宿安全。学校把安全教育进公寓作为安全稳定工作的重要内容来抓，通过印发安全教育资料、播放安全教育片、组织学生开展安全主题班会和消防疏散演习等对学生及学生公寓管理服务人员进行安全教育，使他们在消防知识的传播、安全卫生检查、宿舍外来人员排查等方面发挥积极作用。在学生公寓内大力开展形式多样、格调高雅、内容丰富的校园文化活动，营造良好的育人氛围，对学生公寓的安全稳定起到了积极的促进作用。

3. 建设多渠道、多层次的学生资助体系。学校高度重视家庭经济困难学生资助的工作，成立了学生资助管理中心，全面负责家庭经济困难学生的资助、教育、管理和服务工作。多年来，学校秉承资助与育人相结合的核心工作理念，逐步构建了以“奖、助、贷、勤、免、补”为主，社会资助做补充的“6＋1”式多渠道、多层次的个性化资助体系。学校始终坚持奖、助学金层次丰富，结构合理；助学贷款统一领导，机制完善；勤工助学、困难补助深度覆盖，不留死角；社会资源积极联系，广泛拓展的工作方式，在解决家庭经济困难学生实际问题的同时，帮助他们树立正确的人生观、世界观和价值观，引导他们正确认识贫困、理解贫困，处理好顺境和逆境的关系，自立自强，健康成长。

4. 完善学校心理素质教育工作评估体系。学工系统建立健全了学校－学院－班级－宿舍－个体五级预防体系，完善了心理危机的预防、发现、监控、善后和转介系统，制定了心理危机干预流程，建立了心理危机事件处理的快速反应机制。通过新生心理普查，对相关职能部门以及心理素质教育工作队伍进行心理危机预防与干预培训，开展各类心理健康教育教学活动等形式，普及心理危机预防与干预常识。

5. 加强“平安校园”志愿者队伍建设。学校保卫和共青团、工会、离退休工作处共同配合，组建一支由保安员、离退休人员、学生组成的“平安校园”志愿者队伍。各学院按照学生比例的4‰配备学生“平安校园”志愿者。按照工作分工和工作要求，组织进行校园巡查、火灾预防与扑救、水电气热设施安全管理、防盗防骗、交通管理、应急处置等专题培训，明确“平安校园”志愿者的职责任务、工作标准和纪律要求，充分发挥“平安校园”志愿者队伍在维护校园安全稳定工作中的作用。

6. 创新安全教育和法制教育途径，增强实效性。宣传部、教务处、学生处、保卫处紧密配合，深入开展法制教育和大学生安全教育进课堂工作，落实大学生安全教育必修课，设置10个学时，0.5个学分，使用北京高校统一的《大学生安全知识》作为教材。在大学生安全教育进课堂工作的基础上，进一步完善和丰富学校“1161”安全教育体系，即1门安全教育课、1次应急演练、6个专题教育（消防、治安、交通、国家安全、反邪教、保密）、1个安全教育专题网站。通过举办形式多样、内容丰富的安全教育活动，寓教于乐，不断增强安全教育的针对性和实效性。

（三）强化矛盾纠纷排查化解体系建设

1. 建立重大事项社会稳定风险评估机制，预防和减少矛盾纠纷。学校认真贯彻《北京市建立重大事项社会稳定风险评估机制的实施办法（试行）》精神，在出台涉及师生利益的重要政策措施和重大工程立项时，把稳定风险评估纳入决策程序，并根据预期结果提前化解和控制风险，最大限度预防和减少矛盾。坚持“校长接待日”和校务公开制度，建立完善师生利益诉求表达协调机制，切实解决好涉及师生利益的问题。

2. 深入开展矛盾纠纷排查化解，及时有效地化解各类矛盾纠纷。学校坚持每半年开展一次矛盾纠纷排查，信访部门及时处理广大教职员工的来信、来电、来访，保护教职工的合法权益；纪监部门及时处理涉及教工和学生所提出的申诉事项；人事、工会及时调解广大教职员工的矛盾纠纷，帮助解决实际困难。根据问题解决的难易程度，建立分级挂账制度，一般案件实行部门挂账，特殊案件实行学校挂账，并且实施部门和学校两级领导包案制度，限期解决。

3. 坚决防止群体性事件的发生。加大对可能引发群体性事件的矛盾纠纷排查力度，着力把苗头隐患消除在萌芽状态，坚决防止大规模群体事件的发生。学校宣传、保卫、学生、统战等工作系统要及时掌握苗头性、动向性信息，一旦发现要及时落地查实，妥善处置。高度重视国内外重大政治事件对校园稳定的影响，有效防范重点人借机制造事端，扩大影响，坚决防止群体性事件的发生。

4. 加强和改进特定群体的教育管理工作。学校对上访重点人、国保重点人、刑满释放人员逐一确定责任部门，并按照上级部门的政策和要求，成立帮扶小组，做好重点人的思想教育和转化工作，落实特殊时期管理措施。

（四）完善校园防控和应急体系

1. 进一步完善校园多维防控体系建设。按照《首都教育系统贯彻落实“平安北京”建设实施意见》，进一步完善《北京林业大学“多维防控”体系建设方案》；按照上级的统一要求，适时启动常规、加强、超常三级防控。实施校门、楼门、房门横向管理；学校、部门（学院）、个人的纵向管理，形成“横向到边、纵向到底、没有盲区、不留死角”的防范工作体系，广泛动员党政领导、中层干部、党员骨干等要全面参与校园防控工作，通过严格管理和安全服务不断营造安全和谐的校园环境。

2. 切实加强校园安全管理和综合治理。进一步修订和完善校园安全管理制度，规范消防、治安、交通、安全生产、大型活动、饮食卫生等安全管理。学校实施安全责任，学校、部门（学院）、个人三级负责制，一级抓一级，确保安全责任主体落实到位，各部门、各学院要严格落实安全管理制度，建立健全问责制度，确保安全责任落实到具体岗位、环节和个人。各学院、各部门要按照《关于切实落实学校消防安全责任制的通知》，进一步明确消防安全管理责任单位和责任人。

3. 继续推进学校科技创安深化工程。学校目前要在集视频监控、红外报警、车辆管理、出入口控制等子系统及消防系统联网的基础上，积极争取教育部、北京市教育工委深化科技创安工程经费的支持，建设和更新教学楼、办公楼和部分学生公寓视频监控子系统、新建电子巡更和紧急求助子系统。学校要在年度经费计划中增列安防设施、设备维护经费。依托安防控制中心，建立集安保、维稳、综治、应急“四位一体”的“平安校园”指挥中心，加强人防、物防、技防的有机结合，提高管理水平和资源利用率，不断提升校园综合防范能力。

4. 加强校园网络管理。宣传部和信息中心要进一步健全和完善网络管理制度，与学生处、团委等部门一起严格落实各网站、论坛、板块的监管责任。重大敏感日做到网络信息落地查实，及时删除、封堵违法有害信息，加强网络舆论引导。

5. 切实做好学校保密工作。学校保密委员会要加强保密宣传和警示教育，切实增强师生员工保密意识。完善保密制度，落实保密责任，定期开展保密检查，及时消除隐患。严格各类涉密载体的登记、保管和销毁，着力解决秘密文件、重要信息运转运输过程中不按制度、规程操作的问题，杜绝违反保密管理规定的事件发生。

6. 探索建立校园安全稳定预警机制。通过各党团组织系统、行政系统以及“平安校园”志愿者，进一步拓展信息工作覆盖面，努力获取行动性、内幕性、源头性信息，把握工作主动，结合学校工作实际，建立和完善学校安全稳定动态预警指标体系。

7. 健全完善学校应急管理体系。进一步修订和完善《北京林业大学应急处置预案》以及各个专项工作预案，并组织相关部门开展应急预案的学习和研讨，增强预案的可操作性。建设学校应急指挥中心，加强对突发事件的预防和处置力度，严格落实平时及敏感期领导带班和24小时值班制度。一旦发生突发事件，迅速启动应急预案，按照上级要求，做好信息报送工作，同时要妥善做好事件处置和善后工作。

四、保障措施

（一）加强领导，完善工作体制机制

学校党委对贯彻落实《意见》负全面领导责任，实行党委统一领导，党政齐抓共管、安全稳定领导小组总体协调、部门各负其责的“平安校园”创建工作领导体制和工作机制。党委书记和校长担任学校安全稳定领导小组组长，是贯彻落实《意见》的第一责任人，领导班子其他成员各负其责，负责指导分管工作部门的“平安校园”创建工作。各学院书记和院长及各部门一把手为本单位“平安校园”创建活动第一责任人，各部门、各学院按照职能分工，明确工作任务，做到思想到位，工作到位，责任到位，确保“平安校园”创建工作的各项任务落实到位。

（二）加强协调，确保任务落实到位

学校安全稳定工作领导小组办公室负责“平安校园”创建工作的组织协调，将动员部署、自查自评、整改提高和迎评检查的阶段工作任务分解，并组织检查和落实。学校通过建立联席会议制度，统筹协调“平安校园”创建工作中遇到的需要多部门协调配合之事项。领导小组主要职责是指导、协调、督促“平安校园”创建的各项工作，根据学校实际，制订方案、确定目标、落实经费，采取有效措施认真组织创建活动。

（三）完善制度，积极推进科学管理

学校充分利用“平安校园”创建工作的良好契机，进一步理顺工作体制机制，修订和完善维稳、消防、治安、交通、综合治理、信访、保密、信息报送、安全教育、实验室管理、危险物品、重点部位、学生管理等方面工作的安全稳定规章制度，明确各部门、各岗位工作职责和分工，细化职能，建立安全稳定事件应对和处置流程，不断促进各项工作的制度化、规范化和科学化建设。

（四）加强宣传，提升全员参与意识

学校将通过会议部署和校内各种板报、广播、网络等阵地，结合各种讲座、培训和班会，进一步加大“平安校园”创建工作的宣传教育力度，营造平安和谐的校园氛围，努力做到人人关心、全员参与。学校要紧紧依靠综治、公安等有关部门，整合力量，齐抓共管，构筑起维护校园及周遍安全稳定的保障体系。

（五）开展测评，强化工作监督落实

各部门、各学院要根据“平安校园”总体部署，认真开展自查自评。学校设立“平安校园”创建工作督查小组，分阶段组织开展检查测评，深入了解各部门、各学院在“平安校园”创建工作中创造出的新经验和新办法，并及时予以总结推广。同时积极协助各部门、各学院解决工作中存在的实际困难，并对“平安校园”创建工作存在的问题和不足，提出改进意见和建议。学校将积极探索建立长效机制，坚持每学年进行“平安校园”检查测评工作，并对表现优秀的部门、学院和个人予以表彰奖励。

首都普通高等学校“平安校园”创建工作基本标准检查参考手册，是我校开展“平安校园”创建活动的指导性文件，各单位要认真研究，贯彻执行，把各项工作落到实处，建立长效工作机制。

中共北京林业大学委员会

2011 年 12 月 13 日

北京林业大学保密教育培训规定

北林党发[2011]26 号

为了增强全校师生员工的保密观念，强化保密意识，坚持依法治密，依据《中华人民共和国保守国家秘密法》和相关规定，结合我校实际，特制定本制度。

第一条 保密教育是指对全校师生员工进行保密法规制度教育、保密形势教育、保密宣传教育、条例教育、警示提醒教育、现代通讯和计算机网络信息安全保密知识教育等。

保密教育的内容是：保密形势和敌情教育；保密工作方针、政策和法律法规知识教育；确定涉密项目密级和保密期限教育；保密管理知识和技术防范知识教育。

保密培训是指对有关人员进行保密知识、保密业务、保密技能等培训。

第二条 学校保密教育培训工作的职责划分和保障措施：

1. 学校保密工作委员会对全校保密宣传教育培训工作进行领导、指导和协调，指导制定学校保密教育培训制度、审定学校年度和大型保密教育培训计划；

2. 学校保密工作委员会办公室对全校的保密教育培训工作进行指导和协调。负责起草学校保密教育培训计划，组织和安排全校性的保密教育培训活动、学校涉密人员的年度保密培训和学校专兼职保密工作人员的保密教育培训。为学校其他保密教育培训活动提供资料、教材、教学及咨询等保障；

3. 学校党委宣传部负责计划、安排和组织协调学校党委理论学习中心组保密内容的学习和研讨，对全校性的保密宣传活动进行指导和提供必要的保障；

4. 学校党委组织部、人事处、国际交流与合作处分别负责安排和组织新进入处级领导岗位干部的保密教育、新入校教职员工的保密教育和涉密人员出国(境)前的保密教育；

5. 学校科技处负责涉密科研人员的保密教育；

6. 学校研究生工作部、学生工作部、国际交流与合作处分别负责组织和安排新入校研究生、本科生、外籍教师和留学生的保密教育；

7. 学校保卫处负责对安保人员、物业服务人员的保密教育；

8. 各学院、部门主管保密工作的领导对本单位的保密教育培训工作进行领导、组织和实施，完成学校年度保密教育培训计划安排的内容，并结合实际组织开展本单位的保密教育培训工作；

9. 学校涉密人员所在单位负责做好本单位涉密人员的日常保密教育工作。

第三条 学校开展保密教育培训主要采取下列形式：形势报告、专题讲座、传达文件精神、举办培训班、播放警示教育片、参观保密教育展、举办保密知识测试等。

第四条 保密教育培训应本着“广泛宣传和重点教育相结合，全员普及和突出重点相结合”的原则。全校性集中教育每年至少举行一次。保密教育培训的重点是涉密单位的涉密人员。

保密教育培训须纳入保密工作管理，做到有计划、有内容、有记录、有考核。

学校保密工作委员会办公室每年年初要制定全校保密宣传教育计划及大纲。教育培训过程应有完整的时间、对象、内容的记录。

第五条 学校保密工作委员会每年对各二级单位保密教育培训情况进行检查，与二级单位目标责任制考核相结合，对开展保密教育培训好的单位给予奖励，对执行制度不力的单位要通报批评。

第六条 本制度由学校保密工作委员会办公室负责解释。

第七条 本制度自公布之日起施行。

中共北京林业大学委员会

2011年12月30日

校发重要文件选编

北京林业大学科技成果转化管理办法(试行)

北林校发[2011]1号

第一章 总 则

第一条 为促进科技成果转化为现实生产力，规范我校科技成果转化工作，根据《中华人民共和国促进科技成果转化法》和教育部《关于积极发展、规范管理高校科技产业的指导意见》(下面简称《指导意见》)及有关文件规定，结合我校实际制定本办法。

第二条 本办法所称科技成果是指学校所属单位或个人，承担国家、地方和企业项目或利用学校的物质、技术、人力及其他条件以及执行学校任务所完成的职务科技成果，包括专利和非专利技术、工艺、方法、设计、产品、材料等。职务科技成果的所有权属于学校。完成以上成果的课题组和个人在本办法中统称为成果完成人。

第三条 广义的科技成果转化包括科技成果的后续试验、开发、完善和科技成果的转让、产业化；本办法所称的科技成果转化是指科技成果的转让和产业化，即可商品化的科技成果从科研领域转移到生产领域，从知识形态转变为物质形态，从成果持有者转移到社会需求者，从而作为生产要素投入实际生产中，实现其使用价值和价值，并获得预期收益的活动或过程。

第四条 科技成果转化活动遵循自愿、互利、公平、诚信的原则；遵守国家法律法规；符合国家和地方的产业政策，节约资源和保护环境；科技成果转化活动应维护国家和学校利益、协调集体和个人利益。

第五条 学校对科技成果转化实行统一管理。学校科技处是学校科技成果转化活动的统一归口管理部门，是科技成果的申报登记和认定的管理机构，确认成果的权属并审批、签署科技成果转化合同，具体职能由学校科技成果推广中心执行(隶属科技处)。任何个人或学院、系、所以北京林业大学的名义对外签订科技合同均是侵权行为，由行为人承担相应的法律责任。

资产经营公司是受托代表学校实施科技成果自主经营或合作开发的实体单位，其主要职能是促进高新技术成果的转让，孵化科技企业，创办具有文化教育特色和智力资源优势的企业，统筹管理、整合资源，推进学校科技产业化工作。

成果完成人所在单位协助督促实施，应大力支持和配合学校科技成果转化工作。

第六条 学校鼓励各单位和广大教职工开展多种形式的科技成果转化活动，支持成果完成人直接向他人转让该科技成果、自筹资金投资创办科技型企业、联合企业开发科技成果等多种形式的科技转化活动。学校对在科技成果转化中成绩突出的单位和个人进行奖励。

第二章 组织实施

第七条 科技成果可以采用下列方式进行转化：

1. 向他人转让科技成果；

2. 以科技成果作为合作条件作价投资，与他人共同实施转化，折算股份或者出资比例；

3. 自行投资实施转化。

第八条 科技成果转化合同签订的相关程序。

1. 在学校主管部门领取科技成果转化申报表。

2. 由成果完成人员及其所在单位与成果需求单位在充分协商的基础上提出协议文本(合同)初稿。在商定协议时，原则上应确保科技成果转让成本(指履行转让程序所必需的费用)不高于合同总金额的40%。

3. 协议文本(合同)及申报表报经成果完成人员所在学院主管领导审批同意后，报学校主管部门审核后并签署合同。合同一经签订，即产生法律效力，成果完成人员必须严格履行合同条款，以确保我校信誉和维护我校正当权益。成果完成人员所在学院要认真组织、督促实施，确保合同的完成。

成果转化合同签署过程中，视情况可委托资产经营公司组织成果完成人和所在单位对拟转化的科技成果“使用权”进行价值评估，必要时可由专业评估机构评估，以供转让或入股定价时参考。转化时的成交价原则上不低于评估值。

第九条 与中国境外的企业、其他组织或者个人合作进行科技成果转化活动，首先必须按照国家有关规定对科技成果的价值进行评估。科技成果转化中的对外合作，涉及国家权益或秘密事项的，须依法按照规定的程序进行。

第十条 经由资产经营公司进行自主投资或联合开发实施转化的，经授权后由资产经营公司与成果完成人协商制定转化方案并组织实施。

1. 资产经营公司、成果完成人及所在单位共同参与与成果受让方的谈判，制定转化方案，拟定转化合同。

2. 学校委托并授权资产经营公司与成果受让方签署合同，其他任何单位和个人不得私自对外签订转化合同，合同经资产经营公司签字盖章后方可生效。

3. 合同生效后，成果完成人应自觉履行合同中规定的责任、义务，保障科技成果转化顺利实施；资产经营公司、相关院系应认真组织、督促落实，确保合同的有效执行。

4. 对于合同履行中出现的意外和纠纷，成果完成人应积极配合资产经营公司与受让方协商解决。不能达成协议时，应申请仲裁或向法院起诉。

第十一条 学校统一管理所获得的成果转化收益。科技成果转化收益一律进入学校开设的统一账户，资金到账后，按照本办法规定进行收益分配。

第十二条 在合同实施过程中，凡向受让方提供的与成果相关的技术资料，须向科技处送交一份存档备案。

第三章 收益分配

第十三条 本办法所指“收益”是指成果转化所产生的一切权益，包括转让费、许可费、利润分成(或收入提成)、技术(成果)入股的股权收益及其他与成果转化相关的所有权益。

第十四条 在收益分配上，学校充分保障成果完成人的合法权益，同时兼顾学校和所在单位的利益。

第十五条 根据科技成果转化的不同形式，转化收益按如下办法进行分配。

1. 以技术转让方式将科技成果一次性转让给他人实施的，转让所得净收益(转让收入扣除成本和税收等)按如下比例一次性分配：成果完成人占70%(40%作为完成人奖励，30%作为完成人的后续科研)，学校占20%，所在单位占10%。

2. 经批准成果完成人自行创办企业实施转化，且该成果一次性转让给成果完成人的，成果完成人享有转让净收益的40%，学校享有40%，所在单位享有20%。

3. 经由资产经营公司自主经营或联合开发的科技成果，资产经营公司享有所得收益的70%，学校、成果完成人、所在单位各享有10%。

4. 科技成果入股校外企业或自办科技企业，成果完成人所占股份不低于20%，所获得的纯收入分配比例为：学校25%，学院15%，成果完成人员60%。签订合同时要约定，学校不承担由于经营不善所造成的亏损。

第十六条 学校从科技成果转化净收益(总收益中扣除成果完成人和所在单位所得部分后的余额)中提取不低于50%的比例转入学校事业发展基金，资产公司成果转化净收益中提取不低于70%的比例转入企业孵化发展基金。

第十七条 成果转化收益在课题组内部各

成员之间的分配，由其内部协商决定。

第四章 政策措施

第十八条 对于积极推动科技成果转化的单位和个人，学校将在科研工作量考核及技术职务聘任时予以充分肯定。科技成果转化收益中留作科研经费的部分视为横向课题经费，与科研工作量核定、职称评定挂钩。

第十九条 对学校控股或参股企业中实施成果转化做出重要贡献的人员，学校可以根据国家有关规定配送或奖励股份给个人。

第二十条 学校鼓励校外相关机构、单位或个人参与科技成果转化工作，对推动科技成果转化有突出贡献的校外机构或个人给予适当奖励。

第二十一条 对于积极维护学校权益，检举揭发侵害学校知识产权的单位或个人，学校将视不同情况给予相应的奖励。

第五章 责任与义务

第二十二条 为做好科技成果宣传推广工作，促进成果转化，成果完成人在取得成果后，有义务及时按下列要求撰写详细项目介绍，并报送科技处。项目介绍包括该成果所属技术领域及主要用途；主要性能特点及与其他相关技术、产品的对比；市场调查和需求预测；成果的实施方案：投产条件、主要工艺、设计规模、经济效益和社会效益分析(包括生产成本和销售收入估算、年利润额及投资回收期)，主要原材料成分要求、价格、产地，主要生产设备来源及预计价格，环境保护与劳动安全；合作方式及转化价格等。

第二十三条 转化过程中，存在下列情形之一的，学校将根据不同情况，对当事人给予批评、追究行政责任、不得晋升职称、解除聘任，直至移送司法机关，追究民事或刑事责任。

1. 违反国家有关法律法规和学校相关规定，侵犯学校知识产权，擅自对外转化或者变相转化职务科技成果的；

2. 将职务科技成果及其技术资料据为己有，并阻碍学校科技成果转化的；

3. 在科技成果转化过程中，转化收入不入学校统一账户的；

4. 除所签订合同条款约定外，私自向受让方索取或接受现金和其他物品的；

5. 除不可抗拒因素，未能履行合同，造成合同纠纷，严重损害学校声誉和权益的；

6. 未经许可，向成果受让方提供超出合同规定技术资料的；

7. 科技人员故意夸大技术成熟度和技术水平，或提供虚假技术资料，引起合作纠纷的；

8. 科技人员提供非专有技术，造成知识产权纠纷的；

9. 学校各类人员(包括在编人员、离退休人员、临时聘用人员、博士后在站人员、校办企业聘用人员和在校大学生及进修人员等)造成学校职务科技成果流失的。

第二十四条 科技成果转化中产生的经济赔偿(或补偿)等经济责任，由获益各方按本办法第二十条规定的分配比例各自承担。

第二十五条 学校科技人员在自主实施科技成果转化过程中，自主经营、自负盈亏，自主承担经营风险和法律责任。

第二十六条 在科技成果转化活动中，因日常管理不善而引发诉讼案件并给学校造成经济损失或损害学校声誉的单位，应追究单位主要负责人的领导责任。

第六章 附 则

第二十七条 凡此前规定与本办法不一致者，以本办法为准。

第二十八条 本办法由科技处负责解释。

第二十九条 本办法自 2011 年 1 月 1 日起施行。

北京林业大学

2011 年 1 月 4 日

北京林业大学教学督导工作管理条例

北林校发[2011]3号

一、总则

(一)为建立教学督导制度，加强对学校教育工作的监督检查，充分发挥我校学术造诣高和责任心强的老教师的作用，指导和参与教学建设与教学改革，指导改善教学方法，提高教学效果，热爱教育、热爱学生，做好教书育人工作，特制定本条例。

(二)教学督导制度是对我校教育工作进行视察、监督、指导、建议的活动，是加强教育管理民主化、规范化的一种措施。

(三)教学督导目的是通过教学督导员对教学文件、资料的调阅，对各种教学活动、培养环节的检查和对学生提供的反馈信息进行调查研究，以便正确监督和引导教师形成优良教风，增强教师的责任感，建立和维护良好的教学秩序，进一步提高教育质量。

二、机构

(一)教学督导工作以教学督导为主体，教学督导员由学校从近年离、退休教师和干部中选聘，分为本科教学督导组和研究生教学督导组，其中组长各1名，由校长颁发聘书，任期2年，可连聘连任。各院系也可根据需要聘任院系教学督导员。

(二)资格

1. 具有较高的教育教学水平、丰富的教育及管理工作经验、高度的责任感和事业心。

2. 原则上应具有副教授以上专业技术职称。

3. 爱岗敬业，热心教育研究。

4. 实事求是，坚持原则。

5. 身体健康，能坚持督导工作。

(三)管理

1. 教学督导员应按学校和各教学督导组制定的督导计划开展工作，对不能认真履行职责或工作不认真的督导员，学校有权对其解聘。

2. 教务处评估中心负责本科教学督导组工作的组织和业务协调，研究生院学位与培养处负责研究生教学督导组工作的组织和业务协调。

三、教学督导员职责

教学督导职责主要是调查研究、监督评估和指导青年教师。

(一)本科教学督导员职责

1. 以维护学校正常的教学秩序、提高教学质量为目标，监督各教学院(部)教学工作的各个环节，包括教师备课、上课、考试、习题课、实验课、课程设计、毕业设计(论文)以及教学管理等的实施情况，对在各教学环节中发现的问题，及时向教务处反馈，以便改进工作。

2. 通过质询、座谈、检查等活动，了解各教学院部教学改革、课程建设、师资队伍建设和教材建设的情况与经验。了解师生对学校教学工作有关政策、措施和规定的意见、建议与要求，并及时向教务处反馈。

3. 检查课堂教学。根据年龄与身体条件特点，适度安排、开展听课等调查研究，可根据工作需要及各人情况安排，以能掌握日常教学情况为度。听课工作由教务处指定的课程、环节以及随机听课组成。督导组成员要对教师的教风和教学质量提出书面评议意见，作为评价教师课堂教学效果的重要依据。

4. 开展专项检查。接受教务处委托，对教师的教学情况、考试试卷或专业的教学与建设状况进行检查、评估和指导。

5. 每学期末，教学督导组应进行认真总结，就学校教风、教学质量、教学秩序、教学管理做出实事求是的评价，对教学改革提出意见；学校和相关教学管理部门就督导提出建议的采纳情况做出相应评价。

(二)研究生教学督导员职责

参与研究生课程教学、开题报告和中期考核等各培养环节以及学位论文预答辩及答辩，检查各学院及各学科贯彻落实有关学位与研究生教育的各项规章制度的情况，为我校研究生培养质量的提高做好督促和监督作用。

1. 课程教学：通过听课及教学检查和评估，了解各任课教师授课质量和学风情况以及各学院、学科开展教学工作、教学改革和教学管理的情况，督促教风及学风建设和教学质量的提高。

2. 培养环节：参加研究生的学位论文开题

报告、中期考核等各培养环节，督促各学院、学科严格把关，按照学校的相关规章制度按时、高质量地完成研究生培养的各个环节。

3. 论文答辩：参加博士生预答辩及硕士、博士学位论文答辩，监督论文答辩工作的有序开展。

4. 座谈：定期或不定期召开各类座谈会，听取教师及学生的建议、意见，并及时反馈给相关部门。

5. 教育研究：深入了解教育教学规律，参加学校、研究生院、学院及学科组织的相关教育教学工作会议，协同开展教育教学研究。

6. 管理监督：了解学校各级研究生教育管理职能部门的工作，督促研究生教育管理工作的高效运行，并对研究生教育管理工作提出建议。

7. 问题建议：及时反映研究生教学、培养环节及论文答辩过程中发现的各类问题，并针对具体问题，结合实际情况提出提高质量的对策和建议；学校和相关教学管理部门就督导提出建议的采纳情况做出相应评价。

8. 工作规划：每学期开始时要有工作规划，学期结束时要有工作总结，并对下一步要重点开展的工作提出规划和建议。

四、权益

（一）教学督导员是代表学校执行督导任务，学校相关部门负责人、工作人员和教师应给予支持和配合，保证督导工作的顺利进行，任何部门和个人不得进行阻挠、干扰督导工作。

（二）学校将保护教学督导员的权益，对故意损害督导员名誉或造成人身伤害的个人或部门给予严肃处理，追究相应责任。

（三）在职教学督导员的报酬将计入工作量；离退休教学督导员的报酬由学校统一支付。

五、其他

（一）督导员每学期有3次常规性会议，分别在学期初、期中、期末进行，总结前一阶段工作，安排下一阶段工作；每学期末召开一次工作总结汇报会，向学校汇报在教育教学方面发现的问题及建议措施。

（二）本条例自颁布之日起实施，原条例和《北京林业大学学位与研究生教育督导工作条例（试行）》同时废止。

北京林业大学

2011年3月22日

北京林业大学学生创新创业教育与创业管理实施办法（试行）

北林校发[2011]4号

第一部分 总 则

第一条 根据《教育部关于大力推进高等学校创新创业教育和大学生自主创业工作的意见》（教办发[2010]3号）文件精神，为鼓励我校大学生以各种形式积极参与创新、创造、创业活动，促进理论与实践的结合，锻炼和提高大学生的实践能力、创新能力和创业能力，同时规范管理我校大学生的创业相关活动，特制定本办法。

第二条 学校成立大学生创新创业教育指导委员会（以下简称委员会），由学校主管领导牵头，教务处、科技处、招生就业处、党委研究生工作部、学校教育基金会、学校大学生科技园、学生处、校团委及各学院就业服务分中心联合组成（见附件2略）。

第三条 委员会的下设机构及职能：

创新创业课程指导办公室设在教务处，负责加强创新、创业教育课程体系建设。把创新、创业教育纳入专业教育和文化素质教育的教学计划和学分体系，建立多层次、立体化的创新创业教育课程体系。

创业指导服务办公室设在招生就业处，协调全校学生创业活动开展，并为学生提供创业政策指导与咨询；同时在教务处的统筹安排下，开设与就业相关的创业指导课程。

创业项目选拔管理办公室（以下简称项目选拔办公室）设在学校招生就业处，负责组织前期创业项目的遴选，并会同教育基金会、资产经营公司进行项目的评审立项。

创业基金管理办公室(以下简称基金管理办公室)设在学校教育基金会，负责创业基金的募集、发放、审核及日常工作。

创业项目运营指导办公室(以下简称运营指导办公室)设在我校大学生科技园，负责对所有立项的项目进行注册，负责按照科技园的相关规定管理大学生自主创业项目，负责协调创业园内创业项目的场地和日常运营指导。

创业项目成果转化办公室设在学校科技处，负责大学生创业项目的专利认定、技术支持、成果转化等工作。

创业实践管理办公室设在校团委，负责共青团系统大学生就业创业实践基地和北林共青团就业创业学校的建设工作，负责共青团体系的大学生创新创业竞赛活动的组织，创新创业实践活动的开展和指导。

第二部分　创新创业课程与指导

第一章　创新创业课程主要内容

第四条　创新创业课程的开展由创新创业课程指导办公室承担，具体办法由教务处负责制订。

第二章　创业指导服务主要内容

第五条　创业指导工作的开展由创业指导服务办公室具体承担，具体任务为：

1. 了解国家、北京市关于大学生创业的相关政策，并对学生进行咨询服务；
2. 完善我校大学生创业的相关政策；
3. 协调相关部门建立扶持我校学生开展创业活动的工作体系；
4. 对有创业意愿的同学开展创业政策咨询和技能指导；
5. 开展以“提升创业素质”为目的的相关活动；
6. 在就业指导课程中教授创业指导相关内容；
7. 开展一对一创业帮扶活动，扶持大学生创业团队。

第三部分　创业基金管理

第三章　资金来源与用途

第六条　创业基金主要来源于学校教育基金会的专项拨款。

第七条　创业基金接纳校友及社会各界的捐赠资金。

第四章　管理机构与职能

第八条　委员会为创业基金的领导机构，负责创业基金的年度计划安排、立项审批、监督管理等重大事项决策。

第九条　创业基金管理办公室设在北京林业大学教育基金会，是创业基金的常设管理机构，负责创业基金的日常管理工作，编制相应的操作规范与规程，受理创业基金的申请，审查用款项目，跟踪经费使用。

第五章　支持对象与支持方式

第十条　创业基金面向本校三年级(含)以上全日制本科生，在校硕士、博士研究生(不含定向生、委培生)。

第十一条　创业基金扶持对象需符合以下基本条件：

1. 诚信守法、品学兼优、能够按时完成学业、具有创新创业精神、勇于挑战自我的大学生，无不良信用和违纪违法记录；
2. 项目申请团队有较强的组织协调管理能力；
3. 申请项目具有创新性，并有一定的市场潜力和发展空间；
4. 申请团队应有一定的项目启动资金及相应的资金风险承受能力。

第十二条　对大学生自主创业项目的扶持方式：

1. 以无偿资助的方式，支持大学生创办有特色和创意、有市场潜力和竞争力的企业，每个创业项目无偿资助金额不超过2万元；
2. 以免息借贷的形式，资助符合申请条件的本校大学生依托自主研发的技术成果创办科技型企业，每个创业项目免息贷款金额不超过5万元，且创业团队自筹资金比例应不低于免息贷款金额，还款期限不超过2年；
3. 无偿资助和免息贷款只能申请一项扶持方式，根据基金使用和项目评审情况进行分期划拨，采取请款报销方式使用，经创业基金管理办公室审批后，由北京林业大学计划财务处核准报销；
4. 为鼓励应届毕业生毕业后创业，在办理毕业离校手续前成功创业并注册取得工商营业执照的毕业生，学校将给予一次性奖励2000元。

第六章 申请与审批

第十三条 创业基金根据《北京林业大学大学生创业基金管理办法》受理来自本校学生的申请，由项目负责人向创业基金管理办公室提出创业基金资助申请。

第十四条 创业基金管理办公室对创业团队提交的申请项目材料进行程序审核，经过专家评审，报委员会批准。

第七章 监督管理

第十五条 创业基金管理办公室对受资助项目的资金使用情况进行跟踪和监督，根据上一期经费使用情况提出下一期经费的划拨意见。

第十六条 通过批准、接受资助的创业团队，应定期向创业基金管理办公室提交资金使用情况的财务报表。

第十七条 对实施效果好，需继续扶持的创业项目，由项目负责人提出申请，创业基金管理办公室根据实际考察情况和专家评审意见，报委员会审批，给予滚动支持。

第四部分 创业项目管理

第八章 项目的申请与审批

第十八条 申请的创业项目需要具备的条件：

1. 申请创业项目必须由我校学生提出；
2. 创业项目的申请人需要有一定的启动资金和承担风险能力；
3. 创业项目必须取得工商、税务注册资格。

第十九条 创业项目申请人需向项目选拔办公室提交申请书和创业（商业）计划书。

第二十条 审批程序。项目选拔办公室会同基金管理办公室、运营指导办公室对团队提交的注册申请书和创业（商业）计划书进行审核；对参加校级以上创业大赛获奖的创业项目，可优先审批注册。

第九章 项目的管理

第二十一条 创业项目申请批准后，必须按照申报项目依法开展创业活动，在运营过程中自主经营、独立核算、自负盈亏。

第二十二条 如申请到学校创业场地的，项目负责人应按实际消耗承担水电费，创业场地前半年免费使用，后半年按市场价50%收取，1年后按市场价全额收取。

第二十三条 运营指导办公室对创业园内的创业项目进行监督检查，防止其出现违规行为。

第二十四条 运营指导办公室制定考核评价方案，对团队学期和年度运营成果进行检查评比，并会同项目选拔办公室、基金管理办公室对优秀创业团队及其指导老师进行表彰奖励。

第十章 创业项目的服务

第二十五条 创业项目的创业基金原则上由创业负责人自行筹集，对特别优秀的创业项目，经项目负责人申请，报基金管理办公室审批，基金管理办公室会同项目选拔办公室、运营指导办公室审批通过后，可获得北京林业大学大学生创业基金。基金管理办公室依据各项目技术成果、市场需求等情况决定资助额度。

第二十六条 创业项目的创业场地原则上由项目负责人自行解决，对特别优秀且适合进入科技园的创业项目，经项目负责人申请，报运营指导办公室审批，运营指导办公室会同项目选拔办公室、基金管理办公室审批通过后，可有偿获得北京林业大学提供的创业场地。

第十一章 附 则

第二十七条 本办法自发布之日起执行。

第二十八条 本办法及未尽事宜由北京林业大学大学生创业指导教育委员会负责解释。

北京林业大学大学生创新创业教育指导委员会名单

委员会主任：姜恩来 骆有庆

委员会成员：于志明 董金宝 孙信丽
王立平 蔡 飞 侯小龙
任 强 于吉顺 程 武

各学院主管教学工作的负责人

各学院主管学生工作的分党委负责人

北京林业大学

2011年1月14日

北京林业大学关于修订本科专业人才培养方案的原则意见

北林校发[2011]7号

为进一步深化教育教学改革，不断提高人才培养质量，学校研究决定启动新一轮本科专业人才培养方案修订工作，现就本次修订提出以下意见。

一、指导思想

全面贯彻党的教育方针，以邓小平理论和“三个代表”重要思想为指导，深入贯彻落实科学发展观和《国家中长期教育改革和发展规划纲要(2010~2020年)》精神，围绕学校“创建国际一流的研究型林业大学”发展定位，充分吸收教学改革和教学研究成果，秉承“知山知水，树木树人”的办学理念，坚持“以学生为主体，以教师为主导”的教育思想，按照“加强基础、拓宽口径、通专并举、注重能力”的培养原则，优化课程体系，改革教学方法，探索人才培养新模式。

学校本科人才培养的总体目标是：培养知识、能力和素质协调发展，适应经济和社会发展需要的“信念执著、品德优良、知识丰富、本领过硬的高素质专门人才和拔尖创新人才”。

二、基本原则

(一)准确定位，突出特色

各专业要紧密结合国家、社会及行业发展需求，按照学校人才培养总体目标，找准定位，明确目标，彰显特色，追求卓越。

(二)分类指导，发展个性

根据社会发展对人才的差异性需求，以及学生的兴趣和特点，按照以培养未来学术精英为目标的学术型和以培养高级专门人才为目标的应用型进行分类指导。要突出培养学生健全人格和复合知识结构，着力提高学生综合素质、适应社会的能力以及创新、创业能力；要尊重和兼顾学生的多样性学习要求，进一步扩大学生自主学习的时间和空间，扩大选修课比例，推进研究型教学，因材施教，促进学生个性发展。

(三)夯实基础，通专兼顾

坚持通识教育与专业教育并重的原则，注重学科的交叉与融通，注重前沿和特色，按照“加强通识教育，拓宽学科基础，优化专业核心课程，拓展专业选修课程，强化实践环节”的总体思路，实施通识教育基础上的宽口径专业培养模式。各专业通识教育课程按照学科门类原则统一；学科基础课程的设置要体现宽口径原则；专业核心课程设置要力求精当；专业选修课程根据专业特色可按模块灵活设置。

(四)更新内容，优化体系

加强课程整合，精选教学内容，修订教学大纲，科学处理好各教学环节之间的关系；优化体系，实现通识教育、学科基础教育、专业教育3大平台与综合拓展环节有机结合。

(五)强化实践，注重创新

强化实践教学环节，进一步推动实验课、实习课独立设课，构建“基础、综合、创新”系列化、多层次、阶梯状的实践教学体系。打破课程壁垒，梳理实验实习内容，提高综合性、设计性实验比例，增加综合实习数量；完善包括大学生科研训练、学科竞赛、科技发明等多种形式的创新创业教育和科研活动体系。

(六)深化改革，探索模式

开展教学改革研究和试验，推进考试方法改革，建立注重实效的考核机制，加大课程信息化建设力度。鼓励各专业以学生的成长和成才为本，大胆探索人才培养新模式，加强国际化合作等人才培养模式的探索与实践。

三、具体要求

(一)学分学时

四年制专业课内总学时不超过2500学时，确有需要超过的个别专业须经学校批准。五年制专业的课内总学时不超过3000学时。

学分计算办法：理论课、实验课每16学时计1学分，实践环节(实习、课程设计等)每周计1学分，毕业论文(设计)计8学分，入学教育及军训计2学分，志愿服务与公益劳动计2学分。

课程性质分为必修课和选修课2类。必修课与选修课的学分比例、选修课中专业选修课与公共选修课的学分比例均应在6:4～7:3之间。

(二)课程体系

课程体系由通识教育、学科基础教育、专业教育3个平台构成。

1. 通识教育平台

通识教育平台由公共基础课和公共选修课构成。

公共基础课要在不同学科之间构建共同的基础知识平台，主要包括思想政治理论课、英语、体育等。其中：

(1)思想政治理论课：14学分，另开设"形势与政策"课，2学分。可采取课堂讲授、网络学习与实践教学等相结合的教学模式。

(2)英语：大学英语200学时，12.5学分，并在综合拓展环节中安排大学英语自主听说120学时，7.5学分。有条件的专业可将大学英语和专业英语结合起来设课。

(3)体育：采取必修课与选修课结合的方式。必修课64学时，4学分，其中包括1学分的实践环节，由体育教学部安排；选修课56学时，3.5学分。

公共选修课分为社会科学、人文科学、数学与自然科学、艺术审美、体育5大类，最低选修14学分，其中体育类至少选修3.5学分，其他类每个领域至少选修2学分。人文社会科学类专业的学生，在数学与自然科学领域至少修满4个学分；理工农类专业的学生，在社会科学、人文科学类至少修满4个学分。学生选修与本专业相近课程，不计入通识教育学分。

2. 学科基础教育平台

学科基础教育平台由数学、物理、化学等基础性课程和学科大类基础课构成。各专业按照相关学科要求进行设置，原则上应在前4学期内完成。各专业应根据人才培养需要开设名师讲堂或学术讲堂。

3. 专业教育平台

专业教育平台由专业核心课(必修)和专业选修课构成。

专业核心课：包括5～7门理论课和相关实验实习课，设置时应体现专业核心知识、能力和素质要求。

专业选修课：按照专业特色与前沿、社会需求等情况，可分模块灵活设置专业选修课，为学生个性化发展提供空间。一般不超过2.5学分(40学时)/门。

(三)实践教学环节

实践教学环节主要包括实验、实习实训、课程设计、毕业论文(设计)、社会实践、科研训练等。列入教学计划的各实践教学环节累计学分，人文社会科学类专业一般不少于总学分的15%，理工农类专业一般不少于总学分的25%。

原则上达到1学分以上(含)的实验环节和达到0.5学分以上(含)的实习及课程设计环节，须独立设课，单独考核。实验课(包括独立设课实验和课内实验)原则上均应有综合性、设计性实验项目和内容。

毕业论文(设计)从第7学期开始。

(四)综合拓展环节

综合拓展环节是提高学生综合素质不可缺少的环节，主要包括：入学教育及军训、大学英语自主听说、职业生涯与发展规划、就业指导、创新创业教育、志愿服务与公益劳动、大学生素质拓展计划、大学生科技创新等。其中：

(1)大学生素质拓展计划：主要包括思想政治和道德修养、社会实践和志愿服务、学术科技和创新创业、文化艺术和身心发展、绿色环保和环境教育等5个方面内容。具体要求见《北京林业大学大学生素质拓展计划实施办法》。

(2)大学生科技创新：主要包括科技竞赛、学术论文、科学研究、发明创造等内容。对于本科生在读期间所取得的创新成果给予一定的学分认定。具体要求见《北京林业大学大学生科技创新学分管理办法》。

(五)教学安排

各专业要按照教学规律，科学合理分配各学期教学任务。

(六)辅修及双学位

为加强复合型人才培养，使学生具备较宽的知识面，较强的社会适应能力，实行主辅修制。

北京林业大学

2011年3月1日

北京林业大学校园交通管理暂行办法

北林校发[2011]8号

为维护校园道路交通秩序，有效减少校园机动车流量，预防和减少交通事故，保护师生员工的人身安全，根据《中华人民共和国道路交通安全法》《北京市实施〈中华人民共和国道路交通安全法〉管理办法》、北京市教委《关于加强高校校园机动车管理，整治交通秩序的通知》精神及北京市交通安全委员会的有关要求，结合我校实际情况，制定以下管理办法。

第一部分 机动车

1. 校园机动车管理由保卫处、学校交通安全委员会办公室负责具体实施。

2. 学校共设置正门、西南门、北门3个机动车出入口。其中：正门双向通行，西南门单向驶入，北门单向驶出。

3. 摩托车禁止进入校园。

4. 持有本校长期通行卡的车辆可由正门进、出，办理通行卡必须与学校交通安全委员会办公室签订有关协议书。

5. 无本校长期通行卡的车辆可由西南门进入，北门驶出，并按照北京市停车收费标准实行计时收费。

6. 载客出租车进入校园30分钟内不收费，超过30分钟(含30分钟)按照临时进入校园机动车辆收费标准收费，空载出租车禁止进入校园(特殊情况除外)。

7. 运送大型设备和施工车辆进入校园时，需提前一个工作日报保卫处，并避开高峰时段进入校园。

8. 学生生活区(主干道以西区域和学生公寓11、12号楼区域)，学生上下课高峰时段(11:00～13:30、16:30～18:00)禁止机动车通行(公安、消防、医疗救护、巡逻车辆除外)。学生生活区其他时段出入口分别设置在学3楼北侧和一食堂西侧通道。

9. 校内主干道两侧禁止停车区域及人行道禁止停放机动车。禁止机动车占用、堵塞消防通道。

10. 各种机动车行驶应遵守《道路交通安全法》和校园有关规定，按校园内交通标志、标线行驶，且车速不得超过15千米/小时。

11. 校园内严禁鸣笛、试车、练车。机动车行驶时须避让非机动车和行人。

12. 机动车应按规定停放。停车时，锁好车门，贵重物品和卡随身携带。

13. 凡违反上述规定，车主应及时更正，对不听劝阻者，保卫处有权采取相应管理措施。

第二部分 非机动车

14. 非机动车严禁乱停乱放，停放在停车区域时应摆放整齐有序。

15. 校内严禁骑飞车或骑车带人。

第三部分 校园停车收费标准及办理办法

16. 校园长期通行卡的办理范围及收费标准：(见下表)

只对本校公车及教职工所购车辆办理长期通行卡。

序列	对 象	金额(元)	所需材料
1	公 车	180(含工本费100)	行驶证和驾驶证的复印件
2	由我校出售和分配登记住房在柏儒苑、静淑苑、东王庄、东西家属区及学3#、学6#的本校教职工的车辆	1800(含工本费100)	行驶证和驾驶证的复印件、工作证(车主为配偶或直系亲属的，需携带家庭关系证明)，每户限办一辆。
3	序列2之外的本校教职工的车辆	180(含工本费100)	行驶证和驾驶证的复印件、工作证(车主为配偶或直系亲属的，需携带家庭关系证明)

17. 机动车亲情卡和贵宾票的办理范围及收费标准：

（1）校园东家属区教职工凭工作证或退休证明办理校园机动车亲情卡（工本费50元，限每户一卡）。凭此卡出入时，每次按照1元/4小时标准收费，不足4小时按4小时计算（限小型车辆），超过4小时按照北京市停车收费标准计时收费。

（2）各单位指定专人负责购买贵宾票。每张贵宾票票额5元，可供一辆小型客车单次停放8小时以内。

18. 其他进出学校的临时停车车辆，按照北京市停车收费标准实施，实行计时收费：小型车辆1.25元/15分钟；大型车辆2.5元/15分钟。不足15分钟按15分钟计算。

19. 此办法已经由校长办公会讨论通过，从2011年4月1日起正式实施。以上办法由学校交通安全委员会办公室负责解释。

北京林业大学

2011年3月16日

关于成立第七届北京林业大学学术委员会的通知

北林校发[2011]15号

各单位：

根据学校事业发展和工作需要，经学校研究决定，对第六届北京林业大学学术委员会进行换届调整。新成立的第七届北京林业大学学术委员会名单如下：

顾　　问：沈国舫　陈俊愉　孟兆祯

名誉主任：尹伟伦

主任委员：宋维明

副主任委员：张启翔　骆有庆

委　员：（以姓氏笔画为序）

于志明　马履一　尹伟伦　王向荣　史宝辉　朱清科　孙建新　孙润仓　孙德智　孙承文　刘晋浩　吴　斌　严　耕　宋维明　李　雄　张文杰　张启翔　张志翔　张志强　余新晓　陈建成　侯小龙　赵广杰　骆有庆　俞国胜　黄心渊　康向阳　韩海荣　蒋湘宁　雷光春　潘焕学

秘　书：张　闯

秘书处设在人事处。

特此通知。

北京林业大学

2011年3月17日

北京林业大学学术委员会章程（试行）

第一章　总　　则

第一条　为进一步加强学术组织建设，不断提高我校人才培养、科学研究和服务社会的能力，根据《中华人民共和国高等教育法》和《国家中长期教育改革和发展规划纲要（2010～2020年）》精神，特制定本章程。

第二条　北京林业大学学术委员会（以下简称“校学术委员会”）是学校学术事务的咨询、评议、审议和决策机构，其宗旨是提升专家学者在学校学术工作中的主体地位，发扬学术民主，严肃学术纪律，保障学校学术决策科学规范。

第三条　校学术委员会在学校党委和校长领导下开展各项工作，我校重大学术事务的相关决策须经学术委员会审议通过后，由学校决定发布实施。

第四条　各学院（部）设立院级学术委员会。院级学术委员会是校学术委员会的分支机构，在校学术委员会的领导下开展工作。

第二章　委员会构成与任期

第五条　校学术委员会由20～35人组成，设主任委员1名，副主任委员2～3名。可设委员会顾问、名誉主任和名誉委员。

第六条 校学术委员会委员每届任期3年，可以连任。因特殊情况需调整任期时，须经校长办公会议批准，且调整时间最多不超过1年。

第七条 校学术委员会可根据工作需要成立常设或临时性的专门委员会。

第八条 校学术委员会秘书处设在人事处，设委员会秘书1人，负责委员会日常事务工作。

第三章 委员产生与调整

第九条 校学术委员会委员原则上应受聘正高级岗位(专业技术职务)，有较高的学术水平和造诣，有较高的学术声望和影响力，有丰富的学术背景和教学科研经验。

校学术委员会委员应有强烈的事业心和责任感，学术思想活跃，学风正派，办事公正，坚持原则，顾全大局，关心学校发展，并有较强的议事能力和一定的管理能力。

第十条 校党政联席会议统筹考虑校领导、职能部门负责人和学院推荐的候选人，审议产生校学术委员会委员名单，由校长聘任。

第十一条 主任委员、副主任委员可由校党政联席会议提名，校学术委员会表决通过；主任委员、副主任委员也可由校学术委员会选举产生。

第十二条 主任委员可提议并经校学术委员会通过后，聘请学术造诣深、成绩突出、影响大的国内外专家、学者担任名誉主任、名誉委员。

第十三条 因学科构成需要或人事(职务)变动等原因需要调整委员人选时，应由主任委员提名人选，提交学术委员会全体会议通过后进行补聘或取消委员资格。

第四章 委员会职责与任务

第十四条 校学术委员会职责与任务主要是咨询、评议、审议、决策学校重大学术事项。包括：

1. 学校发展目标、发展方向及中长期发展规划；

2. 学校学科专业建设发展规划，重大学科专业建设项目的立项；

3. 学校科研工作和科研(实验)平台、基地的发展规划方案；

4. 学校专业设置、人才培养规划方案；

5. 教学、科研、实验室等学术资源配置规划方案；

6. 学校教师专业技术岗位设置方案；

7. 学校国内外学术交流与合作中的重大学术性事项；

8. 学校其他与学术工作有关的重大决策和重要问题；

9. 对涉及学术道德和学术争议问题进行仲裁。

第五章 委员的权利和义务

第十五条 校学术委员会委员的权利主要包括：

1. 参与委员会会议并就相关事项发表意见和建议，参与审议和表决；

2. 针对学校有关学术事项提交提案；

3. 监督校学术委员会决议的执行情况。

第十六条 校学术委员会委员的义务主要包括：

1. 遵守委员会章程，认真履行职责，正确运用学术权利，公正、公平地发表学术评审意见；

2. 对委员会会议讨论事项进行必要的调查研究；

3. 对委员会会议讨论的需保密事项严格保密；

4. 按时参加委员会会议及有关活动。

第六章 工作条例

第十七条 校学术委员会会议由主任委员主持。主任委员因故缺席时，可由一名副主任委员主持。

第十八条 校学术委员会全体会议一般每年举行2次，根据工作需要，可临时召开全体会议。全体会议须有2/3以上(含2/3)委员出席才能举行。

第十九条 校学术委员会会议需要决议的事项采取民主集中制的原则。学术委员会讨论议题，以投票方式做出决定时，须与会人数的2/3以上(含2/3)通过方能有效。

第二十条 校学术委员会会议的组织工作由秘书处负责。秘书处应于会议召开前准备好需讨论审议事项的有关材料。

第二十一条 提交校学术委员会讨论的事项，主任委员认为有必要时，可指定1名或几名委员提出初审意见提交全体会议审议。有关职能部门负责人可列席会议参与讨论，但不参加表决。

第二十二条 学术委员会做出的决定，如有人提出复议，需先由秘书处征得半数以上委员的同意，方可召集全体会议进行复议。经复议通过的决定为最终决定。

第二十三条 学术委员会委员因病、事假不能出席学术委员会会议时，必须向主任委员请假；主任委员认为有必要并征得该委员的同意，可指定一名专家代表该委员出席委员会会议。

第二十四条 校学术委员会委员要严格遵守保密纪律，对于违反保密规定，且造成严重后果的，予以取消其委员资格。受到法律制裁、行政党纪处分的委员，予以取消其委员资格。

第二十五条 校学术委员会在讨论、评议、审议涉及与委员本人、直系亲属或其指导的学生有关的事项时，该委员应予回避。

第二十六条 校学术委员会开会须有专人做会议记录，会后整理成会议纪要，经主任委员签字后妥善保存。

第二十七条 院级学术委员会须及时完成校学术委员会交办的各项工作。每年年底须向校学术委员会提交年度工作总结报告和下一年度的工作计划。

第七章 附 则

第二十八条 本章程由校学术委员会秘书处负责解释。

第二十九条 本章程自公布之日起执行。

北京林业大学学术委员会工作细则(试行)

第一章 总 则

第一条 为更好地发挥校学术委员会的作用，进一步加强校学术委员会建设，明确工作规程，严肃工作纪律，保证学术公平，实现学术活动的民主管理、民主监督和科学决策，根据《北京林业大学学术委员会章程(试行)》(以下简称《章程》)，特制定本工作细则。

第二章 会议制度

第二条 校学术委员会一般每年举行2次全体会议，根据工作需要，可临时召开校学术委员会全体会议。

第三条 校学术委员会的会议组织工作由校学术委员会秘书处负责。需提交校学术委员会讨论审定的事项，有关单位至少提前3天将议题和有关材料报送秘书处；需提交学术委员会学术评议的事项，有关单位提前7天将有关材料及电子文档(包括申报材料、申报项目及情况汇总表、评审要求及文件等)送交秘书处。一般情况下，职能部门负责人应列席与本部门工作相关的学术委员会会议并参与讨论，但不参加表决。

第三章 工作规程

第四条 校学术委员会会议需要决议的事项采取民主集中制的原则。

第五条 校学术委员会全体会议必须有2/3以上(含2/3)委员出席才能举行。学术委员会需以投票方式做出决定时，须与会委员2/3以上(含2/3)同意方可通过。

第六条 当校学术委员会委员不能出席会议，并且会议内容与其所在学科相关时，经学术委员会主任提议，可指定相应学科的其他相关人员参加会议。

第七条 校学术委员会在开展学术评议工作时，在《章程》规定的原则基础上，可根据具体事项制定相应的评议规程。

第八条 在学风维护工作中，校学术委员会一般不受理匿名举报。但对于能够提供确凿证据的，也予以受理。

第九条 对重要的学术评议、审议事项，各职能部门应建立规范的评审程序和评审办法，并明确每一程序中各有关部门的职责。对专业技术职务评聘等重要学术评审事项，职能部门须制定详细的申诉程序。

第十条 各院级学术委员会须接受校学术委员会的领导，及时完成交办的工作。院级学术委员会审议评议结果存在重大争议时，可根据《关于制定北京林业大学院级学术委员会章程的指导意见(试行)》的有关规定，向校学术委员会提请复议和仲裁。

第四章 工作纪律

第十一条 校学术委员会委员一般不得缺席学术委员会会议，因故不能出席的必须向主任委员请假。非正当理由全年累计缺席委员会会议两次以上的委员，经委员会会议研究，可予以替换；委员离开学校超过一年的，本人应主动提出辞去委员任职，经委员会会议研究，可予以替换。

第十二条 校学术委员会委员要认真遵守国家有关法规、制度，在各种学术活动中坚持实事求是的科学精神，做维护学风和学术道德的楷模。尤其要树立全局观念，克服本位主义，做到公平公正，不徇私情。对于在学术评议中显失公允，或严重违背学术委员会有关规定的委员，调查属实后将取消其学术委员会委员的资格。

第十三条 学术委员会委员要严格遵守保密纪律，对需要保密的内容，未经会议许可，不得随意传播扩散。对于违反保密规定，且造成严重后果的，将取消其学术委员会委员资格。

第十四条 校学术委员会在讨论、评议、审议涉及与委员本人、直系亲属或其指导的学生有关的事项时，该委员应回避。若回避人数较多，按照本《工作细则》第五条规定不能达到《章程》要求的最低人数时，有关部门应另行组织同行专家组评审。

第十五条 各级学术委员会委员要按照职责范围认真做好本职工作，保证工作质量，提高工作效率。对委托的评议、评审等事项应按时反馈意见，并应积极主动地提出会议工作议题和建设性意见。

第五章 考勤制度

第十六条 校学术委员会实行会议考勤制度，考勤由校学术委员会秘书处负责。

第六章 秘书处职责

第十七条 校学术委员会秘书处的职责主要包括：

1. 负责学术委员会会务的组织、材料的准备；
2. 负责学术委员会会议的考勤；
3. 负责协调相关职能部门列席学术委员会会议；
4. 负责学术委员会会议的记录、会议纪要和文件的起草、印发和归档工作；
5. 负责督办学术委员会决定事项的落实情况；
6. 负责与院级学术委员会的沟通与协调；
7. 负责完成学术委员会及主任委员交办的其他工作。

第七章 附 则

第十八条 本细则由校学术委员会秘书处负责解释。

第十九条 本细则自公布之日起实施。

2011 年 3 月 17 日

家骐云龙青年教师教学优秀奖管理办法

北林校发[2011]16 号

一、奖项的设置

奖金额度为每人 6000 元，由北京林业大学、北京林业大学教育基金会向家骐云龙青年教师教学优秀奖获得者共同颁发荣誉证书。

二、申报条件

1. 年龄在 40 岁(含 40 岁)以下，并承担本科教学工作 2 年以上的我校在编教师。

2. 热爱教育事业，对教学工作认真负责，言传身教，严谨治学，富有改革意识，教育思想观念先进，教学方法手段创新，有高尚的社会公德和职业道德，教书育人工作突出。

3. 积极钻研教学业务，教学效果优异，申请年份前一年(自然年)学生课堂教学评价成绩排名在所在学院的前 20%(含)，教学督导听课平均成绩达到“良”以上。

4. 积极参加教学改革研究和实践，并在近 2 年取得下列成绩之一者：

(1)主持或参与校级及以上教改项目一项；

(2)参编教材一部;

(3)在具有 CN 刊号或 ISBN 刊号的正式刊物上发表教学研究论文一篇(第一作者);

(4)所指导学生获省级学科竞赛二等奖及以上奖励(所获奖的竞赛应在教务处认定范围内);

(5)指导校级以上大学生科研训练项目一项;

(6)所指导的毕业设计(论文)获得学校本科生优秀毕业设计(论文)称号。

5. 上一年度已获得本奖项者不能连续申请。

三、申报程序

各院候选人人数由基金会根据各院青年教师人数确定分配名额。每年推荐时间定于 5 月 20 日至 6 月 10 日,各学院根据评选条件,在指定时间内向基金会提交候选人申报表。颁奖时间原则上定于每年 9 月 10 日的教师节。

四、评审与批准

评委会对各学院报送的家骐云龙青年教师教学优秀奖候选人的材料进行评审。

五、家骐云龙青年教师教学优秀奖评委会组成

评委会的职责是最终评出家骐云龙青年教师教学优秀奖的获奖人选。评委会人员由基金会相关人员、捐赠人及教学主管领导、人事处、教务处等部门人员共同组成。

评委会小组组长:吴　斌　宋维明

评委会小组成员:刘家骐　吕焕卿　杨云龙　全　海　骆有庆　张　闯　于志明　王　平

本办法解释权在北京林业大学教育基金会秘书处。

北京林业大学　北京林业大学教育基金会

2011 年 5 月 5 日

北京林业大学优秀研究生担任本科新生学业辅导员工作条例(试行)

北林校发[2011]18 号

第一章　总　　则

第一条　研究生担任本科新生学业辅导员,是学校贯彻落实党的教育方针,促进学生德、智、体全面发展的一个重要举措。

第二条　选拔一批优秀研究生担任本科新生学业辅导员,既可以帮助本科新生迅速适应大学生活,找准学习目标和方向,对本科新生起到良好的"传、帮、带"的作用,同时也有助于研究生自身的综合素质和能力的提高。

第二章　选拔与聘用

第三条　学业辅导员的选聘工作由党委研究生工作部统一组织协调,各学院具体落实。学院于每学年末(暑假前)完成学业辅导员的选拔和聘用工作,并报党委研究生工作部审定,由党委研究生工作部会同党委学生工作部组织全校学业辅导员进行统一培训且经考核合格后,上岗工作。

第四条　学业辅导员采取公开招聘的方式进行,各学院按照学业辅导员的任职条件,遵循公平、公开、公正的原则,通过笔试、面试,择优录用。

第五条　学业辅导员的任职条件:

1. 热爱祖国,拥护中国共产党的领导,具有良好的思想政治素质;

2. 热心教育事业和学生管理工作,具有较强的责任心和奉献精神;

3. 亲和力强,具有良好的沟通能力、组织协调能力和语言表达能力;

4. 本科和研究生期间学习成绩优异,外语水平达到国家六级,本科期间获得过校级二等以上奖学金;

5. 所学专业与所带本科新生班级相同或相近,具有较高的专业知识水平,掌握本专业的学习方法,有能力作为本科新生专业学习的指导者;

6. 身心健康,积极上进,乐观向上;

7. 中共党员,学有余力,有时间从事学业辅导员工作的全日制在校硕士、博士研究生。

第六条　学业辅导员的数量由党委研究生工作部与党委学生工作部根据各学院本科新生

人数、专业划分和工作实际情况确定，原则上每3个班级配备1名学业辅导员。

第七条 学业辅导员的聘期为1年，研究生应聘本科新生学业辅导员必须征得导师同意，且不得影响正常的课程学习和科研工作。

第八条 学业辅导员应严格要求自己，积极工作，在各方面做出表率。对于不能认真履行职责的学业辅导员，学院要加强教育引导，督促其按照职责要求，完成任职任务。在学业辅导员工作过程中，如发现有违反校规、校纪行为，学院有权解除聘任关系。

第三章 工作职责

第九条 学业辅导员在学院分党委的具体指导下开展工作，主要工作职责包括：

1. 发挥榜样作用，对本科新生进行爱国爱党教育、理想信念教育和公民道德教育，帮助其树立正确的世界观、人生观和价值观，培养新生的集体主义观念和诚实守信意识，增强其社会责任感和使命感；

2. 发挥学长优势，指导本科新生的专业学习和生涯规划，引导他们及早进行定位、端正学习态度、明确学习目标，帮助其快速适应大学生活，并在学习方法、专业知识学习等方面给予具体指导；

3. 发挥朋辈优势，通过学生宿舍走访、个别聊天谈心等方式，重点掌握学生专业学习情况，及时了解学生群体动态，开展针对性的教育和引导工作；

4. 发挥辅导员作用，积极参加建设和谐校园的相关工作，切实维护校园和谐稳定；

5. 填写《学业辅导员工作手册》，每学期初制定工作计划，期末及时向学院提交工作总结，完成学院交办的各项任务；

6. 任职期间，做到至少平均每天和学生进行一次谈话，每周走访一次学生宿舍，每月参加一次班级活动，每学期组织一次班级学术活动。

第四章 管理与考核

第十条 党委研究生工作部负责学业辅导员的津贴发放、评优表彰等工作；各学院负责辅导员的日常管理、考核等工作的实施。

第十一条 学业辅导员的考核每学年进行一次。每学年末由所在学院对学业辅导员进行统一考核，根据工作职责确定的量化指标，进行辅导员自评、学院评价和学生评价。考核结果将作为其工作业绩、发放津贴、评比优秀的重要依据。

第十二条 校级优秀学业辅导员每学年评选一次，比例为全校学业辅导员人数的30%。对于获得校级优秀称号的学业辅导员，学校将予以表彰和奖励。

第五章 其 他

第十三条 学业辅导员的日常津贴标准为100元/月，一年按10个月发放。学业辅导员所带班级不足3个的，其日常津贴视具体情况酌减。

第十四条 每学年末，经考核合格的学业辅导员，将根据其所带班级的数量，给予500～1000元的业绩津贴；对于获得校级优秀的辅导员，还将再给予500元的一次性奖励。

第十五条 学业辅导员的津贴和奖金经费列入学校年度预算，每月由党委研究生工作部按照学校相关规定，发放到指定的研究生银行卡账户中。

第十六条 学业辅导员的工作经历及考核情况记入研究生个人档案。

第六章 附 则

第十七条 本办法自2011年6月起试行，由党委研究生工作部负责解释。

北京林业大学

2011年6月20日

北京林业大学校园一卡通章程(试行)

北林校发[2011]19号

第一章 总 则

北京林业大学校园一卡通是学校师生在校的通用身份识别卡和消费卡，系借记卡，主要用于食堂用餐、澡堂洗浴、开水、校医院就医、图书资料借阅、校内各项服务费用的交纳等。北京林业大学校园一卡通的广泛使用，替代了多种证件和有价票证，实现了有效的身份识别和智能化的电子钱包。

为规范校园一卡通的管理，维护校园的正常秩序，保障教职工和学生在工作、学习和生活中正常使用校园一卡通，特制定《北京林业大学校园一卡通章程》。

凡是使用校园一卡通的用户都必须遵守本章程。

第二章 校园一卡通

第一条 北京林业大学校园一卡通是学校师生在校的通用身份识别卡和消费卡，校园一卡通分为3大类：

1. 教工卡：发卡对象为本校教职工(含在职职工和离退休职工)，卡面印刷持卡人姓名、工号、照片、单位等信息；

2. 学生卡：发卡对象为本校在籍的全日制学生(本科生、硕士研究生、专业学位研究生、留学生、联合培养学生、博士研究生、博士后等)，卡面印刷持卡人姓名、学号、照片、班级等信息；

3. 临时卡：发卡对象为非在编人员；来校办事的临时人员；进修生；短期来校讲学、公务、培训、访问、交流人员；家属；继续教育系列学生等，按各部门的规定提供校园一卡通的部分功能。

第二条 部分校园一卡通为证照卡(带照片的校园一卡通)，可办理校园一卡通证照卡的人员包括：

1. 本校在职教职工、离退休教职工；

2. 全日制本科生、研究生、成人教育学院学生、留学生。

第三条 使用校园一卡通的系统包括餐饮消费系统、图书借阅系统、门禁查验系统、医疗管理系统、学生报到注册系统、网络计费转账系统、水控管理系统、公共机房管理系统、银行圈存系统、数字迎新系统等子系统。随着学校校园一卡通建设的逐步完善，可以校园一卡通的使用系统将不断增加。

第四条 校园一卡通由学校信息中心负责管理，包括校园一卡通系统的规划、设计、运行和控制；负责全校所有卡片的制作、发行、补卡和注销等工作。

第五条 校园一卡通充值包括现金充值和自助机圈存两种形式，现金充值由后勤公司负责，自助机充值由信息中心负责。

第六条 校园一卡通的批量退费(主要指毕业生退费)由后勤公司负责，单一退费(学生退学、教职工调离等)由财务处负责。

第七条 不同类型人员的校园一卡通具有不同的功能与权限，具体以《北京林业大学校园一卡通卡片管理细则》为准。

第八条 校园一卡通在不同部门使用时，应遵守各部门关于校园身份管理等方面的有关规定。

第三章 校园一卡通的办理

第九条 校园一卡通的办理采用“谁审批，谁负责”的原则，各单位应切实把关，不得编造各种理由虚报数据，办理校园一卡通。

第十条 新入职教工持人事处的报到凭证到信息中心办理校园一卡通。

第十一条 每年新入学学生的校园一卡通集中统一办理。由教务处、招生就业处、研究生院、国际合作与交流处向信息中心统一提供数据(个人资料与数码照片)，信息中心提交卡厂批量制作后，发各单位。各单位负责卡片的具体发放工作。

第十二条 未报到新生的校园一卡通，由各单位在新生报到工作结束后1个月内送回信息中心，否则按丢失赔偿。

第十三条 除新入职教职工和入学新生外，其他需要申领校园一卡通的人员需填写《校园一卡通申请表》(可从信息中心网站下载)。申请表在得到本单位校园一卡通主管领导和相关职能部门工作人员签字批准并加盖公章后，到信息中心制卡处办理校园一卡通。

第十四条 各单位安排专人负责本单位校园一卡通的批量办理工作。相关申请表格经单位主管校园一卡通的行政负责人签批后，报相关部门进行审核，通过后送信息中心统一制卡。

第十五条 办理校园一卡通的审核权限：

1. 事业编制教职工、离退休教职工、访学人员的信息需要得到人事处的审核；

2. 全日制本科生的数据需要得到教务处的审核；

3. 研究生、专业学位研究生、博士后的数据需要得到研究生院的审核；

4. 进修本科生、进修培训班、进修研究生办卡需得到相应招生部门的审核；

5. 继续教育系列学生数据信息需得到继续教育学院的审核；

6. 非事业编制岗位聘任人员、各单位自行聘用的教职工、校办产业外聘人员的信息需得到聘任部门的审核；

7. 外国留学生、国外访问学者的信息需得到国际合作与交流处的审核。

第十六条 国际学生的办卡由国际合作与交流处统一组织，到信息中心大厅拍照、办证。

第十七条 因故未能集中办理的新生，可持本人有效证件(居民身份证、护照、学生证、研究生证、录取通知书等，下同)到信息中心服务大厅办理校园一卡通，一般于第二个工作日领取。相应的个人资料由教务处、研究生院、学生处及时录入各自的管理信息系统，通过数据共享平台同步到校园一卡通系统。

第十八条 每位持卡人只能持有一张校园一卡通。持卡人身份变更时，应重新办理与新身份相符的卡；具有双重身份的用户，也只能持有一张校园一卡通。

第十九条 办理校园一卡通，须收取工本费25元。

第二十条 首张教工卡、学生卡的工本费从学校年度财务预算中列支。员工卡的成本费可由批准办理的部门支付或持卡人个人支付。

第二十一条 因丢失、损坏等原因补办新卡，需交纳工本费25元。非人为原因的卡片损坏，在卡片发出30天内，可免费更换。

第四章 校园一卡通使用

第二十二条 校园一卡通由持证人随身携带，妥善保管，正确使用。校园一卡通损坏或者不能辨认时，应当及时更换新卡。丢失校园一卡通的应当及时挂失，并补办新卡。

第二十三条 校园一卡通仅限本人使用，不得转借。如果转借，信息中心有权停止该校园一卡通的使用，所产生的后果由出借者本人负责。

第二十四条 凡是捡到他人丢失的校园一卡通时，请送交信息中心服务大厅。如果发生盗用他人校园一卡通的行为，由学校有关部门进行处理。

第二十五条 师生在校内各单位办理相关事务时，任何单位不得以任何理由扣留校园一卡通或者要求作为抵押，否则因此造成的经济损失、经济纠纷、侵权使用等责任将由扣押单位承担。

第二十六条 爱护学校设置在校园内的各种校园一卡通设备和自助服务终端。对于恶意使用自助设备进行消费或破坏自助设备与终端者，由学校相关部门严肃处理。

第二十七条 校园一卡通使用中的有关事项办理，包括但不限于挂失、解挂、充值、转账、密码等，以《北京林业大学校园一卡通使用说明》为准。

第二十八条 发放对象为进修生、继续教育系列学生、各类临时来校人员等的临时卡，消费时要收取饮食成本差额补偿金。收取标准按后勤总公司制定的标准执行。

第五章 校园一卡通的有效期与延期

第二十九条 校园一卡通的有效期即校园一卡通的使用期限，信息中心根据以下规定进行设置。

1. 教工卡的有效期为40年；

2. 非在编人员普通卡的有效期与劳动合同期相同；

3. 本科生校园一卡通的有效期为4年；

4. 硕士研究生校园一卡通的有效期为3年；

5. 博士研究生校园一卡通的有效期为3年；

6. 各类培训班校园一卡通的有效期依合同设定；

7. 其他各种校园一卡通的有效期根据申请表进行设定，一般不超过1年。

第三十条 校园一卡通超过规定期限后，如仍需继续使用，须按照相关规定办理延期手续。未办理延期手续的，在校园一卡通停用6个月后，校园一卡通系统将自动注销过期校园一卡通，并将校园一卡通内金额作为呆账，上缴学校。

第三十一条 校园一卡通延期采用"谁审批，谁负责"的原则，各单位切实把关，不得编造各种理由虚报数据，以及延期使用校园一卡通。

第三十二条 校园一卡通延期的办理方法：

1. 延期毕业的学生由各学院从信息中心主页下载校园一卡通延期申请表，由学院领导签字并加盖学院公章后，按审核权限批量报送教务处(研究生院)，各职能部门工作人员再次审核后，转交信息中心进行延期；

2. 各类工作人员校园一卡通延期由各单位领导签字并加盖公章后，按审核权限批量报送相关职能部门，各职能部门工作人员再次审核后，转交信息中心进行延期。

第三十三条 校园一卡通延期的审核权限：

1. 全日制本科生校园一卡通延期需得到教务处的审核；

2. 全日制研究生(含高校教师研究生)学生校园一卡通延期需得到研究生院的审核；

3. 成教学院学生校园一卡通延期需得到成教学院的审核；

4. 事业编制教职工、离退休教职工的校园一卡通延期需要得到人事处的审核；

5. 留学生、国外访问学者的校园一卡通延期需得到国际合作交流处的审核；

6. 非事业编制岗位用工人员、校办产业外聘人员、博士后、国内访问学者的普通卡延期需得到用工部门或相应部门的审核。

第六章 校园一卡通的中止与注销

第三十四条 教职工离职、非事业编制用工人员离职等，须到信息中心办理校园一卡通的注销手续，停止校园一卡通的使用。

第三十五条 学生毕业离校采用批量销户方式，待学生在后勤公司办理退费后，由信息中心进行批量销户，无需到信息中心单独办理。

第三十六条 对于已经毕业、离职等原因，未到信息中心办理注销手续的校园一卡通，信息中心将在卡有效期过后6个月注销该校园一卡通，并将校园一卡通内金额作为呆账，上缴学校。

第三十七条 校园一卡通中止使用时，退费工作由后勤服务总公司负责。

第七章 校园一卡通使用安全

第三十八条 校园一卡通的系统安全由信息中心负责，信息中心要通过必要的技术防范手段保证校园一卡通系统的安全准确运行。

第三十九条 校园一卡通的信息安全由信息中心及各业务单位负责。各系统接入单位不得随意查询、泄露用户的基本信息、消费信息等。

第四十条 学校设立校园一卡通运行维护专项经费。主要用于设备维修、更新、首张教工卡成本、首张学生卡成本、黑卡消费的处理等。

第四十一条 校园一卡通系统中设有消费密码。该密码是校园一卡通在进行电话查询、网上查询、自助终端查询、挂失、圈存、网费转账、消费时所用的密码。持卡人必须妥善保管消费密码，如果消费密码遗忘，持卡人应凭校园一卡通、有效身份证件到信息中心办理密码重置手续。因密码泄露造成的经济损失，持卡人自行负责。

第四十二条 为保障持卡人的经济利益，校园一卡通系统可以限定每笔消费额度，大于该额度的必须输入消费密码。

第四十三条 持卡人在使用校园一卡通进行圈存转账时需遵照以下管理办法：

1. 持卡人可申请将校园一卡通与持卡人所持有的学校统一发放的工商银行借记卡绑定。为了保证持卡人的账户安全，在银行卡与校园一卡通绑定时，系统比对校园一卡通系统中记录的身份证号与银行卡开户的身份证号，只有两者一致时，才能进行绑定；

2. 圈存过程不需要插入银行卡，但是需要输入校园一卡通密码，请注意保管银行卡，避免丢失后引起的使用不便；

3. 因银行方面对账原因，圈存转账时间为每日7:00～19:00。

第八章 遗失校园一卡通的管理

第四十四条 校园一卡通的遗失卡处理工

作由信息中心负责，其他单位无权处理遗失卡。

第四十五条 单位和个人在拾获校园一卡通时，请及时送交信息中心服务大厅。

第四十六条 信息中心及时把遗失校园一卡通的信息发布到校园一卡通自助服务平台，以供用户查询。

第九章 附 则

第四十七条 本章程由信息中心负责解释。

第四十八条 本办法自发布之日起实行。此前发布的相关规定同时废止。

2011 年 7 月 5 日

关于成立北京林业大学生态环保产业技术研究院的通知

北林校发[2011]21 号

各单位：

为进一步提升学校的办学实力，搭建更为广阔的校企合作平台，学校决定成立北京林业大学生态环保产业技术研究院(以下简称“产业技术研究院”)。

2011 年 6 月 29 日，学校与北京市政府签订共建协议，共建产业技术研究院。北京市将从政策、技术、资金等方面大力支持产业技术研究院的规划建设、科技创新和产业化以及体制机制创新。

产业技术研究院作为学校与北京市共建的研发机构，以学校为主体、校市共建、企业化运作。研究院将承担国家、北京市和大企业的重大科技研发项目，主要承担学校技术转移，重大科技成果转化和产业化，投融资体系的建立，生态环保特色的创新型企业的孵化，国家级公共技术平台的搭建等任务，实现资源开放共享，培养和汇聚高端工程技术人才。

特此通知。

北京林业大学

2011 年 7 月 1 日

重要讲话

解放思想 深化改革 开启学校科学发展新篇章

在 2011 年度工作会议上的讲话

宋维明

2011 年 3 月 5 日

同志们：

为了高质量完成今年的各项工作，校党委在 2 月 23 日召开党委常委会专题研究 2011 年的整体工作思路，形成了党政工作要点征求意见稿。今天组织各单位负责人、各学院党政一把手、教代会工会代表和党外人士代表召开 2011 年工作会议，全面部署今年的重点工作，深入研讨工作思路。希望大家进一步集中智慧，统一思想，明确任务，结合学校实际，确保 2011 年的工作顺利展开。下面我讲 3 个方面的内容。

一、2010 年学校工作的回顾

2010 年对学校来说是不寻常的一年。学校在教育部的指导下进行了领导班子的调整，同时在教育教学、科学研究、开放办学和办学条件及校园建设等方面，取得了显著的成绩。

（一）以质量为核心，狠抓教育教学和科学研究改革的落实，各项工作迈上新台阶

学校突出人才培养质量、科学研究追求产出、基本建设狠抓落实，各项工作取得了长足的进步和发展。

1. 在教育教学方面，人才培养模式改革不断深化，本科教育新增3个国家级特色专业建设点；2个国家级教学团队；1门国家级精品课程。在国际大学生园林设计大赛等各类学术竞赛中，园林学院学生获得了一批国际大奖和其他学科的220余项省部级以上奖励。新设8个硕士专业学位授权点，专业学位和科学学位研究生培养协调发展。本科和研究生招生就业工作保持高质量。

2. 在学科建设和科研方面，“优势学科创新平台”和“211工程”三期建设步伐加快，新增机械工程、农业资源利用、建筑学等3个一级学科博士点，计算机科学与技术等11个一级学科硕士点。科研经费稳步增长，全年到位经费达到1.7亿元。获国家、省部级科技奖励12项，其中包括1项国家科技进步二等奖。同时，科学技术研究和实践平台建设成绩突出，新增北京市工程技术研究中心和环境科学实验室各1个；6个综合实践基地均进入实质建设阶段；与东升乡人民政府签署战略合作协议，教学科研苗圃、树木园建设进入了新阶段。

3. 在人才队伍建设方面，引进与培养两条腿走路，既有“千人计划”等高端人才的引进，又通过中央高校基本科研业务费专项强化在职青年一代人才的培养，如在北京林业大学第一届青年学术年会上涌现出的一批优秀人才，就充分体现了这一成果。

4. 在基本建设和办学资源拓展方面，积极筹措资金，收入达到7.9亿元。资产公司总产值4.4亿元，上缴利润分红1500万元。公共服务体系建设逐步完善，校园一卡通一期工程顺利完善，为我校信息化水平的提升奠定了基础。特别值得高兴的是，我校的基本建设在10年取得了空前的成就，苗圃住宅的封顶、学研大厦的开工和学校东区征地的实现，为我校空间的拓展做出了重要的贡献。

5. 在改善民生方面，完成在职人员校内绩效工资调整，增幅在17%~20%，提高退休人员校生活补贴标准，增幅为50%。新建住宅和腾退住房配售工作圆满完成，798户教职工获益。

（二）加强党建，凝聚智慧，创造学校科学发展的和谐环境

学校结合创先争优活动系统梳理党建成果，获得北京高校党建先进校荣誉，中心组学习成果获得北京高校党建和思想政治工作优秀成果一等奖。学生党建和思政工作稳步发展，学校被评为全国高等学校学生资助工作先进单位。

总之，2010年是学校发展历史上可以浓墨重彩记录的一年。一年来的实践证明，学校的发展又达到了新的高度。取得这样的成绩，是全校师生员工共同努力的结果。在此，我代表学校向在座的各位同志和辛勤工作在一线的同志们表示衷心的感谢和崇高的敬意！

展望未来，我们要清醒的认识到北林发展的艰辛和面临的困难，如何使学科建设与国家重点战略和学术前沿更加紧密联系；如何使学术方向的凝练符合林业科学前沿和高峰的要求；如何发挥人才引进与培养的最大效能，使其尽早尽快为学科的发展发挥作用；如何建立完善的分配制度，为年轻教师重视教学与科研的投入提供有效的激励；如何进一步向科学管理要效益，使科学化、系统化管理成为提高北林竞争力有效的抓手等都是学校、学院、学科和每位教职工必须面对的问题和挑战。

二、全力做好2011年学校重点工作

2011年是国家实施《国家中长期教育改革和发展规划纲要》的开局之年，也是学校面向未来，加快向高水平研究型大学转变的关键之年。

对我们学校来说，2011年工作的总体目标和工作重心，仍然是集中在建设国际一流的研究型林业大学，不断提高办学质量上。为此，校党委将2011年确定为质量提升和学科发展年，并提出全年党政工作的总体要求是：坚持以党的十七大和十七届五中全会精神为指导，深入贯彻全国教育工作会议和《国家中长期教育改革和发展规划纲要》精神，以筹备召开第十次党代会和制定实施“十二五”规划为契机，围绕“提升质量、发展学科”年度工作主题，深化教育改革，加强学科建设，提升科研水平，强化内部管理，加快基本建设步伐，推进党建规范化，开启学校发展

新篇章，以优异成绩迎接中国共产党成立 90 周年。

下面我结合党政工作要点，重点对 9 个方面的工作进行部署。

一是筹备召开第十次党代会，抓紧完善“十二五”规划，谋划学校全局发展。根据教育部的要求，我校在上半年要筹备召开第十次党代会。党代会的召开，将确定未来几年学校发展的指导思想、发展路径和模式、发展的阶段性目标等，意义重大。同时，今年又恰逢“十二五”的开局之年。因此，我们要将党代会筹备与梳理学校发展成绩、完善“十二五”规划有效衔接起来，抓住高等教育新一轮改革的机遇，深入贯彻落实《国家中长期教育改革和发展规划纲要》精神，广泛征求各方面意见，完善学校“十二五”总体发展规划。站在国家要求和未来要求的层面上谋划发展方案。站在时代的前沿调整定位，科学制定人才培养、学科建设、师资队伍建设、科学研究及校园建设等专项规划，为“十二五”科学发展理清路径和方向。

二是凝练学科建设方向，狠抓学术团队培养。学科建设工作对我校建设高水平大学具有重要意义。学科建设是一个系统过程，需要学校各有关方面的通力合作；学科水平又是一个物质与精神的高度统一体，需要长期可持续的积累。从实际来看，我们传统优势学科的积累存在着积累不够的问题，长此以往将会优势不再。为此学校将召开专题工作会议进行部署，梳理问题、完善制度、落实措施。要面向国家和行业重大需求，调整学科布局，强化特色，增强优势；面向学科发展前沿和国家行业需求，择优支持重点、合理配置资源。要将“优势学科创新平台”和“211 工程”建设与学科建设规划真正结合起来，让前者为后者提供直接的支持和服务。

同时，要精心准备迎接“优势学科创新平台”和“211 工程”三期建设项目的整体验收。科学编制二期“优势学科创新平台”申报方案，争取进入新一轮建设，开展四期“211 工程”建设预研和论证。注重学术团队的培养和使用，重点督促国家重点学科和省部级重点学科，搭建科研平台，强化人才培养，拓展学术交流，完善重点学科内涵建设的体系。

三是深化教育教学改革，提高人才培养质量。落实“加强基础、拓宽口径、通专并举、注重能力”的人才培养原则。修订本科人才培养方案。总结“质量工程”一期建设成果，制定“质量工程”二期建设规划，积极争取新的建设项目。抓好本科生科技创新。加强与企业合作，争取进入“卓越工程师培养计划”。推动招生就业联动，建设 50 个优质生源基地，推进招考改革，确保全国第一志愿录取率 90% 以上，细化毕业生就业模式，重点加强就业困难毕业生帮扶和援助，努力保持较高的初次就业率和签约率。

深化研究生培养模式的改革，建立以质量为核心的研究生培养机制，优化研究生培养结构，贯彻教育部扩大专业学位规模，精炼科学学位培养的政策导向，制定“强化专业学位研究生的实践能力，完善科学学位研究生的知识体系，提高博士学位研究生的学术质量”的研究生培养计划。

在办学层次上，也要发挥我校行业特色的优势，不断扩大继续教育，拓展继续教育的范围和内容，探讨培训市场的开发等。此外，要加强体育教学和体育管理工作，积极倡导全校性的体育锻炼，提升学生和教职工的身体素质。

四是坚持科学研究服务学科建设，推进科学化的科研平台管理。围绕服务国家和行业战略需求，科学编制学校“十二五”科技发展规划，大力开展有组织科研，加强申报国家重大项目的统筹规划。要将科研与学科建设有机结合起来，通过科研支撑学科发展方向，将各类科研项目向重点学科领域倾斜。强化科研管理和科研产出，完善以创新和质量为导向的科研评价机制，健全科研管理的激励约束机制，加大标志性科研成果的前期培育、组织与申报力度，积极孕育重大科技成果，进一步提高科技论文产出的质量和数量。实施《北京林业大学优秀科技成果评审办法(试行)》，广泛争取各方资源，依托南北方基地，开展科技支撑和成果转化。

高水平科技平台的申请成果是学校科学研究条件的体现，而这些平台建设与管理的有效性和产出水平，则是学校科学研究水平的体现。因此，学校学科的水平和竞争力的强弱主要还是通过后者来体现。因此，在努力创造一切机会获取各类平台资源的同时，有效地提高现有平台的产出水平，应当是科技管理不可忽视的工作内容。

因此，我们负责各类平台包括新建校外科研基地的部门，必须充分重视现有平台条件的管理和利用效率。

五是聚焦人才建设，推动人事制度改革。人才建设要以学科领军人才引进和培养为重点，带动教师队伍整体素质提升。要立足学科专业建设的需要，完善高层次专家信息库，结合“千人计划”“长江学者奖励计划”和“梁希学者特聘教授计划”等政策，组织开展招聘引进海外和国内高层次人才。同时，根据各学院学科发展规划，落实我校提出的“学术大师后备人才培养计划”“杰出青年人才培养计划”“青年学术骨干人才培养计划”“教学名师培养计划”和“后备师资培养计划”五个人才队伍建设计划，着力提高教师的整体水平，制定适宜不同类型人才的培养计划，细化人才梯队建设，重视院士等高端后备人选的培养。切实加强青年教师队伍建设。

稳步推进人事制度改革，完善人才考核评价体系和机制，提高激励机制的科学性和有效性。做好第二轮岗位设置、岗位聘用和岗位考核实施方案。规范在职职工绩效工资实施方案，落实退休人员工资调整兑现工作。

六是着力办学空间的拓展，科学配置办学资源，开辟与有效利用并重，缓解瓶颈约束。全力推进三大基建工程。力争年内完成学研大厦主体结构封顶。保证苗圃住宅装修质量，2011年年底争取入住。完成售房后续工作。做好六道口征地后的土地整理。整合办公资源，对现有资源制定切实可行的办公用房分配方案。发挥实习资源作用，推进教学实验林场的维修改造，提高教学科研实习及旅游服务水平。积极推进树木园、苗圃建设，建好标本馆。推动期刊资源和电子信息资源的建设，扩大《中国鸟类》《中国林学》2 个英文期刊的国际影响力。强化电子图书资源建设，采购社会科学引文索引（SSCI）、中国科学引文数据库等索引数据库。推动校园网 IPv6 改造。继续做好校园一卡通工程二期建设。

七是健全内部管理机制，提升管理改革效益。重点推进学校内部治理结构的改革。在学院学术委员会组建的基础上，建立学校新一届学术委员会。健全学术委员会管理机制，拓展工作职能，充分发挥学术委员会的学术咨询功能。要在充分研究、精心规划和科学论证的基础上，进一步扩大学院在人事、财务、组织、教学、科研等工作中的自主权利，明确责任。

强化校务管理和财务管理。严格重点工作的督察督办，有机整合校务、党务和信息公开资源，推动民主办学。巩固纵向经费主渠道，拓展横向经费渠道，大力筹措资金，完善财务管理，提升资金使用率。

强化与国外高水平大学的校际合作交流，提升聘请外国专家计划项目的效益，做好公派出国留学与校际交流项目。

加强产业、后勤及其他管理工作。继续做好资产经营公司及控股子公司管理体系建设，完成经营性资产划转和企业改制，全面推进大学科技园建设。办好食堂，加强综合服务，提高后勤服务水平。

科学规划节能项目建设。搭建校友联络平台，注重打造北林教育基金会的品牌，提升体育工作水平。做好校医院、计划生育、居委会、林大附小等部门的管理服务工作。继续做好有关学会秘书处等挂靠单位的工作。

八是加强党的建设，迎接建党 90 周年。今年是中国共产党建党 90 周年。各级党组织和广大党员要积极投身在第十次党代会筹备中，选举产生新一届校党委和纪委领导班子。全校党组织和全体共产党员要在新一届党委的领导下，深入学习贯彻第十次党代会精神，推动争先创优活动，加强党建工作。

加强处级领导干部思想政治建设，完成空缺岗位干部增补工作。加大干部轮岗交流力度，完善和推进干部选拔任用工作。制定落实《中国共产党普通高等学校基层组织工作条例》的制度方案，扎实做好基层党组织工作。围绕创先争优活动，广泛开展主题教育。提升宣传思想政治工作的水平，着手筹备校庆 60 周年。常抓党风廉政建设和反腐败工作，深入推进廉政风险预警防范工作，建成比较完善的廉政风险预警防范长效机制。要加强统战、离退休和工会工作。

进一步强化学校安全稳定工作责任制，确保责任到位、措施到位、工作到位，抓好校园安全稳定工作，以饱满的精神状态迎接建党 90 周年。

九是以抓学风为主线加强学生工作。高度重视团学工作，推进招生就业联动，思想政治教育与业务教育联动；把握学生思想脉络，深入开展社会主义核心价值体系的学习和教育，构建学生安全稳定工作体系。团学工作应当充分结合北京林业大学的实际，将工作重心放在树立良好学风、校风工作上，展开行之有效的活动，促进学校学风和校风的改善。

三、做好全年工作的要求

2011 年千头万绪，任务十分繁重。因此，需要大家全力以赴，尽职尽责。总体有 2 点要求：

一是要提高应对改革新形势的思想认识，振奋精神，团结努力，为学校的新发展而奋斗。大家要站在国家战略和教育事业宏观发展的重大背景下主动去开展前瞻性谋划，从学校发展大局出发，谋发展，干事业；要坚持敢于改革、善于创新，在改革中更新观念，在创新中破解难题，为学校事业发展注入新动力、增添新活力，推动学校发展再上新台阶、新水平。要相信我们的力量能够克服一切困难，特别是 10 年我们解决了那么多发展问题，就应当更加有信心面对未来的任何困难。

二是要脚踏实地，一步一个脚印，不折腾、不忽悠，抓落实。要大力提倡脚踏实地，埋头苦干，求真务实的实干精神。在这个问题上干部的实干与否是关键。要以落实问责制为抓手，切实提高管理执行力，一抓到底。在抓好落实上下真工夫，真正干在实处，干出实效，干出实绩，在全校营造干事兴业的良好氛围。

同志们，一年一度的工作部署，总要说些抓机遇、迎挑战等方面的鼓励话。今年除了这些激励的口号外，我还是觉得如果我们能够真正地贯彻“明确目标、树立信心、强化责任、脚踏实地、努力创新”的 20 字工作精神，我们就能够比 2010 年更加出色地完成 2011 年的工作任务。

着力提升质量　加强学科建设　推动学校内涵发展

——在 2011 年度工作会议上的总结讲话

校党委书记 吴斌

2011 年 3 月 5 日

（根据录音整理）

同志们：

根据整体工作安排，我们用 2 天时间举行 2011 年度工作会议，听取各部门、各学院 2010 年考核述职汇报，部署今年的工作重点。上午宋校长结合党政工作要点对全年重点工作进行了系统部署，进一步明确了今年的目标和发展任务，我对此完全同意。希望各单位要组织认真传达落实，用心领会，全面把握，全力做好今年各项工作。会议期间，大家分组对学校党政工作要点征求意见稿和宋校长的工作部署进行了深入讨论，提出了很好的建议和意见，充分体现了大家对学校发展的热情和关注。下面我着重讲 3 个方面的问题。

一、认真总结工作成绩，正视发展存在的问题，增强加快学校发展的责任感和使命感

2010 年，是学校“十一五”发展的收官之年。通过全校师生的奋斗，各个领域的工作都有所突破，学校事业迈上了新台阶，主要体现在以下 10 个方面。

一是学校党建获得表彰，被评为北京市党建先进校。这次评估不仅仅限于党务工作，实际上是对全校改革发展的全面衡量，73 项测评指标涵盖了学校工作的各个方面。如果没有全校的共同努力，没有每个部门和每个领域的工作业绩作为支撑，党建先进校的荣誉是拿不到的。所以，这个荣誉不仅凝聚了全校教职员工的心血，也反映了历届党委狠抓党建所取得的突出成绩。

二是在高等教育大众化背景下，学校教育教学保持高质量。我校稳步上升的就业率和招生第一志愿率，就是最好的说明。2010 年，毕业生就业率高达 94.65%，本科招生第一志愿率超过 99%，充分反映了学校人才培养受到社会肯定，具有较高的社会美誉度。同时，学生在国内外各种竞赛中获得的大奖，如连续获得 IFLA 金奖，在数学建模竞赛、外语竞赛及各项专业性竞赛中获得诸多奖项，在读研究生的论文获得学校第一届青年学术大会2项一等奖，都是我校始终重视教育教学，不断深化教学改革，长期积累的成果，值得我们认真总结。

三是科研水平稳步提升。高质量论文成倍增长，2010年学校发表SCI收录论文223篇，EI收录论文149篇，反映了传统优势学科在注重应用研究的同时，基础研究不断强化。此外，学校的科研获奖、专利、行业标准、新品种等科研产出保持良好态势，充分反映了学校整个科研实力在不断增强。

四是教职工住房和收入得到改善。通过新建苗圃住宅和腾退房的配售，798名教职工住房条件在不同程度上有所改善，属于在京高校解决教工住房问题较好的学校。同时，学校还自筹经费，普遍上调了全校教工的绩效津贴。

五是基本建设实现突破。2010年，学校成功收回校园东侧2.27公顷(34亩)土地，完成了北林几代人扩大校园的夙愿。学校上下克服了重重困难，开展大量艰苦的工作，确保学研大厦开工建设，新建教工住宅封顶，极大地改善了办学条件，为学校“十二五”建设创造了良好的条件。

六是校班子进行调整。这是学校领导班子组织建设的大事。由于全校上下思想统一，以宋维明为校长的行政新班子产生得非常顺利，3位年富力强的同志走上校领导岗位。同时，学校平稳完成24名处级干部的集中轮岗，推动各部门工作保持新的起色。充分反映出教职工对学校的责任感、使命感，也体现出全校教职工的大局意识以及敬业精神。

七是教学科研条件建设不断拓展。南方基地、北方基地建设稳步推进，国家级科技平台建设不断加强，野外基地和台站建设有序开展。学校通过承租八家村土地，参与郊野公园建设，基本建成了3.3公顷(50亩)教学实习苗圃，并着手建设树木园，解决了长期以来缺乏教学实践场所的难题。同时，学校与东升乡签订战略合作框架协议，有望继续深化在树木园建设方面的合作。

八是学科建设取得进展。风景园林设计、草业科学有望成为一级学科，极大地拓展学校的学科布局。通过“优势学科创新平台”建设和“211工程”建设，学校进一步梳理了有关重点学科发展方向，总结学科发展存在的问题。

九是人才引进培养和使用有很好的收获。“千人计划”和“梁希学者”的引进都有新进展。近年来狠抓人才引进、培养和使用，带来了实实在在的发展，对提高相关学科的学术水平和发展后劲，产生了非常好的支撑作用。

十是学校科技园区建设和产业发展取得突破性进展。学校科技园成为北京市大学科技园。2010年，学校产业产值接近5亿元，利润超过3000万元，发展前景良好。

通过“十一五”的积淀和2010年的辛勤工作，学校在各个方面都取得了斐然的成绩，学校综合实力、社会影响力进一步增强，学校发展更有品味，进入向研究型大学发展的全面转型期。但是，对于发展成绩，我们不能沾沾自喜，更不能陶醉其中。面对学校发展的新起点，更应该正视我们存在的主要问题，保持冷静头脑，增强忧患意识。

一是人才培养和人才队伍建设的质量还不高。在学生培养方面，学校每年招收3000多名本科生和1000多名研究生。我们如何通过有效的教学组织和生动的教育教学，将4000多名有活力、非常聪敏的学生培养成综合素质高的创新人才，是学校办学的头等大事，需要我们深入思考。在人才队伍建设方面，2005年以后，学校在院士、杰出青年基金获得者等高层次人才建设没有突破，暴露出学科梯队建设的不足。

二是学科水平不高。学科建设的措施不力，学科建设的管理机制不健全；部分传统优势学科的发展目标不清，缺少明确的阶段性目标，开始走下坡路，有一些甚至失去了传统的优势。这是学科水平不高的具体实例，更是危机。我们要建成多科性的林业大学。多科并不是越多越好，而是要有特色和优势，否则，再多也没有价值。如何把优势学科做强，明确每一个学科方向的阶段目标、中期目标和长远目标，这方面的工作我们落实不够，学科方向不清，目标不明。不少学科的科研水平不高，基础研究薄弱，对重大科学问题的把握和研究的水平不高；应用研究也和国家需求有很大差距，能够出品种的我们没有品种，能够出技术的没有技术，能够出方案的没有方案，能够出标准的没有标准，等等，凸现了提升学科建设水平的重要性和迫切性。

三是管理水平亟待提高。学校管理改革跟不上发展形势，校院两级管理提出已经有4年多时间，但是到现在为止没有实质性的更大的动作，推动不够。我们需要更新管理理念，下大决心加快推进管理改革，提升管理效益。

四是办学空间约束的问题。为教师和学院提供相应的教学科研条件，是学校条件建设的紧迫问题。近年来，学校在采取多种途径加大力度，但是还需要进一步开拓思路，加大建设力度。与此同时，我们必须提高资源的利用率，避免资源浪费。

五是学校文化建设问题。大学文化和精神追求，是影响学校长远发展的根本因素，更是学校软实力的充分体现。大学建设有没有品位，能不能成为百年老店，不单单取决于大学的硬件建设，更重要的是大学文化的传承和发扬。但是目前，学校存在文化缺失的状况，学风、教风都需要改善。因此，我们要认真思考，北林以一种什么样的大学文化或者大学精神培养人，开展教学、科研和管理；如何增加北林文化的力量和存在感，加强北林文化的载体建设，打造北林的风格。

解决这些问题，最根本的是要加快学校发展，推进内涵发展、科学发展，不断深化改革。因此，我们要进一步统一认识，认清形势，增强发展的责任心。

二、深刻认识做好2011年工作的重要意义，抢抓机遇，加快发展

做好学校2011年的工作，具有承前启后、继往开来的重大意义，更关系到学校未来五到十年的发展走向。需要我们认真谋划，系统思考，特别是要把握宏观发展方向。

一是要认清形势，把握学校发展面临的战略机遇期。关注国际形势的深刻变化，准确把握国家宏观发展战略对学校建设提供的机遇和挑战，是我们谋划发展的首要前提。最近，中央领导对生态文明建设提出了一系列新的要求，胡锦涛同志在“两会”上专门强调推进国家发展转型，加强生态文明建设，贾庆林同志在新一期《求是》上发表了《切实抓好生态文明建设的若干重大工程》的文章。国家的发展转型，建设绿色经济，实现绿色发展和可持续发展等等，都是学校发展的重要战略机遇。在国际上，能源危机、资源枯竭和污染，可再生资源利用已经成为各国领导人高度关注的战略。可再生资源的研究、开发和利用，无论在解决科学问题和具体技术方面，都有大量工作要做，这也是我们需要把握的机遇。能不能抓住这个机遇，发展学校，需要大家共同的努力。

今年，国家正式实施教育改革发展纲要，提出了高等教育改革发展的目标和方向，对于学校的发展具有重要的指导意义。当前，学校发展正处于由教学研究型大学向研究型大学发展的转型阶段。我们要准确领会规划纲要精神，着眼于国情、教情和校情的深刻变化，把学校的事业发展好。从这个意义上讲，做好2011年工作，至关重要。

二是要以党代会召开为契机，进一步凝聚人心，加快发展。根据教育部要求，学校将在本学期召开第十次党代会，选举产生新一届党委和纪委领导班子，发动全校总结过去，谋划未来发展战略，是今年的重要任务。能不能通过党代会的筹备，调动全校师生的积极性，形成发展共识，聚焦发展战略，明确发展重点和发展的具体方式，是今年上半年工作的重中之重。我们要在筹备党代会的过程中，发动全校师生，特别是教职员工建言献策，召开不同类型的座谈会，广泛听取意见，认真思考学校发展的走向，找准发展存在的问题；要把握好工作时间节点，保障党代会胜利召开。

三是要全力以赴抓好“十二五”的开局工作。今年的工作之所以关键，在于开局。我们要在“十一五”学校发展取得显著成绩的基础上，对各个方面的工作进行科学谋划，确保有非常明确的目标，有非常得力的措施，保证发展目标的实现，保证我们为未来的发展积蓄力量。

三、突出重点，狠抓落实，高质量做好2011年的重点工作

关于今年的工作，宋校长进行了全面的部署。会后，学校将汇总各方面的意见进一步完善并下发学校党政工作要点。在此，我强调要在确保日常工作规范运行的基础上，重点做好以下10个方面工作。

一是筹备召开第十次党代会。要通过党代会筹备，认真总结发展经验，分析存在问题，认清形势，凝聚力量，调动全校师生的积极性，对学校未来发展进行准确定位，系统谋划发展措施、制度建设和组织建设。

二是抓教育质量。质量是学校的生命线。教学工作抓质量，不能仅仅停留在质量工程上，要对深化教育教学改革进行系统的设计，要明确素质教育的目标和实现途径。不同学科、不同专业、不同层次的教育，要明确人才培养规格，究竟要培养工程师、设计师、规划师，还是科学研究者。要着眼于教育质量的提升，从制度建设、教学管理、课程建设、教育教学方法改革、师资队伍建设等方面着手，构建教育质量保证体系。

要继续坚持精英教育的路线，将其理念贯穿在本科生和研究生教育质量提升的各个方面。要发挥梁希班、理科基地的示范作用，继续总结和探索精英教育的方式和途径。研究生教育要加强硕士生和博士生拔尖人才的培养，强化研究生招生政策，提高生源质量；提高毕业门槛；改革培养方式。希望精英教育改革要有时间点，明晰任务、目标，提出具体的工作方式，要求必须有具体的行动。

对于研究生教育改革，要将教育部推进研究生教育改革的部署和学科建设需求统一起来，合理设置科学学位和专业学位培养的恰当比例，优化博士和硕士的结构组成。最近，清华大学试点取消博士生导师制，代表了一种方向。我认为，能不能培养博士生，要重点看学科的实力。希望我校要加大研究生招生制度改革力度，向重点学科、重点教师和有潜力的年轻教师倾斜，给予他们更多更优质的资源，激励成果产出。本科和研究生教育改革，由主管教学工作的骆有庆副校长全面负责。

三是抓学科建设。首先要做好顶层设计，切忌空喊口号。学校重点发展什么领域，哪些学科要优先发展，哪些学科要重点培养，哪些学科要交叉融合，都要进行科学的论证。要逐一梳理和确定具体学科的发展方向、建设目标，包括阶段性目标和长远目标。围绕如何实现这一目标，提出需要人才队伍组织、支撑保障条件的具体举措。如果学科的方向不清楚，或者有方向没有人才，或者只有个人没有团队梯队，学科将来的发展将会非常艰难，无法适应国家发展的战略需求。这项工作，宋维明校长负责、张启翔副校长牵头具体落实。近期要抓紧做好学科方向凝练、存在问题的梳理汇总。

四是抓科研成果。要改革学校科研管理方式，由过去单纯重视科研经费申请，根据经费数量衡量科研工作量，改革为科研成果导向管理，更加重视科研产出。目前，学校的科研经费不断增加，但是科研的产出投入比值很低，标志性科研成果不多。所以必须在科研管理上进一步强调成果导向，提出成果管理的明确目标，引导教师通过长期的积累，产出有代表性的科研成果。张启翔副校长要全面负责此事，要有时间点、要有任务、要有具体的办法。

五是抓基本建设。加快基建重点工程建设，是近3年学校工作的重点之一。因为学校的教学科研对办学资源增加有强烈的刚性需求。我们要提出切实可行的办法，保证基本建设质量，保证进度、保证资金安全，保证工程建设安全。这项工作王自力副校长要全面负责，必须细化为阶段性计划，加强监督检查，确保按计划推进。

六是抓人才建设。学校今年将推出5项新的人才建设计划，宋校长已经对此做了部署。学校人才工作领导小组要进行专项研究，进一步做好计划设计，抓紧督促检查。全海副书记要会同人事处细化方案，提出具体的实施方案。希望各学院要提高主动性，将5个计划落实到学院的具体学科和具体人选。

七是抓条件和平台建设。野外台站，南方基地、北方基地等6个基地，重点实验室、工程中心和工程实验室，苗圃、树木园、标本馆等平台，都是直接服务于教学科研的重要支撑条件。必须抓紧落实建设计划，充分用好建设经费，提高建设经费的使用效率。对于周期长的平台建设，需要对阶段性计划进行完善和细化。张启翔副校长和骆有庆副校长要按照分管的领域，做好督促检查。建设工作要明确责任、明确时间，明确建设目标，责任落实到人。

八是抓规划制定。编制“十二五”规划与第十次党代会确定未来发展战略，要协调统一起来，确保目标一致。要抓紧制定好学校事业发展规划、人才队伍建设规划、学科规划、教育教学改革规划、科研发展规划、校园规划6个规划。此项工作由宋维明校长亲自抓，分管领导具体负责落实。希望我们所制定的规划要有适应时代要求的前瞻性，有所超前。落后于时代、落后于未来，落后于需求的规划毫无价值。同时要立足学校的实际，提高规划的可行性，不搞空中楼阁式的规划。

九是抓管理改革。管理改革方面需要做的工作很多，核心是深化人事制度改革和校院两级管理改革，完善制度建设，提高制度的执行力。需要大家齐心协力为学校完善内部治理结构，系统设计和建设现代大学管理制度，做出积极贡献。

校院两级管理改革要科学规范4种权力的下放和分配，即保障学院的行政权力、人事权力、学术权力、资源配置权力的合理实现。相关部门必须制定相应的规划，科学界定学校与学院的责任范畴，做好制度设计。学术权力下放和分配，研究生院、科技处要拿出方案；资源配置权力下放和分配，财务处、基建房产处、总务处要联合拿出统一的方案。人事权力和行政权力的下放和分配，要制定综合性方案，明确牵头部门。宋维明校长全局负责，此项工作涉及面广，要稳步推进，确保实效。

十是抓安全稳定。今年是迎接建党90周年和辛亥革命100周年，维护校园稳定任务繁重。各部门和学院要提高政治意识，坚持与党中央保持高度一致。在维护校园稳定方面，坚持关口向前，准确把握师生思想动态，落实维稳工作责任，抓好政治稳定工作。要重视师生的人身财产安全，抓好防火防盗工作，确保交通安全和生产安全。要加强学生食堂管理，在物价涨幅较大的情况下，保证饭菜质量、稳定价格水平，维护师生利益，维护校园稳定。

与此同时，我们还要按照统筹兼顾、狠抓落实的原则，做好其他各项工作，确保学校顺畅运行。要进一步加强纪检监察工作，规范权力运行。切实做好离退休、统战和工会、教代会工作，发挥各方力量推动学校发展。要进一步推进国际合作，继续加强财务管理，做好总务工作。要加强大学生思想政治教育，提高招生就业工作质量，做好学生管理工作，加强共青团工作。

同志们，2011年是抢抓机遇，真抓实干，攻坚克难，力争上游的一年，工作任务艰巨而繁重。会后，各位校领导要召集分管口的干部抓紧传达会议精神，细化分管工作部署。各单位和各学院要将此次会议精神传达到每位教职工，要结合本单位实际，抓好工作落实，确保任务明确、责任到人、措施得力，监督到位。让我们以奋发向上的精神面貌和卓有成效的工作业绩，开启“十二五”发展新篇章，向中国共产党成立90周年献礼！

谢谢大家！

深化改革　狠抓落实
高质量完成2011年各项工作

校长宋维明在2011年下半年工作会上的讲话

同志们：

经过暑假的调整，我们又迎来新的学年。学校领导班子于28日举行了专题会议，深入研讨下半年党政工作重点。在此基础上，学校今天召开下半年工作会议。下面，我以“深化改革、狠抓落实，高质量完成2011年各项工作”为主题，讲两方面问题，回顾总结上半年学校发展情况，部署学校下半年的重点工作。

一、团结一致，开局良好，上半年工作成效显著

2011年上半年，学校以筹备召开第十次党代会、制定“十二五”规划为主线，教学、科研、学科建设等中心工作进展顺利。党建工作、发展规划、基本建设、学生工作等呈现出众多的亮点，学校发展保持了良好的势头，可以简要概括为以下6个方面。

1. 召开第十次党代会，编制“十二五”规划，明确改革发展目标

经过全校各级党组织的共同努力，学校第十次党代会圆满闭幕，选举产生了新一届党委、纪委领导班子，为学校发展提供领导组织保障。更为重要的是，全校上下集思广益，总结了学校发

展的四点经验，聚焦了制约发展的五大问题，明晰了国际知名、特色鲜明、高水平研究型大学的发展目标，提出了学校“十二五”发展的具体目标，细化了五大改革任务，为学校未来5～10年的建设指明了方向。

学校“十二五”规划的制定工作有序进行。学校领导班子多次举行专题会议研讨规划内容，组织专门班子赴中国农业大学等7所农林高校调研，广泛征求校内外专家建议，基本完成学校“十二五”事业发展规划的目标、思路和文本框架设计论证。

2. 突出质量主题，教学、科研和学科建设等工作成效显著

本科、研究生和继续教育质量不断提升。本科教育确立155项质量工程建设项目，新增3名北京市教学名师，增设电子商务等3个新专业，完成56个专业人才培养方案的修订。生物学理科基地再获国家基础科学人才培养基金400万元资助。举办首届大学生科技创新论坛，学生在全国大学生英语竞赛等比赛中获得一批奖励。本科招生就业质量保持稳定，2011年本科招生3307人，一志愿率97.77%，文理科全国录取平均分均创历史新高。新建教学实习与就业实践基地146个。就业工作获得教育部就业工作宣传50强称号，本科生就业率94.81%、签约率70.54%(截至8月10日)。

研究生教育工作卓有成效。完成3个博士学位一级授权点和5个硕士学位授权一级学科点的学位授权点对应调整。依托科技创新专项及优秀学位论文建设工程，加强研究生创新能力培养，新增全国优秀博士论文、北京市优秀博士论文各1篇。成立林业专业学位教育指导委员会秘书处，完成一批管理规范的制定。

同时，继续教育的非学历教育办学规模进一步扩大，招收与德国德累斯顿工学大学联合培养第一批学生。体育教育稳步前进，共招收高水平运动员30名。

学科建设和科学研究协调发展。加强优势学科创新平台建设的监督管理，重新部署学术队伍与平台方向，强化资金和体制机制管理。上半年完成“211工程”800万元的建设任务。

科学研究瞄准国家需求，加强了项目申请、平台建设和成果产出。截至8月底，共申请、推荐科技计划项目600余项，到校科研经费7280余万元，其中国家自然科学基金项目39项，经费总计2900多万元；国家科技成果奖初评通过2项；累计发表SCI收录论文113篇、EI收录期刊论文18篇。组织优势科研力量投入生态建设，编制《北京林业大学林业推广成果》文件，与广西林业厅、辽宁朝阳市等地签署战略合作协议。6个综合实践基地建设积极推进。获批立项建设“污染水体源控制与生态修复北京市重点实验室”。大型仪器设备开放共享平台建设即将实施。仪器设备购置管理效率提高。

人才队伍建设和人事管理进一步强化。调研起草学校人才、人事工作改革发展纲要。系统设计学术大师、杰出青年人才、教学名师、百名骨干教师等新拔尖人才培养和团队建设计划方案。做好人才引进和师资队伍补充，接收新教工82人，其中教学科研岗位49人。健全人事管理，完成2010年度空岗补聘，200名教职工晋升各类岗位级别。成立第七届校学术委员会，重新修订学术委员会章程和工作细则。落实规范离、退休人员津贴补贴。

国际合作有新进展。签订5份校际合作协议。校际交流和公派出国留学37名，与加拿大不列颠哥伦比亚大学本科2+2校际交流学位项目即将招生。在校留学生总数首次突破100人，接受“亚太森林恢复与可持续管理网络”奖学金项目第一批留学生。

3. 基本建设稳步开展，办学条件不断改善

基本建设重点工程稳步推进。教工住宅8月底完成地上部分工程施工，精装修工作顺利进行。学研中心工程严把质量关、安全关、进度关，8月底出地面的目标基本实现。取得北京市政府关于六道口三角地块的征地批复。新房和腾退住房配售后续工作、北林附小抗震加固施工工作正在进行之中。

深化公共服务体系建设。改善后勤服务条件，启动新食堂建设规划，稳定伙食价格。校园一卡通二期建设扎实推进，校园网络优化升级。图书馆升级改造硬件服务设施，纸质和电子资源的数量和质量大幅度提升。林场上半年共接待校内外教学实习师生近8000人次。

4. 管理改革逐步展开，管理效益不断提升

加强科学管理。学院试点改革稳步推进，经

管学院、林学院试点组织变革、制度机制变革和教授治学的管理模式取得初步成效。加强资金筹措和管理。上半年筹集落实资金超过3.5亿元。完善能源精细化管理，改造水电气设施。加强民主办学，开通信息公开栏。档案管理、校医院、计划生育、居委会等工作有效加强。

产业发展势头良好。北京林业大学生态环保产业技术研究院完成中关村科学城第三批建设项目签约。上半年，科技园园区企业实现收入3亿元，同比增长15%。成立北京林大经营性资产管理委员会，推动企业改制。做好控股公司监督管理工作，北林科技、北林印刷厂、北林宾馆等业绩稳中有升。

完善校友会和教育基金会建设。启动北京林业大学校友会总会注册事宜，举办园林55、60级老校友返校聚会。完善教育基金会管理，上半年基金会总筹集资金561万元。

5. 强化党建保证作用，各级党组织、思想和作风建设得到加强

2011年上半年共任命处级干部19名，规范干部培养、选拔、任用、推荐等机制。有效拓宽干部职业发展途径，12名处、科级干部被选拔到北京市乡镇、街道担任处级领导职务。一批青年干部到地方挂职锻炼。以林学院为改革试点，探索学院领导班子配备新途径。上半年发展党员608名，1名党员被评为北京市优秀党务工作者。强化以中心组为龙头的理论学习体系。加强社会主义核心价值体系建设，着力提高舆论引导能力。凝练挖掘“知山知水”理念内涵，积极打造北林特色的大学文化。制定党风廉政建设重点工作及责任分工，贯彻落实《廉政准则》和教育部“十不准”要求。加强廉政文化宣传教育，开展风险防范专项检查。

和谐校园建设力度加大。统战、离退休、工会工作稳步推动。完善维稳工作长效机制，及时发现和妥善处置各类突发事件。校园环境和秩序有效改善。

6. 完善学生工作体系，提升大学生思想政治工作水平

学生教育管理服务工作不断完善。心理健康软硬件建设有效加强，学生公寓管理进一步规范。学生助学贷款和还款运转良好。完成学生军训、征兵工作。完善研究生“三助”工作载体，推动研究生思想政治教育管理精细化。以党建代团建，绿色长征、绿桥活动成功举行，暑期社会实践立项198个。获得北京市“挑战杯”比赛特等奖，获奖作品数量位居北京高校前列。

除了以上6个方面的工作以外，暑期很多单位都牺牲了放假时间，卓有成效地开展了管理改革调研、本科招生、基本建设、迎新准备、安全稳定等工作。在此，我代表学校对大家为学校发展付出的努力和贡献表示衷心的感谢！

二、突出重点，狠抓落实，确保下半年工作高质量完成

28日的校领导班子会认真研究了下半年工作的重点，一致认为全面贯彻学校第十次党代会精神，按照党代会提出的定位和目标，落实各项工作，是下半年工作的核心内容。因此本学期工作的主题词就是“深化改革”和“狠抓落实”。学校的发展，根本标志是实现高水平人才培养、高水平科研产出、高水平社会服务和高水平的文化传承与创新。要实现这些要求，关键是有效的改革体制机制，培育真正的大学文化。为此，下半年我们要在全面学习贯彻胡锦涛总书记在清华大学百年校庆大会上的重要讲话和“七一”重要讲话精神，贯彻落实《国家中长期教育改革发展纲要(2010~2020)》等要求的基础上，着力在体制机制改革上求突破、在全方位开放办学上做文章、在改善基本建设上见成效，努力为“十二五”建设开好局，为全面提高教育质量提供保障。

下面，我根据各位校领导和各部门提出的下半年工作的重点，着重强调以下7个方面的工作。

1. 落实党代会精神，出台和实施“十二五”规划

要抓紧完善和完成“十二五”规划的制定工作，力争在9月底之前结束“十二五”规划，包括学科、人才、校园等专项规划的文本编制工作。

规划的制定要紧密结合学校第十次党代会战略部署，吸收消化中央近期关于教育改革发展的最新指示，进一步凝练创新目标、突出战略重点，将战略规划落实到队伍、项目、资源配置和体制机制等具体任务上。要将学校的规划执行与落实教育部和国家林业局共建协议、开拓学校办

学新空间有效衔接起来。

2. 开展内部管理机制改革，为发展提供新动力，拓展新空间

建立以提高办学质量为导向的管理制度和工作机制，推动内部管理机制改革，充分调动全体教职员工的积极性，是学校工作的重要方面。为此，下半年要重点做好3个方面的管理改革。

一是加快现行人事制度及机制改革，落实人才强校战略。要抓住新一轮高校人事制度改革的契机，深入研究建设研究型大学的需求，对现行的人事聘任、评价及收入分配制度和机制进行改革，科学调整人才评价和选聘的标准、程序和各有关政策，实现分类管理、分类考核目标，强化教学投入导向和科研产出导向。要从强化管理绩效出发，吸收兄弟高校经验，研究和制定管理行政岗位职员制的试行改革方案，力争开展试点。

要认真贯彻教育人才工作会议精神，结合全国教育人才发展中长期规划(2010～2020年)，根据党代会目标和“十二五”规划的要求，抓紧细化学术大师、杰出青年人才、教学名师、百名骨干教师人才队伍建设的各类方案，尽快实施。要从高水平人才建设等各个环节入手，引进高水平的学术领军人物，培养有潜力、能创新的青年学术骨干，围绕学术方向加强学术团队建设。大力加强教师师德和教学能力建设。

二是强化学科建设管理机制改革。学科建设动力来自学科管理机制的有效性与科学性。从学校层面上，将通过组建学科与重点科研平台管理办公室，努力建立与学院紧密联动的学科与重点科研平台管理协调机构，认真梳理学科建设管理制度、模式等方面存在的问题，加强重点学科和重点平台建设的管理。学科与重点科研平台管理办公室的主要职能是：完善学科建设和平台建设的组织体系建设，与学院协同配合，形成学科建设和管理的有效机制；代表学校组织国家重点科研平台的管理和申报工作。下半年要协调组织有关学院和学科，高质量完成林木育种国家工程实验室验收，国家花卉工程技术中心运行的评估等工作。

要充分用好国家优势学科创新平台和“211工程”的资金投入和支持，管好用好各类学科建设经费，配置好资源，提升重点学科建设水平。要提前筹划，充分准备，为新一轮国家重点实验室申请做好基础工作，同时，争取在新一轮国家重点学科评审和竞争中取得好成绩。

此项工作由我负责，王玉杰同志协助。

三是展开学院行政管理体制改革。要在林学院、经管学院试点改革的基础上，推进其他11个学院的行政班子设置改革，做好学院行政班子的换届工作。要通过改革，调整优化学院的行政管理架构。要按照党代会精神，开展面向国内外公开选聘学院院长试点工作。要稳步推进校院两级管理改革，降低管理重心，扩大学院的自主权，下放资源和资源配置权，真正建立起学校宏观调控、院系自主办学的运行机制。

此项工作由我负责，方国良同志协助。

3. 加大工作力度，提升人才培养、科学研究、社会服务质量

我们要真正把全面提高教育质量放在学校工作的核心位置，以人才培养为核心，科学研究为基础，社会服务为方向，加强学校内涵建设，促进学校办学质量整体提升。

一是着力推进教育教学改革，提升人才培养质量。

各教学单位要以科学的质量观指导人才培养，认真学习贯彻教育部、财政部关于“十二五”期间实施“高等学校本科教学质量与教学改革工程”的意见精神，找准切入点，将争取建设项目与深化教学改革、提高教学质量有机结合起来。做好年底之前召开学校第十次本科教学工作会的准备工作。改革教学评价和监控机制和体系。拓展梁希实验班范围，尽快在材料学院、园林学院开展开设梁希实验班工作。设计好理科基地班教学改革项目，加强理科基地班建设。推动本科生国内外联合培养。优化教学内容、方法和评价方法，开设研究型课程，推行研究型教学模式，探索全校共享的优质教育教学资源网络平台，实施新的课堂教学评价体系。筹建教师教学与发展中心，系统提高教师工作能力。强化实践育人，申报国家级实验教学示范中心。切实抓好日常教学与教学管理工作。

深化研究生教育管理改革，围绕学校学科规划目标和总布局要求，建立科学的、有效的研究生教育资源配置机制，形成研究生院与各学院有效衔接的学位管理和研究生管理体制与机制。进

一步做好研究生培养机制改革的后续工作，分类指导做好专业学位、科学学位研究生的培养。完善全日制硕士专业学位研究生培养方案，正式加以实施，提升学生的专业素质。完成在读硕士生的硕博连读选拔。实施研究生重点课程建设项目，严把毕业出口质量，强化研究生学位论文抽检。提高博士后工作的管理水平。

继续教育要坚持不断提高教育质量的要求，加强建设具有特色的网络课程，继续推进远程教育，拓展国际合作办学项目。要充分重视继续教育市场的开拓，提高办学的效益。

二是继续强化科学研究工作，提升科技创新和产出水平。

科研管理部门和各学院要形成有效的衔接机制，精心组织策划各类项目申请、项目管理、成果培育工作。在争取“十二五”科研项目、实现科技论文、专利等产出以及获批科技奖项等方面取得新的进展。抓紧跟踪“2011 协同创新计划”的进展，做好有关工作，探索校际、校企、学校和研究所之间的科研合作创新模式。提高科学研究管理工作的效率，在继续努力扩大科学研究资源获取的同时，要进一步强化科学研究的产出导向，既重视产出的数量也要重视产出的质量，特别要鼓励产出的创新性。开展北京林业大学科技成果奖的评审工作，召开青年学术大会，激励中青年教师科技创新。完成六大基地建设的收尾和验收，建立有效的后续运营机制，充分利用实践基地开展教学与科研实践。

三是提升社会服务水平，加大合作开放力度。

通过多方面、多层次的开放办学，加强产学研用一体化的办学体系建设，主动适应需求，落实与地方合作协议，开门搞科研，服务林业发展和行业建设。重点做好大学科技园建设，推进科学城项目和大学生创业基地建设，吸引优质企业入园。有效增强办学资源的供给能力。继续推进并完成校办企业改制工作。逐步形成以资产公司为控股公司的校办企业管理体系。

积极拓展国际交流合作范围，做好与加拿大 UBC 的本科 2 +2 国际实验班的合作办学项目的招生和运行，做好学生海外学习项目的宣传和选拔。

4. 加强办学条件和基础设施建设，提升资金保障能力

争取办学资源，完善办学条件，是保障学校发展的重要基础。为此，我们要进一步做好校园规划、办学基础条件建设和资金筹措管理工作。

抓紧制定新的校园建设规划。充分利用北京市的政策，争取调整容积率以利于扩大我校的办学空间。本着统筹兼顾的原则，规划好学研大厦和其他办公用房的使用，争取学院集中化、布局合理化，要通过调整空间利用规划，创造和建立财政造血支持条件和机制，增强办学资源供给能力。

继续加强基本建设重点工程。教工住宅工程力争在年底前入住，加强与住户的协调沟通。继续做好学研中心工程招标、景观以及装修方案设计，力争主体结构年底封顶。年底前完成售房后续工作。推进六道口征地拆迁，启动“十二五”期间基建项目的前期工作。

完善公共服务体系。加强后勤硬软件建设，改善服务条件，提高标准化食堂和标准化学生公寓水平。推进信息化建设，启动教师信息系统、推动数字校园升级。加大图书资源建设力度，突出馆藏特色，完善图书馆管理服务体系。发挥林场教学科研实习功能，争取建设改造资金，提高林场使用效率。

加强财务预算管理，编制 2012 年预算。巩固纵向经费主渠道，大力拓展横向经费渠道，多方争取收入，做好重点建设项目的资金筹集。加强支出管理，严格控制一般性支出。

5. 加强党建和思想政治工作，促进学校事业协调发展

学校发展进入新的阶段，机遇多，变化快，改革任务重，更需要党建工作的坚强支持和有力保障。为此，我们要深入贯彻胡锦涛同志“七一”讲话精神，围绕学校中心工作，进一步搞好党的建设，加强党对学校全局工作的领导。

贯彻落实高校基层组织工作条例，提升党建、宣传思想工作的科学化水平。制定深化党务公开实施办法，推进党内民主。充分发挥党组织的作用。完善党员教育管理和服务，引导党员在实现“十二五”规划确定的目标任务、推进学校和本单位事业发展中创先争优。强化学习型党组织建设，大力加强宣传和思想政治工作，营造学校和谐发展的良好氛围。

加强党风廉政建设，推进干部作风建设。制定出台学校“三重一大”集体决策实施细则，确保重大事项科学民主决策。落实干部廉政若干准则。加强学风建设，对学术不端行为等高风险点进行重点督察。

扎实做好统战、离退休、工会工作。加强民主党派、党外代表建设。高质量开展离退休管理服务，搭建“老有所为”的平台。发挥工会的作用，推进民主管理，完成全国模范教职工之家的复验收。

重视学校的安全与保卫工作，采取切实措施，完善安全稳定体制和机制建设，做好维稳工作。推进“平安校园”建设，改善校园环境秩序，提高防火、防盗等综合防范能力。

6. 坚持以学生为本，强化学生工作，促进学生全面发展

学习贯彻全国加强和改进大学生思想政治教育座谈会精神，以学生的学风建设为核心，进一步加强学生管理和思想教育工作的落实。完善辅导员队伍建设，切实提高班主任的育人能力。完善心理素质教育机制，通过北京市心理健康教育专项评估。做好各类奖助学金的评定发放。出台学校加强和改进研究生思想政治教育的实施意见，全面修订《研究生手册》，完善研究生“三助”管理，高质量完成研究生思想政治教育工作。

继续推进优质生源基地建设，力争新建优质生源基地30个，建立与基地中学的长效合作机制。切实加大就业工作力度，积极开拓就业市场，探索大学生就业工作指导服务质量认证体系，保证较高水平就业率。

推进团建创新，丰富绿色长征活动的形式载体，继续开展绿色讲堂、“低碳校园”“低碳社区”等绿色品牌活动。

7. 加强学校日常运行管理，围绕校庆筹备，落实工作

着力提高管理工作效率和服务质量。按时限进行重点工作督察督办。整合党务、校务和信息公开资源，积极推动民主办学。

加强体育工作，推动全民健身活动，关注教师健康状况。做好计划生育、居委会、林大附小等部门的管理服务工作。充分发挥有关学会的作用。

以隆重、热烈、俭朴等为原则，突出学校的特色，全面启动校庆60周年的各项筹备工作，合理挖掘和利用各方面资源，创办绿色校庆活动，搞好大学文化建设。

大力支持校友会和基金会充分利用现有的平台开展校友和办学资金募集工作，为明年校庆和学校未来的发展提供更多的支持。

同志们，从上面的部署来看，下半年的工作任务非常繁重，但是对学校未来发展却是一个至关重要的起点。为此，我提出几点要求：首先，各位分管校领导要做好分管工作的计划，明确工作内容、目标、完成时限，切实监督计划的执行。第二，各单位、各部门紧紧围绕学校工作大局，精心谋划，周密安排，把下半年的工作抓紧、落实，力求出成效。第三，全体干部要以昂扬向上的精神状态，加强党性锻炼，加强作风修养，努力提高工作能力，顾全大局，为师生服务，高效务实地工作。

同志们，面对新学年、新任务，让我们牢牢抓住“改革”这个主题不放松，切实增强责任感和紧迫感，团结起来振奋精神，科学地、脚踏实地地、卓有成效地展开工作，努力完成全年工作任务，使学校的各项事业出现一个崭新的面貌，实现学校“十二五”发展的良好开局！

谢谢大家！

2011年9月1日

党委书记吴斌在2011年下半年工作会议上的讲话

同志们：

刚才宋校长总结了今年以来的工作，对新学期工作做出了全面部署，希望与会同志认真学习、领会，结合实际工作抓好落实。下面我重点强调2个方面的问题。

一、落实第十次党代会精神，围绕学校办学定位，深入思考、谋划

学校第十次党代会立足学校战略转型的校

情，明确提出要通过实施质量提升、结构优化、特色发展、人才强校、改革驱动、开放合作六大战略，将学校建设成为国际知名、特色鲜明、高水平研究型大学，明确了学校未来10年的发展定位。党代会报告认真贯彻落实国家教育、科技和人才中长期发展规划纲要，提出了学校事业“十二五”建设的具体目标为“确保三项领先、实现四大突破、做到五个提升”。这一目标的具体内容是：“确保三项领先”，即学科整体实力在同类高校中领先，部分优势学科和专业国际领先，党建思政工作保持北京高校领先；“实现四大突破”，即国家重点实验室建设实现突破，高层次人才建设实现突破，办学条件建设实现突破，学校内部管理体制机制改革实现突破；“做到五个提升”，即本科生和研究生教育教学水平进一步提升，科技成果产出、转化及服务社会能力显著提升，国际化办学水平稳步提升，绿色大学文化建设有效提升，教职工收入水平进一步提升。

党代会报告围绕这一具体目标，明确了要抓好人才培养、学科建设、科技创新、人才队伍建设、社会服务、开放办学、办学条件建设、大学文化建设等8项主要工作。报告提出，以改革促发展，重点推进教学科研改革、人事制度改革、校院两级管理改革、院处级领导任期制改革、财务和资源配置改革等5项改革。报告从强化理论领航、提升干部能力素质、抓好基层党组织建设、加强宣传舆论引导、深化党风廉政建设、加强大学生思想政治教育、推进民主和谐校园建设、实施平安校园工程等方面，就全面推进学校党的建设，提高党建科学化水平做出系统部署。

第十次党代会的战略部署，符合国家对高等教育“有特色、高水平”发展的要求，是指导学校今后5～10年改革发展的纲领性文件。我们要深入贯彻学习第十次党代会精神，特别要围绕“国际知名、特色鲜明、高水平研究型大学”的定位进行深入思考，明确办学定位的内涵，找准发展的切入点。

关于“国际知名”，我认为要对学校重点领域和全部学科进行系统梳理，明确现有的领域和学科发展所处的阶段，对照这些领域和学科的国际知名衡量标准，找差距，明确努力发展的路径和发展的具体举措。比如园林、林学等在国内领先的学科，如何进一步发展成为国际领先，我们的科研、研发的水平如何考核。这都需要我们深入研究和探索。

关于“特色鲜明”，林学、水保、园林等传统特色学科专业，如何保持已有的优势，并不断创新发展，我们的交叉融合、新兴的专业，如何加快发展步伐，创造出新的优势，等等。这些问题，都需要我们以强烈的危机感，主动应对挑战，深入实施特色发展战略，做大做强特色优势。

关于高水平，我们必须以质量为核心，努力在教学、人才、科研、项目、成果等各方面体现出高水平。比如人才培养，我们首先要建设一支高水平的师资队伍，这是人才培养实现高水平的关键。此外，我们还从高水平的生源吸引、不断深化的教学改革等方面系统入手，推进教育创新，才能确保人才培养质量不断提升。再如，尽管学校的科研立项不断取得突破，但是我们在“973”“863”、国家自然基金重大重点项目等申请上，还有很大的发展空间，科研项目的层次亟待提升。学校的SCI收录论文数量、质量有所提高，但与科研资金投入相比，产出还不够高，都需要我们积极开展工作。

关于“研究型”，则要全面体现到研究生培养质量、教师和专职研究队伍的科学研究水平、科研项目、产出的数量及质量、科技平台的支撑能力、实验室和基地建设的多样化等各个方面。为此，我们要认真摸索研究型大学建设的规律，从核心要求出发，加快向研究型大学的转型。

以上只是我的几点思考。围绕办学定位，请我们的干部和广大教师联系各自的实际，继续深入思考，找准定位，为学校发展集思广益。

二、再接再厉，务求实效，推动工作扎实开展

做好下半年的工作，对于学校发展至关重要。为此，我提出3点要求。

一是明确责任，细化举措，加强考核，有奖有惩。学校会后将就重点工作细化责任分工，要求各职能部处、各学院要对照要求，认真组织落实，进一步明确工作的目标、时限，将工作责任落实到人。各分管校领导要定期组织督促检查，确保落实到位。学校将把各项工作完成情况作为年终考核的重要指标，执行严格的奖惩制度，激励先进、批评后进。

二是坚持求真务实，真抓实干。我们的干部要继续发扬求真务实的良好作用，不折腾、不忽悠、不懈怠，立足岗位做好工作；要以高度的使命感，排除干扰，应对挑战，时时处处讲大局，讲团结，脚踏实地做贡献。

三是加强党建，保障事业发展。我们要遵循高等学校党建工作规律，围绕学校中心工作，切实抓好党的思想建设、组织建设、廉政建设、制度建设和能力建设，提升各级干部的素质，提升党组织的凝聚力和战斗力，充分发挥党员的模范和表率作用，引领广大师生安心学习、踏实工作，引导形成良好的教风、学风和校风，为完成学校工作提供更加强大的思想、政治和组织保障。

2011 年 9 月 1 日

机构与队伍

党群、行政机构

学校党群机构

北京林业大学党政办公室
中共北京林业大学委员会组织部
中共北京林业大学委员会党校
中共北京林业大学委员会宣传部
中共北京林业大学委员会统战部
中共北京林业大学纪律检查委员会
中共北京林业大学机关委员会
中共北京林业大学委员会保卫部
中共北京林业大学委员会学生工作部
中共北京林业大学委员会武装部
中共北京林业大学委员会研究生工作部
中国教育工会北京林业大学委员会
共青团北京林业大学委员会

学校行政机构

党政办公室
新闻办公室
发展规划处
监察处
保卫处
学生处
研究生院
继续教育学院
科技处
教务处
计划财务处
审计处
人事处
基建房产处
国际交流与合作处
招生就业处
离退休工作处
总务与产业管理处
实验室与设备管理处

教学机构

林学院
园林学院
水土保持学院
经济管理学院
生物科学与技术学院
工学院
材料科学与技术学院
人文社会科学学院
外语学院
信息学院
理学院
自然保护区学院
环境科学与工程学院
体育教学部

教学辅助、附属、挂靠及产业机构

实验林场
图书馆
标本馆
信息中心
校医院
校友会
期刊编辑部
高教研究室
后勤服务总公司
综合服务公司
北京林大林业科技股份有限公司
北京林大资产经营有限公司
北京林业大学社区居委会

北京林业大学人口与计划生育办公室
北林附小
中国林业教育学会
中国水土保持学会
中国防治荒漠化培训中心
国家林业局自然保护区研究中心
国家花卉工程技术研究中心
档案馆
教学科研实践基地建设办公室
公共分析测试中心

（徐海昊 张 闯）

学校重要委员会和领导小组

中共北京林业大学第十届党委（以姓氏笔画为序）

常 委：王玉杰 王自力 方国良 全 海 吴 斌 宋维明 张 勇 张启翔 陈天全 姜恩来 骆有庆

委 员：于志明 马履一 王玉杰 王自力 方国良 石彦君 任 强 全 海 刘 诚 刘宏文 李铁铮 吴 斌 邹国辉 宋维明 张 闯 张 勇 张 敬 张志强 张启翔 陈天全 陈建成 郑晓清 姜恩来 骆有庆 董金宝

中共北京林业大学第十届纪律检查委员会（以姓氏笔画为序）

于文华 于翠霞 王艳青 刘广超 刘俊昌 庞有祝 杨宏伟 陈天全 周伯玲 姜金璞 管凤仙

北京林业大学第七届校学术委员会

顾　　问：沈国舫 陈俊愉 孟兆祯

名誉主任：尹伟伦

主任委员：宋维明

副主任委员：张启翔 骆有庆

委 员：（按姓氏笔画为序）

于志明 马履一 尹伟伦 王向荣 史宝辉 朱清科 孙建新 孙润仓 孙德智 孙承文 刘晋浩 吴 斌 严 耕 宋维明 李 雄 张文杰 张启翔 张志翔 张志强 余新晓 陈建成 侯小龙 赵广杰 骆有庆 俞国胜 黄心渊 康向阳 韩海荣 蒋湘宁 雷光春 潘焕学

秘 书：张 闯

秘书处设在人事处。

北京林业大学第七届学位评定委员会

主 席：宋维明

委 员：（按姓氏笔画排列）

于文华 于志明 马履一 王玉杰 史宝辉 邬荣领 孙润仓 孙德智 严 耕 李 雄 李文彬 吴 斌 张文杰 张志强 张启翔 陈建成 林金星 赵广杰 侯小龙 骆有庆 黄心渊 蒋湘宁 韩海荣 雷光春

秘 书：张志强

列席委员：刘宏文 张劲松

北京林业大学财经工作领导小组

组 长：吴 斌 宋维明

成 员：陈天全 王自力 刘 诚 张 闯

办公室主任：刘 诚

财经工作领导小组办公室设在计划财务处。

北京林业大学人才工作领导小组

组 长：吴 斌

副组长：宋维明

成 员：陈天全 姜恩来 方国良 张启翔 全 海 骆有庆 王自力 王玉杰

办公室主任：张 闯

办公室成员：刘宏文 邹国辉 于志明 张志强 侯小龙 刘 诚 李亚军 刘俊昌 万国良 崔建国

办公室秘书：崔惠淑 张 鑫

办公室设在人事处。

北京林业大学学科建设领导小组

组　长：宋维明
副组长：吴　斌　骆有庆
成　员：张启翔　王玉杰　刘宏文　张志强
　　　　张　勇　张　闯　侯小龙　刘　诚
　　　　韩海荣　林金星　孙润仓　陈建成
　　　　李　雄
办公室主任：刘宏文
办公室副主任：孙玉军　高双林
领导小组下设学科建设办公室挂靠在发展规划处。

北京林业大学“211 工程”三期建设项目领导小组

组　长：吴　斌　宋维明
副组长：张启翔
成　员：姜恩来　骆有庆　王自力　刘宏文
　　　　张　勇　于志明　张志强　侯小龙
　　　　万国良　张　闯　刘　诚　高双林

“十二五”校园建设总体规划编制工作领导小组

组　长：吴　斌　宋维明
副组长：王自力
成　员：刘宏文　崔建国　李亚军　张　勇
　　　　刘　诚
办公室主任：李亚军
成　员：陈彦东　王小军　陈桂成
领导小组办公室设在基建房产处。

北京林业大学重点工程领导小组

组　长：宋维明　吴　斌
副组长：陈天全　王自力
成　员：刘　诚　杨宏伟　周伯玲　李亚军

北京林业大学售房委员会

主任委员：王自力
副主任委员：方国良
委　员：班道明　陈洪勋　张　勇　张　闯
　　　　刘　诚　郑晓清　石彦君　李亚军
　　　　张志毅　赵相华　阎锦敏　丁国栋
　　　　郭小平　郝建华　王元生　田　丰
　　　　王　平　张　敬　延晓康　王　颖
　　　　盛双庆　张　元　王　勇　杨雪松
　　　　陈　东　关文斌　杨　君　王　楠
办公室主任：柴　宁

北京林业大学大宗采购招标管理小组

组　长：宋维明
副组长：陈天全　姜恩来　张启翔　王自力
成　员：刘宏文　张　勇　李亚军　崔建国
　　　　万国良　刘　诚　周伯玲　杨宏伟
　　　　刘金霞

北京林业大学贯彻落实党风廉政建设责任制领导小组

组　长：吴　斌
副组长：陈天全　全　海
组　员：张　勇　邹国辉　张　闯　李铁铮
　　　　周伯玲　杨宏伟　郑晓清　张卫民
　　　　王立平　崔一梅　管凤仙　张　敬
　　　　庞有祝　刘淑春　郭小平　于翠霞
　　　　魏　莹　任　强　韩秋波　孟京坤
　　　　赵相华　刘金霞　韩海荣

北京林业大学校务公开领导小组

组　长：吴　斌
副组长：宋维明　陈天全　方国良　全　海
成　员：张　勇　邹国辉　张　闯　周伯玲
　　　　石彦君

北京林业大学加强和改进大学生思想政治教育领导小组

组　长：吴　斌
副组长：宋维明　姜恩来　全　海　骆有庆
成　员：张　勇　邹国辉　张　闯　李铁铮
　　　　于志明　姜金璞　宋太增　崔一梅
　　　　严　耕　王士永　孙信丽　董金宝
　　　　刘广超　辛永全
加强和改进大学生思想政治教育领导小组办公室设在党政办公室。

北京林业大学信访工作领导小组

组　长：吴　斌　宋维明
副组长：陈天全　姜恩来　方国良　张启翔
　　　　全　海　骆有庆　王自力　王玉杰

王晓卫
成　员：张　勇　周伯玲　杨宏伟　邹国辉
李铁铮　黄中莉　刘宏文　郑晓清
姜金璞　侯小龙　张　闯　刘　诚
崔建国　董金宝　李亚军　韩海荣
张志强　刘俊昌　王士永　石彦君
辛永全　宋太增　刘西瑞　贺　刚
黄国华
主　任：张　勇
副主任：周伯玲　丁立建
信访工作办公室设在党政办公室。

北京林业大学离退休工作领导小组

组　长：吴　斌
副组长：宋维明　陈天全　姜恩来　王自力
成　员：张　勇　邹国辉　张　闯　刘　诚
李铁铮　王立平　李亚军　石彦君
贺　刚　王士永　辛永全　刘西瑞
宋太增　孟京坤　曹怀香　王　颖
顾正平　贺庆棠　胡汉斌　刘家骐
吕焕卿　陈燕芬　沈瑞祥

北京林业大学民族宗教工作领导小组

组　长：方国良
副组长：姜恩来
成　员：张　勇　李铁铮　黄中莉　姜金璞
刘俊昌　于志明　王士永　孙信丽
赵相华　辛永全　黄国华
办公室主任：黄中莉（兼）
办公室副主任：姜金璞（兼）
领导小组办公室设在党委统战部，具体负责日常工作。

北京林业大学人口与计划生育委员会

主　任：方国良
副主任：张　勇　邹国辉　张　闯　郑晓清
成　员：张卫民　崔一梅　任　强　周伯玲
魏　莹　管凤仙　王艳青　阎锦敏
张　敬　于翠霞　庞有祝　韩秋波
郭小平　刘淑春　孙信丽　王士永
赵相华　王立平　贺　刚　李铁铮
苏　静　胡　建
办公室主任：胡　建
人口与计划生育委员会设在办公室。

北京林业大学治理教育乱收费领导小组

组　长：陈天全
副组长：姜恩来　骆有庆
办公室主任：张　勇
副主任：刘　诚　周伯玲　石彦君　杨宏伟
成　员：李铁铮　于志明　张志强　王立平
李亚军　董金宝　王士永　姜金璞
阎锦敏　赵相华　张劲松　孙承文
贺　刚　刘金霞　王孝全　高慧贤

北京林业大学体育运动委员会

主　任：宋维明
副主任：陈天全　姜恩来　孙承文
委　员：张　勇　于志明　李铁铮　石彦君
苏　静　姜金璞　董金宝　王士永
辛永全　崔建国　孙信丽　李成茂
贺　刚　杨　丹　刘祥辉　刘　尧
任忠诚　樊新武　王艳洁　房　薇
田　丰　宋吉红　仲艳维　王晓旭
王东亮　卢振雷　陈　东
校学生会主席　校研究生会主席
办公室主任：陈　东

北京林业大学绿化工作领导小组

组　长：王自力
副组长：崔建国　王　勇
办公室主任：王　谦
成　员：李　雄　林金星　韩海荣　李　庆

北京林业大学网络宣传教育领导小组

组　长：吴　斌
常务副组长：全　海
副组长：姜恩来　骆有庆
成　员：李铁铮　张　勇　邹国辉　张　闯
王士永　于志明　张志强　侯小龙
刘俊昌　崔一梅　姜金璞　郭小平
刘　诚　崔建国　石彦君　黄国华
赵海燕　辛永全
办公室主任：赵海燕

副主任：沈　静
网络宣传教育办公室设在党委宣传部。

北京林业大学传染病防控领导小组
组　长：宋维明
副组长：方国良　陈天全　姜恩来　张启翔
成　员：贺　刚　张　勇　崔建国　张志强
　　　　姜金璞　李铁铮　于志明　王士永
　　　　孙信丽　赵相华　刘俊昌　刘西瑞
　　　　郑晓清

关心下一代工作委员会
主　任：陈天全
副主任：姜恩来
常务副主任：吕焕卿
委　员：王　平　王　颖　孟京坤　宋长义
　　　　宋太增　王士永　辛永全　田砚亭
　　　　刘广超　李玉珍　沈秀萍　张　勇
　　　　张　戎　赵绍鸿　班道明　高孟宁
　　　　曹怀香　董金宝
秘书长：孟京坤
副秘书长：王　颖　宋长义
办公室设在离退休工作处。

大学生创新创业教育指导委员会
主　任：姜恩来　骆有庆
成　员：于志明　董金宝　孙信丽
　　　　王　平　蔡　飞　侯小龙
　　　　王士永　辛永全　程　武
　　　　各学院主管教学工作的负责人
　　　　各学院主管学生工作的分党委负责人

经营性资产管理委员会
主　任：王自力
成　员：侯小龙　万国良　刘　诚　张　闯
办公室主任：蔡　飞
办公室成员：徐　军　刘丽辉　向文生
经资委下设办公室，与资产公司合署办公。

干部名单

校级领导
党委常委，党委书记：吴　斌
纪委书记：方国良（任职至2011年5月31日）
党委常委，党委副书记兼纪委书记：陈天全（任职自2011年5月31日起）
党委常委，党委副书记：方国良
党委常委，党委副书记：全　海
党委常委，校长：宋维明
党委常委，副校长：陈天全（任职至2011年5月31日）
党委常委，副校长：逄广洲（任职至2011年11月12日）
党委常委，副校长：姜恩来
党委常委，副校长：张启翔
党委常委，副校长：骆有庆
党委常委，副校长：王自力
副校级干部兼水土保持学院院长：王玉杰
校工会主席（副校级）：周　景

各部门负责人

序号	单　位	姓　名	职务名称
1	党政办公室	张　勇	主任
2	组织部、党校	邹国辉	部长
3	组织部、党校	刘广超	党委组织部副部长、党校副校长
4	宣传部（新闻办公室）	李铁铮	党委宣传部部长、新闻办公室主任
5	统战部	黄中莉	部长

（续）

序号	单　位	姓　名	职务名称
6	纪委	周伯玲	副书记
7	监察处、审计处	杨宏伟	纪委副书记、监察处处长、审计处处长
8	机关党委	郑晓清	书记
9	党委保卫部(处)	姜金璞	部(处)长
10	党委学生工作部(处)、武装部	王士永	党委学生工作部(处)长兼武装部部长
11	研究生工作部	孙信丽	部长
12	工会	石彦君	常务副主席
13	校团委	辛永全	书记
14	发展规划处	马履一	处长
15	研究生院	张志强	常务副院长
16	教务处	于志明	处长
17	苗圃与树木园管理办公室	郝建华	主任
18	科技处	侯小龙	处长
19	计划财务处	刘　诚	处长
20	人事处	张　闯	处长
21	基建房产处	李亚军	处长
22	国际交流与合作处	刘俊昌	处长
23	招生就业处	董金宝	处长
24	实验室与设备管理处	万国良	处长
25	离退休工作处	孟京坤	党委书记
26	离退休工作处	宋太增	处长
27	总务与产业管理处	崔建国	处长
28	实验林场	王　勇	场长
29	校友会	王　平	办公室主任
30	图书馆	刘　勇	馆长
31	图书馆	阎锦敏	常务副馆长
32	信息中心	黄国华	主任
33	标本馆	张志翔	馆长
34	校医院	贺　刚	院长
35	期刊编辑部	张铁明	副主任
36	高教研究室	李　勇	副主任
37	后勤服务总公司	赵相华	总经理
38	综合服务公司	赵桂梅	副处级干部
39	北京林业大学资产经营有限公司	蔡　飞	总经理
40	北京林业大学社区居民委员会	刘西瑞	主任
41	人口与计划生育办公室	胡　建	主任
42	林大附小	高慧贤	校长
43	林业教育学会	贾笑微	办公室主任

（续）

序号	单　位	姓　名	职务名称
44	水土保持学会	张　焱	副秘书长
45	国家林业局自然保护区研究中心	张燕良	副秘书长
46	国家花卉工程技术研究中心	程堂仁	副主任
47	林学院	刘宏文	党委书记
48	林学院	韩海荣	院长
49	园林学院	张　敬	党委书记
50	园林学院	李　雄	院长
51	水土保持学院	王玉杰	院长
52	水土保持学院	王立平	党委书记
53	经济管理学院	张卫民	党委书记
54	经济管理学院	陈建成	院长
55	工学院	于翠霞	党委书记
56	工学院	于文华	院长
57	材料学院	任　强	党委书记
58	材料学院	孙润仓	院长
59	生物学院	庞有祝	党委书记
60	生物学院	林金星	院长
61	信息学院	郭小平	党委书记
62	信息学院	黄心渊	院长
63	人文学院	崔一梅	党委书记
64	人文学院	严　耕	院长
65	外语学院	魏　莹	党委书记
66	外语学院	史宝辉	院长
67	理学院	张文杰	院长
68	理学院	刘淑春	党委书记
69	自然保护区学院	王艳青	党总支书记
70	自然保护区学院	雷光春	院长
71	环境学院	韩秋波	党总支书记
72	环境学院	孙德智	院长
73	体育教学部	苏　静	直属党支部书记
74	体育教学部	孙承文	主任
75	继续教育学院	管凤仙	党总支书记
76	继续教育学院	张劲松	院长

人　物

院士简介

【沈国舫】 浙江嘉善人，1933年11月出生于上海，中国著名的林学家、林业教育家、中国现代森林培育学的主要创建者和学科带头人。第八、第九、第十届全国政协委员。中国工程院原副院长。1956年毕业于前苏联列宁格勒林学院林业系。现任中国工程院院士、中国环境与发展国际合作委员会中方核心专家、北京林业大学教授、博士生导师、森林培育学科带头人。曾任北京林业大学校长(1986～1993)、中国林学会理事长(1986～1993)、中国林学会理事长(1993～1997)、北京市人民政府专业顾问(林业顾问组组长)、现兼任国务院学位委员会学科评议组成员、《林业科学》《森林与人类》《北京林业大学学报(英文版)》主编等职。长期从事森林培育学方面的教学科研工作，在森林立地评价与分类、造林树种选择、混交林营造、干旱与半干旱地区造林等方面有多项研究成果，并在发展速生丰产用材林技术政策等的制定、大兴安岭特大森林火灾后恢复森林资源和生态环境工作方针的制定等方面起过关键作用。近年来，致力于较宏观的林业可持续发展的研究及城市林业的研究，参与并领导了数项工程院的咨询研究项目。曾获国家级、省部级科技进步奖6项，全国优秀教材奖及全国优秀图书奖3项，著有《造林学》《林学概论》《中国造林技术》《中国森林资源与可持续发展》《森林培育学》等通用教材及专著9部，发表学术论文百余篇，1991年被评为国家级有突出贡献优秀科技专家称号，1996年获全国“五一”劳动奖章和首都劳动奖章，2004年获国家林业局林业科技贡献奖，2008年获三北防护林体系建设突出贡献者称号，获得2009绿色中国年度焦点人物特别贡献奖，2010年获得第八届光华工程科技奖。　(杨金融　张　闯)

【陈俊愉】 男，1917年生，安徽安庆人。中共党员及民盟成员。1940年毕业于金陵大学园艺系毕业后，先后在复旦大学、武汉大学、华中农学院园艺系任教。1957年起任教于北京林业大学(原北京林学院)，现为中国工程院资深院士，园林学院园林植物与观赏园艺学科教授、博士生导师，北京林业大学名花研究室主任，兼中国园艺学会副理事长、中国花协梅花蜡梅分会会长及国际园艺学会梅 *Prunus mume* 品种国际登录权威(IRA)等，曾兼中国风景园林学会副理事长、国务院学位委员会第1～2届林科评议组成员、中国科学院北京植物园研究员等。培养了大批园林专门人才(含学士、硕士、博士等)；创造了花卉“野花育种”新技术和进化兼顾实用的花卉品种二元分类法；中国梅花系统研究的第一主持人，系统研究了中国梅花，建立了中国梅花品种分类新系统与品种资源图，育成一批优良抗寒新品种；对中国野生花卉种质资源有深入的研究；创导花卉抗性育种新方向并选育梅花、地被菊、月季、金花茶等新品种80多个；在探讨菊花起源上有新突破。其研究成果获国家奖1～3级4项、部级科技进步奖1～2级9项，出版专著14部，其中《中国梅花品种图志》获林业部科技进步一等奖、国家科技进步三等奖，《中国花经》获建设部科技进步二等奖，《金花茶育种与繁殖研究论文汇编》获林业部科技进步一等奖、国家科技进步二等奖，公开发表文章200多篇。

(周春光　张　闯)

【孟兆祯】 男，1932年生，湖北武汉人。中共党员。1956年毕业于北京农业大学园艺系造园专业后开始在北京林业大学(原北京林学院)任教至今。现为中国工程院院士，园林学院风景园林学教授、博士生导师，兼任中国风景园林学会荣誉理事长、住房与城乡建设部风景园林专家委员会副主任、北京市人民政府园林绿化顾问组组长、上海市绿化局顾问组组长、《风景园林》杂志名誉主编，清华大学、北方工业大学客座教授等职务。培养大批硕士、博士研究生(其中外籍学生2名)、博士后2名，曾指导3名学生4次获国际大学生风景园林设计竞赛大奖。学术思想活跃，理论成果丰富，以中国传统园林艺术与设计为特长，对假山艺术尤有造诣，代表见解为“人类社会生产必须与环境建设相协调。人与天违，天人俱伤；人与天调，天人共荣。”与“要继承和发展中国传统园林文化，创造具有中国特色、地方风格和适应现代化社会生活的新园林”。发表论著40余部(篇)，有影响的为《中国古代建筑技术史·掇山》《避暑山庄园林艺术理法攒》获国家科技进步二等奖、《中国大百科全书·建筑卷·置石、假山、园林工程》。主持数十项风景园林设计，获林业部、住房与城乡建设部设计一、三等奖和深圳市工程建设一等奖，2004年获首届林业科技贡献奖。其代表作《孟兆祯文集——风景园林理论与实践》及深圳仙湖植物园。 (周春光 张 闯)

【尹伟伦】 生于1945年9月，天津市人，汉族。1988年7月加入中国共产党，1968年9月参加工作，硕士研究生毕业，教授。1968年9月北京林学院(现北京林业大学)林学专业毕业，被分配到内蒙古牙克石干河林业局工作，先后任技术员、车间主任。1978年9月至1981年6月在北京林学院攻读硕士学位，毕业后留校任教。曾担任校党委常委、常务副校长、校长等职务。2005年12月当选为中国工程院院士，2008年当选为第十一届全国政协委员，2010年当选为中国工程院农业学部主任，并被聘为国务院应急管理专家组成员、国家环境咨询委员会委员、国家减灾委员会委员等；兼任国际杨树委员会执委，中国林学会副理事长，中国杨树委员会主席，中国植物协会常务理事，北京市政府顾问，北京市学位委员会委员等职务。主要研究方向是植物抗旱抗盐机理，林木生长发育调控及转基因育种。主编教材与著作有《国际杨树研究新进展》《中国松属主要树种栽培生理生态与技术》。主持课题有国家“九五”“十五”攻关项目，“十一五”国家科技支撑项目，国家“863”及国家自然基金重点项目。主要科研成果先后获国家发明三等奖1项，国家科技进步二等奖4项，国家教学成果一等奖1项，以及省部级科技、教学奖15项。获全国优秀科技工作者，全国模范教师，全国优秀教师，北京市优秀教育工作者，国家级、省部级突出贡献中青年专家，国务院政府特殊津贴，宝钢优秀教师特等奖、北京市有突出贡献的科学技术管理人才等10余项荣誉称号，是“2010绿色中国”年度焦点人物特别贡献奖获得者。 (田 阳 张 闯)

知名专家学者

【概　况】 截至2011年，学校共有长江学者特聘教授、讲座教授4人，分别是骆有庆教授、李百炼教授、孙润仓教授、邬荣领教授；其中孙润仓教授2010年获批“生物质转化为高值化材料的基础科学问题”973项目，并担任首席科学家。

【骆有庆】 1960年10月19日出生，男，汉族，博士，浙江义乌人。1982年本科毕业于南京林业大学，1985年研究生毕业于北京林业大学后留校工作。现为北京林业大学党委常委、副校长，教育部北京林业大学长江学者特聘教授、博士生导师，森林保护学科带头人，教育部创新团队带头人，教育部北京市共建森林培育与保护重点实验室主任，全国农林高校森林保护教材编写指导委员会主任委员。兼任中国昆虫学会常务理事、中国林学会森林昆虫分会副主任委员、北京昆虫学会副理事长，以及中国科协、国家林业局、农业部、国家质检总局、国家标准局等多个专家组成员；《中国农学通报》副主编，《北京林业大学学报》《昆虫知识》《中国森林病虫》等多家学术刊物的常务编委和编委。获“新世纪首批百千万人才工程”国家级人选、北京市高校教学名师、教育部优秀骨干教师、北京市先进工作者、北京市“五四”青年奖章获得者、北京市高校优秀青年骨干教师、林业敬业奖、全国林业科技先进个人，以及美国农业部有害生物入侵管理国际合作研究奖等荣誉称号。主持国家科技攻关、省部级重点课题、国际合作、国家重大基础研究课题(“973”)、国家高新技术专题(“863”)、各类自然科学基金、霍英东基金、成果转化基金、科技支撑项目、博士点基金等课题近 30 项。以第一完成人获国家科技进步奖二等奖、省部级科技进步一等奖、中国林学会梁希奖、霍英东高校青年基金项目奖。 （张 鑫 张 闯）

【李百炼】 1957 年 12 月生，男，美籍华人，北京林业大学长江学者特聘教授，美国北卡罗来纳州立大学林学和环境资源学院教授，博士生导师。现任美国北卡罗来纳州立大学副校长，北美林木遗传改良协作组主任，国际林联 IUFRO 第二学部“树木生理与森林遗传”主席，国际著名林学杂志 *Forest Science* 和 *Canadian Journal of Forest Research* 副主编，瑞典农业大学、澳大利亚昆士兰大学、芬兰赫尔辛基大学和北京林业大学等多所著名大学的兼职教授和博士生导师。一直从事林木遗传改良的教学和科研工作。目前主讲“数量遗传学”和“生物信息学”等课程；主持了 10 余项来自美国科学基金会、农业部、能源部等机构和部门的研究和开发项目。在树木遗传育种学、分子遗传学和基因组学等领域取得多项研究成果，并成功地应用于美国重要用材树种火炬松和南方松的育种实践中。因此，经过多年的刻苦研究，已成为国际上该领域颇有知名度的育种专家。迄今，已在国际著名的各种专业杂志和专业书籍上发表了 100 多篇高水平学术论文，被引用 2000 多次。

（张 鑫 张 闯）

【孙润仓】 1955 年生，男，英国威尔士大学博士毕业，国家杰出青年基金获得者，“长江学者奖励计划”特聘教授，“973”首席科学家。现为北京林业大学材料科学与技术学院院长兼生物质化学与技术研究所所长，博士生导师，林产化工学科带头人，兼任华南理工大学纸浆造纸工程国家重点实验室主任、教育部植物资源高效利用创新团队带头人。20 多年来，一直从事于生物质转化为新材料与新能源方面的基础研究，提出了一种全新的生物质高效转化途径“组分清洁分离→建立转化平台→定向转化为新材料”，阐明了生物质组分清洁解离机制，实现了生物质组分高效分离；然后依据分离组分的构效关系，构建了生物质转化为高值化材料的新理论与新方法。在国内外学术期刊上发表论文 500 余篇，其中 SCI 收录论文 330 余篇，53 篇发表在 SCI 收录的农林化学专业领域内期刊中的顶点期刊(JRC 一区)，IF 大于 7.5 有 3 篇，发表 EI 收录论文 53 篇，论文被他人在 SCI 收录期刊中正面引用 2500 余次，共被引用 4000 余次。参加了 29 次有关该领域的国际会议，其中在美、英等国做过 9 次国际会议特邀报告，15 次以邀请的身份做了大会发言。主编 *Cereal Straw as a Resource for Sustainable Biomaterials and Biofuels: Chemistry, Extractives, Lignins, Hemicelluloses and Cellulose* 专著 1 部(2009，Elsevier)，同时还被国外专家邀请参与编写 *Hemicelluloses: Chemistry and Technology* 等英文专著 13 部和英国科学分离百科全书 1 部。申请发明专利 19 项，已授权 9 项。现为国务院学位委员会学科评议组成员，科技部“973”项目评审专家，英国化学会 Fellow，美国木材科学学会委员会 Committee Member，美国化学会会员；*BioResources* 及 *Journal of Biobased Materials and Bioenergy* SCI 期刊(美国)副主编，3 种国外期刊 *Journal of Agricultural and Food Chemistry*，JCR 一区，*International Journal of Cellulose Chemistry and Technology*，SCI 期刊，*The Open Agriculture Journal* 编委，主编了有关生物质炼制、结构表征及高值化利用领域 2 期特刊[*Journal of Biobased Materials and Bioenergy*，5(2)和 *International Journal of Cellulose Chemistry and Technology*，46 (5)]。英国化学会 Fellow，美国木材科学学会委员会 Member Committee Member，第 4 届国际纸浆与造纸技术大会主席(The 4th International Symposium on Emerging Technologies of Pulping and Papermaking，4th ISETPP，November 8－10，2010，Guangzhou，China)，第 2 届国际生物质炼制大会学术委员会委员(The 2nd International Biorefinery Conference in Syracuse，New York，October 6－9，2009)及第 5 届国际桉树制浆大会学术委员会委员(5th International Colloquium on Eucalyptus Pulp，May 9－12，2011，Porto Seguro，BA Brazil)；获国家技术发明二等奖 1 项，省部级自然科学一等奖3项、二等奖3项，培养的博士生中2人获全国百篇优秀博士论文奖，1人获全国百篇优秀博士论文提名奖。

（彭 锋 张 闯）

【邬荣领】 1964年生，男，美国华盛顿大学数量遗传学博士。美国宾夕法尼亚州立大学教授、博士生导师、统计遗传学研究中心主任，国家海外杰出青年科学基金获得者。现同时担任北京林业大学计算生物学中心主任，“长江学者奖励计划”讲座教授，中组部“千人计划”特聘教授。因其在统计遗传学领域的卓越贡献，2010年被评选为北美统计学会杰出会员。邬荣领教授是统计遗传学领域的知名学者，在国际上首次提出生物复杂性状的功能作图理论，并推导出一系列动态性状基因定位的统计模型与算法。其研究最显著的创新点是将数学及统计学的基本原理镶入生物学的具体问题之中，运用计算模型解析生物体生长发育的遗传调控机制，进一步监控基因突变现象和预测生命的发展趋势。迄今已在国际权威刊物发表论文250余篇，出版学术专著3部。担任多家国际学术期刊主编、副主编及编委。邬荣领教授利用其在海外的学术资源和国际上的学术地位，一直与国内多所高校开展合作研究，帮助国内学者在国际刊物上发表SCI论文数十篇，为国家培养了一批青年科技人才。承担多项国家科学基金项目，发表的论文获中国林学会的梁希林业科技奖。

（张 鑫 张 闯）

2011年博士生导师名录（合计196人）

林学院（48人）

沈国舫 韩海荣 孙建新 李俊清 牛树奎
赵秀海 张晓丽 冯仲科 刘琪璟 岳德鹏
韩烈保 苏德荣 孙玉军 刘 勇 郭素娟
马履一 徐程扬 贾黎明 杨 军 苏淑钗
严 耕 戴玉成 贺 伟 田呈明 骆有庆
武三安 温俊宝 亢新刚 郑小贤 彭道黎
李根前（外聘） 唐守正（外聘） 吴 坚（外聘）
刘惠民（外聘） 张星耀（外聘） 范少辉（外聘）
王有年（外聘） 谭晓风（外聘） 方 伟（外聘）
王玉柱（外聘） 赵春江（外聘） 宋国华（外聘）
徐正会（外聘） 盛茂领（外聘） 周国模（外聘）
王 兵（外聘） 陆元昌（外聘） 李吉跃（外聘）

园林学院（19人）

周 曦 李 雄 张玉钧 赵 鸣 王向荣
孟兆祯 刘晓明 董 璁 朱建宁 刘 燕
戴思兰 王四清 成仿云 吕英民 陈俊愉
贾桂霞 张启翔 董 丽 郑国生（外聘）

水土保持学院（23人）

孙向阳 聂立水 余新晓 张洪江 王秀茹
王 浩 贺康宁 张志强 毕华兴 查天山
孙保平 丁国栋 张克斌 王玉杰 胡雨村
陈丽华 王百田 吴 斌 朱清科 赵廷宁
王冬梅 王小平（外聘） 孙世国（外聘）

经济管理学院（24人）

陈建成 田明华 潘焕学 李铁铮 刘俊昌
张彩虹 田治威 温亚利 聂 华 张大红
王立群 曹世雄 张 颖 宋维明 张绍文
朱永杰 王武魁 石 峰（外聘）
高 岚（外聘） 张新伟（外聘） 郑文堂（外聘）
李 周（外聘） 徐晋涛（外聘） 刘东生（外聘）

工学院（7人）

俞国胜 赵 东 钱 桦 张厚江 李文彬
刘晋浩 刘 毅

材料科学与技术学院（22人）

赵广杰 常建民 高建民 伊松林 曹金珍
李建章 于志明 张双保 李 黎 杨永福
张亚池 孙润仓 许 凤 蒲俊文 蒋建新
张力平 谢益民（外聘） 杜官本（外聘）
张齐生（外聘） 王向明（外聘） 林作新（外聘）
陈克复（外聘）

生物科学与技术学院（34人）

尹伟伦 李博生 陈少良 夏新莉 沈应柏
高宏波 刘玉军 谢响明 张柏林 孙爱东
王华芳 蒋湘宁 陆 海 康向阳 张德强
李 悦 邬荣领 李 云 张金凤 徐吉臣
张志翔 丁长青 胡德夫 王建中 郑彩霞
戴玉成 陈晓阳（外聘） 李百炼（外聘）

邹　坤(外聘)　程　池(外聘)　师光禄(外聘)
杨敏生(外聘)　薛达元(外聘)　裴　东(外聘)
崔国发　雷光春　于飞海　刘俊国　关文彬
陈建伟(外聘)

信息学院(7人)

黄心渊　淮永建　曹卫群　陈志泊　吴保国
武　刚　赵天忠

自然保护区学院(6人)

环境学院(6人)

孙德智　张盼月　张立秋　梁文艳　张　征
王毅力

正高级专业技术岗位人员名单

截至2011年底，北京林业大学正高级各系列专业技术岗位在聘人员共有211人，其中教授196人。

教授一级岗(4人)

尹伟伦　沈国舫　陈俊愉　孟兆桢

教授二级岗(27人)

吴　斌　宋维明　张启翔　骆有庆　朱金兆
卢欣石　张志毅　蒋湘宁　孙保平　余新晓
王向荣　孙润仓　赵广杰　戴玉成　马履一
李俊清　孙建新　韩烈保　李文彬　黄心渊
孙德智　雷光春　刘俊国　冯仲科　郑小贤
严　耕　林金星

教授三级岗(39人)

刘　勇　赵秀海　俞国胜　刘晋浩　康向阳
王华芳　王建中　张志翔　陈少良　张洪江
王百田　孙向阳　刘俊昌　王立群　朱建宁
刘晓明　李　雄　成仿云　刘　燕　戴思兰
常建民　曹金珍　史宝辉　马钦彦　韩海荣
苏德荣　郑彩霞　朱清科　温亚利　陈建成
彭道黎　李建章　孙玉军　陈丽华　蒲俊文
许　凤　吴保国　崔国发　于飞海

教授四级岗(125人)

王玉杰　刘琪璟　张晓丽　贺　伟　武三安
亢新刚　徐程扬　张志强　谢宝元　林子臣
王秀茹　赵廷宁　贺康宁　丁国栋　李　云
李博生　张柏林　孙爱东　胡德夫　沈应柏
刘玉军　张德强　高宏波　申世杰　张双保
李　黎　于志明　丁密金　鲍际平　钱　桦
韩　宁　撒　潮　于文华　刘文定　张继晓
刘　毅　赵　东　曹礼昆　周　曦　赵　鸣
贾桂霞　王四清　董　丽　夏自谦　朱永杰
苏　宁　田治威　金彦平　张大红　聂　华
张　颖　张彩虹　韩　朝　武　刚　袁津生
赵天忠　张文杰　廖蓉苏　谢惠扬　戴秀丽
张京霞　朱建军　吴江梅　訾　缨　段克勤
李　健　肖文科　孙承文　时小冬　陈晓鸣
张　征　王毅力　张立秋　张盼月　郭素娟
贾黎明　田呈明　丁长青　夏新莉　徐吉臣
张金凤　毕华兴　张克斌　聂立水　张玉钧
董　璁　吕英民　潘焕学　张绍文　陈志泊
蒋建新　张力平　高建民　杨永福　王小春
王学顺　关文彬　徐　平　金鸣娟　刘蓟生
牛树奎　田明华　杨　军　温俊宝　王冬梅
谢响明　李汉平　淮永建　查天山　岳德鹏
苏淑钗　胡雨村　王武魁　李　悦　陆　海
翁　强　张厚江　张亚池　曹卫群　张祥雪
张　青　梁文艳　张明祥　王洪琴　张立中

特聘教授(1人)

邬荣领

其他专业技术系列正高级岗位(15人)

正高三级编审岗：李铁铮

正高四级研究员岗：陈天全　周　景　姜恩来
方国良　全　海　王自力
侯小龙　邹国辉　刘　诚
赵相华

正高四级研究馆员岗：赵世华

正高四级高级工程师岗：何　昉　徐　波

正高四级主任医师岗：贺　刚

(吴　超　张　闯)

各级人大代表、政协委员名单

政协委员

全国政协委员　尹伟伦

北京市政协委员　李俊清

海淀区政协委员　李　雄　高甲荣　张盼月

东城区政协委员　张明祥

人大代表

海淀区人大代表　王自力　郭素娟

（黄中莉）

2011年大事记

1月

4日 与广西壮族自治区林业厅举行厅校合作交流座谈会。

8日 全国高校林业经济管理学科建设高端研讨会开幕，校长宋维明出席研讨会开幕式并致辞。

9日 外语学院成立10周年暨英语专业成立25周年庆典。

10日 美国加利福尼亚州大学校长办公室、院校研究室负责人、加利福尼亚州大学伯克利分校高教研究中心研究员常桐善博士来校交流。

11日 党建工作获第六次北京市党的建设和思想政治工作先进普通高等学校奖和北京市高校党建和思想政治工作成果一等奖。

11日 美国华盛顿州立大学副校长 Prema Arasu 一行4人来校访问。

12日 一卡通一期总结暨二期启动会召开，标志着一卡通开始全面使用。

12日 与福建省三明市校地合作座谈会在北京林业大学召开，双方合作继续深化。

14日 李俊清教授领衔完成的《我国北方集中典型退化森林的恢复技术研究与示范》获得国家科技进步二等奖。

16日 台湾淡江大学资讯工程系负责人一行来校信息学院进行学术交流。

17日 中国林学会青年学术工作座谈会暨2011青工委常委扩大会议在北京林业大学召开。

23日 经济管理学院 MBA(工商管理硕士)管理中心第一次工作会议召开，标志北京林业大学 MBA 教育工作正式启动。

24日 学生民族管弦乐团第一次受邀赴澳门演出。

24日 武警森林指挥部主任王佐明少将，政治部主任聂增龙、副主任徐元鸿等一行9人来北京林业大学走访慰问。

1月 经济管理学院教授张颖获得美国国务院“联邦资助奖”。

北京林业大学获2010年北京高校思想政治理论课学生社会实践优秀组织奖。

材料学院学生作品《工艺瓷器包装》获首届全国大学生包装结构设计大赛二等奖。

获首届北京大学生创业设计竞赛一等奖。

内蒙古锡林郭勒盟第二中学与北京林业大学签约，成为“优质生源基地中学”。

承办国家林业局“948”项目及重点项目验收会，经过评定由马履一教授承担的“红花玉兰种质资源收集保护、遗传测定与开发”项目以91.43分的分数名列森林培育组第一，该项目是北京林业大学唯一一项打分超过90分的验收项目。

北京市委教育工委委员李中水、市委教育工委安全稳定工作处处长卢向红一行看望学校离退休人员。

2月

14日 新聘美国农业部林产品实验室工程木质材料研究室主任 Robert J Ross 博士及王喜平博士为学校客座教授。

22日 《光明日报》刊登北京林业大学参与的马克思主义大众化调研报告。

23日 经济管理学院与中国林业科学研究院科技信息研究所召开院所合作座谈会。

24日 园林学院副教授乌恩博士应邀参加中日 NGO 论坛，并担任中方基调演讲人。

26~27日 学校运动员在全国室内田径锦标赛中分别取得男子七项全能第二名、男子60米栏第三名、女子200米第六名。

2月 园林学院学生赢得 IFLA 亚太地区风景园林设计竞赛一、二、三等奖，并获得15个评委奖中的10个。

2010年成人高考招生录取5054人，录取人数创新高。

3月

2日 北京林大林业科技股份有限公司获得2010中关村高成长企业TOP100称号。

3日 北京市委教工委副书记、教委主任姜沛民来校调研。

8日 北京市教育工会主席张青山出席市教育工会在校举办的庆"妇女节"主题讲座。

9日 中国绿化基金会"幸福家园——西部绿化行动"公益项目执行主任周伯洁女士来北京林业大学，与学校志愿者进行座谈。

10日 国家林业局野生动植物保护与自然保护区管理司司长张希武一行来校调研。

13日 北京林业大学完成2009年江西省森林生态效益评估，江西省政府党组成员、省政协副主席胡幼桃出席论证会。

14日 中国矿业大学来北京林业大学考察一卡通建设情况。

15日 团中央学校部来北京林业大学与学生代表座谈。

17日 中央10套《讲述》栏目3月17日21:00专题讲述北京林业大学学生将餐厨废油做成肥皂的故事。

17日 召开北京林业大学第七届学术委员会成立大会暨第一次全体会议，校长宋维明当选为北京林业大学学术委员会主任。新一届学术委员会聘请尹伟伦院士为名誉主任，沈国舫、陈俊愉、孟兆祯3位院士为顾问，邬荣领教授为特聘委员。

18日 河北省张北县来北京林业大学座谈交流，寻求合作。

21日 国家林业局科技司计划处相关负责人一行来校，就国家林业局"948"引进项目开展座谈。

21~22日 2011年度林业公益性项目重大科研专项典型森林植被对水资源形成过程的调控研究项目启动会在校召开。

25日 北京林业大学与北京市园林绿化局共同承担的北京重要植物种质资源评价、保护利用的研究与示范项目通过验收。

25日 日本信州大学代表团一行4人来北京林业大学访问，双方签署校际合作协议及学生交换协议。

30日 延庆县人力资源与社会保障局负责人率领延庆县优秀大学生"村官"宣讲团一行来校，举行该宣讲团高校宣讲活动的首场报告会。

3月 北京林业大学获"印象北京"征文活动优秀组织奖。

北京林业大学主办的英文期刊《中国鸟类》(Chinese Birds)在国家新闻出版总署组织的外语期刊语言规范和编校质量检查工作中，受到总署表扬。

校园网出口带宽流量在高峰时段连续达到850M，标志着本校校园网带宽向G时代迈进了一步。

4月

2日 "高擎团旗，绿色长征，永远跟党走"，2011年绿桥、绿色长征活动启动仪式在北京林业大学举行，并聘请李谷一、汤灿、徐峥、莫慧兰、孙甜甜、张宁、陈一冰、李妮娜等担任第十届首都大学生绿色志愿大使。

3日 国际爱护动物基金会北京猛禽救助中心在北京鹫峰国家森林公园内举行"放飞猛禽点燃希望——猛禽放飞暨庆祝爱鸟周30周年"活动，成功放飞了2只国家二级保护动物——鸳和灰背隼。

12日 教育部高校毕业生就业总结宣传工作专家组一行4人来北京林业大学调研。

15日 台湾屏东科技大学校长古源光一行5人来校进行访问，并与北京林业大学签署校际合作协议。

16日 举行信息学院建院10周年暨林业信息技术教育25周年庆典活动。

17日 "低碳创业，创意未来"第二届中国大学生创意创业大赛启动仪式暨中国大学生创业指导培训会议在北京林业大学举行。

21日 研究生成立海峡西岸发展研究会，这是北京林业大学首个以博士、硕士研究生为主体的学生社团组织。

21日 由北京市林业种子苗木管理总站和北京林业大学完成的北京植物种质资源调查项目取得显著成果。

22日 教育部国际合作与交流司、国家留学基金委90余人来北京林业大学鹫峰实验林场进行植树活动。

23日 信息学院承办2011年高等学校计算机基础教学改革试点项目工作会议。

25日 入选中国商科教育竞赛综合竞争力40强。

26日 由中国林学会和国际自然保护联盟主办的"2011森林大讲堂"在北京林业大学举行。

26日 北京林业大学和通州区签署合作协议。通州园林绿化局授予北京林业大学就业实践与教学实习、实验基地铜牌。

26日 北京林业大学列入国家林业局知识产权试点单位。

27日 校长宋维明在教育部部分直属高校"十二五"规划交流咨询会上介绍了北京林业大学"十二五"事业发展规划纲要。

27~29日 由材料学院主办，贵州大学林学院协办的木材科学与技术学术论坛在贵阳举行。

28日 获5项北京市科技进步奖，其中主持的3项分获北京市科技进步一、二、三等奖。

29日 北京林业大学与中国林业集团签署合作协议，并聘请中林集团总经理、党委书记张樟德为学校兼职教授。

4月30日至5月1日 由园林学院主办第二届国际风景园林师高峰论坛在校举行。

4月 北京林业大学与武警警种指挥学院在实验林场签署《武警警种指挥学院与北京林业大学合作共建教学基地协议书》。

以校党委书记吴斌教授为团长的代表团访问美国天普大学等友好学校。

北京林业大学承办亚太可持续森林管理试点教学培训班。

国家林业局一行50余位司局级领导来校实验林场参加义务植树活动。此活动从1981年开始至今已经连续31年。

北京林大林业科技股份有限公司进入德勤高科技、高成长亚太地区500强排行榜。

以环境科学与工程学院为主体申报的北京市水体污染源控制技术重点实验室获得批准，这也是北京林业大学获得的第二个北京市重点实验室项目。

加拿大麦吉尔大学继续教育学院中心主任皮特博士一行来北京林业大学继续教育学院参观访问。

学生获第四届全国商科院校品牌策划技能大赛全国一等奖，北京林业大学获全国最佳院校组织奖。

北京林业大学在首都教育先锋创建活动评选中获多项荣誉。

人文学院严耕教授、生物学院康向阳教授获批享受2010年政府特殊津贴。

北京林业大学团委获2011年度北京共青团信息工作先进单位称号。

经济管理学院梁希08－1班学生入围中国大学生年度人物评选。

5月

3日 国家林业局原副局长李育材等一行6人到北京林业大学检查林业公益性行业科研专项"中国森林对气候变化的响应与林业适应对策"工作进展情况。

4日 团中央志愿者工作部副部长廖恳来到北京前八家小学看望那里的孩子们和在小学开展志愿服务的北京林业大学志愿者。

4~5日 北京林业大学学生代表参加全国大学生理论学习活动。

6日 南京农业大学学生处一行26人来北京林业大学交流学生工作。

6日 巴彦淖尔盟教学点农业推广硕士专业学位班开学典礼在巴彦淖尔盟举行。

10日 北京林业大学被评为2010~2011年度全国高校毕业生就业典型经验高校。

10日 23人入选2011年国家公派研究生项目第一批录取名单，这是北京林业大学参与国家公派研究生项目选派以来录取人数最多的一次。

10日 国家花卉工程技术研究中心与贵州百里杜鹃管理委员会关于百里杜鹃保护与开发合作协议签约，双方就百里杜鹃资源的保护、建设、开发和利用等达成共识。

12日 中国国家女子篮球队与北京林业大学学生男子篮球队在田家炳体育馆举行对抗练习赛，这是国家级体育团队首度在校亮相。

12~13日 在北京市高教学会研究生教育研究会会员大会暨2010年学术年会上，1篇论文获大会优秀论文一等奖。

12～15 日 第 49 届首都大学生运动会，学校以 2 金、6 银、3 铜等一系列好成绩，取得甲 A 组女子团体总分第五名、男子团体总分第五名和男女团体总分第五名的成绩，并获得体育道德风尚奖。

13 日 第 6 届教代会、第 14 次工代会第 2 次会议召开，校长宋维明做了题为《真抓实干促创新、凝心聚力谋发展，为建设国际知名、特色鲜明、高水平研究型林业大学而奋斗》的工作报告。

15 日 由中国残疾人福利基金会主办的"集善工程·第 21 次全国助残日主题活动"在北京西单文化广场举行，北京林业大学志愿者为集善工程募捐提供志愿服务。

16 日 南京农业大学胡锋副校长一行 8 人来北京林业大学交流调研。

20 日 中国治沙暨沙业学会第三届全国会员代表大会召开，吴斌教授当选为第三届中国治沙暨沙业学会副理事长。

22 日 自然保护区学院董事会第二次董事大会召开。

26 日 北京林业大学被评为北京高校后勤社会化改革先进院校。

26 日 北京林业大学承办的发展中国家林区经济可持续发展官员研修班。

28 日 1 名国防生获 2011 年北京市大学生跆拳道精英赛 54 公斤级冠军，1 名教官获优秀教练员称号，北京林业大学代表团获体育道德风尚奖。

30 日 由北京林业大学参与承办的第四届"中国环境与健康宣传周"启动仪式在人民大会堂举行，出席大会的全国人大常委会副委员长桑国卫，亲切接见了校长宋维明、副校长姜恩来、副校长张启翔。

5 月 30 日至 6 月 8 日 环境学院 6 名学生参加中国大学生访日代表团。

31 日 中国林业经济学会第七届理事会选举产生，校长宋维明获选常务理事、副理事长。

5 月 国家林业局对《关于请求国家林业局支持北京林业大学申办现代远程教育的请示》批发复函，支持学校申办教育部现代远程教育试点校。

北京林业大学教师参与资助病逝同学父母受河北省政府表彰。

出席全国教育电子政务会并发言。

北京林业大学与河南省新乡市一中、睢县高级中学、郑州外国语学校 3 所优质生源基地中学签订。

自然保护区学院刘俊国教授、园林学院刘晓明教授入围"科学中国人 2010（第九届）年度人物候选人，其中刘俊国教授成为本次评选中杰出青年科学家奖最年轻的候选人之一。

经管学院学生获第十四届全国大学生林业经济研讨会一等奖。

校内教学区老温室拆建工程启动，并完成建筑拆除和场地清理工作。

校长宋维明应邀出席中国绿化基金会等单位主办的"绿色中国行"论坛活动。

设立"家骐云龙青年教师教学优秀奖"。

北京林业大学生态文明研究中心承担的国家林业局行业公益性专项"生态文明建设的评价体系与信息系统技术研究"项目通过验收，这是首个通过结题验收的国家林业行业公益性专项项目。

美国得克萨斯 A&M 大学建筑学院专家一行 7 人来北京林业大学交流访问，并与园林学院签署合作协议。

6 月

2 日 北京林业大学承办第四届中国环境与健康宣传周人居环境与健康学术论坛。

2 日 经济管理学院聘任国家林业局农村林业改革发展司司长张蕾为林业经济学科兼职教授。

13 日 大学生创业园第一家学生自主创业的公司获得工商部门的批准，取得了营业执照，成为学校创业园首家正式运营的企业。

15 日 由教育部人事司、北京市委组织部、市委教育工委领导组成的考察组一行 8 人来北京林业大学开展党委换届考察工作。

17 日 校长宋维明在北京高等教育国际研讨会上做了题为"建设高水平大学　彰显绿色优势　服务现代林业发展和绿色北京建设"的主题演讲。

23 日 北京林业大学 3 位教师在北京高校庆祝建党 90 周年表彰大会上受到北京市委教工

委表彰。

25日 北京林业大学第一届设计与艺术学术研讨会召开。

26~28日 校长宋维明在2011国际生物经济大会生物资源与生物多样性分会上做了题为"中国林木生物质能源产业化问题分析"的主题报告。

28日 安防运营服务(中国)有限公司、北京冠林盈科智能系统集成有限公司携手北京林业大学"助学·就业"成长计划捐资授牌仪式在北京林业大学举行。

29日 北京林业大学与北京市签订中关村科学城建设项目协议。

6月 后勤服务总公司总经理被教育部发展规划司聘为高校伙食管理专家顾问。这是发展规划司在全国高校范围内聘请的4位专家之一。

2位教师在"北京高校第七届青年教师教学基本功"比赛中获一等奖。

教育部决定对陈天全、方国良进行轮岗，陈天全任北京林业大学党委副书记、纪律检查委员会书记，不再担任副校长职务；方国良任北京林业大学党委副书记，不再兼任纪律检查委员会书记职务。

工学院在河南许继电气集团有限公司建立电气专业学生就业实践与教学实习基地。

就业服务中心筹拍首支毕业主题歌《北林再见》音乐电视于近日向全校发布。

经管院师生获山西省第15届优秀学术论文综合研究类一等奖。

1篇论文获2010年度高校辅导员优秀论文评选活动一等奖。

环境学院分别在高碑店污水处理厂、北京高安屯垃圾焚烧有限公司挂牌建立实践教学基地。

北京林业大学获全国高校节能管理先进高校称号。

学生作品获第二届2011中国包装创意设计大赛一等奖。

在第六届"挑战杯"首都大学生课外学术作品竞赛中，北京林业大学学生获1个特等奖、5个一等奖、3个二等奖和4个三等奖的好成绩，获奖作品数量位居北京各高校前列。

曹荣平、黄华国、潘会堂、石娟、王辉、于飞海等6位教师入选教育部2010年度"新世纪优秀人才支持计划"。

《北京林业大学学报》获2010年度中国科技论文在线优秀期刊一等奖。

7月

1日 校党委书记吴斌、副校长骆有庆调研苗圃工作并为教学实习苗圃揭牌。

4日 北京林业大学与广西林业厅签署产学研合作框架协议。

4日 新疆农业大学党委副书记张杰一行来北京林业大学交流党建和思想政治工作。

7日 中国林业科学研究院副院长陈幸良一行8人来北京林业大学洽谈深入合作事宜。

11日 中国共产党北京林业大学第十次代表大会开幕。

15~17日 1名运动员获2011年全国田径冠军赛110米栏银牌。1名运动员入选中国大学生体育代表团，并参加8月份的世界大学生运动会，同时入选8月的世界田径锦标赛中国田径队阵容(首都高校仅此1人)。

16~17日 协办2011生态文明贵阳会议森林碳汇论坛，校长宋维明担任森林碳汇论坛主席，主持论坛活动并发表主旨演讲。

17日 北京林业大学贵州校友会成立。

19日 "寻找绿色之光"——纪念首都全民义务植树30周年成就寻访活动启动仪式在北京林业大学举行。

20日 校友会应邀参加由耶鲁全球校友领导交流项目(YaleGALE)和耶鲁大学校友会主办的世界校友峰会。

21日 北京市委组织部正式批复北京林业大学第十次党代会和第十届党委第一次全体会议、纪委第一次全体会议选举结果。同意王玉杰、王自力、方国良、全海、吴斌、宋维明、张勇、张启翔、陈天全、姜恩来、骆有庆为第十届委员会常委(按姓氏笔画为序)，吴斌为党委书记，陈天全、方国良、全海为党委副书记。同意北京林业大学纪律检查委员会由11名委员组成，陈天全为纪委书记，周伯玲、杨宏伟为纪委副书记。

21日 南京林业大学校长曹福亮等一行8

人来北京林业大学交流调研人才、科研、研究生教育等工作。

25～27 日 学生获第二届中国大学生创意创业大赛全国一等奖。

25～28 日 学生获海峡两岸网络商务大赛大陆区一等奖，学校获大陆赛区优秀组织院校奖和大陆赛区创新指导院校奖。

30 日 学生获 2011 年搜狐·曲美杯家具创意征集大赛冠军。

7 月 信息学院学生在拥有中国 3D/VR 界奥斯卡盛宴、华人 3D/VR 界最高荣誉之称的 2011 大中华区 VR 盟主选拔赛中获金奖。

获恒大集团贫困大学生助学基金资助资格。

8 月

1 日 中国著名林学家、林业教育家、北京林业大学教授、国家重点学科博士生导师董乃钧因病逝世，享年 80 岁。

2 日 福建农林大学副校长林文雄等一行 7 人来北京林业大学交流。

3～5 日 北京林业大学联合主办全基因组关联分析国际研讨会，会议由邬荣领教授主持。

4 日 北京林业大学参与筹建国家能源非粮生物质原料研发中心。

10 日 北京林业大学校友、中国著名林学家、中国工程院院士、中国林学会副理事长，中国林业科学研究院首席科学家，第八届、九届、十届全国人大代表，全国人大环境与资源保护委员会委员，第九届、十届全国人大常务委员会委员王涛，因病逝世，享年 75 岁。

13 日 美国密歇根州立大学副校长斯迪温·珀皮科等一行 4 人来北京林业大学交流访问。

8～16 日 以校长宋维明为团长的代表团访问波兰罗兹大学、丹麦哥本哈根大学、芬兰赫尔辛基大学 3 所友好学校。

20 日 承办国务院学位委员会林业工程学科评议组会议。

20 日 中国林业教育学会第四次会员代表大会在京召开，校党委书记吴斌任常务副理事长，校长宋维明等 17 人当选副理事长，副校长骆有庆当选秘书长。

21 日 2011 海峡两岸绿色行政与生态文明学术交流营开营仪式在北京林业大学举行。

29 日 马洪双博士的学位论文《胡杨在盐胁迫下差异表达基因的筛选以及胡杨 PeSCL7 基因功能分析》(指导教师尹伟伦院士、夏新莉教授)入选北京市优秀博士学位论文。

29 日 获北京市纪念建党 90 周年先进集体、1 名教师获先进个人称号。

8 月 温亚利、严耕、刘燕 3 位教师获第七届北京市高校教学名师奖。

获中国扶贫基金会·恒大集团贫困大学生助学基金资助资格。

艺术设计系学生作品获首届德源杯全国绿色生态动漫作品大赛绿色生态动画短片提名奖。

教育部网站"各地动态"栏目以《北京林业大学发挥特色　突出内涵　构建实践育人四平台》为题，全文刊载学校关于实践育人经验的信息简报。

9 月

5 日 普洱团市委与北京林业大学团委签订友好共建协议，双方将在互访交流、大学生社会实践、爱心支教等项目进行深入合作。

6 日 在国内高校首开《生态文明》课。校党委书记吴斌以《生态文明理念及其思考》为题，主讲这门课的第一讲。

10 日 在河北沧州建设的教学科研实践基地、林木育种国家工程实验室沧州基地举行揭牌仪式。

13 日 美国密歇根州立大学校友团一行 16 人来北京林业大学进行友好访问。

19 日 教育部直属高校贯彻落实《规定》《准则》和"十不准"专项检查第九检查组莅临北京林业大学开展专项检查。

19 日 北京丰华镇远生物医药科技有限公司在北京林业大学举行丰华镇远攀登助学金捐赠仪式。

20 日 中俄两国林业专家在俄罗斯新闻社莫斯科新闻中心和北京新闻中心通过视频连线方式，就首届亚太经合组织林业部长级会议的影响及中俄林业合作前景等问题进行了深入交流，陈建成、李铁铮 2 教授代表中方专家参加了视频连线会。

由国家林业局人才开发交流中心主办的嘉汉杯首届全国林科大学生绿色创业大赛在校

举行。

中央电视台“走基层”栏目组深入学校建立的国家林业局盐池荒漠生态系统定位研究站进行调研。

22 日 波兰罗兹科技大学副校长 Ireneusz Zbicinski 一行来北京林业大学进行正式友好访问。

23 日 中国高等农林教育校(院)长联席会第 11 次会议举行，校长宋维明出席会议并以“向特色研究型大学转型发展的若干思考”为题做专题发言。

24 日 第五期全国青少年生态环保社团骨干培训班在北京林业大学开班。

28 日 国际林业研究组织联盟(国际林联，IUFRO)执委会代表团一行 7 人来北京林业大学进行正式友好访问。

北京林业大学党委书记吴斌在全国高等农林水院校党建与思想政治工作研讨会第 11 次会议上以《强党建引领方向 树品牌打造特色 努力建设高水平林业大学》为题向与会人员交流北京林业大学党建工作经验。

9 月 30 日 本科教学综合实验中心竣工并通过验收，该综合实验中心由原“百福隆超市”改造而成，使用面积 1300 余平方米。

校长宋维明、中国工程院院士孟兆祯出席高端论坛纵论南宁林业发展。南宁电视台、人民网等媒体现场直播，受到全国各地网民的关注。

9 月 2011 年海峡两岸校际水土保持学术研讨会在北京林业大学举行。

中国水土保持学会主办的《中国水土保持科学》入选中国科学引文数据库 2011 ~ 2012 年来源期刊扩展库。

中国工程院院士陈俊愉、孟兆祯，孙筱翔 3 位园林大师获中国风景园林终身成就奖提名。

研究生陈乃明的学位论文《桉树优良无性系选择及快繁技术研究》获第三届全国农业推广硕士优秀论文奖。

北京林业大学与富优基尼(Futura Gene)生物技术(上海)有限公司签署产学研合作协议。

中国工程院资深院士陈俊愉获首届中国观赏园艺终身成就奖。

艺术设计专业学生在第四届全国大学生广告艺术大赛北京赛区中获多项奖励。

在 2011 年全国田径锦标赛暨奥运会达标赛中，学生运动员获得男子 110 米栏第四名、女子 200 米第四名、女子 4 × 100 米接力赛第五名等一批好成绩。

学生设计作品在 2010 ~ 2011 金斧中国家具设计奖比赛中获多项奖励，学校获得优秀组织奖。这是学生首次在全国最高水平家具设计比赛中获奖。

由中国林业经济学会和经济管理学院合办的《林业经济评论》(Forestry Economic Review)(第 1 卷)于 2011 年 9 月由中国林业出版社正式出版。

10 月

9 日 由中国林学会森林经理分会、北京林业大学联合举办的 2011 年全国森林可持续经营学术研讨会暨董乃钧林人奖励基金成立大会在北京举行。全国政协副主席罗富和发来贺信。

10 日 在山东冠县建设的北方平原林业创新与良种示范基地正式启用。

11 ~ 16 日 德国柏林应用科技大学人力资源与劳动硕士项目主任、德国柏林应用科技大学“E - learning”研究中心负责人 Gernold P. Frank 来北京林业大学经济管理学院进行学术交流，并商讨 MBA 合作事宜。

15 日 全国农科院校研究生英语教学研究会 2011 年年会在北京林业大学举行。

15 ~ 17 日 学生 3 件作品入围第 12 届“挑战杯”全国大学生课外学术科技作品竞赛终审决赛。

16 日 建校 60 周年“绿色校庆年”系列活动启动仪式在校举行。中国绿化基金会主席王志宝与北京林业大学党委书记吴斌共同为北林绿色发展基金成立揭牌。校长宋维明发布《校庆公告》。刘劲、宋英杰、王宏伟被北京林业大学聘为绿色文化大使。

17 日 浙江大学本科教学调研团来校调研园林及相关专业教学管理基本情况。

18 日 美国佛罗里达大学园艺科学系 C. Eduardo Vallejos 教授应邀访问北京林业大学计算生物学中心。

19 日 宋维明、郭素娟教授作为海淀区人大代表向选民汇报工作。

北京林业大学标本馆举行开馆仪式。

北京高科大学联盟成立，北京林业大学是联盟的11个成员之一。

20日 联合国环境署世界生物多样性保护监测中心主任John Hutton一行访问北京林业大学，就世界生物多样性评估与监测做学术报告并与自然保护区学院师生进行交流。

22日 经济管理学院教师和法学院学生参加中欧青年未来营活动并演讲。

25日 党委理论学习中心组建立第一个实践基地——北京麋鹿生态实验中心，并实地考察基地生态文明教育情况。

校党委理论学习中心组赴北京建筑工程学院进行考察调研，双方共同签署了党委中心组理论学习1+1共建协议。

25~26日 北京林业大学等单位联合举办第二届"高校招生与中学教育"重点中学校长论坛活动。

27日 赫尔辛基大学学生代表团来生物学院访问。

28日 教育部思政司在北京林业大学组织召开优秀教师杨佳先进事迹报告会。

北京市委教育工委召开北京高校建设学习型党组织工作总结推进会，学校党委宣传部在会上介绍学校工作特色。

新加坡南洋理工大学教授周孙铭应邀来北京林业大学交流，与经管学院、材料学院负责人进行有关项目合作的洽谈，并与师生进行交流。

芬兰农林部访华团代表外事司司长Veli-Pekka Talvela，部长顾问Kimmo Närhinen来北京林业大学进行访问。

30日 2011年首都高校第八届登山越野赛在校鹫峰国家森林公园举行，学校代表队取得甲组第二名，这是学校在历届登山赛中取得的最好成绩。

30日 241人报考学校在职风景园林硕士，报考人数再创新高。

10月 2011年海峡两岸林业敬业奖励基金在北京林业大学颁奖，顾正平等5位专家成为新一届获奖者。

学生在北京市教育委员会办公室举办的绿色北京建设——2011年北京市教育系统节能减排知识大赛中获二等奖。

在全国第五届年鉴编校质量检查评比活动中，《北京林业大学年鉴(2010)》获全国二等奖，这是学校年鉴首次获得该项奖励。

由中国水土保持学会工程绿化专业委员会主办的矿化垃圾资源化利用与填埋场绿化技术研讨会在京召开。

在第三届全国大学生电子商务"创新、创意、创业"挑战赛北京分赛区获多项奖励，获奖数目和获奖比例实现了新的突破。

国际生态学会主席、美国乔治亚大学Alan Covich教授一行来北京林业大学进行友好访问，并与自然保护区学院师生进行交流。

第九届中国环境艺术设计学年奖评比中，4名学生完成的湿地公园设计获得景观设计优秀奖。

经管学院3名教授主编的《森林资源资产评估理论与方法》一书由科学出版社出版，该书系统介绍了森林资源资产评估的理论与方法体系，被列入"华夏英才基金学术文库"。

第六届亚洲湿地论坛暨第二届中国湿地文化节召开，自然保护区学院多名师生应邀参加论坛。

北京林大林业科技股份有限公司顺利通过2011年国家火炬计划重点高新技术企业资格认证，有效期3年。北林科技是这次评选中北京市唯一一家园林行业获得认证的企业。

网络出口带宽扩大至1000M，标志着北京林业大学校园网出口接入带宽跨入G时代。

校长宋维明作为首席科学家与陈建成教授等为核心成员申报的课题"我国西部林业生态建设政策评价与体系完善研究"成功中标，实现了学校在全国哲学社会科学领域最高级别科研项目的重大突破。

在首都高等院校第三届秋季学生田径运动会上，学校夺得男子团体甲组、女子团体甲组及男女团体甲组3项冠军，均实现历史性突破。

工学院学生作品《智能加湿器》在2011年国际大学生物联网创新创业大赛暨第五届美新杯总决赛中获全国二等奖。

北京市党务公开领导小组办公室确定64个单位作为党的基层组织党务公开工作联系示范

点，北京林业大学是其中3所高校之一。

园林学院学生获全国城市规划专业评比多项奖。

在中国林业经济学会技术经济专业委员会、中国技术经济学会林业技术经济专业委员会换届选举中，经管学院陈建成教授担任这两个全国二级学会的主任，技术经济委员会挂靠在经管学院。

信息学院学生作品《换位》在2011年第九届DAF国际大学生反对皮草艺术设计大赛中获SAP主席特别推荐奖(全球赛区唯一奖项)。

孟兆祯院士、李雄等教授参加了园林学院等单位协办的中国风景园林职业制度高层研讨会。

北京林业大学首次在湖北省建立优质生源基地4所。

海淀区园林绿化局局长沙海江带领局领导班子来北京林业大学与专家教授座谈研讨，共商海淀园林绿化建设发展大计。

MBA国学教育中心成立，国家林业局原副局长李育材、校党委书记吴斌等领导共同为MBA国学教育中心揭牌。

尹伟伦院士出席第十二届全国森林培育学术研讨会暨海峡两岸森林培育高峰论坛，并在开幕式上讲话。

2010年学校继续教育工作获北京市教委的肯定，并选入《北京高等学校继续教育质量报告(2010年度)》。

由经管学院负责人主持的全国林业经济与管理学科研究生培养规范研讨会在京召开。

11月

1日 东京农工大学副校长西村直章一行来北京林业大学友好访问。

2日 临沂大学党委书记丁凤云，党委委员、副校长王明福等一行8人来北京林业大学考察交流。

3日 中国地质大学工会常务副主席关进平一行17人来北京林业大学经管学院就二级建家工作进行学习交流。

10日 第二届“亚太林业周”暨首届青年学生绿色论坛在国家会议中心举行。副校长骆有庆出席论坛并讲话。

亚太地区林业院校长会议机制指导委员会在北京林业大学召开筹备会。

九寨沟保护区管理局高级培训班在北京林业大学开班。

北京林业大学承办首届全国林业专业学位研究生教育工作研讨会。

信息学院学生作品《橘中戏》获2011第三届中国优秀游戏制作人评选大赛非专业组最佳游戏创意银奖。

11日 亚太地区林业院校长会议机制协调办设在北京林业大学，党委书记吴斌和加拿大不列颠哥伦比亚大学林学院院长约翰·英尼仕为该协调办公室揭牌。

由亚太森林恢复与可持续管理组织(APF-Net)主办，学校参与承办的第二届亚太地区林业院校长会议在北京国家会议中心召开。

14日 以武汉大学原校长侯杰昌为组长的教育部巡视组进驻北京林业大学，开展为期3周左右的巡视工作。

15日 以校长陈友圆为团长的越南林业大学代表团一行7人来北京林业大学进行正式友好访问。

18日 生物学院与北京东升科技企业加速器有限公司签署教学实习与就业创业实践基地协议。

北京林业大学获评实施《学校体育工作条例》优秀学校。

19日 “十二五”国家重点图书系列著作在北京林业大学启动，校长宋维明被中国林业出版社聘为该丛书编写工作的总主编。

22日 北京市教育工会主席张青山、原中国地质大学党委书记毕孔彰一行13人来北京林业大学进行“全国模范职工之家”复验，学校顺利通过。

23日 北京林业大学在内蒙古达赉湖国家级自然保护区建立教学科研基地。

25日 北京教育纪检监察研究会第四片组纪检监察工作交流会在北京林业大学举行。

在北京市朝阳区玉华残障人士康养服务中心年会上，阳光社团获赠“杰出善团”奖牌。

26日 “绿满京华”首都全民义务植树30周年纪念晚会在北京电视台大剧院录制，北京林业大学学生合唱团、主持人团队共100人应邀参与晚会演出。

北京林业大学学生团队在第三届全国大学生电子商务“创新、创意及创业”挑战赛中获全国二等奖。

园林学院主办风景园林植物景观与人居环境建设学术研讨会。

29日 中国政法大学党委副书记兼副校长、工会主席冯世勇、副主席李玺文一行35人来北京林业大学调研交流工会、教代会工作。

30日 北京市委教育工委副书记王民忠一行9位专家来北京林业大学进行心理素质教育工作专项督导评估。

11月 北林科技“北京理工大学良乡校区北湖景观工程”和“西山华府园林工程”2项工程获2011年度中国风景园林学会优秀园林工程金奖。

从2012级开始将实行博士生自主选拔改革试点。

园林学院教授设计的15号花园“天地之间”在法国国际肖蒙花园节获好评。这是法国花园节20年来第一次出现中国设计师的团队。

张启翔教授等完成“主要商品盆花新品种选育及产业化关键技术与应用”，冯仲科教授等完成的“森林计测信息化关键技术与应用”和蒋建新教授参与完成的“高分子多糖生物质加工新技术与产品应用”分获国家科学技术进步奖和国家技术发明二等奖。

在第十四届CUBA中国大学生篮球联赛北京赛区预赛乙组赛中，学校男篮取得亚军，女篮首次参赛就获得冠军。

中国风景园林学会2011年年会，副校长张启翔出席开幕式，并以“植物多样性与人居环境建设”为题做主旨发言。

北京林业大学学生在中国风景园林学会2011年会大学生设计竞赛中夺得大奖。比赛共计评出38个获奖作品，其中园林学院获奖作品13项。

中国风景园林学会2011年年会，陈俊愉院士、孟兆祯院士和孙筱祥教授被授予首届中国风景园林学会终身成就奖。

工业设计专业教师参评的2项作品HK－6000智能型体质测试仪和金银纪念币包装设计系列获得中国工业设计领域的最高奖项——2011中国创新设计红星奖。

共16人获得2011年“金光·黄奕聪”奖学金。这是北京林业大学首个将学习成绩与公益实践相结合的奖学金项目。

北京林业大学与中国建筑设计研究院签订就业实习基地协议，并进行了授牌。

北京林业大学在福建建立6所优质生源基地。

由信息学院选送的5部作品在全国3D大赛北京赛区获特等奖和一等奖。

国家级重点学科——林木遗传育种学科博士生王君的学位论文《青杨派树种多倍体诱导技术研究》获得2011年全国优秀博士学位论文，指导教师是康向阳教授。

材料学生作品在德国瑞好公司主办的“为房间寻找灵感”设计大赛中获设计大赛二等奖。

《园林树木学(第2版)》和《运动场草坪(第2版)》入选2011年国家级精品书目。

由经济管理学院团委主办的首届模拟联合国大会成功举办。这是模拟联合国活动首次走进北京林业大学。

北林科技入选中关村国家自主创新示范区第二批“十百千工程”重点培育企业。

北京林业大学和辽宁4所中学签署优质生源基地协议。

12月

2日 北京林业大学获北京高校党校协作组特殊贡献奖。

3日 学生作品《北京绿之棘生态产品有限公司》获北京市大学生创业设计竞赛三等奖。

北京林业大学首次承办的学院路地区高校羽毛球团体赛，教工羽协获羽毛球团体赛亚军。

4日 首都高校第三届体育舞蹈比赛在北京林业大学举行。北京林业大学获2个单项冠军，2个单项亚军，2个集体项目亚军，团体第三名的好成绩，同时还获最佳组织奖。

5日 河南省济源市林业局培训班在校开班，双方共同签署了《北京林业大学、济源市林业局就业实践与教学实习基地协议书》。

中央电视台新闻频道(CCTV－13)“走基层”栏目报道北京林业大学宁夏盐池基地情况。

8日 北京林业大学党委书记吴斌出席北

京高科大学联盟文化论坛，并主持了论坛圆桌会议，就行业特色型高校的文化建设做了主要发言。

8日 北京林业大学被中国高等教育学会后勤管理分会评为全国高校后勤十年社会化改革先进院校。

9日 北京青少年发展基金会秘书长陈淑惠一行来北京林业大学工作调研。

12日 海淀区人民政府和北京林业大学签署校地科教合作框架协议。

14日 北京林业大学举办应用统计硕士校外导师聘任仪式，国家统计局副局长李强等8人受聘。

15日 国家林业局野生动植物保护与自然保护区管理司司长张希武做客学校自然保护大讲堂，并被聘为北京林业大学自然保护区学院客座教授。

自然保护区学院与门头沟区清水镇党委、政府签署共建协议。

学生代表队“木合源人造木有限责任公司”项目获首届全国林科大学生绿色创业大赛“嘉汉杯”亚军，北京林业大学获优秀组织奖。

外语学院教师在第八届CASIO杯翻译竞赛中获英语组一等奖。

艺术设计系教师国画作品《凉山九月》获首届全国教师美术作品展一等奖。

12月18日 北京林业大学甘肃校友会正式成立。

由北京林业大学和中国林业教育学会主办，林学院承办的全国高等农林院校森林保护学科及专业建设研讨会在京召开，副校长骆有庆在会上做了专题发言。

19日 盐池生态站通过国家水保科技示范园评定。

20日 学校申报的《凝聚班级梦想 激发班级活力 北京林业大学学习型班集体建设探索》获第二届首都大学生思想政治教育工作实效奖二等奖。

21日 中国水土保持学会四届三次常务理事会在京召开，中国水土保持学会秘书长、北京林业大学党委书记吴斌做了学会2011年工作报告。

22日 举行首届祝福长寿老人迎新春联欢会。

信息学院动画和数字媒体艺术专业学生获第二届北京市大学生动漫设计竞赛大奖。

23日 2011现代林业发展高层论坛暨第四届梁希林业科学技术奖颁奖仪式在京举行，北京林业大学获多个奖项，1名教师获全国优秀科技工作者称号。

24日 园林学院学生在首届大学生北京旅游线路设计大赛中获一等奖，北京林业大学获得优秀组织奖。

24～25日 第一届全国农林院校研究生管理工作研讨会召开，党委研究生工作部作为主要发起单位和副主任委员单位全程参加大会活动。

25日 首个文化发展专项基金——北京林业大学教育基金会弘通校园文化发展基金成立。

26日 北京林业大学与中国留学人才发展基金会国际交流和管理中心合作成立北京林业大学生物质能源产业技术研究院。

27日 湖北省林业厅与北京林业大学签署产学研合作框架协议。

28日 9万平方米学研中心工程结构封顶。

12月 2011年中国高校校办产业协会年，北林科技被评为2011中国高校企业产学研结合典型案例入选企业。

在国家发展改革委召开的“十二五”规划建言献策活动总结表彰会上，老教授贺庆棠参与撰写的《加快发展“阳光绿色产业”》获三等奖。

高甲荣、张盼月、李雄当选第九届海淀区政协委员，张明祥当选第13届东城区政协委员。

北京林业大学和江浙7所中学签署优质生源基地协议。

材料学院蒋建新教授等完成的“无患子皂素及其资源综合利用技术”的科技成果成为生物质能源开发拓展新领域。

信息学院与河南省济源市林业局签署《北京林业大学、济源市林业局就业实践与教学实习基地协议书》。

与德国哈尔博格学院联合推出的“德国双元制大学”深造项目，完成在北京林业大学的选拔、考试工作。

首次在安徽建立2所优质生源基地。

林学院梁希08-2班获2011年北京高校十佳示范班级。

首届林业高校教务处处长联席会在北京林业大学召开。

园林学院教师设计的“杭州江洋畈生态公园”获得英国风景园林行业协会国际类项目的设计奖。

人事处参加全国性会议研讨人事制度改革，并在薪酬管理研究分会中做了分组讨论大会总结发言。

由北京林业大学发起，与西南林业大学、国际木文化学会、亚洲绿色文化国际交流促进会联合主办的第四届全国森林文化学术研讨会在云南昆明召开。

学生在2011年北京市第四届大学生物理实验竞赛中获得佳绩，北京林业大学获最佳组织奖。

经管学院教师参加全国MBA课程创新研讨会。

高教研究中心荣获北京市高等教育学会优秀高等教育研究机构荣誉称号。

获“高教社杯”全国大学生数学建模竞赛全国二等奖。

北京林业大学在第九届中国林业经济论坛获多项论文奖，居各大高校之最。

邬荣领教授带领团队取得的基因“功能定位”研究新进展引发国际同行关注。

园林学院与达沃斯巅峰智业集团签署合作协议。

学生创业团队项目“湿式振弦除尘风机”在首届中国（辽宁）青年科技创新创业大赛中获一等奖。

北京林业大学与内蒙古达赉湖国家级自然保护区管理局联合建设的教学科研实习基地正式在达赉湖国家级自然保护区乌兰诺尔核心区管护站挂牌。

重要学术报告会一览

林学院2011年主要学术讲座(报告)情况一览表

时　间	名　称	主讲人	主讲人身份
11月6~9日	第十二届全国森林培育学术研讨会暨海峡两岸森林培育高峰论坛	森林培育学科教师	
12月18日	全国高等农林院校森林保护专业及学科建设研讨会	森林保护学科教师	
10月9日	2011年全国森林可持续经营学术研讨会暨董乃钧林人奖励基金成立大会	森林经理学科教师	
4月29日	系统化生物芯片技术在农林领域研究中的应用	赵建晴	生物芯片国家工程中心微阵列服务部助理主任
6月22日	The Fairchild education project: Training the next generation of tropical botanists	Dr. Javier Francisco-Ortega	Department of Biological Sciences, Florida International University (Center for Tropical Plant Conservation, Fairchild Tropical Botanic Garden)
6月22日	Orchid conservation research	刘　虹	Department of Biological Sciences, Florida International University (Center for Tropical Plant Conservation, Fairchild Tropical Botanic Garden)
6月23日	Implication of molecular evidence on the evolution of Melampsora and other rust fungi	裴明浩	英国伦敦洛桑试验站植物病理学家
6月27日	Population biology of willow and poplar rust and their mycoparasite	裴明浩	英国伦敦洛桑试验站植物病理学家
9月14日	全球生态学研究进展	刘世荣	中国生态学会理事长、中国林业科学研究院副院长、首席专家
11月15日	全球变化背景下北美森林资源的多目标经营	李　超	加拿大林务局林木纤维研究中心、景观干扰与森林评估模拟研究组研究员和首席科学家

园林学院2011年主要学术讲座(报告)一览表

时　间	名　称	主讲人	主讲人身份
3月15日	第27期旅研旅言学术沙龙——摄影旅游体验研究	贾亦琦	园林学院旅游管理研究生
3月18日	日本千叶大学专家演讲交流系列报告——千叶大学园艺学研究科绿地环境学科	赤坂信	教授(环境造园领域长) AKASAKA Makoto

（续）

时　间	名　称	主讲人	主讲人身份
3 月 18 日	日本千叶大学专家演讲交流系列报告——"Time & Space" in Urban Renewal Project for Sustainable Development——Slow，Participation and Identity	木下勇	教授 KINOSHITA Isami
3 月 18 日	日本千叶大学专家演讲交流系列报告——Landscape 新作品介绍及考察	三谷徹	教授 MITANI Toru
3 月 18 日	日本千叶大学专家演讲交流系列报告——设计师的追求与反思	章俊華	教授 ZHANG Junhua
3 月 19 日	保障性住房规划与低收入群体的利益保障	郐艳丽	中国人民大学公共管理学院城市规划与管理系副教授
3 月 23 日	中日俄合作研究——以公园、风景地利用调查为例	青木阳二	东京工业大学社会工学科工学博士
3 月 23 日	对历史庭园利用情况的比较研究及公园利用调查方法	石内铁平	茨城大学工学博士
3 月 29 日	旅游沙龙第 28 期——旅游规划的价值取向	张文平	北京林业大学旅游管理 2009 级硕士研究生
4 月 14 日	园林沙龙第 11 期——多元化尺度	涂　一	美国哈佛大学攻读景观与城市设计硕士
4 月 30 日至 5 月 1 日	第二届国际风景园林师高峰论坛	Ippolita Nicotera	德国 TOPOTEK1 项目负责人
4 月 30 日至 5 月 1 日	第二届国际风景园林师高峰论坛	Bridget Baines	英国 Gross Max 总裁
4 月 30 日至 5 月 1 日	第二届国际风景园林师高峰论坛	Gaspard Estourgie	荷兰 WEST8 项目负责人
4 月 30 日至 5 月 1 日	第二届国际风景园林师高峰论坛	Igor Peraza	西班牙 EMBT 项目负责人
4 月 30 日至 5 月 1 日	第二届国际风景园林师高峰论坛	Catherine Mosbach	法国 Mosbach Paysagistes 总裁
4 月 30 日至 5 月 1 日	第二届国际风景园林师高峰论坛	Martha Schwartz	美国 MSP 总裁
4 月 30 日至 5 月 1 日	第二届国际风景园林师高峰论坛	Vladimir Sitta	澳大利亚 TERRAGRAM 总裁
4 月 30 日至 5 月 1 日	第二届国际风景园林师高峰论坛	Stig L Andersson	丹麦 SLA 总裁
5 月 9 日	荷兰近年来在风景园林行业的探索与实践	Adriaan Geuze	景观规划设计事务所 WEST 8 总裁
5 月 23 ~ 24 日	英国谢菲尔德大学交流报告——The concept of nature in（western）landscape design：an introduction	Woudstra Jan	英国谢菲尔德大学风景园林系教授

（续）

时　　间	名　　称	主讲人	主讲人身份
5 月 23 ~ 24 日	英国谢菲尔德大学交流报告——Walking promenading, sauntering in park, garden and town	Woudstra Jan	英国谢菲尔德大学风景园林系教授
5 月 23 ~ 24 日	英国谢菲尔德大学交流报告——The Corbusian landscape; arcadia or no man's land	Woudstra Jan	英国谢菲尔德大学风景园林系教授
5 月 24 日	美国国家公园规划设计交流报告	RUDY D'ALESSANDRO	就职于美国国家公园管理局外事办
5 月 25 日	英国谢菲尔德大学交流报告三	Woudstra Jan	英国谢菲尔德大学风景园林系教授
5 月 26 日	日本专家学术交流报告——Hybrid Landscape	吉田 謙一	现任株式会社 LDC 设计部副部长
5 月 26 日	日本专家学术交流报告——人与自然共生的环境创造	加藤 仁	日比谷花坛集团环境事业推进室室长
5 月 26 日	林大-康奈尔大学学生交流座谈会		
5 月 27 日	中国传统园林艺术的继承和创新	孙筱祥	曾任北京林业大学园林学院教授
5 月 30 日	美国得克萨斯 A&M 大学建筑学院学术报告——An Emerging Spatial Framework for Managing the Expansion of Metropolitan Landscapes	Forster Ndubisi	美国得克萨斯 A&M 大学教授
5 月 31 日	中国旅游业发展战略思考	李明德	中国社会科学院旅游研究中心副主任
6 月 1 日	美国得克萨斯 A&M 大学建筑学院学术报告——低冲击开发：跨领域之暴雨管理	李明翰	美国得克萨斯 A&M 大学教授
6 月 8 日	LANDSCAPE URBANISM, A NEW SYNTHESIS-from academia to praxis	Eva Castro	伦敦建筑联盟，景观都市主义课程系主任
8 月 25 日	致力于城市可持续发展的绿道与绿色基础设施	Jack Ahern	Professor, Landscape Architecture and Regional Planning
9 月 16 日	基于天地人三才之道的风景园林设计论	李树华	清华大学建筑学院景观学系教授
9 月 19 日	日本庭园艺术与文化	进士五十八	日本东京农业大学地域环境科学部造园科学科教授
9 月 23 日	中美城市规划比较研究：历史方法与实践	Guoqiang Shen	美国俄克拉荷马大学建筑学院城市与区域规划系博士
9 月 27 日	园林沙龙第 12 期——文献管理软件的使用	杨炜茹	毕业于北京林业大学园林植物与观赏园艺专业博士，现负责实验室的管理工作

（续）

时　间	名　称	主讲人	主讲人身份
9月28日	德国近年来在风景园林行业的探索与实践	Lorenz Dexler	德国 topotek1 设计事务所设计师
10月11日	New postharvest technologies for horticultural commodities	Susan Lurie	以色列国家农业研究组织采后科学所教授
10月17日	The Shaky Landscape 晃动的景观	戴安妮	IFLA 前主席、新西兰国家环境法院专员
10月18日	从风格到场地：雷瓦德在德国的设计实践	雷瓦德	德国风景园林师协会(BDLA)董事会董事
10月19日	园林沙龙第13期——LEISURE CONNECTED METROPOLIS 休闲大都会	李　孜	曾任职于北林地景担任项目景观建筑师
10月24日	结合美国费城 Comprehensive Plan 2035 的人文历史介绍	汪其乐	费城都会建筑顾问公司主持
10月25日	世博会与园博会景观设计实践	小林治人	综合环境设景协同组合(ATLAS 设计组合)理事长、首席设计师
10月27日	种植设计的基本方法	丘　荣	北京山水心源景观设计院有限公司总工
11月6日	园林沙龙第14期——唐诗中的花文化	宋　超	北京林业大学园林植物与观赏园艺专业在读博士生
11月11日	园林沙龙第15期——风景园林的计算机协同设计	孙　鹏	北京林业大学城市规划与设计专业在读博士生
11月18日	园林沙龙第16期——第48届IFLA大学生设计竞赛经验交流会——鱼塘景观——香港后海湾城市过渡带景观规划与设计	刘　通、郁　聪、张　洋、张　晋、毕汝涛	评委会奖获奖作者
11月18日	园林沙龙第16期——第48届IFLA大学生设计竞赛经验交流会——生长的边界	闫　晨、吴　然、薛　敏、李　旸、胡承江	评委会奖获奖作者
11月18日	园林沙龙第16期——第48届IFLA大学生设计竞赛经验交流会——边界的“介入式”景观——对于粉煤灰场改造的探索	张旻昱、满　新、李进琼、李　婧、赵　画	评委会奖获奖作者
11月21日	邂逅都市，真水无香	王　焱	HOK 中国区规划总监
11月24日	园林沙龙第17期——新花卉资源	罗　乐	本硕博均就读于北京林业大学园林学院
11月26日	风景园林植物景观与人居环境建设学术论坛——植物景观设计的重要性	张树林	前北京市园林局常务副局长、原市委委员、市人大常委、北京园林学会理事长
11月26日	风景园林植物景观与人居环境建设学术论坛——园林植物特质论与园林植物造景设计教学	高　翅	风景设计师，现任华中农业大学副校长、风景园林系教授、风景园林学科带头人

（续）

时　间	名　称	主讲人	主讲人身份
11月26日	风景园林植物景观与人居环境建设学术论坛——基于植被恢复技术的高速公路景观设计	许大为	现任东北林业大学园林学院院长、城市规划与设计（风景园林）学科带头人
11月26日	风景园林植物景观与人居环境建设学术论坛——风景园林专业的植物景观类课程教学问题	包志毅	现任浙江林学院风景园林与建筑学院、旅游与健康学院院长
11月26日	风景园林植物景观与人居环境建设学术论坛——基于提高生物多样性目的的城市绿化技术	李树华	现任清华大学建筑学院景观学系教授、博士生导师
11月26日	风景园林植物景观与人居环境建设学术论坛——北林植物景观设计课程演变	董　丽	北京林业大学园林学院教授、博士生导师
11月26日	风景园林植物景观与人居环境建设学术论坛——规划设计理论方面	王明荣	现任山东省光合园林科技有限公司董事长，山东省草坪委员会副主任
11月26日	风景园林植物景观与人居环境建设学术论坛——走向多样性的植物种植设计	包满珠	现为华中农业大学园艺林学学院院长、博士生导师
11月26日	风景园林植物景观与人居环境建设学术论坛——花境推广应用的几点体会	刘坤良	现任广东棕榈风景园林科学研究院常务副院长、园林工程师
11月26日	风景园林植物景观与人居环境建设学术论坛——城镇居住区绿化对热岛效应的缓解作用	胡永红	现任上海辰山植物园园长、中国植物学会植物园分会副理事长
11月26日	风景园林植物景观与人居环境建设学术论坛——主题花展方面	赵世伟	现为北京植物园园长、总工程师、IFPRA理事会成员
11月26日	风景园林植物景观与人居环境建设学术论坛——植物景观规划设计水平的提升	苏雪痕	植物造景专家、教授
11月29日	旅研·旅言系列活动之：从秩序到诗意——设计空间的精神表达——精神空间：文明之硕果	Joe Carter	加拿大建筑师
11月29日	旅研·旅言系列活动之：从秩序到诗意——设计空间的精神表达——中国精神概念之探讨	张天新	北京大学城市环境学院副教授
11月29日	旅研·旅言系列活动之：从秩序到诗意——设计空间的精神表达——随时间演变的景观之精神属性	John MacLeod	加拿大蒙特利尔大学园林系副教授、前系主任
11月29日	旅研·旅言系列活动之：从秩序到诗意——设计空间的精神表达——城市空间的精神准则，我们如何构建价值?	Lucia Zambrin	毕业于威尼斯IUAV大学建筑系
12月1日	鱼水相容的园林景观与雕塑	唐学山	北京林业大学教授、博士生导师

（续）

时　间	名　称	主讲人	主讲人身份
12月10日	首都高校风景园林研究生学术论坛——设计师的乐趣——社会视角下的社会作品	戈晓宇	北京林业大学园林学院城市规划与设计博士生
12月10日	首都高校风景园林研究生学术论坛——中国古典园林隐性传承对现代园林建设的启示	刘　兵	北京林业大学园林学院城市规划与设计博士生
12月10日	首都高校风景园林研究生学术论坛——历史文化名城保护的公众参与机制研究——以北京为例	徐　姗	北京林业大学园林学院城市规划与设计博士生
12月10日	首都高校风景园林研究生学术论坛——风景园林设计与竞赛	张　晋	北京林业大学园林学院城市规划与设计研究生
12月10日	首都高校风景园林研究生学术论坛——田园体验与公众参与	张　安	清华大学建筑学院景观学系博士后
12月10日	首都高校风景园林研究生学术论坛——泉州古城街道空间的历史沿革	曹凯中	清华大学建筑学院景观学系博士
12月10日	首都高校风景园林研究生学术论坛——感知、触碰、体验、反馈——公共开放空间的思考	龙　璇	清华大学建筑学院景观学系研究生
12月10日	首都高校风景园林研究生学术论坛——给予景观感受的景观设计表达	王华清	北京大学风景园林科学硕士研究生
12月10日	首都高校风景园林研究生学术论坛——基于景观感受的景观设计表达	黄政委	北京大学风景园林科学硕士研究生
12月10日	首都高校风景园林研究生学术论坛——北大景观社会学的课程介绍	殷学文	北京大学风景园林科学硕士研究生
12月10日	首都高校风景园林研究生学术论坛——《音园·因缘》	罗　曼	中国农业大学研究生

水土保持学院2011年主要学术讲座（报告）情况一览表

时　间	名　称	主讲人	主讲人身份
5月9日	林业及生态环境规划设计案例分析	于宁楼	国家林业局林产化工设计院林业所高级工程师
6月2日	水保研究生应具备的个人素质	谭国栋	辽宁水土资源与农田水利研究所所长
6月9日	学习贯彻新水土保持法——新法解读	姜德文	水利部水保监测中心副主任
9月14日	植物对环境变化的反应的连续监测及其在生态研究所中的应用	刘苠忱	德国 ECOMATIK 公司博士
10月27日	工程绿化技术装备讲座 ——植物种植机械化问题	赵　平	北京东方园林北方事业部生态技术中心总工

（续）

时　　间	名　　称	主讲人	主讲人身份
11 月 4 日	土地利用变化对生态系统脆弱性影响评估	戴尔阜	中国科学院地理科学与资源研究所自然环境变化与格局研究室副主任
11 月 9 日	Eddy-Covariance Studies of Canadian Forest Ecosystems	Alan G. Barr	加拿大全球气候变化及生态系统监测研究网络的主要负责人
11 月 10 日	工程绿化的理念、理论与技术	杨喜田	河南农业大学资源与环境学院院长
11 月 24 日	自然地理过程及其地域分异	刘惠清	中国国土经济协会理事
12 月 1 日	陆地生态系统碳氮水耦合循环过程的研究理论与方法	于贵瑞	中国科学院地理科学与资源研究所首席研究员、博士生导师
12 月 1 日	北京废弃矿山生态修复理论与实践	李金海	北京市园林绿化局防沙治沙办（水源站）主任（站长）
12 月 6 日	干扰、格局、尺度和平衡	窦晓军	北京师范大学教授
12 月 7 日	中国森林与林业	赵士洞	中国科学院地理科学与资源研究所教授
12 月 13 日	退化草场及荒漠化防治	Prof. Victor Roy Squires	美国犹他州立大学自然资源管理与草原生态学博士，澳大利亚阿德雷德大学草原系前主任、咨询专家

经济管理学院 2011 年主要学术讲座（报告）情况一览表

时　　间	名　　称	主讲人	主讲人身份
3 月 3 日	民族文化与民族命运	彭　林	现为北京清华大学人文学院历史系教授、博士生导师，中国古代史教研室主任，经学研究中心主任。常年从事中国古代史、传世文献与出土文献、儒家经典的教学与研究
3 月 15 日	入世十年对中国国际经济及政治关系影响	张汉林	现任对外经济贸易大学中国世界贸易组织研究院院长，对外经济贸易大学国际经贸学院教授
4 月 8 日	创业企业创新研究	薛永基	北京林业大学经济管理学院教师
4 月 22 日	企业创新变革研究	刘雯雯	北京林业大学经济管理学院教师
4 月 29 日	中国房地产泡沫度测试研究	张宝林	北京林业大学经济管理学院教师
5 月 6 日	青年的激情、梦想与责任	王　迈	过来人求职网 CEO，过来人求职商学院执行院长。清华大学经管学院毕业，获得管理学学士与人力资源硕士学位

（续）

时　　间	名　　称	主讲人	主讲人身份
5月10日	经管讲坛——丹青墨韵	余新志	中国沫若书画院创始人、终身院长、艺术总监，国家一级美术师。兰州大学、西南交通大学特聘美术教授、兼任中国诗书画院、中国当代书画艺术研究院名誉院长及徐悲鸿画院、世界名人中心艺术顾问、中央电视台描绘新农村全国美术展主评委等职
5月13日	中国食品安全问题	何秀荣	中国农业大学国术馆馆长
5月19日	微博营销与就业	庄　帅	中国电子商务协会高级专家、中国电子商务研究院特约研究员、中国移动研究院专家及智囊团成员，沃尔玛（中国）电子商务规划第一人、家居建材电子商务实践第一人。曾就职于沃尔玛（中国）总部市场部、走秀网营销中心、秀车网，拥有丰富的电子商务（C2C、B2C）运营和管理实战经验。现任北京东方家园电子商务公司总经理
5月27日	中国互联网企业的竞争策略	彭　赓	中国科学院研究生院管理学院MBA中心副主任，中科院管理学院硕士导师，副教授，管理学博士，研究方向为电子商务、信息系统及信息管理。1995年至今于中国科学研究院工作。曾于1999年赴加拿大阿尔伯塔大学商学院访问，2001年赴世界银行经济发展学院访问
7月7日	教学方法研究	温玲玉	台湾彰化大学教授
9月16日	企业技术竞争情报活动现状及其对创新绩效的影响	李　艳	北京林业大学经济管理学院教授
10月14日	德国专家电子学习与人力资源管理专题讲座	弗兰克	德国（柏林）应用科技大学经济系教授
10月20日	电影艺术与社会文化的发展——以电影《盗梦空间》与其背后的故事为例	戴锦华	北京大学教授。1982年7月至1993年7月任教于北京电影学院电影文学系，1992年被聘任为副教授；1993年开始，任教于北京大学比较文学与比较文学研究所，1997年被评审聘任为教授，2001年3月，任博士研究生导师。专注于研究中国电影史，大众文化研究以及女性文学研究。曾多次出国出境参加国际学术研讨会，开设专题课程，举办中国电影系列专题讲座。2005年，戴锦华教授与中央电视台教育频道“百家讲坛”栏目合作，讲解冯小刚电影，主题是“与我们一起探寻失去的冯小刚”、“冯小刚归来”

（续）

时　间	名　称	主讲人	主讲人身份
10月21日	国有林场现状及改革前景	陈文汇	北京林业大学经济管理学院副教授
10月27日	大学图书馆与大学文化	陈　凌	北京大学图书馆副馆长，研究馆员，CALIS（高等教育文献保障系统）管理中心副主任。1984年本科毕业于北京大学力学系，1993年北京大学力学与工程科学系流体力学专业硕士毕业。1984～2000年，在北京大学力学系流体力学教研室任教。历任系团委书记、系副主任
10月28日	研究生开题报告撰写专题讲座	薛永基	北京林业大学经济管理学院讲师
10月28日	新疆粮食产量影响因素分析及其贡献率比较	郑　悦	北京林业大学经济管理学院研究生
11月2日	人生如何赢	黄　迅	教育慈善家、品牌策划家、心灵教练导师。浙江大学毕业，现为教育部主管中国智慧工程研究会副会长，北京学习村教练集团董事长、校长，金山圣贤书院院长。黄迅教练也是心灵教练系统的创始人，几十位企业家和学生的私人教练及师傅，大学生心智激励及人生成功规划权威
11月3日	企业集成发展与非市场策略	余吉安	北京林业大学经济管理学院副教授
11月9日	社会生态系统研究中的实验效应和现场试验	尹润生	密歇根州立大学教授
11月11日	科学研究的方法	钟甫宁	南京农业大学教授、评议组召集人
11月17日	放眼国际财经　修炼卓越人生	武　红	现任新盟国际公关顾问公司创始合伙人、总裁，中国国际公关协会公司委员会理事，中国女性俱乐部副理事长，中国国际另类投资协会秘书长
11月17日	研究生英语学位考级相关问题	吴江梅	北京林业大学研究生英语教研室主任、教授
11月17日	中国发展战略新兴产业的若干思考：以光伏产业为例	程　鹏	北京林业大学经济管理学院副教授
11月20日	国学MBA讲座艺术鉴赏与人生	廖廷建	文化部世界民族文化交流促进会
		陈建成	北京林业大学经济管理学院院长、教授

（续）

时　　间	名　　称	主讲人	主讲人身份
11 月 20 日	艺术鉴赏与人生	廖廷建	文化部中国世界民族文化交流促进会副会长、中国书画院执行院长，中华书画协会常务副主席，中韩书法家联谊会副会长，北京林业大学 MBA 国学教育中心主任，北京林业大学经济管理学院艺术顾问、兼职教授，北京交通大学中国书画艺术研究创作中心主任，北京交通大学客座教授，中国书画函授大学客座教授，中国三联书社总执事，华夏书画博览常务副总编，中国书法家协会会员，北京书法家协会理事，中国国家画院沈鹏课题班成员。曾任第一、二届中国诗书画研究院副院长兼秘书长
11 月 25 日	建设生态文明专题	贺庆棠	原北京林业大学校长、教授
11 月 22 日	倾听英语学习技巧，造就励志精彩人生	张立勇	中国青少年责任与成长大讲堂组委会主席、首席讲师、清华大学兼职助理研究员、中国教育艺术研究会理事、多所大、中、小学的课外辅导员、名誉校长、多家报刊的特约记者、顾问、中国十大杰出学习青年，曾任清华大学十五食堂厨师，自学英语十年，通过国家四、六级考试，获得托福高分
11 月 29 日	课题实地调研与经济学论文写作——以“东北内蒙古重点国有林区国有森工企业经营行为”为例	姜雪梅	北京林业大学经济管理学院讲师
11 月 29 日	课题的实际调研方法以及经济学论文的写作	王雪梅	北京林业大学经济管理学院副教授
12 月 2 日	中国粮食问题	王耀鹏	国家粮食局财务司副司长
12 月 2 日	学校后教育培训体系与弱势群体就业能力的提升——中美比较	汪　雯	北京林业大学经济管理学院副教授
12 月 21 日	美国林地证券化：资产特征的变化与意义	孙昌友	密西西比州立大学副教授

人文学院 2011 年主要学术讲座（报告）一览表

时　　间	名　　称	主讲人	主讲人身份
4 月 7 日	从可可西里到藏北无人区	成卫东	中国民族画报社高级记者，国家民委首届有突出贡献专家，2010 抗灾救灾优秀摄影家，中国摄影家协会会员，中国新闻摄影学会理事

（续）

时　间	名　称	主讲人	主讲人身份
5月15日	信仰与人生(有关信仰的意义、人生的幸福)	朱建军	北京林业大学心理系教授
5月15日	范式陷阱与创新性思维	卢晓东	北京大学教授，北京大学教务部副部长、元培学院副院长；国内知名教育体制改革及教育创新理论和时间专家，北京大学教学改革倡导及践行者
6月15日	经络信息检测技术在健康状态评价中的应用	李以坚	北京体育大学教授
6月17日	法官职业漫谈	方　岩	中国政法大学法学学士，清华大学法学硕士，海淀法院东升法庭副庭长
6月28日	可持续发展与全球化	李捷理	美国俄亥俄州立大学教授
10月20日	三人行，必有我师——老师们的读书方法和体会	宦盛奎、訾　非、樊阳程、高兴武	北京林业大学人文学院教师
10月21日	破解幸福的N次方密码	李伯淳	中华文化复兴研究院院长，对外经贸大学中华文化国际发展中心主任
10月26日	如何认识抑郁症	戴维·艾克曼	国际家庭伦理研究中心教授
11月10日	“济”艺人生，“昌”遍百味	游本昌	著名艺术表演家，原中央试验话剧院话剧演员
11月10日	生态文明时代的到来与当代青年的责任	严　耕	北京林业大学人文学院院长
11月15日	弘扬生态文明，传播绿色文化	郭　耕	北京市政协委员、大兴区政协副主席、民革北京市委委员、北京市青联委员、著名环保专家

外语学院2011年主要学术讲座(报告)一览表

时　间	名　称	主讲人	主讲人身份
1月9日	Philosophy of Language and Beyond	刘润清	北京外国语大学博士生导师、教授
1月9日	语言与大脑	崔　刚	清华大学外文系博士生导师、教授
3月2日	文字解读的趣味	宁一中	北京语言大学外国语学院院长，博士生导师、教授
4月19日	元语言与语言学习	封宗信	清华大学外文系博士生导师、教授
4月21日	浅谈英汉对比与翻译	季　健	北京林业大学原外语系主任、教授
5月20日	现代北美印第安人短篇小说	Alex Kuo	美国华盛顿州立大学教授
5月23日	日本书道	万野抄琴	日本书法家
5月26日	后现代美国小说	Joan Burbick	美国华盛顿州立大学教授

（续）

时　　间	名　　称	主讲人	主讲人身份
6月5日	Introduction to Contemporary Art：Music	Peter Gregory	澳大利亚退休教授
9月23日	唐代文化与日本汉字	户崎哲彦	日本国立岛根大学文法学部教授
10月20日	莎士比亚批评与现代性	黄必康	北京大学外国语学院教授
10月21日	英汉任选词的语义	文卫平	湘潭大学外国语学院院长、国家级教学名师
11月3日	中国文化走出去的过去、现在和未来	武　波	外交学院英语系教授
11月17日	如何成为一名合格的职业翻译	卢　敏	外文局翻译专业资格考评中心副主任
12月1日	语言学的发展与最新进展	崔　刚	清华大学外文系博士生导师

理学院2011年主要学术讲座（报告）情况一览表

时　　间	名　　称	主讲人	主讲人身份
6月1日	Acute Triangulations of Surfaces	宛立平	河北师范大学数学与信息科学学院副院长，博士、教授、博士生导师
6月15日	统计：理论、模型、应用	何凤霞	华北电力大学数理学院教授
6月17日	数学科学文化理念传播——关于关系映射与反演原则的简介	高孟宁	北京林业大学教授
11月12日	探地雷达技术的发展现状及应用	陈　洁	中国科学院电子学研究所副研究员

生物学院2011年主要学术讲座（报告）情况一览表

时　　间	名　　称	主讲人	主讲人身份
4月10日	鸟类知识讲座	付建平	北京观鸟协会会长
4月20日	脱落酸（ABA）信号转导	张大鹏	清华大学生命科学学院教授
5月20日	植物分类讲座	胡　青	北京林业大学生物学院博士
5月28日	酒类鉴赏讲座	欧阳杰	北京林业大学生物学院副教授
9月23日	SCI论文写作指导讲座	陈思思	北京林业大学生物学院博士
11月9日	屠呦呦教授获拉斯克奖引发的思考座谈会	张金凤、李凤兰、戴思兰	北京林业大学生物学院、园林学院教授
11月12日	猛禽迁徙讲座	韩　冬	资深观鸟人
11月17日	博士论坛	杜庆章、郭丽琴	北京林业大学生物学院林木遗传育种博士
11月24日	“做一个热爱科学的人”——珍惜和享受研究生生活	王德华	中国科学院研究生院教授，中国科学院动物研究所农业虫害鼠害综合治理研究国家重点实验室副主任

（续）

时　间	名　称	主讲人	主讲人身份
11 月 28 日	农产品加工与贮藏工程进展之前沿技术课程讲座	倪元颖	中国农业大学教授
12 月 1 日	植物抗逆性的分子的前沿研究	卢存福	北京林业大学生物学院细胞生物学教授
12 月 2 日	分子遗传学的前沿进展	张德强	北京林业大学生物学院副院长、林木遗传育种学教授

信息学院 2011 年主要学术讲座(报告)情况一览表

时　间	名　称	主讲人	主讲人身份
4 月 6 日	人脸识别技术	苏光大	教授
5 月 27 日	色彩与行为	梁景红	教授
6 月 25 日	林业信息化需求与现状	陈嘉文	教授
4 月 26 日	好莱坞大片是怎样炼成的	李　亮	教授
5 月 10 日	GPU 实时硬件渲染技术——CG 行业国际前沿技术	李　甫	教授
10 月 17 日	未来之路——迈向次世代的 CG 与 CG 人	马孟超	教授
11 月 14 日	3G 游戏开发技术	李晓波	教授
11 月 14 日	超越现实，无需想象-AR 增强现实及其应用	曲　睿	教授
11 月 28 日	信息时代的色彩学研究	田少煦	教授
11 月 29 日	由“原子”到“比特”引发的对话——媒介嬗变与视觉设计	田少煦	教授
12 月 14 日	实时体绘制技术	骆岩林	教授
5 月 9 日	影视特效技术	Robert	教授
11 月 18 日	电影中的 CG 艺术	Jeff Brennan	教授
10 月 23 日	电影特效制作技术	TK	教授
8 月 19 日	BEE-Algorithm 蜜蜂算法	Chicheng HUNG	教授
9 月 23 日	植物可视化研究进展	Michael David Jones	教授
7 月 11 日	树木生长可视化模拟仿真	Philippe de Reffye	教授
9 月 22 日	林业地理信息系统软件开发与应用	邓春成	教授
10 月 12 日	林业有害生物防治信息化	于志军	教授
10 月 20 日	第三方电子支付相关问题	施彤宇	教授
11 月 3 日	林业信息化建设	周天元	教授
10 月	信息融合	陈谋询	教授
12 月 7 日	农村农业信息化发展	赵春江	教授

材料科学与技术学院2011年主要学术讲座(报告)情况一览表

时　　间	名　　称	主讲人	主讲人身份
4月20日	木质生物质能源的国际研究进展、应用及前景	Philip H. Steele	美国密西西比州立大学终身教授、博士导师、中心主任
4月21日	Wood Protection in North America: Translating to China	Jeff Morrell	美国俄勒冈州立大学资深教授、美国木材保护协会(AWPA)主席
4月21日	Forest Products Marketing Research Overview and Graduate Admission Procedure at OSU	Eric Hansen	美国俄勒冈州立大学教授
5月21日	艺术主题讲座	朱青生	北京大学教授
6月21日	FP Innovations and its research program on Biorefinery and mechanical pulping	Tom Browne、袁志润	Tom Browne，加拿大森林产品创新研究院机械浆与生物质资源可持续发展研究室主任；袁志润，加拿大森林产品创新研究院首席科学家，加拿大新布伦瑞克大学客座教授
9月27日	高端室内设计需求与设计方案	何朝富	博洛尼公司全国总经理
11月8日	木材改性处理技术	George Mantanis	希腊拉立莎职业教育学院教授

自然保护区学院2012年主要学术讲座(报告)情况一览表

时　　间	名　　称	主讲人	主讲人身份
9月22日	Ecological Data analysis and modelling in R	文力	新南威尔士州环境与遗产办公室高级研究人员
11月23日	SCI论文写作	于飞海	北京林业大学自然保护区学院教授
12月13日	灵长类进化与保护遗传学	刘志瑾	中国科学院动物研究所副研究员
12月14日	美国湿地恢复——以俄勒冈州班顿国家野生动物保护区湿地恢复为例	罗伊·罗威	美国鱼类和野生生物服务局俄勒冈海岸野生生物保护中心项目主管

表彰与奖励

获奖科研成果名录

2011年获奖科技成果名录

编号	奖励名称	等级	项目名称	获奖人	学院	单位排名	奖励类别
1	国家技术发明奖	二	森林计测信息化关键技术与应用	冯仲科 臧淑英 马超 杨伯钢 余新晓 姚山	林学院	一	国家级
2	国家技术发明奖	二	高分子多糖生物质加工新技术与产品应用	张卫明 蒋建新 孙润仓 孙达峰 史劲松 彭洪军	材料学院	二	国家级
3	国家科技进步奖	二	主要商品盆花新品种选育及产业化关键技术与应用	张启翔 朱根发 陈发棣 张长芹 高亦珂 房伟民 吕复兵 孙明 李奋勇 赵惠恩	园林学院	一	国家级
4	高等学校科学研究优秀成果奖（科学技术）科技进步奖	二	大熊猫栖息地保护技术研究与示范	李俊清 宋国华 申国珍 任毅 桂占吉 程艳霞 张玉波 陈佑平 康东伟	林学院	一	省部级
5	北京市科学技术奖	三	华北土石山区防护林体系建设关键技术研究	余新晓 陈丽华 牛健植 冯仲科 张振明 李金海 王小平 谢宝元 王春 耿玉清 樊登星 贾国栋 信忠保 张学霞 李春平	水保学院	一	省部级
6	北京市科学技术奖	三	人工林自动整枝技术及设备	李文彬 王乃康 金志成 霍光青 王德明 张俊梅 姚立红 靳军卫 阚江明 刘晋浩 茅也冰 撒潮 张军国 王国柱	工学院	一	省部级
7	北京市科学技术奖	一	京津风沙源区生态林修复关键技术的研究与示范	王有年 李云 周泽福 师光禄 李金海 吴丽娟 张友焱 胡俊 谷继成 周金星 任建军 王建文 姚山 乔富强 张国君	生物学院	三	省部级
8	北京市科学技术奖	三	人工林精准经营与信息化管理关键技术	余新晓 冯仲科 甘敬 牛健植 谢刚生 陈丽华	水保学院	一	省部级
9	黑龙江科学技术进步奖	二	森林资源信息化测计关键技术研究	冯仲科	林学院	一	省部级

北京林业大学第二届青年优秀学术论文获奖名录

青年优秀学术论文一等奖(4 篇)
林学院，黄华国
生物学院，李伟
环境学院，王毅力
经管学院，陈文汇

青年优秀学术论文二等奖(11 篇)
水保学院，信忠保
保护区学院，李红丽
保护区学院，董必成(学生)
材料学院，王堃
工学院，徐学锋
环境学院，豆小敏
材料学院，孙永昌(学生)
经管学院，柯水发
经管学院，程宝栋
人文学院，姚贝
人文学院，訾非

青年优秀学术论文三等奖(15 篇)
生物学院，任迪峰
园林学院，蔡明
林学院，胡昊(学生)
园林学院，郝培尧
水保学院，张岩
材料学院，唐勇(学生)
材料学院，彭锋
材料学院，杨海艳(学生)
环境学院，张立秋
环境学院，董玉婧(学生)
人文学院，杨智辉
经管学院，王兰会
经管学院，印中华
经管学院，李华晶
外语学院，罗灿

北京林业大学第一届设计与艺术学术成果奖获奖名录

美术作品组(5 项)
园林学院，杨凡，一等奖；
园林学院，韩立朝，二等奖；
工学院，范旭东，三等奖；
材料学院，史钟颖，三等奖；
材料学院，李汉平，三等奖。

设计作品组(13 项)
信息学院，靳晶，一等奖；
园林学院，董璁，一等奖；
信息学院，孙瑜，二等奖；
信息学院，彭月橙，二等奖；
信息学院，上官大堰，二等奖；
园林学院，李翅，二等奖；
信息学院，张岩，三等奖；
工学院，程旭锋，三等奖；
材料学院，刘冠，三等奖；
信息学院，韩静华，三等奖；
信息学院，蔡东娜，三等奖；
园林学院，郑小东，三等奖；
工学院，冯乙，三等奖。

论文组(13 项)
材料学院，李昌菊，一等奖；
园林学院，王静文，一等奖；
材料学院，刘冠，二等奖；
信息学院，罗岱，二等奖；
园林学院，达婷，二等奖；
园林学院，李素英，二等奖；
工学院，程旭锋，三等奖；
材料学院，李汉平，三等奖；
材料学院，程亚鹏，三等奖；

材料学院，周越，三等奖；
信息学院，彭月橙，三等奖；
信息学院，张洋，三等奖；
园林学院，郝培尧，三等奖。

教学成果获奖名录

2011年全国百篇优秀博士学位论文作者及指导教师名单

博士生	导师	学科、专业	博士学位论文题目
王君	康向阳	林木遗传育种	青杨派树种多倍体诱导技术研究

2011年全国百篇优秀博士学位论文提名作者及指导教师名单

序号	博士生	导师	学科、专业	博士学位论文题目
1	张春雨	赵秀海	森林经理学	长白山针阔混交林种群结构及环境解释
2	范东斌	常建民	木材科学与技术	尿素、生物油-苯酚-甲醛共缩聚树脂的合成、结构与性能研究

2011年北京市优秀博士学位论文作者及指导教师名单

博士生	导师	学科、专业	博士学位论文题目
马洪双	尹伟伦	森林培育	胡杨在盐胁迫下差异表达基因的筛选以及胡杨PeSCL7基因功能分析

2010~2011学年北京林业大学优秀博士学位论文名单

序号	作者	论文题目	指导教师	单　位
1	王　堃	木质生物质预处理、清洁分离及酶解糖化的基础研究	孙润仓	材料学院
2	牛　敏	木材多元醇液化物的结构表征及缩聚反应路径	赵广杰	材料学院
3	孙　健	胡杨响应盐胁迫与离子平衡调控信号网络研究	陈少良	生物学院
4	郭丽丽	超旱生植物沙冬青干旱胁迫下转录组分析及AmCBL1基因启动子功能研究	尹伟伦	生物学院
5	杜　萍	中国野生毛木耳遗传多样性研究	戴玉成	林学院
6	魏红旭	施肥对长白落叶松苗木氮磷利用的影响	徐程扬	林学院
7	高露双	长白山典型树种径向生长与气候因子的关系研究	赵秀海	林学院
8	魏占国	林木联合采育机底盘设计理论研究与应用	刘晋浩	工学院
9	张英杰	北京清代南苑研究	刘晓明	园林学院
10	钟　原	紫斑牡丹分生结节的诱导与培养	成仿云	园林学院
11	王昌海	秦岭自然保护区生物多样性保护的成本效益研究	温亚利	经管学院
12	骆耀峰	解构·行动·获益——集体林权制度改革基层实践逻辑研究	张大红	经管学院
13	栾亚宁	农林有机废弃物堆腐生产花卉栽培基质及行业标准研究	孙向阳	水保学院
14	郑江坤	潮白河流域生态水文过程对人类活动/气候变化的动态响应	余新晓	水保学院
15	云　雷	晋西黄土区果农间作系统种间关系研究	朱清科	水保学院

2010～2011 学年北京林业大学优秀硕士学位论文名单

序号	作者	论文题目	指导教师	单　位
1	熊正龙	超声/臭氧联合工艺处理杂环类农药废水的研究	孙德智	环境学院
2	刘冬香	广义参数化的树木建模与真实感绘制	曹卫群	信息学院
3	江进学	氮磷基阻燃剂处理木材的特性研究	李建章	材料学院
4	孙　冉	糖醛渣中木质素分离及其对纤维素酶解影响的研究	蒋建新	材料学院
5	郝　爽	不同生长速率黑杨的基因表达及黑杨 CYCD 基因的功能鉴定	尹伟伦	生物学院
6	李　煦	BnGOLS1 对种子脱水耐性获得的作用及其表达调控	汪晓峰	生物学院
7	覃玉蓉	胡杨 microRNAs 的克隆及其功能研究	尹伟伦	生物学院
8	梁志扬	中国环境库兹涅茨曲线拐点探讨	严　耕	人文学院
9	刘　薇	观众权威性对源监测影响的实验研究	訾　非	人文学院
10	潘　杰	红脂大小蠹危害特性、种群空间格局及抽样技术研究	温俊宝	林学院
11	潘春芳	长白山阔叶红松林草本植物物候与多样性研究	李永慈	林学院
12	杨书宇	阿月浑子主要病害研究	苏淑钗	林学院
13	王晓娜	根蘖型苜蓿差异表达基因分析及根蘖形状发生分子机制研究	卢欣石	林学院
14	曾娅杰	贵州麻阳河国家级自然保护区黑叶猴栖息地适宜性和保护区最小面积研究	崔国发	保护区学院
15	朱於军	基于 X 射线废弃木质材料连接件检测方法的研究	刘晋浩	工学院
16	许天馨	基于 BIM 的国内自然式公园地形研究	曹礼昆	园林学院
17	陈士宁	设施栽培芍药灰霉病和根腐病的初步研究	刘　燕	园林学院
18	胡雯雯	基于二分型客源结构的目的地游憩价值评估研究——以颐和园为例	张　茵	园林学院
19	唐　寅	运用 SWAT 模型研究小流域气候及土地利用变化的水文响应	张志强	水保学院
20	曹　鹤	云南省盈江地区地震作用下的边坡稳定性研究	杨建英	水保学院
21	韩　煜	基于侵蚀针法和微地形尺法的坡面土壤侵蚀量测定方法研究	赵廷宁	水保学院
22	马　琳	边柱埋入式钢柱脚节点性能试验研究	谢宝元	水保学院
23	郑云玉	北京市林农林改模式选择及林业收入及影响因素分析	温亚利	经管学院
24	王　鹏	XA 集团员工 EAP 需求分析及实施研究	李红勋	经管学院
25	俞惠倩	集团型企业基于信息化的管控模式研究	张莉莉	经管学院

2011 年全国农业推广硕士优秀学位论文作者及指导教师名单

博士生	导师	学科、专业	博士学位论文题目
陈乃明	张志毅	农业推广	桉树优良无性系选择及快繁技术研究

2011年北京市级学位与研究生教育教学成果奖名单

序号	获奖单位、个人	获奖名称	授奖部门	授奖时间
1	北京林业大学	2010年度北京地区学位授予信息报送先进集体	北京市教育综合服务中心	5月
2	唐　瑜	2010年度北京地区学位授予信息报送工作先进个人	北京市教育综合服务中心	5月
3	唐　瑜	全国学位与研究生教育信息工作先进工作者	教育部学位与研究生教育发展中心	12月

质量工程获奖

北京林业大学2011年获得省部级以上“质量工程”建设项目

编号	项目名称	类别及等级	负责人	立项部门
1	园林树木学(第2版)	国家级精品教材	陈有民	教育部
2	运动场草坪(第2版)	国家级精品教材	韩烈保	教育部
3	教学名师	北京市教学名师	严　耕	北京市教育委员会
4	教学名师	北京市教学名师	温亚利	北京市教育委员会
5	教学名师	北京市教学名师	刘　燕	北京市教育委员会
6	森林生态学	北京市精品教材	李俊清	北京市教育委员会
7	土壤侵蚀原理	北京市精品教材	张洪江	北京市教育委员会
8	生态景观规划	农业部“十二五”规划教材	李湛东	农业部
9	园林植物基础	农业部“十二五”规划教材	李湛东	农业部
10	林业经济学	农业部“十二五”规划教材	刘俊昌	农业部
11	测量学(第2版)	农业部“十二五”规划教材	张远智	农业部

北京林业大学2011年专业建设立项名单

序号	项目名称	主持人	单　位
1	野生动物与自然保护区管理专业研究型人才培养课程体系建设研究	雷光春	保护区学院
2	艺术设计专业理论与实践电子数据库建设	刘　冠	材料学院
3	艺术设计专业景观设计课程建设研究	公　伟	材料学院
4	艺术设计专业动画方向主干课程教学模式研究	曾　洁	材料学院
5	给水排水工程专业建设	张立秋	环境学院
6	市场营销专业教学内容和课程体系整体优化的研究与实践	陈　凯	经管学院
7	林学专业大类招生培养模式与教学改革	田呈明	林学院
8	森林保护学教学标本建设	温俊宝	林学院
9	心理学专业课程整合优化研究	田　浩	人文学院

（续）

序号	项目名称	主持人	单　位
10	农林类高校法学师资队伍现状与发展	谢　彤 韦贵红	人文学院
11	食品科学与工程专业建设	孙爱东	生物学院
12	生物技术专业实践教学体系建设	郑彩霞	生物学院
13	商务英语专业建设研究与实践	肖文科	外语学院
14	日语专业建设及人才培养的研究与实践	段克勤	外语学院
15	软件工程专业方向人才培养方案建设的研究	陈志泊	信息学院
16	计算机科学与技术(物联网方向)专业人才培养模式的研究	张海燕	信息学院

北京林业大学 2011 年教学团队建设立项名单

序号	项目名称	主持人	单　位
1	电气专业教学团队	韩　宁	工学院
2	测绘地理信息课程优秀教学团队	冯仲科	林学院
3	生物学实验教学团队	郑彩霞	生物学院
4	地理学教学团队	毕华兴	水保学院
5	土木建筑学科结构工程教学团队	胡雨村	水保学院
6	健美操教学团队	孙承文	体育教学部
7	英语翻译教学团队	史宝辉	外语学院
8	动画专业教学团队	黄心渊	信息学院
9	风景园林建筑设计优秀教学团队	董　璁	园林学院
10	风景园林历史与理论优秀教学团队	刘晓明	园林学院
11	风景园林植物应用与生态规划优秀教学团队	董　丽	园林学院

北京林业大学 2011 年精品视频公开课建设项目名单

序号	课程名称	所属学院	课程负责人
1	生态文明	人文学院	吴　斌、严　耕
2	森林有害生物控制	林学院	骆有庆
3	森林计测学	林学院	孙玉军
4	园林艺术	园林学院	李　雄
5	插花花艺	园林学院	王莲英
6	树木学	生物学院	张志翔
7	土壤侵蚀原理	水保学院	张洪江
8	城镇绿地规划与设计	水保学院	孙保平
9	林业统计学	经管学院	刘俊昌
10	自然资源学	经管学院	温亚利
11	普通语言学	外语学院	史宝辉

北京林业大学2011年课程建设立项名单

序号	项目名称	主持人	单　位
1	自然保护区管理与规划	徐基良、邢韶华	保护区学院
2	湿地工程设计	张明祥	保护区学院
3	化工原理	蒋建新	材料学院
4	家具设计基础	张亚池	材料学院
5	制浆原理与工程	樊永明	材料学院
6	理论力学	姜　芳	工学院
7	单片机原理及应用	赵燕东	工学院
8	工业产品模型制作	范旭东	工学院
9	泵与风机	张立秋	环境学院
10	环境生态学	王　震	环境学院
11	环境工程制图	李　敏	环境学院
12	流体力学与水文学	豆小敏	环境学院
13	管理会计学	周　莉	经管学院
14	国际结算(双语)	侯方淼	经管学院
15	抽样调查理论与方法	庞新生	经管学院
16	广告学	田明华	经管学院
17	企业管理学	李红勋	经管学院
18	管理模型与决策基础	张绍文	经管学院
19	国际贸易实务	缪东玲	经管学院
20	市场营销学	李小勇	经管学院
21	物理学 A	陈　菁	理学院
22	模拟电子技术 B	范秀华	理学院
23	空间解析几何	李红军	理学院
24	高等代数	司　林	理学院
25	物理化学	冉红涛	理学院
26	有机化学实验	陈红艳	理学院
27	园林植物病虫害防治	刘红霞	林学院
28	经济林学	苏淑钗	林学院
29	合同法	魏　华、姚　贝	人文学院
30	大学影视	阎景娟	人文学院
31	团体心理咨询	丁新华	人文学院
32	心理学研究方法 I	王明怡	人文学院
33	毛泽东思想和中国特色社会主义理论体系概论	景庆虹	人文学院
34	生物制药系列课程建设	马　超	生物学院

（续）

序号	项目名称	主持人	单　　位
35	食品工程原理	任迪峰	生物学院
36	植物学实验	高述民	生物学院
37	食品免疫学	许美玉	生物学院
38	人体解剖学	鲍伟东	生物学院
39	遗传学	徐吉臣	生物学院
40	细胞生物学	荆艳萍	生物学院
41	食品分析与检测	王丰俊	生物学院
42	动物生理学	翁　强	生物学院
43	土壤与土壤地理学	王海燕	水保学院
44	英语国家社会与文化	李　兵	外语学院
45	日语阅读	祝　葵、段克勤	外语学院
46	数据结构 A	孟　伟	信息学院
47	虚拟现实技术	杨　刚	信息学院
48	会展旅游策划与管理	张　茵	园林学院
49	旅游文化	蔡　君	园林学院
50	城市规划原理	李　飞	园林学院
51	城市规划设计	李　翅	园林学院
52	植物种植设计与应用	高亦珂	园林学院
53	种苗与苗圃	吕英民	园林学院

北京林业大学 2011 年教育教学改革立项名单

序号	项目名称	主持人	单　　位
1	《自然保护规划与设计》课程教学方法的改革与实践	邢韶华	保护区学院
2	林产化工专业人才培养模式及创新人才培养研究	许　凤	材料学院
3	《中外美术史》双语教学研究	李昌菊	材料学院
4	广告设计课程教学内容及方法改革研究	程亚鹏	材料学院
5	在教学过程中优化学生学习方式的研究	刘　佳	高教研究室
6	教研室工作标准化建设的研究与实践	钱　桦	工学院
7	“工厂供电”课程多元化教学研究与实践	张军国	工学院
8	基于案例分析和动态演示的《材料力学》课程教学方法研究	李艳洁	工学院
9	《环境学》教学内容改革研究	伦小秀	环境学院
10	北京林业大学考试管理体制创新研究与实践	谢京平	教务处
11	高校创新人才培养的比较研究	孙　楠	教务处
12	以创新为导向的实践教学体系改革与实践	于　斌	教务处

（续）

序号	项目名称	主持人	单　位
13	物业管理本科专业案例教学研究	韩　朝	经管学院
14	《工商管理专业综合实习》教学体系改革与实践研究	李华晶	经管学院
15	信息管理课程体系优化——基于需求视角的研究	王武魁	经管学院
16	计量经济学经典案例教学的研究与实践	王兰会	经管学院
17	外贸英语函电“多维互动式”教学模式研究	侯方淼	经管学院
18	基于案例式教学与合作学习模式的人力资源管理课程教学方法研究	宋洪峰	经管学院
19	案例教学法在《国际经营学》中的应用研究	程宝栋	经管学院
20	大学生数学竞赛与学生数学能力培养	王红庆	理学院
21	微波有机合成在大学实验教学中的应用	段新红	理学院
22	以学生为本的物理实验课教学模式研究	马凤翔	理学院
23	课堂规模对基础课教学质量的影响及相关教学管理研究	田　慧	理学院
24	结合新课标及教指委基本要求的少学时物理教学改革初探	姚宇峰	理学院
25	《分析化学》课程建设与教学方法的研究	刘　松	理学院
26	草业科学专业课考试改革与实践	苏德荣	林学院
27	地理信息系统软件开发课程教学改革研究	王　佳	林学院
28	梁希实验班优质课程建设项目——大学化学及实验	李　强 廖荣苏	林学院
29	梁希实验班优质课程建设项目——森林植物学（综合实验）	张钢民	林学院
30	梁希实验班优质课程建设项目——动植物保护类课程综合实习	石娟	林学院
31	“马克思主义基本原理”课程中大学生生态文明意识培养研究	严　耕	人文学院
32	生理心理学课程教学内容改革与实践	项锦晶	人文学院
33	微生物实验课程教学内容重组的研究与实践	何晓青	生物学院
34	实验动物学课程教学内容及实验改革研究与实践	张　东	生物学院
35	水土保持与荒漠化防治专业核心课程教学方法和教学手段改革与实践	张洪江	水保学院
36	《土壤学》双语教学的研究与实践	王海燕	水保学院
37	北京林业大学健身健美课程体系改革研究	刘甄悦 姜志明	体育教学部
38	影响高校散打课教学质量的因素及对策分析	刘　东	体育教学部
39	多球教学法在乒乓球教学中的应用与研究	张　毅 陈　东	体育教学部
40	外语文化类全校公共选修课考试模式的研究与实践	訾　缨	外语学院
41	大学英语小班面授模式研究与实践	白雪莲	外语学院
42	大学英语分级语料库建设与实践	王经益	外语学院
43	算法设计与分析能力培养的系列课教学改革	孟　伟	信息学院
44	Java 高级应用技术系列课程的教学内容改革与资源共享研建	田　萱	信息学院

（续）

序号	项目名称	主持人	单　　位
45	园林植物实践课程新体系构建与实践	刘　燕	园林学院
46	园林树木相关课程实践教学内容的衔接与整合	陈瑞丹	园林学院
47	基于多元化视角的风景园林地形设计教学研究	刘志成	园林学院
48	《城市规划原理Ⅰ》课程建设及教学方法研究	李　飞	园林学院
49	植物景观设计教学图形语言的研究	李冠衡	园林学院

北京林业大学2011年教材建设立项名单

序号	项目名称	主持人	单　　位
1	工业设计史	李昌菊	材料学院
2	木材切削原理与刀具	李　黎	材料学院
3	加工纸、特种纸与功能纸	姚春丽	材料学院
4	物业服务企业决策支持系统	韩　朝	经管学院
5	林业统计学	刘俊昌	经管学院
6	物业环境管理	宁艳杰	经管学院
7	统计数据分析理论与方法	陈建成	经管学院
8	森林病理学	贺　伟、叶建仁	林学院
9	房地产与物业管理法	李媛辉	人文学院
10	生态文明建设导论	严　耕	人文学院
11	水土保持与荒漠化防治专业实践教学课程	张洪江	水保学院
12	水土保持执法与监督	杨海龙	水保学院
13	流域管理学	余新晓	水保学院
14	农地水土保持(第2版)	王冬梅	水保学院
15	水土保持学(第3版)	余新晓、毕华兴	水保学院
16	新编大学英语快速阅读(1~4册)	史宝辉、訾　缨	外语学院
17	日本国家概况	刘笑非、段克勤	外语学院
18	新英语阅读教程	李　兵	外语学院
19	英语国家概况	史宝辉、訾　缨	外语学院
20	大学计算机基础	陈志泊	信息学院
21	3dsmax 2011标准教程	黄心渊	信息学院
22	计算机网络与应用技术	袁津生	信息学院
23	园林树木栽培养护学	张秀英	园林学院
24	园林·景观空间构成与形态解析	杨　东、袁　琨	园林学院
25	从概念到形式设计——记风景园林的造型艺术	刘毅娟	园林学院
26	旅游环境解说——理论及实践	蔡　君	园林学院

教师、职工个人或集体重要奖励

李雄、丁密金获宝钢优秀教师奖。（张　鑫　张　闯）

学生评优奖励名单

北京市三好学生、优秀学生干部、先进集体名单

北京市三好学生名单（25 人）

林　雪　林学 09 级
郭含文　水土保持与荒漠化防治 10 级
荣　华　生科 09 级
陈照珩　园林 09 级
何二洁　园林 10 级
胡　楠　风景园林 09 级
陈　宣　会计学 09 级
张桂芳　物业管理 09 级
张　晖　梁希 08 级
磨琪卉　金融学研二
王旸静　会计 09 级
方少明　国际经济与贸易 09 级
杨　帆　国际经济与贸易 09 级
纪　伟　机械设计制造及其自动化 09 级
陈　晖　电气工程及其自动化 09 级
俞文洋　自动化 09 级
杨春宵　林产化工 09 级
李美平　木材科学与工程 09 级
葛志群　法学 09 级
何宇菲　英语 09 级
梁薇薇　英语 08 级
王　铂　计算机科学与技术 10 级
雷　艺　电子信息科学与技术 09 级
李聪慧　野生动物与自然保护区管理 08 级
毛洪娜　环境工程 09 级

北京市优秀学生干部名单（9 人）

靳秋桐　地理信息系统 09 级
岳征文　生态环境工程博 2
刘　哲　园林 09 级
肖　政　林业经济管理 09 级
刘逸思　机械设计制造及其自动化 09 级
李泓成　包装 09 级
郭凌雯　林产化工 08 级
赵子琪　信息管理与信息系统 09 级
崔东阳　计算机 09 级

北京市先进班集体名单（8 个）

林学院林学 09－3 班
水保学院水保 10－3 班
生物学院生科 09 班
经管学院梁希 09－1 班
人文学院法学 10－2 班
外语学院英语 09－1 班
理学院电子 10－1 班
环境学院环工 10－1 班

北京市"五四"红旗团支部名单（1 个）

北京林业大学梁希 09－1 学生团支部

北京市"五四"红旗团支部、先进班集体获奖名录

2011 年度北京市"五四"红旗团支部：北京林业大学梁希 09－1 学生团支部

2011 年度北京市优秀团干部：黄　鑫

首都大专院校“先锋杯”优秀团员、团干部、团支部名录

首都大学、中专院校“先锋杯”优秀基层团干部(26人)

郭梦笛　林学院草业09团支部
林　娟　水土保持学院环规08－2团支部
李　琳　生物科学与技术学院生科08团支部
崔宝月　园林学院园艺08－1班团支部
吕　腾　园林学院学生事务中心
盛　筠　经管学院工商08－4班团支部
秦驭初　经管学院工商08－5班团支部
黄海萍　工学院机械09－3班团支部
乔敏瑞　工学院电气08－2班团支部
苏辉辉　材料科学与技术学院团委
张　悦　材料科学与技术学院林化09－3班团支部
陈慧猛　人文社会科学学院教工支部
晏行健　外语学院团委学生委员会
陈泽任　信息学院信息08－2班团支部
张　骁　信息学院社团联合会团支部
王　磊　理学院数学08－2班团支部
韩梦阳　自然保护区学院保护区08班团支部
郭泓利　环境科学与工程学院学生会团支部
马樱宁　艺术团特长生团支部
林龙圳　研究生委员会团支部
刘　鹤　后勤服务总公司团支部
邓桂林　后勤服务总公司团支部
肖　进　经济管理学院青年教师团支部
刘　尧　园林学院青年教师团支部
黄　鑫　《北林共青团》报社团支部
吕　回　园林院风园08－4团支部

首都大学、中专院校“先锋杯”优秀团员(25人)

路倩倩　林学院林学08－3班团支部
刘　滢　水土保持学院土木08－2班团支部
牟淑琳　生物科学与技术学院生科08团支部
范舒欣　园林学院园林08－1班团支部
王　帝　园林学院园林09－1班团支部
刘冰洁　经济管理学院会计08－2班团支部
毛倩倩　经济管理学院人资08－2班团支部
樊　丽　工学院车辆09－2班团支部
王　超　工学院机械09－3班团支部
任　丹　材料科学与技术学院包装08班团支部
王雪垠　材料科学与技术学院艺设08－1班团支部
娄晓航　人文社会科学学院法学08－2班团支部
谭化丹　外语学院英语08－1班团支部
高　良　信息学院计算机08－2班团支部
马　啸　信息学院信息09－2团支部
王雪微　理学院电子08－1团支部
任　雪　自然保护区学院保护区09班团支部
刘美辰　环境科学与工程学院绿手指环境保护者协会团支部
王天博　林学院研森林经理09团支部
梁薇薇　《北林共青团》报社团支部
颜　静　经济管理学院青年教师团支部
尚　书　园林学院青年教师团支部
江　红　后勤服务总公司团支部
刘子怡　后勤服务总公司团支部
赵　帅　校学生会团支部

首都大学、中专院校“先锋杯”优秀团支部(24个)

林学院游憩08团支部
水土保持学院环规08－2团支部
生物科学与技术学院生科09团支部
园林学院园林09－1团支部
园林学院园艺09－1团支部
经济管理学院工商08－4班团支部
经济管理学院金融09－2班团支部
工学院电气09－2团支部
工学院机械09－3团支部
材料科学与技术学院艺设08－1团支部
材料科学与技术学院林化09－2班团支部
人文社会科学学院法学08－2团支部
外语学院英语08－4团支部
信息学院信息09－2团支部
信息学院计算机08－2团支部
理学院数学08－2团支部
自然保护区学院保护区09团支部
环境科学与工程学院环工09－2团支部
经济管理学院青年教师团支部

园林学院青年教师团支部
后勤服务总公司团支部
翱翔支农与实践社团支部
志愿者联合会团支部
室内乐团团支部

优秀党员、优秀党支部、优秀党务工作者获奖名录

北京市优秀党务工作者
水土保持学院宋吉红

北京高校优秀党务工作者
水土保持学院宋吉红

北京高校优秀共产党员
园林学院李雄
材料科学与技术学院李建章

校级先进党支部
机关党委党政办公室党支部
机关党委人事处党支部
机关党委学生处党支部
离退休工作处党委第七党支部
林学院国防生党支部
园林学院城市规划专业学生党支部
水土保持学院土壤与自然地理学科教师党支部
经济管理学院林经系教师党支部
经济管理学院2009、2010级工商与统计学生党支部
生物科学与技术学院教工第三党支部
工学院教工联合党支部
材料科学与技术学院艺术设计专业学生第二党支部
人文社会科学学院教工行政党支部
外语学院教工第一党支部
信息学院学生第九党支部
环境科学与工程学院教工第一党支部
后勤服务总公司直属党支部
林场直属党支部
北林附小直属党支部
北林科技直属党支部

校级优秀共产党员
王九丽　王立平　刘俊昌　孙德智　李　芳
李　翙　李俊清　李晓凤　李湘媛　杨今朝
肖文科　张天祜　陆　惠　赵桂梅　胡冬梅
姜　芳　徐迎寿　黄　薇　黄心渊　谢　彤

校级优秀党务工作者
于文华　任忠诚　刘广超　刘祥辉　孙信丽
苏　静　李成茂　杨永福　张爱国　周伯玲

优秀党支部书记
王　勇　王　程　王学顺　仇双武　卢振雷
刘毓殿　孙爱东　李东才　杨晓东　张秀芹
罗凌志　赵海燕　贺　伟　黄　晨　阎锦敏
雷韶华

本科生评优表彰名单

国家奖学金(共141人)

郭泓利	环工08-1	张秀东	林化10-3	吴　璇	林学08-3
许　可	环工09-1	李　本	木工08-1	祝　春	林学08-3
宋晓梅	环境10	郝　欣	木工08-5	赵容慧	林学09-3
周海莲	自动化08-2	程　赟	木工09-3	李晓玉	林学10-1
何　进	车辆08-1	左　静	木工09-4	王德朋	游憩08
李　源	工设08	林舒媛	林化10-3	蒋小兰	游憩09

田 昊	电气10－2	冯天成	艺设08－2	陈建男	法学08－2
凌 川	车辆09－1	李姗姗	艺设08－4	张 帆	心理08－2
王 超	机械09－3	张鑫垚	艺设09－1	柯木玲	法学09－3
雷一丹	工设09	林 瑨	艺设10－2	王 琎	心理09－1
徐 庆	自动化10－1	杨 璇	工商08－2	吴朔桦	法学10－2
吕斯俊	自动化09－2	张忠华	工商08－3	刘烯琴	心理10－1
李先林	车辆10－3	杨 洋	工商08－4	荣 华	生物09－1
马东辉	机械10－3	郑雨薇	会计08－3	王 茜	食品09－1
陈 晖	电气09－2	黄冰清	会计08－4	樊志勇	食品10－2
张鹰华	机械08－4	晏小雪	统计08	陈一欧	生物10－2
周 详	风园08－3	李玉敏	国贸08－1	牟淑琳	生科08
吕 回	风园08－4	曾 嘉	梁希08－1	盛萱宜	生科08
李沁元	旅游08－2	付亚非	林经08－2	郭含文	水保10－3
陈冰晶	园林08－1	符 献	营销08－1	王微恒	环规10－2
李方正	园林08－4	左 阳	营销08－2	田 艳	土木10－1
王韡珏	园林08－6	常慧宁	人资08－2	郑丽萍	水保09－2
韩玉洁	园艺08－2	刘青青	工商09－2	胡腾云	环规09－2
刘 敏	城规09	张名扬	工商09－3	郑瑜群	土木09－2
何 茜	风园09－2	刘 璐	会计09－1	付国珍	水保08－3
张子豪	风园09－2	张 璇	统计09	张彩娜	环规08－1
廖雅容	旅游09－2	王 琰	国贸09－1	宋祎楚	土木08－1
姚亚男	园林09－1	柴哲涛	金融09－2	金剑乔	信息10－1
林 婧	园林09－2	肖 政	林经09－2	祝 璞	动画09
段诗乐	园林09－4	王柯霁	营销09－1	王 铂	计算机10－2
葛亚超	园艺09－1	尹 歌	营销09－2	高 阳	计算机09－2
佟思明	风园10－1	魏 东	人资09－2	蔡亚利	数媒08－1
高晨舸	风园10－4	张桂芳	物业09－1	刘 沙	计算机08－2
徐亚丹	旅游10－1	李 昊	梁希09－1	陈梦灵	数媒10－2
常湘琦	园林10－5	丁珊珊	国贸10－1	赵子琪	信息09－2
王晞月	园林10－2	王 亚	梁希10－1	刘晶晶	数媒09－1
佘惠雯	园林10－2	曾梦影	林经10－1	薄夷帆	信息08－1
吕侃俐	园艺10－1	汪雨婷	人资10－1	罗钧峰	数学08－1
邢 爽	保护区08	沈栋葎	物业10－3	廖 林	电子09－2
任 雪	保护区09	房 宸	草坪08	孟玮璘	数学09－1
任 丹	包装08	谢睿旻	草业08	龙 滢	电子08－1
黄希妍	包装09	王清华	草业08	王子同	数学08－2
乔 未	国贸10－1	郝鹏宇	地信08	马银燕	英语10－4
周自圆	林化08－1	李金航	梁希08－2	丁英美	英语08－4
方 燕	林化08－3	田学远	梁希09－2	何宇菲	英语09－1
张晓健	林化09－1	张秋秋	梁希10－2	赵怡薇	日语09
杨春宵	林化09－2	邹丽莎	林学08－1	宋 晗	英语08－2

国家励志奖学金(共380人)

翟羽佳	环境08	宋梅芳	木工08-1	张建泳	林学08-3
吴　芳	环工08-1	李红艳	木工08-2	郭怡婷	林学09-1
郑利兵	环工08-2	谭　波	木工08-2	陈虹兵	林学09-1
王春燕	环境09	崔云飞	木工08-3	张　雪	林学09-2
钱　旭	环工09-1	崔小芳	木工08-4	张志丹	林学09-2
史芳天	环工09-2	张　乾	木工08-4	林　竹	林学09-3
张晓霞	环境10	林　琳	木工08-5	张永强	林学10-1
刘清香	环工10-1	李美平	木工09-1	郭　倩	林学10-1
苏　茜	环工10-2	刘　倩	木工09-1	任玫玫	林学10-2
陈晓璇	车辆10-1	王露茜	木工09-2	侯嫚嫚	林学10-2
郝建华	车辆09-3	雷　旎	木工09-3	刘明艳	林学10-3
方　旭	电气09-1	孙文婧	木工09-3	申露露	游憩08
陈福军	车辆08-1	杨　诺	木工09-4	刘昭阳	游憩09
史亚彬	车辆08-3	康海娇	木工09-5	赵　明	游憩09
张丽芳	自动化08-2	张璐霞	木工09-5	许姝婧	游憩10
唐伟国	机械10-3	张　琪	木工10-2	张　泉	法学08-2
易　江	车辆10-2	刘赛云	木工10-3	李冰雪	法学08-3
贺雨薇	工设08	苏洁洁	木工10-3	夏　艳	法学08-1
张啸雪	自动化08-1	郭兆霞	木工10-4	张丽敏	心理08-2
刘永俊	机械08-4	鲍慧平	木工10-5	阳　莎	心理08-2
董明明	机械08-4	李少晨	艺设08-1	温　娟	心理08-1
王巧利	电气08-1	卢林林	艺设08-2	任　洋	法学09-3
曹　珊	车辆08-1	王姗姗	艺设08-3	刘瑞珍	法学09-3
张　超	机械10-3	杨　伟	艺设08-4	金　新	法学09-3
郭　波	车辆10-3	马　瑶	艺设09-1	王海婷	法学09-3
王喜元	车辆09-1	陈　超	艺设09-2	张雷雷	心理09-1
刘　彪	机械09-4	齐　哲	艺设09-3	李　信	心理09-1
阚学鹏	工设10	侯亚萍	艺设09-4	原　瑶	法学10-2
任　冶	机械09-3	宋瑞丽	艺设10-1	黄惠娥	法学10-3
江冬冬	机械09-3	史国丹	艺设10-2	肖赛男	法学10-2
管　成	机械09-2	张乾元	艺设10-3	郑贵分	法学10-2
袁彬彬	电气09-2	张露露	艺设10-4	张　琴	心理10-3
周丽丽	车辆09-1	陈　朋	会计10-1	晁　楠	生科08
甄月新	机械09-1	毛宇飞	人资09-1	刘晓瑜	生技08-1
陈　姣	机械09-1	李　云	物业09-3	廖维华	生技08-2
刘乔溪	工设09	袁雪丹	物业09-1	李　婧	食品08-1
王曰宇	自动化10-2	袁玲玲	物业09-4	杨佳越	食品08-2
聂凤梅	自动化09-2	黄肖婉	会计09-2	胡高爽	食品08-3
王永泽	电气09-2	欧洋洋	林经09-1	庞飞飞	生物09-2
王　毅	自动化09-1	张振亚	金融09-2	张　明	生物09-1
周玉婷	电气10-1	李亚琪	营销09-2	徐　妙	包装09
苑晓龙	机械10-4	申　宁	会计09-3	张　璐	食品09-1

王宁宁	电气10－1	宁 艳	林经09－2	陈晓燕	食品09－2
赵 齐	自动化10－2	包金梅	金融09－2	李存娜	食品09－3
张 玉	机械10－2	曹 丽	工商09－1	袁光孝	生物10－2
邓忠强	园林09－6	赵 彤	营销08－1	袁 野	生物10－3
卢 蓉	风园09－2	郭雅芝	梁希08－1	陈 婷	食品10－1
鲁 丹	园林09－2	杨 雪	统计08	朱瑞倩	食品10－2
吴树华	旅游08－2	姚晶晶	物业10－3	侯 凡	食品10－3
邢晓娟	城规08	牛娜娜	统计09	高 飞	水保10－1
崔晴岚	园艺09－2	吴锦填	会计09－4	杜 庆	水保10－2
刘莹雪	旅游09－1	杨 阳	会计09－3	江安霞	水保10－3
秦 汉	风园09－4	董宝根	工商09－2	邹 星	水保10－3
康莉欣	风园08－1	陈叶秀	工商08－7	马丰伟	环规10－1
冯 婵	园艺08－2	朱永刚	林经08－1	牟 夏	环规10－2
黄艾冰	园林08－3	严健标	梁希08－1	赵利岩	土木10－1
董 旭	风园08－2	白 锋	金融09－2	郑玉槟	土木10－2
赵艳冰	风园10－2	郑 芸	人资10－1	胡丹丹	水保09－1
吕 腾	园林08－3	姜鸿艳	物业09－4	林佳梅	水保09－1
张倩媛	风园08－3	赛姝瑞	物业09－2	何 艳	水保09－2
张海洋	城规10	莫华柳	营销09－2	莫 莉	水保09－2
任 宁	旅游10－1	游肖红	工商08－6	张振超	水保09－3
朱芳娇	园林09－5	弭 超	工商08－5	陈文思	水保09－3
曹晓泰	园林10－1	毛祖丰	会计08－3	覃芳华	环规09－1
周美玲	园林10－4	王 佳	林经08－1	廖文超	环规09－2
林彬榕	城规10	肖 雪	工商08－5	董道武	土木09－1
赵冉冉	园艺10－1	曹 敏	工商08－1	刘 洋	土木09－2
张 羽	园林10－4	毛倩倩	人资08－2	李丹雄	水保08－1
黄凤杰	园艺09－1	王 蓉	人资08－1	刘 颖	水保08－2
刘从文	园林09－4	潘 雪	金融10－1	苗 蔚	水保08－3
刘小松	园林10－5	陈新畅	金融10－1	赵丹丹	环规08－1
李文婕	园林10－2	潘 梅	林经09－2	杨晓冰	环规08－2
张 芬	园林10－6	孙 红	梁希09－1	蔡 亮	土木08－1
李艳茹	园林10－6	谢艳艳	统计10	郭长岚	土木08－2
王 茜	风园10－4	宫芸萍	金融10－2	隆学超	信息09－2
徐 珊	园林10－3	王 瑶	林经10－1	孟 丹	计算机08－2
苏亚玲	园林09－5	罗 凌	林经10－1	杨小江	计算机08－3
李 霜	园林09－3	吴 柯	人资10－2	童玉宾	动画08
段艳林	园林09－1	丁国甄	营销10－2	马杰璋	计算机08－4
蒋靖婉	园艺08－1	康孟云	国贸10－2	高 良	计算机08－2
王 轲	园林08－6	郭 亮	国贸10－2	耿倩倩	数媒08－2
孟 语	风园10－3	宋丽娟	梁希10－1	王彩红	数媒08－1
吴飞燕	旅游09－2	张军凤	物业09－3	辛娟娟	计算机08－1
龚 宇	风园10－2	林妙萍	国贸09－1	赵梓晴	信息08－1
黄 翠	旅游08－1	陈 宣	会计09－1	王晓霞	信息08－2

王金凤	园林 08 – 5	张雅婷	工商 09 – 2	陈　婕	数媒 10 – 2
孙亚男	园林 08 – 1	龚　静	工商 09 – 1	朱声荣	计算机 10 – 3
陈瑞娟	园林 08 – 2	李海静	物业 10 – 3	桂载姣	计算机 09 – 2
李昱敏	风园 08 – 4	林　斌	人资 10 – 1	吕　楠	数媒 09 – 1
谷永利	风园 10 – 1	李　慧	工商 10 – 2	李　誉	动画 09
余惠英	园林 08 – 4	唐　丹	金融 10 – 1	周云滔	计算机 09 – 4
唐　爽	园艺 10 – 1	蔡美玲	金融 10 – 2	黄　斌	计算机 09 – 1
陈素洁	旅游 10 – 1	黄海珍	金融 10 – 1	洪　皓	信息 09 – 1
周　倩	旅游 10 – 2	李文明	人资 10 – 1	胡　倩	动画 10
鲁月秀	园艺 10 – 2	邓　芳	会计 10 – 4	梅　寒	计算机 10 – 2
袁　紫	城规 09	聂雪艳	林经 10 – 2	刘　芳	信息 10 – 1
蔚　萍	园林 10 – 3	朱鹏飞	金融 10 – 2	刘佳星	信息 10 – 2
范金霞	风园 09 – 1	祁　琪	林经 10 – 1	莫　琴	计算机 10 – 1
高一雅	风园 10 – 1	李威璎	林经 10 – 1	刘　洋	数媒 09 – 2
孙绍华	园林 10 – 4	杨春秀	金融 10 – 1	宋　晴	计算机 09 – 4
黄冬蕾	风园 09 – 3	李海强	物业 10 – 1	魏朝磊	计算机 09 – 3
任雪梅	旅游 10 – 2	吴成嘉	国贸 09 – 1	卢敏婕	网工 10
王博娅	风园 10 – 3	赵　娜	梁希 10 – 1	卢云龙	电子 08 – 1
吴闻燕	园林 10 – 5	雷晓亮	会计 10 – 1	李　可	电子 08 – 2
宋　佳	园林 10 – 1	范星慧	工商 10 – 3	金伟琴	数学 08 – 1
王　萌	园艺 10 – 2	陈习龄	会计 10 – 4	张玉环	数学 08 – 2
张思南	风园 10 – 4	李亚云	林经 10 – 2	赵春艳	电子 09 – 1
焦　垚	园艺 10 – 1	赵美玲	会计 10 – 4	李　柰	电子 09 – 2
蔡天龙	保护区 09	唐　佼	梁希 09 – 1	顾娟娟	数学 09 – 1
李　欢	保护区 09	董丽卓	人资 10 – 1	薛　晴	数学 09 – 2
王贺岷元	保护区 10	肖　洋	草业 08	郭明俊	电子 10 – 1
张瑞涵	包装 08	樊　波	草业 09	刘丽华	数学 10 – 1
李　丹	包装 09	王佳哲	草业 09	刘梦颖	数学 10 – 2
惠飞飞	包装 10	臧孝菁	草业 10	谢梅玉	英语 09 – 4
李范霞	林化 08 – 1	杨云雷	地信 08	刘玉琼	英语 09 – 1
罗书勤	林化 08 – 1	顾学盈	地信 09	訾利青	英语 08 – 2
游婷婷	林化 08 – 2	董小妹	地信 10	杨昊天	日语 08
郑　雪	林化 08 – 3	郑莉莉	梁希 08 – 2	姚金豆	英语 10 – 2
赵　恒	林化 09 – 1	邱春晶	梁希 08 – 2	刘　威	日语 10
郑文婕	林化 09 – 1	刘昕昕	梁希 09 – 2	马雪丽	英语 10 – 3
怀慰慰	林化 09 – 2	孙江涛	梁希 09 – 2	崔亚丽	英语 09 – 3
陈　静	林化 09 – 2	于小惠	梁希 10 – 2	李邓毅	英语 09 – 3
吴秋霞	林化 09 – 3	赵　畅	梁希 10 – 2	雍曹杨	英语 09 – 2
路博琼	林化 10 – 1	彭娅琴	林学 08 – 1	王彬力	日语 09
熊园园	林化 10 – 1	朱俐娜	林学 08 – 2	周倩云	英语 10 – 3
李春晓	林化 10 – 2	陈永辉	林学 08 – 2	张小品	英语 10 – 4
亓宪明	林化 10 – 3	李海萍	林学 08 – 3		

宝钢奖学金(共8人)

袁同琦	博生物09	王　琳	日语08	包永霞	博草业09
伊　琳	艺设09-1	李　娜	机械09-1	梅本金	计算机08-2
盛　筠	工商08-4	张雪葳	风园09-2		

十佳班集体(10个)

生科09班	英语09-1班	梁希09-1班	园林10-5班	园林09-4班
林化09-2班	林学09-3班	心理10-1班	机械09-4班	英语09-4班

"北林苑"新生专业特等奖学金(共54人)
"KDT极东机械"奖学金(共5人)
"家骐云龙"奖学金(共20人)
"金光集团黄奕聪"奖学金(共16人)
"嘉汉林业·北美枫情"奖学金(共10人)
"冠林"奖学金(共5人)
"张纪光"奖学金(共5人)
优良学风班(共69个)
优秀辅导员(共19人)
优秀班主任(共93人)
三好学生(共976人)
优秀学生干部(共1203人)
梁希一等奖学金(共16人)
梁希二等奖学金(共35人)
梁希三等奖学金(共54人)
优秀学生一等奖学金(共180人)
优秀学生二等奖学金(共957人)
优秀学生三等奖学金(共1449人)
学术优秀奖学金(共295人)
外语优秀奖学金(共62人)
学习进步奖学金(共133人)
文体优秀奖学金(共210人)
社团活动奖学金(共228人)
拾金不昧奖学金(共12人)
无偿献血先进个人(共3人)
理科基地学习优秀一等奖(共3人)
理科基地科技与创新奖学金一等奖(共5人)
理科基地科技与创新奖学金二等奖(共14人)
理科基地科技与创新奖学金三等奖(共1人)
理科基地优秀学生干部(共2人)

研究生评优奖励名单

2010～2011学年"爱林"校长奖学金获得者名单

2009级(10人)

王　方	吕　欣	张浩林	于　超
周振兴	贾　宁	何正斌	宫丽彦
张　娥	曾　晴		

2010级(22人)

杜　燕	穆　婧	吴骁博	常　存
张英杰	胡承江	阎　晨	吴丹子
陈晶鑫	王　亚	李居益	孟　南
朱润芝	陶　青	董芳菲	徐孝成
臧　哲	吕　力	周　帅	李　帆
张文凭	李晓祎		

2011级(108人)

施鹏程	杨苑君	林荣亮	栾　磊
胡晓叶	闫　亮	薛莎莎	张　琨
徐子童	罗　锐	邢　杨	张婉璐
傅源远	冯思思	张　蜜	聂　盈
申　越	陈　力	郭春蕾	李路宁
段　伟	陆　阳	崔晓霞	庞　帅
岳佩琪	陈金辉	凌　棱	彭俊杰
李欣茹	李锦清	李　莹	张海天
江生生	刘凤媛	韩静芸	李小婉
魏松坡	郭　星	郝新强	张晓武
李文燕	杨金勇	张　瑜	黄哲姣
段瓔珊	翟　言	柯　清	徐　斌
焦志敏	朱斯斯	付宇涵	李雪雯
王笑梅	杨萌萌	于晓文	曾昭君
刘　东	郭　雪	李　超	池慧青
武　娴	关南希	王加其	邓　玉
陈　惠	赵益婵	段利娟	冯艺佳
孙　玮	张守杰	王　璇	崔月影
王世雷	甘　琦	彭　越	王　蕾

张　琪　　曾　昭　　于明含　　洪　艳
杜文婧　　王　田　　罗书品　　耿雪萌
谭　枭　　曲文静　　肖　敏　　蒋承辰
王梦琦　　邵琳琳　　白艳婧　　曹　宁
乌斯娜　　张　乐　　陈绍禹　　王　雪
杨新乐　　李　悦　　艾　佳　　管小辉
柯秋红　　吕　佳　　冯晶晶　　王晋楠
陈彦竹　　赵　楠　　聂铭君　　陈　超

2010～2011 学年研究生优秀奖学金获得者名单

学术创新奖（159 人）
优秀研究生（110 人）
优秀研究生干部（229 人）
特别奖（12 人）
研究生先进班集体（16 个）
研究生优秀班主任（15 人）

学生重要学科竞赛获奖名单

2011 年大学生学科竞赛获奖名单

序号	学生姓名	奖项名称	获奖等级	项目名称
1	杜旭之　陈福军　于佳天　史阿蒙　向　盼	2011 年全国大学生交通科技大赛	全国三等奖	基于驾驶员视觉与心理的新型交通指示牌设计
2	侯晓瑀　王　慧　丛　瑞　朱广勇		全国优秀奖	北京五道口地区交通组织优化
3	靳　钊　费　盛　周　亮	2011 年全国大学生电子设计竞赛	北京市二等奖	基于自由摆的平板控制系统
4	费　会　王　爽　廖　林		北京市二等奖	
5	纪　锐　杨倩倩　李　可		北京市三等奖	
6	莫小龙　光礼夏　龙　滢		北京市三等奖	
7	杨睿茜　赖小龙　周海莲		北京市三等奖	基于自由摆的平板控制系统
8	聂华佳　董晓晨　陈　晖		北京市三等奖	智能小车
9	李　宁　许大伟　陈祖玎		北京市三等奖	LC 谐振放大器
10	罗　鑫　蔡美玉　吕静霞		成功参赛奖	智能小车
11	/		优秀组织学校奖	
12	黄依米　罗　鑫　万　千　费　盛	2011 年“美新杯”中国大学生物联网创新创业大赛	全国二等奖	智能加湿器
13	杨睿茜　赖小龙　周海莲　甘义云		北京市二等奖	护花使者
14	赖小龙　何　勇　谢志红	2011 年全国大学生“飞思卡尔”杯智能汽车竞赛	全国三等奖	
15	顾娟娟　黄敏高　李禹成	2011 年全国大学生数学建模与计算机应用竞赛	全国二等奖	
16	杨程轶　廖　林　张晓薇		北京市一等奖	
17	陆　玲　黄　斌　郭胡诚		北京市二等奖	
18	田海龙　余彦霖　曾　苿		北京市二等奖	
19	吴秋鹏　周聃婕　姜璐婷		北京市二等奖	
20	张疏影　王　超　吴梦宇		北京市二等奖	
21	赵子琪　洪　皓　刘隽康		北京市二等奖	
22	谢冰峰　王　婷　高　阳		北京市二等奖	

（续）

序号	学生姓名	奖项名称	获奖等级	项目名称
23	卜婷婷　万鹏　白　霜　杨　丹　陈　燕	2011年全国大学生电子商务“创新、创意及创业”大赛	全国二等奖	“低价品”超市特价信息电子商务平台
24	罗欢焕　周驰杰　张晟晗　黄玉春　单　靖	2011年全国大学生电子商务“创新、创意及创业”大赛	全国二等奖	“闺绿”室内设计有限公司策划书
25	赵　远　毕玉琦　李晓琪　刘冬花　王智忠	2011年全国大学生电子商务“创新、创意及创业”大赛	全国三等奖	孕美网络公司策划书
26	张雅婷　于　晴	2011年全国大学生电子商务“创新、创意及创业”大赛	全国三等奖	醋乐有限责任公司策划书
27	乔丽华　杨　丽　范凌云　李德华　王　庚	2011年全国大学生电子商务“创新、创意及创业”大赛	北京市一等奖	二手儿童用品交易平台
28	符颖佳　卢　竹　张中政　田丽婕	2011年全国大学生电子商务“创新、创意及创业”大赛	北京市一等奖	“师说网”商务策划
29	许炜玮　张名扬　李亚云　吴文静　严周冰	2011年全国大学生电子商务“创新、创意及创业”大赛	北京市一等奖	缤纷书阁
30	孙晓彤　夏田　韩晓宇　王文雯　汪雨婷	2011年全国大学生电子商务“创新、创意及创业”大赛	北京市一等奖	“食香农社”网站
31	王飞　徐晶钰　周　悦　刘　潇　李宝宁	2011年全国大学生电子商务“创新、创意及创业”大赛	北京市二等奖	审尚网络有限公司
32	魏丽丽　张畎丽　刘乐乐　类成玮	2011年全国大学生电子商务“创新、创意及创业”大赛	北京市二等奖	北京绿植室内装修有限公司
33	陈习龄　王瑞复　管　乐　黄　晨　梁　策	2011年全国大学生电子商务“创新、创意及创业”大赛	北京市二等奖	陌乔商贸有限公司策划方案
34	张畎丽　杨　骞　周慧昕	2011年全国大学生电子商务“创新、创意及创业”大赛	北京市二等奖	World Voice
35	秦雨佳　张凯鹏　李亚琪　秦燕京　张　璇	2011年全国大学生电子商务“创新、创意及创业”大赛	北京市二等奖	“我搭我潮”网
36	尹　歌　徐凯　迟易通　刘博雅	2011年全国大学生电子商务“创新、创意及创业”大赛	北京市二等奖	潜呼吸农场责任公司
37	刘婉琳　尚丹丹　陈章纯　李英凝　张燕琳	2011年全国大学生电子商务“创新、创意及创业”大赛	北京市二等奖	北京“花速递”网络贸易有限公司
38	王观丽　李晓晨　朱汪鼎　王仁涛　李龙丹	2011年全国大学生电子商务“创新、创意及创业”大赛	北京市二等奖	宠物情缘网信息科技有限公司
39	占君慧　赖　平　胡恒娜　龚　静　许思瑜	2011年全国大学生电子商务“创新、创意及创业”大赛	北京市二等奖	“乐游者”旅游网
40	呼斯乐　舒　娜　苏　婷　嘎拉泰　张圣林	2011年全国大学生电子商务“创新、创意及创业”大赛	北京市二等奖	Mamo 手机软件
41	孙依娃　张　怡　石　磊　董丽卓　陆俣洁	2011年全国大学生电子商务“创新、创意及创业”大赛	北京市二等奖	归园田居旅游网络
42	单梁慧　杨　浚　钟光辉　邱　雨　倪婧婕	2011年全国大学生电子商务“创新、创意及创业”大赛	北京市二等奖	广林创意礼物销售及包装有限公司
43	孙　齐　黄慎初　宋丽娟　王美力　赵　娜	2011年全国大学生电子商务“创新、创意及创业”大赛	北京市二等奖	“only us”情侣网站

（续）

序号	学生姓名	奖项名称	获奖等级	项目名称
44	杨彦婷　杜学贤　张家蔚　姚晶晶　崔　宁	2011年全国大学生电子商务“创新、创意及创业”大赛	北京市二等奖	dreamer 网站策划
45	于　洋　李丹阳　刘　璐		北京市二等奖	试行天下网站
46	林迪芬　尤　蕾　牟　敏　陈　浩　王中晓		北京市二等奖	“情旅网”情侣旅游电子商务平台
47	钱利林　王淑萍　周柳含　张小琴　焦桂萍		北京市二等奖	老乡汇
48	任艳梅　徐凯翔　牟格格　周　悦		北京市二等奖	e 家维修保险网络公司
49	余碧爽　刘睿雅　董宝根　刘青青　柯伟迪		北京市二等奖	漫步时光个人影视
50	王　琰　杨　帆　雷一丹　肖　政		北京市二等奖	安聚纸模家具有限责任公司
51	马　蕾　娄歆韵　钱柯桔　王　铂		北京市三等奖	瓢虫票务有限责任公司
52	姚姝宇　陈祥瑜　王小欢　杨　晓		北京市三等奖	速享 F1 观赛网站
53	王佳遇　刘天森　俞书傲		北京市三等奖	裸婚时代
54	刘亚男　彭长娟　冯密　许馨月　金彬珥		北京市三等奖	组团 go
55	李　杨　郑　芸　于　悦		北京市三等奖	千千侣物网络公司
56	陈丽竹　孙人杰　刘　沛　高美佳　程滢琳		北京市三等奖	校缘　网络策划公司
57	于晓飞　冯子凤		北京市三等奖	Cinderella 饰品网站
58	程方航　陈　娟　刘　燕　杨　伊　高　峥		北京市三等奖	映像派股份有限公司
59	杨景棋　王璐　王梦雪		北京市三等奖	基于电子商务的大学城网络选餐订餐服务
60	肖姝斌　罗　琪　孙　红　于　婷　卢　璐		北京市三等奖	Go go 换购吧
61	蔡　娟　何卓然　周　烨　朱光磊　仲芳萱		北京市三等奖	好汉 e 帮愿客网
62	毛宇飞　曹　楠　袁　斐　余文龙　潘　梅		北京市三等奖	北京家蔬佳果有限公司
63	马　尖　杨雅琳　贾杨西茜　李媛媛　郭　李		北京市三等奖	伍艺坊创意工艺品有限责任公司商业策划书
64	刘　杰　高宬晗　范莹莹　任依濛　王晋伟		北京市三等奖	“J 作坊”创意兼职招聘
65	石思雨　周海潮　步国超　崔惠源　范　雪		北京市三等奖	Green you home 绿色空间
66	蔡昕妤　王立娜　倪嘉成　孙文君　傅丽璇		北京市三等奖	北京绿源网创业策划

（续）

序号	学生姓名	奖项名称	获奖等级	项目名称
67	程方航 陈娟 刘燕 杨伊 高峥	2011年全国大学生电子商务“创新、创意及创业”大赛	北京市三等奖	3D网购冲浪
68	蔡文麟 丁珊珊 高安琪 王博 姚力裕		北京市三等奖	“3+2”纪念品有限责任公司
69	马尖 周琦 高宽 杨雅琳 郭李		北京市三等奖	北京绿之棘生态产品有限公司商业策划书
70	时胜伟 李凤 李敏燕 王文静 唐丹		北京市三等奖	My fashion
71	黄昕 韦韵 王毅敏 刘莎		北京市三等奖	沃叶公司商务策划书
72	崔雪君 王玉环 白岚 徐子雁 侯悦		北京市三等奖	“精+”木酢液植物助剂
73	高丽娜 康琳 郭晴 陈安琪 王嘉玉		北京市三等奖	“爱礼网”电子商务礼品网站
74	晏均均 唐佼 王文秀 徐亚 单韩洁		北京市三等奖	五元农家游网站策划
75	赵苑彤 程典 缴迎 蒋莉莉 赵苑彤		北京市三等奖	“小虫蝌蚪”讲座
76	梁博为 谢斯佳 李贞 王秋锦 王忠昆		北京市三等奖	全城搜索
77	彭夙琼 周恒楣 许馨月		北京市三等奖	“购心网”大学生代购
78	郑一梦 刘隽康 许怡思 靳秋桐 于达		北京市三等奖	“一起纪念吧”网上商店
79	张旭 宋欣 庞燕 石欣跃 张广森		北京市三等奖	化蕊网上联合店
80	李金宇 孙昊煜 伊达 邵蔚		北京市三等奖	绿色快车网站
81	魏东 张冉 徐明嫣 姚柃吉 陈宣		北京市三等奖	biubiu网
82	蒋美娟	2011年全国大学生广告艺术大赛	北京市一等奖	中国红
83	马思远		北京市二等奖	绿色出行 为天空绘上蔚蓝
84	曾亚奴		北京市三等奖	思恋
85	张瑾		北京市三等奖	东西
86	郑将洁		北京市三等奖	进化论
87	齐超		北京市优秀奖	奥鹏教育
88	刘巧		北京市优秀奖	我的灵感一刻 我的雀巢咖啡
89	刘馨		北京市优秀奖	回报
90	周彦君		北京市优秀奖	土婚
91	季禹含		北京市优秀奖	源于自然 养出健康

（续）

序号	学生姓名	奖项名称	获奖等级	项目名称
92	蔡亚利　宋一诚	2011年全国大学生广告艺术大赛	北京市优秀奖	
93	吴向锋		北京市优秀奖	雀巢咖啡之鸟巢篇
94	钟　娴		北京市优秀奖	我的灵感一刻　我的雀巢咖啡
95	敖梦星　王季萱　申雪曼　朱　凡　黄一鸣子		北京市优秀奖	植物连连看
96	刘　畅		北京市优秀奖	好想你枣片之兔子爱上你
97	苑溢馨		北京市优秀奖	中国移动之越无线越无限
98	胡　雅		北京市优秀奖	运动鞋之水果篇
99	郑美姮		北京市优秀奖	雀巢咖啡之照亮一天好开始
100	郑　中		北京市优秀奖	校园篇
101	刘姗姗　吴　月　刘　惠		北京市优秀奖	我的灵感一刻　我的雀巢咖啡
102	马　尖　杨雅琳　郭　李　高　宽　周　琦	2011年北京市大学生创业设计大赛	北京市二等奖	北京绿之棘生态产品有限公司
103	张桂芳　冯利红　李　昊　梁　夏　王柯霁　黄润庆		北京市三等奖	竹氏家纺生态责任有限公司
104	李　瑾　任梦琪　李　杰　王佩倩　刘晶晶	2012年北京市大学生计算机应用大赛	北京市二等奖	基于GPS定位的圆明园公园导览系统
105	祝　璞　张翘楚　王　磊		北京市三等奖	Joy Fruit
106	詹　艺　杨天宇　陈　赓　胡亚欣	2011年第二届北京市大学生动漫设计竞赛	北京市一等奖	橘中戏
107	刘清清　岳佳琦　李　莹		北京市一等奖	iRun——基于跑步机的虚拟漫游系统
108	敖梦星　王季萱　申雪曼　朱　凡　黄一鸣子		北京市一等奖	植物点点看
109	何秋海　薛泽浩　于潇翔　谌　默　李　蔚　陈　树		北京市二等奖	电梯来了
110	颜世聪		北京市二等奖	小女孩大战火焰龙
111	任思琪　杨天宇　陈　赓　梁　量　赵第赔		北京市二等奖	书游记
112	丁　宁		北京市二等奖	保护你
113	何　柳		北京市二等奖	胡兔
114	吴向峰		北京市二等奖	肥兔小二
115	栾　磊		北京市三等奖	阿财与阿福
116	吴　祯　杨雪丹		北京市三等奖	好想你广告

（续）

序号	学生姓名	奖项名称	获奖等级	项目名称
117	蔡亚利　宋一诚	2011年第二届北京市大学生动漫设计竞赛	北京市三等奖	艳遇中国广告
118	郑　中　孟　倩　卢　倩　吕　程		北京市三等奖	可口可乐广告
119	祝　璞　王　磊　张翘楚		北京市三等奖	欢乐水果
120	王　茜		北京市三等奖	满世界欢愉的雨水
121	王　茜		北京市三等奖	云上动物园
122	丁　宁		北京市三等奖	感谢结束
123	刘贤慧	2011年北京市大学生数学竞赛	北京市二等奖	
124	毛宇飞		北京市二等奖	
125	高大帅		北京市二等奖	
126	管　乐		北京市三等奖	
127	申　相	2011年北京市大学生数学竞赛	北京市三等奖	
128	张　怡		北京市三等奖	
129	徐晓锋		北京市三等奖	
130	孙依娃		北京市三等奖	
131	北京林业大学		优秀组织学校奖	
132	颜　媚　王祉默　田振国	2011年北京市大学生物理实验竞赛	北京市一等奖	测量发光二级管的物理特性及实用
133	许莎莎　郝建华　赵春艳		北京市二等奖	实验研究肥皂泡或肥皂膜的物理特性
134	雷　艺　王　婷　刘心昕		北京市二等奖	实验研究肥皂泡或肥皂膜的物理特性
135	李　浩　王　超　贾建业		北京市三等奖	测量发光二级管的物理特性及实用
136	杨程铁　王　蓓　毛　敏		北京市三等奖	测量发光二级管的物理特性及实用
137	廖　林　张晓薇　马志国		北京市三等奖	基于虹吸原理改善强降雨时的快速排水问题的实验模型
138	景建华		北京市三等奖	惠斯登电路中桥电流的研究
139	北京林业大学		优秀组织学校奖	
140	方少明	2011年北京市大学生英语演讲比赛	北京市二等奖	

北京地区优秀毕业生名单

本科生：

王　莎　草坪管理
陈　凤　林学
熊　慧　林学
周兆媛　林学
李　莹　游憩
郭　江　地理信息系统
潘　璐　草业科学
陆桂红　水土保持与荒漠化防治
杨苑君　水土保持与荒漠化防治
胡娈运　水土保持与荒漠化防治
杨松楠　水土保持与荒漠化防治
薛莎莎　资源环境与城乡规划管理
周召能　土木工程
李　君　土木工程
路　瑶　生物科学
吕　娜　生物技术
马　程　生物技术
李路宁　食品科学与工程
张　琨　食品科学与工程
赵　媛　食品科学与工程
侯　蕾　园林
吴　婷　园林
卜　菁　园林
吴　婷　园林
刘　淼　园林
张海天　园林
曾昭君　城市规划
谭　喆　风景园林
关南希　风景园林
庞瑀锡　风景园林
冯艺佳　风景园林
郑玉梁　旅游管理
郑一波　旅游管理
冯悦怡　园艺（观赏园艺方向）
洪　艳　园艺（观赏园艺方向）
张　锐　工商管理
王晶莹　工商管理
赵姝颖　工商管理（经济信息方向）
王一凡　工商管理（经济信息方向）
朱思翘　工商管理（物业管理方向）
王亦男　工商管理（物业管理方向）
刘明会　工商管理（物业管理方向）
王　露　工商管理（物业管理方向）
肖　静　会计学
刘　杰　会计学
刘佳敏　会计学
刘程蕾　会计学
李轶臣　统计学
李　平　统计学
李澍奇　国际经济与贸易
卢冬艳　国际经济与贸易
芦　洁　金融学
袁立璜　金融学
孟一江　农林经济管理
常菁菁　农林经济管理
肖　敏　市场营销
周兴龙　市场营销（电子商务方向）
李晨曦　人力资源管理
吴益芳　人力资源管理
刘　立　工业设计
门　森　机械设计制造及其自动化
李翀机　械设计制造及其自动化
陆　润　机械设计制造及其自动化
肖彭森　机械设计制造及其自动化
曹　源　交通工程（汽车运用方向）
李文欢　交通工程（汽车运用方向）
丁　峰　交通工程（汽车运用方向）
李锦清　自动化
李可一　自动化
柯秋红　电气工程及其自动化
周　峰　电气工程及其自动化
林荣亮　艺术设计（环境艺术设计方向）
孙红丹　艺术设计（环境艺术设计方向）
管小辉　艺术设计（装潢艺术设计方向）
应世澄　艺术设计（动画设计方向）
崔　婷　木材科学与工程
苗　天　木材科学与工程

王梦琦　木材科学与工程
陈　惠　木材科学与工程(家具设计与制造方向)
柯　清　木材科学与工程(家具设计与制造方向)
杨　洋　林产化工
马淑杰　林产化工(制浆造纸工程方向)
祝婧超　林产化工(制浆造纸工程方向)
刘　欣　林产化工(制浆造纸工程方向
李辰宇　包装工程
马　莎　法学
程　淼　法学
李　革　法学
季球妍　心理学
李莫訑　心理学
成　年　心理学
谷苏徽　英语
胡　杨　英语
丁　滢　英语
张月佳　英语
杨萌萌　日语
徐凌验　信息管理与信息系统
宋天翼　信息管理与信息系统
罗叶琴　计算机科学与技术
宋天乙　计算机科学与技术
张劭帅　计算机科学与技术
孙升芸　计算机科学与技术
孙　婉　数字媒体艺术
李雪雯　数字媒体艺术
彭　刚　电子信息科学与技术
孙琳琳　电子信息科学与技术
房雅倩　数学与应用数学
邹凡云　数学与应用数学
朱平芬　野生动物与自然保护区管理
秦墨梅　环境科学
张　鑫　环境工程
金　心　环境工程

研究生：

任慧君　地图学与地理信息系统
李婷婷　森林经理学
谢乾瑾　森林培育学
周伟磊　生态学
隋学良　森林保护学
郭丽丽　植物学
孙　健　植物学
邢海涛　植物学
阮铃铃　环境科学
刘瑛山　地灾害防治
韩　煜　工程绿化
周晖子　地图学与地理信息系统
张广分　水土保持与荒漠化防治
张　骅　土壤学
孙振佳　森林工程
高江菡　城市规划与设计
侯艳伟　旅游管理
孟　锐　园林植物与观赏园艺
王红兵　园林植物与观赏园艺
张　慧　城市规划与设计
甄宏宇　园林植物与观赏园艺
朱　哲　风景园林
曾　茜　计算机应用技术
周晚辉　计算机应用技术
骆耀峰　林业经济管理
方宜亮　行政管理
康清恋　统计学
安健期　管理科学与工程
魏洪斌　木材科学与技术
周舒珂　林产化学与工业
梁志扬　科学技术哲学
葛高飞　应用心理学
黄娟外　国语言学及应用语言学
卢文敏　生物物理
王晓晖　自然保护区学

IFLA 大奖获奖名单

1988～2010 年北京林业大学园林学院参加国际风景园林师联合会（IFLA）国际大学生设计竞赛得奖情况

序号	时间	参赛学生	名 次	作品名称	导 师
1	1988	刘晓明	评委奖	因指见月	孟兆祯
2	1988	瞿 俊	评委奖	思源广场	黄金琦
3	1990	刘晓明	一等奖	蓬莱镇海滨风景规划与设计	孟兆祯
4	1991	周 曦	一等奖	岛屿及其沿岸的风景化	孟兆祯
5	1991	林 鹰	评委奖	娱乐与景观的文化意义	
6	1995	朱育帆	一等奖	生命之旅——十渡风景区规划与设计	孟兆祯
7	1996	林 箐	三等奖	自然和历史之路——杭州大运河地区改造规划	梁伊任
8	1999	萧 晶 王文奎	评委奖	城廓的回忆	梁伊任 王向荣
9	2002	韩炳越 李正平 张 璐 刘彦琢	一等奖	寻找远去的西湖	王向荣
10	2003	邓武功 胡 敏 薛晓飞 周 虹	评委奖	神秘摩梭人的可持续发展文化	王向荣
11	2005	余伟增 高若菲 耿 欣 魏菲宇 高 欣	一等奖	安全的盒子——北京传统社区儿童发展安全模式	李 雄 梁伊任
12	2009	张云路 苏 怡 刘家琳 鲍沁星 张晓辰	一等奖	绿色的避风港	李 雄
13	2009	沈 洁 胡 婧 王思元 李 洋 任 蓉	三等奖	S+C——羌峰寨生态性恢复规划	王向荣
14	2009	孙 帅 束冬冬 董 丽 黎琼茹 张 慧	评委奖	河口的生态重建——海河入海口生态性修复规划	王向荣 林 箐
15	2010	白桦琳 杨忆妍 郝 君 王乐君 王南希	一等奖	黄河边即将消失的活遗址	李 雄
16	2010	沈 洁 王思元 洪 泉 赵 洁 李 洋	二等奖	寻找失去的泉	王向荣 林 菁
17	2010	夏 宇 田习倩 化雁林 李 倞 李 利	评委奖	园迹	王向荣 林 菁
18	2010	鲍沁星 张敏霞 刘思萌	评委奖	因油而变——被遗忘石油城的重生	李 雄
19	2010	刘家琳 李 萍 朱时雨 张雪辉 卢 亮	评委奖	城市中的记忆之芽——较场口隧道遗址的保护与更新	李 雄
20	2010	张 晋 郁 聪 张 洋 毕汝涛 赵 睿	评委奖	一条运河、一座城市：历史遗产的保护与城市更新	王向荣 林 菁
21	2010	陈崇贤 孟 洋 王金瑾 徐筱婷	评委奖	城市农场：上海东方渔人码头的改造与可持续发展	王向荣

（续）

序号	时间	参赛学生	名 次	作品名称	导 师
22	2010	董 丽 黎琼茹 张 慧 束冬冬 孙 帅	评委奖	从高碳到低碳——城市工业遗址的更新	王向荣 林 菁
23	2010	赵 晶 刘 通 张 钢	评委奖	绿色祈愿：西藏阿里地区札达县托林寺的保护与更新	王向荣
24	2010	王乐砾 严 岩 林元珺 陶悦珊 李尚乘	评委奖	新巴扎主义——将巴扎作为新城市生活的基础构造	刘东云
25	2011	张旻旻 满 新 李进琼 李 婧 赵 画	评委奖	边界的“介入式”景观——对于粉煤灰场改造的探索	曾洪立 王 朋
26	2011	闫 晨 吴 然 薛 敏 李 旸 胡承江	评委奖	生长的边界	李 雄
27	2011	刘 通 郁 聪 张 洋 张 晋 毕汝涛	评委奖	鱼塘景观——香港后海湾城市过渡带景观规划与设计	王向荣 林 箐

毕业生名单

2011年学历教育博士毕业人员名单

林学院(合计49人)

草业科学(共5人)

侯国华　黄志勇　满　达　许立新　金晓明

林业装备工程(共5人)

康峰峰　唐雪海　李良松　张　娟　白志勇

森林保护学(共4人)

方健惠　杜　萍　刘春兴　王建伟

森林经理学(共5人)

高露双　王秀云　任瑞娟　宁杨翠　陈春雷

森林培育(共17人)

李　江　孙明学　张海英　李甜江　丁晓纲
王　梓　杨自立　桑子阳　梁　为　魏红旭
董雯怡　康瑶瑶　肖随丽　高卫东　孙慧彦
王　宏　罗华莉

生态学(共13人)

黄桂林　刘　义　于富玲　刘　利　何　俊
孙兆军　李　坚　雷妮娅　田晔林　吴金友
张秀娟　王晓静　肖　静

园林学院(合计29人)

城市规划与设计(共14人)

于　亮　阴帅可　刘　伟　张英杰　匡　纬
姚　朋　陈连波　彭　历　李　倞　李　利
马俊峰　秦　柯　师卫华　王衍祯

园林植物与观赏园艺(共15人)

郑西平　刘冬云　任爽英　杨晓东　鞠志新
钟　原　孙　翊　李　双　赵伶俐　吴根松
王红兵　潘剑彬　罗　乐　朱蕊蕊　李　林

水土保持学院(合计49人)

复合农林学(共5人)

陈作州　张宏芝　李志沛　秦树高　云　雷

工程绿化(共7人)

及金楠　庞　丽　程　复　谭雪红　方显瑞
高艳鹏　田　涛

山地灾害防治(共5人)

赵占军　刘　瑛　赵洋毅　刘　楠　冯泽深

生态环境工程(共5人)

马志林　张超波　聂　森　刘凤芹　杨　浩

水土保持与荒漠化防治(博士共24人)

王士永　胡小龙　周丽艳　周　祥　葛东媛
谭国栋　秦　景　李锦荣　张小侠　李海光
李庆云　黎建强　孙艳红　王　伟　李兰花
赵名彦　边　振　韩　磊　曹　波　史　宇
郑江坤　景　峰　徐成立　冯长红

土壤学(共3人)

刘永光　栾亚宁　曹吉鑫

经济管理学院(合计36人)

林业经济管理(共36人)

张劲松　王秋菊　田　园　郭青俊　王华丽
张天懿　吴云超　易爱军　国　政　王昌海
洪霞芳　张艳丽　张　红　王慧琴　刘　轩
刘祖军　骆耀锋　袁畅彦　刘　娜　张金环
金　笙　谭红扬　张　巍　张金环　高宇列
蒋德启　周雄志　刘　娜　姜宏瑶　闫　俊
苏建兰　钱一武　王耀鹏　胡　锐　陈丽荣
刘　霞

工学院(合计4人)

机械设计及理论(共2人)

张向慧　闫文刚

森林工程(共2人)

魏占国　王海兰

材料科学与技术学院(合计8人)
林产化学加工工程(共2人)
姜亦飞　王　堃
木材科学与技术(共6人)
宋莎莎　牛　敏　张　扬　姜卸宏　张立塔
张建辉

生物科学与技术学院(合计17人)
林木遗传育种(共5人)
李春明　蔡　肖　奚晓军　江锡兵　孙宇涵
野生动植物保护与利用(共4人)
刘方炎　龙　茹　于小杰　张树苗
植物学(共8人)
丁明全　高海波　孙红男　郭丽丽　孙　建
王　莹　李　静　梁宏伟

信息学院(合计4人)
林业装备工程(共2人)
韩静华　李　群
森林经理学(共2人)
齐　岩　杨　抒

人文社会科学学院(合计2人)
森林培育(共2人)
张文涛　周景勇

自然保护区学院(合计1人)
自然保护区学(共1人)
李霄宇

(徐　伟　孙信丽)

2011年学历教育硕士毕业生名单(合计845人)

林学院(合计113人)
草业科学(共12人)
王红柳　郭天麒　王怡杰　翁凌飞　王晓娜
徐大伟　姚春燕　蒋　影　刘荣秀　朱　钦
吴　健　杨　洋
地图学与地理信息系统(共21人)
孙一权　陈　颖　郭晓晓　赵　静　徐　静
蒋春颖　杜　哲　房　媛　任慧君　张健康
刘红伟　李浩明　张增光　孙红梅　耿　芳
刘彦君　刘　赟　高　原　赵修莉　乔　淑
郑　鑫
森林保护学(共16人)
任飞娟　王　勇　代晓宇　毛益婷　苓建强
刘鑫海　黄桐毅　吴佳徽　石　锐　杨　勇
潘　杰　周英梅　丁惠梅　吕　渊　孙　东
隋学良
森林经理学(共16)
范小莉　全　峰　李婷婷　李　林　韩冬花
周　宁　高　莉　何列艳　徐倩倩　方伟东
黄传响　张国春　刘书剑　刘凤娇　张红梅
王莉芳
森林培育(共22人)
王　静　刘现刚　冯亚莉　李江婧　刘　寅
王　冉　孙　宇　林　娜　卞　斐　杨静怡
马　晨　怀慧明　江丽缘　王　爽　杨书宇
樊桂敏　刘　婷　王　静　李　波　潘　琳
林晓明　谢乾瑾
生态学(共26人)
张丽谦　张彬彬　毛双燕　刘倩雯　周伟磊
宿　敏　刘　峰　刘夏明　李　佳　谭留夷
陈香茗　潘春芳　罗　扬　蔡雪琪　宋天宇
杨　莹　李　蕾　徐庆勇　邓铭瑞　陈　瑛
赵　娜　梁大双　孙继超　刘保新　苗方琴
奇　凯

园林学院(合计176人)
城市规划与设计(共57人)
王亚南　许天馨　于　涵　魏　犇　李　景
王丹琦　陈　飞　卞　婷　朱时雨　戈晓宇
李　露　张亚平　张晓辰　李　萍　黎琼茹
张　慧　赵　洁　束冬冬　田习倩　张晶晶
黄晓倩　胡小凯　朱里莹　吴泽英　万　婧
姜　松　李梦一欣　张猋菁　陈　雯　苏　博
徐筱婷　刘志芬　张昊宁　许丰思　王金谨
孟　洋　夏　宇　董荔冰　丘华恩　余湘雯
陈崇贤　化雁林　陈思羽　汪勇翔　付　倩
靳瑞聪　高江菡　林　旻　杨芊芊　文　斌
冯　潇　张谊佳　孙　娇　常钰琳　庞　璐

霍 锐 张景华

旅游管理(共7人)

邹丽丽 李 琳 黄梦颖 曾建英 徐 彩 胡雯雯 侯艳伟

园林植物与观赏园艺(共61人)

彭玉华 陈 静 付俊慧 任翔翔 黄 璐 王舒藜 黄晓雪 李红艳 张娜娜 敖 翔 赵 莉 李仁伟 李 芳 裴红美 吕鹏雁 周 丽 兰丽婷 廖圣晓 雷维群 周丽霞 乔 磊 李 冲 史言妍 李冰华 石少川 惠 楠 刁义维 孟 超 朱苗青 肖 鑫 靖 晶 孟 会 王 巍 魏 玮 霍晓娜 苑 征 张小卫 柴思宇 陈士宁 甄宏宇 李 彦 姜 岩 唐 明 何丽娜 罗竟男 谭 美 李轶群 栾 添 任利超 苑庆磊 王历慧 吴红娟 杨海岩 孟 锐 严冬瑾 霍丽丽 桑叶子 赵 妍 石晋芳 王学凤 姜贺飞

风景园林(共51人)

周 琨 徐 锦 吕文雅 蔡婷婷 刘志聪 孙 慧 易文静 毕翼飞 陈记珍 陈晓晓 杜 潇 何 璐 何苗苗 胡 敏 蒋诗超 赖龙隆 雷晗辰 李皓然 李 辉 李洁冰 李 荣 林元珺 刘 草 刘 畅 刘银华 卢 亮 罗彩云 骆 杰 毛 茜 孙大威 孙丽颖 孙 巍 唐松滨 王大名 王乐砾 王 荣 王 爽 严 岩 杨海威 于 淼 郁天天 张 敏 周丽妍 周 鑫 朱 哲 郝 敏 任 洁 肖 光 徐桂霞 徐思婧 周秋宇

水土保持学院(合计103人)

地图学与地理信息系统(共9人)

李安怡 田晓玲 周晖子 殷君茹 王晓学 芦 倩 王丹君 郑 芳 张殿君

复合农林学(共6人)

冯靖宇 张艺潇 岳 丹 周泽圆 王 晶 王 蕊

工程绿化(共10人)

王 亮 陈 明 吴得荣 董 明 张 艳 揣泽尧 陈 琳 韩 煜 于 洋 吴 穹

结构工程(共9人)

梁超男 徐 婷 赵瑞娟 杨 骁 王 浩 马 彬 刘 涛 郭中华 崔云静

农业生物环境与能源工程(共8人)

周 朔 武巧英 周延夫 田 颖 曹 鹤 王振华 刘挚鹏 杭 丽

生态环境工程(共9人)

李文斌 曹晓霞 杨晓菲 高 东 耿绍波 戴 欣 张东东 王 婷 贾子利

水土保持与荒漠化防治(共35人)

韦立伟 王贤会 郭 跃 赵哲光 云波兰 李晓宏 娄会品 张东东 张益源 李 全 邵文伟 韩洁春 赵 辉 张广分 蒋 航 王劲修 崔哲伟 周文渊 孙 艳 刘 曦 杨 健 童鸿强 刘 敏 孟凡超 周海浩 张华彬 张 灿 周 彬 范敏锐 隋旭红 吕文星 王 幸 孟力猛 刘 健 陈 明

土壤学(共7人)

赵 超 吴永铃 王肖楠 魏 莎 张 骅 乔 永 王 惠

植物营养学(共2人)

付汝军 于 洋

自然地理学(共8人)

朱文德 陈 珏 陈 锦 朱 岩 许智超 柳 行 郭 婷 唐 寅

经济管理学院(合计110人)

管理科学与工程(共11人)

滕 兵 姜 婷 陆继环 郜 惟 李 敏 徐玲玲 李轶维 王 虎 王艳桃 赵艳琴 安健期

国际贸易学(共12人)

胡 姗 闫碘碘 龙 叶 鲁艳增 吉晓玲 高秋杰 贺佳佳 夏 琦 刘宇宁 陈永超 王焰松 马莉娜

会计学(共14人)

张晓玲 黄文林 马淑银 陈晓曼 薛 白 褚玲仙 李 丹 林 启 张 静 郝 娜 王国君 霍 建 张琼方 翟佳琪

金融学(共6人)

周 莹 程 喆 许艳秋 马永杰 原利斌 张 杰

林业经济管理(共15人)

李 波 夏 亮 康 媛 邵 瑞 黄淑君 杨 磊 冯 达 王战男 郑云玉 张晓星

虞　啸　孙雨葭　刘晓萍　王玉冰　刘　佳

企业管理（共6人）

王　睿　万福军　龚晓君　韦华芳　王　威　俞惠倩

统计学（共9人）

康清恋　齐红超　韩　笑　许姝明　曹维阳　忻　艳　赵　娥　林奥京　黎　禹

行政管理（共10人）

杨晓东　方宜亮　李　慧　胡庆淑　肖玮玮　关旭明　王　鹏　杜　婧　徐洋宁　赵俊萍

人口、资源与环境经济学（共5人）

马升平　郭　迷　吴丽莉　杨志耕　杨　睿

农村与区域发展（共22人）

安　辉　仇　萍　李靖元　李　林　李青卿　李肖蒙　马　凯　曲　苗　王洪丹　吴　静　许力诺　苑　芳　翟亚男　周　游　金一凡　臧利娟　秦国伟　胡诗旸　张瑞佳　董琳静　杨　杰　刘文姝

工学院（合计29人）

车辆工程（共5人）

闫　艳　张　凡　秦立峰　马　啸　叶克东

机械电子工程（共3人）

薛慧霞　孙达根　杨　柳

机械设计及理论（共7人）

房　婷　刘　营　杨　瑶　贾大伟　陈　诚　陈　昕　齐　慧

机械制造及其自动化（共1人）

刘　妍

控制理论与控制工程（共6人）

梁　毅　伍亚虎　闫　文　胡培金　江　挺　彭曾愉

森林工程（共7人）

马丽芳　崔东旭　张　新　孙振佳　司　凯　朱於军　薛　琳

材料科学与技术学院（合计57人）

林产化学加工工程（共13人）

梅超群　谢小红　蒋　力　辛婷婷　齐　祥　孙　冉　周舒珂　李有志　翟　楠　孟莉莉　白　露　高志远　李　帅

木材科学与技术（共30人）

马　君　王　怡　高　巍　许守强　夏碧华　王　明　孟令萱　韩　昱　桑子涛　董耀辉　江进学　陈　勰　邵灵敏　景亮晶　刘亚兰　李　龙　魏　伟　魏洪斌　李万兆　江小丹　郝慧伶　毛　帅　钟　莎　王永波　徐　卓　尹江苹　陈　璐　杨　洋　黄紫嫣　李俊尧

设计艺术学（共14人）

王真洁　尹　婧　纪　芳　赵　画　张　群　王　昕　李　雪　田　璐　张　寅　赵雨思　张　夏　赵　靖　李　斌　高国栋

生物科学与技术学院（合计76人）

林木遗传育种（共14人）

尹敏娟　崔东青　刘军梅　冷青云　余　洋　孟清秀　时瑞亭　刘永良　刘　颖　张　锴　郭　琦　张　茜　王　强　杜　娟

农产品加工及贮藏工程（共12人）

王　政　周　博　刘士伟　姚永红　路会丽　杨　阳　徐瑞聪　高雪娟　黄建东　李　莉　张　帆　宗　楠

生物化学与分子生物学（共16人）

任珊珊　孙润泽　侯　琦　史军娜　李欢欢　李　娜　杨　婷　常李伟　李　煦　武　森　张　帆　杨　亮　杨　治　王彩玲　黄　放　陈　述

微生物学（共4人）

刘　杰　丁梦璇　牛伯庆　宿燕明

野生动植物保护与利用（共14人）

那顺德力格尔　陈九屹　卢　靖　王毅花　刘　刚　严　飞　刘培培　李秀雯　刘　晓　郝丽娟　孟　希　夏晓飞　莫　凡　侯　蒙

植物学（共16人）

张春兰　亓玉飞　苗银月　白　雪　滑　昕　冯　军　芦　然　商书交　宋洪英　田东梅　樊艳文　邢海涛　郝　爽　覃玉蓉　黄旭新　刘　萌

信息学院（合计45人）

管理科学与工程（共15人）

王兆龙　张晋宁　李伟利　黄　薇　宋　炜　何　平　李　明　杜艳冰　王　芳　李　恒　张仕响　陈尚安　孙　璞　王亚婧　刘少环

计算机应用技术（共8人）

周晓辉　裴　勇　刘冬香　李京丽　曾　茜

靳雪茹　姚宇飞　郭艳芬
森林经理学(共5人)
高　飞　刘天悦　苏　慧　王　鑫　张　月
设计艺术学(共8人)
刘　鹏　程兴勇　于　勇　孙瑞娟　刘　堃
何应德　徐　辉　张　洋
计算机软件与理论(共9人)
周　迪　翟维维　鞠晓娜　周　畅　孙冠南
刘　寅　王　蕾　李生珍　刑美军

人文社会科学学院(合计64人)
法学理论(共12人)
王欣炜　张智波　李思岐　刘思典　许文思
李向丹　高　翔　周　晨　张金体　何茂桥
刘　瑶　肖兆波
科学技术哲学(共16人)
高　茵　盛文璐　马玉娇　陆茹萍　李　媛
谢雯莎　朱天磊　秦小钢　刘伟华　梁志扬
白晓飞　熊晓丹　盛晓薇　李婷婷　许　玮
刘雅娇
思想政治教育(共6人)
闫春宇　张馨月　赵万庆　郭晓宇　王宝臣
荣　杏
马克思主义基本原理(共4人)
敖　敏　刘晶晶　徐　丽　邵　楠
应用心理学(共10人)
胡薇薇　葛高飞　王瑞馨　曹杏娥　郝晓媛
王　欢　苗　培　刘　薇　张　帆　曲清和
行政管理(共16人)
肖　轲　刘　悦　徐寅杰　伍朝斌　蔡庆杰
李　明　卡那吐尔逊　费衍慧　廖海伟
马　静　郭　晶　黄　娟　卜　洁　许凌霄

罗晓娜　李晓宇

外语学院(合计25人)
外国语言学及应用语言学(共18人)
甘　棠　刘晓芬　黄　娟　杨　峥　胡丽娟
杨卓娅　杨萌萌　周　琰　吴孝刚　宋松岩
王红迪　金　楠　林　宇　高李洋　李　丽
孟　雪　孟　琳　姚　尧
英语语言文学(共7人)
梁雅歆　徐　静　向婷婷　向　羽　马万平
朱海娜　池景慧

理学院(合计9人)
生物物理学(共9人)
马万顺　汪春军　李　媛　李星月　卢文敏
李　锋　严孝金　朱　丽　王　聪

自然保护区学院(合计13人)
自然保护区学(共13人)
王　冰　曾娅杰　李　娜　王晓晖　徐　康
李　丽　杨　萌　杨　洁　曲　艺　阙品甲
郭晓蕾　魏亚韬　姚莉

环境科学与工程学院(合计25人)
环境科学(共25人)
温　馨　卢　伟　宫存鹏　刘　双　隋丽丽
阮玲玲　赵长炜　于　新　王盼绿　马华敏
韩　超　熊正龙　张　腾　胡康博　于兰哲
唐橙橙　李道静　冯　宇　王丽平　孙世昌
肖凌鹏　马　欣　张秀梅　朱　凌　丰　满

(徐　伟　孙信丽)

2011年本科毕业生名单

包装工程
向华洲　蔡仲文　魏志民　黄伟祥　陈文川
何　毅　蒋学辰　王　楠　马　洋　韩静芸
陈婉莹　罗小雪　吴丽珠　黄　瑜　李辰宇
黄玉明　李文燕　杨心阳　黄若曦　陈淑梅
邹玉蕾　魏　琳　房　静　于海杰　李媛媛
张艺蓝　何京蔚

草坪管理(中美合作办学)
陈　轩　陈　协　张祎然　林元瑞　尤金成
李　矗　陈　俊　余　展　李俊伟　胡勤旺
何雪晨　梁维莎　陈一喆　李　蓉　张　萌
朱　郁　刘奕辰　张　茜　王　莎　韩成瑜
冯　睿　戴雪飞　李　茜　傅源远　徐小茜
管　弦　戴　鑫

草业科学(草坪科学与管理方向)

李丹青 张晓宇 冯星星 张超 王珅
杨新乐 彭圣 刘永魁 肖磊 李成亮
阿热达克·沙拉拜 阿不力米提·阿力
米尔扎提 贾梦杰 钟玲 王子佳 周蕾
吴阿丽 郑涵 岳佩琪 刘慧青 宋亚丽
牟春燕 于晓文 伊方 奇格汗·克孜勒拜
潘璐 韩佳

城市规划

李程 冯霁飞 孟德鑫 郑泥 任远
沙翰海 金文鑫 任伟 黄赛辉 宋应威
贺凯 魏来 苏岩 于静静 王倚天
黄哲姣 景璨 贺欢欢 罗娅婷 李尚睿
王为 曹泓涤 王喃 郭琪 闫笑菲
李英华 史天慧 刘瀚舒 李璇 宗良钰
杨瑞 曾昭君 王莹 钟珊 黄小倩
朱斯斯

地理信息系统

王浩 刘崇嵩 马力 单博阳 刘杨
黄荣泰 杨小婷 粟胜男 王瑶 朱炳萍
施敏燕 傅新宇 郭春蕾 焦桐

地理信息系统(国防生)

于淼 白一辰 王剑穹 郭江 韩慧君
陈哲 曾晶 李继昌 李鑫 部剑

电气工程及其自动化

谢子涵 赵泽山 郭冬冬 韦祖海 王楠
郑福 闫亮 宋杨挺 韩敏 冯彦璋
赵旭 陈骏 葛赫 胡让 孙鑫
张良杰 黄龙 刘倩 郑欣 韩旭
程若予 柯秋红 庞健 朱瑞涵 余海溶
王莉莉 钱一鸣 梁显 赵扬 李燕民
赖龙军 周峰 李雷 刘威 聂铭君
晏浚博 杨宇 曹学明 潘骁 孙昌辉
郭凯 杨繁 马攀 于欢 姚晔华
王旭颖 柳丽新 魏媛媛 刘晔 刘文素
张箐 周茜

电子信息科学与技术

马辰 张蕾蕾 刘徐伟 王鑫 单高京
田超 覃家韶 王帅 曾多 罗浩
彭刚 刘镇 袁境男 董江 徐侠
王键臻 王佰明 张敏 卢成鑫 朱江
王美淇 韦肖怡 刘亚军 刘姣 顾莹
郝孝宇 杨鸿儒 王佩 陈胜 苏然

王岩峰 左旭昭 郁擎 张少谦 胡文振
许家乐 雷晶龙 宋毅诚 伍逸楚 何文超
杨熙辰 魏勇俊 李广 王聪聪 张守杰
缑宇翔 朱琦 苗颖 石飞飞 孙琳琳
王梦 谷银萍 高雨时 颜晓军 刘颖超
袁媛

法学

何飞 于思洋 蔡育良 王富 姚俊伟
高松 赵乐 郝立志 杨继斌 韩野
刘洋 王舒娴 任苗 谭玉梅 顾凤英
李革 冯希童 胡昉 杨帆 李晓梅
赵璨 马跃 张敬芳 李雪莲 余冬梅
池海陆 黄垚 蒲锋 韩志扬 刚继华
蒋济泽 龚遥 吕毅 夏璇 周梦影
马嘉璇 许可 吴妤 蒋娅 曹丽娇
白晓阳 王馨伟 戴文妍 姚杨超 张晨
程淼 雷雨 郑梦远 林建兵 刘淼
杨笑宇 彭荣杰 车泰龙 张君 冯杰
廖瑛 周晴 朱玉霞 钱宇 郑姗姗
涂君 沈美云 林珣 王敏飞 李超
王敬敬 杨敏 刘诚 马莎 江晨雨
陈楞聪 李晨光 荣杰 王林世 蒋飞飞
文京哲 张长喜 崔超 程瑞杰 王成灿
郎涛 刘立鹏 王纬楠 郭福满 王冰川
程德保 米阳

风景园林

张瀚文 马越 卜昌荣 周钰 徐志强
邹广青 李云超 任维 宋亚莉 李朝
高焜雪 谭喆 陈卉丹 康琦 沈子茜
张思琪 武杨 张倩 孙漪南 熊闻进
王杰 姚希 白琳 温明洁 梁星
曹楠 李静 郭婷 朱冰颖 郭麒尔
文舒 王婷 吕欢 李泽 张天龙
荣柯 唐帅 穆天雨 郭汉 李光耀
甘琦 关南希 胡玥 徐扬 邹卉
周琳 杜晓君 黄宇凌 苏亚辉 李苏翌
张英璐 邓谢冬 张天然 刘唯一 张书乐
程欣慰 汤悦 夏心珏 任欣然 肖遥
孙妍 胡柳 邵熠 王翔 林辰松
贾玉劼 姚迪 黄明金 雷浩 梁晨
琚润冰 吴茜 朱思萌 庞瑀锡 卢小雅
林媛 李仪 覃婧 符凤兰 孟娟
石磊 史竞婷 唐璨 何梦婕 郭佳希

韩　旭　马晓婉　朱　颖　史　健　阎超一
武　奕　官筱薇　朱慧婧　李海燕　杨　薇
王　蕾　陈宇靖　刘天阳　吴龙峰　孔祥龙
刘效宇　黄川壑　钱　政　宇　晨　安　娜
张　婧　白　雪　陈美兰　吴思婷　王丽群
陈　曦　陈　云　冯艺佳　严　珏　毛祎月
王　菲　任倩园　王艺淳　尚　婧　梁　帅
李　姣　李子珺　刘　杉　李　璇　林　璐
陈佩青　徐　捷　郭琼霜

工商管理

郑　宇　蒋成赋　王丹青　张　晨　唐　杰
杨朝嘉　谢伦勇　金　锌　辜志忠　江生生
张　锐　王　萌　赵业明　郭　源　林建平
徐敬轩　张国遵　康　克　高　歌　王旻洁
潘巧兰　张　叶　张海芳　董刘颖　邓晓艳
陈　陈　王聪聪　陈　爽　寇明月　姚　琴
袁霖波　吴　丹　朱文娟　王　峰　肖　垚
江浩良　黄俊华　石生海　曹海岩　丁小迪
韩天昊　铁　锴　米　爽　李韩毅　高　旭
杨易范　帕尔哈提·赛买提　孙　巧　陈　思
王晶莹　王　丹　符晶晶　苏璐仙　张丽宁
尹玉灿　褚　珊　武　凡　李雅玢　张杉杉
王会子　孟思颖　王长昆　张人元　李　芹
丁伟杰　朱亚旅　王　轩　赵　静　刘晟旭
苏文杰

工商管理（经济信息管理方向）

张惠琪　刘　峻　刘长灿　龙　安　郭暮旅
屈　淇　耿立晓　刘鹏鹏　应君伟　鲁鸿辉
张　宏　卫　青　常亚楠　董　萍　赵璐妍
黄燕华　朱雨薇　潘　静　李　冰　王奕琛
谷　好　王　硕　乌斯娜　郑　梁　杨启莲
赵姝颖　谢菲菲　丁佳琪　徐昆明　刘　璐
杨雨迪　裴一帆　戴　磊　王　坤　任　强
李　元　王华盛　王　倩　靳　晨　黄　颖
成　英　王宝珠　金　仙　王　琪　贾　红
彭　苗　于艺鑫　张亚星　郭　莉　王一凡
姜倩倩　俞雯婷　李文婷　刘　宪

工商管理（物业管理方向）

陈　云　涂　腾　马文轩　杨盛云　常朝辉
王　开　胡小剑　王　宁　孙凯凯　肖远洋
张小舟　孙　瑾　朱思翘　徐宽宽　鲍龙琼
田　甜　王　萌　吴珂嘉　龚　蕾　杨诗梦
李　冲　王晓伟　崔　艳　刘　瑶　王洁如
柏　林　张全英　汪　言　顾佳飞　林　煜
朱震宇　崔亚磊　邹东升　孙祥华　罗　威
李昔明　彭程远　汤幼猛　陈文桢　张淑跃
赵雅菲　崔婷婷　陆雪玫　谢　芳　孟　娜
董威威　王亦男　陶峰静　王笑怡　姜　岩
牟丹丹　石霞萍　林　静　孙沛瑄　王　筝
马　骏　杨　林　覃志锋　宋益广　刘福权
车电波　郑鹏炼　徐衍行　李时运　吉永升
陈　露　宋　静　高　靓　范　洁　杨艳雪
钱心蕊　何　媛　刘明会　邵鹏霏　黄　馨
杨之祺　邹　宽　张媛丽　孙甜甜　刘民霞
覃　璇　罗熙霖　王　婷　胡悦英　赵　龙
陶志刚　任　仁　刘博宇　叶　鑫　李远剑
于　洋　官春洪　张　萌　张冰玉　郝晨雪
林冷梅　张　蕾　赵　越　贾　静　向美霞
王一扉　庞金露　李佳佳　王倩倩　王　露
王馨悦　陈　洁　马　蕾

工业设计

于　龙　李小亮　金东鹏　魏　巍　苏　文
刘　立　吕　彭　郭仲凯　温尔雅
刘晓影　王彭筠　张婉璐　陈　婷　周晨鸣
范思平　赵芳菲　董方雪　马志敏　息宇婷
冯　月　冯　琪　韩　雪　凌　玲　林　娜

国际经济与贸易

陈　翔　吴沛奇　罗旋铁　杨　涛　赵　迪
孙海杰　商哲丰　张梦琦　李　淼　韩　晋
郑　杨　孟宇微　孟颖佳　吴丽敏　许富琴
李澍奇　康海燕　周殊羽　王亚琼　蔡善玉
周语洋　黄　丹　魏晓萌　安津仪　刘丽媛
袁　敏　杨　丽　刘　赟　安　梅　俞培玉
王龙超　玄学松　侯迎超　王嘉斐　章晶晶
罗　艺　魏　然　孙　萌　邱　洋　梁　琳
王雅南　卢冬艳　麦韵怡　纪晓雯　王　霞
杜文婧　谭　颐　陆佳怡　曾囡囡　陶美兰
任　燕　刘一帆　董泽宇　杨　舒　方倩倩
刘诗雨　戴晓虹　蔡琳珊

环境工程

郭长旺　史鹏博　池焕元　吴永朝　薛　彬
王良飞　董　波　曲　博　赵　越　方开放
杜　娟　张　瑞　季雪元　王　甜　韦佳嘉
李　洁　王晓晔　邵琳琳　金　心　黄力飞
舒玉江　许雪莹　雷　英　孙　颖　杨　威
戴　晶　邢志远　张武曲　丘世源　罗　勤

王鑫 张英迪 梅兴新 张鑫 刘昊
刘蛟 张威 陈子衿 李晨 刘樱子
刘雅竹 徐小明 黎凤霞 刘荣杰 贾媛
王雪 张祺 李杭 张昕 丁淑娟
李珊珊 李文娜 马睿涵 杨维薇 曾志朋

环境科学

卢兴东 李若愚 武辰 冯壮壮 裴子超
朱荣哲 郭少涛 吴露君 孙文童 刘钊
卿伟 韩美亚 刘晓媛 吕佳 郭怡
王浪 罗姣 倪莎 秦墨梅 田菲菲
蒋丽 张延君 陈超 张雅莉 耿世蛟
孙中恩 张相

会计学

李静瑶 闫如宝 司晓娜 胡晓婷 李雅楠
陈龙 严翔 戴伟 李杰 李孟儒
张冰清 李博宣 褚旭 王颖 商海营
夏梓梅 李晓彤 刘媛 舒子仪 高洪爽
安蓉 蔡微珂 康亚岑 王亚男 高婧
冯洁 武子嫄 沈忱 牛佳 赵倩竹
杨蕾 崔毅斌 郭帆 于中杰 杨哲
刘杰 姚望 付宇頔 王天娇 柯曼綦
翟翠翠 赵昊 赵宇佳 马晓静 姚瑾
宗阳 尹洁琼 陈萌 王丽 李彦
田旭 张倩 潘婷 李囡 彭俊贤
陈哲 王冰洁 赵健淋 范信莉 谢一凡
高莎 李苒 李嘉瑶 秦家昆 陈亦潇
奚奇 孙宁宇 常立斌 乔伟 陈娜
苏雨晴 姚纯子 赵静思 缪红霞 黄媛
邓丽荼 苑静 沙琦 彦晶 钟颖
张智玮 刘佳敏 谈珺媛 王惠 王艺桐
孙之涵 张静文 樊莉 季君 朱柯奕
胡珊珊 肖静

机械设计制造及其自动化

李碧红 吴腾 沈长成 王霄 李进文
廖晟 陈创和 田万才 赵峰 门森
曹平平 彭文胜 陈旭 许令清 赵阳
韩明雷 王聪 高崇 张虎 周子皓
刘峻岩 王硕 左华宇 王明轩 蔡飞燕
底淑越 李乐 杨琳 宋卓越 方佳雯
李文龙 王广森 刘翼晨 成秋和 王磊
张赛 苏金成 邱帅 刘海石 马进华
张元旦 王尧 李川力 马龙 李翀
常建军 李德松 赵晓龙 邱海文 许博闻
王亚 张旻劼 秦瑞鸿 李亚男 李菁
李霞 刘朴志 马喆 王茂 秦冠童
刘桦 游树明 陆润 杨振宇 段吉栋
杜凯冰 宋东威 周侗 邹民 刘建强
周志鑫 葛昊 朱建国 解勇 董旭
傅汪亮 李文江 张颖 蔡靖 李倓
侯鑫新 张小玲 张卜文 杨雷 肖彭森
高毅然 杨航宇 施关书 邱生 卢元甲
于永洋 顾鹏飞 刘奇 杜举 周涛
刘敦梁 李延超 周皆庆 陈福新 于千钧
张杰 李永山 李超 阳绍国 吴建云
宋雪洁 谢静 周卢婧 毕智华 张鹤翔

计算机科学与技术

魏朝海 张晓武 王拓 姚鹏飞 罗锐
莫勇 刘小静 高云超 赵军 马良
孔令宏 王勃 薛力萌 管君 陈婉璐
蓝苏榕 蒋琼 陈薇 熊琳 王容
李伊萌 程钧沅 刘友娟 周杰 吴海洋
郑世杰 许清华 陆冬 俞书伟 张仔剑
张艺 叶晗鹏 范京琛 刘畅 宋正辙
王慧 郭妍 刘旭尔 张哲敏 佟超
程玉 林佳丽 孙升芸 吴琼 刘翠
胡伟松 王礽 佟健 何萌 赵泽贤
赖俊宇 刘彦强 佟博 孟萌 宋炳豪
刘广峥 杨长 于千 钟潞 胡瑞萌
郑薇薇 韦智芳 苑秋伍 李娜 袁思思
崔颖 宋天乙 袁德俊 李旭 夏志杰
闫浩 张劲松 刘振阳 康卫东 肖劲松
周立伟 付常雷 战萌 赵晨 许忠仁
杨斯杰 田文凯 姜雪 陈佳 钟妙芬
胡蓉 贾琨 罗叶琴 吕阳 崔京京
张颖 杨璐 张劭帅 杨福龙 王澜洋
孙福 孙龙 王腾 苏洪光 吴俊锋
陈龙 范睿 许振洲 徐洋 潘秦磊

交通工程(汽车运用工程方向)

许大涛 刘建 吴凌峰 何伟 唐龙飞
尤瑞臻 杨璨 吴迪 吴滔滔 唐靖楷
曹源 孙尧 吕泽 鞠新靖 任强
李环宇 马克 李涛 陈力 田朝静
廖明慧 李帆 王莉瑶 李丽 王晓萌
王雯 徐琴音 杨洋 吴莘晨 管鹏程
李文欢 李新涛 张泽林 马侦观 段振伟
赵振龙 张国治 罗瑞 乔洪海 徐浩铭

江远浩　齐伟家　李　龙　张华亭　路正遥
伍　谦　吴奇昊　平岳泉　张　倩　刘　婷
张　驰　叶　菁　李芳菲　王甜甜　雷　佳
杨　倩　丁　峰　郭　浩　杨　超　许华勇
姜庭治　马　越　张启超　张宝旭　刘　磊
管城熠　黄海圣　关　磊　肖关兴　禹冰锡
刘维华　裴开元　李　峰　袁　源　陈海军
郭利娟　郑肖萌　龙　萍　王　利　殷　旭
庄　苑　李亚楠　孙晓娟　宋小梅　王　璐
鲍安待

金融学

曹　萌　李　海　郑雅婷　叶资英　陈　欢
张　奇　范　宇　邓小波　朱明波　张原锟
伍　健　卞　博　魏福全　汪　奚　李　晶
王赛南　苏　闵　殷佳兴　温　迪　陈林婧
阮　元　伍艺铭　陈敏慧　芦　洁　周丽丽
吴　兰　王索娅　邹青慧子　黄前阳　池碧钰
吴　丹　孙　梦　肖　源　赵天琳　刘应国
宋　钊　袁立璜　饶　禹　雷　桐　王泽明
顾鸿飞　陈　荆　王彤彤　王　鑫　孙雪峰
童　超　侯淑仪　辛　蔚　靳　慧　梁　薇
陈雅芬　纪梦晨　刘历歌　董　伶　林映彤
王　颖　白　璐　彭莹莹　郑小曼　徐毅蓉
许燕飞　周烟钿　闵　哲　张　冰　王　琛
苏芳芳　李　飞　韩奕婧　李岵锦

梁希班

王邦贤　林士淑　刘程蕾　王亚平　周　琳
苏　捷　孙　露　张雅璇　孙一力　邵　哲
张益嘉　刘建华　王昕雨　张旭尧　郭亦骏
王　琳　孙　玮　高亭亭　隋　爽　李法艳
阮昱昱　段艳芳　汤成龙　郝　倩　陈　瑜
焦志敏　车　越　江　荷　施鹏程　杜豫苏
卢海玮　赵　娜　段　伟　凌　棱　韩爱桂
周大勇　张海龙　王世雷　周韦君　陆桂红
丛　月　张　峥　郑丹妮　于明含　赵晨辰
白艳婧　肖　萌　张　雪　高宇婷　张辛连
杨依柳　王加其　刘　东　谭泽寰　王　普
冯海燕　尤　勇

林产化工

季凌霄　党　权　赵继华　杨　延　文善政
缪志强　刘旭东　马学斌　姚卓飞　张　恒
姚思宇　杨俊锡　高　源　陈　品　李　娇
魏小禾　胡菊芳　杨　洋　曹婷婷　邢　杨
郭　敏　申　越　王晋芳　王　虹　崔晓霞
李紫雨　田春寒

林产化工(制浆造纸工程方向)

田维嘉　刘海洋　唐孙东日　陈　犀　马　斌
张成龙　陈耀东　王　林　宋立志　马忠斌
胡嘉义　马晨辉　涂新瑢　许　珍　罗影龄
田　旻　马淑杰　郭尤尤　宾银平　杜　越
张　爽　杨　静　徐　丹　王未然　牛　堃
任　镭　谢定军　张艳庆　刘泽强　陈　明
何俊杰　杨诚誉　宫　泽　李　森　张铭洋
黄　电　张　丹　严　旸　胡林丽　鲁　菲
康素敏　闫　岩　赵淑杰　李亚秀　张利鸣
张　婷　佘　颖　祝婧超　王　斌　赖鼎汪
林鸿波　张　敏　郑小帅　张英歌　陈鹤予
刘大琰　黄　华　黄　健　于艳洋　张　康
何　川　石　毅　王娟娟　肖　欢　陈慧媚
刘　欣　任　哲　李欣茹　刘玉苗　刘晓蒙
王子介

林　学

张　雷　王　昊　罗维胜　刘　冰　范　港
潘　哲　杜　柯　窦宇鹏　胡耀升　彭裕根
阿力木江·克热木　柳开权　金　江　张舒泓
陈忞忞　李　婕　卢宏静　陈　凤　王文浩
韩佳琦　李　媛　于琳倩
布威麦尔耶姆·玉苏普　李松芮　李骁尧
魏松坡　王朝伟　周里云　郭昉晨　赵　渺
刘锋涛　米玛次仁　王　红　张君武　吴　静
闫　琰　武　娴　王丽丽　杨　枚　朱沛林
项　颐　夏子寒　宋怡静　熊　慧　曲　宗
马晓瑜　汪　力　耿景选　顾凌峰　赵海雷
于　航　崔在龙　房永平　贾晓龙　向　楠
宁亮亮　王　龙　张　涛　合依劳别克·哈达尼
金　程　张　鑫　贠小琴　王英英　郭　滟
周兆媛　董　点　姜英姬　祁　玮　孙筱璐
秦天天　马　兰　郭　琦　陆雪丽　张　瑜
白琪芳

旅游管理

刘东伟　朱小伟　肖雄方　骆辛欣　刘　瑞
郑玉梁　胡梦成　张卉萌　李宏燕　王雪梅
庄晓磊　刘幸雨　朱　婷　许　立　程安荻
刘　莉　孙旭鹏　管　洁　徐锐涵　王龙娟
李　悦　王晋楠　程　倩　李少阳　周　伽
尹明媚　崔鑫岳　陈鸿儒　罗御澍　李立峰

李　赞　张　涛　马　妍　周弘玄　林　悦
周艳岚　张　茜　丁寒雪　万怡姝　范　奇
张　莉　李　薇　初红岩　金青林　闫　莉
黎家吉　曹　颖　赵　辰　胡　璟　郑一波
马骁骏　李　延　赵　佳　尚　波

木材科学与工程

王冰洁　冯　川　刘顺义　刘　翔　孙　瑜
王　昊　丰志波　孙国育　张瀚文　杨　飞
常康平　何文昌　杨　津　程文强　赵　赫
肖　春　金赛龙　金晓凤　饶雪溪　刘薇薇
秦学娴　赵黎明　官宇聪　刘　敏　陈　琳
苏梦菲　李媛媛　崔　婷　马秦洁　陈　磊
高昕晖　丁武斌　苗　天　姜　耀　崔新宇
王新博　昝　楠　王文亮　杨　涛　王佳伟
钟　睿　陈绍禹　刘庆雯　肖　雨　林　楠
符晓玉　杨　瑶　文　琳　毕　晔　乌吉斯古楞
冶　敏　罗　雯　祖宸希　肖　旭　叶　丹
黎安亚　张占强　农文韬　张　健　焦容波
邓文志　冯如博　马枭涵　李士帅　夏　捷
罗正立　徐耀飞　向迦南　王　矗　李　雯
王　峥　黎　敏　罗书品　马丽园　张　琪
徐海鑫　王梦琦　袁　卉　刘　杨　杨　洁
郑　姣　周一君

木材科学与工程(家具设计与制造方向)

柳　旭　柯　清　杨　越　蔡烈超　舒健平
孙振达　贾路章　张　桥　王铁过　王晨茜
赵　鑫　王　菁　陈文静　吕美玲　高书青
王安娜　杨　茹　张　烨　蔡敏芳　汪　榕
李　超　王笑梅　丁　莹　江映其　张　亮
张　翼　王东东　李白顺　段智琛　倪晓龙
汪海龙　赵金刚　刘　琳　张　朦　王梦晨
林　好　张佚名　杨　蒙　杨　策　王　婷
陈　惠　武海炜　吴赵旭　刘　玚　秦　朗
王　璇

农林经济管理

孙清霞　周　全　幸绣程　林　垚　冯玉金
王爱华　王国成　田　朋　沈　强　赵　欣
刘宇晨　旦增旺久　洪晓峰　余琳林　彭　越
卓玲娜　温　馨　余　娇　罗　尧　李　翔
邹旻珈　高利卷　袁　元　席　璐　黄培洁
韩　花　孟一江　李　艺　董方晓　王竹雁
封芙微　黄　丹　蔺　征　陆任飞　覃锦基
钟必强　沈依洋　杨　恒　刘　先　李　宇
徐颖钊　蔡万涛　雷　蕾　安琳瑶　董海芳
宋　洋　许宇颜　车远达　龙烨晗　周　艳
常菁菁　张　鸽　王迎来　付方玉　田静怡
李　娟　郑霄洋　德吉央宗　董倩倩　丁　娅
黄晶晶　安　宁

人力资源管理

艾　军　陆晓贤　朱立伟　张晨光　白　超
王　峥　顾思强　李晨曦　席洋洋　段璎珊
郝新强　杨贵川　朱佳慧　王　曦　蒋　丹
李　放　宋铮楠　郭曼璐　茅天玮　万　媛
王　淼　刘宇飞　闫　梅　任　昆　师新伟
宋晓媛　赖丹峰　章洁云　李静伟　张　译
彭　博　姜长佳　李武朝　何泓屿　徐扬波
邵　丽　宋妍萱　史　诗　李倩雯　徐婷婷
孙　璐　张　露　陶　梅　唐　霞　孟冠兰
柳　兰　胡　莹　杨楠楠　张冬时　吴　玮
张筱雯　王晓梦　高　杰　李　晶　王　潇
吴益芳　易亚琴

日语

贾子庆　郑汝俊　闫建磊　刘　歌　陈紫叶
杨　晨　池慧青　张　宇　裴香善　董希京
姜龙媛　杨萌萌　马玉梅　杨圆圆　赵益婵
周春谊　桑　博　蔡银花　刘香伟　唐玲丽
王　赟

森林资源保护与游憩

付星凯　瞿　展　王　辉　达任·达合斯坦
付　展　刘思思　金子琦　苏宝琴　李　莹
温彦威　赵　海　王志强　李　政　武英达
朱　江　王　辉　安　俊　余汉鋆　张　超
王　凯　王　帅　杨舟斌

生物技术

吴　韡　高逸超　朱　雷　王　哲　李宏成
江锦涛　仲　科　刘筱恺　马　盼　刘东平
吕　娜　吴　颖　王嘉蔚　张　强　付宇辰
林行众　汪一萌　田　江　卢　楠　邹　健
刘华龙　田　垄　王苏茵　肖　琳　吴　琼
王晓桐　谢艳梅　张正东　刘　泽　赵　航
王树群　刘寰宇　张信夫　郎思睿　张　平
邹小粟　马　程　李　凡　董文倩　冯思思
周　丹　孙建峰　陈金辉

生物科学

刘　钊　夏　冰　王　晟　王企珂　洪秀玲
巩琛锐　于大德　裴　培　牟辰丽　杨　洋

张双双 杨扬 李贤 周海君 任平
刘晓露 王欢 张旋 杨婧怡 马小婷
苏上 王冬旭 王厚领 陆路 苏立强
陈仲 田胜 林丽媛 钟自鸣 路瑶
黄珍 蒋一婷 王昱堃 王林 杨蔚然

食品科学与工程

卢志 辛晶 王紫霆 汤义林 牛虎
翟超超 党超 许欣芸 孙严 张琨
郭萌 金依 童羽 韦美美 陈会
张红霞 张璐 杨哲 徐晋予 宋莎莎
张骥 刘宁宁 欧阳屹林 李海莹 于芳芳
李贤 陈燕 崔超 李正 李路宁
施显赫 鞠震鸿 钟亦承 王东茂 葛雯
郭淼 阎汇文 来雨萍 庄惠玲 梁冀
莫秋岸 侯峥 姜雪 尹欢欢 石倩
李雯 谢珂 王晓萌 宁欣 岳洋
周国清 李婕 朱星辰 程妮 林市齐
宾宇波 张世欣 刘昌玉 曹晨晨 黄贾
刘曦 王茜 陈静 李力 莫建玲
岑海蓉 王莹 赵艳云 李丰玲 安文华
刘红 王乔 王玮 赵媛 石渭潍
缴莉 何金陶 陈慧芝 张明娟 张乔会
付亚男 苗雨新 刘建

市场营销

陈哲 李春 邹泽宇 黄泽鑫 黄洛诗
薛少泽 吴君濠 李家傲 梁志勇 杨岑
刘崇文 刘帅 王珏 陈开唐 梁雅秋
梁昕懿 周晓维 周莎莎 徐辰 马月
杨玲玲 王歆诗 肖敏 杨澜 杨力
高瑜 李倩倩 陈彦竹

市场营销(电子商务方向)

王珍 尚辉 黄季隆 冯子强 金磊
张继刚 金哲 朱文轩 邱毓鑫 周兴龙
秦星涛 金鹏飞 许忆宗 阳奕竹 孔丽娟
杨蕊 刁惠悦 张雯 任杰 张嘉琪
曾晓珊 朱志华 李文琴 宋仁慧 路佳怡
丁玮静 袁文雅

数学与应用数学

刘昊 陈燕华 杨金勇 黄川 付龙
廖军 高欢 胡波 徐斌 杨铭
万劼 解朋崃 柏久麟 庞云龙 李浩然
曹泽磊 陈磊 王鑫 郝然 王珊
张萌 董红影 黄琪 陈细芳 常嘉育
房雅倩 王虹燕 张昊 高芳媛 邵喆
曹振 孙鹏 赵希彦 甘竞 荆江帆
刘忍 范晓飞 赵向坤 梅丹 雒荣新
东晗博 任鹏飞 黄江 王人杰 金牧知
孙芳琦 杨柳 季冉 付颖爽 高旸
王菲 安春爱 邢纪华 张圆 吴央
杨婷 邹凡云 邢莹

数字媒体艺术

叶梦琳 李希茜 赵丽娜 刘清清 张萌
李祁 翟言 吴才刚 李玉兵 岳阳
王畅 周天 高澎 陈阳 陈慧泽
张曈 任多慧 张蕾 潘曼妮 苏杭
彭之莹 蒋蕊 张青华 杜淳 毛先倩
孙婉 栾磊 周玲 奉梦青 任思琪
金晓颖 熊鸽 李子巍 卢志辉 孟玉柱
葛高飞 汪洋 谭贤章 周赟 史锐
杨济榛 陈慎砚 李骏豪 刘巧俏 李雪雯
赵文娟 褚思乔 王承华 颜世聪 郭雪
兀兰 谢婷 周玲 王玺玉 邓玉
蓝添 宋佳沅 蒋舒怡 雷莹 关率

水土保持与荒漠化防治

金山 张杨 傅溟深 张举涛 梁伟
梁冰洋 唐祥 任远 沈冠霖 顾军虎
徐舟 王思伟 李笑晨 曹远博 马聪颖
徐特 甘露 秦越 崔美艳 陈左司南
贺靖贻 邓翰宇 崔瑞平 张文琴 拉巴普赤
杨苑君 杨娟 赵继纯 马欢 李一凡
王高威 仲跻学 谢威 任才 许宗文
尤蓓 冯德枫 穆合塔尔·买塞地 仇云峰
张艾 周晓果 胡銮运 王春蕊 李卉
王晓婷 郝婧 王谦 范雪环 樊凡
吕仁猛 李旭 李四高 刘旭辉 杨波
邹扬 彭喜君 马建华 胡生君 冯明明
李青山 闫玉奎 赵志远 潘迪 齐记
廖岚 杨松楠 于振华 刘幸 其米旺姆
孙悦 刘文液 冯晶晶 刘辉 王俊
未林

统计学

黄绍华 王卓然 章梦之 付政 周灼威
王文鹤 肖凯琪 吴守琦 焦启龙 李轶臣
铁维维 艾佳 孙雪 付嘉 乔咪
叶佩珊 靳丹 付宇涵 郑媛 张南希
李淼 张丽伟 王丹 张晓慧 黄蓉

许晓静 杨荷云 董碧红 张　寒 马　帅
吕　磊 赖远孟 龙　轩 张　健 周　毅
刘辰璞 马宏斌 郭　炎 付雯轩 张　妍
赵蒙蒙 李欢蓓 黄晓燕 王美莹 李　平
张子妍 王　婷 刘　佳 安婧婧 李　昂
罗梦秋 陈　晨 王天乐 王国梅

土木工程

杨　龙 吴佳晓 赵小平 眭杰俊 李彦平
徐琳伟 罗　阳 张　乙 张琳琳 邱　敏
裴文泽 黄清注 李　腾 陈　顶 罗亚丹
黄　尧 陆择罡 王绍伟 徐健锋 李　婷
李　君 梁璐瑶 周召能 裴　凯 齐德坤
党财帮 岳　路 李磊先 王　锐 张　哲
吕洪宾 刘　涛 王坤程 朱文博 靳宝玉
许　强 刘艳操 罗　璐 任赟跃 陈　浩
董祥挺 昂　康 任　璐 戴显庆 洪　猛
于兆宇 刘雪峰 范　懿 李卓霖 王　宇
缪云鑫 孟荣昌

心理学

王贵川 刘　煜 李潇逸 张明宇 陈　龙
刘哲佳 佟宇飞 蒋海飞 武雪迪 刘洪喆
李萌垚 郭雅晶 邓金荣 江冉冉 马　舒
吴燕姣 卞玉菡 武　娇 梁馨霓 赵金超
李莫訑 毛海霞 张梦雅 冷大专 于俊波
刘天佑 尚龙洋 杨耀光 陆晓旭 宋家龙
何　津 解　妍 李　姣 罗诗濛 林碗君
苏巧仪 张　倩 刘音菲 季球妍 吉玮恬
张　静 许瑾宏 杨　帆 薛　芮 曾子秋
米　婷 马君利 李鸾毅 商　伟 蒋立堉
赵　辰 余潇磊 叶柳红 成　年 魏晓韵
王重阳 杨盈琳 汪　琼 曾银玲 陆柯雯
王玉珏 苏　丹 高　萌 高碧超 任丽红
李晓莹 任冰洁 闫海洋 李宗孝 李　博
李　凯 耿　博 苏亚光 王　亮 潘沫燃
尹佳骏 李　鹏 白彦彪 赵立建 王　洋
宗　杨

信息管理与信息系统

蒙　肖 薛　力 陈　胜 李　辕 尹　然
于　灏 杜　刚 倪韶亮 彭俊杰 邓厚平
谭江舜 胡红辉 黄剑波 刘　吉 田一君
杨　超 毛　盼 李　权 叶治毅 陈洪梁
陈　凯 聂　盈 徐凌验 王　聪 陆　阳
崔　硕 周亿迎 王君军 董　晨 王晓龙
彭泽琼 郑　龙 王　硕 张　硕 闫　昊
肖　超 赵　谦 吴　垒 黄苏宇 王　岩
王冠宇 魏晓钰 王　桐 包捷勇 董天翔
刘　清 宋天翼 罗宇辰 刘凤媛 李允涵
李宇光 周　丹 张　晨 张昕竹 王红娟

野生动物与自然保护区管理

董金龙 胡建硕 陈景收 陈　俊 陈　浩
肖　华 莫　熠 薛　伟 曲笑含 徐希一
刘德军 黄　建 赵　妍 耿雪萌 王春连
姚　蓓 黄　琳 文　璐 段利娟 曾　昭
陈明莲 朱平芬 张雪雯

艺术设计

林希嵬 鲁　杨 周颖君 赵　涛 范思铭
王金洲 徐　全 黄利兵 李　睿 刘　晓
蔡林辰 林荣亮 祁　磊 徐　鑫 樊　莹
高洁颖 张云璐 郑亚萌 刘小煦 刘梦洁
蒋承辰 杨晓珑 胡玉多 王　艳 赵海娟
王　迪 王　田 张　薇 张子轩 张更彪
白志彬 耿　鹤 桑文博 何佳鸿 何　磊
孔　帅 闫若白 庞　宇 马国顺 高　深
李高峰 王筱莹 耿　洁 林佳斌 郭　靓
张攀岭 李　蕊 史笑天 樊孟莎 廖羽人
孙红丹 仝丽丽 彭烨珺 娜　仁 王　蕾
叶锦霞 许丽文 樊瀚超

艺术设计(动画设计方向)

于钦聚 韩　洋 蒲庆辉 刘　昱 马　铭
周清华 卢　超 曹俊伟 王春阳 孔秋婷
王仰孜 杨宪民 李晓蕾 郭　嫚 巩　婕
张　瑜 冯佳宁 戴明敏 李珍晓 许　媛
应世澄 周　霞 杨洪园 唐玉晓 刘　超
展瑞璟

艺术设计(装潢艺术设计方向)

管小辉 张　健 李怀龙 齐　超 马思远
王笑文 赵　青 苗雨晴 李海超 韩　泉
雷淑玲 刘　迪 刘　巧 王　欣 廖婷婷
宋丹妮 周彦君 黄　暐 张　乐 高　霁
孙　丽 李　娜 赵　楠 胡晓叶 张　歌
王嫣妮

英语

尹碧天 齐达纬 吴寒寒 张　羽 曹可心
胡梦迪 陈淑娟 陈巧怡 卢　苹 张　杰
靳　真 段　炼 段艾琳 朱雄辉 付渲淇
谷苏徽 顾滢滢 王　妤 赖　延 韩　丽

邵雨非 赵丽薇 李 萌 陈 彦 游兰宇
何 黎 檀 烈 蒲义兵 阮金玲 朱雨凝
宋 雯 郭 馨 方 婕 许 杨 靳博雅
王佳子 刘宇希 邓昌赟 胡 杨 李湄瑶
汪 然 孟祥群 闵璐嘉 迟名佳 牟洺锐
马海琴 蒲天然 王晓灿 曹思源 黄 滢
黄伟华 古 龙 霍凝坤 段伟伟 付峥峥
秦 嫱 汪明秀 刘婷婷 李昊芸 王丽娜
蒋 瑛 余愿玲 李亚可 郭方舟 刘 越
丁 滢 黄盈哲 刘 怡 宋楠楠 王 珺
赵 佳 王一博 李孟赢 张越飞 王艺琴
曾巾力 张川子 陈泽沛 胡峥玥 吴慧群
陈迪聪 吴蕙云 吴小妹 刘安琪 张月佳
张巧慧 周翠云 张 宁 李鸿嘉 夏 倩
何 琼 吴 欢 雷晨露 戚思哲 李林林
李莉莎白 杜春兰 刘亚文 周超波 李韫钰

园 林

张小元 郭云韬 夏善国 蒋 钊 张 力
赵丰年 雷龙飞 宋 爽 茹龙飞 张 杰
宋 玮 冯 婧 王 杰 李华雯 邓慧娴
翁丽珠 宋爱春 梁 婵 祝 捷 马佳玲
李姗姗 袁 敬 刘婷婷 李京京 王晴悠
江 雯 侯 蕾 曲 琛 冯梦婕 杨姜姜
杨 利 程 璐 李晨然 宋 梁 钟崇集
裴宝京 徐 亮 朱虹如 李金岳 丁 强
丁贤冬 李 箫 刘 畅 章 杰 郑 昱
陈文倩 刘丹琪 覃 俊 吴 婷 樊 冰
张博雅 蔡 颖 冯叶子 纪翔宇 许文芳
王一涵 王 欢 郭 星 张 乔 胡俊亭
高 琪 徐玉坤 秦晓晴 徐秋思 王丹茵
袁 帅 杜 冰 赵 轩 宋 阳 杨 硕
陈 霖 吴少文 陈夕雨 唐 毅 徐 戈
高 旸 王亚健 罗 璇 杨 越 刘自姣
洪 渝 陆 瑶 张云星 黎 檬 肖 溶
任语宁 卜 菁 张晓昱 秦 帆 沈 琛
闫晓颖 霍 红 杨秋萍 黄雅薇 鲁 晨
邓延升 魏 欣 刘子渝 初大龙 贺 敏
舒斌龙 苏 楠 李英良 马彬彬 金宇辰
刘 琦 刘 佼 张 杨 孙 昊 顾力菲
韦 烨 林雅颖 张久阳 孙苑馨 龙琪霞
吴 攀 刘 悦 陈 菁 梁 源 王光华
金文同 林轩露 唐韵雅 王 晴 吴 婷
王海力 邓子龙 盖 先 王天放 杨春光
杜 康 彭凌迁 史 轩 张 楠 宋春锋
盛秋梧 刘 畅 谢安平 国 健 鲁 娜
莫 濛 郑婉露 赵 娜 张亚楠 付晨帆
何雅汐 张 悦 郜盈雪 邓丽萍 黄 莎
王晓田 王 婕 孟 卓 余玥雯 刘 淼
张雯皓 范 源 廖 欣 王 阔 李 运
谢 辛 张寒飞 陶 冉 贾少华 臧肖恒
孙嘉渊 许浩煜 刘金蕾 史威明 周 蕊
李舒扬 冼倩妤 华 倩 孙慧一 张瑜婷
周丹瑶 鲁禹言 刘济姣 游 雅 张海天
王晨雨 胡雨逸 王 倩 李丹梦 黄 露
胡育蓓 赵 颖

园艺(观赏园艺方向)

杨济民 邱亦纯 徐顺超 李丹丹 任轶林
王一涵 马原九子 邬 金 雍雪友 陈浩翔
张 雪 李 赞 刘 羽 王 茜 鲍馥靓
刘丽丽 吴亚君 王赫丹 唐雯荻 常 雯
冯悦怡 尤佳妍 王艺霖 张惠子 朱晓琳
曹 宁 刘 晶 高梦雅 任耀华 普秋丽
朱 笑 刘 瑜 吴凤玉 张宇航 陈 林
段威毅 杨一帆 陈 杨 杨 可 尚彤飞
孟潇潇 张腾月 吴晨曦 张玉琴 张 蔓
杨 森 崔馨元 刘晓红 谢诗雨 周桂英
王莉莉 洪 艳 曲文静 闫冬蕾 郑 佳
杨 放 耿 婧 俞冶晔 周 佳 刘水鑫

资源环境与城乡规划管理

周锡饮 吴 靖 赵 灿 姚文俊 刘 博
张少华 谭 枭 王志成 次仁欧珠
玉努斯·托乎提 阿布力克木·吐尼牙孜
陈 露 谢 芮 杨 雪 孙欢欢 左锐银
薛莎莎 佘聪伟 刘紫葳 次仁曲西 文 煦
李昕宇 周 倩 刘金凤

自动化

赵 森 郭 楠 马之遥 李锦清 王荣松
张 彧 陈 维 胡大鹏 李 浩 阿都青
谢 智 冯 超 李 晨 陈明阔 杨 金
叶 睿 李 柯 程 菲 黄 旭 李海燕
罗 婷 赵环宇 武 睿 孙晓明 刘 雨
方慧慧 孔建磊 郭鲁恒 贾志强 陆勇刚
于 洋 汤 俊 郭玉华 吴大鹏 杜霄峰
朱 迪 辛建豪 刘秋岐 李可一 芦 山
刘 沭 郃清清 谭文冉 梁 栋 闫 冬
刘芷宁 梁 娜 李小婉 李傲雪 佟祥婷

庞　帅　宋雅儒　蔡方圆　冉　冉

2011年博士后出站人员名单(15人)

林业工程流动站(合计3人)
木材科学与技术(1人)
张学铭
林业装备工程(1人)
马尚全
林产化学加工(1人)
牛梅红

生物学流动站(合计4人)
生态学(工学4人)
鲁绍伟　王红玲　赵方莹　刘春延

林学流动站(合计6人)
森林培育(3人)
贺窑青　丁向阳　左海军
生态环境工程(2人)
王兴祖　齐　飞
水土保持与荒漠化防治(1人)
刘玉燕

农林经济管理流动站(合计2人)
林业经济管理(2人)
曾以禹　龚直文

2011 年学位授予名单

2011 年学历教育博士学位授予名单（合计 195 人）

林学院（合计 50 人）

草业科学（农学 6 人）

侯国华　黄志勇　满　达　许立新　金晓明
杨立成

林业装备工程（工学 3 人）

康峰峰　唐雪海　李良松

森林保护学（农学 6 人）

方健惠　杜　萍　刘春兴　王建伟　侯雅芹
夏　博

森林经理学（农学 6 人）

高露双　王秀云　宁杨翠　唐小平　岳彩荣
王洪波

森林培育（农学 17 人）

孙慧彦　李　江　孙明学　张海英　李甜江
丁晓纲　王　梓　杨自立　桑子阳　梁　为
魏红旭　董雯怡　康瑶瑶　肖随丽　高卫东
郭　鹏　刘新宇

生态学（理学 12 人）

黄桂林　刘　义　于富玲　刘　利　何　俊
孙兆军　李　坚　肖　静　牛树奎　金　川
韩淑梅　罗柳红

园林学院（合计 34 人）

城市规划与设计（工学 16 人）

王衍祯　于　亮　阴帅可　刘　伟　张英杰
匡　纬　姚　朋　陈连波　彭　历　李　倞
李　利　马俊峰　秦　柯　师卫华　沈丽颖
胡文芳

园林植物与观赏园艺（农学 18 人）

郑西平　刘冬云　任爽英　杨晓东　鞠志新
钟　原　孙　翊　李　双　赵伶俐　吴根松
菲利普　王红兵　潘剑彬　罗　乐　朱蕊蕊
刘秀丽　封　紫　杨德凭

水土保持学院（合计 48 人）

复合农林学（农学 5 人）

张宏芝　李志沛　秦树高　云　雷　陈作州

工程绿化（农学 6 人）

及金楠　庞　丽　程　复　谭雪红　方显瑞
田　涛

生态环境工程（农学 5 人）

马志林　张超波　聂　森　刘凤芹　杨　浩

水土保持与荒漠化防治（农学 24 人）

王士永　胡小龙　周丽艳　周　祥　葛东媛
谭国栋　秦　景　李锦荣　张小侠　李海光
李庆云　黎建强　孙艳红　王　伟　李兰花
赵名彦　边　振　韩　磊　曹　波　史　宇
郑江坤　景　峰　徐成立　李秀芬

山地灾害防治工程（农学 5 人）

赵占军　刘　瑛　赵洋毅　刘　楠　冯泽深

土壤学（农学 3 人）

栾亚宁　曹吉鑫　刘永光

经济管理学院（合计 24 人）

林业经济管理（管理学 24 人）

刘　霞　陈丽荣　张劲松　王秋菊　田　园
郭青俊　王华丽　张天懿　吴云超　易爱军
国　政　王昌海　洪霞芳　张艳丽　张　红
王慧琴　刘　轩　刘祖军　骆耀锋　袁畅彦
杨桂红　李月梅　马花如　胡　锐

工学院（合计 3 人）

机械设计及理论（工学 2 人）

张向慧　闫文刚

森林工程（工学 1 人）

魏占国

材料科学与技术学院(合计 6 人)
林产化学加工工程(工学 2 人)
姜亦飞　王　堃
木材科学与技术(工学 4 人)
宋莎莎　牛　敏　张　扬　张　帆

生物科学与技术学院(合计 17 人)
林木遗传育种(农学 5 人)
李春明　蔡　肖　奚晓军　孙宇涵　江锡兵
生物化学与分子生物学(理学 1 人)
萨马吉
野生动植物保护与利用(农学 3 人)
刘方炎　龙　茹　于小杰
植物学(理学 8 人)
丁明全　高海波　孙红男　郭丽丽　尼　欧
孙　健　王　莹　梁宏伟

信息学院(合计 9 人)
森林经理学(农学 4 人)
韩静华　李　群　张　娟　白志勇
林业装备工程(工学 5 人)
齐　岩　杨　抒　黄儒乐　张　旸　彭恩强

人文学院(合计 3 人)
森林培育(农学 3 人)
张文涛　周景勇　罗华莉

自然保护区学院(合计 1 人)
自然保护区学(农学 1 人)
李霄宇

(唐　瑜　张志强)

2011 年同等学力人员博士学位授予名单(合计 2 人)

农学博士 1 人，理学博士 1 人。
林学院(合计 1 人)
森林经理学(农学 1 人)
殷鸣放

生物科学与技术学院(合计 1 人)
生物化学与分子生物学(理学 1 人)
梁丽松

(唐　瑜　张志强)

2011 年学历教育硕士学位授予名单(合计 767 人)

林学院(合计 113 人)
草业科学(农学 12 人)
蒋　影　吴　健　徐大伟　翁凌飞　王红柳
王晓娜　王怡杰　郭天麒　姚春艳　朱　钦
杨　洋　刘荣秀
地图学与地理信息系统(理学 21 人)
孙一权　陈　颖　郭晓晓　赵　静　徐　静
蒋春颖　杜　哲　房　媛　任慧君　张健康
刘红伟　李浩明　张增光　孙红梅　耿　芳
刘彦君　刘　赟　高　原　赵修莉　乔　淑
郑　鑫
森林保护学(农学 16 人)
任飞娟　王　勇　代晓宇　毛益婷　岑建强
刘鑫海　黄桐毅　吴佳徽　石　锐　杨　勇
潘　杰　周英梅　丁惠梅　吕　渊　孙　东
隋学良
森林经理学(农学 15 人)
范小莉　全　锋　李婷婷　李　林　韩冬花
周　宁　高　莉　何列艳　徐倩倩　方伟东
黄传响　张国春　刘书剑　刘凤娇　张红梅
森林培育(农学 22 人)
杨静怡　李　波　江丽媛　怀慧明　樊桂敏
刘　寅　刘　婷　王　冉　王　静　刘现刚

冯亚莉　林晓明　王　爽　马　晨　潘　琳
孙　宇　王　静　杨书宇　林　娜　李江婧
谢乾瑾　卞　斐

生态学（理学27人）
张丽谦　张彬彬　毛双燕　周伟磊　宿　敏
刘　峰　刘夏明　李　佳　谭留夷　陈香茗
潘春芳　罗　扬　蔡雪琪　宋天宇　杨　莹
徐庆勇　邓铭瑞　陈　瑛　赵　娜　梁大双
孙继超　刘保新　苗方琴　奇　凯　李　蕾
刘倩雯　萨　拉

园林学院（合计127人）

城市规划与设计（工学58人）
王亚南　许天馨　于　涵　魏　犇　李　景
王丹琦　陈　飞　卞　婷　朱时雨　戈晓宇
李　露　张亚平　张晓辰　李　萍　黎琼茹
张　慧　赵　洁　束冬冬　田习倩　张晶晶
黄晓倩　胡小凯　朱里莹　吴泽英　万　婧
姜　松　乔亭荣　张焱菁　陈　雯　苏　博
徐筱婷　刘志芬　张昊宁　许丰思　王金瑾
孟　洋　夏　宇　董荔冰　丘华恩　化雁林
余湘雯　陈崇贤　陈思羽　汪勇翔　付　倩
靳瑞聪　高江菡　林　旻　杨芊芊　文　斌
冯　潇　张谊佳　孙　娇　常钰琳　庞　璐
霍　锐　张景华　李梦一欣

旅游管理（管理学7人）
邹丽丽　李　琳　黄梦颖　曾建英　徐　彩
胡雯雯　侯艳伟

园林植物与观赏园艺（农学62人）
彭玉华　陈　静　付俊慧　任翔翔　黄　璐
王舒藜　黄晓雪　李红艳　张娜娜　敖　翔
赵　莉　李仁伟　李　芳　裴红美　吕鹏雁
周　丽　兰丽婷　廖圣晓　雷维群　周丽霞
乔　磊　李　冲　史言妍　李冰华　石少川
惠　楠　刁义维　孟　超　朱苗青　肖　鑫
靖　晶　孟　会　王　巍　魏　玮　霍晓娜
苑　征　张小卫　柴思宇　陈士宁　甄宏宇
李　彦　姜　岩　唐　明　何丽娜　罗竞男
谭　美　李轶群　栾　添　任利超　苑庆磊
王历慧　吴红娟　杨海岩　孟　锐　严冬瑾
霍丽丽　桑叶子　赵　妍　石晋芳　王学凤
姜贺飞　雷诺达

水土保持学院（合计104人）

地图学与地理信息系统（理学9人）
李安怡　田晓玲　周晖子　殷君茹　王晓学
芦　倩　王丹君　郑　芳　张殿君

复合农林学（农学6人）
冯靖宇　张艺潇　岳　丹　周泽圆　王　晶
王　蕊

工程绿化（农学10人）
王　亮　陈　明　吴得荣　董　明　张　艳
揣泽尧　陈　琳　韩　煜　于　洋　吴　穹

结构工程（工学9人）
梁超男　徐　婷　赵瑞娟　杨　骁　王　浩
马　彬　刘　涛　郭中华　崔云静

农业生物环境与能源工程（工学8人）
周　朔　武巧英　周延夫　田　颖　曹　鹤
王振华　刘挚鹏　杭　丽

生态环境工程（农学9人）
李文斌　曹晓霞　杨晓菲　高　东　耿绍波
戴　欣　张东东　王　婷　贾子利

水土保持与荒漠化防治（农学36人）
大林直　韦立伟　王贤会　郭　跃　赵哲光
云波兰　李晓宏　娄会品　张　东　张益源
李　全　邵文伟　韩洁春　赵　辉　张广分
蒋　航　王劲修　崔哲伟　周文渊　孙　艳
刘　曦　杨　健　童鸿强　刘　敏　孟凡超
周海浩　张华彬　张　灿　周　彬　范敏锐
隋旭红　吕文星　王　幸　孟力猛　刘　建
陈　明

土壤学（农学7人）
赵　超　吴永铃　王肖楠　魏　莎　张　骅
乔　永　王　惠

植物营养学（农学2人）
付汝军　于　洋

自然地理学（理学8人）
朱文德　陈　珏　陈　锦　朱　岩　许智超
柳　行　郭　婷　唐　寅

经济管理学院（合计88人）

管理科学与工程（管理学11人）
滕　兵　姜　婷　陆继环　郜　惟　李　敏
李铁维　赵艳琴　徐玲玲　王　虎　安健期
王艳桃

国际贸易学(经济学12人)
王焰松 陈永超 夏 琦 高秋杰 贺佳佳
胡 姗 刘宇宁 马莉娜 闫碘碘 龙 叶
吉晓玲 鲁艳增
会计学(管理学14人)
张琼方 翟佳琪 张晓玲 黄文林 马淑银
陈晓曼 薛 白 褚玲仙 李 丹 林 启
张 静 郝 娜 王国君 霍 建
金融学(经济学6人)
张 杰 周 莹 程 喆 许艳秋 马永杰
原利斌
林业经济管理(管理学16人)
康 媛 邵 瑞 孙雨葭 刘晓萍 王玉冰
刘 佳 李 波 黄淑君 夏 亮 杨 磊
张晓星 虞 啸 冯 达 王战男 郑云玉
赵南星
企业管理(管理学6人)
王 睿 万福军 龚晓君 韦华芳 王 威
俞惠倩
统计学(经济学8人)
康清恋 齐红超 韩 笑 许姝明 曹维阳
忻 艳 赵 娥 林奥京
行政管理(管理学10人)
方宜亮 李 慧 胡庆淑 肖玮玮 杨晓东
赵俊萍 关旭明 王 鹏 杜 婧 徐洋宁
人口、资源与环境经济学(经济学5人)
马升平 郭 迷 吴丽莉 杨志耕 杨 睿

工学院(合计29人)
车辆工程(工学5人)
闫 艳 张 凡 秦立峰 马 啸 叶克东
机械电子工程(工学3人)
薛慧霞 孙达根 杨 柳
机械设计及理论(工学7人)
房 婷 刘 营 杨 瑶 贾大伟 陈 诚
陈 昕 齐 慧
控制理论与控制工程(工学6人)
梁 毅 伍亚虎 闫 文 胡培金 江 挺
彭曾愉
森林工程(工学7人)
马丽芳 崔东旭 张 新 孙振佳 司 凯
朱於军 薛 琳
机械制造及其自动化(工学1人)
刘 妍

材料科学与技术学院(合计57人)
林产化学加工工程(工学13人)
梅超群 谢小红 蒋 力 辛婷婷 齐 祥
孙 冉 周舒珂 李有志 翟 楠 孟莉莉
白 露 高志远 李 帅
木材科学与技术(工学30人)
马 君 王 怡 高 巍 许守强 夏碧华
王 明 孟令萱 韩 昱 桑子涛 董耀辉
江进学 陈 勰 邵灵敏 景亮晶 刘亚兰
李 龙 魏 伟 魏洪斌 李万兆 江小丹
郝慧伶 毛 帅 钟 莎 王永波 徐 卓
尹江苹 陈 璐 杨 洋 黄紫嫣 李俊尧
设计艺术学(文学14人)
王真洁 尹 婧 纪 芳 赵 画 张 群
王 昕 李 雪 田 璐 张 寅 赵雨思
张 夏 赵 靖 李 斌 高国栋

生物科学与技术学院(合计72人)
林木遗传育种(农学14人)
尹敏娟 崔东清 刘军梅 冷青云 余 洋
孟清秀 时瑞亭 刘永良 刘 颖 张 锴
郭 琦 张 茜 王 强 杜 娟
农产品加工及贮藏工程(工学12人)
王 政 周 博 刘士伟 姚永红 路会丽
杨 阳 徐瑞聪 高雪娟 黄建东 李 莉
张 帆 宗 楠
生物化学与分子生物学(理学16人)
任珊珊 孙润泽 侯 琦 史军娜 李欢欢
李 娜 杨 婷 常李伟 李 煦 武 森
张 帆 杨 亮 杨 治 王彩玲 黄 放
刘 杰
微生物学(理学3人)
刘 杰 丁梦璇 宿燕明
野生动植物保护与利用(农学12人)
那顺得力格 陈九屹 卢 靖 王毅花 刘 刚
严 飞 刘培培 李秀雯 刘 晓 郝丽娟
孟 希 夏晓飞
植物学(理学15人)
亓玉飞 苗银月 白 雪 滑 昕 冯 军
芦 然 商书交 宋洪英 田东梅 樊艳文

邢海涛　郝　爽　覃玉蓉　黄旭新　刘　萌

信息学院(合计41人)
管理科学与工程(管理学13人)
王兆龙　王　芳　何　平　宋　炜　李　恒
孙　璞　杜艳冰　张晋宁　李伟利　黄　薇
李　明　张仕响　王亚婧
计算机应用技术(工学8人)
靳雪茹　姚宇飞　郭艳芬　曾　茜　李京丽
刘冬香　周晚辉　裴　勇
森林经理学(农学5人)
张　月　刘天悦　王　鑫　苏　慧　高　飞
设计艺术学(文学8人)
徐　辉　程兴勇　何应德　张　洋　刘　鹏
于　勇　孙瑞娟　刘　堃
计算机软件与理论(工学7人)
孙冠南　周　畅　周　迪　刘　寅　鞠晓娜
翟维维　王　蕾

人文社会科学学院(合计64人)
法学理论(文学12人)
王欣炜　张智波　李思岐　刘思典　许文思
李向丹　高　翔　周　晨　张金体　何茂桥
刘　瑶　肖兆波
科学技术哲学(哲学16人)
高　茵　盛文璐　马玉娇　陆茹萍　李　媛
谢雯莎　朱天磊　秦小钢　刘伟华　梁志扬
白晓飞　熊晓丹　盛晓薇　李婷婷　许　玮
刘雅娇
思想政治教育(法学6人)
闫春宇　张馨月　赵万庆　郭晓宇　王宝臣
荣　杏
马克思主义基本原理(法学4人)
刘晶晶　徐　丽　邵　楠　敖　敏
应用心理学(教育学10人)
葛高飞　王瑞馨　曹杏娥　郝晓媛　王　欢
苗　培　刘　薇　张　帆　曲清和　胡薇薇
行政管理(管理学16人)
肖　轲　刘　悦　徐寅杰　伍朝斌　蔡庆杰
李　明　卡那·吐尔逊　费衍慧　廖海伟
马　静　郭　晶　黄　娟　卜　洁　李晓宇
许凌霄　罗晓娜

外语学院(合计25人)
外国语言学及应用语言学(文学18人)
甘　棠　刘晓芬　黄　娟　杨　峥　胡丽娟
杨卓娅　金　楠　杨萌萌　高李洋　李　丽
王红迪　周　琰　宋松岩　吴孝刚　林　宇
姚　尧　孟　雪　孟　琳
英语语言文学(文学7人)
向婷婷　向　羽　徐　静　梁雅歆　马万平
朱海娜　池景慧

理学院(合计9人)
生物物理学(理学9人)
马万顺　汪春军　李　媛　李星月　卢文敏
李　锋　严孝金　朱　丽　王　聪

自然保护区学院(合计13人)
自然保护区学(农学13人)
王　冰　曾娅杰　李　娜　王晓晖　徐　康
李　丽　杨　萌　杨　洁　曲　艺　阙品甲
郭晓蕾　魏亚韬　姚　莉

环境科学与工程学院(合计25人)
环境科学(工学25人)
温　馨　卢　伟　宫存鹏　刘　双　隋丽丽
阮铃铃　赵长炜　于　新　王盼绿　马华敏
韩　超　熊正龙　张　腾　胡康博　于兰哲
唐橙橙　李道静　冯　宇　王丽平　孙世昌
肖凌鹏　马　欣　张秀梅　朱　凌　丰　满

(唐　瑜　张志强)

2011年同等学力硕士学位授予名单（合计3人）

农学硕士3人

信息学院（合计1人）

森林经理学（农学1人）

易宏琤

园林学院（合计2人）

园林植物与观赏园艺（农学2人）

金笑斐　付涌玉

（唐　瑜　张志强）

2011年高校教师硕士学位授予名单（合计1人）

赵　雁

（唐瑜　张志强）

2011年全日制风景园林硕士专业学位授予名单（合计51人）

周　琨　徐　锦　吕文雅　蔡婷婷　刘志聪
孙　慧　易文静　毕翼飞　陈记珍　陈晓晓
杜　潇　何　璐　何苗苗　胡　敏　蒋诗超
赖龙隆　雷晗辰　李皓然　李　辉　李洁冰
李　荣　林元珺　刘　草　刘　畅　刘银华
孙丽颖　孙　巍　唐松滨　王大名　王乐砾
王　荣　王　爽　严　岩　杨海威　于　淼
郁天天　张　敏　周丽妍　周　鑫　朱　哲
郝　敏　任　洁　肖　光　徐桂霞　徐思婧
卢　亮　罗彩云　骆　杰　毛　茜　周秋宇
孙大威

（唐　瑜　张志强）

2011年全日制农业推广硕士专业学位授予名单（合计22人）

安　辉　仇　萍　李靖元　李　林　李青卿
李肖蒙　马　凯　曲　苗　王洪丹　吴　静
许力诺　苑　芳　翟亚男　周　游　金一凡
臧利娟　秦国伟　胡诗旸　张瑞佳　董琳静
杨　杰　刘文姝

（唐　瑜　张志强）

2011年风景园林硕士专业学位授予名单（合计42人）

何　赢　周苏帆　姚　欣　徐　成　马文娟
朱亚萍　李　敏　高　博　陈　健　邱会明
王一伟　张海松　罗　譞　郭　磊　段植林
侯青云　谢向坡　许文营　赵井卫　崔洪涛
白红伟　王　刚　柴冠杰　董雪娜　韩雪琳
李　晶　童　舟　王　佳　王　君　邢　磊
黎　平　黄晓雷　杨　军　杨晓青　马　兰
佟　乐　赵晓黎　刘静怡　张承明　孙宇轩
庞志国　董　兮

（唐　瑜　张志强）

2011年农业推广硕士专业学位授予名单（合计126人）

宋玉华 徐鹏程 李永花 薛振华 张春芝
孙 磊 王建军 孟建雄 任 乐 蔡赛兰
冯 晓 覃子海 闫晓红 邱胜荣 黄荣花
蓝 肖 戴 军 卜卫东 温 琴 张 琨
李 毅 张 剑 吴 翀 吴 斌 赵泽云
徐群英 延晓康 逯进生 谭志涛 申佳鑫
王筱忱 金国胜 郑立明 赵建光 黎海生
唐淑青 冯学华 佟振亮 王平华 李田义
郑文波 尚和军 彭先富 石 云 王宜美
官冬玲 李 霞 胡昱文 唐必成 翁建锋
陈 政 陈剑勇 王志刚 胡先亮 张金明
王 菲 王树涛 孙克真 奚 跃 关 铁
姚 涓 仲 欣 张祖玮 毕 超 曹 俊
刘广平 刘 宁 闫晓林 郭立明 刘 冰
戴智勇 李 扬 郭 丹 李潇潇 郭 睿
齐 莉 宗 波 靳 涛 周长伟 林 永
张 强 杨 艳 李 锋 张海玲 李 俊
赵宇昕 单 晨 常玉奎 郑丽娟 司开创
焦 科 韩富亮 张东宇 隗合莲 李晓娟
姜珊珊 詹慧英 陈志峰 姬璐璐 侯立冰
谢 婷 朱莉华 蔡新斌 黄 艳 苏海涛
周志刚 师坤海 王建军 杨素萍 茹 旭
余 涛 张 萌 丁平刚 李力章 郭 鹏
赵 轩 宋 凇 罗成圆 陈菁杉 崔 泰
尹大伟 史军鹏 张华杰 张 磊 刘 威
褚玉喜

（唐 瑜 张志强）

2011年工程硕士专业学位授予名单（合计20人）

陈元春 李 俊 龚国腾 田卫国 晋新尧
王有科 王 豪 王 震 严 菁 赵 刚
郭淑霞 胡金明 耿春霞 保金凤 张 蕾
董海军 任 旭 张建斌 刘立伟 田 茸

（唐 瑜 张志强）

学士学位授予名单

包装工程

向华洲 韩静芸 蔡仲文 罗小雪 陈婉莹
王 楠 于海杰 李辰宇 李文燕 黄玉明
李媛媛 张艺蓝 魏志民 吴丽珠 何 毅
陈淑梅 蒋学辰 邹玉蕾 杨心阳 黄若曦
陈文川 黄 瑜 黄伟祥 何京蔚 马 洋
房 静 魏 琳 苗 峰 马 琦

草坪管理（中美合作办学）

何雪晨 陈 轩 冯 睿 戴雪飞 张 茜
李 矗 朱 郁 张 萌 傅源远 徐小茜
张祎然 陈 协 陈一喆 李 蓉 梁维莎
戴 鑫 管 弦 韩成瑜 王 莎 陈 俊
余 展 李俊伟 李 茜 刘奕辰 尤金成
胡勤旺 张笑然

草业科学（草坪科学与管理方向）

阿热达克·沙拉拜 阿不力米提·阿力
张晓宇 冯星星 张 超 王 珅 米尔扎提
贾梦杰 奇格汗·克孜勒拜 杨新乐
李丹青 岳佩琪 肖 磊 韩 佳 潘 璐
牟春燕 李成亮 于晓文 宋亚丽 伊 方
郑 涵 彭 圣 刘永魁 王子佳 钟 玲
吴阿丽 周 蕾 刘慧青

城市规划

李 程 冯霁飞 孟德鑫 魏 来 钟 珊
王 莹 王倚天 郑 泥 任 远 苏 岩
黄哲姣 于静静 刘瀚舒 郭 琪 史天慧
李英华 闫笑菲 曹泓涤 金文鑫 王 为
黄赛辉 任 伟 朱斯斯 黄小倩 宋应威
王 喃 贺 凯 李 璇 宗良钰 沙翰海

景　璨　李尚睿　罗娅婷　贺欢欢　杨　瑞
曾昭君

地理信息系统

刘崇嵩　马　力　单博阳　王　瑶　陈　哲
郭　江　韩慧君　焦　桐　郭春蕾　王剑穹
于　淼　施敏燕　朱炳萍　刘　杨　傅新宇
粟胜男　杨小婷　李　鑫　李继昌　郜　剑
曾　晶

电气工程及其自动化

姚晔华　程若予　刘　倩　韩　旭　于　欢
王旭颖　郑　欣　郑　福　周　峰　王　楠
刘　晔　庞　健　孙　鑫　郭　凯　王莉莉
张　箐　杨　宇　赵　旭　曹学明　孙昌辉
余海溶　葛　赫　潘　骁　胡　让　陈　骏
谢子涵　柳丽新　柯秋红　钱一鸣　刘文素
闫　亮　李　雷　朱瑞涵　冯彦璋　晏浚博
刘　威　韩　敏　聂铭君　宋杨挺　李燕民
郭冬冬　赖龙军　韦祖海　张良杰　杨　繁
魏媛媛　赵　扬　赵泽山　梁　显　马　攀
黄　龙　周　茜

电子信息科学与技术

马　辰　左旭昭　王岩峰　单高京　王美淇
田　超　苏　然　王　鑫　苗　颖　郁　擎
杨鸿儒　刘颖超　张少谦　孙琳琳　王　帅
缑宇翔　张　敏　张守杰　郝孝宇　王键臻
李　广　高雨时　袁境男　曾　多　许家乐
杨熙辰　董　江　何文超　顾　莹　卢成鑫
朱　琦　王　佩　张蕾蕾　刘徐伟　陈　胜
魏勇俊　徐　侠　王聪聪　王佰明　颜晓军
刘亚军　胡文振　雷晶龙　罗　浩　彭　刚
王　梦　刘　姣　伍逸楚　宋毅诚　刘　镇
谷银萍　石飞飞　覃家韶　韦肖怡　朱　江
袁　媛　夏震东　宁俊涛　金文斌

法学

何　飞　刘　洋　马嘉璇　廖　瑛　冯　杰
韩　野　周梦影　于思洋　池海陆　刘　诚
杨继斌　韩志扬　陈楞聪　刘立鹏　曹丽娇
郝立志　程德保　程瑞杰　程　淼　荣　杰
张长喜　郭福满　李　超　张　晨　马　跃
杨　帆　李晨光　王纬楠　李晓梅　文京哲
沈美云　王馨伟　冯希童　戴文妍　高　松
王敏飞　赵　璨　彭荣杰　郑梦远　夏　璇
林建兵　周　晴　许　可　王舒娴　姚杨超

龚　遥　王林世　吕　毅　王冰川　崔　超
张敬芳　白晓阳　杨笑宇　李　革　涂　君
姚俊伟　胡　昉　林　珣　蒋济泽　吴　妤
黄　垚　蔡育良　钱　宇　谭玉梅　郑姗姗
王　富　顾凤英　蒲　锋　江晨雨　张　君
米　阳　蒋飞飞　蒋　娅　刘　森　车泰龙
郎　涛　马　莎　王成灿　李雪莲　杨　敏
朱玉霞　任　苗　赵　乐　雷　雨　余冬梅

风景园林

韩　旭　张瀚文　李　泽　李　朝　邹　卉
马　越　关南希　谭　喆　张　婧　徐　扬
吴　茜　王　翔　胡　玥　宇　晨　朱思萌
安　娜　庞瑀锡　王　蕾　高焜雪　卢小雅
李　璇　孙　妍　梁　晨　朱慧婧　文　舒
林　璐　林辰松　张　倩　陈　云　苏亚辉
武　杨　孟　娟　梁　帅　汤　悦　刘效宇
曹　楠　雷　浩　程欣慰　史　健　张书乐
白　琳　孔祥龙　王艺淳　郭佳希　姚　希
刘唯一　王　杰　王　菲　姚　迪　吴龙峰
严　珏　孙漪南　刘天阳　史竞婷　张英璐
石　磊　夏心珏　朱冰颖　李子珺　武　奕
何梦婕　张天然　唐　帅　陈佩青　吕　欢
邵　熠　徐　捷　杨　薇　任　维　琚润冰
宋亚莉　甘　琦　陈卉丹　林　媛　周　琳
陈美兰　徐志强　任倩园　温明洁　穆天雨
邹广青　朱　颖　梁　星　李苏翌　冯艺佳
张天龙　卜昌荣　贾玉劼　熊闻进　毛祎月
邓谢冬　唐　璨　周　钰　荣　柯　吴思婷
杜晓君　李　仪　陈宇靖　沈子茜　王丽群
覃　婧　陈　曦　符凤兰　钱　政　郭琼霜
肖　遥　刘　杉　郭麒尔　官筱薇　黄川壑
李云超　任欣然　张思琪　黄宇凌　李海燕
胡　柳　阎超一　郭　婷　李　姣　李　静
白　雪　康　琦　尚　婧　马晓婉　黄明金
王　婷　李光耀

工商管理

王　萌　康　克　陈　思　王晶莹　王　峰
张　晨　王会子　高　旭　李雅玢　陈　爽
姚　琴　张杉杉　寇明月　张海芳　张丽宁
金　锌　曹海岩　帕尔哈提·赛买提　王丹青
孙　巧　江生生　米　爽　赵业明　王聪聪
董刘颖　尹玉灿　丁小迪　褚　珊　邓晓艳
辜志忠　唐　杰　肖　垚　黄俊华　杨朝嘉

符晶晶 苏璐仙 张　叶 石生海 谢伦勇
朱文娟 孟思颖 张国遵 袁霖波 郭　源
李韩毅 王　丹 潘巧兰 蒋成赋 王旻洁
武　凡 铁　锴 陈　陈 张　锐 韩天昊
吴　丹 杨易范 徐敬轩 王　宇 潘国强
张　兴 孙一航

工商管理(二学位)

王长昆 张人元 李　芹 丁伟杰 朱亚旅
王　轩 赵　静 李腾飞 刘晟旭 苏文杰

工商管理(经济信息管理方向)

卫　青 赵璐妍 刘　璐 靳　晨 董　萍
徐昆明 张惠琪 常亚楠 王　倩 张　宏
赵姝颖 任　强 刘鹏鹏 乌斯娜 郑　梁
张亚星 谷　好 王　硕 于艺鑫 彭　苗
王宝珠 潘　静 金　仙 李　冰 应君伟
李　元 王　琪 王奕琛 贾　红 鲁鸿辉
谢菲菲 俞雯婷 黄　颖 杨雨迪 黄燕华
刘长灿 姜倩倩 王　坤 王一凡 朱雨薇
成　英 裴一帆 龙　安 李文婷 丁佳琪
刘　宪 郭　莉

工商管理(物业管理方向)

朱思翘 高　靓 马　骏 张小舟 郝晨雪
范　洁 顾佳飞 宋　静 张冰玉 赵　龙
孙　瑾 张　萌 赵雅菲 肖远洋 陈文桢
张淑跃 涂　腾 孟　娜 刘明会 任　仁
赵　越 田　甜 刘民霞 石霞萍 于　洋
庞金露 姜　岩 杨诗梦 张媛丽 王笑怡
邹　宽 吴珂嘉 王亦男 王一扉 刘博宇
刘福权 邵鹏霏 董威威 覃　璇 彭程远
孙祥华 龚　蕾 陶峰静 杨之祺 车电波
叶　鑫 胡悦英 陈　洁 孙凯凯 柏　林
陈　云 王　筝 陈　露 汪　言 杨　林
杨艳雪 林　煜 罗　威 李远剑 胡小剑
郑鹏炼 王　宁 牟丹丹 李佳佳 王晓伟
李昔明 贾　静 崔亚磊 宋益广 常朝辉
王　萌 邹东升 黄　馨 王　开 向美霞
钱心蕊 徐宽宽 林冷梅 陆雪玫 陶志刚
鲍龙琼 覃志锋 谢　芳 马　蕾 孙沛瑄
官春洪 张全英 王　露 罗熙霖 刘　瑶
林　静 朱震宇 张　蕾 何　媛 汤幼猛
王　婷 崔　艳 李时运 王倩倩 崔婷婷
马文轩 徐衍行 李　冲 王馨悦 王洁如
吉永升 杨彦伟

工业设计

温尔雅 刘晓影 于　龙 王彭筠 李小亮
金东鹏 息宇婷 冯　月 范思平 赵芳菲
吕　彭 郭仲凯 周晨鸣 凌　玲 林　娜
董方雪 马志敏 魏　巍 张婉璐 刘　立
苏　文 陈　婷 韩　雪 冯　琪

国际经济与贸易

蔡善玉 孟颖佳 梁　琳 罗　艺 王雅南
魏　然 李　淼 邱　洋 陈　翔 孙　萌
吴沛奇 郑　杨 王龙超 韩　晋 孟宇微
蔡琳珊 安　梅 刘诗雨 李澍奇 董泽宇
袁　敏 安津仪 侯迎超 刘一帆 任　燕
魏晓萌 赵　迪 杨　涛 玄学松 杜文婧
周殊羽 方倩倩 刘　贇 陆佳怡 周语洋
戴晓虹 商哲丰 俞培玉 张梦琦 章晶晶
吴丽敏 卢冬艳 黄　丹 陶美兰 孙海杰
刘丽媛 王　霞 康海燕 罗旋轶 谭　颐
王亚琼 麦韵怡 许富琴 纪晓雯 杨　舒
杨　丽

环境工程

李　晨 邢志远 张　瑞 郭长旺 刘雅竹
季雪元 张武曲 杜　娟 史鹏博 刘樱子
赵　越 李文娜 孙　颖 李　洁 刘荣杰
王晓晔 张　昕 许雪莹 刘　昊 曲　博
王　雪 金　心 张英迪 方开放 陈子衿
杨　威 杨维薇 池焕元 丘世源 罗　勤
黄力飞 李　杭 舒玉江 贾　媛 薛　彬
邵琳琳 王良飞 梅兴新 张　鑫 董　波
黎凤霞 韦佳嘉 曾志朋 戴　晶 吴永朝
刘　蛟 李珊珊 雷　英 王　甜 徐小明
丁淑娟 张　威 马睿涵

环境科学

武　辰 吕　佳 刘晓媛 冯壮壮 郭　怡
张　相 田菲菲 孙文童 蒋　丽 秦墨梅
倪　莎 吴露君 李若愚 韩美亚 卢兴东
刘　钊 孙中恩 张延君 陈　超 郭少涛
朱荣哲 罗　姣 裴子超 王　浪 张雅莉
卿　伟 耿世蛟

会计学

李静瑶 司晓娜 闫如宝 李博宣 苏雨晴
姚纯子 崔毅斌 赵宇佳 缪红霞 赵静思
林士淑 柯曼蓁 王天娇 陈　娜 商海营
褚　旭 王　颖 李嘉瑶 付宇頔 翟翠翠

赵昱 牛佳 季君 谢一凡 姚望
孙玮 苑静 姚瑾 隋爽 张雅璇
李晓彤 尹洁琼 宗阳 刘建华 孙露
王琳 武子媛 赵健淋 李杰 高婧
李囡 王邦贤 王亚男 王艺桐 彭俊贤
王惠 张益嘉 高洪爽 张智玮 田旭
沙琦 秦家昆 沈忱 李孟儒 谈珺媛
刘佳敏 周琳 奚奇 潘婷 于中杰
蔡微珂 戴伟 张倩 安蓉 郭亦骏
胡珊珊 阮昱昱 刘程蕾 邵哲 张旭尧
乔伟 张冰清 苏捷 陈龙 康亚岑
孙之涵 孙宁宇 王昕雨 高亭亭 孙一力
段艳芳 王冰洁 李法艳 陈萌 刘媛
严翔 彦晶 郭帆 陈亦潇 钟颖
胡晓婷 李彦 肖静 王丽 舒子仪
马晓静 黄媛 樊莉 范信莉 王亚平
邓丽茶 夏梓梅 李苒 朱柯奕 杨蕾
张静文 刘杰 陈哲 李雅楠 赵倩竹
高莎

会计学(国际会计方向)

朱文君

机械设计制造及其自动化

张赛 刘朴志 李文龙 王明轩 马喆
张昱劼 王霄 张颖 谢静 肖彭森
沈长成 王广森 宋雪洁 赵晓龙 张鹤翔
李超 李永山 底淑越 卢元甲 王磊
田万才 陆润 朱建国 杨琳 张小玲
常建军 李川力 周皆庆 韩明雷 刘建强
赵阳 李延超 邹民 王尧 宋东威
李乐 苏金成 门森 陈旭 周侗
马进华 许博闻 傅汪亮 吴建云 方佳雯
张卜文 吴腾 杨雷 蔡靖 王茂
蔡飞燕 刘翼晨 刘敦梁 张元旦 侯鑫新
许令清 葛昊 高崇 于千钧 毕智华
杨振宇 赵峰 李倓 于永洋 李亚男
段吉栋 曹平平 邱帅 彭文胜 刘海石
杜凯冰 刘奇 周卢婧 廖晟 成秋和
秦冠童 陈创和 邱生 游树明 左华宇
王亚 李文江 周子皓 李德松 李霞
施关书 刘桦 阳绍国 邱海文 王硕
张虎 解勇 张杰 秦瑞鸿 李进文
杨航宇 李菁 陈福新 马龙 周志鑫
刘峻岩 宋卓越 董旭 李翀 李宁

计算机科学与技术

张晓武 胡瑞萌 姜雪 于千 姚鹏飞
薛力萌 郑世杰 刘振阳 陈婉璐 王礽
王拓 佟健 何萌 闫浩 王慧
刘旭尔 钟潞 郭妍 吴海洋 陈佳
刘广峥 刘畅 程钧沅 张颖 许振洲
马良 王容 战萌 孟萌 赵军
叶晗鹏 张艺 佟博 吕阳 程玉
李娜 孙龙 孙福 佟超 吴俊锋
刘彦强 周立伟 张劭帅 贾琨 苑秋伍
陈龙 杨福龙 夏志杰 胡伟松 田文凯
周杰 许清华 罗锐 蓝苏榕 郑薇薇
袁思思 罗叶琴 熊琳 付常雷 宋天乙
孙升芸 宋炳豪 赵晨 陈薇 张仔剑
陆冬 韦智芳 蒋琼 钟妙芬 赖俊宇
刘小静 俞书伟 宋正辙 刘翠 莫勇
肖劲松 胡蓉 杨斯杰 范睿 李旭
刘友娟 苏洪光 杨长 杨璐 潘秦磊
王腾 王澜洋 张哲敏 赵泽贤 崔京京
李伊萌 崔颖 范京琛 许忠仁 吴琼
王勃 袁德俊 王帆 王平

交通工程(汽车运用工程方向)

关磊 李新涛 杨超 李文欢 张倩
田朝静 郑肖萌 郭浩 刘建 郭利娟
吴奇昊 杨倩 李涛 宋小梅 马越
张驰 唐龙飞 李帆 王利 孙晓娟
王雯 王甜甜 裴开元 任强 吕泽
王晓萌 禹冰锡 肖关兴 孙尧 管城熠
乔洪海 张宝旭 王莉瑶 赵振龙 殷旭
杨璨 徐琴音 曹源 唐靖楷 黄海圣
徐浩铭 鲍安待 平岳泉 吴莘晨 陈海军
丁峰 陈力 管鹏程 许大涛 许华勇
张泽林 吴凌峰 李芳菲 江远浩 李龙
张华亭 李亚楠 鞠新靖 刘维华 张启超
尤瑞臻 段振伟 叶菁 吴迪 张国治
李丽 罗瑞 刘磊 吴滔滔 庄苑
廖明慧 龙萍 何伟 袁源 伍谦
马克 马侦观 刘婷 姜庭治 李环宇
路正遥 雷佳 杨洋 王璐 张建云
白云鹏

金融学

曹萌 宋钊 侯淑仪 苏闵 温迪
辛蔚 童超 殷佳兴 李晶 王赛南

靳　慧　张　奇　梁　薇　张　冰　肖　源
王　琛　赵天琳　芦　洁　李　海　袁立璜
王　颖　孙　梦　卞　博　陈　荆　王泽明
池碧钰　张原锟　周丽丽　白　璐　顾鸿飞
周畑钿　吴　丹　汪　奚　苏芳芳　陈　欢
孙雪峰　刘应国　陈林婧　叶资英　纪梦晨
陈雅芬　郑雅婷　闵　哲　伍　健　魏福全
王彤彤　吴　兰　饶　禹　郑小曼　王索娅
邓小波　彭莹莹　许燕飞　邹青慧子　朱明波
徐毅蓉　黄前阳　雷　桐　伍艺铭　韩奕婧
刘历歌　阮　元　林映彤　董　伶　陈敏慧
李　飞　李岵锦　冯杜鹃

林产化工

文善政　魏小禾　党　权　李　娇　王　虹
申　越　王晋芳　姚卓飞　曹婷婷　邢　杨
刘旭东　季凌霄　陈　品　缪志强　杨　洋
胡菊芳　田春寒　高　源　杨俊锡　李紫雨
姚思宇　崔晓霞　张　恒　赵继华　郭　敏
赵　炜　陈　曦　张　进　李　昊

林产化工(制浆造纸工程方向)

涂新瑢　田维嘉　王　斌　刘海洋　牛　堃
张　丹　余　颖　张　婷　张铭洋　何　川
胡嘉义　刘晓蒙　杨　静　张　爽　马　斌
郑小帅　张艳庆　于艳洋　宋立志　宫　泽
赵淑杰　陈鹤予　闫　岩　刘　欣　陈　明
黄　电　徐　丹　王子介　祝婧超　王未然
许　珍　王娟娟　罗影龄　赖鼎汪　严　旸
张　康　李　森　张利鸣　李欣茹　张英歌
康素敏　刘泽强　马淑杰　张成龙　何俊杰
刘大琰　黄　华　陈耀东　任　哲　杨诚誉
黄　健　王　林　宾银平　唐孙东日　林鸿波
肖　欢　鲁　菲　谢定军　陈慧媚　刘玉苗
陈　犀　田　旻　胡林丽　任　镭　李亚秀
杜　越　马忠斌　马晨辉　石　毅　柴　藟

林学

王　红　合依劳别克·哈达尼　向　楠
姜英姬　顾凌峰　耿景选　王朝伟　米玛次仁
魏松坡　张　雷　张　涛　郭　琦　卢海玮
赵　娜　郝　倩　赵海雷　焦志敏　胡耀升
秦天天　江　荷　项　颐　杜　柯　韩佳琦
赵　渺　郭昉晨　车　越　贾晓龙　陈　瑜
崔在龙　王文浩　卢宏静　刘　冰　周兆媛
布威麦尔耶姆·玉苏普　范　港

阿力木江·克热木　施鹏程　金　程
张君武　汪　力　张　瑜　李骁尧　吴　静
王　昊　张舒泓　潘　哲　宁亮亮　孙筱璐
于琳倩　宋怡静　杜豫苏　李　婕　王丽丽
董　点　于　航　杨　枚　汤成龙　朱沛林
陈　凤　曲　宗　罗维胜　周里云　陈忞忞
郭　滟　金　江　彭裕根　熊　慧　王英英
柳开权　李松芮　马　兰　王　龙　刘锋涛
白琪芳　闫　琰　贠小琴　夏子寒　窦宇鹏
李　媛　祁　玮　陆雪丽　马晓瑜

旅游管理

崔鑫岳　周弘玄　张卉萌　马　妍　刘东伟
曹　颖　赵　辰　程　倩　李　悦　王龙娟
庄晓磊　许　立　程安荻　张　莉　胡梦成
郑一波　胡　璟　陈鸿儒　朱小伟　李　薇
李　赞　刘　莉　金青林　孙旭鹏　闫　莉
张　涛　初红岩　管　洁　徐锐涵　刘　瑞
万怡姝　李立峰　刘幸雨　丁寒雪　范　奇
朱　婷　骆辛欣　肖雄方　李宏燕　周艳岚
尹明媚　周　伽　马骁骏　黎家吉　郑玉梁
王晋楠　张　茜　罗御澍　王雪梅　李少阳
赵　佳　李　延　尚　波　聂少伟

木材科学与工程

王冰洁　刘　杨　袁　卉　李　雯　冯　川
王　矗　刘庆雯　金晓凤　肖　雨　陈　磊
金赛龙　杨　涛　夏　捷　肖　旭　杨　津
郑　姣　李士帅　崔　婷　祖宸希　常康平
王文亮　杨　洁　乌吉斯古楞　张瀚文
马枭涵　王新博　陈　琳　毕　晔　王梦琦
崔新宇　孙国育　徐海鑫　冯如博　官宇聪
马丽园　文　琳　赵黎明　苗　天　张　琪
赵　赫　叶　丹　徐耀飞　陈绍禹　丰志波
刘　敏　邓文志　罗书品　秦学娴　焦容波
杨　瑶　王　昊　丁武斌　饶雪溪　刘　翔
王　峥　农文韬　黎　敏　刘薇薇　符晓玉
向迦南　黎安亚　肖　春　马秦洁　何文昌
张　健　孙　瑜　高昕晖　林　楠　刘顺义
张占强　李媛媛　罗　雯　昝　楠　杨　飞
冶　敏　苏梦菲　程文强　张志文　唐翀尧
杨优果　张柏林

木材科学与工程(家具设计与制造方向)

刘　琳　陈文静　张　朦　王　菁　王梦晨
赵　鑫　张　翼　杨　越　杨　策　张　烨

杨　蒙　杨　茹　王东东　倪晓龙　李　超
孙振达　汪海龙　柯　清　王晨茜　王　璇
张　亮　林　妤　吕美玲　高书青　王笑梅
武海炜　吴赵旭　贾路章　王　婷　蔡敏芳
李白顺　蔡烈超　陈　惠　汪　榕　段智琛
舒健平　张佚名　王安娜　王铁过　秦　朗
江映其　刘　玚　赵金刚　丁　莹　张　桥

农林经济管理

张　鸽　田　朋　王爱华　安琳瑶　林　垚
德吉央宗　彭　越　蔺　征　郑霄洋　李　艺
徐颖钊　沈依洋　王国成　孟一江　段　伟
李　娟　席　璐　王迎来　袁　元　车远达
罗　尧　沈　强　高利卷　常菁菁　刘　先
洪晓峰　封芙微　雷　蕾　余琳林　冯玉金
卓玲娜　陆任飞　韩爱桂　龙烨晗　周　艳
幸绣程　李　翔　凌　棱　杨　恒　邹旻珈
钟必强　许宇颜　黄晶晶　旦增旺久　蔡万涛
黄　丹　安　宁　宋　洋　余　娇　丁　娅
王竹雁　周　全　温　馨　董海芳　黄培洁
韩　花　田静怡　刘宇晨　付方玉　董倩倩
董方晓　孙清霞　韩　锋　潘志超

人力资源管理

段璎珊　史　诗　席洋洋　李倩雯　李静伟
宋妍萱　艾　军　郝新强　宋晓媛　李　晶
张　露　朱佳慧　王　曦　师新伟　李武朝
刘宇飞　王　淼　姜长佳　张冬时　宋铮楠
柳　兰　陶　梅　胡　莹　茅天玮　郭曼璐
赖丹峰　章洁云　徐扬波　顾思强　吴益芳
邵　丽　李晨曦　万　媛　任　昆　王晓梦
张晨光　高　杰　蒋　丹　唐　霞　李　放
孟冠兰　陆晓贤　何泓屿　白　超　易亚琴
孙　璐　杨贵川　彭　博　吴　玮　张筱雯
闫　梅　王　潇　王　峥　宋彬彬　李　冲

日语

陈紫叶　刘　歌　杨　晨　刘香伟　闫建磊
池慧青　杨圆圆　赵益婵　贾子庆　杨萌萌
马玉梅　姜龙媛　董希京　裴香善　张　宇
郑汝俊　蔡银花　王　赟　唐玲丽　周春谊
桑　博　和娟娟

森林资源保护与游憩

达任·达合斯坦　苏宝琴　王　辉　李　莹
安　俊　朱　江　武英达　王　辉　李　政
王志强　周大勇　金子琦　付　展　付星凯
瞿　展　刘思思　赵　海　张　超　王　凯
王　帅　杨舟斌　余汉鋆　温彦威

生物技术

吴　韡　朱　雷　付宇辰　张　平　刘筱恺
高逸超　马　盼　张　强　刘　泽　吕　娜
冯思思　王树群　王嘉蔚　张信夫　邹　健
吴　琼　肖　琳　马　程　邹小粟　卢　楠
李宏成　李　凡　田　垄　吴　颖　张正东
陈金辉　林行众　江锦涛　孙建峰　董文倩
刘华龙　王苏茵　汪一萌　王　哲　刘寰宇
田　江　刘东平　仲　科　谢艳梅　周　丹
王晓桐　郎思睿　苏艺伟

生物科学

刘晓露　陈　仲　路　瑶　李　贤　王　晟
张双双　夏　冰　蒋一婷　马小婷　牟辰丽
于大德　陆　路　周海君　王冬旭　田　胜
王企珂　任　平　林丽媛　杨　洋　杨　扬
王昱堃　巩琛锐　黄　珍　杨婧怡　王厚领
裴　培　刘　钊　钟自鸣　洪秀玲　杨蔚然
王　林　张　旋　苏立强　王　欢　苏　上

食品科学与工程

辛　晶　张　璐　陈　静　来雨萍　王　茜
张　琨　刘　曦　阎汇文　李　正　崔　超
孙　严　金　依　郭　萌　王紫霆　郭　淼
缴　莉　党　超　李海莹　李　婕　侯　峥
李路宁　陈　会　王　莹　岳　洋　赵　媛
欧阳屹林　施显赫　牛　虎　王晓萌　王　乔
宋莎莎　苗雨新　安文华　李　雯　张世欣
陈慧芝　李　贤　朱星辰　王东茂　葛　雯
许欣芸　黄　贾　林市齐　李　力　庄惠玲
童　羽　谢　珂　刘　红　张　骥　宁　欣
王　玮　刘宁宁　鞠震鸿　刘昌玉　姜　雪
张红霞　赵艳云　杨　哲　李丰玲　张乔会
尹欢欢　徐晋予　宾宇波　石　倩　莫建玲
韦美美　梁　冀　莫秋岸　岑海蓉　程　妮
陈　燕　张明娟　周国清　钟亦承　刘　建
付亚男　于芳芳　石渭滩　翟超超　曹晨晨
何金陶　张　天

市场营销

刘　帅　刘崇文　高　瑜　李倩倩　肖　敏
梁志勇　马　月　王歆诗　杨玲玲　薛少泽
李家傲　吴君濠　徐　辰　李　春　周晓维
周莎莎　邹泽宇　黄泽鑫　梁雅秋　梁昕懿

陈　哲　陈彦竹　陈开唐　王　珏　杨　力
杨　岑　杨　澜
市场营销(电子商务方向)
王　珍　杨　蕊　尚　辉　任　杰　张　雯
孔丽娟　阳奕竹　刁惠悦　朱志华　冯子强
路佳怡　金　哲　宋仁慧　金鹏飞　丁玮静
许忆宗　袁文雅　邱毓鑫　朱文轩　周兴龙
李文琴　张继刚　金　磊　黄季隆　张嘉琪
曾晓珊
数学与应用数学
陈燕华　孙　鹏　孙芳琦　郝　然　付　龙
杨金勇　王　珊　杨　柳　曹　振　黄　川
季　冉　邹凡云　王　鑫　高芳媛　高　欢
高　旸　付颖爽　董红影　东晗博　王虹燕
柏久麟　解朋崃　雒荣新　常嘉育　安春爱
王　菲　王人杰　陈　磊　万　劼　邢纪华
赵向坤　房雅倩　邵　喆　邢　莹　金牧知
梅　丹　张　圆　任鹏飞　张　昊　庞云龙
李浩然　黄　江　吴　央　黄　琪　荆江帆
陈细芳　刘　忍　胡　波　徐　斌　范晓飞
杨　铭　赵希彦　张　萌　廖　军　甘　竞
曹泽磊　杨　婷　刘　昊
数字媒体艺术
刘清清　潘曼妮　刘巧俏　苏　杭　褚思乔
李　祁　李子巍　赵文娟　任多慧　张　瞳
李雪雯　颜世聪　孟玉柱　郭　雪　蒋　蕊
高　澎　邓　玉　史　锐　张　萌　关　率
周　玲　蓝　添　周　赟　周　天　周　玲
雷　莹　熊　鸽　蒋舒怡　陈慧泽　李骏豪
金晓颖　叶梦琳　栾　磊　王玺玉　李希茜
孙　婉　兀　兰　张青华　吴才刚　葛高飞
李玉兵　杜　淳　汪　洋　王　畅　谢　婷
毛先情　谭贤章　岳　阳　翟　言　彭之莹
卢志辉　王承华　宋佳沅　任思琪　奉梦青
陈　阳　杨济榛　赵丽娜
水土保持与荒漠化防治
金　山　穆合塔尔·买塞地　赵继纯　傅溟深
李　旭　王　谦　李笑晨　闫玉奎　刘旭辉
赵晨辰　陆桂红　张　峥　白艳婧　郝　婧
张文琴　高宇婷　贺靖贻　杨松楠　王春蕊
任　才　沈冠霖　刘　辉　彭喜君　秦　越
崔美艳　郑丹妮　仲跻学　齐　记　马聪颖
吕仁猛　陈左司南　胡娈运　张海龙　徐　舟
于明含　张　雪　许宗文　崔瑞平　王世雷
王高威　梁冰洋　肖　萌　其米旺姆　唐　祥
杨　波　甘　露　任　远　周晓果　谢　威
廖　岚　邹　扬　冯晶晶　李一凡　李四高
周韦君　刘文液　拉巴普赤　仇云峰　杨　娟
王思伟　冯德枫　李青山　未　林　徐　特
潘　迪　梁　伟　张　艾　樊　凡　孙　悦
杨苑君　刘　幸　冯明明　尤　蓓　丛　月
张举涛　马　欢　邓翰宇　王晓婷　胡生君
马建华　王　俊　顾军虎　于振华　曹远博
赵志远　范雪环　张　杨
统计学
黄绍华　铁维维　艾　佳　付　政　孙　雪
付雯轩　付　嘉　马　帅　张　妍　赵蒙蒙
郭　炎　李轶臣　许晓静　李　昂　王美莹
靳　丹　付宇涵　张晓慧　安婧婧　谭泽寰
王　婷　张丽伟　周　毅　李　淼　王卓然
张　健　吴守琦　张子妍　陈　晨　王加其
董碧红　张　寒　章梦之　焦启龙　杨依柳
王　丹　刘　佳　张辛连　刘　东　李　平
郑　媛　赖远孟　张南希　肖凯琪　王文鹤
龙　轩　李欢蓓　黄晓燕　叶佩珊　周灼威
罗梦秋　杨荷云　马宏斌　刘辰璞　黄　蓉
吕　磊　乔　咪　王国梅　王天乐
统计学(市场调查与分析方向)
梁　琪　邹林明
土木工程
罗亚丹　李彦平　张琳琳　裴文泽　李　婷
李　君　任　璐　王　锐　李磊先　范　懿
许　强　于兆宇　刘雪峰　靳宝玉　朱文博
洪　猛　王坤程　吕洪宾　戴显庆　刘　涛
眭杰俊　陆择罡　徐健锋　徐琳伟　昂　康
岳　路　黄清注　吴佳晓　刘艳操　李卓霖
张　哲　李　腾　齐德坤　杨　龙　赵小平
陈　顶　邱　敏　周召能　黄　尧　罗　阳
梁璐瑶　王绍伟　任贇跃　罗　璐　陈　浩
孟荣昌　王　宇　董祥挺　缪云鑫　党财帮
李　平　甘风云
心理学
杨盈琳　魏晓韵　刘洪喆　李　姣　罗诗濛
武雪迪　李潇逸　李萌垚　刘　煜　王重阳
解　妍　于俊波　马君利　宋家龙　李晓莹
薛　芮　王　洋　李莫訑　任丽红　赵金超

李凯 赵辰 张静 李博 赵立建
潘沫燃 王亮 余潇磊 陆晓旭 许瑾宏
蒋立堉 王玉珏 卞玉菡 陈龙 陆柯雯
吴燕姣 季琭妍 吉玮恬 杨耀光 马舒
米婷 毛海霞 蒋海飞 张梦雅 任冰洁
曾子秋 何津 叶柳红 冷大专 成年
林碗君 郭雅晶 刘哲佳 苏丹 闫海洋
尚龙洋 李鸾毅 江冉冉 商伟 刘音菲
曾银玲 苏巧仪 邓金荣 刘天佑 张明宇
梁馨霓 杨帆 高碧超 张倩 汪琼
高萌 武娇 苏亚光 白彦彪 李宗孝
李鹏 佟宇飞 宗杨 耿博 尹佳骏

信息管理与信息系统

蒙肖 王硕 李镶 彭泽琼 薛力
于灏 王晓龙 尹然 郑龙 陈胜
罗宇辰 董天翔 王君军 王红娟 刘清
张硕 杜刚 刘凤媛 倪韶亮 毛盼
王桐 杨超 周丹 刘吉 崔硕
王聪 李允涵 李宇光 闫昊 聂盈
黄剑波 黄苏宇 王岩 陆阳 陈洪梁
宋天翼 陈凯 董晨 王冠宇 张晨
田一君 魏晓钰 周亿迎 赵谦 肖超
彭俊杰 谭江舜 胡红辉 徐凌验 吴垒
包捷勇 李权 张昕竹 叶治毅

野生动物与自然保护区管理

赵妍 耿雪萌 曲笑含 王普 尤勇
徐希一 张雪雯 董金龙 陈景收 冯海燕
黄琳 文璐 陈俊 陈浩 王春连
莫熠 肖华 刘德军 黄建 段利娟
薛伟 朱平芬 陈明莲 姚蓓 曾昭

艺术设计

林希嵬 耿洁 樊莹 张子轩 张薇
郭靓 张攀岭 李蕊 张更彪 耿鹤
周颖君 张云璐 赵涛 白志彬 祁磊
李高峰 娜仁 胡玉多 闫若白 彭烨珺
李睿 桑文博 范思铭 仝丽丽 杨晓珑
王筱莹 林佳斌 孔帅 黄利兵 高深
庞宇 林荣亮 王田 刘晓 王迪
王蕾 马国顺 叶锦霞 赵海娟 王艳
许丽文 蔡林辰 史笑天 郑亚萌 刘小煦
王金洲 樊孟莎 刘梦洁 廖羽人 蒋承辰
何磊 孙红丹 徐全 何佳鸿 高洁颖
鲁杨 樊瀚超 徐鑫

艺术设计（动画设计方向）

于钦聚 王仰孜 王春阳 郭嫚 李晓蕾
韩洋 曹俊伟 周清华 周霞 应世澄
马铭 冯佳宁 许媛 刘昱 展瑞璟
刘超 卢超 唐玉晓 杨洪园 张瑜
巩婕 戴明敏 李珍晓 杨宪民

艺术设计（装潢艺术设计方向）

赵青 李海超 苗雨晴 张健 李怀龙
张乐 黄晫 王嫵妮 李娜 孙丽
齐超 赵楠 胡晓叶 高霁 韩泉
雷淑玲 刘迪 王欣 刘巧 宋丹妮
周彦君 廖婷婷 马思远 管小辉 王笑文
张歌

英语

付峥峥 阮金玲 吴慧群 胡梦迪 张羽
朱雨凝 霍凝坤 宋雯 曹可心 郭馨
吴寒寒 段伟伟 胡峥玥 齐达纬 王晓灿
李孟赢 王丽娜 靳博雅 张杰 赵佳
马海琴 王珺 戚思哲 迟名佳 宋楠楠
李鸿嘉 刘越 张巧慧 张月佳 段炼
刘宇希 汪然 黄盈哲 尹碧天 何琼
谷苏徽 夏倩 顾滢滢 孟祥群 丁滢
曹思源 陈彦 张越飞 周超波 王艺琴
方婕 张川子 陈淑娟 黄伟华 汪明秀
闵璐嘉 雷晨露 陈泽沛 赖延 刘怡
吴欢 王妤 李林林 韩丽 牟洺锐
古龙 蒋瑛 靳真 刘安琪 王佳子
余愿玲 段艾琳 邓昌赟 周翠云 胡杨
付渲淇 李亚可 李湄瑶 郭方舟 朱雄辉
张宁 陈巧怡 李昊芸 吴蕙云 檀烈
许杨 卢苹 吴小妹 何黎 曾巾力
李韫钰 游兰宇 黄滢 蒲天然 赵丽薇
杜春兰 王一博 李莉莎白 邵雨非 蒲义兵
刘婷婷 陈迪聪 刘亚文 李萌

园林

郭云韬 黄莎 彭凌迁 谢安平 刘畅
郑昱 宋梁 史威明 高旸 周蕊
徐戈 冯婧 李华雯 刘佼 刘畅
刘琦 盖先 章杰 蒋钊 王亚健
袁帅 张杨 王阔 王杰 邓延升
国健 孙昊 邓子龙 丁贤冬 张雯皓
王晴 胡育蓓 陆瑶 张久阳 赵娜
裴宝京 赵轩 王天放 孙慧一 林轩露

孙嘉渊 孟 卓 闫晓颖 高 琪 胡俊亭
王 倩 冯梦婕 王光华 臧肖恒 史 轩
王晴悠 李金岳 张海天 张晓昱 茹龙飞
梁 源 王一涵 纪翔宇 刘婷婷 部盈雪
任语宁 刘 悦 鲁禹言 刘济姣 杨 硕
张 悦 苏 楠 孙苑馨 杨春光 张博雅
初大龙 张云星 马佳玲 张瑜婷 付晨帆
杨姜姜 陈夕雨 杨秋萍 徐玉坤 卜 菁
许文芳 陈 菁 朱虹如 李京京 宋 爽
贾少华 鲁 晨 王丹茵 金宇辰 宋春锋
李晨然 宋 玮 夏善国 刘金蕾 盛秋梧
李舒扬 魏 欣 罗 璇 邓慧娴 陈文倩
舒斌龙 陈 霖 邓丽萍 游 雅 曲 琛
王晨雨 张 杰 张 乔 侯 蕾 秦 帆
王晓田 金文同 沈 琛 胡雨逸 王 婕
祝 捷 樊 冰 张亚楠 刘子渝 赵丰年
张寒飞 宋 阳 徐 亮 陶 冉 龙琪霞
蔡 颖 黎 檬 雷龙飞 冯叶子 袁 敬
周丹瑶 李姗姗 杜 康 吴 攀 肖 溶
何雅汐 贺 敏 钟崇集 刘丹琪 冼倩妤
翁丽珠 莫 濛 韦 烨 刘自姣 覃 俊
宋爱春 吴 婷 梁 婵 林雅颖 王海力
廖 欣 唐 毅 唐韵雅 秦晓晴 刘 淼
杨 利 黄 露 华 倩 张 力 郑婉露
谢 辛 赵 颖 吴 婷 许浩煜 范 源
霍 红 李丹梦 马彬彬 余玥雯 张 楠
顾力菲 杨 越 杜 冰 鲁 娜 郭 星
江 雯 吴少文 丁 强 王 欢 徐秋思
程 璐 黄雅薇 张小元

园艺(观赏园艺方向)

邱亦纯 李丹丹 徐顺超 任轶林 杨济民
李 赞 刘 羽 孟潇潇 张腾月 王 茜
张 雪 尚彤飞 吴凤玉 杨 放 任耀华
杨 森 张 蔓 吴亚君 闫冬蕾 刘 晶
朱晓琳 洪 艳 张惠子 王莉莉 常 雯
刘晓红 崔馨元 王赫丹 尤佳妍 冯悦怡
谢诗雨 朱 笑 俞冶晔 耿 婧 杨 可
鲍馥靓 吴晨曦 刘水鑫 雍雪友 周桂英
马原九子 曹 宁 曲文静 王一涵 张宇航
邬 金 段威毅 唐雯荻 陈 林 刘丽丽
张玉琴 刘 瑜 陈 杨 杨一帆 普秋丽
高梦雅 周 佳 郑 佳

资源环境与城乡规划管理

玉努斯·托乎提 阿布力克木·吐尼牙孜
刘紫葳 佘聪伟 杨 雪 姚文俊 刘 博
李昕宇 次仁欧珠 谢 芮 周锡饮 赵 灿
孙欢欢 刘金凤 吴 靖 左锐银 次仁曲西
陈 露 文 煦 谭 枭 王志成 张少华
薛莎莎 周 倩

自动化

马之遥 梁 栋 谭文冉 贾志强 黄 旭
闫 冬 李海燕 郭鲁恒 芦 山 李可一
陈明阔 阿都青 朱 迪 赵环宇 杜霄峰
李 浩 胡大鹏 李傲雪 吴大鹏 梁 娜
张 彧 于 洋 蔡方圆 叶 睿 刘 沭
杨 金 方慧慧 孔建磊 程 菲 郃清清
郭 楠 陈 维 庞 帅 辛建豪 孙晓明
宋雅儒 冯 超 汤 俊 郭玉华 李小婉
刘芷宁 李锦清 李 柯 冉 冉 罗 婷
王荣松 陆勇刚 刘 雨 李 晨 刘秋岐
佟祥婷 武 睿 谢 智 唐 寅

媒体报道要目

1月

1日　中国科学报：北京林业大学与湖北省林业厅产学研深入融合

1日　国防部网：北京林业大学国防生隆重举行元旦联欢晚会

4日　北京考试报：微观校园·科学管理自行车等三则

4日　中国绿色时报：推动绿色发展　壮大林业经济

4日　北京考试报：北京林业大学新设商务英语专业录53名新生

4日　中国花卉报：高校联手地方打造绿色海淀

5日　中国绿色时报：北京林业大学成立生物质能源研究院

5日　大学生周刊：铁铮微评论

6日　科技日报：北京林业大学成立生物质能源产业技术研究院

6日　中国绿色时报：给森林上个保险有多难？

11日　中国绿色时报：北京林业大学南方实践基地开局好

13日　中国绿色时报：无愧于花园之母的称号

31日　中国绿色时报：走进湿地，体验生态旅游

2月

1日　科学时报：留校学生，寒假生活依旧温暖

2日　北京晨报：北京林业大学供书温暖留校学生

6日　中国花卉报：北京林业大学基因“功能定位”研究受国际关注

7日　中国绿色时报：用无患子生产生物柴油获成果

8日　南方日报：深圳仙湖植物园：因地成景　组合成章

9日　中国绿色时报：江西森林生态效益总价值8233亿元

10日　中国绿色时报：森林计测技术插上信息化翅膀

13日　北京青年报：海淀鹫峰梅花　悄然绽放迎春

14日　北京青年报：上英语课像玩乐

15日　中国教育报：美国大学生活不轻松

15日　三明日报：三明市在京召开北京林业大学校地科技合作座谈会

15日　北京电视台：鹫峰四百余株梅花绽放迎春

17日　中国教育报：高校新学期抓好食堂工作确保学生吃好

17日　中国绿色时报：2011年度中国林业好新闻评出

20日　法制日报：专家谈“活熊取胆”建议加快修改野生动物保护法

20日　北京日报：鹫峰温室梅花提前绽放

20日　中国绿色时报：我国首次完成森林土壤资源典型调查

21日　中国绿色时报：张启翔：绿化植物是城市的生命线

21日　中国绿色时报：北京林业大学推进无患子生物质能源产业发展

21日　景观中国：“水之中国”访谈——王向荣

22日　科学时报：在校地合作中探索办学模式改革

22日　北京考试报：铁铮微观校园

23日　北京青年报：鹫峰数百株梅花提前绽放迎春

23日　中国花卉报：唐学山：园林绿化是“活的”城市基础设施

23日　中国绿色时报：变废为宝，矿化垃

圾助力绿化

24日 搜狐网：第九届园博会世界知名园林大师开展学术交流

28日 科技日报：北京林大为越南林大培养本科生

29日 中国科学报：北京林业大学与越南林大合作培养本科生

29日 国防部网：北京林业大学百余名国防生参加无偿献血

29日 北京考试报：别把学业当副业

29日 中国绿色时报：北京林业大学为越南林大培养本科生

3月

1日 中国花卉报：北京林业大学校地合作中改革办学模式

2日 中国科学报：动物福利立法须平衡各种利益

2日 中国绿色时报：板报文化润兵心

2日 中国绿色时报：盛世修典　五载春秋

2日 中国绿色时报：绿色核算新作问世

2日 人民网：南北林权公司与北京林业大学经管学院签约战略合作

3日 新华网：南北联合林权公司“引智”开发林权交易新产品

4日 北京青年报：林业大学昨发起“餐桌清洁”行动

4日 中国教育报：榜样走进大学校园

4日 北京卫视报道北京林业大学：“我是雷锋”主题教育活动

4日 北京日报：大学生“网晒”身边“雷锋” 传播雷锋精神

4日 新华网：劳模李素丽向大学生诠释雷锋精神

5日 新华网：“3·5”期间广大青少年集中开展学雷锋活动

5日 中国绿色时报：北京林业大学学雷锋活动出新意常态化

5日 北京青年报：林业大学昨发起“餐桌清洁”行动

6日 两会声音：工程院院士：正制定三峡库区生态功能评价标准

6日 两会声音：政协委员评说提案答复

8日 中国花卉报：老院士耄耋之年著新作 新梅志弥足珍贵获殊荣

8日 中国绿色时报：老院士耄耋之年著新作新梅志弥足珍贵获殊荣

8日 新华社：杨澜委员探营农民工子弟学校

9日 中国青年报：杨澜参加关爱农民工子女志愿服务活动

9日 中国绿色时报：北京林业大学关注林业产权交易研究

9日 中国绿色时报：北京林业大学国防生集体无偿献血

9日 中国广播网：“废弃食用油做肥皂”项目启动

11日 人民日报：我国启动“碳汇植树”活动

12日 中国绿色时报：尹伟伦：植树与保护林地同样重要

13日 中国绿色时报：尹伟伦：加快《自然保护区法》立法工作

13日 中国绿色时报：将百万亩人工林基地项目计划单列

16日 中国绿色时报：北京林业大学推动风景园林与交通景观融合

19日 中国绿色时报：北京林业大学盐池定位站跻身国家科技示范园区

19日 中国教育报：全国劳模成学子成长导师

19日 中国花卉报：北京林业大学携手福建建宁发展无患子生物质新能源

20日 生活新报：中国下月调查印支虎

21日 北京考试报：微观校园·政治常识三不知？

21日 中国绿色时报：北京林业大学野生动物研究国际合作活跃

23日 中国科学报：“梅花”院士著作获殊荣

23日 国家林业局政府网：人才中心与北京林业大学洽谈人才合作

23日 中国绿色时报：北京林业大学在校地合作中探索办学模式改革

23日 中国绿色时报：老院士耄耋之年著新作　新梅志弥足珍贵获殊荣

28日 中国科学报：我国首个高尔夫教育研究基金在北京林业大学设立

28日 北京青年报：北京林业大学将扩招城市规划专业

29日 人民网：广西国有七坡林场与北京林业大学签署合作协议

29日 科技日报：北京林业大学城市规划专业扩招一倍

30日 中国绿色时报：《林业经济评论》面世

31日 中国花卉报：北京林业大学为越南林大培养本科生

31日 北京考试报：微观校园·拍照点名防旷课?

4月

1日 搜狐网：鲍春来现身公益活动 以身作则"树"榜样

1日 北京晚报：奥林匹克公园举行绿色咨询

1日 中国新闻网：北京年轻人全民义务植树日种下"青年林"

1日 人民网：保剑锋刘璇等多位明星受聘"绿色志愿大使"

1日 新华网："我用一生护青山"——刘真茂先进事迹报告会在京举行

2日 湖南日报：一次涤荡心灵的旅程

2日 湖南政府网：刘真茂先进事迹报告会在京举行

2日 光明日报：刘真茂事迹感动首都大学生

2日 内蒙古日报：《水土保持法》进党校

2日 北京晚报：北京植树能追溯到秦始皇

2日 新华网：保剑锋刘璇等九人受聘为首都大学生"绿色大使"

3日 光明日报：刘真茂事迹感动首都大学生"最美的演讲"

4日 中国科学报：北京林业大学城市规划专业扩招一倍

7日 新华网：园林干部三十年如一日参加义务植树

9日 光明网：首部以"绿色行政"理论研究为主题的图书出版发行

9日 中国花卉报：北京迎来第28个义务植树日

9日 中国绿色时报：2012年绿桥、绿色长征活动在京启动

10日 广州日报：莫让度假变探险

10日 中国绿色时报：专家研讨园林高级专业人才培养

10日 北京日报：罕见红花玉兰加入春花行列

10日 科技日报：罕见红花玉兰新种在北京林业大学选育成功

10日 深圳特区报："译得通俗易懂，读者才能受益"

10日 中国绿色时报：专家研讨园林高级专业人才培养

11日 中国科学报：春天，掀起绿色热潮

11日 中国科学报：北京林业大学与广西林业厅拓展合作范围

11日 光明日报：刘真茂打动北京林业大学师生

11日 光明日报：真诚感动学子心

11日 光明日报：吴斌：青年学生价值观的精神灯塔

11日 新华社：沙排世界大满贯北京赛发布会徽 林大吴晓晖获奖

11日 北京电视台：特别关注：天气转暖山花斗艳

11日 中国绿色时报：北京林业大学与广西林业厅拓展合作

12日 光明日报：他们的选择打动了我

12日 中国绿色时报：北京林业大学发起低碳"V"行动

16日 中国花卉报：北京林业大学定位站成为科技示范园

17日 中国绿色时报：红玉兰"娇红1号"选育成功

18日 人民网：高招访谈：北林2012专业设置4大变化

18日 北京日报：候鸟迁徙搭起"南北大陆桥"

18日 人民网：七坡林场联姻高校 产学研一体科技领先

20日 中国环境网：首届全国农林院校林

产品贸易学术研讨会在京召开

20日 中国绿色时报：北京林业大学纪念森林经理学家范济洲百年诞辰

20日 北京考试报：北京林业大学国际硕士直通车学生赴德学习

21日 北京青年报：植物园赏“品虹”鹫峰梅花开

24日 科技日报：北京林业大学纪念林业教育家范济洲

25日 中国科学报：北京林业大学纪念林业教育家范济洲诞辰百年

26日 中国花卉报：园林建设应该走科学之路

26日 中国花卉报：红花玉兰加入春花行列

28日 池州日报：牯牛降与北京林业大学共建科研基地

5月

4日 中国绿色时报：牯牛降与北京林业大学共建科研基地

4日 中国绿色时报：用青春浇灌绿色梦想的雷锋传人

8日 中国绿色时报：张启翔谈全国园林教育专业建设发展

9日 中国绿色时报：北京林业大学校园农耕播种绿色

10日 科技日报：北京林业大学为二炮培养营区生态建设人才

10日 中国绿色时报：北京林业大学与台湾开展交流合作

10日 中国花卉报：北京林业大学纪念林业教育家范济洲

10日 中国绿色时报：全方位提高学生就业竞争实力

11日 中国花卉报：矿化垃圾有望用于绿化

14日 中国花卉报：北京林业大学将在广西建基地

15日 科技日报：北京林业大学成立森林资源资产评估研究中心

15日 中国绿色时报：北京林业大学江西培养农业推广硕士

15日 中国绿色时报：北京林业大学绿化废弃物研究通过验收

16日 中国科学报：北京林业大学培养军队生态建设人才

17日 中国绿色时报：北京林业大学建森林资源资产评估研究中心

17日 解放军报：联合培养军队园林绿化人才

19日 绿色中国：中国园林专业建设之路如何走?

19日 绿色中国：北京林业大学园林专业特色突出

20日 北京青年报：北京林业大学昨日成立村官培训中心

21日 京郊日报：北京林大成立村官培训中心

21日 中国绿色时报：钢铁是怎么炼成的?

21日 中国环境报：大学生校园躬行农耕倡导环保

22日 科技日报：北京林业大学成立村官培训中心

22日 北京晚报：北京林业大学成立村官培训中心

23日 中国绿色时报：北京林业大学成立村官培训中心

23日 中国花卉报：北京林业大学成立森林资源资产评估研究中心

24日 中国科学报：北京林业大学优势学科平台助力全球变化研究

24日 浙江日报：降PM2.5种树挺有讲究

24日 中国绿色时报：生物质原料标准委林业分会成立

24日 中国绿色时报：森林，调控PM2.5的中坚力量

24日 人民网：结对支教避免“虎头蛇尾”

24日 人民网：支教意义在于播撒和收获快乐

25日 中国绿色时报：局管理干部学院生态文明大讲堂开讲

28日 中国青年报：大学生创业的不同时机及其问题

28日 中国绿色时报：北京林业大学新增两个市级重点学科

29日 中国科学报：能源行业非粮生物质原料标准化技术委员会成立

29日 中国青年报：北京林大：学生“解疙瘩会”如何从冷场变红火

29日 中国绿色时报：澳大利亚：生态游体验项目受游客青睐

29日 中国绿色时报：北京林业大学实习苗圃用上物联网

30日 三明日报：发展中国家林业官员考察我市林业工作

31日 中国文化报：志在超越——画家李汉平印象

6月

1日 人民日报：40分钟，一堂课

4日 中国绿色时报：北京林业大学为二炮培养生态建设人才

5日 科技日报：北京林业大学建花卉种质创新与产业化基地

5日 光明日报：北京林业大学理科生物学基地培养创新人才创佳绩

5日 中国科学报：发展中国家林业官员来华取经

5日 中国绿色时报：花卉种质创新与产业化基地启动

6日 中国科学报：尹伟伦院士签约平顶山学院

6日 北京考试报：铁铮微观校园

6日 法制晚报：林大这“人”爱甩尾

7日 中国花卉报：刘俊国获“青年科技之星”金奖

9日 北京晨报：花卉界唯一工程院院士辞世

11日 中国绿色时报：著名花卉院士陈俊愉与花长辞

11日 中国教育报：毕业季来临，我们如何去求职

11日 中国绿色时报：发展中国家林业官员在华学成归国

11日 中国日报网站：著名花卉院士陈俊愉与花长辞

12日 科技日报：发展中国家林业官员来华研修林业经营

12日 中国绿色时报：北京林业大学新增重点实验室工程中心

12日 法制晚报：梅花厅送“梅”大师

13日 北京日报：梅花厅里送别“梅花院士”

13日 中国绿色时报：北京林业大学生物防治入选精品视频公开课

13日 中国花卉报：16位发展中国家林业官员来华研修

13日 中国绿色时报：北林破解核桃品种试管生根难题

18日 中国青年报：浅析大学生连锁加盟创业之困局

19日 中国科学报：福建省三明市院士专家工作站见闻

20日 中国绿色时报：北京林业大学与辽宁省林业厅全面合作

20日 北京晚报：“轮椅女孩”戴上硕士帽将赴美读博

22日 中国教育报：“梅痴”院士陈俊愉

22日 北京电视台：“轮椅女孩”张娥爱让梦想插上翅膀

25日 中国绿色时报：优质高效森林培育经营研究获重大进展

25日 北京考试报：张娥将赴美读博士

26日 中国科学报：北京林业大学与辽宁省林业厅全面合作

26日 中国绿色时报：我国油松良种化建设步入新阶段

26日 绿色中国：用学科创新应对全球变化

27日 中国科学报：轮椅女孩在校园改写人生

27日 中国科学报：北京林业大学与辽宁省林业厅全面合作

27日 中国教育报：北京林业大学与辽宁省林业厅签产学研合作协议

27日 中国绿色时报：只留梅香与中华

30日 北京考试报：生命安全 警钟长鸣

7月

2日 中国青年网：“三下乡”社会实践活动启动 科技支农是重点

3日 文汇报：野马放归是极其复杂的工程

3日 中国青年报：年年“三下乡”今年多亮点

3日 科技日报：武警西藏森林总队 国防生扎根高原受赞誉

3日 中国绿色时报：风雨60年三大重点值得注重

10日 中国绿色时报：生态旅游能在森林治理体系中发挥重要作用

10日 科技日报：张娥：轮椅女孩在绿色校园改写人生

11日 法制晚报：本科插班生 北林称没戏

16日 中国教育报：轮椅女孩有一双隐形的翅膀

17日 科技日报：北京林业大学学生暑期投身社会实践

17日 《瞭望》周刊：张娥：一个残疾女孩的人生轨迹

17日 中国绿色时报：北京林业大学学生暑期投身社会实践

18日 中国科学报：北京林业大学2000余学子投身社会实践

24日 中国绿色时报：我国森林疾病多源自人为因素

24日 中国绿色时报：政产学研用一体化，北京林业大学在路上

25日 中国绿色时报：不伐树也可精准测林分蓄积量

26日 中国科学报：新技术或改写我国森林测量历史

26日 绿色中国：加快绿色优势学科建设

27日 北京考试报：出发，向着新的目标！

28日 湖北新闻网：北京林业大学90后大学生深入山区义务支教

29日 中国绿色时报：森林碳汇在低碳城市建设中举足轻重

8月

1日 中国绿色时报：轮椅女孩在绿色校园改写人生

3日 新华网：中国今年将完成印支虎种群及栖息地调查

4日 新华网：12名大学生志愿者到海南鹦哥岭保护区服务

14日 中国科学报：森林碳汇论坛在贵阳举行

15日 中国科学报：北林校长宋维明：协同创新“政”“用”不可缺

15日 北京考试报：咱不攀比“苹果”行吗？

15日 北京日报：“苹果三件套”盲目攀比不可取

20日 中国教育报：科技支农是门必修课

20日 中国教育报：在绿色支农中学习成长

23日 科技日报：四川地震灾后修复大熊猫栖息地10.4万公顷

24日 中国绿色时报：森林，抚平灾后创伤的绿色力量

26日 绿色中国：农林高校协同创新寻找突破口

27日 新浪环保：中日森林植被恢复学术研讨会顺利结束

27日 人民网：湖北生态职业技术学院与北京林业大学合作办学

27日 中国绿色时报：中日森林植被学术研讨会在北京林业大学召开

27日 中国花卉报：北京林业大学生态文明教育取得成效

28日 湖北日报：北京林业大学在鄂合作办学

29日 中国科学报：北林召开中日森林植被恢复研讨会

29日 北京考试报：让你的高三更精彩

31日 中国科学报：国际合作助力汶川灾后植被恢复重建

9月

1日 人民日报：迎接新学期

3日 中国科学报：记陈俊愉院士：来生还会爱梅花

3日 中国绿色时报：绿色支农收获多

3日 中国绿色时报：湖北生态职院与北京林业大学合作办学

4日 中国科学报：“生态治水”初显成效

4日 科技日报：北大设计首个雨洪公园获

美国大奖

4日 中国绿色时报：中国设计首个雨洪公园获美国大奖

4日 中国绿色时报：绿色学府成为更多考生的追求

5日 兰州晚报：普氏野马是自然遗产

5日 北京考试报：北京林业大学绿色学府城追求

6日 中国绿色时报：震后植被恢复重建技术国内首次研讨

7日 中国教育报：北京林业大学：立足林业着眼国家战略需求

10日 北京考试报：教师节，让我们共勉

10日 中国绿色时报：汗马保护区与北京林业大学互利合作

10日 北京青年报：教师要有危机感

11日 中国建设报：永留梅香在人间

12日 中国绿色时报：绿色校园的奥运主裁

13日 科技日报：清华《纳米研究》影响因子达6.970

14日 中国绿色时报：我国林产品虚拟水研究初战告捷

18日 中国绿色时报：育林在生态建设中的作用毋庸置疑

19日 中国绿色时报：国旗班获北京高校仪仗队评比一等奖

19日 中国花卉报：地震灾后植被复建研讨会举办

19日 中国绿色时报：我们该如何面对分歧?

19日 北京考试报：从邓亚萍学外语说开去

19日 北京考试报：本科2+2国际实验班录取30人

20日 科技日报：北京林业大学组建科学道德学风建设专家团

20日 中国绿色时报：校企合作开发林木采育机技术

25日 中国绿色时报：生态与艺术结合解决城市水问题

25日 人民日报：加强水保再造秀美山川

25日 绿色中国：生态文明教育要重视青年

26日 北京考试报：北京林业大学104名新生入选梁希实验班

26日 绿色中国：森林碳汇：低碳城市建设之基

28日 中国绿色时报：眉山送干部进北林学园林

28日 中国绿色时报：北京林业大学组建科学道德学风建设专家团

29日 北京考试报：用心报国　用情爱家

10月

8日 中国绿色时报：北京林业大学学生再获国际风景园林设计竞赛大奖

9日 中国绿色时报：北京林业大学与加哥伦比亚大学深化合作

9日 中国绿色时报：多功能电子测树枪填补国内空白

9日 中国绿色时报：首都高校风景园林研究生论坛举办

12日 中国绿色时报：第二届森林科学论坛将召开

12日 中国绿色时报：北京林业大学荒漠生态系统定位站效益凸显

14日 新华网：我国推进森林可持续经营力争2015年森林覆盖率达21.66%

14日 中国林业新闻网：林业经济国际论坛聚焦应对环境变化

14日 中国林业新闻网：北京林业大学获校友捐款四千万元

15日 中国科学报：盐池生态定位站让荒漠变绿洲

15日 中国林业新闻网：森林可持续经营国际学术研讨会开幕

15日 中央电视台：树木又树人，荒漠变绿洲，培养后来人

16日 中国青年报：“关爱行动”取得新发展

16日 中国绿色时报：第二届森林科学论坛在京举办

16日 北京青年报：黑卫平书法展在京展出

16日 中国青年网：林业教育110周年学

术研讨会在京召开

16日 北京晚报：北京林业大学今天庆祝建校60周年

16日 新浪教育：北京林业大学喜迎六十周年校庆

16日 科技日报：林业教育110周年学术研讨会在京召开

16日 新浪网：北京林业大学校友个人捐款四千万元

16日 中国绿色时报：东方园林董事长向北京林业大学捐资4000万元

16日 中国林业新闻网：绿色学府北京林业大学 树人树木树高才

16日 新华网：北京林业大学迎来六十华诞

17日 中国青年报：北京林业大学喜迎60华诞

17日 科技日报：北京林业大学迎来60周年

17日 中国绿色时报：国内外专家共议中国林业与气候变化

17日 中国绿色时报：下大决心花大气力抓好林业教育工作

17日 中国绿色时报：林业经济国际论坛聚焦应对环境变化

17日 中国绿色时报：北京林业大学迎来六十华诞

17日 中国教育报：北京林业大学庆祝建校60周年

18日 中国绿色时报：北京林业大学教授林金星教授获“钱临照奖”

18日 中国科学报：新型多功能电子测树枪问世

19日 中国绿色时报：沈国舫：我们该如何面对分歧？

19日 南川日报：与北京林业大学签订产学研合作协议

19日 北京日报：北京林业大学60年培养10万绿色人才

19日 中国科学报：五专家获海峡两岸林业敬业基金奖

20日 绿色中国：林产品虚拟水研究需要重视

21日 新华社：院系调整一甲子 中国多所高校迎来六十华诞

21日 北京考试报：北京林业大学60年培养10万学子

22日 中国绿色时报：北京林业大学新添林业食品重点实验室

22日 京郊日报：北京林业大学迎来60华诞

23日 北京青年报：张娥坐着轮椅赴美读博

23日 中国绿色时报：五专家获海峡两岸林业敬业奖励基金奖

24日 中国科学报：纪念林业教育110周年研讨会在京举行

25日 湿地中国：欢呼雀跃入洞庭

25日 中国绿色时报：中外专家研讨森林生态系统基因调控

30日 中国绿色时报：北京林业大学在南川建继续教育分院

11月

1日 北京晨报：创意未来百校巡讲启动

2日 科技日报：创意未来百校巡讲启动

2日 中国绿色时报：北京林业大学与芬兰合作开发森林食品

3日 北京晨报：投身教育 桃李天下

6日 中国绿色时报：能源行业非粮生物质原料标委会成立

6日 中国绿色时报：北京林业大学聚集领军人物研究林木发育

6日 北京青年报：抗风耐雪的树有没有？

7日 中国绿色时报：首届非粮生物质原料论坛在京举行

8日 中国花卉报：北京林业大学与加拿大哥伦比亚大学深化合作

9日 中国绿色时报：国家立项研究村镇景观关键技术

10日 东方卫视：雪豹：十年保护初见效 监测视频首次曝光

10日 山东卫视：泰安与北京林业大学建立战略合作关系

12日 新华网：山东泰安市与北京林业大学建立战略合作关系

13日 专题15：中国绿色时报头版报道我校专家座谈

14日 中国绿色时报：山东泰安与北京林业大学建立战略合作关系

14日 内蒙古日报：专家谈十八大报告中推进生态文明建设论述

14日 北京青年报：丰富中国特色社会主义内涵

14日 合肥日报：建设美丽中国实现中华民族永续发展

15日 新华社报道我专家谈生态文明稿件被广泛采用

16日 北京青年报：林大唱红歌“永远跟党走”

16日 北京青年报：本报与北京林业大学签署战略合作协议

17日 北京考试报：北京林业大学招生处长解读2013年研究生报考

19日 中国青年报：不创业的学生在创业必修课上学什么

19日 中国科学报：生态文明建设须破解三个环节问题

19日 中国绿色时报：为生态文明建设提供人才和科技支撑

21日 北京晨报：“绿动北京”环保社团文化节闭幕

21日 光明日报：纪念林业教育110周年学术研讨会举行

21日 中国花卉报：村镇景观建设受到国家重视

21日 中国花卉报：抗风耐雪的树有没有？

21日 中国花卉报：突破育种藩篱还需各方加力

22日 中国妇女报：联合国首邀中国学者加入男性领导人网络

23日 中国绿色时报：北京林业大学获捐赠设青神奖学金

23日 中国绿色时报：北京林业大学举行“永远跟党走”青春歌咏会

23日 专题51：人民日报刊发校长宋维明署名文章

26日 中国花卉报：北京林业大学与泰安市共推林业创新

27日 中国绿色时报：武警驻北京林业大学选培办探索国防生培养新思

29日 新华网：专家谈十八大报告中推进生态文明建设论述

29日 中国绿色时报：生态文明建设·绿色经济·林业

30日 中国绿色时报：生态建设要善待自然尊重人类

12月

4日 中国绿色时报：风景园林师要介入城市规划

4日 中国绿色时报：北京林业大学国防生举办“橄榄绿”征文比赛

4日 中国绿色时报：鹫峰山参观见学收获多

5日 中国绿色时报：发展生态旅游是生态文明建设的重要途径

7日 新京报：大学老师将新闻热点带进课堂 带螃蟹为学生提

11日 光明日报：生态文明法制建设须突破四个瓶颈

11日 中国绿色时报：转变生产生活消费方式 大力推进生态文明建设

13日 中国园林网：著名风景园林专家热议“美丽中国”